U0211782

全装修行业法规标准汇编

中国建筑装饰协会住宅部品产业分会　编

中国建筑工业出版社

图书在版编目（CIP）数据

全装修行业法规标准汇编 / 中国建筑装饰协会住宅部品产业分会编. —北京：中国建筑工业出版社，2017.10

ISBN 978-7-112-21328-3

Ⅰ. ①全… Ⅱ. ①中… Ⅲ. ①住宅−室内装修−标准−汇编−中国 Ⅳ. ①TU767-65

中国版本图书馆CIP数据核字（2017）第243725号

责任编辑：郑淮兵　王晓迪
责任校对：王宇枢　刘梦然

全装修行业法规标准汇编
中国建筑装饰协会住宅部品产业分会　编

*

中国建筑工业出版社出版、发行（北京海淀三里河路9号）
各地新华书店、建筑书店经销
北京云浩印刷有限责任公司印刷

*

开本：880×1230毫米　1/16　印张：35¾　插页：14　字数：1133千字
2017年10月第一版　2017年10月第一次印刷
定价：148.00元

ISBN 978-7-112-21328-3
（31021）

版权所有　翻印必究
如有印装质量问题，可寄本社退换
（邮政编码 100037）

《全装修行业法规标准汇编》编委会

主编单位

中国建筑装饰协会

执行主编单位

中国建筑装饰协会住宅部品产业分会

主　任

刘晓一　中国建筑装饰协会副会长兼秘书长

张京跃　中国建筑装饰协会副会长兼副秘书长

副 主 任

黄　白　中国建筑装饰协会秘书长助理

胡亚南　中国建筑装饰协会住宅部品产业分会秘书长

张　仁　中国建筑装饰协会住宅装饰装修委员会秘书长

陈亦根　中国建筑装饰协会地产精装修分会秘书长

罗　胜　中国建筑装饰协会涂料与防水材料分会秘书长

张玉峰　中国建筑装饰协会建筑电气分会秘书长

专家顾问

李　桦　宋　兵　马国朝　张　伟　陈　羽　韩　军

史云峰　吴亚诚　王玉龙　徐勇刚　关永康　张开飞

编　　务

张寅秋　杨淑娟　贺岩峰　刘泓汝　梁连涛　郝梓辰

副主任编委单位

华耐家居投资集团有限公司

佛山市顺德区乐华陶瓷洁具有限公司

合造厨卫科技（上海）有限公司

浙江鼎美智装股份有限公司

佛山市法恩洁具有限公司

浙江今顶集成吊顶有限公司

广东聪信智能家居股份有限公司

编委委员单位

志邦厨柜股份有限公司

厦门金牌厨柜股份有限公司

广东佳居乐厨房科技有限公司

江苏盛世开来定制家居有限公司

浙江美尔凯特集成吊顶有限公司

佛山东鹏洁具股份有限公司

四川帝王洁具股份有限公司

北京闼闼同创工贸有限公司

蒙娜丽莎集团股份有限公司

佛山电器照明股份有限公司

佛山市顺德区邦克厨卫实业有限公司

浙江中财管道科技股份有限公司

日丰企业集团有限公司

佛山市巴迪斯新型建材有限公司

佛山市蓝姆特家居科技有限公司

力同装饰用品（上海）有限公司

前　言

2016年11月，国务院发布《“十三五”国家战略性新兴产业发展规划》，在新一轮战略性变革中，国家决定大力发展装配式建筑，推动产业结构调整升级，积极推广标准化、集成化、模块化的装修模式，全面启动全装修成品交付模式。为方便相关行业从业人员及时、准确地了解我国建筑装饰业的最新状况，掌握各项相关标准，为企业创新发展和战略决策的制订提供技术支撑，在中国建筑装饰协会的指导下，中国建筑装饰协会住宅部品产业分会联合中国建筑装饰协会装饰装修委员会、中国建筑装饰协会地产精装修分会、中国建筑装饰协会涂料与防水材料分会、中国建筑装饰协会建筑电气分会编撰《全装修行业法规标准汇编》（以下简称《汇编》），并出版发行。《汇编》的出版发行，将切实推进建筑装饰行业的供给侧结构性改革以及全装修规范化、标准化、协同化的产业生态体系建设。

《汇编》全面介绍当前最新全装修成品交付的法规、行政条例、规章，国家标准、行业标准、地方标准以及团体标准，为企业和从业者提供最新的权威信息和标准原文。

《汇编》的出版将进一步助推相关上下游产业链的健康、协同与持续发展，从而促进住宅产业化进程，为行业发展服务、企业服务提供有益尝试，真诚希望广大企业对《汇编》提出意见和建议，以便我们进一步改进工作。

中国建筑装饰协会住宅部品产业分会

2017年9月15日

目　录

一、法规、行政条例、规章

二、国家标准

三、行业标准

四、协会标准

附录

一、法规、行政条例、规章

建筑业发展“十三五”规划

序　言

规划范围。根据国务院批准的住房城乡建设部“三定”规定以及住房城乡建设部“十三五”专项规划编制工作安排，本规划涵盖内容包括工程勘察设计、建筑施工、建设监理、工程造价等行业以及政府对建筑市场、工程质量安全、工程标准定额、建筑节能与技术进步等方面的监督管理工作。

规划背景。《国务院办公厅关于促进建筑业持续健康发展的意见》（国办发［2017］19号，以下简称《意见》），对进一步深化建筑业“放管服”改革，加快产业升级，促进建筑业发展提出了具体要求。本规划旨在贯彻落实《意见》，阐明“十三五”时期建筑业发展战略意图，明确发展目标和主要任务，推进建筑业持续健康发展。

规划编制。本规划是住房城乡建设事业“十三五”专项规划之一。编制工作由住房城乡建设部建筑市场监管司牵头，会同标准定额司、工程质量安全监管司、建筑节能与科技司、人事司，共同组织住房城乡建设部政策研究中心、中国建筑业协会、中国勘察设计协会、中国建设监理协会、中国建设工程造价管理协会、中国建筑金属结构协会、中国建筑节能协会等单位编制完成。

规划实施。本规划由各级住房城乡建设主管部门、各相关行业组织以及工程勘察设计、建筑施工、建设监理、造价咨询等单位实施。住房城乡建设部负责进行规划实施评估、规划调整、协调促进工作。

一、建筑业发展回顾

（一）发展成就

“十二五”时期，我国建筑业发展取得了巨大成绩。全国具有资质等级的施工总承包和专业承包企业完成建筑业总产值年均增长13.48%，建筑业增加值年均增长8.99%；全国工程勘察设计企业营业收入年均增长23.19%；全国工程监理企业营业收入年均增长15.66%。2015年，全社会建筑业实现增加值46547亿元，占国内生产总值的6.79%；建筑业从业人员达5093.7万人，占全国从业人员的6.58%。建筑业在国民经济中的支柱产业地位继续增强，为推进我国城乡建设和新型城镇化发展，改善人民群众居住条件，吸纳农村转移劳动力，缓解社会就业压力做出重要贡献。

——设计建造能力显著提高。“十二五”期间，我国在高难度、大体量、技术复杂的超高层建筑、高速铁路、公路、水利工程、核电核能等领域具备完全自有知识产权的设计建造能力，成功建设上海中心大厦、南水北调中线工程等一大批设计理念先进、建造难度大、使用品质高的标志性工程，世界瞩目，成就辉煌。

——科技创新和信息化建设成效明显。“十二五”以来，建筑业企业普遍加大科研投入，积极采用建筑业10项新技术为代表的先进技术，围绕承包项目开展关键技术研究，提高创新能力，创造大批专利、工法，取得丰硕成果。加快推进信息化与建筑业的融合发展，建筑品质和建造效率进一步提高。积极推进建筑市场监管信息化，基本建成全国建筑市场监管公共服务平台，建筑市场监管方式发生根本性转变。

——建筑节能减排取得新进展。“十二五”期间，建筑节能法律法规体系初步形成，建筑节能标准进一步完善。供热计量和既有建筑节能改造力度加大，完成既有居住建筑供热计量及节能改造面积9.9亿平方米，大型公共建筑节能降耗提速，完成公共建筑节能改造面积4450万平方米，可再生能源在建筑领域应用规模不断扩大。积极推进绿色建筑，建立集中示范城（区），在政府投资公益性建筑及大型公共建筑建设中全面推进绿色建筑行动，成效初步显现。

——行业人才队伍素质不断提高。“十二五”期间，行业专业人才队伍不断壮大，执业资格人员数量逐年增加。截至2015年底，全国共有注册建筑师5.5万人，勘察设计注册工程师12.3万人，注册监理工程师16.6万人，注册造价工程师15.0万人，注册建造师200余万人。建筑业农民工技能培训力度不断加大，住房城乡建设系统培训建筑农民工700余万人，技能鉴定500余万人，建筑农民工培训覆盖面进一步扩大，技能素质水平进一步提升。

——国际市场开拓稳步增长。“十二五”期间，我国对外工程承包保持良好增长态势，对外工程承包营业额年均增长9.3%，新签合同额年均增长10.8%。2015年，对外承包工程业务完成营业额1540.7亿美元，新签合同额2100.7亿美元。企业在欧美等发达国家市场开拓取得新进展。企业海外承揽工程项目形式更加丰富，投资开发建设、工程总承包业务明显增加。企业进入国际工程承包前列的数量明显增多，国际竞争能力不断提升。

——建筑业发展环境持续优化。“十二五”期间，特别是党的十八大以来，政府部门大力推进行政审批制度改革，进一步简政放权，缩减归并企业资质种类，调整简化资质标准，行政审批效率不断提高。积极推进统一建筑市场和诚信体系建设，营造更加统一、公平的市场环境。开展工程质量治理两年行动，严格执法，严厉打击建筑施工违法发包、转包、违法分包等行为，落实工程建设五方主体项目负责人质量终身责任，保障工程质量，取得明显成效。

（二）主要问题

——行业发展方式粗放。建筑业大而不强，仍属于粗放式劳动密集型产业，企业规模化程度低，建设项目组织实施方式和生产方式落后，产业现代化程度不高，技术创新能力不足，市场同质化竞争过度，企业负担较重，制约了建筑业企业总体竞争力提升。

——建筑工人技能素质不高。建筑工人普遍文化程度低，年龄偏大，缺乏系统的技能培训和鉴定，直接影响工程质量和安全，建筑业企业“只使用人、不培养人”的用工方式，造成建筑工人组织化程度低、流动性大，技能水平低，职业、技术素养与行业发展要求不匹配。

——监管体制机制不健全。行业监管方式带有计划经济色彩，重审批、轻监管。监管信息化水平不高，工程担保、工程保险、诚信管理等市场配套机制建设进展缓慢，市场机制在行业准入清出、优胜劣汰方面作用不足，严重影响建筑业发展活力和资源配置效率。

二、指导思想、基本原则和发展目标

“十三五”时期，我国经济发展进入新常态，增速放缓，结构优化升级，驱动力由投资驱动转向创新驱动。以发挥市场在资源配置中起决定性作用和更好发挥政府作用为核心的全面深化改革进入关键时期。新型城镇化、京津冀协调发展、长江经济带发展和“一带一路”建设，形成建筑业未来发展的重要推动力和宝贵机遇。尤为重要的是，党的十八大以来，以习近平同志为核心的党中央毫不动摇地坚持和发展中国特色社会主义，形成一系列治国理政新理念新思想新战略，为“十三五”时期深化建筑业改革，加快推进行业市场化、工业化、信息化、国际化提供了科学理论指导和行动指南。

综合判断，建筑业发展总体上仍处于重要战略机遇期，也面临着市场风险增多、发展速度放缓的严峻挑战。必须准确把握市场供需结构的重大变化，下决心转变依赖低成本要素驱动的粗放增长方式，增强改革意识、创新意识，不断适应新技术、新需求的建设能力调整及服务模式创新任务的需要。必须积极应对产业结构不合理、创新任务艰巨、优秀人才和优质劳动力供给不足等新挑战，着力在健全市场机制、推进建筑产业现代化、提升队伍素质、开拓国际市场上取得突破，切实转变发展方式，增强发展动力，努力实现建筑业的转型升级。

（一）指导思想

全面贯彻党的十八大和十八届三中、四中、五中、六中全会精神，以马克思列宁主义、毛泽东思想、邓小平理论、“三个代表”重要思想、科学发展观为指导，深入贯彻习近平总书记系列重要讲话精神和治国理政新理念新思想新战略，认真贯彻中央城镇化工作会议、中央城市工作会议精神和《意见》，牢固树立和贯彻创新、协调、绿色、开放、共享发展理念，以落实“适用、经济、绿色、美观”建筑方针为目标，以推进建筑业供给侧结构性改革为主线，以推进建筑产业现代化为抓手，以保障工程质量安全为核心，以优化建筑市场环境为保障，推动建造方式创新，深化监管方式改革，着力提升建筑业企业核心竞争力，促进建筑业持续健康发展。

（二）基本原则

——坚持科学发展。科学发展是建筑业发展的核心。必须大力推行建筑业技术创新、管理创新和业态创新，加快传统建筑业与先进制造技术、信息技术、节能技术等融合，以创新带动产业组织结构调整和转型升级。必须把握发展新特征，加快转变建筑业生产方式，推广绿色建筑和绿色建材，全面提升建筑节能减排水平，实现建筑业可持续发展。

——坚持深化改革。改革是建筑业发展的动力。必须围绕发挥市场在资源配置中的决定性作用和更好地发挥政府作用，坚持推进建筑业供给侧结构性改革。以围绕体制机制改革为重点，健全制度体系，破除制约科学发展的壁垒和障碍，全面推动建筑业改革取得新突破，为建筑业发展提供持续动力。

——坚持质量安全为本。质量安全是建筑业发展的根本要求。必须牢固树立底线思维，保障工程质量安全是一切工作的出发点和立足点。必须健全质量安全保证体系，强化质量安全监管，严格落实建设各方主体责任，构建更加科学合理的工程质量安全责任及制度体系，为建筑业发展夯实基础。

——坚持统筹国内国际两个市场。统一开放是建筑业发展的必然要求。坚持建立统一开放的建筑市场，消除市场壁垒，营造权力公开、机会均等、规则透明的建筑市场环境。以“一带一路”战略为引领，引导企业加快“走出去”步伐，积极开拓国际市场，提高建筑企业的对外工程承包能力，推进有条件的企业实现国内国际两个市场共同发展。

（三）发展目标

按照住房城乡建设事业“十三五”规划纲要的目标要求，今后五年建筑业发展的主要目标是：

——市场规模目标。以完成全社会固定资产投资建设任务为基础，全国建筑业总产值年均增长7%，建筑业增加值年均增长5.5%；全国工程勘察设计企业营业收入年均增长7%；全国工程监理、造价咨询、招标代理等工程咨询服务企业营业收入年均增长8%；全国建筑企业对外工程承包营业额年均增长6%，进一步巩固建筑业在国民经济中的支柱地位。

——产业结构调整目标。促进大型企业做优做强，形成一批以开发建设一体化、全过程工程咨询服务、工程总承包为业务主体、技术管理领先的龙头企业。大力发展专业化施工，推进以特定产品、技术、工艺、工种、设备为基础的专业承包企业快速发展。弘扬工匠精神，培育高素质建筑工人，到2020年建筑业中级工技能水平以上的建筑工人数量达到300万。加强业态创新，推动以“互联网+”为特征的新型建筑承包服务方式和企业不断产生。

——技术进步目标。巩固保持超高层房屋建筑、高速铁路、高速公路、大体量坝体、超长距离海上大桥、核电站等领域的国际技术领先地位。加大信息化推广力度，应用BIM技术的新开工项目数量增加。甲级工程勘察设计企业，一级以上施工总承包企业技术研发投入占企业营业收入比重在“十二五”期末基础上提高1个百分点。

——建筑节能及绿色建筑发展目标。城镇新建民用建筑全部达到节能标准要求，能效水平比2015年提升20%。到2020年，城镇绿色建筑占新建建筑比重达到50%，新开工全装修成品住宅面积达到30%，绿色建材应用比例达到40%。装配式建筑面积占新建建筑面积比例达到15%。

——建筑市场监管目标。加快修订建筑法等法律法规，进一步完善建筑市场法律法规体系。工程担保、保险制度以及与市场经济相适应的工程造价管理体系基本建立，建筑市场准入制度更加科学完善，统一开放、公平有序的建筑市场规则和格局基本形成。全国建筑工人培训、技能鉴定、职业身份识别、信息管理系统基本完善。市场各方主体行为基本规范，建筑市场秩序明显好转。

——质量安全监管目标。建筑工程质量安全法规制度体系进一步完善，质量安全监管机制进一步健全，工程质量水平全面提升，国家重点工程质量保持国际先进水平。建筑安全生产形势稳定好转，建筑抗灾能力稳步提高。工程建设标准化改革取得阶段性成果。

三、“十三五”时期主要任务

（一）深化建筑业体制机制改革

改革承（发）包监管方式。缩小并严格界定必须进行招标的工程建设项目范围，放宽有关规模标准。在民间投资的房屋建筑工程中，试行由建设单位自主决定发包方式。完善工程招标投标监管制度，落实招标人负责制，简化招标投标程序，推进招标投标交易全过程电子化，促进招标投标过程公开透明。对采用常规通用技术标准的政府投资工程，在原则上实行最低价中标的同时，推行提供履约担保基础上的最低价中标，制约恶意低价中标行为。

调整优化产业结构。以工程项目为核心，以先进技术应用为手段，以专业分工为纽带，构建合理工程总分包关系，建立总包管理有力，专业分包发达，组织形式扁平的项目组织实施方式，形成专业齐全、分工合理、配套的新型建筑行业组织结构。发展行业的融资建设、工程总承包、施工总承包管理能力，培育一批具有先进管理技术和国际竞争力的总承包企业。鼓励以技术专长、制造装配一体化、工序工种为基础的专业分包，促进基于专业能力的小微企业发展。支持“互联网+”模式整合资源，联通供需，降低成本。

提升工程咨询服务业发展质量。改革工程咨询服务委托方式，研究制定咨询服务技术标准和合同范本，引导有能力的企业开展项目投资咨询、工程勘察设计、施工招标咨询、施工指导监督、工程竣工验收、项目运营管理等覆盖工程全生命周期的一体化项目管理咨询服务，培育一批具有国际水平的全过程工程咨询企业。提升建筑设计水平，健全适应建筑设计特点的招标投标制度。完善注册建筑师制度，探索在民用建筑项目中推行建筑师负责制。完善工程监理制度，强化对工程监理的监管。

（二）推动建筑产业现代化

推广智能和装配式建筑。加大政策支持力度，明确重点应用领域，建立与装配式建筑相适应的工程建设管理制度。鼓励企业进行工厂化制造、装配化施工、减少建筑垃圾，促进建筑垃圾资源化利用。建设装配式建筑产业基地，推动装配式混凝土结构、钢结构和现代木结构发展。大力发展钢结构建筑，引导新建公共建筑优先采用钢结构，积极稳妥推广钢结构住宅。在具备条件的地方，倡导发展现代木结构，鼓励景区、农村建筑推广采用现代木结构。在新建建筑和既有建筑改造中推广普及智能化应用，完善智能化系统运行维护机制，逐步推广智能建筑。

强化技术标准引领保障作用。加强建筑产业现代化标准建设，构建技术创新与技术标准制定快速转化机制，鼓励和支持社会组织、企业编制团体标准、企业标准，建立装配式建筑设计、部品部件生产、施工、质量检验检测、验收、评价等工程建设标准体系，完善模数协调、建筑部品协调等技术标准，强化标准的权威性、公正性、科学性。建立以标准为依据的认证机制，约束工程和产品严格执行相关标准。

加强关键技术研发支撑。完善政产学研用协同创新机制，着力优化新技术研发和应用环境，针对不同种类建筑产品，总结推广先进建筑技术体系。组织资源投入，并支持产业现代化基础研究，开展适用技术应用试点示范。培育国家和区域性研发中心、技术人员培训中心，鼓励建设、工程勘察设计、施工、构件生产和科研等单位建立产业联盟。加快推进建筑信息模型（BIM）技术在规划、工程勘察设计、施工和运营维护全过程的集成应用，支持基于具有自主知识产权三维图形平台的国产 BIM 软件的研发和推广使用。

（三）推进建筑节能与绿色建筑发展。

提高建筑节能水平。推动北方采暖地区城镇新建居住建筑普遍执行节能 75% 的强制性标准。政府投资办公建筑、学校、医院、文化等公益性公共建筑、保障性住房要率先执行绿色建筑标准，鼓励有条件地区全面执行绿色建筑标准。加强建筑设计方案审查和施工图审查，确保新建建筑达到建筑节能要求。夏热冬冷、夏热冬暖地区探索实行比现行标准更高节能水平的标准。积极开展超低能耗或近零能耗建筑示范。大力发展绿色建筑，从使用材料、工艺等方面促进建筑的绿色建造、品质升级。制定新建建筑全装修交付的鼓励政策，提高新建住宅全装修成品交付比例，为用户提供标准化、高品质服务。持续推进既有居住建筑节能改造，不断强化公共建筑节能管理，深入推进可再生能源建筑应用。

推广建筑节能技术。组织可再生能源、新型墙材和外墙保温、高效节能门窗的研发。加快成熟建筑节能及绿色建筑技术向标准的转化。加快推进绿色建筑、绿色建材评价标识制度。建立全国绿色建筑和绿色建材评价标识管理信息平台。开展绿色建造材料、工艺、技术、产品的独立和整合评价，加强绿色建造技术、材料等的技术整合，推荐整体评价的绿色建筑产品体系。选取典型地区和工程项目，开展绿色建材产业基地和工程应用试点示范。

推进绿色建筑规模化发展。制定完善绿色规划、绿色设计、绿色施工、绿色运营等有关标准规范和评价体系。出台绿色生态城区评价标准、生态城市规划技术准则，引导城市绿色低碳循环发展。大力发展和使用绿色建材，充分利用可再生能源，提升绿色建筑品质，加快建造工艺绿色化革新，提升建造过程管理水平，控制施工过程水、土、声、光、气污染。推动建筑废弃物的高效处理与再利用，实现工程建设全过程低碳环保、节能减排。

完善监督管理机制。切实履行建筑节能减排监管责任，构建建筑全生命期节能监管体系，加强对工程建设全过程执行节能标准的监管和稽查。建立规范的能效数据统计报告制度。严格明令淘汰建筑材料、工艺、部品部件的使用执法，保证节能减排标准执行到位。

（四）发展建筑产业工人队伍

推动工人组织化和专业化。改革建筑用工制度，鼓励建筑业企业培养和吸收一定数量自有技术工人，改革建筑劳务用工组织形式，支持劳务班组成立木工、电工、砌筑、钢筋制作等以作业为主的专业企业，鼓励现有专业企业做专做精，形成专业齐全、分工合理、成龙配套的新型建筑行业组织结构。推行建筑劳务用工实名制管理，基本建立全国建筑工人管理服务信息平台，记录建筑工人的身份信息、培训情况、职业技能、从业记录等信息，构建统一的建筑工人职业身份登记制度，逐步实现全覆盖。

健全技能培训和鉴定体系。建立政府引导、企业主导、社会参与的建筑工人岗前培训、岗位技能培训制度。研究优惠政策，支持企业和培训机构开展工人岗前培训。发挥企业在工人培训中的主导作用，积极开展工人岗位技能培训。倡导工匠精神，加大技能培训力度，发展一批建筑工人技能鉴定机构，试点开展建筑工人技能评价工作。改革完善技能鉴定制度，将技能水平与薪酬挂钩，引导企业将工资分配向关键技术技能岗位倾斜，促进建筑业农民工向技术工人转型，努力营造重视技能、崇尚技能的行业氛围和社会环境。

完善权益保障机制。全面落实建筑工人劳动合同制度，健全工资支付保障制度，落实工资月清月结制度，加大对拖欠工资行为的打击力度，不断改善建筑工人的工作、生活环境。探索与建筑业相适应的社会保险参保缴费方式，大力推进建筑施工单位参加工伤保险。搭建劳务费纠纷争议快速调解平台，引导有关企业和工人通过司法、仲裁等法律途径保障自身合法权益。

（五）深化建筑业“放管服”改革

完善建筑市场准入制度。坚持弱化企业资质、强化个人执业资格的改革方向，逐步构建资质许可、信用约束和经济制衡相结合的建筑市场准入制度，改革建设工程企业资质管理制度，加快修订企业资质标准和管理规定，简化企业资质类别和等级设置，减少不必要的资质认定。推行“互联网+政务服务”，全面推进电子化审批，提高行政审批效率，在部分地区开展试点，对信用良好、具有相关专业技术能力、能够提供足额履约担保的企业，在其资质类别内放宽承揽业务范围限制。完善个人执业资格制度，优化建设领域个人执业资格设置，严格落实注册执业人员权利、义务和责任，加大执业责任追究力度，严厉打击出租出借证书行为。有序发展个人执业事务所。推动建立个人执业保险制度。

改进工程造价管理体系。改革工程造价企业资质管理，完善造价工程师执业资格制度，建立健全与市场经济相适应的工程造价管理体系。统一工程计价规则，完善工程量清单计价体系，满足不同工程承包方式的计价需要。完善政府及国有投资工程估算及概算计价依据的编制，提高工程定额编制的科学性，及时准确反映工程造价构成要素的市场变化。建立工程全寿命周期的成本核算制度，积极开展推动绿色建筑、建筑产业现代化、城市地下综合管廊、海绵城市等各项新型工程计价依据的编制。逐步实现工程造价信息的共享机制，加强工程造价的监测及相关市场信息发布。

推进建筑市场的统一开放。打破区域市场准入壁垒，取消各地区、各行业在法律法规和国务院规定外对企业设置的不合理准入条件，严禁擅自设立或变相设立审批、备案事项。加大对各地区设置市场壁垒、障碍的信息公开和问责力度，为建筑企业提供公平市场环境。健全建筑市场监管和执法体系，建立跨省承揽业务企业违法违规行为的查处督办、协调机制，加强层级指导和监督，有效强化项目承建过程的事中事后监管。

加快诚信体系建设。加强履约管理，探索通过履约担保、工程款支付担保等经济、法律手段约束建设单位和承包单位履约行为。研究制定信用信息采集和分类管理标准，完善全国建筑市场监管公共服务平台，加快实现与全国信用信息共享平台和国家企业信用信息公示系统的数据共享交换。建立建筑市场主体黑名单制度，依法依规全面公开企业和个人信用记录，接受社会监督。鼓励有条件的地区探索开展信用评价，引导建设单位等市场主体通过市场化运作综合运用信用评价结果，营造“一处失信。处处受制”的建筑市场环境。

（六）提高工程质量安全水平

严格落实工程质量安全责任。全面落实各方主体的工程质量安全责任，强化建设单位的首要责任和勘察、设计、施工、监理单位的主体责任。严格执行工程质量终身责任书面承诺制、永久性标牌制、质量信息档案等制度。严肃查处质量安全违法违规企业和人员，加大在企业资质、人员资格、限制从业等方面的处罚力度，强化责任追究。推进工程质量安全标准化管理，督促各方主体健全质量安全管控机制，提高工程质量安全管理水平。

全面提高质量监管水平。完善工程质量法律法规和管理制度，健全企业负责、政府监管、社会监督的工程质量保障体系。推进数字化审图，研究建立大型公共建筑后评估制度。强化政府对工程质量的监管，充分发挥工程质量监督机构作用，加强工程质量监督队伍建设，保障经费和人员，加大抽查抽测力度，重点加强对涉及公共安全的工程地基基础、主体结构等部位和竣工验收等环节的监督检查。探索推行政府以购买服务的方式，加强工程质量监督检查。加强工程质量检测机构管理，严厉打击出具虚假报告等行为。推动发展工程质量保险。

强化建筑施工安全监管。健全完善建筑安全生产相关法律法规、管理制度和责任体系。加强建筑施工安全监督队伍建设，推进建筑施工安全监管规范化，完善随机抽查和差别化监管机制，全面加强监督执法工作。完善对建筑施工企业和工程项目安全生产标准化考评机制，提升建筑施工安全管理水平。强化对深基坑、高支模、起重机械等危险性较大的分部分项工程的管理，以及对不良地质地区重大工程项目的风险评估或论证。建立完善轨道交通工程建设全过程风险控制体系，确保质量安全水平。加快建设建筑施工安全监管信息系统，通过信息化手段加强安全生产管理。建立健全全覆盖、多层次、经常性的安全生产培训制度，提升从业人员安全素质以及各方主体的本质安全水平。

推进工程建设标准化建设。构建层级清晰、配套衔接的新型工程建设标准体系。强化强制性标准、优化推荐性标准，加强建筑业与建筑材料标准对接。培育团体标准，搞活企业标准，为建筑业发展提供标准支撑。加强标准制定与技术创新融合，通过提升标准水平，促进工程质量安全和建筑节能水平提高。积极开展中外标准对比研究，提高中国标准与国际标准或发达国家标准的一致性。加强中国标准外文版译制，积极推广在当地适用的中国标准，提高中国标准国际认可度。建立新型城镇化标准图集体系，加快推进各项标准的信息化应用。创新标准实施监督机制，加快构建强制性标准实施监督“双随机”机制。

（七）促进建筑业企业转型升级

深化企业产权制度改革。建立以国有资产保值增值为核心的国有建筑企业监管考核机制，放开企业的自主经营权、用人权和资源调配权，理顺并稳定分配关系，建立保证国有资产保值增值的长效机制。科学稳妥推进产权制度改革步伐，健全国有资本合理流动机制，引进社会资本，允许管理、技术、资本等要素参与收益分配，探索发展混合所有制经济的有效途径，规范董事会建设，完善国有企业法人治理结构，建立市场化的选人用人机制。引导民营建筑企业继续优化产权结构，建立稳定的骨干队伍及科学有效的股权激励机制。

大力减轻企业负担。全面完成建筑业营业税改增值税改革，加强调查研究和跟踪分析，完善相关政策。保证行业税负只减不增。完善工程建设领域保留的投标、履约、工程质量、农民工工资 4 类保证金管理制度。广泛推行银行保函，逐步取代缴纳现金、预留工程款形式的各类保证金。逐步推行工程款支付担保、预付款担保、履约担保、维修金担保等制度。

增强企业自主创新能力。鼓励企业坚持自主创新，引导企业建立自主创新的工作机制和激励制度。鼓励企业创建技术研发中心，加大科技研究专项投入，重点开发具有自主知识产权的核心技术、专利和专有技术及产品，形成完备的科研开发和技术运用体系。引导企业与工业企业、高等院校、科研单位进行战略合作，开展产学研联合攻关，重点解决影响行业发展的关键性技术。支持企业加大科技创新投入力度，加快科技成果的转化和应用，提高企业的技术创新水平。

（八）积极开拓国际市场

加大市场开拓力度。充分把握“一带一路”战略契机，发挥我国建筑业企业在高速铁路、公路、电力、港口、机场、油气长输管道、高层建筑等工程建设方面的比较优势，培育一批在融资、管理、人才、技术装备等方面核心竞争力强的大型骨干企业，加大市场拓展力度，提高国际市场份额，打造“中国建造”品牌。发挥融资建设优势，带动技术、设备、建筑材料出口，加快建筑业和相关产业“走出去”步伐。鼓励中央企业和地方企业合作，大型企业和中小型企业合作，共同有序开拓国际市场。引导企业有效利用当地资源拓展国际市场，实现更高程度的本土化运营。

提升风险防控能力。加强企业境外投资财务管理，防范境外投资财务风险。加强地区和国别的风险研究，定期发布重大国别风险评估报告，指导对外承包企业有效防范风险。完善国际承包工程信息发布平台，建立多部门协调的国际工程承包风险提示应急管理系统，提升企业风险防控能力。

加强政策支持。加大金融支持力度，综合发挥各类金融工具作用，重点支持对外经济合作中建筑领域的重大战略项目。完善与有关国家和地区在投资保护、税收、海关、人员往来、执业资格和标准互认等方面的合作机制，签署双边或多边合作备忘录，为企业“走出去”提供全方位的支持和保障。加强信息披露，为企业提供金融、建设信息、投资贸易、风险提示、劳务合作等综合性的对外承包服务。

（九）发挥行业组织服务和自律作用

充分发挥行业组织在订立行业规范及从业人员行为准则、规范行业秩序、促进企业诚信经营、履行社会责任等方面的自律作用。提高行业组织在促进行业技术进步、提升行业管理水平、制定团体标准、反映企业诉求、反馈政策落实情况、提出政策建议等方面的服务能力。

“十三五”装配式建筑行动方案

为深入贯彻《国务院办公厅关于大力发展装配式建筑的指导意见》（国办发［2016］71号）和《国务院办公厅关于促进建筑业持续健康发展的意见》（国办发［2017］19号），进一步明确阶段性工作目标，落实重点任务，强化保障措施，突出抓规划、抓标准、抓产业、抓队伍，促进装配式建筑全面发展，特制定本行动方案。

一、确定工作目标

到2020年，全国装配式建筑占新建建筑的比例达到15%以上，其中重点推进地区达到20%以上，积极推进地区达到15%以上，鼓励推进地区达到10%以上。鼓励各地制定更高的发展目标。建立健全装配式建筑政策体系、规划体系、标准体系、技术体系、产品体系和监管体系，形成一批装配式建筑设计、施工、部品部件规模化生产企业和工程总承包企业，形成装配式建筑专业化队伍，全面提升装配式建筑质量、效益和品质，实现装配式建筑全面发展。

到2020年，培育50个以上装配式建筑示范城市，200个以上装配式建筑产业基地，500个以上装配式建筑示范工程，建设30个以上装配式建筑科技创新基地，充分发挥示范引领和带动作用。

二、明确重点任务

（一）编制发展规划

各省（区、市）和重点城市住房城乡建设主管部门要抓紧编制完成装配式建筑发展规划，明确发展目标和主要任务，细化阶段性工作安排，提出保障措施。重点做好装配式建筑产业发展规划，合理布局产业基地，实现市场供需基本平衡。

制定全国木结构建筑发展规划，明确发展目标和任务，确定重点发展地区，开展试点示范。具备木结构建筑发展条件的地区可编制专项规划。

（二）健全标准体系

建立完善覆盖设计、生产、施工和使用维护全过程的装配式建筑标准规范体系。支持地方、社会团体和企业编制装配式建筑相关配套标准，促进关键技术和成套技术研究成果转化为标准规范。编制与装配式建筑相配套的标准图集、工法、手册、指南等。

强化建筑材料标准、部品部件标准、工程建设标准之间的衔接。建立统一的部品部件产品标准和认证、标识等体系，制定相关评价通则，健全部品部件设计、生产和施工工艺标准。严格执行《建筑模数协调标准》、部品部件公差标准，健全功能空间与部品部件之间的协调标准。

积极开展《装配式混凝土建筑技术标准》《装配式钢结构建筑技术标准》《装配式木结构建筑技术标准》以及《装配式建筑评价标准》宣传贯彻和培训交流活动。

（三）完善技术体系

建立装配式建筑技术体系和关键技术、配套部品部件评估机制，梳理先进成熟可靠的新技术、新产品、新工艺，定期发布装配式建筑技术和产品公告。

加大研发力度。研究装配率较高的多高层装配式混凝土建筑的基础理论、技术体系和施工工艺工法，研究高性能混凝土、高强钢筋和消能减震、预应力技术在装配式建筑中的应用。突破钢结构建筑在围护体系、材料性能、连接工艺等方面的技术瓶颈。推进中国特色现代木结构建筑技术体系及中高层木结构建筑研究。推动“钢—混”“钢—木”“木—混”等装配式组合结构的研发应用。

（四）提高设计能力

全面提升装配式建筑设计水平。推行装配式建筑一体化集成设计，强化装配式建筑设计对部品部件生产、安装施工、装饰装修等环节的统筹。推进装配式建筑标准化设计，提高标准化部品部件的应用比例。装配式建筑设计深度要达到相关要求。

提升设计人员装配式建筑设计理论水平和全产业链统筹把握能力，发挥设计人员主导作用，为装配式建筑提供全过程指导。提倡装配式建筑在方案策划阶段进行专家论证和技术咨询，促进各参与主体形成协同合作机制。

建立适合建筑信息模型（BIM）技术应用的装配式建筑工程管理模式，推进BIM技术在装配式建筑规划、勘察、设计、生产、施工、装修、运行维护全过程的集成应用，实现工程建设项目全生命周期数据共享和信息化管理。

（五）增强产业配套能力

统筹发展装配式建筑设计、生产、施工及设备制造、运输、装修和运行维护等全产业链，增强产业配套能力。

建立装配式建筑部品部件库，编制装配式混凝土建筑、钢结构建筑、木结构建筑、装配化装修的标准化部品部件目录，促进部品部件社会化生产。采用植入芯片或标注二维码等方式，实现部品部件生产、安装、维护全过程质量可追溯。建立统一的部品部件标准、认证与标识信息平台，公开发布相关政策、标准、规则程序、认证结果及采信信息。建立部品部件质量验收机制，确保产品质量。

完善装配式建筑施工工艺和工法，研发与装配式建筑相适应的生产设备、施工设备、机具和配套产品，提高装配施工、安全防护、质量检验、组织管理的能力和水平，提升部品部件的施工质量和整体安全性能。

培育一批设计、生产、施工一体化的装配式建筑骨干企业，促进建筑企业转型发展。发挥装配式建筑产业技术创新联盟的作用，加强产学研用等各种市场主体的协同创新能力，促进新技术、新产品的研发与应用。

（六）推行工程总承包

各省（区、市）住房城乡建设主管部门要按照“装配式建筑原则上应采用工程总承包模式，可按照技术复杂类工程项目招投标”的要求，制定具体措施，加快推进装配式建筑项目采用工程总承包模式。工程总承包企业要对工程质量、安全、进度、造价负总责。

装配式建筑项目可采用“设计—采购—施工”（EPC）总承包或“设计—施工”（D–B）总承包等工程项目管理模式。政府投资工程应带头采用工程总承包模式。设计、施工、开发、生产企业可单独或组成联合体承接装配式建筑工程总承包项目，实施具体的设计、施工任务时应由有相应资质的单位承担。

（七）推进建筑全装修

推行装配式建筑全装修成品交房。各省（区、市）住房城乡建设主管部门要制定政策措施，明确装配式建筑全装修的目标和要求。推行装配式建筑全装修与主体结构、机电设备一体化设计和协同施工。全装修要提供大空间灵活分隔及不同档次和风格的菜单式装修方案，满足消费者个性化需求。完善《住宅质量保证书》和《住宅使用说明书》文本关于装修的相关内容。

加快推进装配化装修，提倡干法施工，减少现场湿作业。推广集成厨房和卫生间、预制隔墙、主体结构与管线相分离等技术体系。建设装配化装修试点示范工程，通过示范项目的现场观摩与交流培训等活动，不断提高全装修综合水平。

（八）促进绿色发展

积极推进绿色建材在装配式建筑中应用。编制装配式建筑绿色建材产品目录。推广绿色多功能复合材料，发展环保型木质复合、金属复合、优质化学建材及新型建筑陶瓷等绿色建材。到2020年，绿色建材在装配式建筑中的应用比例达到50%以上。

装配式建筑要与绿色建筑、超低能耗建筑等相结合，鼓励建设综合示范工程。装配式建筑要全面执行绿色建筑标准，并在绿色建筑评价中逐步加大装配式建筑的权重。推动太阳能光热光伏、地源热泵、空气源热泵等可再生能源与装配式建筑一体化应用。

（九）提高工程质量安全

加强装配式建筑工程质量安全监管，严格控制装配式建筑现场施工安全和工程质量，强化质量安全责任。

加强装配式建筑工程质量安全检查，重点检查连接节点施工质量、起重机械安全管理等，全面落实装配式建筑工程建设过程中各方责任主体履行责任情况。

加强工程质量安全监管人员业务培训，提升适应装配式建筑的质量安全监管能力。

（十）培育产业队伍

开展装配式建筑人才和产业队伍专题研究，摸清行业人才基数及需求规模，制定装配式建筑人才培育相关政策措施，明确目标任务，建立有利于装配式建筑人才培养和发展的长效机制。

加快培养与装配式建筑发展相适应的技术和管理人才，包括行业管理人才、企业领军人才、专业技术人员、经营管理人员和产业工人队伍。开展装配式建筑工人技能评价，引导装配式建筑相关企业培养自有专业人才队伍，促进建筑业农民工转化为技术工人。促进建筑劳务企业转型创新发展，建设专业化的装配式建筑技术工人队伍。

依托相关的院校、骨干企业、职业培训机构和公共实训基地，设置装配式建筑相关课程，建立若干装配式建筑人才教育培训基地。在建筑行业相关人才培养和继续教育中增加装配式建筑相关内容。推动装配式建筑企业开展企校合作，创新人才培养模式。

三、保障措施

（十一）落实支持政策

各省（区、市）住房城乡建设主管部门要制定贯彻国办发［2016］71号文件的实施方案，逐项提出落实政策和措施。鼓励各地创新支持政策，加强对供给侧和需求侧的双向支持力度，利用各种资源和渠道，支持装配式建筑的发展，特别是要积极协调国土部门在土地出让或划拨时，将装配式建筑作为建设条件内容，在土地出让合同或土地划拨决定书中明确具体要求。装配式建筑工程可参照重点工程报建流程纳入工程审批绿色通道。各地可将装配率水平作为支持鼓励政策的依据。

强化项目落地，要在政府投资和社会投资工程中落实装配式建筑要求，将装配式建筑工作细化为具体的工程项目，建立装配式建筑项目库，于每年第一季度向社会发布当年项目的名称、位置、类型、规模、开工竣工时间等信息。

在中国人居环境奖评选、国家生态园林城市评估、绿色建筑等工作中增加装配式建筑方面的指标要求，并不断完善。

（十二）创新工程管理

各级住房城乡建设主管部门要改革现行工程建设管理制度和模式，在招标投标、施工许可、部品部件生产、工程计价、质量监督和竣工验收等环节进行建设管理制度改革，促进装配式建筑发展。

建立装配式建筑全过程信息追溯机制，把生产、施工、装修、运行维护等全过程纳入信息化平台，实现数据即时上传、汇总、监测及电子归档管理等，增强行业监管能力。

（十三）建立统计上报制度

建立装配式建筑信息统计制度，搭建全国装配式建筑信息统计平台。要重点统计装配式建筑总体情况和项目进展、部品部件生产状况及其产能、市场供需情况、产业队伍等信息，并定期上报。按照《装配式建筑评价标准》规定，用装配率作为装配式建筑认定指标。

（十四）强化考核监督

住房城乡建设部每年4月底前对各地进行建筑节能与装配式建筑专项检查，重点检查各地装配式建筑发展目标完成情况、产业发展情况、政策出台情况、标准规范编制情况、质量安全情况等，并通报考核结果。

各省（区、市）住房城乡建设主管部门要将装配式建筑发展情况列入重点考核督查项目，作为住房城乡建设领域一项重要考核指标。

（十五）加强宣传推广

各省（区、市）住房城乡建设主管部门要积极行动，广泛宣传推广装配式建筑示范城市、产业基地、示范工程的经验。充分发挥相关企事业单位、行业学协会的作用，开展装配式建筑的技术经济政策解读和宣传贯彻活动。鼓励各地举办或积极参加各种形式的装配式建筑展览会、交流会等活动，加强行业交流。

要通过电视、报刊、网络等多种媒体和售楼处等多种场所，以及宣传手册、专家解读文章、典型案例等各种形式普及装配式建筑相关知识，宣传发展装配式建筑的经济社会环境效益和装配式建筑的优越性，提高公众对装配式建筑的认知度，营造各方共同关注、支持装配式建筑发展的良好氛围。

各省（区、市）住房城乡建设主管部门要切实加强对装配式建筑工作的组织领导，建立健全工作和协商机制，落实责任分工，加强监督考核，扎实推进装配式建筑全面发展。

建筑装饰装修工程设计与施工资质标准

一、总　　则

（一）为了加强对从事建筑装饰装修工程设计与施工企业的管理，维护建筑市场秩序，保证工程质量和安全，促进行业健康发展，结合建筑装饰装修工程的特点，制定本标准；

（二）本标准工程范围系指各类建设工程中的建筑室内、外装饰装修工程（建筑幕墙工程除外）；

（三）本标准是核定从事建筑装饰装修工程设计与施工活动的企业资质等级的依据；

（四）本标准设一级、二级、三级三个级别；

（五）本标准中工程业绩和专业技术人员业绩指标是指已竣工并验收质量合格的建筑装饰装修工程。

二、标　　准

（一）一级

1. 企业资信

（1）具有独立企业法人资格；

（2）具有良好的社会信誉并有相应的经济实力，工商注册资本金不少于 1000 万元，净资产不少于 1200 万元；

（3）近五年独立承担过单项合同额不少于 1500 万元的装饰装修工程（设计或施工或设计施工一体）不少于 2 项，或单项合同额不少于 750 万元的装饰装修工程（设计或施工或设计施工一体）不少于 4 项；

（4）近三年每年工程结算收入不少于 4000 万元。

2. 技术条件

（1）企业技术负责人具有不少于 8 年从事建筑装饰装修工程经历，具备一级注册建造师（一级结构工程师、一级建筑师、一级项目经理）执业资格或高级专业技术职称；

（2）企业具备一级注册建造师（一级结构工程师、一级项目经理）执业资格的专业技术人员不少于 6 人。

3. 技术装备及管理水平

（1）有必要的技术装备及固定的工作场所；

（2）有完善的质量管理体系，运行良好。具备技术、安全、经营、人事、财务、档案等管理制度。

（二）二级

1. 企业资信

（1）具有独立企业法人资格；

（2）具有良好的社会信誉并有相应的经济实力，工商注册资本金不少于 500 万元，净资产不少于 600 万元；

（3）近五年独立承担过单项合同额不少于 500 万元的装饰装修工程（设计或施工或设计施工一体）不少于 2 项，或单项合同额不少于 250 万元的装饰装修工程（设计或施工或设计施工一体）不少于 4 项；

（4）近三年最低年工程结算收入不少于 1000 万元。

2. 技术条件

（1）企业技术负责人具有不少于 6 年从事建筑装饰装修工程经历，具有二级及以上注册建造师（注册结构工程师、建筑师、项目经理）执业资格或中级及以上专业技术职称；

（2）企业具有二级及以上注册建造师（结构工程师、项目经理）执业资格的专业技术人员不少于 5 人。

3. 技术装备及管理水平

（1）有必要的技术装备及固定的工作场所；

（2）具有完善的质量管理体系，运行良好。具备技术、安全、经营、人事、财务、档案等管理制度。

（三）三级

1. 企业资信

（1）具有独立企业法人资格；

（2）工商注册资本金不少于50万元，净资产不少于60万元。

2. 技术条件

企业技术负责人具有不少于三年从事建筑装饰装修工程经历，具有二级及以上注册建造师（建筑师、项目经理）执业资格或中级及以上专业技术职称。

3. 技术装备及管理水平

（1）有必要的技术装备及固定的工作场所；

（2）具有完善的技术、安全、合同、财务、档案等管理制度。

三、承包业务范围

（一）取得建筑装饰装修工程设计与施工资质的企业，可从事各类建设工程中的建筑装饰装修项目的咨询、设计、施工和设计与施工一体化工程，还可承担相应工程的总承包、项目管理等业务（建筑幕墙工程除外）；

（二）取得一级资质的企业可承担各类建筑装饰装修工程的规模不受限制（建筑幕墙工程除外）；

（三）取得二级资质的企业可承担单项合同额不高于1200万元的建筑装饰装修工程（建筑幕墙工程除外）；

（四）取得三级资质的企业可承担单项合同额不高于300万元的建筑装饰装修工程（建筑幕墙工程除外）。

四、附　　则

（一）企业申请三级资质晋升二级资质及二级资质晋升一级资质，应在近两年内无违法违规行为，无质量、安全责任事故；

（二）取得《建筑装饰装修工程设计与施工资质证书》的单位，其原《建筑装饰装修专项工程设计资格证书》《建筑装饰装修专项工程专业承包企业资质证书》收回注销；

（三）新设立企业可根据自身情况申请二级资质或三级资质，申请二级资质除对“企业资信”（2）中净资产以及（3）、（4）不作要求外，其他条件均应符合二级资质标准要求。申请三级资质除对“企业资信”（2）中净资产不作要求外，其他条件均应符合三级资质标准要求；

（四）本标准由建设部负责解释；

（五）本标准自二〇〇六年九月一日起施行。

住宅装饰装修设计施工企业资质管理办法（试行）

第一章　总　则

第一条　为全面深化改革，主动承担行业管理职责，全面规范住宅装饰装修施工企业（以下简称家装企业）行为，维护住宅装饰装修行业正常的市场秩序，提高住宅装饰装修工程质量，维护消费者合法权益和安全健康，根据有关法律法规，制定本办法。

第二条　本办法所称住宅装饰装修，是指住宅结构及安装工程验收合格后，对住宅进行装饰装修分项的设计和施工。

第三条　本办法适用于在中国境内一切从事住宅装饰装修活动的施工企业。

第四条　从事住宅装饰装修工程设计施工企业，除必须取得工商行政部门颁发的“企业法人”执照外，还必须取得省级以上建设行政主管部门或委托社团机构颁发的住宅装饰装修设计施工企业资质证明。

第二章　资　质

第五条　住宅装饰装修设计施工企业资质分为一级、二级、三级。

一级资质企业条件标准：

（一）企业近三年内承担过两项以上单位工程造价在50万元以上的装饰装修工程的设计施工，工程质量合格。

（二）企业经理具有三年以上从事施工管理工作的经历；技术负责人具有五年以上从事装饰装修施工管理工作经历并具有相关专业中级以上技术职称，财务负责人具有初级以上会计职称。

（三）企业有学历或职称的工程技术和经济管理人员不少于30人，其中工程技术人员不少于20人（其中具有中级职称的人员不少于10人）且环境艺术、陈设艺术、室内设计、产品设计、装饰装修、结构、水电气等专业人员齐全。

（四）企业具有持证项目经理不少于15人，并已建立起完善的质量管理体系。

（五）企业注册资金200万元以上，并建有配合住宅装饰装修工程需要的部品生产、加工基地或产业园、家居体验馆。

（六）企业近三年最高年工程结算收入1亿元以上。

（七）企业需配备10名专职环境保护人员并制定环保管理制度。

（八）企业需配备20名以上的客户服务人员，并建立起完善的投诉解决机制。

二级资质企业条件标准：

（一）企业近三年承担过两项以上单价工程造价20万元以上的建筑装饰装修工程的施工，工程质量合格。

（二）企业经理具有三年以上从事工程管理工作经历，技术负责人具有三年以上从事建筑装饰装修施工技术管理工作经历并具有相关专业中级以上技术职称，财务负责人具有初级以上会计职称。

（三）企业有学历或职称的工程技术和管理人员不少于15人，其中工程技术人员不少于10人（其中具有中级职称的人员不少于5人）且建筑装饰装修、结构、水电气等专业人员齐全。

（四）企业具有持证项目经理不少于10人。

（五）企业注册资金100万元以上。

（六）企业近三年最高工程结算收入5000万元以上。

（七）企业需配备10名以上的客户服务人员，并建立起完善的投诉解决机制。

三级资质企业条件标准：

（一）企业近两年承担过两项以上单位工程造价10万元以上的建筑装饰装修的施工，工程质量合格，并获得业主的满意。

（二）企业经理具有两年以上从事工程管理工作经历，技术负责人具有三年以上从事建筑装饰装修施工技术管理工作经历并具有相关专业初级以上技术职称，财务负责人具有会计员以上职称。

（三）企业具有学历或职称的工程技术和经营管理人员、设计师不少于48人，其中工程技术人员不少于3人。

（四）企业具有持证项目经理不少于3人。

（五）企业注册资金10万元以上。

（六）企业近三年最高工程结算收入100万元以上。

（七）企业需配备1名专职环境保护人员并制定环保管理制度。

第六条　企业按下列工程承接工程：

一级企业　可承接各类住宅装饰装修设计施工。

二级企业　可承接住宅装饰装修单位造价500万元及以下住宅装饰装修工程的设计施工。

三级企业　可承接住宅装饰装修单位工程造价50万元以下住宅装饰装修工程的设计施工。

第七条　中国建筑装饰装饰协会有关部门或委托地方协会负责住宅装饰装修专业技术人员的岗位培训、考核、发证工作。

第三章　资质的申请和审批

第八条　住宅装饰装修企业应当向企业注册所在地市级以上授权委托行业协会申请资质。

第九条　新设立的住宅装饰装修企业，到工商行政管理部门办理登记注册手续并取得企业法人营业执照后，方可到建设行政主管部门或授权委托行业协会办理申请手续。

新设立的企业申请资质，应当向建设行政主管部门或授权委托行业协会提供下列资料：

（一）住宅装饰装修企业资质申请表；

（二）企业法人营业执照；

（三）企业章程；

（四）企业法定代表人和企业技术、财务负责人的任职文件、职称证书、身份证；

（五）企业工程技术人员和管理人员职称（或学历证书）曾参与过的工程项目情况和工作经历的证明材料；

（六）需要出具的其他有关证件、资料。

第十条　《住宅装饰装修设计施工企业等级资质证书》分为正本和副本，由有关部门统一印制，正副本具有同等法律效力。

第十一条　任何单位和个人不得涂改、伪造、出借、转让《住宅装饰装修设计施工企业资质等级证书》。

第十二条　住宅装饰装修企业在领取新的资质证明的同时，应将原住宅装饰装修资质证明交回原发证单位予以注销。企业因破产、倒闭、撤销、歇业的，应将资质证明交回原发证机关予以注销。

第四章　监督管理

第十三条　住宅装饰装修企业资质年检按下列程序进行：

（一）住宅装饰装修企业资质年检表；

（二）企业法人营业执照；

（三）《住宅装饰装修设计施工企业资质证书》；

（四）企业经营情况报表；

（五）企业名称、主要人员等变更后需提供变更及相关材料；

（六）其他需要出具的证件、资料。

第十四条　住宅装饰装修企业资质年检（在一个有效期年度进行年检）的内容是检查企业资质条件是否符合标准，是否存在质量、安全、市场行为等方面的违法违规行为。

年检的结论分为：合格、基本合格、不合格三种。

第十五条　住宅装饰装修企业资质条件符合标准，且在过去一年内未发生以下行为之一的，年检结论为合格：

（一）采取欺骗手段承揽装饰装修工程业务的；

（二）违反《住宅室内装饰装修施工规范》擅自施工的；

（三）将承包的工程非法转包或者违法分包的；

（四）严重违反国家工程建设强制性标准的；

（五）发生过四级以上工程建设重大质量安全事故的；

（六）隐瞒或者谎报，拖延报告工程质量安全事故或者破坏事故现场，阻碍对事故进行调查的；

（七）未履行保修义务，造成严重后果的；

（八）违反国家法律法规规定的行为。

第十六条　住宅装饰装修企业设计施工资质等级中，净资产、人员、经营业绩未达到资质标准的，但不低于标准的80%，且过去一年内未发生本方法第十六条所列行为之一的，年检结论为基本合格。

第十七条　有下列情形之一的，企业资质年检结论为不合格：

（一）资质条件中，净资产、人员、经营业绩任何一项未达到标准的80%的；

（二）本办法第十六条所列行为之一的。

第十八条　企业资质年检不合格或连续两年基本合格的，由各地方建设行政主管部门或授权委托部门收回注销该企业资质证书或降低其资质等级。

第十九条　在规定时间内没有参加年检的住宅装饰装修企业，其资质证书自行失效。

第二十条　由各地方主管部门在每年年检结束后30个工作日内，在公众媒体上公告年检合格、基本合格、不合格及未参加年检的企业名单。

第二十一条　企业遗失《住宅装饰装修设计施工企业资质证书》，应当在公众媒体上声明作废，并按有关规定向原发证机关申请补办。

第二十二条　企业变更名称、地址、法定代表人、技术负责人等，应当在变更后的三个月内，到原审批部门办理《资质证书》变更手续。

第五章　附　则

第二十三条　本办法由中国建筑装饰协会负责解释。

第二十四条　本办法自公布之日起施行。

装配式建筑产业基地管理办法

第一章 总 则

第一条 为贯彻《中共中央 国务院关于进一步加强城市规划建设管理工作的若干意见》、《国务院办公厅关于大力发展装配式建筑的指导意见》（国办发 [2016]71 号）关于发展新型建造方式，大力推广装配式建筑的要求，规范管理国家装配式建筑产业基地，根据《中华人民共和国建筑法》《中华人民共和国科技成果转化法》《建设工程质量管理条例》《民用建筑节能条例》和《住房城乡建设部科学技术计划项目管理办法》等有关法律法规和规定，制定本管理办法。

第二条 装配式建筑产业基地（以下简称产业基地）是指具有明确的发展目标、较好的产业基础、技术先进成熟、研发创新能力强、产业关联度大、注重装配式建筑相关人才培养培训、能够发挥示范引领和带动作用的装配式建筑相关企业，主要包括装配式建筑设计、部品部件生产、施工、装备制造、科技研发等企业。

第三条 产业基地的申请、评审、认定、发布和监督管理，适用本办法。

第四条 产业基地优先享受住房城乡建设部和所在地住房城乡建设管理部门的相关支持政策。

第二章 申 请

第五条 申请产业基地的企业向当地省级住房城乡建设主管部门提出申请。

第六条 申请产业基地的企业应符合下列条件：

1. 具有独立法人资格；

2. 具有较强的装配式建筑产业能力；

3. 具有先进成熟的装配式建筑相关技术体系，建筑信息模型（BIM）应用水平高；

4. 管理规范，具有完善的现代企业管理制度和产品质量控制体系，市场信誉良好；

5. 有一定的装配式建筑工程项目实践经验，以及与产业能力相适应的标准化水平和能力，具有示范引领作用；

6. 其他应具备的条件。

第七条 申请产业基地的企业需提供以下材料：

1. 产业基地申请表；

2. 产业基地可行性研究报告；

3. 企业营业执照、资质等相关证书；

4. 其他应提供的材料。

第三章 评审和认定

第八条 住房城乡建设部根据各地装配式建筑发展情况确定各省（区、市）产业基地推荐名额。

第九条 省级住房城乡建设主管部门组织评审专家委员会，对申请的产业基地进行评审。

第十条 评审专家委员会一般由 5~7 名专家组成，应根据参评企业类型选择装配式建筑设计、部品部件生产、施工、装备制造、科技研发、管理等相关领域的专家。专家委员会设主任委员 1 人，副主任委员 1 人，由主任委员主持评审工作。专家委员会应客观、公正，遵循回避原则，并对评审结果负责。

第十一条 评审内容主要包括：产业基地的基础条件；人才、技术和管理等方面的综合实力；实际业绩；发展装配式建筑的目标和计划安排等。

各地可结合实际细化评审内容和要求。

第十二条 省级住房城乡建设主管部门按照给定的名额向住房城乡建设部推荐产业基地。

第十三条 住房城乡建设部委托部科技与产业化发展中心复核各省（区、市）推荐的产业基地和申请材料，必要时可组织专家和有关管理部门对推荐的产业基地进行现场核查。复核结果经住房城乡建设部认定后公布产业基地名单，并纳入部科学技术计划项目管理。对不符合要求的产业基地不予认定。

第四章　监督管理

第十四条　产业基地应制定工作计划，做好实施工作，及时总结经验，向上级住房城乡建设主管部门报送年度发展报告并接受检查。

第十五条　省级住房城乡建设主管部门负责本地区产业基地的监督管理，定期组织检查和考核。

第十六条　住房城乡建设部对产业基地工作目标、主要任务和计划安排的完成情况等进行抽查，通报抽查结果。

第十七条　未完成工作目标和主要任务的产业基地，由住房城乡建设部商当地省级住房城乡建设主管部门提出处理意见，责令限期整改，情节严重的给予通报，在规定整改期限内仍不能达到要求的，由住房城乡建设部撤销产业基地认定。

第十八条　住房城乡建设部定期对产业基地进行全面评估，评估合格的继续认定为产业基地，评估不合格的由住房城乡建设部撤销其产业基地认定。

第五章　附　则

第十九条　本管理办法自发布之日起实施，原《国家住宅产业化基地试行办法》（建住房[2006]150号）同时废止。

第二十条　本办法由住房城乡建设部建筑节能与科技司负责解释，住房城乡建设部科技与产业化发展中心（住宅产业化促进中心）协助组织实施。

装配式建筑示范城市管理办法

第一章　总　则

第一条　为贯彻《中共中央　国务院关于进一步加强城市规划建设管理工作的若干意见》《国务院办公厅关于大力发展装配式建筑的指导意见》（国办发［2016］71号）关于发展新型建造方式，大力推广装配式建筑的要求，规范管理国家装配式建筑示范城市，根据《中华人民共和国建筑法》《中华人民共和国科技成果转化法》《建设工程质量管理条例》《民用建筑节能条例》和《住房城乡建设部科学技术计划项目管理办法》等有关法律法规和规定，制定本管理办法。

第二条　装配式建筑示范城市（以下简称示范城市）是指在装配式建筑发展过程中，具有较好的产业基础，并在装配式建筑发展目标、支持政策、技术标准、项目实施、发展机制等方面能够发挥示范引领作用，并按照本管理办法认定的城市。

第三条　示范城市的申请、评审、认定、发布和监督管理，适用本办法。

第四条　各地在制定实施相关优惠支持政策时，应向示范城市倾斜。

第二章　申　请

第五条　申请示范的城市向当地省级住房城乡建设主管部门提出申请。

第六条　申请示范的城市应符合下列条件：

1. 具有较好的经济、建筑科技和市场发展等条件；

2. 具备装配式建筑发展基础，包括较好的产业基础、标准化水平和能力、一定数量的设计生产施工企业和装配式建筑工程项目等；

3. 制定了装配式建筑发展规划，有较高的发展目标和任务；

4. 有明确的装配式建筑发展支持政策、专项管理机制和保障措施；

5. 本地区内装配式建筑工程项目一年内未发生较大及以上生产安全事故；

6. 其他应具备的条件。

第七条　申请示范的城市需提供以下材料：

1. 装配式建筑示范城市申请表；

2. 装配式建筑示范城市实施方案（以下简称实施方案）；

3. 其他应提供的材料。

第三章　评审和认定

第八条　住房城乡建设部根据各地装配式建筑发展情况确定各省（区、市）示范城市推荐名额。

第九条　省级住房城乡建设主管部门组织专家评审委员会，对申请示范的城市进行评审。

第十条　评审专家委员会一般由5–7名专家组成，专家委员会设主任委员1人，副主任委员1人，由主任委员主持评审工作。专家委员会应客观、公正，遵循回避原则，并对评审结果负责。

第十一条　评审内容主要包括：

1. 当地的经济、建筑科技和市场发展等基础条件；

2. 装配式建筑发展的现状：政策出台情况、产业发展情况、标准化水平和能力、龙头企业情况、项目实施情况、组织机构和工作机制等；

3. 装配式建筑的发展规划、目标和任务；

4. 实施方案和下一步将要出台的支持政策和措施等。

各地可结合实际细化评审内容和要求。

第十二条　省级住房城乡建设主管部门按照给定的名额向住房城乡建设部推荐示范城市。

第十三条　住房城乡建设部委托部科技与产业化发展中心（住宅产业化促进中心）复核各省（区、市）推荐城市和申请材料，必要时可组织专家和有关管理部门对推荐城市进行现场核查。复核结果经住房城乡建设部认定后公布示范城市名单，并纳入部科学技术计划项目管理。对不符合要求的城市不予认定。

第四章　管理与监督

第十四条　示范城市应按照实施方案组织实施，及时总结经验，向上级住房城乡建设主管部门提供年度报告并接受检查。

第十五条　示范城市应加强经验交流与宣传推广，积极配合其他城市参观学习，发挥示范引领作用。

第十六条　省级住房城乡建设主管部门负责本地区示范城市的监督管理，定期组织检查和考核。

第十七条　住房城乡建设部对示范城市的工作目标、主要任务和政策措施落实执行情况进行抽查，通报抽查结果。

第十八条　示范城市未能按照实施方案制定的工作目标组织实施的，住房城乡建设部商当地省级住房城乡建设部门提出处理意见，责令限期改正，情节严重的给予通报，在规定整改期限内仍不能达到要求的，由住房城乡建设部撤销示范城市认定。

第十九条　住房城乡建设部定期对示范城市进行全面评估，评估合格的城市继续认定为示范城市，评估不合格的城市由住房城乡建设部撤销其示范城市认定。

第五章　附　则

第二十条　本管理办法自发布之日起实施，原《国家住宅产业化基地试行办法》（建住房[2006]150号）同时废止。

第二十一条　本办法由住房城乡建设部建筑节能与科技司负责解释，住房城乡建设部科技与产业化发展中心（住宅产业化促进中心）协助组织实施。

关于印发《商品住宅装修一次到位实施细则》的通知

各省、自治区建设厅，直辖市建委及有关部门，新疆生产建设兵团建设局，解放军总后营房部：

为进一步贯彻落实《关于推进住宅产业现代化提高住宅质量若干意见》（国办发［1999］72号）要求，加强住宅装修的管理，推行一次装修模式，规范住宅装修市场行为，提高住宅装修集约化水平，加快推进住宅产业化进程，引导住宅建设健康发展，现将《商品住宅装修一次到位实施导则》印发你们，请各地结合实际，参考执行。

中华人民共和国建设部
二〇〇二年七月十八日

商品住宅装修一次到位实施细则

1 导则

1.1 总则

1.1.1 为贯彻国务院办公厅1999年72号文件转发的建设部等部门《关于推进住宅产业现代化提高住宅质量的若干意见》，“加强对住宅装修的管理，积极推广装修一次到位或菜单式装修模式，避免二次装修造成的破坏结构、浪费和扰民等现象”，落实《住宅室内装饰装修管理办法》（建设部令第110号）的有关规定，特编制本实施细则。

1.1.2 商品住宅装修一次到位所指商品住宅为新建城镇商品住宅中的集合式住宅。装修一次到位是指房屋交钥匙前，所有功能空间的固定面全部铺装或粉刷完成，厨房和卫生间的基本设备全部安装完成，简称全装修住宅。

1.1.3 本实施细则率先在国家康居示范工程和申请商品住宅性能认定项目执行，其他新建城镇商品住宅可采取分地区、分阶段的方式逐步全面推行。

1.1.4 推行装修一次到位的根本目的在于：逐步取消毛坯房，直接向消费者提供全装修成品房；规范装修市场，促使住宅装修生产从无序走向有序。坚持技术创新和可持续发展的原则，贯彻节能、节水、节材和环保方针，鼓励开发住宅装修新材料新部品，带动相关产业发展，提高效率，缩短工期，保证质量，降低造价 。

1.1.5 坚持住宅产业现代化的技术路线，积极推行住宅装修工业化生产，提高现场装配化程度，减少手工作业，开发和推广新技术，使之成为工业化住宅建筑体系的重要组成部分。

1.1.6 住宅装修产业链框。

1.2 住宅开发

1.2.1 住宅开发单位必须更新观念，建造全装修住宅，做到住宅内部所有功能空间全部装修一次到位，销售成品房的价格中包含装修费用，并应在商品房预售合同中单独标明装修标准。

1.2.2 住宅装修应在市场调查的基础上正确定位，装修档次和标准应和住宅本身的定位相一致。在标准化、通用化的前提下，力求多样化。

1.2.3 加强住宅装修组织与管理。对设计、施工和监理单位进行资质审查，运用公开招标形式优选设计、施工和监理单位。贯彻执行国家有关规范、规定和标准，坚持高起点、高标准、高效率和高科技含量，创出装修设计、施工和管理的新水平。

1.3 装修设计

1.3.1 住宅装修必须进行装修设计，由开发单位委托具有相应资质条件的设计单位设计。

住宅装修设计是住宅建筑设计的延续，必须将装修设计作为一个相对独立的设计阶段，并强化与土建设计的相互衔接，住宅装修设计应在住宅主体施工动工前进行。

1.3.2 住宅装修设计必须树立以人为本的设计思想，多方听取意见，细化设计方案，做到符合人体工程学，适应不同的结构形式，功能合理齐全，环境舒适卫生，造价适宜不高，贴近业主的实际需要。装修简洁化，装饰个性化。

1.3.3 住宅装修设计必须执行《住宅建筑模数协调标准》，厨卫设备与管线的布置应符合净模数的要求，在设计阶段就予以定型定位，以适应住宅装修工业化生产的要求，提高装配化程度。

1.3.4 积极推广应用住宅装修新技术、新工艺、新材料和新部品，提高科技含量，取得经济效益、环境效益和社会效益。

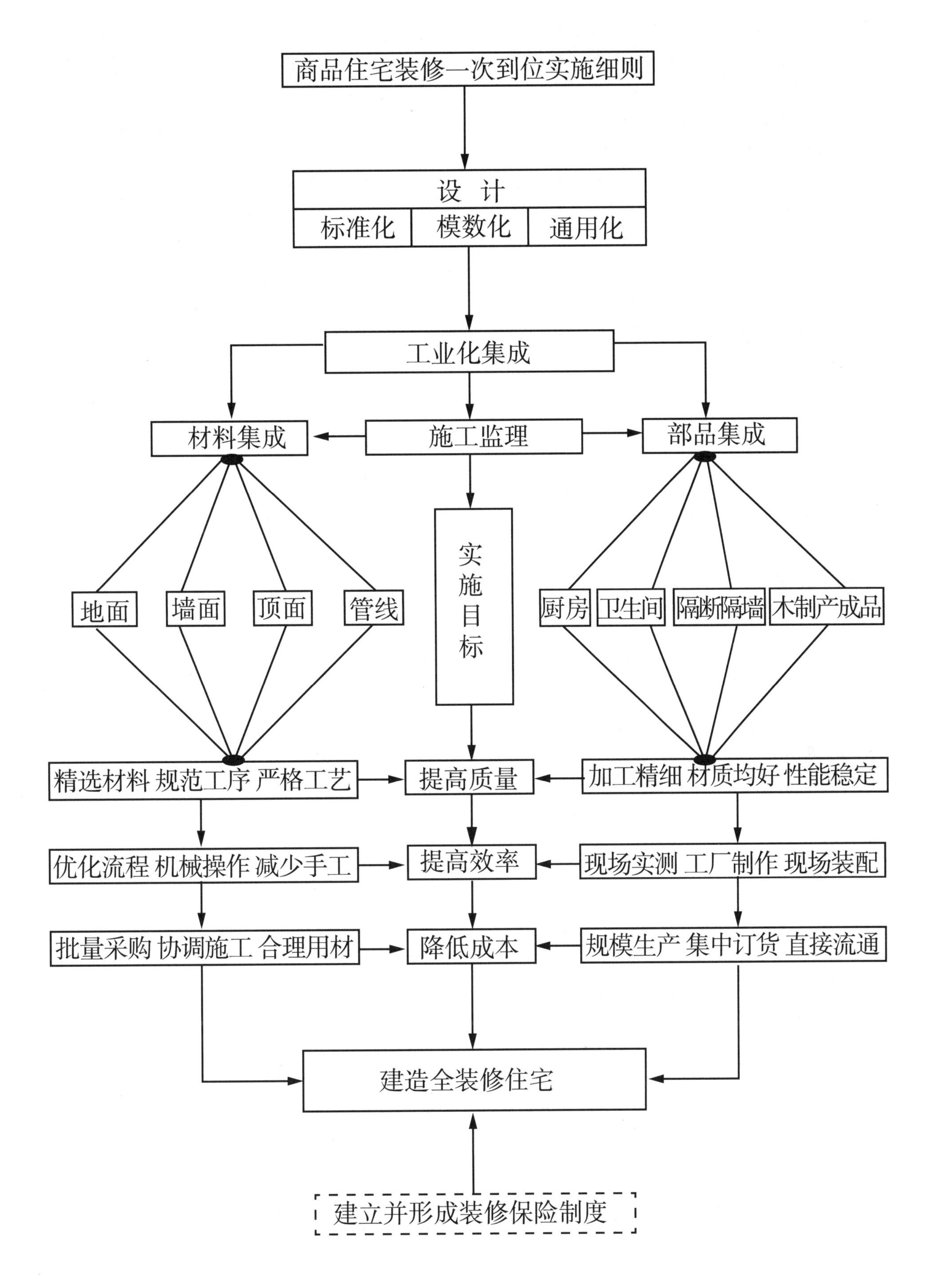

商品住宅装修一次到位实施细则
设 计
标准化
模数化
通用化
工业化集成
材料集成
施工监理
部品集成
地面
墙面
顶面
管线
实施目标
厨房
卫生间
隔断隔墙
木制产成品
精选材料 规范工序 严格工艺
提高质量
加工精细 材质均好 性能稳定
优化流程 机械操作 减少手工
提高效率
现场实测 工厂制作 现场装配
批量采购 协调施工 合理用材
降低成本
规模生产 集中订货 直接流通
建造全装修住宅
建立并形成装修保险制度

1.4 材料和部品的选用

1.4.1 建立和健全住宅装修材料和部品的标准化体系，淘汰技术落后、性能差或不符合卫生要求的材料和部品，开发和发展住宅装修新材料和新部品，进行标准化、系列化、集约化生产，实现住宅装修材料和部品生产的现代化。

1.4.2 住宅装修部品的选用应遵循《住宅建筑模数协调标准》，执行优化参数、公差配合和接口技术等有关规定，以提高其互换性和通用性。

1.4.3 实施材料和部品配套供应，形成成套技术。不但要求主体材料和辅助材料、主件和配件配套、施工专用机具配套，而且要求有关设计、施工、验收等技术文件配套，做到产品先进有标准，设计方便有依据，施工快捷质量有保证。

1.4.4 材料与部品的选择应符合产业的发展方向，经过国家授权机构的测试，满足国家有关环保、节能和节水的最新标准要求，对产品质量责任进行投保；生产企业通过 ISO9000 或 ISO14000 系列认证。

1.4.5 材料与部品采购体现集团批量采购的优势，大幅度降低采购成本。

1.5 装修施工

1.5.1 住宅装修由开发单位委托具有相应资质条件的建筑装饰施工单位施工。住宅装修应积极推行工业化施工方法，鼓励使用装修部品，减少现场作业量，积极引进和开发、应用施工专用机具，提高施工工艺水平，有效缩短施工周期。

1.5.2 加强施工组织管理，编制施工组织设计，拟定相应措施，有效控制装修施工。

1.5.3 加强质量管理，制定质量通病防治措施，争创优质工程。严把材料和部品质量关，不合格产品不准进入施工现场。

1.5.4 加强安全生产、文明施工管理，坚持安全第一、预防为主的方针，创造良好的施工环境。

1.6 工程监理

1.6.1 住宅装修必须实施工程监理，由开发单位委托具有相应资质条件的监理单位监理。开发单位与所委托的监理单位订立书面委托监理合同。

1.6.2 装修工程监理的目标是：控制投资、进度和质量，强化合同管理和信息管理， 协调各方关系。包括以下内容：审核装修合同、审核设计方案、审核设计图纸、审核工程预算、查验装饰材料和设备、验收隐蔽工程、检查工艺做法、监督工程进度、检查工程质量、协助甲方验收装修工程。

1.7 质量保证

1.7.1 确立开发单位为住宅装修质量的第一责任人，承担住宅装修工程质量责任，负责相应的售后服务。建筑装饰施工单位、装修材料和部品生产厂家负责相应施工和产品的质量责任。

1.7.2 建立和推行住宅装修质量保证体系，将设计、生产和施工的质量保证有机地联系起来，便于发现问题，研究对策，改进措施，使装修质量经得起长时间的检验。

1.7.3 住宅开发单位必须向购房者提交装修质量保证书，包括装修明细表，装修平面图和主要材料及部品的生产厂家，并执行有关的保修期。

2 装修管理

2.1 资质管理

2.1.1 推行装修一次到位的商品住宅，由住宅开发单位负责装修工程的全过程，不允许购房者个人聘请施工单位自行装修。

2.1.2 开发单位要严格选择装修设计和装修施工的单位。

（1）根据建设部建设［2001］9 号文《关于加强建筑装饰设计市场管理的意见》和《建筑装饰设计资质分级标准》，装修设计单位分为甲、乙、丙三个级别，其承担的工程项目不得超过相应级别所规定的业务范围。

（2）装修施工单位，应持有建设行政主管部门颁发的具有建筑装饰装修工程承包范围的《建筑业企业资质证书》、个体装饰装修从业者应具有上岗证书，否则不得承接家庭居室装修工程。

（3）由住宅开发单位通过招标选择的装修施工单位，必须具备一定的规模和经济实力，应符合下列条件：

①具有独立法人资格；

②配备相应的工程预决算人员、工程技术人员和施工管理人员；

③有固定的施工队伍，施工队伍工种齐全，主要技术工人应持有有关部门颁发的技能等级证书；

④装修施工前，应办理一定数额的工程保险。

（4）装修施工单位应当遵循以下规则：

①采用的装饰材料不得以次充好，弄虚作假；

②施工不得偷工减料，粗制滥造；

③不得野蛮施工，危及建筑物自身的安全；

④不得冒用其他企业名称和商标；

⑤不得损害居民和开发单位的权益；

⑥国家和地方规定的有关规范和规则。

2.2 质量管理

2.2.1 工程监理单位或装修质量监督机构对装修工程进行监理，严格执行每道工序特别是隐蔽工程的签字验收制度，以保证对施工质量的控制。

2.2.2 装修施工单位应当按月填写单项工程汇总表，报开发单位和监理单位，以保证施工进度。开发单位应根据工程汇总表和预算额按时支付费用。

2.2.3 居室装修质量首先应表现在样板间上，样板间要真实地反映装修档次和装修施工质量。交付给购房者的装修质量，不应低于样板间的质量水平。作为装修质量的衡量标准，样板间在购房者入住之前不宜拆除。

2.3 合同管理

2.3.1 住宅开发单位和购房者应按照国家和地方的有关规定签订制式合同，并在房屋结构及设备标准中设置相关全装修标准的内容（参见表 4-3《全装修套餐选择表》和表 4-2《全装修标准装饰材料》）。

2.3.2 住宅开发单位应在和装修设计单位、施工单位等签订合同，合同中包括全装修的套餐选择和标准装饰材料等内容（参见表 4-3《全装修套餐选择表》、表 4-2《全装修标准装饰材料》），并规定实施中应贯彻全装修住宅的思想，实行工业化装修方式。

3 装修设计

3.1 一般规定

3.1.1 室内装修的功能

（1）室内空间的美化功能。主要包括：①造型艺术处理；②照明艺术处理；③材料的色彩，材料的质感。

（2）室内空间的利用和再塑。①空间的竖向分隔；②空间的水平分隔；③空间的有效使用；④室内外空间的相互渗透。

（3）结构及设备的隐蔽功能。①土建饰面层的保护；②水暖电管线及设备的隐蔽和保护；③防渗防潮的措施。

（4）住宅物理性能的提高。①提高保温、隔热、隔声、防尘性能；②提高防火、防跌、防滑、防晒性能；③延长住宅的使用寿命。

3.1.2 设计步骤与思路

（1）确定标准

配合开发单位通过市场调查研究，结合装修的流行趋势，明确销售对象，确定装修标准。其装修水平至少应达到购房者所期望的档次和标准。

装修一次到位应在土建施工开工前，确定装修设计方案，由开发单位优选队伍，统一组织，采用工业化的集成方式加以实施。装修一次到位应建立在通用化的设计基础之上，其前提是规范化的有序管理。

装修的多样化，可表现在不同套型平面采用不同“菜单”的差异上，精选出具有代表性的装修方案，强调在同一档次上的统一性和均好性，同时通过设计引导消费者向装饰个性化方向发展。

（2）提前衔接

建造全装修住宅，首先要实施土建设计和装修设计一体化。土建设计方案确定后，装修设计单位就应提前介入，针对住宅套内的平面布置、设备及管线的位置，提出相应的装修方案图，两个方案相互补充完善并进行调整。重点解决土建、设备与装修的衔接问题，解决界面的联系，真正达到装修的标准化、模数化、通用化，为装修的工业化生产打下基础，改变土建、装修相互脱节的局面，使室内空间更趋合理。

①土建设计宜选用净模制，用模数空间包容部品群；②土建设计宜选用定型门窗洞口系列。尽量避免使用刀把门，为后装房门、做门套提供便利条件；③水、暖、气等设施管道系统应集中定型定位布置，竖向管道宜综合设计应固定在轻钢龙骨支架上，形成定型的预制管束，逐层吊装对接后包敷。水平管道可利用地石垫层、吊顶布置，或采用布管矮墙连接管束中的竖管和洁具；④强、弱电线路，最好采用独立的布线系统，以便维护、更新线路和增加、改变用电点位置，从而避免影响其他部品和装修面层的完好。

（3）部品集成

设计人员应了解材料部品的规格、式样和品质，以及生产厂家的加工能力和安装方式等，通过组合先在图纸上加以集成。尤其是厨房、卫生间的设备配置，必须通过排列才能确定空间的各种尺寸。对于非标准装修的部位，要进行尺寸实测。工厂加工，现场组装，要求装修设计为现场的快速组装创造接合条件，尽可能减少手工加工的环节。

（4）提供图纸

设计图纸完成后，应向装修施工单位进行交底，说明施工中应注意的问题和技术要求。

设计单位应向开发单位和施工单位提供以下图纸资料：

①装修施工详图（包括水暖电附属专业图）；

②设备部品清单；

③概算。

开发单位应向购房者提供以下竣工图：

①套型（套内）平面图及使用面积；

②选材和设备配置使用说明书；

③设备接口位置和接口图、套内面积。

装修设计图纸作为必备资料交给购房者，购房者对照图纸进行验收。

（5）指导施工

首先指导施工单位做出样板间，以引导装修工程按一个标准全面展开。样板间应以交付给购房者时的实景为主，以带个性化装饰为辅，真实地反映装修一次到位的商品房的内在质量。

设计人员要配合开发单位、监理单位、施工单位，对材料和部品进行把关，现场解决在安装集成过程中的问题，确保装修按图纸施工。

3.1.3 装修的环保原则

室内装修必须十分重视环保及防污问题。要在选材、施工用料方面坚持如下原则：

（1）节约资源

①提倡使用可重复使用、可循环使用、可再生使用的材料；

②选用良好的密封材料，改进装修节点，提高外墙外门窗的气密性；

③选用先进的节能采暖制冷技术与设备；

④选用高效节能的光源及照明新技术；

⑤节约用水，要强制性淘汰耗水型器具，推广节水器具，选用节水水嘴和节水便器。

（2）减少室内空气污染

①选用环保型装修材料；

②选择无毒、无害、无污染环境、有益于人体健康的材料和部品。宜采用取得国家环境标志的材料和部品；

③使用能改善室内空气质量的先进技术及设备；

④防止成品家具对室内造成的污染。

3.2 住宅功能空间设备配置推荐标准

3.2.1 商品住宅装修必须达到购房者入住即可使用的标准，从装修入手，整合提高住宅的品质，达到相应等级的舒适程度。

3.2.2 住宅功能空间的推荐标准：

（1）住宅功能空间推荐标准

标准 室内空间等级		设备名称					
		电视插口	电话	空调专用线	电热水器专用线	电源插座	信息插口
主卧室	普通住宅	1	1	√		3组	1
	中高级住宅	1	1	√		4组	
	高级住宅	1	1	√		5组	
双人卧室	普通住宅			√		2组	
	中高级住宅	1	1	√		3组	
	高级住宅	1	1	√		4组	
单人卧室	普通住宅			√		2组	1
	中高级住宅		1	√		3组	1
	高级住宅	1	1	√		3组	1
起居室	普通住宅	1	1	√		4组	
	中高级住宅	1	1	√		5组	
	高级住宅	1	1	√		6组	1
厨房	普通住宅					3组	
	中高级住宅					4组	
	高级住宅	1	1		√	5组	
卫生间	普通住宅					3组（含洗衣机插座）	
	中高级住宅				√	4组	
	高级住宅		1		√	5组	
餐　厅	中高级住宅					1组	
	高级住宅	1	1	√		2组	
书　房	中高级住宅		1	√		3组	1
	高级住宅		1	√		4组	1
其余设备	给水设备	用水量200升　300升人·日　热水管道系统					
	采暖通风	散热器（空调机）北方地区采暖如用电					
	电器设备	电表5（20）A　10（40）A（特殊设备选型用电量，设计定）负荷6000W以上					

注：这里将住宅分为：普通住宅、中高级住宅、高级住宅。普通住宅相当于商品住宅性能评定中的A级商品住宅；中高级住宅相当于商品住宅性能评定中的AA级商品住宅；高级住宅相当于商品住宅性能评定中的AAA级商品住宅。

（2）厨房、卫生间部分

标准 功能空间		设施配置标准
厨房	普通住宅	灶台、调理台、洗池台、吊柜、冰箱位、排油烟机（操作面延长线≥ 2400mm）（防水防尘）吸顶灯，配置厨房电器插座 3 组
	中高级住宅	灶台、调理台、洗池台、搁置台、吊柜、冰箱位、排油烟机（操作面延长线≥ 2700mm）、消毒柜、微波炉位、厨房电器插座 4 组，吸顶灯（防水、防尘型）
	高级住宅	灶台（带烤箱）、调理台、洗池台、洗碗机、搁置台、吊柜、冰箱位、排油烟机（操作面延长线≥ 3000mm）微波炉位、电话、电视插口、厨房电器插座 5 组、吸顶灯（防水、防尘型）
卫生间	普通住宅	淋浴、洗面盆、坐便器、镜（箱）、洗衣机位、自然换气（风道）吸风机、电剃须等电器插座 3 组，吸顶灯（防水型）、镜灯
	中高级住宅	浴盆（1.5m）和淋浴器、（蒸汽房）洗面化妆台、化妆镜、洗衣机位、坐便器（2 个）、排风扇（风道吹风机）、电剃须等电器插座 4 组，电话（挂墙式分机）接口
	高级住宅	浴盆（水按摩）和淋浴器、（蒸汽房）洗面化妆台、化妆镜、洗衣机位、坐便器（2 个）净身盆、换气扇、红外线灯、吹风机、电剃须等电器插座 5 组，电话接口、顶灯、镜灯

注：不含整体浴室。

3.3 商品住宅装修防火与安全

3.3.1 住宅装修设计应严格执行《建筑设计防火规范》GBJ16-87、《高层民用建筑设计防火规范》GB50045-95、《建筑内部装修设计防火规范》GB50222-95 及 1999 年局部修订条文等规范相关条文。住宅装修设计安全因素要把防火设计放在首要位置。

3.3.2 商品住宅装修防火等级：分为高层住宅及低层、多层住宅两个等级，高层住宅为一级防火，低层、多层住宅二级防火。

3.3.3 装修材料按其燃烧性能划分为四级，见下表：

装修材料燃烧性能等级

等级	装修材料燃烧性能
A	不燃性
B_1	难燃性
B_2	可燃性
B_3	易燃性

3.3.4 高层住宅内部装修材料的燃烧性能等级不应低于下表规定：

高层住宅各部位装修材料的燃烧性能等级

建筑等级	顶棚	墙面	地面	隔断	固定家具	装饰织物				其他装饰材料
						窗帘	帷幕	床罩	家具包布	
普通住宅	B_1	B_2	B_2	B_2	B_2	B_2		B_2	B_2	B_2
高级住宅	A	B_1	B_2	B_1	B_2	B_1		B_1	B_2	B_1

注：本细则中，中高级住宅装修材料的燃烧等级由设计人员视情况确定。

3.3.5 低层及多层住宅内部装修材料燃烧性能等级不应低于下表规定：

低层、多层住宅各部位装修材料的燃烧性能等级

建筑等级	装饰材料燃烧性能等级							
	顶棚	墙面	地面	隔断	固定家具	装饰织物		其他装饰材料
						窗帘	帷幕	
普通住宅	B_1	B_1	B_1	B_1	B_2	B_2		B_2
高级住宅	A	B_1	B_1	B_1	B_2	B_2		B_2

注：高级住宅中含中高级住宅。

3.3.6 住宅内部常用装修材料燃烧性能等级划分举例见下表：

住宅内部常用装修材料燃烧性能等级

材料类别	级别	材料举例
各部位材料	A	花岗石、大理石、水磨石、水泥制品、混凝土制品、石膏板、石灰制品、黏土制品、玻璃、瓷砖、马赛克、钢铁、铝、铜合金等
顶棚材料	B_1	纸面石膏板、纤维石膏板、水泥刨花板、矿棉装饰吸声板、玻璃棉装饰吸声板、珍珠岩装饰吸声板、难燃胶合板、难燃中密度纤维板、岩棉装饰板、难燃木材、铝箔复合材料、难燃酚醛胶合板、铝箔玻璃钢复合材料等
墙面材料	B_1	纸面石膏板、纤维石膏板、水泥刨花板、矿棉板、玻璃棉板、珍珠岩板、难燃胶合板、难燃中密度纤维板、防火塑料装饰板、难燃双面刨花板、多彩涂料、难燃玻璃钢平板、PVC 塑料护墙板、轻质高强复合墙板、阻燃模压木质复合板材、彩色阻燃人造板、难燃玻璃钢等
	B_2	各类天然木材、木制人造板、竹材、纸制装饰板、装饰微薄木贴面板、印刷木纹人造板、塑料贴面装饰板、聚酯装饰板、复塑装饰板、塑纤板、胶合板、塑料壁纸、无纺贴墙布、墙布、复合壁纸、天然材料壁纸、人造革等
地面材料	B_1	硬 PVC 塑料地板，水泥刨花板、水泥木丝板、氯丁橡胶地板等
	B_2	半硬质 PVC 塑料地板、PVC 卷材地板、木地板氯纶地毯等
装饰织物	B_1	经阻燃处理的各类难燃织物等
	B_2	纯毛装饰布、纯麻装饰布、经阻燃处理的其他织物等
其他装饰材料	B_1	聚氯乙烯塑料、酚醛塑料，聚碳酸酯塑料、聚四氟乙烯塑料。三聚氰胺、脲醛塑料、硅树脂塑料装饰型材、经阻燃处理的各类织物等。另见顶棚材料和墙面材料内中的有关材料
	B_2	经阻燃处理的聚乙烯、聚丙烯、聚氨酯、聚苯乙烯、玻璃钢、化纤织物、木制品等

3.3.7 商品住宅内部装修材料燃烧性能升级使用措施：住宅内部装修应根据不同防火等级的建筑及不同使用部位选择相应的燃烧性能等级的材料。如不能达到以上标准，则应采取必要的防火措施：

（1）安装在钢龙骨上燃烧性能达到 B_1 级的纸面石膏板、矿棉吸声板，可作为 A 级装修材料使用。当胶合板表面涂覆一级饰面型防火涂料时，可作为 B_1 级装修材料使用。

（2）当胶合板用于顶棚和墙面装修并且不内含电器、电线等物体时，宜仅在胶合板外表面涂覆防火涂料；当胶合板用于顶棚和墙面装修并且内含有电器、电线等物体时，胶合板的内、外表面以及相应的木龙骨应涂覆防火涂料，或采用阻燃浸渍处理达到 B_1 级。

（3）当低层、多层民用建筑需要内部装修的空间内装有自动灭火系统时，除顶棚外，其内部装修材料的燃烧材料等级可在 3.3.5 表规定的基础上降低一级；当同时装有火灾自动报警装置和自动灭火系统时，其顶棚装修材料的燃烧性能等级可在 3.3.5 表规定的基础上降低一级，其他装修材料的燃烧性能等级可不限制。

3.3.8　厨房装修材料的燃烧性能规定及消防措施：厨房顶棚、墙面、地面均应采用 A 级装修材料，可考虑安装烟感及喷淋设备。

3.3.9　住宅内灯具安装部位装修材料规定：照明灯具的高温部位，当靠近非 A 级装修材料时，应采取隔热、散热等防火保护措施。灯饰所用材料的燃烧性能等级不应低于 B_1 级。

3.3.10　住宅内灯具安装要点：

（1）灯具高温部位与可燃物之间应采取隔热、散热等防火保护措施。如设绝缘隔热物，以隔绝高温；加强通风降温散热措施。

（2）灯饰所用材料的燃烧性能等级不应低于 B_1 级。

（3）功率在 100W 以上的灯具不准使用塑胶灯座，而必须采用瓷质灯座。

（4）镇流器不准直接安装在可燃建筑构件上，否则，应用隔热材料进行隔离。

（5）碘钨灯的灯管附近的导线应采用耐热绝缘材料（玻璃浮、石棉、瓷珠）制成的护套，或采用耐热线，以免灯管内高温破坏绝缘层，引起短路。

（6）功率较大的白炽灯泡的吸顶灯、嵌入式灯应采用耐热绝缘护套对引入电源线加以保护。

（7）有一定重量的饰物、吊灯、吊柜以及悬挂的其他物件，一定要解决好构造安装牢固可靠。

3.3.11　装修设计要充分考虑建筑结构的完好性，对结构主体不得拆改。

3.3.12　装修设计不得破坏消防器材及设备，不得影响其使用和标示。

3.3.13　住宅设计中阳台荷载最小，装修设计不宜扩大其原有功能，地面不宜铺设石材。在放置花盆处，必须采取防坠措施。

3.4　装修对室内环境的控制

3.4.1　室内环境质量标准，以满足《民用建筑工程室内环境污染控制规范》的要求。

室内物理环境质量标准

项　目			指　标
			≥ 1%（室外全天空光照度与室内距窗 1 米高天然光照度比）
光环境	照明		起居厅及一般活动区　30LX　70LX 卧室、书写阅读　150 LX　300LX 床头阅读　75 LX　150LX 餐厅、厨房　50 LX　100LX 卫生间　20 LX　50LX 楼梯间　15 LX　30LX
声环境	空气隔声 撞击隔声		分护墙、楼板≥ 40dB　50dB 楼板≤ 75dB　65dB
热环境 （按不同气候区别）	冬季	采暖区	16℃　21℃
		非采暖区	12℃　21℃
	夏季		<28℃

3.4.2　改善室内热环境措施：

（1）装修设计应妥善考虑散热器的位置及散热效果，不应把散热器包严封死，影响室内热空气的对流。提倡采用先进采暖技术，或选用美观、热效高的新型散热器。

（2）装修设计应充分考虑门窗安装节点，严格门窗安装规程，确保室内的气密性。

（3）装修设计宜通过设置百叶窗或多种窗帘来反射、吸纳阳光，从而达到降低或提高室温的目的。

（4）空调机的室内机安装位置要考虑最佳效果。外窗可附加风扇，加强空气对流。提倡增加新风的设备，改善室内空气质量。

3.4.3　改善室内声环境措施：

（1）铺设架空或有软垫层的地板、地毯、半软质的橡胶地板、软木复合地板，减少固体传声。

（2）提倡采用隔声优良的门、窗和分室隔墙。

（3）提倡墙面贴墙纸、墙布，悬挂装饰物达到吸声效果。

3.4.4　改善室内光环境措施：

（1）尽量采用自然光改善居室卫生指标。

（2）装修设计宜采用浅色及低反射系数的材料，以提高室内亮度，同时避免过强的阳光影响购房者的工作、休息。

（3）通过窗帘的设置，将直射光线变为漫射光线，改善透光系数，调节室内明亮程度。

（4）人工照明应选择恰当的光源及灯具，照度应符合 3.4.1 表光环境照明部分的规定。

3.4.5　改善室内空气质量：

（1）住宅穿堂风，通风排气烟道和通风设施是保持空气净化、防止空气污染的有效设计，装修时应充分利用，不应破坏。

（2）为避免燃气热水器排出有害气体对人的影响，应采用专用排气道或采用平衡式燃气热水器。

（3）设有空调和采暖设备的房间应增加补充新风的设备或安通风窗，减少空气的滞留。

（4）装修应避免形成通风死角。厨房、卫生间宜装排气扇及门下装百叶，形成负压，有利于空气流动，有利于换气。

3.5　住宅电器线路的装修设计

3.5.1　配电线路应有完善的保护措施，且有短路保护，过负荷保护和接地故障保护，作用于切断供电电源。配电箱内的开关均采用功能完善的低压断路器。每栋住宅楼的总电源进线断路器，应具有漏电保护功能，配电用保护管采用热镀锌钢管或聚氯乙烯阻燃塑料管，阻燃塑料管的质量应符合行业标准规定（氧指数不大于 27）。吊顶内强电严禁采用塑料管布线。

3.5.2　电气线路采用符合防火要求的暗敷配线，导线采用绝缘铜线，表前线不应小于 $10mm^2$，户内分支线不小于 $2.5mm^2$。厨房、空调分支线不应小于 $4mm^2$，每套住宅的空调电源插座、与照明电源分路设计，电源插座回路设有漏电保护，分支回路数不少于 6 回。采用可靠的接地方式，并进行等电位联结，且安装质量合格。主要电气材料设备具有出厂合格证等质量保证资料，电源插座均采用安全型。

3.5.3　导线耐压等级应高于线路工作电压，截面的安全电流应大于负荷电流和满足机械强度要求，绝缘层应符合线路安装方式和环境条件。

3.5.4　线路应避开热源，如必须通过时，应做隔热处理，使导线周围温度不超过 35℃。

3.5.5　线路敷设用的金属器件应做防腐处理。

3.5.6　各种明布线应水平垂直敷设。导线水平敷设时距地面不小于 2.5m，垂直敷设时不小于 1.5m，否则需加保护，防止机械损伤。

3.5.7　布线便于检修，导线与导线、管道交叉时，需套以绝缘管或作隔离处理。

3.5.8　导线应尽量减少接头。导线在连接和分支处不应受机械应力的作用。导线与电器端子连接时要牢靠压实。大截面导线连接应使用与导线同种金属的接线端子。

3.5.9　导线穿墙应装过墙管，两端伸出墙面不小于 100mm。线路接地绝缘电阻不应小于每伏工作电压 1000Ω。

3.5.10 考虑到智能化的发展，要为住宅智能化布线安装预留线路。可以隐藏在可拆卸的压顶线、挂镜线、踢脚线中，便于更换。结合装修平面设计，在各功能空间内预留数字视频、信息网络接口，且位置恰当。

商品住宅性能认定对不同等级商品住宅规定的智能设施标准示于下表。在装修时应考虑各信息点的布线到位，以满足用户方便使用的要求。一般应与智能化设计的集成商共同研究确定。

商品住宅性能等级的智能系统设施

商品住宅等级 智能设施	高级	中高级	普通
智能设施	▲	▲	▲
设置出入口及周边安防报警和电视监控系统	▲	▲	▲
设置电子巡更系统	▲	▲	▲
设置可视对讲与门控系统	▲	▲	▲
水、电、燃气三表户外计量，有供暖温控、计量设施	▲	▲	▲
设置供电、公共照明、供水、消防、车库等公共设施的电视监控系统	▲	▲	
设置物业管理计算机局部网络系统	▲	▲	▲
设置有线电视网、高速宽带数据光纤传输、交互式数字视频服务信息网络系统	▲		
设置购房者内安防和紧急呼救报警系统	▲		

4 装修实施

4.0.1 住宅装修一次到位的具体实施步骤（表4–1）应围绕全装修住宅精心组织每个阶段的工作，努力解决传统做法中所带来的一系列问题。

4.0.2 表4–1到表4–3以工程实例为样本，可以在实施中参照执行。

表4–1 传统装修方式和装修一次到位实施对比

装修流程	传统装修做法	装修一次到位	实施提示
装修时间	由购房者自行组织实施。时间在毛坯房或初装修房交房后随个人入住时间而定，容易对周围购房者形成干扰	由住宅开发单位统一组织，时间在土建完成以后购房者入住之前，不对购房者形成干扰	住宅开发单位应通过大量的市场调查确定装修标准。 表4–3：全装修套餐选择表
装修设计	有的由装修公司设计，也有的没有专门设计。装修和装饰同时进行。装修设计和土建设计脱节，装修设计经常改变管线和隔墙位置	统一对装修设计进行招标，对装修设计资质严格把关，进行多方案比较并和土建设计相衔接和协调，将装修设计的意见及时反馈给土建设计，注意运用标准化、模数化和通用化，为住宅装修的工业化生产创造条件	将装修和装饰分开为两个阶段，装修风格简洁大方实用，着重解决功能问题。装修设计造价应和住宅本身的定位相适应，反映装修最新进展，使用新材料和新部品。装修设计的提前介入对土建设计提出了更高的要求，促使土建设计更趋合理

续表

装修流程	传统装修做法	装修一次到位	实施提示
装修施工组织	多由规模较小的装修企业甚至马路游击队进行施工，无法对施工资质进行把关，与购房者之间缺少稳定的合同关系	住宅开发单位组织对装修施工进行招标，对装修施工企业资质严格把关，优选信誉好、水平高和具有工业化生产住宅部品的企业完成施工	装修施工企业应择优选择一家总包单位
装修材料和部品采购	购房者到装饰市场采购装修材料和部品，因为对装修产品不熟悉，无法保证产品的品质和环保要求	由住宅开发单位统一组织对装修材料和部品进行招标，企业有责任避免选用对人体有危害的材料	集团采购大幅度降低装修材料和部品成本
装修施工	交房时的初装修多被拆毁，造成大量的建筑垃圾和浪费。现场作业工作量大，多以手工操作为主，噪音大，精度差，工期长，工作环境差，危害现场工人身心健康，噪音影响周围购房者。甚至随意拆墙打洞、改动管线，给整栋住宅带来抗震、消防等安全隐患，影响建筑物的使用寿命	建造全装修住宅，推行住宅装修工业化生产，大大提高劳动生产率，加快施工速度，保证装修质量	
装修监理	大多数无	由住宅开发单位选定监理公司进行装修监理	
质量验收	住宅开发单位交房时为毛坯房，由购房者自行组织装修和对装修质量进行验收，推迟了购房者实际入住时间	建造全装修住宅，将土建与装修进行紧密衔接，并由住宅开发单位对质量首先进行验收。购房者可以对照样板间对所购住房的装修标准和质量进行验收	样板间作为装修质量的衡量标准，用于购房者参照验收，在购房者入住之前不宜拆除。 表 4-2：全装修标准装饰材料
保修、保险和维护	多数无法得到正常的保修和维护，无保险	由住宅开发单位和选定的装修公司对所有购房者实行统一的质量保证和保修制度，并可和物业公司协商维护。全装修住宅为保险制度在住宅装修中的引入创造条件	合理界定住宅开发单位和购房者间的责任

续表

装修流程	传统装修做法	装修一次到位	实施提示
厨房	交房时的初装修多被购房者拆掉，造成大量的建筑垃圾和浪费		
	土建设计没有考虑室内空间的模数化和标准化，造成空间的浪费和布局不合理，管线位置没有结合室内家具和设备的布置	装修设计和土建设计同步完成并互相衔接，综合考虑烟道和管线对炊事流程设置的影响。由工厂定型生产各种标准化接口	重点解决厨房内各种管线的合理敷设问题，使用复合材料管线的暗埋应用技术
	改动管线可能带来防火方面的安全隐患	管线应采用新型复合管材，进行隐蔽和暗藏。为加强管道及管件的防腐性能，宜采用新型管材。a. 给水管宜采用铝塑复合管，交联聚乙烯（PE-X）管；b. 排水管宜采用 UPVC 塑料管，有压力部分应采用防腐焊接管；c. 热水管宜采用铜管或 PE-X 管或 PP—R 管；d. 燃气管干管应采用防腐无缝钢管，支管应采用 PE-X 管或热镀锌管；e. 电线套管应采用阻燃塑料管或热镀锌管	设立集中管井于厨房的一角。厨房水平管线应设在橱柜的后面或下方墙角处；对远离集中管井的厨房废水，应设立单独的排水立管。排水管线和水槽与厨房家具的结合应严密不渗漏水
	现场测量尺寸现场制作橱柜，不符合家电模数标准和炊事流程的要求，加工周期长，成本高，产品非标化	根据装修设计，采购符合标准化、模数化和通用化要求的厨房设备，工厂批量生产。实现厨房设备商品化供应和专业化安装服务。成本低，速度快。厨房设备种类和色彩由购房者自行选择	重视整体设计，厨房家具设备和配件在尺度上要符合建筑模数和设计要求； 表 4-3：全装修套餐选择表
	墙面砖和地板砖都在现场切割并磨砖对缝，材料不符合模数化的要求，精度差，浪费大	墙面砖和地板砖有可能根据设计的需要和模数化的要求进行批量化定型生产，提高功能的合理性，突出装修特色	
		烟道采用成品烟道，有效防止倒灌和串味	

续表

装修流程	传统装修做法	装修一次到位	实施提示
卫生间	建筑设计未考虑室内净尺寸的模数化，管线位置没有结合卫生洁具和洗衣机等的布置	室内设计和土建设计互相衔接，综合考虑洗衣机和卫生洁具的位置，由工厂定型生产各种标准化接口	
		采用节水型和品牌卫生洁具	集团采购降低品牌卫生洁具的成本
	装修施工中经常无意破坏防水层，造成渗漏	装修施工和土建施工衔接良好，有利于提高防火防渗性能	防水工程和饰面工程同期完成
	回水弯在下层，检修不方便	管线采用新型复合管材（具体参照厨房），进行隐蔽和暗藏。竖管走管道井，回水弯在同层，检修不对其他层购房者形成干扰	竖管走管道井，卫生间楼板下沉处理，或设置管束或管墙
	墙面砖和地板砖都在现场切割并磨砖对缝，材料不符合模数化的要求，精度差，浪费大	墙面砖和地板砖可以根据设计的要求进行批量化定型生产，提高功能的合理性，突出装修特色	土建设计和装修设计考虑标准化模数化的要求，为工业化生产提供条件。 表 4-3：全装修套餐选择表
		整体浴室由工厂生产，现场装配，减轻结构自重，提高工业化生产水平，减少现场作业工作量，极大地缩短施工周期，克服跑、冒、滴、漏的质量通病	用 SMC 一体化浴缸防水盘或浴缸和 SMC 防水盘组合、一体化洗面盆或洗面盆和台板组合、壁板、顶板构成的 SMC 整体框架，配上各种功能洁具形成的独立卫生单元。土建设计阶段开始选用整体卫生间定型产品，土建施工后期现场装配
木制产成品	原材料未经处理，含水率偏高，易变形	木材含水率经严格处理，达到企业或国家标准	表 4—3：全装修套餐选择表
	以手工作业为主，机械加工为辅，加工精度差	以工业化机械加工为主，加工精度高，周期短	
	现场作业噪声较大，对周围购房者干扰大	现场作业以拼装为主，噪声小，施工周期短	
	现场制作的木制品，表面着色、刷漆，施工环境恶劣，施工条件无法保证施工质量。气味长期难以散尽，影响人体健康	由工厂提供木制产成品，在工厂完成着色、喷漆等工艺流程，现场用胶粘接	装修订货安装合同

续表

装修流程	传统装修做法	装修一次到位	实施提示
地面	装修材料不适合地面设计保留的厚度，形成地面高差，甚至材料使用不当加大地面荷载，形成安全隐患	装修材料可由住宅开发单位提供有限的菜单，购房者在购房时进行选择	在装修设计过程中考虑到土建设计的要求，土建设计给装修设计选择地面留有余地 表 4-3：全装修套餐选择表
	地面面材现场手工切割，精度较低，成本较高，材料浪费大	地面面材在工厂切割，精度高，成本低	

表 4-2　全装修标准装饰材料

位置	项目	名称	品牌	规格 / 型号	颜色	备注
客厅	地坪	实木地板	***	90*900	金黄 / 暗红	可供客户选择
		仿古地板	***	500*500		
	墙面	乳胶漆	***		浅黄	
	平顶	乳胶漆	***		白色	
	过道平顶	乳胶漆	***		白色	
	踢脚板	红橡木	***	12*120	木色	
	灯具	多头吊灯	***		白色	
	分户门	多木大门	***	900*2050	木色	
	门套线	实木	***		木色	
	大门锁		***		金黄	
	门槛石	大理石	***	280*900	绿色	
	跃层扶手	实木扶手	***	900 高		
	台阶面	大理石	***		绿色	
	开关、插座		***		白色	
餐厅	地坪	实木地板	***	90*900	金黄 / 暗红	供客户选择
		仿古地板	***	500*500	米黄	
	墙面	乳胶漆	***		浅黄	
	平顶	乳胶漆	***		白色	
	踢脚板	红橡木	***	12*120	木色	
	门槛石	大理石	***	280*900	绿色	
	灯具	多头吊灯	***		白色	
	开关、插座		***		白色	

续表

位置	项目	名称	品牌	规格 / 型号	颜色	备注
主卧	地	实木地板	***	90*9000	金黄 / 暗红	
	墙面	乳胶漆	***		浅黄	供客户选择
	平顶	乳胶漆	***		白色	
	踢脚板	红木橡	***	12*120	木色	
	灯具	多关吊灯	***		白色	
	卧房门	夹板木门	***	720*2050	木色	
	门套线	实木	***		木色	
	门锁		***		金黄	
	窗台面	大理石	***		米黄	
	开关、插座		***		黄色	
客卧（1、2）	地	实木地板	***	90*900	金黄 / 暗红	
	墙面	乳胶漆	***		浅黄	供客户选择
	平顶	乳胶漆	***		白色	
	踢脚板	红橡木	***	12*120	木色	
	灯具	多关吊灯	***		白色	
	卧房门	夹板木门	***	720*2050	木色	
	门套线	实木	***		木色	
	门锁		***		金黄	
	窗台面	大理石（进口）	***		米黄	
	开关、插座		***		白色	
主卫	地坪	仿古砖	***	300*300	土黄 / 浅蓝	
	墙面	瓷片	***	280*330	白色	供客户选择
	平顶	铝扣板	***	0.8cm	白色 / 蓝色	
	灯具	多头吊灯	***		白色	
	卫生间门	夹板木门	***	720*2050	木色	
	门套线	实木	***		木色	
	卫生间门锁		***		金黄色	
	洁具		***		白色	坐厕为 6 升节水型
	洗面盆台面	人造石	***		灰白 / 绿色	供客户选择
	门槛石	大理石	***	280*900	绿色	
	开关、插座		***		白色	

续表

位置	项目	名称	品牌	规格 / 型号	颜色	备注
客卫	地坪	仿古砖	***	300*300	米黄 / 白色	
	墙面	瓷片	***	200*300		
	平顶	铝扣板	***	0.8cm	白色 / 蓝色	
	灯具	多关吊灯	***		白色	
	卫生间门	夹板木门	***	720*2050	木色	
	门套线	实木	***		木色	
	卫生间门锁		***		金黄色	
	洁具		***		白色	
	洗面盆台面	人造石	***		灰白 / 绿色	坐便器为 6 升节水型
	门槛石	大理石	***		绿色	供客户选择
	开关、插座		***		白色	
厨房	地坪	仿古砖	***	300*300	土红 / 浅黄	供客户选择
	墙面	瓷片	***	200*200*300*280		
	平顶	铝扣板	***	0.8cm	白色	
	灯具	多关吊灯	***		白色 / 绿色	
	门套线	夹板木门	***		白色	
	橱柜	实木	***			供客户选择
	台面石	大理石	***		绿色	
	洗涤盆	不锈钢洗涤盆	***	双星		
	水嘴	洗涤盆龙头	***			
	开关、插座		***		白色	
阳台	阳台地面	仿古砖	***	300*300		
	阳台护栏	铝合金框全夹胶玻璃护栏	***			
	阳台落地门	断桥式铝金中空玻璃节能门	***		外(内)框黄(白色)玻璃白玻	意大利引进设备涂料美国杜邦
	窗	断桥式铝金中空玻璃节能窗	***		外(内)框黄(白色)玻璃白玻	

表 4–3　全装修套餐选择表

序号	项目名称	选择方案	选择意向
一	客厅、餐厅地面套餐选择	1.500*500 规格 ** 牌米黄仿古地砖	
		2. 金黄色木制地板	
		3. 暗红色木制地板	
二	厨房地、墙面套餐选择	1.300* 米黄色 ** 牌仿古地砖配 200*200 白瓷片	
		2.300* 土黄色 ** 牌仿古地砖配 200*200 白瓷片	
		3.300* 米黄色 ** 牌仿古地砖配 280*330 白瓷片	
		4.300* 土黄色 ** 牌仿古地砖配 280*330 白瓷片	
三	次卫生间地、墙面套餐选择	1.300* 米黄色 ** 牌仿古地砖配 200*300 白瓷片	
		2.300* 白色 ** 牌仿古地砖配 200*300 白瓷片	
四	主卫生间地、墙面套餐选择	1.300* 土黄色 ** 牌仿古地砖配 2800*30 白瓷片	
		2.300* 米浅蓝色 ** 牌仿古地砖配 280*300 白瓷片	
五	卫生间洗手台面套餐选择	1. 浅灰色 ** 牌人造石	
		2. 绿色 ** 牌人造石	
六	近户门及房门套餐选择	1. 白色艺 ** 牌模压门	
		2. 进口木皮饰面木门	
七	厨房橱柜颜色搭配选择	1. 浅绿色以与米黄色柜门搭配	
		2. 浅绿色与白色柜门搭配	
		3. 深绿色与米黄色柜门搭配	

注：表 4–1 和表 4–2 为国家康居示范工程的一个实例样本，品牌略，可参照执行。

住宅室内装饰装修管理办法

《住宅室内装饰装修管理办法》已于2002年2月26日经第53次部常务会议讨论通过，现予发布，自2002年5月1日起施行。

部长　汪光焘

二〇〇二年三月五日

住宅室内装饰装修管理办法

第一章　总则

第一条　为加强住宅室内装饰装修管理，保证装饰装修工程质量和安全，维护公共安全和公众利益，根据有关法律、法规，制定本办法。

第二条　在城市从事住宅室内装饰装修活动，实施对住宅室内装饰装修活动的监督管理，应当遵守本办法。

本办法所称住宅室内装饰装修，是指住宅竣工验收合格后，业主或者住宅使用人（以下简称装修人）对住宅室内进行装饰装修的建筑活动。

第三条　住宅室内装饰装修应当保证工程质量和安全，符合工程建设强制性标准。

第四条　国务院建设行政主管部门负责全国住宅室内装饰装修活动的管理工作。

省、自治区人民政府建设行政主管部门负责本行政区域内的住宅室内装饰装修活动的管理工作。

直辖市、市、县人民政府房地产行政主管部门负责本行政区域内的住宅室内装饰装修活动的管理工作。

第二章　一般规定

第五条　住宅室内装饰装修活动，禁止下列行为：

（一）未经原设计单位或者具有相应资质等级的设计单位提出设计方案，变动建筑主体和承重结构；

（二）将没有防水要求的房间或者阳台改为卫生间、厨房间；

（三）扩大承重墙上原有的门窗尺寸，拆除连接阳台的砖、混凝土墙体；

（四）损坏房屋原有节能设施，降低节能效果；

（五）其他影响建筑结构和使用安全的行为。

本办法所称建筑主体，是指建筑实体的结构构造，包括屋盖、楼盖、梁、柱、支撑、墙体、连接接点和基础等。

本办法所称承重结构，是指直接将本身自重与各种外加作用力系统地传递给基础地基的主要结构构件和其连接接点，包括承重墙体、立杆、柱、框架柱、支墩、楼板、梁、屋架、悬索等。

第六条　装修人从事住宅室内装饰装修活动，未经批准，不得有下列行为：

（一）搭建建筑物、构筑物；

（二）改变住宅外立面，在非承重外墙上开门、窗；

（三）拆改供暖管道和设施；

（四）拆改燃气管道和设施。

本条所列第（一）项、第（二）项行为，应当经城市规划行政主管部门批准；第（三）项行为，应当经供暖管理单位批准；第（四）项行为应当经燃气管理单位批准。

第七条　住宅室内装饰装修超过设计标准或者规范增加楼面荷载的，应当经原设计单位或者具有相应资质等级的设计单位提出设计方案。

第八条　改动卫生间、厨房间防水层的，应当按照防水标准制订施工方案，并做闭水试验。

第九条　装修人经原设计单位或者具有相应资质等级的设计单位提出设计方案变动建筑主体和承重结构的，或者装修活动涉及本办法第六条、第七条、第八条内容的，必须委托具有相应资质的装饰装修企业承担。

第十条　装饰装修企业必须按照工程建设强制性标准和其他技术标准施工，不得偷工减料，确保装饰装修工程质量。

第十一条　装饰装修企业从事住宅室内装饰装修活动，应当遵守施工安全操作规程，按照规定采取必要的安全防护和消防措施，不得擅自动用明火和进行焊接作业，保证作业人员和周围住房及财产的安全。

第十二条　装修人和装饰装修企业从事住宅室内装饰装修活动，不得侵占公共空间，不得损害公共部位和设施。

第三章　开工申报与监督

第十三条　装修人在住宅室内装饰装修工程开工前，应当向物业管理企业或者房屋管理机构（以下简称物业管理单位）申报登记。

非业主的住宅使用人对住宅室内进行装饰装修，应当取得业主的书面同意。

第十四条　申报登记应当提交下列材料：

（一）房屋所有权证（或者证明其合法权益的有效凭证）；

（二）申请人身份证件；

（三）装饰装修方案；

（四）变动建筑主体或者承重结构的，需提交原设计单位或者具有相应资质等级的设计单位提出的设计方案；

（五）涉及本办法第六条行为的，需提交有关部门的批准文件，涉及本办法第七条、第八条行为的，需提交设计方案或者施工方案；

（六）委托装饰装修企业施工的，需提供该企业相关资质证书的复印件。

非业主的住宅使用人，还需提供业主同意装饰装修的书面证明。

第十五条　物业管理单位应当将住宅室内装饰装修工程的禁止行为和注意事项告知装修人和装修人委托的装饰装修企业。

装修人对住宅进行装饰装修前，应当告知邻里。

第十六条　装修人，或者装修人和装饰装修企业，应当与物业管理单位签订住宅室内装饰装修管理服务协议。

住宅室内装饰装修管理服务协议应当包括下列内容：

（一）装饰装修工程的实施内容；

（二）装饰装修工程的实施期限；

（三）允许施工的时间；

（四）废弃物的清运与处置；

（五）住宅外立面设施及防盗窗的安装要求；

（六）禁止行为和注意事项；

（七）管理服务费用；

（八）违约责任；

（九）其他需要约定的事项。

第十七条　物业管理单位应当按照住宅室内装饰装修管理服务协议实施管理，发现装修人或者装饰装修企业有本办法第五条行为的，或者未经有关部门批准实施本办法第六条所列行为的，或者有违反本办法第七条、第八条、第九条规定行为的，应当立即制止；已造成事实后果或者拒不改正的，应当及时报告有关部门依法处理。对装修人或者装饰装修企业违反住宅室内装饰装修管理服务协议的，追究违约责任。

第十八条　有关部门接到物业管理单位关于装修人或者装饰装修企业有违反本办法行为的报告后，应当及时到现场检查核实，依法处理。

第十九条　禁止物业管理单位向装修人指派装饰装修企业或者强行推销装饰装修材料。

第二十条　装修人不得拒绝和阻碍物业管理单位依据住宅室内装饰装修管理服务协议的约定，对住宅室内装饰装修活动的监督检查。

第二十一条　任何单位和个人对住宅室内装饰装修中出现的影响公众利益的质量事故、质量缺陷以及其他影响周围住户正常生活的行为，都有权检举、控告、投诉。

第四章　委托与承接

第二十二条　承接住宅室内装饰装修工程的装饰装修企业，必须经建设行政主管部门资质审查，取得相应的建筑业企业资质证书，并在其资质等级许可的范围内承揽工程。

第二十三条　装修人委托企业承接其装饰装修工程的，应当选择具有相应资质等级的装饰装修企业。

第二十四条　装修人与装饰装修企业应当签订住宅室内装饰装修书面合同，明确双方的权利和义务。

住宅室内装饰装修合同应当包括下列主要内容：

（一）委托人和被委托人的姓名或者单位名称、住所地址、联系电话；

（二）住宅室内装饰装修的房屋间数、建筑面积，装饰装修的项目、方式、规格、质量要求以及质量验收方式；

（三）装饰装修工程的开工、竣工时间；

（四）装饰装修工程保修的内容、期限；

（五）装饰装修工程价格，计价和支付方式、时间；

（六）合同变更和解除的条件；

（七）违约责任及解决纠纷的途径；

（八）合同的生效时间；

（九）双方认为需要明确的其他条款。

第二十五条　住宅室内装饰装修工程发生纠纷的，可以协商或者调解解决。不愿协商、调解或者协商、调解不成的，可以依法申请仲裁或者向人民法院起诉。

第五章　室内环境质量

第二十六条　装饰装修企业从事住宅室内装饰装修活动，应当严格遵守规定的装饰装修施工时间，降低施工噪声，减少环境污染。

第二十七条　住宅室内装饰装修过程中所形成的各种固体、可燃液体等废物，应当按照规定的位置、方式和时间堆放和清运。严禁违反规定将各种固体、可燃液体等废物堆放于住宅垃圾道、楼道或者其他地方。

第二十八条　住宅室内装饰装修工程使用的材料和设备必须符合国家标准，有质量检验合格证明和有中文标识的产品名称、规格、型号、生产厂厂名、厂址等。禁止使用国家明令淘汰的建筑装饰装修材料和设备。

第二十九条　装修人委托企业对住宅室内进行装饰装修的，装饰装修工程竣工后，空气质量应当符合国家有关标准。装修人可以委托有资格的检测单位检测。

第六章　竣工验收与保修

第三十条　住宅室内装饰装修工程竣工后，装修人应当按照工程设计合同约定和相应的质量标准进行验收合格后，装饰装修企业应当出具住宅室内装饰装修质量保修书。

物业管理单位应当按照装饰装修管理服务协议进行现场检查，对违反法律、法规和装饰装修管理服务协议的，应当要求装修人和装饰装修企业纠正，并将检查记录存档。

第三十一条　住宅室内装饰装修工程竣工后，装饰装修企业负责采购装饰装修材料及设备的，应当向业主提交说明书、保修单和环保说明书。

第三十二条　在正常使用条件下，住宅室内装饰装修工程的最低保修期限为二年，有防水要求的厨房、卫生间和外墙面的防渗漏为五年。保修期自住宅室内装饰装修工程竣工验收合格之日起计算。

第七章　法律责任

第三十三条　因住宅室内装饰装修活动造成相邻住宅的管道堵塞、渗漏水、停水停电、物品毁坏等，装修人应当负责修复和赔偿；属于装饰装修企业责任的，装修人可以向装饰装修企业追偿。

装修人擅自拆改供暖、燃气管道和设施造成损失的，由装修人负责赔偿。

第三十四条　装修人因住宅室内装饰装修活动侵占公共空间，对公共部位和设施造成损害的，由城市房地产行政主管部门责令改正，造成损失的，依法承担赔偿责任。

第三十五条　装修人未申报登记进行住宅室内装饰装修活动的，由城市房地产行政主管部门责令改正，处5百元以上1千元以下的罚款。

第三十六条　装修人违反本办法规定，将住宅室内装饰装修工程委托给不具有相应资质等级企业的，由城市房地产行政主管部门责令改正，处5百元以上1千元以下的罚款。

第三十七条　装饰装修企业自行采购或者向装修人推荐使用不符合国家标准的装饰装修材料，造成空气污染超标的，由城市房地产行政主管部门责令改正，造成损失的，依法承担赔偿责任。

第三十八条　住宅室内装饰装修活动有下列行为之一的，由城市房地产行政主管部门责令改正，并处罚款：

（一）将没有防水要求的房间或者阳台改为卫生间、厨房间的，或者拆除连接阳台的砖、混凝土墙体的，对装修人处5百元以上1千元以下的罚款，对装饰装修企业处1千元以上1万元以下的罚款；

（二）损坏房屋原有节能设施或者降低节能效果的，对装饰装修企业处1千元以上5千元以下的罚款；

（三）擅自拆改供暖、燃气管道和设施的，对装修人处5百元以上1千元以下的罚款；

（四）未经原设计单位或者具有相应资质等级的设计单位提出设计方案，擅自超过设计标准或者规范增加楼面荷载的，对装修人处5百元以上1千元以下的罚款，对装饰装修企业处1千元以上1万元以下的罚款。

第三十九条　未经城市规划行政主管部门批准，在住宅室内装饰装修活动中搭建建筑物、构筑物的，或者擅自改变住宅外立面、在非承重外墙上开门、窗的，由城市规划行政主管部门按照《城市规划法》及相关法规的规定处罚。

第四十条　装修人或者装饰装修企业违反《建设工程质量管理条例》的，由建设行政主管部门按照有关规定处罚。

第四十一条　装饰装修企业违反国家有关安全生产规定和安全生产技术规程，不按照规定采取必要的安全防护和消防措施，擅自动用明火作业和进行焊接作业的，或者对建筑安全事故隐患不采取措施予以消除的，由建设行政主管部门责令改正，并处1千元以上1万元以下的罚款；情节严重的，责令停业整顿，并处1万元以上3万元以下的罚款；造成重大安全事故的，降低资质等级或者吊销资质证书。

第四十二条　物业管理单位发现装修人或者装饰装修企业有违反本办法规定的行为不及时向有关部门报告的，由房地产行政主管部门给予警告，可处装饰装修管理服务协议约定的装饰装修管理服务费2至3倍的罚款。

第四十三条　有关部门的工作人员接到物业管理单位对装修人或者装饰装修企业违法行为的报告后，未及时处理，玩忽职守的，依法给予行政处分。

第八章　附则

第四十四条　工程投资额在30万元以下或者建筑面积在300平方米以下，可以不申请办理施工许可证的非装饰装修活动参照本办法执行。

第四十五条　住宅竣工验收合格前的装饰装修工程管理，按照《建设工程质量管理条例》执行。

第四十六条　省、自治区、直辖市人民政府建设行政主管部门可以依据本办法，制定实施细则。

第四十七条　本办法由国务院建设行政主管部门负责解释。

第四十八条　本办法自2002年5月1日起施行。

二、国家标准

中华人民共和国国家标准

住宅设计规范

Design code for residential buildings

GB 50096—2011

主编部门：中华人民共和国住房和城乡建设部

批准部门：中华人民共和国住房和城乡建设部

施行日期：2012年8月1日

中华人民共和国住房和城乡建设部公告

第 1093 号

关于发布国家标准《住宅设计规范》的公告

现批准《住宅设计规范》为国家标准，编号为 GB 50096-2011，自 2012 年 8 月 1 日起实施。其中，第 5.1.1、5.3.3、5.4.4、5.5.2、5.5.3、5.6.2、5.6.3、5.8.1、6.1.1、6.1.2、6.1.3、6.2.1、6.2.2、6.2.3、6.2.4、6.2.5、6.3.1、6.3.2、6.3.5、6.4.1、6.4.7、6.5.2、6.6.1、6.6.2、6.6.3、6.6.4、6.7.1、6.9.1、6.9.6、6.10.1、6.10.4、7.1.1、7.1.3、7.1.5、7.2.1、7.2.3、7.3.1、7.3.2、7.4.1、7.4.2、7.5.3、8.1.1、8.1.2、8.1.3、8.1.4、8.1.7、8.2.1、8.2.2、8.2.6、8.2.10、8.2.11、8.2.12、8.3.2、8.3.3、8.3.4、8.3.6、8.3.12、8.4.1、8.4.3、8.4.4、8.5.3、8.7.3、8.7.4、8.7.5、8.7.9 条为强制性条文，必须严格执行。原《住宅设计规范》GB 50096-1999（2003 年版）同时废止。

本规范由我部标准定额研究所组织中国建筑工业出版社出版发行。

中华人民共和国住房和城乡建设部

2011 年 7 月 26 日

前　　言

本规范是根据住房和城乡建设部《关于印发〈2008 年工程建设标准规范制订、修订计划（第一批）〉的通知》（建标［2008］102）号的要求，中国建筑设计研究院会同有关单位共同对《住宅设计规范》GB 50096-1999（2003 年版）进行修订而成。

本规范在修订过程中，修订组广泛调查研究，认真总结实践经验，参考有关国际标准和国外先进标准，并在充分征求意见的基础上，经多次讨论修改，最后经审查定稿。

本规范共分 8 章，主要技术内容是：总则；术语；基本规定；技术经济指标计算；套内空间；共用部分；室内环境；建筑设备。

本规范修订的主要内容是：

1．修订了住宅套型分类及各房间最小使用面积，技术经济指标计算，楼、电梯及信报箱的设置等；

2．增加了术语；

3．扩展了节能、室内环境、建筑设备和排气道的内容。

本规范中以黑体字标志的条文为强制性条文，必须严格执行。

本规范由住房和城乡建设部负责管理和对强制性条文的解释，由中国建筑设计研究院负责具体技术内容的解释。本规范在执行过程中如发现需要修改和补充之处，请将意见和有关资料寄送中国建筑设计研究院国家住宅工程中心（北京市西城区车公庄大街 19 号，邮政编码：100044），以供今后修订时参考。

本规范主编单位：中国建筑设计研究院

本规范参编单位：中国中建设计集团有限公司
中国建筑科学研究院
北京市建筑设计研究院
中南建筑设计院股份有限公司
上海建筑设计研究院有限公司
中国城市规划设计研究院
清华大学建筑设计研究院有限公司
哈尔滨工业大学建筑学院
湖南省建筑科学研究院
广东省建筑科学研究院
重庆大学建筑城规学院
重庆市设计院

本规范参加单位：天津市城市规划设计研究院
国际铜业协会（中国）
大连九洲建设集团有限公司

本规范主要起草人员：林建平　赵冠谦　薛　峰　王　贺　曾　捷　孙敏生　林　莉　陈华宁
刘燕辉　仲继寿　李耀培　朱昌廉　张菲菲　叶茂煦　李桂文　周湘华
赵文凯　李正春　王连顺　胡荣国　李逢元　文　彪　朱显泽　曾　雁
张　磊　焦　燕　张广宇　满孝新　龙　灏　钟开健　张　播　桑　椹

本规范主要审查人员：徐正忠　窦以德　陈永江　陈玉华　储兆佛　符培勇　高　勇　洪声扬
路　红　罗文兵　毛姚增　戎向阳　伍小亭　杨德才　章海峰　张学洪
郑志宏　周晓红

1 总 则

1.0.1 为保障城镇居民的基本住房条件和功能质量，提高城镇住宅设计水平，使住宅设计满足安全、卫生、适用、经济等性能要求，制定本规范。

1.0.2 本规范适用于全国城镇新建、改建和扩建住宅的建筑设计。

1.0.3 住宅设计必须执行国家有关方针、政策和法规，遵守安全卫生、环境保护、节约用地、节约能源资源等有关规定。

1.0.4 住宅设计除应符合本规范外，尚应符合国家现行有关标准的规定。

2 术 语

2.0.1 住宅 residential building

供家庭居住使用的建筑。

2.0.2 套型 dwelling unit

由居住空间和厨房、卫生间等共同组成的基本住宅单位。

2.0.3 居住空间 habitable space

卧室、起居室（厅）的统称。

2.0.4 卧室 bed room

供居住者睡眠、休息的空间。

2.0.5 起居室（厅） living room

供居住者会客、娱乐、团聚等活动的空间。

2.0.6 厨房 kitchen

供居住者进行炊事活动的空间。

2.0.7 卫生间 bathroom

供居住者进行便溺、洗浴、盥洗等活动的空间。

2.0.8 使用面积 usable area

房间实际能使用的面积，不包括墙、柱等结构构造的面积。

2.0.9 层高 storey height

上下相邻两层楼面或楼面与地面之间的垂直距离。

2.0.10 室内净高 interior net storey height

楼面或地面至上部楼板底面或吊顶底面之间的垂直距离。

2.0.11 阳台 balcony

附设于建筑物外墙设有栏杆或栏板，可供人活动的空间。

2.0.12 平台 terrace

供居住者进行室外活动的上人屋面或由住宅底层地面伸出室外的部分。

2.0.13 过道 passage

住宅套内使用的水平通道。

2.0.14 壁柜 cabinet

建筑室内与墙壁结合而成的落地贮藏空间。

2.0.15 凸窗 bay-window

凸出建筑外墙面的窗户。

2.0.16 跃层住宅 duplex apartment

套内空间跨越两个楼层且设有套内楼梯的住宅。

2.0.17 自然层数 natural storeys

按楼板、地板结构分层的楼层数。

2.0.18 中间层 middle-floor

住宅底层、入口层和最高住户人口层之间的楼层。

2.0.19 架空层 open floor

仅有结构支撑而无外围护结构的开敞空间层。

2.0.20 走廊 gallery

住宅套外使用的水平通道。

2.0.21 联系廊 inter-unit gallery

联系两个相邻住宅单元的楼、电梯间的水平通道。

2.0.22 住宅单元 residential building unit

由多套住宅组成的建筑部分，该部分内的住户可通过共用楼梯和安全出口进行疏散。

2.0.23 地下室 basement

室内地面低于室外地平面的高度超过室内净高的 1/2 的空间。

2.0.24 半地下室 semi-basement

室内地面低于室外地平面的高度超过室内净高的 1/3，且不超过 1/2 的空间。

2.0.25 附建公共用房 accessory assembly occupancy building

附于住宅主体建筑的公共用房，包括物业管理用房、符合噪声标准的设备用房、中小型商业用房、不产生油烟的餐饮用房等。

2.0.26 设备层 mechanical floor

建筑物中专为设置暖通、空调、给水排水和电气的设备和管道施工人员进入操作的空间层。

3 基本规定

3.0.1 住宅设计应符合城镇规划及居住区规划的要求，并应经济、合理、有效地利用土地和空间。

3.0.2 住宅设计应使建筑与周围环境相协调，并应合理组织方便、舒适的生活空间。

3.0.3 住宅设计应以人为本，除应满足一般居住使用要求外，尚应根据需要满足老年人、残疾人等特殊群体的使用要求。

3.0.4 住宅设计应满足居住者所需的日照、天然采光、通风和隔声的要求。

3.0.5 住宅设计必须满足节能要求，住宅建筑应能合理利用能源。宜结合各地能源条件，采用常规能源与可再生能源结合的供能方式。

3.0.6 住宅设计应推行标准化、模数化及多样化，并应积极采用新技术、新材料、新产品，积极推广工业化设计、建造技术和模数应用技术。

3.0.7 住宅的结构设计应满足安全、适用和耐久的要求。

3.0.8 住宅设计应符合相关防火规范的规定，并应满足安全疏散的要求。

3.0.9 住宅设计应满足设备系统功能有效、运行安全、维修方便等基本要求，并应为相关设备预留合理的安装位置。

3.0.10 住宅设计应在满足近期使用要求的同时，兼顾今后改造的可能。

4 技术经济指标计算

4.0.1 住宅设计应计算下列技术经济指标：

——各功能空间使用面积（m^2）；

——套内使用面积（m^2/套）；

——套型阳台面积（m^2/套）；

——套型总建筑面积（m^2/套）；

住宅楼总建筑面积（m^2）。

4.0.2 计算住宅的技术经济指标，应符合下列规定：

1 各功能空间使用面积应等于各功能空间墙体内表面所围合的水平投影面积；

2 套内使用面积应等于套内各功能空间使用面积之和；

3 套型阳台面积应等于套内各阳台的面积之和；阳台的面积均应按其结构底板投影净面积的一半计算；

4 套型总建筑面积应等于套内使用面积、相应的建筑面积和套型阳台面积之和；

5 住宅楼总建筑面积应等于全楼各套型总建筑面积之和。

4.0.3 套内使用面积计算，应符合下列规定：

1 套内使用面积应包括卧室、起居室（厅）、餐厅、厨房、卫生间、过厅、过道、贮藏室、壁柜等使用面积的总和；

2 跃层住宅中的套内楼梯应按自然层数的使用面积总和计入套内使用面积；

3 烟囱、通风道、管井等均不应计入套内使用面积；

4 套内使用面积应按结构墙体表面尺寸计算；有复合保温层时，应按复合保温层表面尺寸计算；

5 利用坡屋顶内的空间时，屋面板下表面与楼板地面的净高低于 1.20m 的空间不应计算使用面积，净高在 1.20m ~ 2.10m 的空间应按 1/2 计算使用面积，净高超过 2.10m 的空间应全部计入套内使用面积；坡屋顶无结构顶层楼板，不能利用坡屋顶空间时不应计算其使用面积；

6 坡屋顶内的使用面积应列入套内使用面积中。

4.0.4 套型总建筑面积计算，应符合下列规定：

1 应按全楼各层外墙结构外表面及柱外沿所围合的水平投影面积之和求出住宅楼建筑面积，当外墙设外保温层时，应按保温层外表面计算；

2 应以全楼总套内使用面积除以住宅楼建筑面积得出计算比值；

3 套型总建筑面积应等于套内使用面积除以计算比值所得面积，加上套型阳台面积。

4.0.5 住宅楼的层数计算应符合下列规定：

1 当住宅楼的所有楼层的层高不大于 3.00m 时，层数应按自然层数计；

2 当住宅和其他功能空间处于同一建筑物内时，应将住宅部分的层数与其他功能空间的层数叠加计算建筑层数。当建筑中有一层或若干层的层高大于 3.00m 时，应对大于 3.00m 的所有楼层按其高度总和除以 3.00m 进行层数折算，余数小于 1.50m 时，多出部分不应计入建筑层数，余数大于或等于 1.50m 时，多出部分应按 1 层计算；

3 层高小于 2.20m 的架空层和设备层不应计入自然层数；

4 高出室外设计地面小于 2.20m 的半地下室不应计入地上自然层数。

5 套内空间

5.1 套 型

5.1.1 住宅应按套型设计，每套住宅应设卧室、起居室（厅）、厨房和卫生间等基本功能空间。

5.1.2 套型的使用面积应符合下列规定：

1 由卧室、起居室（厅）、厨房和卫生间等组成的套型，其使用面积不应小于 $30m^2$；

2 由兼起居的卧室、厨房和卫生间等组成的最小套型，其使用面积不应小于 $22m^2$。

5.2 卧室、起居室（厅）

5.2.1 卧室的使用面积应符合下列规定：

1 双人卧室不应小于 $9m^2$；

2 单人卧室不应小于 $5m^2$；

3 兼起居的卧室不应小于 $12m^2$。

5.2.2 起居室（厅）的使用面积不应小于 $10m^2$。

5.2.3 套型设计时应减少直接开向起居厅的门的数量。起居室（厅）内布置家具的墙面直线长度宜大于 3m。

5.2.4 无直接采光的餐厅、过厅等，其使用面积不宜大于 $10m^2$。

5.3 厨 房

5.3.1 厨房的使用面积应符合下列规定：

1 由卧室、起居室（厅）、厨房和卫生间等组成的住宅套型的厨房使用面积，不应小于 $4.0m^2$；

2 由兼起居的卧室、厨房和卫生间等组成的住宅最小套型的厨房使用面积，不应小于 $3.5m^2$。

5.3.2 厨房宜布置在套内近入口处。

5.3.3 厨房应设置洗涤池、案台、炉灶及排油烟机、热水器等设施或为其预留位置。

5.3.4 厨房应按炊事操作流程布置。排油烟机的位置应与炉灶位置对应，并应与排气道直接连通。

5.3.5 单排布置设备的厨房净宽不应小于 1.50m；双排布置设备的厨房其两排设备之间的净距不应小于 0.90m。

5.4 卫生间

5.4.1 每套住宅应设卫生间，应至少配置便器、洗浴器、洗面器三件卫生设备或为其预留设置位置及条件。三件卫生设备集中配置的卫生间的使用面积不应小于 $2.50m^2$。

5.4.2 卫生间可根据使用功能要求组合不同的设备。不同组合的空间使用面积应符合下列规定：

1 设便器、洗面器时不应小于 $1.80m^2$；

2 设便器、洗浴器时不应小于 $2.00m^2$；

3 设洗面器、洗浴器时不应小于 $2.00m^2$；

4 设洗面器、洗衣机时不应小于 $1.80m^2$；

5 单设便器时不应小于 $1.10m^2$。

5.4.3 无前室的卫生间的门不应直接开向起居室（厅）或厨房。

5.4.4 卫生间不应直接布置在下层住户的卧室、起居室（厅）、厨房和餐厅的上层。

5.4.5 当卫生间布置在本套内的卧室、起居室(厅)、厨房和餐厅的上层时，均应有防水和便于检修的措施。

5.4.6 每套住宅应设置洗衣机的位置及条件。

5.5 层高和室内净高

5.5.1 住宅层高宜为 2.80m。

5.5.2 卧室、起居室（厅）的室内净高不应低于 2.40m，局部净高不应低于 2.10m，且局部净高的室内面积不应大于室内使用面积的 1/3。

5.5.3 利用坡屋顶内空间作卧室、起居室（厅）时，至少有 1/2 的使用面积的室内净高不应低于 2.10m。

5.5.4 厨房、卫生间的室内净高不应低于 2.20m。

5.5.5 厨房、卫生间内排水横管下表面与楼面、地面净距不得低于 1.90m，且不得影响门、窗扇开启。

5.6 阳 台

5.6.1 每套住宅宜设阳台或平台。

5.6.2 阳台栏杆设计必须采用防止儿童攀登的构造，栏杆的垂直杆件间净距不应大于 0.11m，放置花盆处必须采取防坠落措施。

5.6.3 阳台栏板或栏杆净高，六层及六层以下不应低于 1.05m；七层及七层以上不应低于 1.10m。

5.6.4 封闭阳台栏板或栏杆也应满足阳台栏板或栏杆净高要求。七层及七层以上住宅和寒冷、严寒地区住宅宜采用实体栏板。

5.6.5 顶层阳台应设雨罩，各套住宅之间毗连的阳台应设分户隔板。

5.6.6 阳台、雨罩均应采取有组织排水措施，雨罩及开敞阳台应采取防水措施。

5.6.7 当阳台设有洗衣设备时应符合下列规定：

1 应设置专用给、排水管线及专用地漏，阳台楼、地面均应做防水；

2 严寒和寒冷地区应封闭阳台，并应采取保温措施。

5.6.8 当阳台或建筑外墙设置空调室外机时，其安装位置应符合下列规定：

1 应能通畅地向室外排放空气和自室外吸入空气；

2 在排出空气一侧不应有遮挡物；

3 应为室外机安装和维护提供方便操作的条件；

4 安装位置不应对室外人员形成热污染。

5.7 过道、贮藏空间和套内楼梯

5.7.1 套内人口过道净宽不宜小于 1.20m；通往卧室、起居室（厅）的过道净宽不应小于 1.00m；通往厨房、卫生间、贮藏室的过道净宽不应小于 0.90m。

5.7.2 套内设于底层或靠外墙、靠卫生间的壁柜内部应采取防潮措施。

5.7.3 套内楼梯当一边临空时，梯段净宽不应小于 0.75m；当两侧有墙时，墙面之间净宽不应小于 0.90m，并应在其中一侧墙面设置扶手。

5.7.4 套内楼梯的踏步宽度不应小于 0.22m；高度不应大于 0.20m，扇形踏步转角距扶手中心 0.25m 处，宽度不应小于 0.22m。

5.8 门 窗

5.8.1 窗外没有阳台或平台的外窗，窗台距楼面、地面的净高低于 0.90m 时，应设置防护设施。

5.8.2 当设置凸窗时应符合下列规定：

1 窗台高度低于或等于 0.45m 时，防护高度从窗台面起算不应低于 0.90m；

2 可开启窗扇窗洞口底距窗台面的净高低于 0.90m 时，窗洞口处应有防护措施。其防护高度从窗台面起算不应低于 0.90m；

3 严寒和寒冷地区不宜设置凸窗。

5.8.3 底层外窗和阳台门、下沿低于 2.00m 且紧邻走廊或共用上人屋面上的窗和门，应采取防卫措施。

5.8.4 面临走廊、共用上人屋面或凹口的窗，应避免视线干扰，向走廊开启的窗扇不应妨碍交通。

5.8.5 户门应采用具备防盗、隔声功能的防护门。向外开启的户门不应妨碍公共交通及相邻户门开启。

5.8.6 厨房和卫生间的门应在下部设置有效截面积不小于 $0.02m^2$ 的固定百叶，也可距地面留出不小于 30mm 的缝隙。

5.8.7 各部位门洞的最小尺寸应符合表 5.8.7 的规定。

表 5.8.7 门洞最小尺寸

类别	洞口宽度（m）	洞口高度（m）
共用外门	1.20	2.00
户（套）门	1.00	2.00
起居室（厅）门	0.90	2.00
卧室门	0.90	2.00
厨房门	0.80	2.00
卫生间门	0.70	2.00
阳台门（单扇）	0.70	2.00

注：1 表中门洞口高度不包括门上亮子高度，宽度以平开门为准。

2 洞口两侧地面有高低差时，以高地面为起算高度。

6 共用部分

6.1 窗台、栏杆和台阶

6.1.1 楼梯间、电梯厅等共用部分的外窗，窗外没有阳台或平台，且窗台距楼面、地面的净高小于0.90m时，应设置防护设施。

6.1.2 公共出入口台阶高度超过0.70m并侧面临空时，应设置防护设施，防护设施净高不应低于1.05m。

6.1.3 外廊、内天井及上人屋面等临空处的栏杆净高，六层及六层以下不应低于1.05m，七层及七层以上不应低于1.10m。防护栏杆必须采用防止儿童攀登的构造，栏杆的垂直杆件间净距不应大于0.11m。放置花盆处必须采取防坠落措施。

6.1.4 公共出入口台阶踏步宽度不宜小于0.30m，踏步高度不宜大于0.15m，并不宜小于0.10m，踏步高度应均匀一致，并应采取防滑措施。台阶踏步数不应少于2级，当高差不足2级时，应按坡道设置；台阶宽度大于1.80m时，两侧宜设置栏杆扶手，高度应为0.90m。

6.2 安全疏散出口

6.2.1 十层以下的住宅建筑，当住宅单元任一层的建筑面积大于650m^2，或任一套房的户门至安全出口的距离大于15m时，该住宅单元每层的安全出口不应少于2个。

6.2.2 十层及十层以上且不超过十八层的住宅建筑，当住宅单元任一层的建筑面积大于650m^2，或任一套房的户门至安全出口的距离大于10m时，该住宅单元每层的安全出口不应少于2个。

6.2.3 十九层及十九层以上的住宅建筑，每层住宅单元的安全出口不应少于2个。

6.2.4 安全出口应分散布置，两个安全出口的距离不应小于5m。

6.2.5 楼梯间及前室的门应向疏散方向开启。

6.2.6 十层以下的住宅建筑的楼梯间宜通至屋顶，且不应穿越其他房间。通向平屋面的门应向屋面方向开启。

6.2.7 十层及十层以上的住宅建筑，每个住宅单元的楼梯均应通至屋顶，且不应穿越其他房间。通向平屋面的门应向屋面方向开启。各住宅单元的楼梯间宜在屋顶相连通。但符合下列条件之一的，楼梯可不通至屋顶：

1 十八层及十八层以下，每层不超过8户、建筑面积不超过650m^2，且设有一座共用的防烟楼梯间和消防电梯的住宅；

2 顶层设有外部联系廊的住宅。

6.3 楼　梯

6.3.1 楼梯梯段净宽不应小于1.10m，不超过六层的住宅，一边设有栏杆的梯段净宽不应小于1.00m。

6.3.2 楼梯踏步宽度不应小于0.26m，踏步高度不应大于0.175m。扶手高度不应小于0.90m。楼梯水平段栏杆长度大于0.50m时，其扶手高度不应小于1.05m。楼梯栏杆垂直杆件间净空不应大于0.11m。

6.3.3 楼梯平台净宽不应小于楼梯梯段净宽，且不得小于1.20m。楼梯平台的结构下缘至人行通道的垂直高度不应低于2.00m。入口处地坪与室外地面应有高差，并不应小于0.10m。

6.3.4 楼梯为剪刀梯时，楼梯平台的净宽不得小于1.30m。

6.3.5 楼梯井净宽大于0.11m时，必须采取防止儿童攀滑的措施。

6.4 电　梯

6.4.1 属下列情况之一时，必须设置电梯：

1 七层及七层以上住宅或住户入口层楼面距室外设计地面的高度超过16m时；

2 底层作为商店或其他用房的六层及六层以下住宅，其住户入口层楼面距该建筑物的室外设计地面高度超过16m时；

3 底层做架空层或贮存空间的六层及六层以下住宅，其住户入口层楼面距该建筑物的室外设计地面高度超过16m时；

4 顶层为两层一套的跃层住宅时，跃层部分不计层数，其顶层住户入口层楼面距该建筑物室外设计地面的高度超过 16m 时。

6.4.2 十二层及十二层以上的住宅，每栋楼设置电梯不应少于两台，其中应设置一台可容纳担架的电梯。

6.4.3 十二层及十二层以上的住宅每单元只设置一部电梯时，从第十二层起应设置与相邻住宅单元联通的联系廊。联系廊可隔层设置，上下联系廊之间的间隔不应超过五层。联系廊的净宽不应小于 1.10m，局部净高不应低于 2.00m。

6.4.4 十二层及十二层以上的住宅由两个及两个以上的住宅单元组成，且其中有一个或一个以上住宅单元未设置可容纳担架的电梯时，应从第十二层起设置与可容纳担架的电梯联通的联系廊。联系廊可隔层设置，上下联系廊之间的间隔不应超过五层。联系廊的净宽不应小于 1.10m，局部净高不应低于 2.00m。

6.4.5 七层及七层以上住宅电梯应在设有户门和公共走廊的每层设站。住宅电梯宜成组集中布置。

6.4.6 候梯厅深度不应小于多台电梯中最大轿箱的深度，且不应小于 1.50m。

6.4.7 电梯不应紧邻卧室布置。当受条件限制，电梯不得不紧邻兼起居的卧室布置时，应采取隔声、减振的构造措施。

6.5 走廊和出入口

6.5.1 住宅中作为主要通道的外廊宜作封闭外廊，并应设置可开启的窗扇。走廊通道的净宽不应小于 1.20m，局部净高不应低于 2.00m。

6.5.2 位于阳台、外廊及开敞楼梯平台下部的公共出入口，应采取防止物体坠落伤人的安全措施。

6.5.3 公共出入口处应有标识，十层及十层以上住宅的公共出入口应设门厅。

6.6 无障碍设计要求

6.6.1 七层及七层以上的住宅，应对下列部位进行无障碍设计：

1 建筑入口；

2 入口平台；

3 候梯厅；

4 公共走道。

6.6.2 住宅入口及入口平台的无障碍设计应符合下列规定：

1 建筑入口设台阶时，应同时设置轮椅坡道和扶手；

2 坡道的坡度应符合表 6.6.2 的规定；

表 6.6.2 坡道的坡度

坡度	1 : 20	1 : 16	1 : 12	1 : 10	1 : 8
最大高度（m）	1.50	1.00	0.75	0.60	0.35

3 供轮椅通行的门净宽不应小于 0.8m；

4 供轮椅通行的推拉门和平开门，在门把手一侧的墙面，应留有不小于 0.5m 的墙面宽度；

5 供轮椅通行的门扇，应安装视线观察玻璃、横执把手和关门拉手，在门扇的下方应安装高 0.35m 的护门板；

6 门槛高度及门内外地面高差不应大于 0.15m，并应以斜坡过渡。

6.6.3 七层及七层以上住宅建筑入口平台宽度不应小于 2.00m，七层以下住宅建筑入口平台宽度不应小于 1.50m。

6.6.4 供轮椅通行的走道和通道净宽不应小于 1.20m。

6.7 信报箱

6.7.1 新建住宅应每套配套设置信报箱。

6.7.2 住宅设计应在方案设计阶段布置信报箱的位置。信报箱宜设置在住宅单元主要入口处。

6.7.3 设有单元安全防护门的住宅，信报箱的投递口应设置在门禁以外。当通往投递口的专用通道设置在室内时，通道净宽应不小于0.60m。

6.7.4 信报箱的投取信口设置在公共通道位置时，通道的净宽应从信报箱的最外缘起算。

6.7.5 信报箱的设置不得降低住宅基本空间的天然采光和自然通风标准。

6.7.6 信报箱设计应选用信报箱定型产品，产品应符合国家有关标准。选用嵌墙式信报箱时应设计洞口尺寸和安装、拆卸预埋件位置。

6.7.7 信报箱的设置宜利用共用部位的照明，但不得降低住宅公共照明标准。

6.7.8 选用智能信报箱时，应预留电源接口。

6.8 共用排气道

6.8.1 厨房宜设共用排气道，无外窗的卫生间应设共用排气道。

6.8.2 厨房、卫生间的共用排气道应采用能够防止各层回流的定型产品，并应符合国家有关标准。排气道断面尺寸应根据层数确定，排气道接口部位应安装支管接口配件，厨房排气道接口直径应大于150mm，卫生间排气道接口直径应大于80mm。

6.8.3 厨房的共用排气道应与灶具位置相邻，共用排气道与排油烟机连接的进气口应朝向灶具方向。

6.8.4 厨房的共用排气道与卫生间的共用排气道应分别设置。

6.8.5 竖向排气道屋顶风帽的安装高度不应低于相邻建筑砌筑体。排气道的出口设置在上人屋面、住户平台上时，应高出屋面或平台地面2m；当周围4m之内有门窗时，应高出门窗上皮0.6m。

6.9 地下室和半地下室

6.9.1 卧室、起居室（厅）、厨房不应布置在地下室；当布置在半地下室时，必须对采光、通风、日照、防潮、排水及安全防护采取措施，并不得降低各项指标要求。

6.9.2 除卧室、起居室（厅）、厨房以外的其他功能房间可布置在地下室，当布置在地下室时，应对采光、通风、防潮、排水及安全防护采取措施。

6.9.3 住宅的地下室、半地下室做自行车库和设备用房时，其净高不应低于2.00m。

6.9.4 当住宅的地上架空层及半地下室做机动车停车位时，其净高不应低于2.20m。

6.9.5 地上住宅楼、电梯间宜与地下车库连通，并宜采取安全防盗措施。

6.9.6 直通住宅单元的地下楼、电梯间入口处应设置乙级防火门，严禁利用楼、电梯间为地下车库进行自然通风。

6.9.7 地下室、半地下室应采取防水、防潮及通风措施，采光井应采取排水措施。

6.10 附建公共用房

6.10.1 住宅建筑内严禁布置存放和使用甲、乙类火灾危险性物品的商店、车间和仓库，以及产生噪声、振动和污染环境卫生的商店、车间和娱乐设施。

6.10.2 住宅建筑内不应布置易产生油烟的餐饮店，当住宅底层商业网点布置有产生刺激性气味或噪声的配套用房，应做排气、消声处理。

6.10.3 水泵房、冷热源机房、变配电机房等公共机电用房不宜设置在住宅主体建筑内，不宜设置在与住户相邻的楼层内，在无法满足上述要求贴临设置时，应增加隔声减振处理。

6.10.4 住户的公共出入口与附建公共用房的出入口应分开布置。

7 室内环境

7.1 日照、天然采光、遮阳

7.1.1 每套住宅应至少有一个居住空间能获得冬季日照。

7.1.2 需要获得冬季日照的居住空间的窗洞开口宽度不应小于0.60m。

7.1.3 卧室、起居室（厅）、厨房应有直接天然采光。

7.1.4　卧室、起居室（厅）、厨房的采光系数不应低于1%；当楼梯间设置采光窗时，采光系数不应低于0.5%。

7.1.5　卧室、起居室（厅）、厨房的采光窗洞口的窗地面积比不应低于1/7。

7.1.6　当楼梯间设置采光窗时，采光窗洞口的窗地面积比不应低于1/12。

7.1.7　采光窗下沿离楼面或地面高度低于0.50m的窗洞口面积不应计入采光面积内，窗洞口上沿距地面高度不宜低于2.00m。

7.1.8　除严寒地区外，居住空间朝西外窗应采取外遮阳措施，居住空间朝东外窗宜采取外遮阳措施。当采用天窗、斜屋顶窗采光时，应采取活动遮阳措施。

7.2　自然通风

7.2.1　卧室、起居室（厅）、厨房应有自然通风。

7.2.2　住宅的平面空间组织、剖面设计、门窗的位置、方向和开启方式的设置，应有利于组织室内自然通风。单朝向住宅宜采取改善自然通风的措施。

7.2.3　每套住宅的自然通风开口面积不应小于地面面积的5%。

7.2.4　采用自然通风的房间，其直接或间接自然通风开口面积应符合下列规定：

　　1　卧室、起居室（厅）、明卫生间的直接自然通风开口面积不应小于该房间地板面积的1/20；当采用自然通风的房间外设置阳台时，阳台的自然通风开口面积不应小于采用自然通风的房间和阳台地板面积总和的1/20；

　　2　厨房的直接自然通风开口面积不应小于该房间地板面积的1/10，并不得小于0.60m^2；当厨房外设置阳台时，阳台的自然通风开口面积不应小于厨房和阳台地板面积总和的1/10，并不得小于0. 60m^2。

7.3　隔声、降噪

7.3.1　卧室、起居室（厅）内噪声级，应符合下列规定：

　　1　昼间卧室内的等效连续A声级不应大于45dB；

　　2　夜间卧室内的等效连续A声级不应大于37dB；

　　3　起居室（厅）的等效连续A声级不应大于45dB。

7.3.2　分户墙和分户楼板的空气声隔声性能应符合下列规定：

　　1　分隔卧室、起居室（厅）的分户墙和分户楼板，空气声隔声评价量（R_w+C）应大于45dB；

　　2　分隔住宅和非居住用途空间的楼板，空气声隔声评价量（R_w+C_{tr}）应大于51dB。

7.3.3　卧室、起居室（厅）的分户楼板的计权规范化撞击声压级宜小于75dB。当条件受到限制时，分户楼板的计权规范化撞击声压级应小于85dB，且应在楼板上预留可供今后改善的条件。

7.3.4　住宅建筑的体形、朝向和平面布置应有利于噪声控制。在住宅平面设计时，当卧室、起居室（厅）布置在噪声源一侧时，外窗应采取隔声降噪措施；当居住空间与可能产生噪声的房间相邻时，分隔墙和分隔楼板应采取隔声降噪措施；当内天井、凹天井中设置相邻户间窗口时，宜采取隔声降噪措施。

7.3.5　起居室（厅）不宜紧邻电梯布置。受条件限制起居室（厅）紧邻电梯布置时，必须采取有效的隔声和减振措施。

7.4　防水、防潮

7.4.1　住宅的屋面、地面、外墙、外窗应采取防止雨水和冰雪融化水侵入室内的措施。

7.4.2　住宅的屋面和外墙的内表面在设计的室内温度、湿度条件下不应出现结露。

7.5　室内空气质量

7.5.1　住宅室内装修设计宜进行环境空气质量预评价。

7.5.2　在选用住宅建筑材料、室内装修材料以及选择施工工艺时，应控制有害物质的含量。

7.5.3　住宅室内空气污染物的活度和浓度应符合表7.5.3的规定。

表 7.5.3 住宅室内空气污染物限值

污染物名称	活度、浓度限值
氡	≤ 200（Bq/m^3）
游离甲醛	≤ 0.08（mg/m^3）
苯	≤ 0.09（mg/m^3）
氨	≤ 0.2（mg/m^3）
TVOC	≤ 0.5（mg/m^3）

8 建筑设备

8.1 一般规定

8.1.1 住宅应设置室内给水排水系统。

8.1.2 严寒和寒冷地区的住宅应设置采暖设施。

8.1.3 住宅应设置照明供电系统。

8.1.4 住宅计量装置的设置应符合下列规定：

1 各类生活供水系统应设置分户水表；

2 设有集中采暖（集中空调）系统时，应设置分户热计量装置；

3 设有燃气系统时，应设置分户燃气表；

4 设有供电系统时，应设置分户电能表。

8.1.5 机电设备管线的设计应相对集中、布置紧凑、合理使用空间。

8.1.6 设备、仪表及管线较多的部位，应进行详细的综合设计，并应符合下列规定：

1 采暖散热器、户配电箱、家居配线箱、电源插座、有线电视插座、信息网络和电话插座等，应与室内设施和家具综合布置；

2 计量仪表和管道的设置位置应有利于厨房灶具或卫生间卫生器具的合理布局和接管；

3 厨房、卫生间内排水横管下表面与楼面、地面净距应符合本规范第 5.5.5 条的规定；

4 水表、热量表、燃气表、电能表的设置应便于管理。

8.1.7 下列设施不应设置在住宅套内，应设置在共用空间内：

1 公共功能的管道，包括给水总立管、消防立管、雨水立管、采暖（空调）供回水总立管和配电和弱电干线（管）等，设置在开敞式阳台的雨水立管除外；

2 公共的管道阀门、电气设备和用于总体调节和检修的部件，户内排水立管检修口除外；

3 采暖管沟和电缆沟的检查孔。

8.1.8 水泵房、冷热源机房、变配电室等公共机电用房应采用低噪声设备，且应采取相应的减振、隔声、吸声、防止电磁干扰等措施。

8.2 给水排水

8.2.1 住宅各类生活供水系统水质应符合国家现行有关标准的规定。

8.2.2 入户管的供水压力不应大于 0.35MPa。

8.2.3 套内用水点供水压力不宜大于 0.20MPa，且不应小于用水器具要求的最低压力。

8.2.4 住宅应设置热水供应设施或预留安装热水供应设施的条件。生活热水的设计应符合下列规定：

1 集中生活热水系统配水点的供水水温不应低于 45℃；

2 集中生活热水系统应在套内热水表前设置循环回水管；

3 集中生活热水系统热水表后或户内热水器不循环的热水供水支管，长度不宜超过 8m。

8.2.5 卫生器具和配件应采用节水型产品。管道、阀门和配件应采用不易锈蚀的材质。

8.2.6 厨房和卫生间的排水立管应分别设置。排水管道不得穿越卧室。

8.2.7　排水立管不应设置在卧室内，且不宜设置在靠近与卧室相邻的内墙；当必须靠近与卧室相邻的内墙时，应采用低噪声管材。

8.2.8　污废水排水横管宜设置在本层套内；当敷设于下一层的套内空间时，其清扫口应设置在本层，并应进行夏季管道外壁结露验算和采取相应的防止结露的措施。污废水排水立管的检查口宜每层设置。

8.2.9　设置淋浴器和洗衣机的部位应设置地漏，设置洗衣机的部位宜采用能防止溢流和干涸的专用地漏。洗衣机设置在阳台上时，其排水不应排入雨水管。

8.2.10　无存水弯的卫生器具和无水封的地漏与生活排水管道连接时，在排水口以下应设存水弯；存水弯和有水封地漏的水封高度不应小于50mm。

8.2.11　地下室、半地下室中低于室外地面的卫生器具和地漏的排水管，不应与上部排水管连接，应设置集水设施用污水泵排出。

8.2.12　采用中水冲洗便器时，中水管道和预留接口应设明显标识。坐便器安装洁身器时，洁身器应与自来水管连接，严禁与中水管连接。

8.2.13　排水通气管的出口，设置在上人屋面、住户平台上时，应高出屋面或平台地面2.00m；当周围4.00m之内有门窗时，应高出门窗上口0.60m。

8.3　采　暖

8.3.1　严寒和寒冷地区的住宅宜设集中采暖系统。夏热冬冷地区住宅采暖方式应根据当地能源情况，经技术经济分析，并根据用户对设备运行费用的承担能力等因素确定。

8.3.2　除电力充足和供电政策支持，或建筑所在地无法利用其他形式的能源外，严寒和寒冷地区、夏热冬冷地区的住宅不应设计直接电热作为室内采暖主体热源。

8.3.3　住宅采暖系统应采用不高于95℃的热水作为热媒，并应有可靠的水质保证措施。热水温度和系统压力应根据管材、室内散热设备等因素确定。

8.3.4　住宅集中采暖的设计，应进行每一个房间的热负荷计算。

8.3.5　住宅集中采暖的设计应进行室内采暖系统的水力平衡计算，并应通过调整环路布置和管径，使并联管路（不包括共同段）的阻力相对差额不大于15%；当不满足要求时，应采取水力平衡措施。

8.3.6　设置采暖系统的普通住宅的室内采暖计算温度，不应低于表8.3.6的规定。

表8.3.6　室内采暖计算温度

用房	温度（℃）
卧室、起居室（厅）和卫生间	18
厨房	15
设采暖的楼梯间和走廊	14

8.3.7　设有洗浴器并有热水供应设施的卫生间宜按沐浴时室温为25℃设计。

8.3.8　套内采暖设施应配置室温自动调控装置。

8.3.9　室内采用散热器采暖时，室内采暖系统的制式宜采用双管式；如采用单管式，应在每组散热器的进出水支管之间设置跨越管。

8.3.10　设计地面辐射采暖系统时，宜按主要房间划分采暖环路。

8.3.11　应采用体型紧凑、便于清扫、使用寿命不低于钢管的散热器，并宜明装，散热器的外表面应刷非金属性涂料。

8.3.12　采用户式燃气采暖热水炉作为采暖热源时，其热效率应符合现行国家标准《家用燃气快速热水器和燃气采暖热水炉能效限定值及能效等级》GB 20665中能效等级3级的规定值。

8.4　燃　气

8.4.1　住宅管道燃气的供气压力不应高于0.2MPa。住宅内各类用气设备应使用低压燃气，其入口压力应在0.75倍~1.5倍燃具额定范围内。

8.4.2 户内燃气立管应设置在有自然通风的厨房或与厨房相连的阳台内，且宜明装设置，不得设置在通风排气竖井内。

8.4.3 燃气设备的设置应符合下列规定：

1 燃气设备严禁设置在卧室内；

2 严禁在浴室内安装直接排气式、半密闭式燃气热水器等在使用空间内积聚有害气体的加热设备；

3 户内燃气灶应安装在通风良好的厨房、阳台内；

4 燃气热水器等燃气设备应安装在通风良好的厨房、阳台内或其他非居住房间。

8.4.4 住宅内各类用气设备的烟气必须排至室外。排气口应采取防风措施，安装燃气设备的房间应预留安装位置和排气孔洞位置；当多台设备合用竖向排气道排放烟气时，应保证互不影响。户内燃气热水器、分户设置的采暖或制冷燃气设备的排气管不得与燃气灶排油烟机的排气管合并接入同一管道。

8.4.5 使用燃气的住宅，每套的燃气用量应根据燃气设备的种类、数量和额定燃气量计算确定，且应至少按一个双眼灶和一个燃气热水器计算。

8.5 通 风

8.5.1 排油烟机的排气管道可通过竖向排气道或外墙排向室外。当通过外墙直接排至室外时，应在室外排气口设置避风、防雨和防止污染墙面的构件。

8.5.2 严寒、寒冷、夏热冬冷地区的厨房，应设置供厨房房间全面通风的自然通风设施。

8.5.3 无外窗的暗卫生间，应设置防止回流的机械通风设施或预留机械通风设置条件。

8.5.4 以煤、薪柴、燃油为燃料进行分散式采暖的住宅，以及以煤、薪柴为燃料的厨房，应设烟囱；上下层或相邻房间合用一个烟囱时，必须采取防止串烟的措施。

8.6 空 调

8.6.1 位于寒冷（B区）、夏热冬冷和夏热冬暖地区的住宅，当不采用集中空调系统时，主要房间应设置空调设施或预留安装空调设施的位置和条件。

8.6.2 室内空调设备的冷凝水应能有组织地排放。

8.6.3 当采用分户或分室设置的分体式空调器时，室外机的安装位置应符合本规范第5.6.8条的规定。

8.6.4 住宅计算夏季冷负荷和选用空调设备时，室内设计参数宜符合下列规定：

1 卧室、起居室室内设计温度宜为26℃；

2 无集中新风供应系统的住宅新风换气宜为1次/h。

8.6.5 空调系统应设置分室或分户温度控制设施。

8.7 电 气

8.7.1 每套住宅的用电负荷应根据套内建筑面积和用电负荷计算确定，且不应小于2.5kW。

8.7.2 住宅供电系统的设计，应符合下列规定：

1 应采用TT、TN-C-S或TN-S接地方式，并应进行总等电位联结；

2 电气线路应采用符合安全和防火要求的敷设方式配线，套内的电气管线应采用穿管暗敷设方式配线。导线应采用铜芯绝缘线，每套住宅进户线截面不应小于10mm^2，分支回路截面不应小于2.5mm^2；

3 套内的空调电源插座、一般电源插座与照明应分路设计，厨房插座应设置独立回路，卫生间插座宜设置独立回路；

4 除壁挂式分体空调电源插座外，电源插座回路应设置剩余电流保护装置；

5 设有洗浴设备的卫生间应作局部等电位联结；

6 每幢住宅的总电源进线应设剩余电流动作保护或剩余电流动作报警。

8.7.3 每套住宅应设置户配电箱，其电源总开关装置应采用可同时断开相线和中性线的开关电器。

8.7.4 套内安装在1.80m及以下的插座均应采用安全型插座。

8.7.5　共用部位应设置人工照明，应采用高效节能的照明装置和节能控制措施。当应急照明采用节能自熄开关时，必须采取消防时应急点亮的措施。

8.7.6　住宅套内电源插座应根据住宅套内空间和家用电器设置，电源插座的数量不应少于表 8.7.6 的规定。

表 8.7.6　电源插座的设置数量

空间	设置数量和内容
卧室	一个单相三线和一个单相二线的插座两组
兼起居的卧室	一个单相三线和一个单相二线的插座三组
起居室（厅）	一个单相三线和一个单相二线的插座三组
厨房	防溅水型一个单相三线和一个单相二线的插座两组
卫生间	防溅水型一个单相三线和一个单相二线的插座一组
布置洗衣机、冰箱、排油烟机、排风机及预留家用空调器处	专用单相三线插座各一个

8.7.7　每套住宅应设有线电视系统、电话系统和信息网络系统，宜设置家居配线箱。有线电视、电话、信息网络等线路宜集中布线，并应符合下列规定：

1　有线电视系统的线路应预埋到住宅套内。每套住宅的有线电视进户线不应少于 1 根，起居室、主卧室、兼起居的卧室应设置电视插座；

2　电话通信系统的线路应预埋到住宅套内。每套住宅的电话通信进户线不应少于 1 根，起居室、主卧室、兼起居的卧室应设置电话插座；

3　信息网络系统的线路宜预埋到住宅套内。每套住宅的进户线不应少于 1 根，起居室、卧室或兼起居室的卧室应设置信息网络插座。

8.7.8　住宅建筑宜设置安全防范系统。

8.7.9　当发生火警时，疏散通道上和出入口处的门禁应能集中解锁或能从内部手动解锁。

本规范用词说明

1　为便于在执行本规范条文时区别对待，对要求严格程度不同的用词，说明如下：

1）表示很严格，非这样做不可的用词：

正面词采用“必须”，反面词采用“严禁”；

2）表示严格，在正常情况下均应这样做的用词：

正面词采用“应”，反面词采用“不应”或“不得”；

3）表示允许稍有选择，在条件许可时首先应这样做的用词：

正面词采用“宜”，反面词采用“不宜”；

4）表示有选择，在一定条件下可以这样做的用词，采用“可”。

2　本规范中指明应按其他有关标准执行的写法为：“应符合……的规定”或“应按……执行”。

中国人民共和国国家标准

住宅设计规范

CB 50096—2011

条文说明

制定说明

《住宅设计规范》GB 50096-2011，经住房和城乡建设部2011年7月26日以第1093号公告批准、发布。

为便于广大设计、施工、科研、学校等单位的有关人员在使用本规范时能正确理解和执行条文规定，《住宅设计规范》编制组按章、节、条顺序编制了本规范条文说明，对条文的目的、依据以及执行中需注意的有关事项进行了说明。但是，本条文说明不具备与规范正文同等的法律效力，仅供使用者作为理解和把握规范规定的参考。在使用中如发现本条文说明有不妥之处，请将意见函寄中国建筑设计研究院。

1 总 则

1.0.1 城镇住宅建设量大面广，关系到广大城镇居民的切身利益，同时，住宅建设要求投入大量资金、土地和建材等资源，如何根据我国国情合理地使用有限的资金和资源，以满足广大人民对住房的要求，保障居民最低限度的居住条件，提高城镇住宅功能质量，使住宅设计符合适用、安全、卫生、经济等基本要求，是制定本规范的目的。

《住宅设计规范》GB 50096-1999（以下简称原规范）自1999年起施行至今已超过10年，2003年版完成局部修订，执行至今也已有7年，在我国住房商品化的全过程中发挥了巨大作用。但是，随着我国住房市场快速发展，住宅品质有了很大变化，部分条文已不适应当前情况，需要修改并补充新的内容；近年来新颁布或修订的相关法规，在表述和指标方面有所发展变化，需要对本规范的相应条文进行调整，避免执行中的矛盾；为落实国家建设节能省地型住宅的要求，贯彻高度重视民生与住房保障问题的精神，本规范也应进行修订，正确引导中小套型住宅设计与开发建设。

本次修订扩充了原来各章节的内容，修改了部分经济技术指标的低限要求和计算方法，以便进一步保证住宅设计质量，促进城镇住宅建设健康发展。

1.0.2 目前我国城镇住宅形式多样，但基本功能及安全、卫生要求是一样的，本规范对这些设计的基本要求作了明确的规定，故本规范适用于全国城镇新建、改建和扩建的各种类型的住宅设计。

1.0.3 住宅建设关系到民生以及社会和谐，国家对住宅建设非常重视，制定了一系列方针政策和法规，住宅设计时必须严格贯彻执行。本条阐述了住宅设计的基本原则，重点突出了保证安全卫生、节约资源、保护环境的要求，住宅设计时必须统筹考虑，全面协调，在我国城镇住宅建设可持续发展方面发挥其应有的作用。

1.0.4 住宅设计涉及建筑、结构、防火、热工、节能、隔声、采光、照明、给排水、暖通空调、电气等各种专业，各专业已有规范规定的内容，除必要的重申外，本规范不再重复，因此设计时除执行本规范外，尚应符合国家现行的有关标准的规定，主要有：

《民用建筑设计通则》GB 50352
《建筑设计防火规范》GB 50016
《高层民用建筑设计防火规范》GB 50045
《住宅建筑规范》GB 50368
《城市居住区规划设计规范》GB 50180
《建筑工程建筑面积计算规范》GB/T 50353
《安全防范工程技术规范》GB 50348
《建筑抗震设计规范》GB 50011
《建筑采光设计标准》GB/T 50033
《民用建筑隔声设计规范》GB 50118
《住宅信报箱工程技术规范》GB 50631
《民用建筑工程室内环境污染控制规范》GB 50325
《城镇燃气设计规范》GB 50028
《建筑给水排水设计规范》GB50015
《城市道路和建筑物无障碍设计规范》JGJ 50
《严寒和寒冷地区居住建筑节能设计标准》JGJ 26
《夏热冬冷地区居住建筑节能设计标准》JGJ 134
《夏热冬暖地区居住建筑节能设计标准》JGJ 75
《电梯主要参数及轿厢、井道、机房的型式与尺寸》GB/T 7025.1

2 术 语

2.0.1 本定义提出了住宅的两个关键概念：“家庭”和“房子”，申明“房子”的设计规范主要是按照

“家庭”的居住使用要求来规定的。未婚的或离婚后的单身男女以及孤寡老人作为家庭的特殊形式，居住在普通住宅中时，其居住使用要求与普通家庭是一致的。作为特殊人群，居住在单身公寓或老年公寓时，则应另行考虑其特殊居住使用要求，在《住宅设计规范》GB 50096中不需予以特别考虑。因为除了有《住宅设计规范》GB 50096外，还有《老年人居住建筑标准》GB/T 50340和《宿舍建筑设计规范》JGJ 36，这也是公寓和宿舍设计可以不执行《住宅设计规范》GB 50096的原因之一。

由于本规范的条文没有出现“公寓”一词，所以本规范没有对公寓进行定义，但是规范执行中经常有关于如何区别“住宅”和“公寓”的疑问，在此作以下说明：

公寓一般指为特定人群提供独立或半独立居住使用的建筑，通常以栋为单位配套相应的公共服务设施。

公寓经常以其居住者的性质冠名，如学生公寓、运动员公寓、专家公寓、外交人员公寓、青年公寓、老年公寓等。公寓中的居住者的人员结构相对住宅中的家庭结构简单，而且在使用周期中较少发生变化。住宅的设施配套标准是以家庭为单位配套的，而公寓一般以栋为单位甚至可以以楼群为单位配套。例如，不必每套公寓设厨房、卫生间、客厅等空间，而且可以采用共用空调、热水供应等计量系统。但是不同公寓之间的某些标准差别很大，如老年公寓在电梯配置、无障碍设计、医疗和看护系统等方面的要求，要比运动员公寓高得多。目前，我国尚未编制通用的公寓设计标准。

2.0.12 本条所指的平台是住宅里常见的上人屋面，或由住宅底层地面伸出的供人们室外活动的平台。不同于楼梯平台、设备平台、非上人屋面等情况。

2.0.15 凸窗既作为窗，在设计和使用时就应有别于地板（楼板）的延伸，也就是说不能把地板延伸出去而仍称之为凸窗。凸窗的窗台应只是墙面的一部分且距地面应有一定高度。凸窗的窗台防护高度要求与普通窗台一样，应按本规范的相关规定进行设计。

2.0.16 跃层住宅的主要特征就是一户人家的户内居住面积跨越两层楼面，此时连接上下层的楼梯就是户内楼梯，在楼梯的设计及消防要求上均有别于公共楼梯。跃层住宅可以位于楼房的下部、中部，也可设置于顶层。

3 基本规定

3.0.1 本规范只对住宅单体工程设计作出规定，但住宅与居住区规划密不可分，住宅的日照、朝向、层数、防火等与规划的布局、建筑密度、建筑容积率、道路系统、竖向设计等都有内在的联系。我国人口多土地少，合理节约用地是住宅建设中日益突出的重要课题。通过住宅单体设计和群体布置中的节地措施，可显著提高土地利用率，因此必须在设计时给予充分重视。

3.0.2 通过住宅设计，使“人、建筑、环境”三要素紧密联系在一起，共同形成一个良好的居住环境。同时因地制宜地创造可持续发展的生态环境，为居住区创造既便于邻里交往又赏心悦目的生活环境，是满足人居住活动中生理、心理的双重需要。

3.0.3 住宅是供人使用的，因此住宅设计处处要以人为本。本条文要求住宅设计在满足一般居住者的使用要求外，还要兼顾老年人、残疾人等特殊群体的使用要求。

3.0.4 居住者大部分时间是在住宅室内度过的，因此使住宅室内具有良好的通风、充足的日照、明亮的采光和安静私密的声环境是住宅设计的重要任务。

3.0.5 节能、环保是一件关乎国计民生的大事，世界各国都相当关注。我国政府高度重视资源环境问题，实施可持续发展战略，把节约资源、保护环境作为基本国策，努力建设资源节约型和环境友好型社会。随着我国城镇化步伐的加快，人民生活水平的持续提高，对住宅功能、舒适度等方面的要求越来越高，如果延续传统的建设模式，我国的土地、能源、资源和环境都将难以承受。因此住宅设计要注意满足节能要求，并合理利用能源，各地住宅建设可根据当地能源条件，积极采用常规能源与可再生能源结合的供能系统与设备。

3.0.6 我国住宅建筑量大面广，工业化与产业化是住宅发展的趋势，只有推行建筑主体、建筑设备与建筑构配件的标准化、模数化，才能适应工业化生产。目前建筑新技术、新产品、新材料层出不穷，国家正在实行住宅产业现代化的政策，提高住宅产品质量。因此，住宅设计人员有责任在设计中积极采用新技术、新材料、新产品。

3.0.7 随着住房市场的发展，住宅建筑的形式也不断创新，对住宅结构设计也提出了更高的要求。本条要求住宅设计在保证结构安全、可靠的同时，要满足建筑功能需求，使住宅更加安全、适用、耐久。

3.0.8 进入21世纪以来，全球城市火灾问题日益严重，其中居民住宅火灾发生率显著增加。住宅火灾不仅威胁人民生命安全，造成严重经济损失，而且给家庭带来巨大伤害，影响社会和谐稳定。因此，住宅设计符合防火要求是最重要且基本的要求之一，具有重要意义。住宅防火设计的主要依据是《建筑设计防火规范》GB 50016和《高层民用建筑设计防火规范》GB 50045。除防火之外，避震、防空、突发事件等的安全疏散要求也要予以满足。

3.0.9 本条要求建筑设计专业和建筑设备设计的各专业进行协作设计，综合考虑建筑设备和管线的配置，并提供必要的设置空间和检修条件。同时要求建筑设备设计也要树立建筑空间合理布局的整体观念。

3.0.10 住宅物质寿命一般不少于50年，而生活水平的提高，家庭结构的变化，人口老龄化的趋势，新技术和产品的不断涌现，又会对住宅提出各种新的功能要求，这将会导致对旧住宅的更新改造。如果在设计时充分考虑建筑和居住者全生命周期的使用需求，兼顾当前使用和今后改造的可能，将大大延长住宅的使用寿命，比新建住宅节省大量投资和材料。

4 技术经济指标计算

4.0.1 在住宅设计阶段计算的各项技术经济指标，是住宅从计划、规划到施工、管理各阶段技术文件的重要组成部分。本条要求计算的5项主要经济指标，必须在设计中明确计算出来并标注在图纸中。本次修编由原规范的7项经济指标简化为5项，并对其计算方法进行了部分修改，其主要目的是避免矛盾、体现公平、统一标准，反映客观实际。

4.0.2 住宅设计经济指标的计算方法有多种，本条要求采用统一的计算规则，这有利于方案竞赛、工程投标、工程立项、报建、验收、结算以及销售、管理等各环节的工作，可有效避免各种矛盾。本次修编针对本条的修改主要为以下几个方面。

1 原规范的“各功能空间使用面积”和“套内使用面积”两项指标的概念及其计算方法受到广大设计人员的普遍认同，本次修编未作修改。

2 本次修编取消了原规范中“住宅标准层使用面积系数”这项指标。该指标过去主要用于方案设计阶段的指标比较，其结果与工程设计实践中以栋为单位计算建筑面积存在一定误差。因此，本次不再继续使用。

3 根据现行国家标准《建筑工程建筑面积计算规范》GB/T 50353中有关阳台面积计算方法，对原规范中套型阳台面积的计算方法进行了修改，明确规定其计算方法为：无论阳台为凹阳台、凸阳台、封闭阳台和不封闭阳台均按其结构底板投影净面积一半计算。

4 本次修编明确了套型总建筑面积的构成要素是套内使用面积、相应的建筑面积和套型阳台面积，保证了住宅楼总建筑面积与全楼各套型总建筑面积之和不会产生数值偏差。“套型总建筑面积”不同于原规范中的“套型建筑面积”指标，原规范中“套型建筑面积”反映的是标准层各种要素的计算结果；本次修编的“套型总建筑面积”反映的是整栋楼各种要素的计算结果。

5 本次修编增加了“住宅楼总建筑面积”这项指标，便于规划设计工作中经济指标的计算和数值的统一。

4.0.3 套内使用面积计算是计算住宅设计技术经济指标的基础，本条明确规定了计算范围：

1 套内使用面积指每套住宅户门内独自使用的面积，包括卧室、起居室（厅）、餐厅、厨房、卫生间、过厅、过道、贮藏室等各种功能空间，以及壁柜等使用空间的面积。根据本规范2.0.14条，壁柜定义为“建筑室内与墙壁结合而成的落地贮藏空间”，因此其使用面积应只计算落地部分的净面积，并计入套内使用面积。套型阳台面积单独计算，不列入套内使用面积之中。

2 跃层住宅的套内使用面积包括其室内楼梯，并将其按自然层数计入使用面积；

3 本条规定烟囱、排气道、管井等均不计入使用面积，反映了使用面积是住户真正能够使用的面积。该条规定，尤其对厨房、卫生间等小空间面积分析时更具准确性，能够正确反映设计的合理性。

4 正常的墙体按结构体表面尺寸计算使用面积，粉刷层可以简略，遇有各种复合保温层时，要将复合层视为结构墙体厚度扣除后再计算。

5 利用坡屋顶内作为使用空间时，对低于 1.20m 净高的不予计入使用面积；对 1.20m ～ 2.10m 的计入 1/2；超过 2.10m 全部计入。坡屋顶无结构顶层楼板，不能利用坡屋顶空间时不计算其使用面积。

6 本次修编对原条文进行了修改，本条规定将坡屋顶内的使用面积列入套内使用面积中，加大了计算比值，将利用坡屋顶所获得的使用面积惠及全楼各套型，更好地体现公平性。同时，可以准确计算出参与公共面积分摊后的该套型总建筑面积。

4.0.4 原规范没有要求计算套型的总建筑面积，不能直观地反映一套住宅所涵盖的建筑面积到底是多少，本次修编对此给予明确：

1 原规范的套型面积计算方法是利用住宅标准层使用面积系数反求套型建筑面积，其计算参数以标准层为计算参数。本次修编以住宅整栋楼建筑面积为计算参数，该参数包括了本栋住宅楼地上的全部住宅建筑面积，但不包括本栋住宅楼的套型阳台面积总和，这样更能够体现准确性和合理性，保证各套型总建筑面积之和与住宅楼总建筑面积一致。

本栋住宅楼地上全部住宅建筑面积包括了供本栋住宅楼使用的地上机房和设备用房建筑面积，以及当住宅和其他功能空间处于同一建筑物内时，供本栋住宅楼使用的单元门厅和相应的交通空间建筑面积，不包括本栋住宅楼地下室和半地下室建筑面积。

2 本次修编以全楼总套内使用面积除以住宅楼建筑面积（包括本栋住宅楼地上的全部住宅建筑面积，但不包括本栋住宅楼的套型阳台面积），得出一个用来计算套型总建筑面积的计算比值。与原规范采用的住宅标准层使用面积系数含义不同，该计算比值相当于全楼的使用面积系数，采用该计算比值可避免同一套型出现不同建筑面积的现象。

3 利用计算比值的计算方法明确了套型总建筑面积为套内使用面积、通过计算比值反算出的相应的建筑面积和套型阳台面积之和。

4.0.5 本条规定了住宅楼层数的计算依据，主要用于明确住宅楼的层数，便于执行本规范的相关规定。

1 本条规定考虑到与现行相关防火规范和现行国家标准《住宅建筑规范》GB 50368 的衔接，以层数作为衡量高度的指标，并对层高较大的楼层规定了计算和折算方法。建筑层数应包括住宅部分的层数和其他功能空间的层数。住宅建筑的高度和面积直接影响到火灾时建筑内人员疏散的难易程度、外部救援的难易程度以及火灾可能导致财产损失的大小，住宅建筑的防火与疏散，因此要求与建筑高度和面积直接相关联。对不同建筑高度和建筑面积的住宅区别对待，可解决安全性和经济性的矛盾。

2 本条考虑到与现行国家标准《房产测量规范　第 1 单元：房产测量规定》GB/T 17986.1 的衔接，规定了高出室外地坪小于 2.20m 的半地下室和层高小于 2.20m 的架空层和设备层不计入自然层数。

5 套内空间

5.1 套　型

5.1.1 住宅按套型设计是指每套住宅的分户界限应明确，必须独门独户，每套住宅至少包含卧室、起居室（厅）、厨房和卫生间等基本功能空间。本条要求将这些基本功能空间设计于户门之内，不得与其他套型共用或合用。这里要进一步说明的是：基本功能空间不等于房间，没有要求独立封闭，有时不同的功能空间会部分地重合或相互“借用”。当起居功能空间和卧室功能空间合用时，称为兼起居的卧室。

5.1.2 本次修编删除了原规范对住宅套型的分类。经过对原规范一类套型最小使用面积的论证和适当减小，重新规定了套型最小使用面积分别不应小于 30m^2 和 22m^2，主要依据如下：

1 本条明确了设计规范主要是按照“家庭”的居住使用要求来规定的。本条规定的低限标准为统一要求，不因地区气候条件、墙体材料等不同而有差异。

2 套型最小使用面积，不应是各个最小房间面积的简单组合。即使在工程设计理论和实践中，可能设计出更小的套型，但是这种套型是不能满足最低使用要求的。此外，未婚的或离婚后的单身男女以及孤寡老人作为家庭的特殊形式，居住在普通住宅中时，其居住使用要求与普通家庭是一致的。作为特殊人群，居住在单身公寓或老年公寓时，则应另行考虑其特殊居住使用要求，由其他相关规范作出规定。

3 原规范规定的由卧室、起居室（厅）、厨房和卫生间等组成的住宅套型，虽然组成空间数不变，但因为综合考虑我国中小套型住房建设的国策，以及住宅部品技术产业化、集成化和家电设备技术更新等因素，各种住宅部品及家电尺寸有所减小，对各功能空间尺度的要求也相应减小。所以将原规范规定不应小于 $34m^2$ 下调为不应小于 $30m^2$。其具体测算方法是：

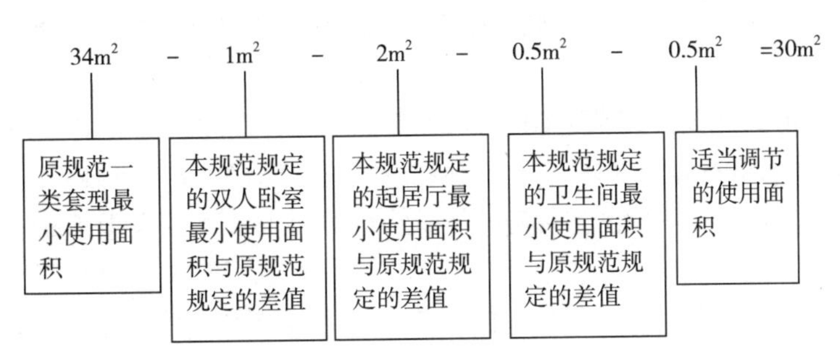

4 明确了基本功能空间不等于房间，没有要求独立封闭，有时不同的功能空间会部分地重合或相互“借用”。当起居功能空间和卧室功能空间合用时，称为兼起居的卧室等概念以后，提出了采用兼起居的卧室的最小套型，不应小于 $22m^2$。其具体测算方法是：

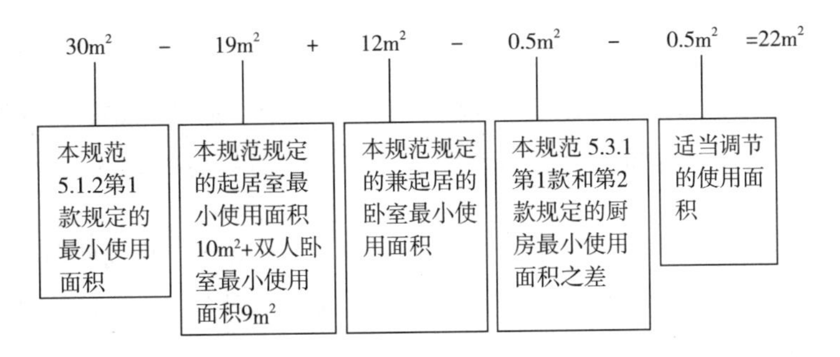

5.2 卧室、起居室（厅）

5.2.1 卧室的最小面积是根据居住人口、家具尺寸及必要的活动空间确定的。原规范规定双人卧室不小于 $10m^2$。单人卧室不小于 $6m^2$，本次修编分别减小为 $9m^2$ 和 $5m^2$。其依据为：

1 本规范综合考虑我国中小套型住房建设的国策，以及住宅部品技术产业化、集成化和家电设备技术更新等因素，各种住宅部品及家电尺寸有所减小，对各功能空间尺度的要求也相应减小。所以将原规范规定的双人及单人卧室的使用面积分别减小 $1m^2$。

2 在小套型住宅设计中，允许采用一种兼有起居活动功能空间和睡眠功能空间为一室的“卧室”，这种兼起居的卧室需要在双人卧室的面积基础上至少增加一组沙发和摆设一个小餐桌的面积（$3m^2$）才能保证家具的布置，所以规定兼起居的卧室为 $12m^2$。

5.2.2 起居室（厅）是住宅套型中的基本功能空间，由于本规范 5.2.1 第 1 款的条文说明所列的原因，将起居室（厅）的使用面积最小值由原规范的 $12m^2$ 减小为 $10m^2$。

5.2.3 起居室（厅）的主要功能是供家庭团聚、接待客人、看电视之用，常兼有进餐、杂物、交通等作用。除了应保证一定的使用面积以外，应减少交通干扰，厅内门的数量如果过多，不利于沿墙面布置家具。根据低限度尺度研究结果，3m 以上直线墙面保证可布置一组沙发，使起居室（厅）中能有一相对稳定的使用空间。

5.2.4 较大的套型中，起居室（厅）以外的过厅或餐厅等可无直接采光，但其面积不能太大，否则会降低居住生活标准。

5.3 厨 房

5.3.1 本次修编厨房的使用面积不再进行分类规定，而是规定其使用面积分别不应小于 $4m^2$ 和 $3.5m^2$。其依据是：根据对全国新建住宅小区的调查统计，厨房使用面积普遍能达到 $4m^2$ 以上，所以本次修编对由卧室、起居室（厅）、厨房和卫生间等组成的住宅套型的厨房使用面积未进行修改，仍明确其最小使用面积为 $4m^2$。对由兼起居的卧室、厨房和卫生间等组成的住宅套型的厨房面积则规定为 $3.5m^2$。

5.3.2 厨房布置在套内近入口处，有利于管线布置及厨房垃圾清运，是套型设计时达到洁污分区的重要保证，应尽量做到。

5.3.3 厨房应设置洗涤池、案台、炉灶及排油烟机等设施或为其预留位置，才能保证住户正常炊事功能要求。

现行国家标准《城镇燃气设计规范》GB 50028 规定，设有直排式燃具的室内容积热负荷指标超过 $0.207kW/m^3$ 时，必须设置有效的排气装置，一个双眼灶的热负荷约为（8 ~ 9）kW，厨房体积小于 $39m^3$ 时，体积热负荷就超过 $0.207kW/m^3$。一般住宅厨房的体积均达不到 $39m^3$（约大于 $16m^2$），因此均必须设置排油烟机等机械排气装置。

5.3.4 厨房设计时若不按操作流程合理布置，住户实际使用时或改造时都将带来极大不便。排油烟机的位置只有与炉灶位置对应并与排气道直接连通，才能最有效地发挥排气效能。

5.3.5 单排布置的厨房，其操作台最小宽度为 0.50m，考虑操作人下蹲打开柜门、抽屉所需的空间或另一人从操作人身后通过的极限距离，要求最小净宽为 1.50m。双排布置设备的厨房，两排设备之间的距离按人体活动尺度要求，不应小于 0.90m。

5.4 卫生间

5.4.1 本次修编不再进行分类和规定设置卫生间的个数，仅规定了每套住宅应配置的卫生设备的种类和件数，强调至少应配置便器、洗浴器、洗面器三件卫生设备或为其预留设置位置及条件，以保证基本生活需求。

本次修编明确规定集中配置便器、洗浴器、洗面器三件卫生设备的卫生间使用面积不应小于 $2.50m^2$，比原规范规定数值减小 $0.5m^2$。其修改依据是：由于住宅集成化技术的不断成熟，设备成套技术的不断推广，提高了卫生间面积的利用效率。

5.4.2 本条规定了卫生设备分室设置时几种典型设备组合的最小使用面积。卫生间设计时除应符合本条规定外，还应符合本规范 5.4.1 条对每套住宅卫生设备种类和件数的规定。为适应卫生间成套设备集成技术和卫生设备组合多样化的要求，本次修编增加了两种空间划分类型，并规定了最小使用面积。由不同设备组合而成的卫生间，其最小面积的规定依据是：以卫生设备低限尺度以及卫生活动空间计算最低面积；对淋浴空间和盆浴空间作综合考虑，不考虑便器使用与淋浴活动的空间借用；卫生间面积要适当考虑无障碍设计要求和为照顾儿童使用时留有余地。

5.4.3 无前室的卫生间，其门直接开向厅或厨房的这种布置方法问题突出，诸如“交通干扰”、“视线干扰”、“不卫生”等，本条规定要求杜绝出现这种设计。

5.4.4 卫生间的地面防水层，因施工质量差而发生漏水的现象十分普遍，同时管道噪声、水管冷凝水下滴等问题也很严重。因此，本条规定不得将卫生间直接布置在下层住户的卧室、起居室（厅）、厨房和餐厅的上层。

5.4.5 在跃层住宅设计中允许将卫生间布置在本套内的卧室、起居室（厅）、厨房或餐厅的上层，尽管在使用上无可非议，对其他套型也毫无影响，但因布置了多种设备和管线，容易损坏或漏水，所以本条要求采取防水和便于检修的措施，减少或消除对下层功能空间的不良影响。

5.4.6 洗衣为基本生活需求，洗衣机是普遍使用的家用设备，属于卫生设备，通常设置在卫生间内。但是在实际使用中有时设置在阳台、厨房、过道等位置。本条文强调，在住宅设计时，应明确设计出洗衣机的位置及专用给排水接口和电插座等条件。

5.5 层高和室内净高

5.5.1 把住宅层高控制在 2.80m 以下，不仅是控制投资的问题，更重要的是关系到住宅节地、节能、节水、节材和环保。把层高相对统一，在当前住宅产业化发展的初期阶段很有意义，例如对发展住宅专用电梯、通风排气竖管、成套橱柜等均有现实意义，有一个明确的层高，这类产品的主要参数就可以确定。

2.80m层高的规定，在全国执行已有多年，对于普通住宅更需进一步要求控制层高，以便节能。

5.5.2 卧室和起居室（厅）是住宅套内活动最频繁的空间，也是大型家具集中的场所，本条要求其室内净高不低于2.40m，以保证基本使用要求。在国际上，把室内净高定位2.40m的国家很多，如：美国、英国、日本和我国的香港地区，参照这些国家和地区的标准，室内净高定为2.40m是可行的。

另外，据对空气洁净度测试的有关资料分析，不同层高的住宅中，冬季室内空气中的CO_2的浓度值没有明显变化。

卧室、起居室（厅）的室内局部净高不应低于2.10m，是指室内梁底处的净高、活动空间上部吊柜的柜底与地面的距离等，只有控制在2.10m或以上，才能保证居民的基本活动并具有安全感。

在一间房间中，当低于2.40m、高于2.10m的梁和吊柜等局部净高的室内面积超过房间面积的1/3时，会严重影响使用功能。因此要求这种局部净高的室内面积不应大于室内使用面积的1/3。

5.5.3 利用坡屋顶内空间作为各种活动空间的设计受到普遍欢迎。根据人体工程学原理，居住者在坡屋顶内空间活动时动作相对收敛，所谓“身在屋檐下哪能不低头”，因此，室内净高要求略低于普通房间的净高要求。但是利用坡屋顶内空间作卧室、起居室（厅）时，仍然应有一定的高度要求，特别是需要直立活动的部位，如果净高低于2.10m的空间超过一半时，使用困难。

坡屋顶内空间的使用面积不同于房间地板面积。在执行本规范第5.2.1条和5.2.2条关于卧室、起居室（厅）的最低使用面积规定时，需要根据本规范第4.0.3条第5款“利用坡屋顶内的空间时，屋面板下表面与楼板地面的净高低于1.20m的空间不计算使用面积，净高在1.20m ~ 2.10m的空间按1/2计算使用面积，净高超过2.10m的空间全部计入套内使用面积”的规定，保证卧室、起居室（厅）的最小使用面积标准符合要求。

5.5.4 厨房和卫生间人流交通较少，室内净高可比卧室和起居室（厅）低。但有关燃气设计安装规范要求厨房不低于2.20m；卫生间从空气容量、通风排气的高度要求等考虑也不应低于2.20m。另外从厨、卫设备的发展看，室内净高低于2.20m不利于设备及管线的布置。

5.5.5 厨房、卫生间面积较小，顶板下的排水横管即使靠墙设置，其管底（特别是存水弯）的底部距楼、地面净距若太低，常常造成碰撞并且妨碍门、窗户开启。本条对此作出相关规定。

5.6 阳 台

5.6.1 阳台是室内与室外之间的过渡空间，在城镇居住生活中发挥了越来越重要的作用。本条要求每套住宅宜设阳台，住宅底层和退台式住宅的上人屋面层可设平台。

5.6.2 阳台是儿童活动较多的地方，栏杆（包括栏板的局部栏杆）的垂直杆件间距若设计不当，容易造成事故。根据人体工程学原理，栏杆垂直净距应小于0.11m，才能防止儿童钻出。同时为防止因栏杆上放置花盆儿坠落伤人，本条要求可搁置花盆的栏杆必须采取防止坠落措施。

5.6.3 阳台栏杆的防护高度是根据人体重心稳定和心理要求确定的，应随建筑高度增高而增高。阳台（包括封闭阳台）栏杆或栏板的构造一般与窗台不同，且人站在阳台前比站在窗前有更加靠近悬崖的眩晕感，如图1所示，人体距离建筑外边沿的距离 b 明显小于 a，其重心稳定性和心理安全要求更高。所以本条规定阳台栏杆的净高不应按窗台高度设计。

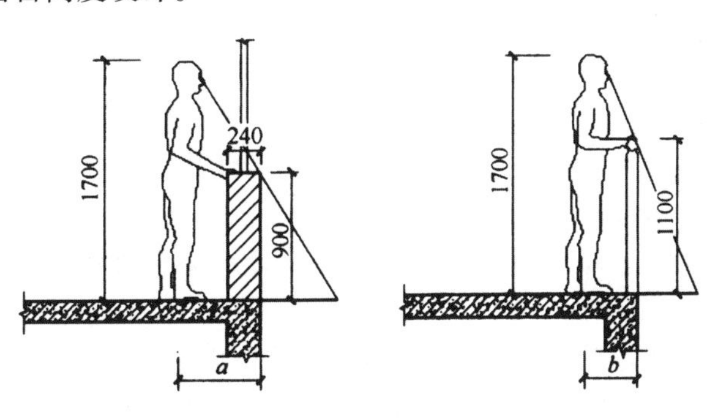

图1 窗台与阳台的防护高度要求不同

此外，强调封闭阳台栏杆的高度不同于窗台高度的另一理由是本规范相关条文一致性的需要。封闭阳台也是阳台，本规范在“面积计算”“采光、通风窗地比指标要求”“隔声要求”“节能要求”“日照间距”等方面的规定，都是不同于对窗户的规定的。

本次修编还对原规范中关于建筑层数的定义进行了修改，使之与现行国家标准《住宅建筑规范》GB 50368 相一致，在本条文中不再出现“高层住宅”“中高层住宅”等词。

5.6.4 七层及七层以上住宅以及寒冷、严寒地区住宅的阳台采用实体栏板，可以防止冷风从阳台灌入室内，还可防止物品从过高处的栏杆缝隙处坠落伤人。

5.6.5 由于住宅部品生产技术的不断成熟，现在已有大量成熟的晾衣部品，在其安装时不会造成漏水、滴水现象。实态调查表明，居民多数将施工过程中安装的晒衣架拆除，造成浪费。所以本次修编不再要求“设置晾晒衣物的设施”。

顶层住宅阳台若没有雨罩，就会给晾晒衣物带来不便。同时，阳台上的雨水、积水容易流入室内，故规定顶层阳台应设置雨罩。

各套住宅之间毗邻的阳台分隔板是套与套之间明确的分界线，对居民的领域感起保证作用，对安全防范也有重要作用，在设计时明确分隔，可减少管理上的矛盾。

5.6.6 实态调查表明，由于阳台及雨罩排水组织不当，造成上下层的干扰十分严重，如上层浇花、冲洗阳台而弄脏下层晾晒的衣服甚至浇淋到他人身上的事故常常引发邻里矛盾，故阳台、雨罩均应做有组织排水。本次修编将本条修改为“应采取防水措施”，主要是针对容易漏水的关键节点要求采取防水措施。

5.6.7 当阳台设置洗衣机设备时，为方便使用要求设置专用给排水管线、接口和插座等，并要求设置专用地漏，减少溢水的可能。在这种情况下，阳台是用水较多的地方。如出现洗衣设备跑漏水现象，容易造成阳台漏水。所以，本条规定该类阳台楼地面应做防水。为防止严寒和寒冷地区冬季将给排水管线冻裂。本条规定应封闭阳台，并应采取保温措施，防止以上现象的发生。

5.6.8 当阳台设置空调室外机时，如安装措施不当，会降低空调室外机排热效果，降低制冷工效，会对居民在阳台上的正常活动以及对室外和其他住户环境造成影响。因此，本条对阳台或建筑外墙空调室外机的设置作出了具体规定。其中本条第 2 款规定在排出空气一侧不应有遮挡物，不包括百叶。但空调室外机所设置的百叶仅是装饰物，叶片间距太小，会影响空调室外机散热，因此在满足一定的视线遮挡效果时，叶片间距越大越好。

5.7 过道、贮藏空间和套内楼梯

5.7.1 套内人口的过道，常起门斗的作用，既是交通要道，又是更衣、换鞋和临时搁置物品的场所，是搬运大型家具的必经之路。在大型家具中沙发、餐桌、钢琴等尺度较大，本条规定在一般情况下，过道净宽不宜小于 1.20m。

通往卧室、起居室（厅）的过道要考虑搬运写字台、大衣柜等的通过宽度，尤其在入口处有拐弯时，门的两侧应有一定余地，故本条规定该过道不应小于 1.00m。通往厨房、卫生间、贮藏室的过道净宽可适当减小，但也不应小于 0.90m。

5.7.2 套内合理设置贮藏空间或位置对提高居室空间利用率，使室内保持整洁起到很大作用。居住实态调查资料表明，套内壁柜常因通风防潮不良造成贮藏物霉烂，本条规定对设置于底层或靠外墙、靠卫生间等容易受潮的壁柜应采取防潮措施。

5.7.3 套内楼梯一般在两层住宅和跃层内作垂直交通使用。本条规定套内楼梯的净宽，当一边临空时，其净宽不应小于 0.75m；当两侧有墙面时，墙面之间净宽不应小于 0.90m（见图 2），此规定是搬运家具和日常手提东西上下楼梯最小宽度。

此外，当两侧有墙时，为确保居民特别是老人、儿童上下楼梯的安全，本条规定应在其中一侧墙面设置扶手。

5.7.4 扇形楼梯的踏步宽度离内侧扶手中心 0.25m 处的踏步宽度不应小于 0.22m，是考虑人上下楼梯时，脚踏扇形踏步的部位，如图 2 所示。

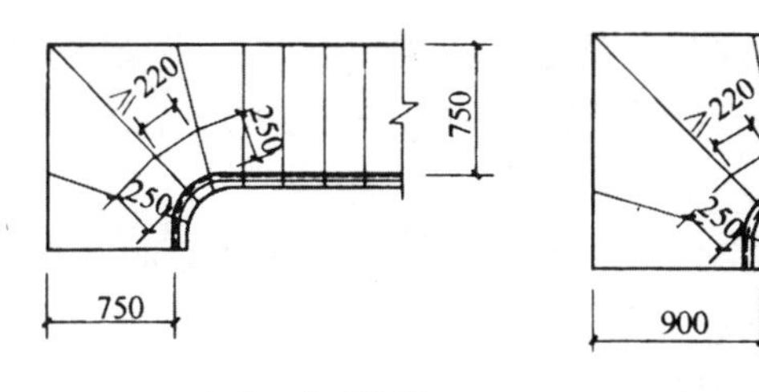

（a）一边临空扇形楼梯　（b）两边墙面扇形楼梯

图 2 一边临空与两侧有墙的楼梯净宽要求不同

5.8 门 窗

5.8.1 没有邻接阳台或平台的外窗窗台，如距地面净高较低，容易发生儿童坠落事故。本条规定当窗台低于 0.90m 时，采取防护措施。有效的防护高度应保证净高 0.90m，距离楼（地）面 0.45m 以下的台面、横栏杆等容易造成无意识攀登的可踏面，不应计入窗台净高。

5.8.2 本条规定的依据是：

1 窗台净高低于或等于 0.45m 的凸窗台面，容易造成无意识攀登，其有效防护高度应从凸窗台面起算，高度不应低于净高 0.90m；

2 实态调查表明，当出现可开启窗扇执手超出一般成年人正常站立所能触及的范围，就会出现攀登至凸窗台面关闭窗扇的情况，如可开启窗扇窗洞口底距凸窗台面的净高小于 0.90m，容易发生坠落事故。所以本条规定可开启窗扇窗洞口底距窗台面的净高低于 0.90m 时，窗洞口处应有防护措施，其防护高度从窗台面起算不应低于 0.90m；

3 实态调查表明，严寒和寒冷地区凸窗的挑板或两侧壁板，在实际工程中由于施工困难，普遍未采取保温措施，会形成热桥，对节能非常不利。所以本条规定严寒和寒冷地区不宜设置凸窗。

5.8.3 从安全防范和满足住户安全感的角度出发，底层住宅的外窗和阳台门均应有一定防卫措施，紧邻走廊或共用上人屋面的窗和门同样是安全防范的重点部位，应有防卫措施。

5.8.4 住宅凹口的窗和面临走廊、共用上人屋面的窗常因设计不当，引起住户的强烈不满，本条规定采取措施避免视线干扰。面向走廊的窗、窗扇不应向走廊开启，否则应保证一定高度或加大走廊宽度，以免妨碍交通。

5.8.5 为保证居住的安全性，本次修编明确规定住宅户门应具备防盗、隔声功能。住宅实态调查发现，由于原规范中“安全防卫门”概念模糊未明确其应具有防盗功能，普遍被住户加装一层防盗门，而加装的防盗门只能向外开启，妨碍楼梯间的交通，本条规定设计时就应将防盗、隔声功能集于一门。

一般的住宅户门总是内开启的，既可避免妨碍楼梯间的交通，又可避免相邻近的户门开启时之间发生碰撞。本条规定外开时不应妨碍交通，一般可采用加大楼梯平台、控制相邻户门的距离、设大小门扇、入口处设凹口等措施，以保证安全疏散。

5.8.6 为保证有效的排气，应有足够的进风通道，当厨房和卫生间的外窗关闭或暗卫生间无外窗时，必需通过门进风。本条规定主要参照了《城镇燃气设计规范》GB 50028 对设有直接排气式或烟道排气式燃气热水器房间的规定。厨房排油烟机的排气量一般为 $300m^3/h$ ~ $500m^3/h$，有效进风截面积不小于 $0.02m^2$，相当于进风风速 4m/s ~ 7m/s，由于排油烟机有较大风压，基本可以满足要求。卫生间排风机的排气量一般为 $80m^3/h$ ~ $100m^3/h$，虽风压较小，但有效进风截面积不小于 $0.02m^2$，相当于进风风速 1.1m/s ~ 1.4m/s，也可以满足要求。

5.8.7 本次修编根据住宅实态调查数据仅将户门洞口宽度增大为 1.00m，其余未作改动。住宅各部位门洞的最小尺寸是根据使用要求的最低标准结合普通材料构造提出的，未考虑门的材料构造过厚或有特殊要求。

6 共用部分

6.1 窗台、栏杆和台阶

6.1.1 公共部分的楼梯间、电梯厅等处是交通和疏散的重要通道，没有邻接阳台或平台的外窗窗台如距地面净高较低，容易发生儿童坠落事故。原规范只在“套内空间”规定了本条文，执行中发现有理解为住宅共用部分的窗台栏杆高度执行《民用建筑设计通则》GB 50352 的情况，本条特别提出共用部分的窗台栏杆也应执行本规范。

6.1.2 公共出入口台阶高度超过 0.70m 且侧面临空时，人易跌伤，故需采取防护措施。

6.1.3 外廊、内天井及上人屋面等处一般都是交通和疏散通道，人流较集中，特别在紧急情况下容易出现拥挤现象，因此临空处栏杆高度应有安全保障。根据国家标准《中国成年人人体尺寸》GB/T 10000 资料，换算成男子人体直立状态下的重心高度为 1006. 80mm，穿鞋后的重心高度为 1006.80mm+20mm=1026.80mm，因此对栏杆的最低安全高度确定为 1.05m。对于七层及七层以上住宅，由于人们登高和临空俯视时会产生恐惧的心理，而产生不安全感，适当提高栏杆高度将会增加人们心理的安全感，故比六层及六层以下住宅的要求提高了 0.05m，即不应低于 1.10m。对栏杆的开始计算部位应从栏杆下部可踏部位起计，以确保安全高度。栏杆间距等设计要求与本规范 5.6.2 条的规定一致。

6.1.4 公共出入口的台阶是老年人、儿童等摔伤事故的多发地点，本条对台阶踏步宽度、高度等作出的相关规定，保证了老人、儿童行走在公共出入口时的安全。

6.2 安全疏散出口

6.2.1 ~ 6.2.3 根据不同的建筑层数，对安全出口设置数量作出的相关规定，兼顾了住宅建筑安全性和经济性的要求。关于剪刀梯作为疏散口的设计要求，应执行《高层民用建筑设计防火规范》GB50045 的规定。

6.2.4 在同一建筑中，若两个楼梯出口之间距离太近，会导致疏散人流不均而产生局部拥挤，还可能因出口同时被烟堵住，使人员不能脱离危险而造成重大伤亡事故。因此，建筑安全疏散出口应分散布置并保持一定距离。

6.2.5 若门的开启方向与疏散人流的方向不一致，当遇有紧急情况时，不易推开，会导致出口堵塞，造成人员伤亡事故。

6.2.6 对于住宅建筑，根据实际疏散需要，规定设置的楼梯间能通向屋面，并强调楼梯间通屋顶的门要易于开启，而不应采取上锁或钉牢等不易打开的做法，以利于人员的安全疏散。

6.2.7 十层及十层以上的住宅建筑，除条文里规定的两种情况外，每个住宅单元的楼梯间均应通至屋顶，各住宅单元的楼梯间宜在屋顶相连通，以便于疏散到屋顶的人，能够经过另一座楼梯到达室外，及时摆脱灾害威胁。对于楼层层数不同的单元，则不在本条的规定范围内，其安全疏散设计则应执行其他规范。

6.3 楼 梯

6.3.1 楼梯梯段净宽系指墙面装饰面至扶手中心之间的水平距离。梯段最小净宽是根据使用要求、模数标准、防火规范的规定等综合因素加以确定的。这里需要说明，将六层及六层以下住宅梯段最小净宽定为 1.00m 的原因是：①为满足防火规范规定的楼梯段最小宽度为 1.10m，一般采用 2.70m 或 2.60m（不符合 3 模）开间楼梯间，楼梯面积较大。如采用 2.40m 开间楼梯间，每套可增加 1.00m^2 左右使用面积，但楼梯宽度只能做到 1m 左右；② 2.40m 开间符合 3 模，与 3 模其他参数能协调成系列，在平面布置中不出现半模数，与 3.60m 等参数可组成扩大模数系列，有利于减少构件，也有利于工业化制作，平面布置也比较适用、灵活；③据分析，只要保证楼梯平台宽度能搬运家具，2.40m 是能符合使用要求的；④参照国内外有关规范，1999 年经与公安部协调，在《建筑设计防火规范》GB 50016 中规定了“不超过六层的单元式住宅中，一边设有栏杆的疏散楼梯，其最小净宽可不小于 1m”。但其他的住宅楼梯梯段最小净宽仍为 1.10m。

6.3.2 踏步宽度不应小于 0.26m，高度不应大于 0.175m 时，坡度为 33.94°，这接近舒适性标准，在设计中也能做到。按层高 2.80m 计，正好设 16 步。

6.3.3 楼梯平台净宽系指墙面装饰面至扶手中心之间的水平距离。实际调查证明，楼梯平台的宽度是影响搬运家具的主要因素，如平台上有暖气片、配电箱等凸出物时，平台宽度要从凸出面起算。楼梯平台的结构下缘至人行通道的垂直高度系指结构梁（板）的装饰面至地面装饰面的垂直距离。调查中发现有的住宅入口楼梯平台的垂直高度在 1.90m 左右，行人经过时容易碰头，很不安全。

规定入口处地坪与室外设计地坪的高差不应小于 0.10m，第一是考虑到建筑物本身的沉陷；第二是为了保证雨水不会侵入室内。当住宅建筑带有半地下室、地下室时，更要严防雨水倒灌。此外，本条对楼梯平台净宽、楼梯平台的结构下缘至人行通道的垂直高度都作出了相关规定。

6.3.4 我国目前大多数住宅的剪刀梯平台普遍过于狭窄，日常搬运大型家具困难，特别是急救时担架难以水平回转；高层建筑虽有电梯，但往往一栋楼只有一部能容纳普通担架，需要通过联系廊和疏散楼梯搬运伤病员。因此，本条文从保障居民生命安全的角度，要求住宅剪刀梯休息平台进深加大到 1.30m。

6.3.5 楼梯井宽度过大，儿童往往会在楼梯扶手上做滑梯游戏，容易产生坠落事故，因此规定楼梯井宽度大于 0.11m，必须采取防止儿童攀滑的措施。

6.4 电 梯

6.4.1 电梯是七层及七层以上住宅的主要垂直交通工具。多少层开始设置电梯是个居住标准的问题，各国标准不同。在欧美一些国家，一般规定四层起应设置电梯，原苏联、日本及我国台湾省的规范规定六层起应设置电梯。我国 1954 年《建筑设计规范》中规定："居住房间在五层以上或最高层的楼板面高出地平线在 17 公尺以上时，应有电梯设备"。1987 年，《住宅建筑设计规范》GBJ 96 规定了七层（含七层）以上应设置电梯。我国已步入老龄化社会，应该对老年群体给予更多的关注，为此，本规范中规定"住户入口层楼面距室外地面的高度超过 16m 的住宅必须设置电梯"。本次修订特别对三种工程设计中没有严格执行设置电梯规定的情况进一步明确限定。其理由是：

1 如底层为层高 4.50m 的商店或其他用房，以 2.80m 层高的住宅计算，（2.80m × 4）（最高住户入口层楼面标高）+4.50m（底层用房层高）+0.30m（室外高差）=16m。也就是说，上部的住宅只能作五层。此时以 16m 作为是否设置电梯的限值。

2 当设置一个架空层时，如六层住宅采用 2.70m 层高，即：2.20m（架空层）+0.10m（室内外高差）+（2.70m × 5）=15.80m<16m，可以不设置电梯。如六层住宅采用 2.80m 层高并架空层时，若不采取一定措施则不能控制在 16m 的规定范围内，即 2.20m（架空层）+0.10m（室内外高差）+（2.80m × 5）=16.30m>16m。本规范对有架空层或储存空间的住宅严格规定，不设置电梯的住宅，其住户入口层楼面距该建筑物室外地面的高度不得超过 16m。

3 在住宅建筑顶层若布置两层一套的跃层住宅（设置户内楼梯者），跃层部分的入口处距该建筑物室外地面的高度若超过 16m。实践证明，顶层住户的一次室内登高超出了规定的范围，所以必须设置电梯。

除了以上三种情况外，原规范允许山地、台地住宅的中间层有直通室外地面入口，如果该入口具有消防通道作用时，其层数由该中间层起计算。由于这种情况正在逐步减少，同时涉及如何设消防通道和消防电梯等问题。由防火规范统一规定，本规范不再放宽条件。

6.4.2 十二层及十二层以上的住宅，每栋楼设置电梯不应少于两台，主要考虑到其中的一台电梯进行维修时，居民可通过另一部电梯通行。住宅要适应多种功能需要，因此，电梯的设置除考虑日常人流垂直交通需要外，还要考虑保障病人安全、能满足紧急运送病人的担架乃至较大型家具等需要。

6.4.3、6.4.4 十二层及十二层以上的住宅每个住宅单元只设置一部电梯时，在电梯维修期间，会给居民带来极大不便，只能通过联系廊或屋顶连通的方式从其他单元的电梯通行。当一栋楼只有一部能容纳担架的电梯时，其他单元只能通过联系廊到达这电梯运输担架。在两个住宅单元之间设置联系廊并非推荐做法，只是一种过渡做法。在实际操作中，联系廊的设计会带来视线干扰、安全防范、使部分居室厨房失去自然通风和直接采光等问题，此种设置电梯的方法虽较经济，但属低水平。所以，理想的方案是设置两台电梯，且其中一台可以容纳担架。

对于一栋十二层的住宅，各单元联通的屋面可以视为联系廊；对于一栋十八层的住宅，联系廊的设置可有两种方案：方案一，在十二层设置第一个联系廊，根据联系廊的间隔不能超过五层的规定，十七层必须设置第二个联系廊；方案二，在十四层设置第一个联系廊，各单元的联通屋面即可以视为第二个联系廊。

近来，有些一梯两户的方案将十二层以上相邻单元的两户住宅北阳台连通，这种做法也能起到紧急疏散的目的，但需要相关住户之间认可。这种做法从设计上不属于联系廊的做法。

6.4.5 为了使用方便，高层住宅电梯应在设有户门或公共走廊的每层设站。隔一层或更多层设站的方式，既不合理，对居民也不公平。

6.4.6 电梯是人们使用频繁和理想的垂直通行设施，根据国家标准《电梯主参数及轿厢、井道、机房的型式与尺寸》GB/T 7025.1 的规定：“单台电梯或多台并列成排布置的电梯，候梯厅深度不应小于最大的轿箱深度”。近几年来部分六层及以下住宅设置了电梯，电梯厅的深度不小于 1.50m，即可满足载重量为 630kg 的电梯对候梯厅深度的要求。

6.4.7 本条对电梯在住宅单元平面布局中的位置，提出了相关的限定条件。电梯机房设备产生的噪声、电梯井道内产生的振动、共振和撞击声对住户干扰很大，尤其对最需要安静的卧室的干扰就更大。

原规范要求“电梯不应与卧室、起居室（厅）紧邻布置”，本次修编考虑到我国中小套型住宅建设的实际情况，在小套型住宅单元平面设计时，满足这一要求确有一定困难。特别是，在做由兼起居的卧室、厨房和卫生间等组成的最小套型组合时，当受条件限制，电梯不得不紧邻兼起居的卧室布置的情况很多。考虑到“兼起居的卧室”实际上有部分起居空间，可以尽量在起居空间部分相邻电梯，并采取双层分户墙或同等隔声效果的构造措施。因此，在广泛征求意见基础上，本条适当放宽了特定条件。

6.5 走廊和出入口

6.5.1 外廊是指居民日常必经之主要通道，不包括单元之间的联系廊等辅助外廊。从调查来看，严寒和寒冷地区由于气候寒冷、风雪多，外廊型住宅都做成封闭外廊（有的外廊在墙上开窗户，也有的做成玻璃窗全封闭的挑廊）；另夏热冬冷地区，因冬季很冷，风雨较多，设计标准也规定设封闭外廊。故本条规定在住宅中作为主要通道的外廊宜做封闭外廊。由于沿外廊一侧通常布置厨房、卫生间，封闭外廊需要良好通风，还要考虑防火排烟，故规定封闭外廊要有能开启的窗扇或通风排烟设施。

6.5.2 为防止阳台、外廊及开敞楼梯平台物品下坠伤人，要求设在下部的公共出入口采取安全措施。

6.5.3 在住宅建筑设计中，有的对出入口门头处理很简单，各栋住宅出入口没有自己的特色，形成千篇一律，以至于住户不易识别自己的家门。本条规定要求出入口设计上要有醒目的标识，包括建筑装饰、建筑小品、单元门牌编号等。按照防火规范的规定，十层及十层以上定为高层住宅，其入口人流相对较大，同时信报箱等公共设施需要一定的布置空间，因此对十层及十层以上住宅作出了设置入口门厅的规定。

6.6 无障碍设计要求

6.6.1 本条系根据行业标准《城市道路和建筑物无障碍设计规范》JGJ 50 第 5.2.1 条制订，列出了七层及七层以上的住宅应进行无障碍设计的部位。该标准对七层及七层以上住宅要求进行无障碍设计的部位还包括电梯轿厢。由于该规定对住宅强制执行存在现实问题，本条未将电梯轿厢列入强制条款。对六层及六层以下设置电梯的住宅，也不列为强制执行无障碍设计的对象。此外原来规定的无障碍设计的部位还包括无障碍住房，由于本规范仅针对住宅单体建筑设计，故不要求对每栋住宅都做无障碍住房设计。

6.6.2 七层及七层以上住宅入口设置台阶时，必须按照无障碍设计的要求设置轮椅坡道和扶手。

6.6.3 为保证轮椅使用者与正常人流能同时进行并避免交叉干扰，提出本规定。

6.6.4 本条列出了供轮椅通行的走道和通道的最小净宽限值。

6.7 信报箱

6.7.1 目前全国有些地区的住宅信报箱发展滞后，安装率低，使得人们的基本通信权利无法得到保障。自 2009 年 10 月 1 日起施行的《中华人民共和国邮政法》在第二章第十条对信报箱的设置提出了具体要求。同年，住房和城乡建设部发布建标［2009］88 号文，开始组织《住宅信报箱工程技术规范》的编制工作，该规范已经批准发布，编号为 GB 50631-2010。本规范编制组与《住宅信报箱工程技术规范》编制组协调后，新增了本节内容。信报箱作为住宅的必备设施，其设置应满足每套住宅均有信报箱的基本要求。

6.7.2 在住宅设计时，根据信报箱的安装形式留出必要的安装空间，能避免后期安装时占用消防通道和对建筑结构造成破坏。将信报箱设置于地面层主要步行入口处，既方便投递、保证邮件安全，又便于住户收取。

6.7.3 根据实态调查，大多数住宅楼的门禁系统将邮递员拒之门外，造成了投递到户的困难。因此要求将信报箱设置在门禁系统外。同时要求充分考虑信报箱使用空间尺度，满足信报投递、收取等功能需求。

6.7.4 通道的净宽系指通道墙面装饰面至信报箱表面的最外缘的水平距离。因此，当通道墙面及信报箱上有局部突出物时，仍要求保证通道的净宽。

6.7.5 信报箱的设置，无论在住宅室内或室外，都需要避免遮挡住宅基本空间的门窗洞口。

6.7.6 信报箱的质量受使用材料、加工工艺等因素的影响，其使用年限、防火等级、抗震等差别很大，因此要求选用符合国家现行有关标准规定的定型产品。由于嵌入式信报箱需与墙体结合，设计时应根据选用的产品种类，生产厂家提供的安装说明文件，预留安装条件。

6.7.7 信报箱可借用公共照明，但不能遮挡公共照明。

6.7.8 智能信报箱需要连接电源，因此必须预留电源接口，既避免给后期安装带来不便并增加成本，又不会影响室内美观和结构安全。

6.8 共用排气道

6.8.1 我国的城镇住宅大多数是集合式住宅，密度高、排气量大，采用共用竖向排气系统更有利于高空排放，减少污染。

6.8.2 为保证排气道的工程质量，要求选择排气道产品时特别注意其排气量、防回流构造、严密性等性能指标。我国目前住宅使用的共用排气道，一般是竖向排气道，利用各层住户的排油烟机向管道增压排气。由于各层住户的排油烟机输出压力不相等，容易产生上下层之间的回流。因此，应采用能够防止各层回流的定型产品。同时，层数越多的住宅，要求排气道的截面越大，如果排气管道截面太小，竖向排气道中的压力大于支管压力，也容易产生回流。因此，断面尺寸应根据层数确定。排气道支管及其接口直径太小，会造成管道局部压力过大，产生回流。所以提出最小直径要求。

6.8.3 在进行厨房设计以及排气道安装时，需正确安排共用排气道的位置和接口方向，以保证排气管的正确接入和排气顺畅。

6.8.4 厨房和卫生间的烟气性质不同，合用排气道会互相串味。另外，由于厨房和卫生间气体成分不同，分别设置也可避免互相混合产生的危险。

6.8.5 风帽既要满足气流排放的要求，又要避免产生排气道进水造成的渗、漏等现象。如在可上人屋面或邻近门窗位置设置竖向通风道的出口，可能对周围环境产生影响，本条参考了对排水通气管的有关规定，对出口高度提出要求。

6.9 地下室和半地下室

6.9.1 住宅建筑中的地下室由于通风、采光、日照、防潮、排水等条件差，对居住者健康不利，故规定住宅建筑中的卧室、起居室、厨房不应布置在地下室。但半地下室有对外开启的窗户，条件相对较好，若采取采光、通风、日照、防潮、排水、安全防护措施，可布置卧室、起居室（厅）、厨房。

6.9.2 住宅建筑中地下室及半地下室可以布置其他如贮藏间、卫生间、娱乐室等房间。

6.9.3 住宅的地下车库和设备用房，其净高至少应与公共走廊净高相等，所以不能低于2.00m。

6.9.4 当住宅地上架空层及半地下室做机动车停车位时，应符合行业标准《汽车库建筑设计规范》JGJ 100的相关规定。考虑到住宅的空间特性，以及住宅周围以停放的小型汽车为主，本条规定参照了《汽车库建筑设计规范》JGJ 100中对小型汽车的净空的规定。

6.9.5 考虑到住户使用方便，便于搬运家具等大件物品，地上住宅楼、电梯宜与地下车库相连通。此外，目前从地下室进入住户层的门安全监控不够健全，存在安全隐患，因此要求采取防盗措施。

6.9.6 地下车库在通风、采光方面条件差，且集中存放的汽车中储存有大量汽油，本身易燃、易爆，故规定要设置防火门。且汽车库中存在的汽车尾气等有害气体可能超标，如果利用楼、电梯间为地下车库自然通风，将严重污染住宅室内环境，必须加以限制。

6.9.7 住宅的地下室包括车库，储存间，一般含有污水和采暖系统的干管，采取防水措施必不可少。此外，采光井、采光天窗处，都要做好防水排水措施，防止雨水倒流进入地下室。

6.10 附建公共用房

6.10.1 在住宅区内，为了节约用地，增加绿化面积和公共活动场地面积，方便居民生活等，往往在住宅主体建筑底层或适当部位布置商店及其他公共服务设施。今后在住宅建筑中附建为居住区（甚至为整个地区）服务的公共设施会日益增多，可以允许布置居民日常生活必需的商店、邮政、银行、餐馆、修理行业、物业管理等公共用房。所以，附建公共用房是住宅主体建筑的组成部分，但不包括大型公共建筑。为保障住户的安全，防止火灾、爆炸灾害的发生，要严格禁止布置存放和使用火灾危险性为甲、乙类物品的商店、车间和仓库，如石油化工商店、液化石油气钢瓶贮存库等。根据防护要求，还应按建筑设计防火规范的有关规定对在住宅建筑中布置产生噪声、振动和污染环境的商店、车间和娱乐设施加以限制。

6.10.2 住宅建筑内布置易产生油烟的餐饮店，使住宅内进出人员复杂，其营业时间与居民的生活作息习惯矛盾较大，不便管理，且产生的气味及噪声也对邻近住户产生不良影响，因此，本条作出了相关规定。

6.10.3 水泵房、冷热源机房、变配电机房等公共机电用房都会产生较大的噪声，故不宜设置于住户相邻楼层内，也不宜设置在住宅主体建筑内；当受到条件限制必须设置在主体建筑内时，可设置在架空楼层或不与住宅套内房间直接相邻的空间内，并需作好减振、隔声措施，其隔声性能应符合本规范第 7. 3.1 条和第 7.3.2 条的要求。

6.10.4 要求住户的公共出入口与附建公共用房的出入口分开布置，是为了解决使用功能完全不同的用房在一起时产生的人流交叉干扰的矛盾，使住宅的防火和安全疏散有了确实保障。

7 室内环境

7.1 日照、天然采光、遮阳

7.1.1 日照对人的生理和心理健康都非常重要，但是住宅的日照又受地理位置、朝向、外部遮挡等许多外部条件的限制，很不容易达到比较理想的状态。尤其是在冬季，太阳的高度角较小，在楼与楼之间的间距不足的情况下更加难以满足要求。由于住宅日照受外界条件和住宅单体设计两个方面的影响，本条规定是在住宅单体设计环节为有利于日照而要求达到的基本物质条件，是一个最起码的要求，必须满足。事实上，除了外界严重遮挡的情况外，只要不将一套住宅的居住空间都朝北布置，就应能满足这条要求。

本条文规定“每套住宅至少应有一个居住空间能获得冬季日照”，没有规定室内在某特定日子里一定要达到的理论日照时数，这是因为本规范主要针对住宅单体设计时的定性分析提出要求，而日照的时数、强度、角度、质量等量化指标受室外环境影响更大，因此，住宅的日照设计，应执行《城市居住区规划设计规范》GB 50180 等其他相关规范、标准提出的具体指标规定。

7.1.2 为保证居住空间的日照质量，确定为获得冬季日照的居住空间的窗洞不宜过小。一般情况下住宅所采用的窗都能符合要求，但在特殊情况下，例如建筑凹槽内的窗、转角窗的主要朝向面等，都要注意避免因窗洞开口宽度过小而降低日照质量。工程设计实践中，由于强调满窗日照，反而缩小窗洞开口宽度的例子时有发生。因此，需要对最小窗洞尺寸作出规定。

7.1.3 卧室和起居室（厅）具有天然采光条件是居住者生理和心理健康的基本要求，有利于降低人工照明能耗；同时，厨房具有天然采光条件可保证基本的炊事操作的照明需求，也有利于降低人工照明能耗；因此条文对三类空间是否有天然采光提出了相应要求。

7.1.4 ~ 7.1.6 由于居住者对于卧室、起居室（厅）、厨房、楼梯间等不同空间的采光需求不同，条文对住宅中不同的空间分别提出了不同要求，条文中对于楼梯间采光系数和窗地面积比的要求是以设置采光窗为前提的。

住宅采光以“采光系数”最低值为标准，条文中采光系数的规定为最低值。采光系数的计算位置以及计算方法等相关规定按现行国标《建筑采光设计标准》GB/T 50033 执行。条文中采光系数和窗地面积比值是按Ⅲ类光气候区单层普通玻璃钢窗为计算标准，其他光气候区或采用其他类型窗的采光系数最低值和窗地面积比按现行国家标准《建筑采光设计标准》GB/T 50033 执行。

用采光系数评价住宅是否获得了足够的天然采光比较科学，但由于采光系数需要通过直接测量或复杂的计算才能得到。在一般情况下，住宅各房间的采光系数与窗地面积比密切相关，为了与《住宅建筑规范》相关条款的协调，本条文中给出了“采光系数”的同时，也规定了窗地面积比的限值。

7.1.7 由于在原规范中，该条文以表格“注”的方式表达，要求不够明确，因此，本次修编时将相关要求编入了条文。

7.1.8 住宅采用侧窗采光时，西向或东向外窗采取外遮阳措施能有效减少夏季射入室内的太阳辐射对夏季空调负荷的影响和避免眩光，因此条文中作了相关规定。同时在制定本条款时，还参考了《民用建筑热工设计规范》GB 50176 以及寒冷地区、夏热冬冷地区和夏热冬暖地区相关“居住建筑节能设计标准”对于外窗遮阳的规定和把握尺度，因此条文中的相关规定是最低要求，设计时可执行相应的国家标准或地方标准。

由于住宅采用天窗、斜屋顶窗采光时，太阳辐射更为强烈，夏季空调负荷也将更大，同时兼顾采光和遮阳要求，活动的遮阳装置效果会比较好。因此条文作了相关规定。

7.2 自然通风

7.2.1 卧室和起居室（厅）具有自然通风条件是居住者的基本需求。通过对夏热冬暖地区典型城市的气象数据进行分析，从 5 月到 10 月，有的地区室外平均温度不高于 28℃的天数占每月总天数高达 60% ~ 70%，最热月也能达到 10% 左右，对应时间段的室外风速大多能达到 1.5m/s 左右。当室外温度不高于28℃时，室内良好的自然通风，能保证室内人员的热舒适性，减少房间空调设备的运行时间，节约能源，同时也可以有效改善室内空气质量，有助于健康。因此，本条文对卧室和起居室（厅）作了相关规定。

由于厨房具有自然通风条件可以保证炊事人员基本操作时和炊事用可燃气体泄露时所需的通风换气。根据居住实态调查结果分析，90% 以上的住户仅在炒菜时启动排油烟机，其他作业如煮饭、烧水等基本靠自然通风，因此，条文对厨房作了相关规定。

7.2.2 室内外之间自然通风既可以是相对外墙窗之间形成的对流的穿堂风，也可以是相邻外墙窗之间形成的流通的转角风。将室外风引入室内，同时将室内空气引导至室外，需要合理的室内平面设计、室内空间合理的组织以及门窗位置与大小的精细化设计。因此，本条文提出了相关要求。

当住宅设计条件受限制，不得已采用单朝向住宅套型时，可以采取户门上方设通风窗、下方设通风百叶等有效措施，最大限度地保证卧室、起居室（厅）内良好的自然通风条件。在实践过程中，有的单朝向住宅安装了带有通风口的防盗门或防盗户门，这样也可以通过开启门上的通风口，在不同的时间段获得较好的自然通风，改善室内环境。当单朝向住宅户门一侧为防火墙和防火门时，在户门或防火墙上开设自然通风口有一定困难，因此，对于单朝向住宅改善自然通风的措施，要求的尺度确定为“宜”。

7.2.3 本条规定是对整套住宅总的自然通风开口面积的要求，与《住宅建筑规范》GB 50368 相关规定一致。使用时，既要保证整套住宅总的自然通风开口面积，也要保证有自然通风要求房间的自然通风开口面积。

7.2.4 本条文基本为原规范的保留条文。条文中通风开口面积是最低要求。为避免有自然通风要求房间开向室外的自然通风开口面积或开向阳台的自然通风开口面积不够，影响自然通风效果，条文对有自然通风要求房间的直接自然通风开口面积提出了要求；同时为避免设置在有自然通风要求房间外的阳台或封闭阳台的外窗的自然通风开口面积不够，影响自然通风效果，条文对阳台或封闭阳台外窗的自然通风开口面积也提出了要求。

7.3 隔声、降噪

7.3.1 本条文规定的室内允许噪声级标准是在关窗条件下测量的指标，包括了对起居室（厅）的等效连续 A 声级的在昼间和夜间的要求。

住宅应给居住者提供一个安静的室内生活环境，但是在现代城镇中，尤其是大中城市中，大部分住宅的室外环境均比较嘈杂，特别是邻近主要街道的住宅，交通噪声的影响较为严重。同时住宅的内部各种设备机房动力设备的振动会传递到住宅房间，动力设备振动所产生的低频噪声也会传递到住宅房间，这都会严重影响居住质量。特别是动力设备的振动产生的低频噪声往往难以完全消除。因此，住宅设计时，不仅针对室外环境噪声要采取有效的隔声和防噪声措施，而且卧室、起居室（厅）也要布置在远离可能产生噪声的设备机房（如水泵房、冷热机房等）的位置，且做到结构相互独立也是十分必要的措施。

7.3.2　为便于设计人员在设计中选择相应的构造、部品、产品和做法，条文中规定的分户墙和分户楼板的空气声隔声性能指标是计权隔声量 + 粉红噪声频谱修正量（R_w+C），该指标是实验室测量的空气声隔声性能。条文中规定的分隔住宅和非住宅用途空间的楼板空气声隔声性能指标是计权隔声量 + 交通噪声频谱修正量（R_w+C_{tr}），该指标也是实验室测量的空气声隔声性能。

7.3.3　原规范采用的计权标准化撞击声压级标准是现场综合各种因素后的现场测量指标，设计人员在设计时采用计权标准化撞击声压级标准设计难以把握最终的隔声效果。为便于设计人员在设计中选择相应的构造、部品、产品和做法，条文中对楼板的撞击声隔声性能采用了计权规范化撞击声压级作为控制指标，该指标是实验室测量值。

7.3.4　本条文中所指噪声源为室外噪声。条文中所指隔声降噪措施为加大窗间距、设置隔声窗、设置隔声板等措施。在住宅设计时，居住空间与可能产生噪声的房间相邻布置，分隔墙或楼板采取隔声降噪措施十分必要。同时卧室与卫生间相邻布置时，排水管道、卫生器具等设备设施在使用时也会产生很大噪声，因此除选用噪声更小的产品外，将排水管道、卫生器具等设备设施布置在远离卧室一侧会对减少噪声起到较好的作用。

7.3.5　由于电梯机房设备产生的噪声以及电梯井道内产生的振动和撞击声对住户有很大干扰，因此在住宅设计时尽量避免起居室（厅）紧邻电梯井道和电梯机房布置十分必要。当受条件限制起居室（厅）紧邻电梯井道、电梯机房布置时，需要采取提高电梯井壁隔声量的有效的隔声、减振技术措施，需要采取提高电梯机房与起居室（厅）之间隔墙和楼板隔声量的有效的隔声、减振技术措施，需要采取电梯轨道和井壁之间设置减振垫等有效的隔声、减振技术措施。

7.4　防水、防潮

7.4.1　防止渗漏是住宅建筑屋面、外墙、外窗的基本要求。为防止渗漏，在设计、施工、使用阶段均应采取相应措施。住宅防水不仅仅地下室要采取措施，地上也要采取措施，原规范仅在共用部分对地下室和半地下室有防水要求，不够全面。此次规范修编与《住宅建筑规范》GB 50368 协调，加入了相关规定。

7.4.2　住宅室内表面（屋面和外墙的内表面）长时间的结露会滋生霉菌，对居住者的健康造成有害的影响。室内表面出现结露最直接的原因是表面温度低于室内空气的露点温度。另外，表面空气的不流通也助长了结露现象的发生。因此，住宅设计时，要核算室内表面可能出现的最低温度是否高于露点温度，并尽量避免通风死角。但是，要杜绝内表面的结露现象有时非常困难。例如，在我国南方的雨季，空气非常潮湿，空气所含的水蒸气接近饱和，除非紧闭门窗，空气经除湿后再送入室内，否则短时间的结露现象是不可避免的。因此，本条规定在“设计的室内温度、湿度条件下”（即在正常条件下）不应出现结露。

7.5　室内空气质量

7.5.1 ~ 7.5.3　因使用的室内装修材料、施工辅助材料以及施工工艺不合规范，造成建筑物建成后室内环境污染长期难以消除，是目前较为普遍的问题。为杜绝此类问题，严格按照《民用建筑工程室内环境污染控制规范》GB 50325 和现行国家标准关于室内建筑装饰装修材料有害物质限量的相关规定，选用合格的装修材料及辅助材料十分必要。同时，鼓励选用比国家标准更健康环保的材料，鼓励改进施工工艺。

保障室内空气质量是一个综合性的问题，其中设计阶段是一个关键环节。第 7. 5.1 条、7.5.2 条和 7.5.3 条这三个条款存在相互的逻辑关系，第 7.5.1 条是设计阶段要进行的工作，第 7.5.2 条是工作内容中要关注的几个主要方面，第 7.5.3 条是工作的目标。第 7.5.3 条的控制标准摘自《民用建筑工程室内环境污染控制规范》GB 50325 的相关规定。

调查表明，室内空气污染物中主要的有毒有害气体（氡气污染除外）一般是装修材料及其辅料和家具等释放出的，其中，板材、涂料、油漆以及各种胶粘剂均释放出甲醛气体、非甲烷类挥发性有机气体。氨气主要来源于混凝土外加剂中，其次源于室内装修材料中的添加剂和增白剂。同时由于使用的建筑材料、施工辅助材料以及施工工艺不合规范，也会使建筑室内环境的污染长期难以消除。

另外，室内装修时，即使使用的各种装修材料均满足各自的污染物环保标准，但是如果过度装修使装修材料中的污染大量累积时，室内空气污染物浓度依然会超标。为解决这一问题，在室内装修设计阶段及主体建筑设计阶段进行室内环境质量预评价十分必要。预评价时可综合考虑室内装修设计方案和空间承载量、装修材料的使用量、建筑材料、施工辅助材料、施工工艺、室内新风量等诸多影响室内空气质量的因素，对最大限度能够使用的各种装修材料的数量作出预算，也可根据工程项目设计方案的内容，分析和预测该工程项目建成后存在的危害室内环境质量因素的种类和危害程度，并提出科学、合理和可行的技术对策，作为工程项目改善设计方案和项目建筑材料供应的主要依据，从而根据预评价的结果调整装修设计方案。

其次，住宅室内空气污染物中的氡主要来源于无机建筑材料和建筑物地基（土壤和岩石）。对于室内氡的污染，只要建筑材料和装修材料符合国家限值要求，由建筑材料和装修材料释放出的氡，就不会使其含量超过规定限值。然而建筑物地基（土壤和岩石）中的氡会长期通过地下室外墙和地板的缝隙向室内渗透，因此科学的选址以及环境评价十分重要。同时在建筑物地基有氡污染的地区，建筑物地板和地下室外墙的设计可以采取一些隔绝和建立主动或被动式的通风系统等措施防止土壤中的氡进入建筑内部。

8 建筑设备

8.1 一般规定

8.1.1 ~ 8.1.3 给水排水系统、严寒和寒冷地区的住宅采暖设施和照明供电系统，是有利于居住者身体健康的最基本居住生活设施，是现代居家生活的重要组成部分，因此规定应予设置。

8.1.4 按户分别设置计量仪表是节能节水的重要措施。设置的分户水表包括冷水表、中水表、集中热水供应时的热水表、集中直饮水供应时的水表等。

根据现行行业标准《供热计量技术规程》JGJ 173，对于集中采暖和集中空调的居住建筑，其水系统提供的热量既可以按楼栋设置热量表作为热量结算点，楼内住户按户进行热量分摊，每户需有相应的装置作为对整栋楼的耗热量进行户间分摊的依据；也可以在每户安装热量表作为热量结算点。无论是按户分摊还是每户安装热量表结算，均统称为分户热计量。

8.1.5 建筑设备设计应有建筑空间合理布局的整体观念。设计时首先由建筑设计专业按本规范第 3.0.9 条要求综合考虑建筑设备和管线的配置，并提供必要的空间条件，尤其是公共管道和设备、阀门等部件的设置空间和管理检修条件，以及强弱电竖井等。

需要建筑设计预留安装位置的户内机电设备有：采用地板采暖时的分集水器、燃气热水器、分户设置的燃气采暖炉或制冷设备、户配电箱、家居配线箱等。

8.1.6 本条提出了应进行详细综合设计的主要部位和需进行综合布置的主要设施。

计量仪表的选择和安装的原则是安全可靠、便于读表、检修和减少扰民。需人工读数的仪表（如分户计量的水表、热计量表、电能表等）一般设置在户外。对设置在户内的仪表（如厨房燃气表、厨房卫生间等就近设置生活热水立管的热水表等）可考虑优先采用可靠的远传电子计量仪表，并注意其位置有利于保证安全，且不影响其他器具或家具的布置及房间的整体美观。

8.1.7 公共的管道和设备、部件如设置在住宅套内，不仅占用套内空间的面积、影响套内空间的使用，住户装修时往往将管道等加以隐蔽，给维修和管理带来不便，且经常发生无法进入户内进行维护的实例，因此本条规定不应设置在住宅套内。

雨水立管指建筑物屋面等公共部位的雨水排水管，不包括仅为各户敞开式阳台服务的各层共用雨水立管。屋面雨水管如设置在室内（包括封闭阳台和卫生间或厨房的管井内），使公共共用管道占据了某些住户的室内空间，下雨时还有噪声扰民等问题，因此规定不应设置在住宅套内。但考虑到为减少首层地面下的水平雨水管坡度占据的空间，往往需要在靠建筑物外墙就近排出室外，且敞开式阳台已经不属于室内，对住户影响不大，因此将设置在此处的屋面公共雨水立管排除在规定之外。当阳台设置屋面雨水管时，还应注意按《建筑给水排水设计规范》GB 50015 的规定单独设置，不能与阳台雨水管合用。

当给水、生活热水采用远传水表或IC水表时，立管设置在套内卫生间或厨房，但立管检修阀一般设置在共用部分（例如管道层的横管上），而不设置在套内立管的部分。

采暖（空调）系统用于总体调节和检修的部件设置举例如下：环路检修阀门设置在套外公共部分；立管检修阀设置在设备层或管沟内；共用立管的分户独立采暖系统，与共用立管相连接的各分户系统的入口装置（检修调节阀、过滤器、热量表等）设置在公共管井内。

配电干线、弱电干线（管）和接线盒设置在电气管井中便于维护和检修。当管线较少或没有条件设置电气管井时，宜将电气立管和设备设置在共用部分的墙体上，确有困难时，可在住宅的分户墙内设置电气暗管和暗箱，但箱体的门或接线盒应设置在共用部分的空间内。

采暖管沟和电缆沟的检查孔不得设置在套内，除考虑维修和管理因素外，还考虑了安全问题。

8.1.8 设置在住宅楼内的机电设备用房产生的噪声、振动、电磁干扰，对住户的休息和生活影响很大，也是居民投诉的热点。本规范的第6.10.3条也有相关规定。

8.2 给水排水

8.2.1 住宅各类生活供水系统的水源，无论来自市政管网还是自备水源井，生食品的洗涤、烹饪，盥洗、淋浴、衣物的洗涤以及家具的擦洗用水水质都要符合国家现行标准《生活饮用水卫生标准》GB 5749、《城市供水水质标准》CJ/T 206的规定。当采用二次供水设施来保证住宅正常供水时，二次供水设施的水质卫生标准要符合现行国家标准《二次供水设施卫生规范》GB 17051的规定。生活热水系统的水质要求与生活给水系统的水质相同。管道直饮水水质要符合行业标准《饮用净水水质标准》CJ 94的规定。生活杂用水指用于便器冲洗、绿化浇洒、室内车库地面和室外地面冲洗的水，可使用建筑中水或市政再生水，其水质要符合国家现行标准《城市污水再生利用　城市杂用水水质》GB/T 18920、《城市污水再生利用　景观环境用水水质》GB/T 18921的相关规定。

8.2.2、8.2.3 入户管的给水压力的最大限值规定为0.35MPa，为强制性条文，与现行国家标准《住宅建筑规范》GB 50368一致，并严于现行国家标准《建筑给水排水设计规范》GB 50015的相关规定。推荐用水器具规定的最低压力不宜大于0.20MPa，与现行国家标准《民用建筑节水设计标准》GB 50555一致，其目的都是要通过限制供水的压力，避免无效出流状况造成水的浪费。超过压力限值，则要根据条文规定的严格程度采取系统分区、支管减压等措施。

提出最低给水水压的要求，是为了确保居民正常用水条件，可根据《建筑给水排水设计规范》GB 50015提供的卫生器具最低工作压力确定。

8.2.4 住宅设置热水供应设施，以满足居住者洗浴的需要，是提高生活水平的必要措施，也是居住者的普遍要求。由于热源状况和技术经济条件不尽相同，可采用多种加热方式和供应系统，如：集中热水供应系统、分户燃气热水器、太阳能热水器和电热水器等。当不设计热水供应系统时，也需预留安装热水供应设施的条件，如预留安装热水器的位置、预留管道、管道接口、电源插座等。条件适宜时，可设计太阳能热水系统或为安装太阳能热水设施预留接口条件。

配水点水温是指打开用水龙头约15s内的得到的水温。为避免使用热水时需要放空大量冷水而造成水和能源的浪费，集中生活热水系统应在分户热水表前设置循环加热系统，无循环的供水支管长度不宜超过8m，这与协会标准《小区集中生活热水供应设计规程》CECS 222—2007的规定一致，但略有放宽（该规程认为不循环支管的长度应控制在5m ~ 7m）。当热水用水点距水表或热水器较远时，需采取其他措施，例如：集中热水供水系统在用水点附近增加热水和回水立管并设置热水表；户内采用燃气热水器时，在较远的卫生间预留另设电热水器的条件，或设置户内热水循环系统。循环水泵控制可以采用用水前手动控制或定时控制方式。

8.2.5 采用节水型卫生器具和配件是住宅节水的重要措施。节水型卫生器具和配件包括：总冲洗用水量不大于6L的坐便器，两档式便器水箱及配件，陶瓷片密封水龙头、延时水嘴、红外线节水开关、脚踏阀等。住宅内不得使用明令淘汰的螺旋升降式铸铁水龙头、铸铁截止阀、进水阀低于水面的卫生洁具水箱配件、上导向直落式便器水箱配件等。建设部公告第218号《关于发布 < 建设部推广应用和限制禁止使用技术 >

的公告》中规定：对住宅建筑，推广应用节水型坐便器（不大于6L），禁止使用冲水量大于等于9L的坐便器。

管道、阀门和配件应采用铜质等不易锈蚀的材料，以保证检修时能及时可靠关闭，避免渗漏。

8.2.6 为防止卫生间排水管道内的污浊有害气体串至厨房内，对居住者卫生健康造成影响，因此本条规定当厨房与卫生间相邻布置时，不应共用一根排水立管，而应分别设置各自的立管。

为避免排水管道漏水、噪声或结露产生凝结水影响居住者卫生健康，损坏财产，因此排水管道（包括排水立管和横管）均不得穿越卧室空间。

8.2.7 排水立管的设置位置需避免噪声对卧室的影响，本条规定排水立管不应布置在卧室内，也包含利用卧室空间设置排水立管管井的情况。普通塑料排水管噪声较大，有消声功能的管材指橡胶密封圈柔性接口机制的排水铸铁管、双壁芯层发泡塑料排水管、内螺旋消声塑料排水管等。

8.2.8 推荐住宅的污废水排水横管设置于本层套内以及每层设置污废水排水立管的检查口，是为了检修和疏通管道时避免影响下层住户。同层排水系统的具体做法，可参考协会标准《建筑同层排水系统技术规程》CECS 247—2008。

排水横管必须敷设于下一层套内空间时，只有采取相应的技术措施，才能在排水管道发生堵塞时，在本层内疏通，而不影响下层住户，例如可采用能代替浴缸存水弯、并可在本层清掏的多通道地漏等。此外，有些地区在有些季节会出现管道外壁结露滴水，需采取防止的措施。

8.2.9 本条规定了必须设置地漏的部位和对洗衣机地漏的性能的要求。洗衣机设置在阳台上时，如洗衣废水排入阳台雨水管，雨水管在首层地面排至散水，漫流至室外地面或绿地，会造成污染、影响植物的生长。

8.2.10 在工程实践中，尤其是二次装修的住宅工程，经常忽略洗盆等卫生器具存水弯的设置。实际上，在设计中即便采用无水封的直通地漏（包括密封型地漏）时，也需在下部设置存水弯。本条针对此问题强调了存水弯的设置，并针对污水管内臭味外溢的常见现象，强调无论是有水封的地漏，还是管道设置的存水弯，都要保证水封高度不小于50mm。

8.2.11 低于室外地面的卫生间器具和地漏的排水管，不与上部排水管合并而设置集水设施，用污水泵单独排出，是为了确保当室外排水管道满流或发生堵塞时不造成倒灌。

8.2.12 使用中水冲厕具有很好的节水效益。我国水资源短缺的形势非常严峻，缺水城镇的住宅应推广使用中水冲厕。中水的水质要求低于生活饮用水，因此为了保障用水安全，在中水管道上和预留接口部位应设明显标识，主要是为了防止洁身器用水与中水管误接，对健康产生不良影响。

8.2.13 在有错层设计的住宅时，顶层住户有可上人的平台或其窗下为下一层的屋面，如这些位置设置排水通气管的出口，可能对住户环境产生影响，实践中有不少为此问题而投诉的实例。本条参考了《建筑给水排水设计规范》GB 50015对排水通气管的有关规定，增加了对顶层用户平台通气管要求，对其出口高度作出了规定。

8.3 采 暖

8.3.1 “采暖设施”包括集中采暖系统和分户或分室设置的采暖系统或采暖设备。“集中采暖”系指热源和散热设备分别设置，由集中热源通过管道向各个建筑物或各户供给热量的采暖方式。

严寒和寒冷地区以城市热网、区域供热厂、小区锅炉房或单幢建筑物锅炉房为热源的集中采暖方式，从节能、采暖质量、环保、消防安全和住宅的卫生条件等方面，都是严寒和寒冷地区采暖方式的主体。即使某些地区具备设置燃油或燃用天然气分散式采暖方式的条件，但除较分散的低层住宅以外，仍推荐采用集中采暖系统。

夏热冬冷地区的采暖要求引自《夏热冬冷地区居住建筑节能设计标准》JGJ 134。该区域冬季湿冷、夏季酷热，随着经济发展，人民生活水平的不断提高，对采暖的需求逐年上升。对于居住建筑选择设计集中采暖（空调）系统方式，还是分户采暖（空调）方式，应根据当地能源、环保等因素，通过仔细的技术经济分析来确定。同时，因为该地区的居民采暖所需设备及运行费用全部由居民自行支付，所以，还应考虑用户对设备及运行费用的承担能力。因此，没有对该地区设置采暖设施作出硬性规定，但最低标准是按本规范第 8.6.1 条的规定，在主要房间预留设置分体式空调器的位置和条件，空调器一般具有制热供暖功能，较适合用于夏热冬冷地区供暖。

8.3.2　本条引自《严寒和寒冷地区居住建筑节能设计标准》JGJ 26 和《夏热冬冷地区居住建筑节能设计标准》JGJ 134。直接电热采暖，与采用以电为动力的热泵采暖，以及利用电网低谷时段的电能蓄热、在电网高峰或平峰时段采暖有较大区别。

用高品位的电能直接转换为低品位的热能进行采暖，热效率较低，不符合节能原则。火力发电不仅对大气环境造成严重污染，还产生大量温室气体（CO_2），对保护地球、抑制全球气候变暖不利，因此它并不是清洁能源。

严寒、寒冷、夏热冬冷地区采暖能耗占有较高比例。因此，应严格限制应用直接电热进行集中采暖的方式。但并不限制居住者在户内自行配置电热采暖设备，也不限制卫生间等设置“浴霸”等非主体的临时电采暖设施。

8.3.3　住宅采暖系统包括集中热源和各户设置分散热源的采暖系统，不包括以电能为热源的分散式采暖设备。采用散热器或地板辐射采暖，以不高于 95℃的热水作为采暖热媒，从节能、温度均匀、卫生和安全等方面，均比直接采用高温热水和蒸汽合理。

长期以来，热水采暖系统中管道、阀门、散热器经常出现被腐蚀、结垢和堵塞现象。尤其是住宅设置热计量表和散热器恒温控制阀后，对水质的要求更高。除热源系统的水质处理外，对于住宅室内采暖系统的水质保证措施，主要是指建筑物采暖入口和分户系统入口设置过滤设备、采用塑料管材时对管材的阻气要求等。

金属管材、热塑性塑料管、铝塑复合管等，其可承受的长期工作温度和允许工作压力均不相同，不同类型的散热器能够承受的压力也不同。采用低温辐射地板采暖时，从卫生、塑料管材寿命和管壁厚度等方面考虑，要求的水温要低于散热器采暖系统。因此，采暖系统的热水温度和系统压力应根据各种因素综合确定。

8.3.4　根据《严寒和寒冷地区居住建筑节能设计标准》JGJ 26 的有关规定，本条特别强调房间的热负荷计算，是为了避免采用估算数值作为集中采暖系统施工图的依据，导致房间的冷热不均、建设费用和能源的浪费。同时，负荷计算结果还可为管道水力平衡计算提供依据。

8.3.5　系统的热力失匀和水力失调是影响房间舒适和采暖系统节能的关键。本条强调进行水力平衡计算，力求通过调整环路布置和管径达到系统水力平衡。当确实不能满足水力平衡要求时，也应通过计算才能正确选用和设置水力平衡装置。

水力平衡措施除调整环路布置和管径外，还包括设置平衡装置（包括静态平衡阀和动态平衡阀等），这些要根据工程标准、系统特性正确选用，并在适当的位置正确设置，例如当设置两通恒温控制阀的双管系统为变流量系统时，各并联支环路就不应采用自力式流量控制阀（也称定流量阀或动态平衡阀）。

8.3.6　本条规定了采暖最低计算温度，根据《住宅建筑规范》GB 50368，本条为强制性条文。其中楼梯间和走廊温度，为有采暖设施时的计算数值，如不采暖则无最低计算温度要求。根据《严寒和寒冷地区居住建筑节能设计标准》JGJ 26，严寒（A）区和严寒（B）区楼梯间宜采暖。

8.3.7　随着生活水平的提高，经常的热水供应（包括集中热水供应和设置燃气或电热水器）在有洗浴器的卫生间越来越普遍，沐浴时室温应相应提高，因此推荐有洗浴器的卫生间室温能够达到浴室温度。但如按 25℃设置热水采暖设施，不沐浴时室温偏高，既不舒适也不节能。当采用散热器采暖时，可利用散热器支管的恒温控制阀随时调节室温。当采用低温热水地面辐射采暖时，由于采暖地板热惰性较大，难以快速调节室温，且设计室温过高、负荷过大，加热管也难以敷设。因此，可以按一般卧室室温要求设计热水采暖设施，另设置“浴霸”等电暖设施在沐浴时临时使用。

8.3.8　套内采暖设施配置室温自动调控装置是节能和保证舒适的重要手段之一。这与《严寒和寒冷地区居住建筑节能设计标准》JGJ 26 和《供热计量技术规程》JGJ 173 的相关规定一致。根据户内采暖系统的类型、分户热计量（分摊）方式和调控标准，可选择分室温控或分户总体温控两种方法。

对于散热器采暖，除户内采用具有整体控温功能的通断时间面积法进行分户热计量（分摊）外，一般采用在每组散热器设置恒温控制阀（又称温控阀、恒温器等）的方式。恒温控制阀是一种自力式调节控制阀，可自主调节室温，满足不同人群的舒适要求，同时可以利用房间内获得的自由热，实现自动恒温功能。安装恒温控制阀不仅保持了适宜的室温，同时达到节能目的。

对于热水地面辐射供暖系统，各环路的调控阀门一般集中在分水器处，在各房间设置自力式恒温控制阀较困难。一般可采用各房间设置温度控制器设定，监测室内温度，对各支路的电热阀进行控制，保持房间的设定温度；或选择在有代表性的部位（如起居室），设置房间温度控制器，控制分水器前总进水管上的电动或电热两通阀的开度。

8.3.9 条文中对室内采暖系统制式的推荐，与《严寒和寒冷地区居住建筑节能设计标准》JGJ 26 的相关规定一致。

住宅集中采暖设置分户热计量设施时，一般采用共用立管的分户独立循环的双管或单管系统。采用散热器热分配计法等进行分户热计量时，可以采用垂直双管或单管系统。住宅各户设置独立采暖热源时，分户独立系统可以是水平双管或单管式。

无论何种形式，双管系统各组散热器的进出口温差大，恒温控制阀的调节性能好（接近线性），而单管系统串联的散热器越多，各组散热器的进出口温差越小，恒温控制阀的调节性能越差（接近快开阀）。双管系统能形成变流量水系统，循环水泵可采用变频调节，有利于节能。设置散热器恒温控制阀时，双管系统应采用高阻力型可利于系统的水力平衡，因此，推荐采用双管式系统。

当采用单管系统时，为了改善恒温控制阀的调节性能，应设跨越管，减少散热器流量、增大温差。但减小流量使散热器平均温度降低，则需增加散热器面积，也是单管系统的缺点之一。单管系统本身阻力较大，各组散热器之间无水力平衡问题，因此采用散热器恒温控制阀时应采用低阻力型。

8.3.10 地面辐射供暖系统推荐按主要房间划分地面辐射采暖的环路，与《严寒和寒冷地区居住建筑节能设计标准》JGJ 26 的相关规定一致。其目的是能够对主要房间进行分室调节和温控。当采用发热电缆地面辐射采暖时，采暖环路则是指发热电缆回路。

8.3.11 要求采用体型紧凑的散热器，是为了少占用住宅户内的使用空间。为改善卫生条件，散热器要便于清扫。针对部分钢制散热器的腐蚀穿孔，在住宅中采用后造成漏水的问题，本条强调了采用散热器耐腐蚀的使用寿命，应不低于钢管。

8.3.12 本规范提出了户式燃气采暖热水炉设计选用时对热效率的要求，表 1 引自《家用燃气快速热水器和燃气采暖热水炉能效限定值及能效等级》GB 20665，该标准第 4.2 条规定了热水器和采暖炉能效限定值为表 1 中能效等级的 3 级。

表 1 热水器和采暖炉能效等级

类型		热负荷	最低热效率值（%）		
			能效等级		
			1	2	3
热水器		额定热负荷	96	88	84
		≤ 50% 额定热负荷	94	84	—
采暖炉（单采暖）		额定热负荷	94	88	84
		≤ 50% 额定热负荷	92	84	—
热采暖炉（两用型）	供暖	额定热负荷	94	88	84
		≤ 50% 额定热负荷	92	84	—
	热水	额定热负荷	96	88	84
		≤ 50% 额定热负荷	94	84	—

8.4 燃　气

8.4.1　本条引自现行国家标准《城镇燃气设计规范》GB 50028。

8.4.2　考虑到除燃气灶外，热水器等用气设备也可能设置在厨房或与厨房相连的阳台内，因此，户内燃气立管设置在燃气灶和燃气设备旁可减少支管长度，要尽量避免穿越其他房间，对于保持户内美观和安全都有好处，实际工程也都如此，本条对此作出了相应规定。住宅立管明装设置是指不宜设置在不便于检查的水管管井等密闭空间内，更不允许设置在通风排气道内。如必须设置在水管管井内，管井还需设置燃气浓度监测报警设施等，见现行国家标准《城镇燃气设计规范》GB 50028。

8.4.3　本条根据现行国家标准《城镇燃气设计规范》GB 50028 整理。考虑到浴室使用热水器时门窗较密闭，一旦有燃气发生泄漏等事故，难以及时发现，很不安全，因此浴室内不允许设置有可能积聚有害气体的设备。要求厨房等安装燃气设备的房间“通风良好”，是指能符合本规范第 5.3 节的规定，有直接采光和自然通风，且燃气灶和其他燃气设备能符合本规范第 8.5 节的规定。允许安装燃气设备的“其他非居住房间”，是指一些大户型住宅、别墅等为燃气设备等单独设置的、有与其他空间分隔的门、有自然通风且确实能保证无人居住的设备间等，不包括目前一般住宅中不能保证无人居住的起居室、餐厅以及与之相通的过道等。

8.4.4　根据现行国家标准《城镇燃气设计规范》GB 50028 的有关规定整理。

8.4.5　本条规定了住宅每套的燃气用量和最低设计燃气用量的确定原则，即使设有集中热水供应系统，也应预留住户选择采用单户燃气热水器的条件。

8.5 通　风

8.5.1　本条给出排油烟机排气的两种出路。通过外墙直接排至室外，可节省设置排气道的空间并不会产生各层互相串烟，但不同风向时可能倒灌，且对墙体可能有不同程度的污染，因此应采取相应措施。当通过共用排气道排出屋面时，本规范第 6.8.5 条另有规定。

8.5.2　房间“全面通风”是相对于炉灶排油烟机等“局部排风”而言。严寒地区、寒冷地区和夏热冬冷地区的厨房，在冬季关闭外窗和非炊事时间排油烟机不运转的条件下，应有向室外排除厨房内燃气或烟气的自然排气通路。厨房不开窗时全面通风装置应保证开启，因此应采用最安全和节能的自然通风。自然通风装置指有避风、防雨构造的外墙通风口或通风器等。

8.5.3　当卫生间不采用机械通风，仅设置自然通风的竖向通气道时，主要依靠室内外空气温差形成的热压，室外气温越低热压越大。但在室内气温低于室外气温的季节（如夏季），就不能形成自然通风所需的作用力，因此要求设置机械通风设施或预留机械通风（一般为排气扇）条件。

8.5.4　燃气设备的烟气排放，已经在本章第 8.4 节和本节作出了明确规定。煤、薪柴、燃油等燃烧时，产生气体更加有害，也需有排烟设施。除了在外墙上开洞通过设备的排烟管道直接向室外排放外，一般应设置竖向烟囱。

烟囱有两种做法：一种是每户独用一个排气孔道直出屋面，这种做法比较安全，使用效果也较好，但占用面积较多；另一种做法是各层合用一个排气道，这种做法较省面积，但也可能串烟，发生事故。最好采用由主次烟气道组合的排气道，它占用面积较少，并能防止串烟。因此，本条规定必须采取防止串烟的措施。

8.6 空　调

8.6.1　随着人民生活水平的提高，包括北方寒冷（B）区在内，夏季使用空调设备已经非常普及，参考各地区居住建筑节能设计标准的有关条文，本条规定至少要在主要房间设置空调设施或预留设置空调设施的位置和条件。

8.6.2　室内空调设备的冷凝水可以采用专用排水管或就近间接排入附近污水或雨水地面排水口（地漏）等方式，有组织地排放，以免无组织排放的凝水影响室外环境。

8.6.3　住宅内各用户对夏季空调的运行时间和全日间歇运行要求差距很大。采用分散式空调器的节能潜力较大，且机电一体化的分体式空调器（包括风管机和多联机）自动控制水平较高，根据有关调查研究，它比集中空调更加节能和控制灵活。另外，当采用集中空调系统分户计量时，还应考虑电价因素，以免给日后的物业管理造成难度。因此目前住宅采用分户或分室设置的分体式空调器较多。

室外机的安装位置直接涉及节能、安全，以及对室外和其他住户环境的影响问题，因此暖通专业应按本规范第 5.6.7 条的设置原则向建筑专业提出或校核建筑专业确定的空调室外机的设置位置，使其达到最佳。

8.6.4 26℃和新风换气次数只是一个计算参数，在设备选择时计算空调负荷，在进行围护结构热工性能综合判断时用来计算空调能耗，并不等同于实际的室内热环境。实际的室温和通风换气是由住户自己控制的。

8.6.5 室温控制是分户计量和保证舒适的前提。采用分室或分户温度控制可根据采用的空调方式确定。一般集中空调系统的风机盘管可以方便地设置室温控制设施，分体式空调器（包括多联机）的室内机也均具有能够实现分室温控的功能。风管机需调节各房间风量才能实现分室温控，有一定难度。因此，也可将温度传感器设置在有代表性房间或监测回风的平均温度，粗略地进行户内温度的整体控制。

8.7 电 气

8.7.1 每套住宅的用电负荷因套内建筑面积、建设标准、采暖（或过渡季采暖）和空调的方式、电炊、洗浴热水等因素而有很大的差别。本规范仅提出必须达到的下限值。每套住宅用电负荷中应包括：照明、插座，小型电器等，并为今后发展留有余地。考虑家用电器的特点，用电设备的功率因数按 0.9 计算。

8.7.2 本条强调了住宅供电系统设计的安全要求。

1 在 TN 系统中，壁挂空调的插座回路可不设置剩余电流保护装置，但在 TT 系统中所有插座回路均应设置剩余电流保护装置。

2 导线采用铜芯绝缘线，是指每套住宅的进户线和户内分支回路，对干线的选材未作规定。每套住宅进户线是限定每套住宅最大用电量的关键参数，综合考虑每套住宅的基本用电需求、适当留有发展余地、住宅进户线一般为暗管一次敷设到位难以改造等因素，提出每套住宅进户线的最小截面。

3 住宅套内线路分路分类配线，是为了减小线路温升，满足用电需求、保证用电安全和减少电气火灾的危险。

5 “总等电位联结”是用来均衡电位，降低人体受到电击时的接触电压的，是接地保护的一项重要措施。“局部等电位联结”，是为了防止出现危险的接触电压。

局部等电位联结包括卫生间内金属给排水管、金属浴盆、金属采暖管以及建筑物钢筋网和卫生间电源插座的 PE 线，可不包括金属地漏、扶手、浴巾架、肥皂盒等孤立金属物。尽管住宅卫生间目前多采用铝塑管、PPR 等非金属管，但考虑住宅施工中管材更换、住户二次装修等因素，还是要求设置局部等电位接地或预留局部等电位接地端子盒。

6 为了避免接地故障引起的电气火灾，住宅建筑要采取可靠的措施。由于防火剩余电流动作值不宜大于 500mA，为减少误报和误动作，设计中要根据线路容量、线路长短、敷设方式、空气湿度等因素，确定在电源进线处或配电干线的分支处设置剩余电流动作保护或报警装置。当住宅建筑物面积较小，剩余电流检测点较少时，可采用剩余电流动作保护装置或独立型防火剩余电流动作报警器。当有集中监测要求时，可将报警信号连至小区消防控制室。当剩余电流检测点较多时，也可采用电气火灾监控系统。

8.7.3 为保证安全和便于管理，本条对每套住宅的电源总断路器提出了相应要求。

8.7.4 为了避免儿童玩弄插座发生触电危险，本条规定安装高度在 1.8m 及以下的插座采用安全型插座。

8.7.5 原规范规定公共部分照明采用节能自熄开关，以实现人在灯亮，人走灯灭，达到节电目的。但在应用中也出现了一些新问题：如夜间漆黑一片，对住户不方便；在设置安防摄像场所（除采用红外摄像机外），达不到摄像机对环境的最低照度要求；较大声响会引起大面积公共照明自动点亮，如在夜间经常有重型货车通过时频繁亮灭，使灯具寿命缩短，也达不到节能效果；具体工程中，楼梯间、电梯厅有无外窗的条件也不相同。此外，应用于住宅建筑的节能光源的声光控制和应急启动技术也在不断发展和进步。因此，本条强调住宅公共照明要选择高效节能的照明装置和节能控制。设计中要具体分析，因地制宜，采用合理的节能控制措施，并且要满足消防控制的要求。

8.7.6 电源插座的设置应满足家用电器的使用要求，尽量减少移动插座的使用。但住宅家用电器的种类和数量很多，因套内空间、面积等因素不同，电源插座的设置数量和种类差别也很大，我国尚未有统一的家用电器电源线长度的统一标准，难以统一规定插座之间的间距。为方便居住者安全用电，本条规定了电源插座的设置数量和部位的最低标准，这是对应本规范第 5.1.2 条的最小套型提出的。

8.7.7 住宅的信息网络系统可以单独设置，也可利用有线电视系统或电话系统来实现。三网融合是今后的发展方向，IPTV、ADSL 等技术可利用有线电视系统和电话系统来实现信息通信，住宅建筑电话通信系统的设置需与当地电信业务经营者提供的运营方式相结合。住宅建筑信息网络系统的设计要与当地信息网络的现有水平及发展规划相互协调一致，根据当地公共通信网络资源的条件决定是否与有线电视或电话通信系统合一。

每套住宅设置家居配线箱应是今后的发展方向，但对于较小住宅套型设置有电视、电话和信息网络线路即可，因此提出“宜设置”家居配线箱。

8.7.8 根据《安全防范工程技术规范》GB 50348，对于建筑面积在 50000m^2 以上的住宅小区，要根据建筑面积、建设投资、系统规模、系统功能和安全管理要求等因素，设置基本型、提高型、先进型的安全防范系统。在有小区集中管理时，可根据工程具体情况，将呼救信号、紧急报警和燃气报警等纳入访客对讲系统。

8.7.9 门禁系统必须满足紧急逃生时人员疏散的要求。当发生火警或需紧急疏散时，住宅楼疏散门的防盗门锁须能集中解除或现场顺疏散方向手动解除，使人员能迅速安全疏散。设有火灾自动报警系统或联网型门禁系统时，在确认火情后，须在消防控制室集中解除相关部位的门禁。当不设火灾自动报警系统或联网型门禁系统时，要求能在火灾时不需使用任何工具就能从内部徒手打开出口门，以便于人员的逃生。

中华人民共和国国家标准

住宅装饰装修工程施工规范

Code for construction of decoration of housings

GB 50327—2001

主编部门:中华人民共和国建设部

批准部门:中华人民共和国建设部

施行日期:2002年5月1日

关于发布国家标准《住宅装饰装修工程施工规范的通知》

建标[2001]266 号

根据我部《关于印发“二○○○至二○○一年度工程建设国家标准制订、修订计划”的通知》(建标[2001]87 号)的要求,由我部会同有关部门共同编制的《住宅装饰装修工程施工规范》,经有关部门会审,批准为国家标准,编号为 GB 50327—2001,自 2002 年 5 月 1 日起施行。其中,3.1.3、3.1.7、3.2.2、4.1.1、4.3.4、4.3.6、4.3.7、10.1.6 为强制性条文,必须严格执行。

本规范由建设部负责管理和对强制性条文的解释,中国建筑装饰协会负责具体技术内容的解释,建设部标准定额所组织中国建筑工业出版发行。

中华人民共和国建设部

2001 年 12 月 9 日

前　言

本规范是根据中华人民共和国建设部建标标[2000]36号文《关于同意编制<住宅装饰装修施工规范>的函》的要求，由中国建筑装饰协会会同有关科研、设计、施工单位和地方装饰协会共同编制的。

本规范根据建设部下达任务的要求，结合我国住宅装饰装修的特点，在章节安排上基本涵盖了住宅内部装饰装修工程施工的全过程。同时，针对目前政府主管部门和消费者普遍关心的问题，强调了房屋结构安全、防火和室内环境污染控制，列入了施工管理的有关内容。

本规范突出了施工过程的控制。对装饰装修材料提出了原则性的要求。对工程验收标准因有相应规范规定，一般不再在本规范中表述。

本规范在编制过程中参照了部分国家现行法律、法规、管理规定和技术规范，充分考虑了与相关规范的协调，有些关键条目作了直接引用。

由于全国范围内住宅装饰装修的工艺差异较大，因此本规范的技术要求定位在全行业的平均水平上。

本规范共分十六章，依次为：总则、术语、基本规定、防火安全、室内环境污染控制、防水工程、抹灰工程、吊顶工程、轻质隔墙工程、门窗工程、细部工程、墙面铺装工程、涂饰工程、地面铺装工程、卫生器具及管道安装工程、电气安装工程。

本规范具体解释工作由中国建筑装饰协会负责。地址：北京市海淀区车公庄西路甲19号华通大厦，邮编：100044。为进一步完善本规范，请各单位在使用中注意总结经验，并将建议或意见寄给中国建筑装饰协会，以供今后修订时参考。

本规范主编单位：中国建筑装饰协会

本规范参编单位：中国建筑科学研究院、中国建筑设计研究院、河南省建筑装饰协会、武汉建筑装饰协会、深圳市装饰行业协会、上海市家庭装饰行业协会、北京东易日盛装饰工程有限公司、北京龙发装饰工程有限公司、北京阔达建筑装饰工程有限责任公司、北京庄典装饰工程有限公司、北京元洲装饰工程有限责任公司、北京艺海雅苑装饰设计有限公司、苏州贝特装饰设计工程有限公司、深圳市嘉音家居装修工程有限公司、深圳市居众家庭装饰工程有限公司、郑州市康利达装饰工程有限公司、武汉天立家庭装饰工程有限公司、哈尔滨麻雀艺术设计有限公司、上海百姓家庭装潢有限公司、上海荣欣家庭装潢有限公司、上海进念室内设计装饰有限公司、上海聚通装潢材料有限公司。

主要起草人员：张京跃　黄　白　房　箴　田万良　王本明
鲁心源　侯茂盛　张树君　李引擎　安　静
顾国华　钟晓春　熊　翔　杨东洲　郭　伟
何文祥　陈　辉　张　丽　刘　炜　李泰岩
王　显　庄　燕　尤东明　谢　威　刘海宁
薛景霞　关有为　冯雪冬　高志萍　窦麒贵
吕伟民　黄　振　濮铁生

1 总 则

1.0.1 为住宅装饰装修工程施工规范，保证工程质量，保障人身健康和财产安全，保护环境，维护公共利益，制定本规范。

1.0.2 本规范适用于住宅建筑内部的装饰装修工程施工。

1.0.3 住宅装饰装修工程施工除应执行本规范外，尚应符合国家现行有关标准、规范的规定。

2 术 语

2.0.1 住宅装饰装修 Interior decoration of housings

为了保护住宅建筑的主体结构，完善住宅的使用功能，采用装饰装修材料或饰物，对住宅内部表面和使用空间环境所进行的处理和美化过程。

2.0.2 室内环境污染 indoor environmental pollution

指室内空气中混入有害人体健康的氡、甲醛、苯、氨、总挥发性有机物等气体的现象。

2.0.3 基体 primary structure

建筑物的主体结构和围护结构。

2.0.4 基层 basic course

直接承受装饰装修施工的表面层。

3 基本规定

3.1 施工基本要求

3.1.1 施工前应进行设计交底工作，并应对施工现场进行核查，了解物业管理的有关规定。

3.1.2 各工序、各分项工程应自检、互检及交接检。

3.1.3 施工中，严禁损坏房屋原有绝热设施；严禁损坏受力钢筋；严禁超荷载集中堆放物品；严禁在预制混凝土空心楼板上打孔安装埋件。

3.1.4 施工中，严禁擅自改动建筑主体、承重结构或改变房间主要使用功能；严禁擅自拆改燃气、暖气、通讯等配套设施。

3.1.5 管道、设备工程的安装及调试应在装饰装修工程施工前完成，必须同步进行的应在饰面层施工前完成。装饰装修工程不得影响管道、设备的使用和维修。涉及燃气管道的装饰装修工程必须符合有关安全管理的规定。

3.1.6 施工人员应遵守有关施工安全、劳动保护、防火、防毒的法律、法规。

3.1.7 施工现场用电应符合下列规定：

1 施工现场用电应从户表以后设立临时施工用电系统。

2 安装、维修或拆除临时施工用电系统，应由电工完成。

3 临时施工供电开关箱中应装设漏电保护器。进入开关箱的电源线不得用插销连接。

4 临时用电线路应避开易燃、易爆物品堆放地。

5 暂停施工时应切断电源。

3.1.8 施工现场用水应符合下列规定：

1 不得在未做防水的地面蓄水。

2 临时用水管不得有破损、滴漏。

3 暂停施工时应切断水源。

3.1.9 文明施工和现场环境应符合下列要求：

1 施工人员应衣着整齐。

2 施工人员应服从物业管理或治安保卫人员的监督、管理。

3 应控制粉尘、污染物、噪声、震动等对相邻居民、居民区和城市环境的污染及危害。

4 施工堆料不得占用楼道内的公共空间,封堵紧急出口。

5 室外堆料应遵守物业管理规定,避开公共通道、绿化地、化粪池等市政公用设施。

6 工程垃圾宜密封包装,并放在指定垃圾堆放地。

7 不得堵塞、破坏上下水管道、垃圾道等公共设施,不得损坏楼内各种公共标识。

8 工程验收前应将施工现场清理干净。

3.2 材料、设备基本要求

3.2.1 住宅装饰装修工程所用材料的品种、规格、性能应符合设计的要求及国家现行有关标准的规定。

3.2.2 严禁使用国家明令淘汰的材料。

3.2.3 住宅装饰装修所用的材料应按设计要求进行防火、防腐和防蛀处理。

3.2.4 施工单位应对进场主要材料的品种、规格、性能进行验收。主要材料应有产品合格证书,有特殊要求的应有相应的性能检测报告和中文说明书。

3.2.5 现场配制的材料应按设计要求或产品说明书制作。

3.2.6 应配备满足施工要求的配套机具设备及检测仪器。

3.2.7 住宅装饰装修工程应积极使用新材料、新技术、新工艺、新设备。

3.3 成品保护

3.3.1 施工过程中材料运输应符合下列规定:

1 材料运输使用电梯时,应对电梯采取保护措施。

2 材料搬运时要避免损坏楼道内顶、墙、扶手、楼道窗户及楼道门。

3.3.2 施工过程中应采取下列成品保护措施:

1 各工种在施工中不得污染、损坏其他工种的半成品、成品。

2 材料表面保护膜应在工程竣工时撤除。

3 对邮箱、消防、供电、电视、报警、网络等公共设施应采取保护措施。

4 防火安全

4.1 一般规定

4.1.1 施工单位必须制定施工防火安全制度,施工人员必须严格遵守。

4.1.2 住宅装饰装修材料的燃烧性能等级要求,应符合现行国家标准《建筑内部装修设计防火规范》GB 50222 的规定。

4.2 材料的防火处理

4.2.1 对装饰织物进行阻燃处理时,应使其被阻燃剂浸透,阻燃剂的干含量应符合产品说明书的要求。

4.2.2 对木质装饰装修材料进行防火涂料涂布前应对其表面进行清洁。涂布至少分两次进行,且第二次涂布应在第一次涂布的涂层表干后进行,涂布量应不小于500g/m^2。

4.3 施工现场防火

4.3.1 易燃物品应相对集中放置在安全区域并应有明显标识。施工现场不得大量积存可燃材料。

4.3.2 易燃易爆材料的施工,应避免敲打、碰撞、摩擦等可能出现火花的操作。配套使用的照明灯、电动机、电气开关、应有安全防爆装置。

4.3.3 使用油漆等挥发性材料时,应随时封闭其容器。擦拭后的棉纱等物品应集中存放且远离热源。

4.3.4 施工现场动用电气焊等明火时,必须清除周围及焊渣滴落区的可燃物质,并设专人监督。

4.3.5 施工现场必须配备灭火器、砂箱或其他灭火工具。

4.3.6 严禁在施工现场吸烟。

4.3.7 严禁在运行中的管道、装有易燃易爆的容器和受力构件上进行焊接和切割。

4.4 电气防火

4.4.1 照明、电热器等设备的高温部位靠近非A级材料，或导线穿越 B_2 级以下装修材料时，应采用岩棉、瓷管或玻璃棉等A级材料隔热。当照明灯具或镇流器嵌入可燃装饰装修材料中时，应采取隔热措施予以分隔。

4.4.2 配电箱的壳体和底板宜采用A级材料制作。配电箱不得安装在 B_2 级以下（含 B_2 级）的装修材料上。开关、插座应安装在 B_1 级以上的材料上。

4.4.3 卤钨灯灯管附近的导线应采用耐热绝缘材料制成的护套，不得直接使用具有延燃性绝缘的导线。

4.4.4 明敷塑料导线应穿管或加线槽板保护，吊顶内的导线应穿金属管或 B_1 级PVC管保护，导线不得裸露。

4.5 消防设施的保护

4.5.1 住宅装饰装修不得遮挡消防设施、疏散指示标志及安全出口，并且不应妨碍消防设施和疏散通道的正常使用。不得擅自改动防火门。

4.5.2 消火栓门四周的装饰装修材料颜色应与消火栓门的颜色有明显区别。

4.5.3 住宅内部火灾报警系统的穿线管，自动喷淋灭火系统的水管线应用独立的吊管架固定。不得借用装饰装修用的吊杆和放置在吊顶上固定。

4.5.4 当装饰装修重新分割了住宅房间的平面布局时，应根据有关设计规范针对新的平面调整火灾自动报警探测器与自动灭火喷头的布置。

4.5.5 喷淋管线、报警器线路、接线箱及相关器件宜暗装处理。

5 室内环境污染控制

5.0.1 本规范中控制的室内环境污染物为：氡（^{222}Rn）、甲醛、氨、苯和总挥发性有机物（TVOC）。

5.0.2 住宅装饰装修室内环境污染控制除应符合本规范外，尚应符合《民用建筑工程室内环境污染控制规范》GB 50325—2001等国家现行标准的规定。设计、施工应选用低毒性、低污染的装饰装修材料。

5.0.3 对室内环境污染控制有要求的，可按有关规定对5.0.1条的内容全部或部分进行检测，其污染物浓度限值应符合表5.0.3的要求。

表5.0.3 住宅装饰装修后室内环境污染物浓度限值

室内环境污染物	浓度限值
氡（Bq/m^3）	≤200
甲醛（mg/m^3）	≤0.08
苯（mg/m^3）	≤0.09
氨（mg/m^3）	≤0.20
总挥发性有机物TVOC（Bq/m^3）	≤0.50

6 防水工程

6.1 一般规定

6.1.1 本章适用于卫生间、厨房、阳台的防水工程施工。

6.1.2 防水施工宜采用涂膜防水。

6.1.3 防水施工人员应具备相应的岗位证书。

6.1.4 防水工程应在地面、墙面隐蔽工程完毕并经检查验收后进行。其施工方法应符合国家现行标准、规范的有关规定。

6.1.5 施工时应设置安全照明，并保持通风。

6.1.6 施工环境温度应符合防水材料的技术要求，并宜在5℃以上。

6.1.7 防水工程应做两次蓄水试验。

6.2 主要材料质量要求

6.2.1 防水材料的性能应符合国家现行有关标准的规定,并应有产品合格证书。

6.3 施工要点

6.3.1 基层表面应平整,不得有松动、空鼓、起沙、开裂等缺陷,含水率应符合防水材料的施工要求。

6.3.2 地漏、套管、卫生洁具根部、阴阳角等部位,应先做防水附加层。

6.3.3 防水层应从地面延伸到墙面,高出地面100mm;浴室墙面的防水层不得低于1800mm。

6.3.4 防水砂浆施工应符合下列规定:

1 防水砂浆的配合比应符合设计或产品的要求,防水层应与基层结合牢固,表面应平整,不得有空鼓、裂缝和麻面起砂,阴阳角应做成圆弧形。

2 保护层水泥砂浆的厚度、强度应符合设计要求。

6.3.5 涂膜防水施工应符合下列规定:

1 涂膜涂刷应均匀一致,不得漏刷。总厚度应符合产品技术性能要求。

2 玻纤布的接槎应顺流水方向搭接,搭接宽度应不小于100mm。两层以上玻纤布的防水施工,上、下搭接应错开幅宽的1/2。

7 抹灰工程

7.1 一般规定

7.1.1 本章适用于住宅内部抹灰工程施工。

7.1.2 顶棚抹灰层与基层之间及各抹灰层之间必须粘结牢固,无脱层、空鼓。

7.1.3 不同材料基体交接处表面的抹灰应采取防止开裂的加强措施。

7.1.4 室内墙面、柱面和门洞口的阳角做法应符合设计要求。设计无要求时,应采用1∶2水泥砂浆做暗护角,其高度不应低于2m,每侧宽度不应小于50mm。

7.1.5 水泥砂浆抹灰层应在抹灰24h后进行养护。抹灰层在凝结前,应防止快干、水冲、撞击和震动。

7.1.6 冬期施工,抹灰时的作业面温度不宜低于5℃;抹灰层初凝前不得受冻。

7.2 主要材料质量要求

7.2.1 抹灰用的水泥宜为硅酸盐水泥、普通硅酸盐水泥,其强度等级不应小于32.5。

7.2.2 不同品种不同标号的水泥不得混合使用。

7.2.3 水泥应有产品合格证书。

7.2.4 抹灰用砂子宜选用中砂,砂子使用前应过筛,不得含有杂物。

7.2.5 抹灰用石灰膏的熟化期不应少于15d。罩面用磨细石灰粉的熟化期不应少于3d。

7.3 施工要点

7.3.1 基层处理应符合下列规定:

1 砖砌体,应清除表面杂物、尘土,抹灰前应洒水湿润。

2 混凝土,表面应凿毛或在表面洒水润湿后涂刷1∶1水泥砂浆(加适量胶粘剂)。

3 加气混凝土,应在湿润后边刷界面剂,边抹强度不大于M5的水泥混合砂浆。

7.3.2 抹灰层的平均总厚度应符合设计要求。

7.3.3 大面积抹灰前应设置标筋。抹灰应分层进行,每遍厚度宜为5~7mm。抹石灰砂浆和水泥混合砂浆每遍厚度宜为7~9mm。当抹灰总厚度超出35mm时,应采取加强措施。

7.3.4 用水泥砂浆和水泥混合砂浆抹灰时,应待前一抹灰层凝结后方可抹后一层;用石灰砂浆抹灰时,应待前一抹灰层七八成干后方可抹后一层。

7.3.5 底层的抹灰层强度不得低于面层的抹灰层强度。

7.3.6 水泥砂浆拌好后,应在初凝前用完,凡结硬砂浆不得继续使用。

8 吊顶工程

8.1 一般规定

8.1.1 本章适用于明龙骨和暗龙骨吊顶工程的施工。

8.1.2 吊杆、龙骨的安装间距、连接方式应符合设计要求。后置埋件、金属吊杆、龙骨应进行防腐处理。木吊杆、木龙骨、造型木板和木饰面板应进行防腐、防火、防蛀处理。

8.1.3 吊顶材料在运输、搬运、安装、存放时应采取相应措施,防止受潮、变形及损坏板材的表面和边角。

8.1.4 重型灯具、电扇及其他重型设备严禁安装在吊顶龙骨上。

8.1.5 吊顶内填充的吸音、保温材料的品种和铺设厚度应符合设计要求,并应有防散落措施。

8.1.6 饰面板上的灯具、烟感器、喷淋头、风口篦子等设备的位置应合理、美观,与饰面板交接处应严密。

8.1.7 吊顶与墙面、窗帘盒的交接应符合设计要求。

8.1.8 搁置式轻质饰面板,应按设计要求设置压卡装置。

8.1.9 胶粘剂的类型应按所用饰面板的品种配套选用。

8.2 主要材料质量要求

8.2.1 吊顶工程所用材料的品种、规格和颜色应符合设计要求。饰面板、金属龙骨应有产品合格证书。木吊杆、木龙骨的含水率应符合国家现行标准的有关规定。

8.2.2 饰面板表面应平整,边缘应整齐、颜色应一致。穿孔板的孔距应排列整齐;胶合板、木质纤维板、大芯板不应脱胶、变色。

8.2.3 防火涂料应有产品合格证书及使用说明书。

8.3 施工要点

8.3.1 龙骨的安装应符合下列要求:

1 应根据吊顶的设计标高在四周墙上弹线。弹线应清晰、位置应准确。

2 主龙骨吊点间距、起拱高度应符合设计要求。当设计无要求时,吊点间距应小于1.2m,应按房间短向跨度的1‰~3‰起拱。主龙骨安装后应及时校正其位置标高。

3 吊杆应通直,距主龙骨端部距离不得超过300mm。当吊杆与设备相遇时,应调整吊点构造或增设吊杆。

4 次龙骨应紧贴主龙骨安装。固定板材的次龙骨间距不得大于600mm,在潮湿地区和场所,间距宜为300~400mm。用沉头自攻钉安装饰面板时,接缝处次龙骨宽度不得小于40mm。

5 暗龙骨系列横撑龙骨应用连接件将其两端连接在通长次龙骨上。明龙骨系列的横撑龙骨与通长龙骨搭接处的间隙不得大于1mm。

6 边龙骨应按设计要求弹线,固定在四周墙上。

7 全面校正主、次龙的位置及平整度,连接件应错位安装。

8.3.2 安装饰面板前应完成吊顶内管道和设备的调试和验收。

8.3.3 饰面板安装前应按规格、颜色等进行分类选配。

8.3.4 暗龙骨饰面板(包括纸面石膏板、纤维水泥加压板、胶合板、金属方块板、金属条形板、塑料条形板、石膏板、钙塑板、矿棉板和格栅等)的安装应符合下列规定:

1 以轻钢龙骨、铝合金龙骨为骨架,采用钉固法安装时应使用沉头自攻钉固定。

2 以木龙骨为骨架,采用钉固法安装时应使用木螺钉固定,胶合板可用铁钉固定。

3 金属饰面板采用吊挂连接件、插接件固定时应按产品说明书的规定放置。

4 采用复合粘贴法安装时,胶粘剂未完全固化前板材不得有强烈振动。

8.3.5 纸面石膏板和纤维水泥加压板安装应符合下列规定:

1 板材应在自由状态下进行安装,固定时应从板的中间向板的四周固定。

2 纸面石膏板螺钉与板边距离：纸包边宜为 10～15mm，切割边宜为 15～20mm；水泥加压板螺钉与板边距离宜为 8～15mm。

3 板周边钉距宜为 150～170mm，板中钉距不得大于 200mm。

4 安装双层石膏板时，上下层板的接缝应错开，不得在同一根龙骨上接缝。

5 螺钉头宜略埋入板面，并不得使纸面破损。钉眼应做防锈处理并用腻子抹平。

6 石膏板的接缝应按设计要求进行板缝处理。

8.3.6 石膏板、钙塑板的安装应符合下列规定：

1 当采用钉固法安装时，螺钉与板边距离不得小于 15mm，螺钉间距宜为 150～170mm，均匀布置，并应与板面垂直，钉帽应进行防锈处理，并应用与板面颜色相同涂料涂饰或用石膏腻子抹平。

2 当采用粘接法安装时，胶粘剂应涂抹均匀，不得漏涂。

8.3.7 矿棉装饰吸声板安装应符合下列规定：

1 房间内湿度过大时不宜安装。

2 安装前应预先排板，保证花样、图案的整体性。

3 安装时，吸声板上不得放置其他材料，防止板材受压变形。

8.3.8 明龙骨饰面板的安装应符合以下规定：

1 饰面板安装应确保企口的相互咬接及图案花纹的吻合。

2 饰面板与龙骨嵌装时应防止相互挤压过紧或脱挂。

3 采用搁置法安装时应留有板材安装缝，每边缝隙不宜大于 1mm。

4 玻璃吊顶龙骨上留置的玻璃搭接宽度应符合设计要求，并应采用软连接。

5 装饰吸声板的安装如采用搁置法安装，应有定位措施。

9 轻质隔墙工程

9.1 一般规定

9.1.1 本章适用于板材隔墙、骨架隔墙和玻璃隔墙等非承重轻质隔墙工程的施工。

9.1.2 轻质隔墙的构造、固定方法应符合设计要求。

9.1.3 轻质隔墙材料在运输和安装时，应轻拿轻放，不得损坏表面和边角。应防止受潮变形。

9.1.4 当轻质隔墙下端用木踢脚覆盖时，饰面板应与地面留有 20～30mm 缝隙；当用大理石、瓷砖、水磨石等做踢脚板时，饰面板下端应与踢脚板上口齐平，接缝应严密。

9.1.5 板材隔墙、饰面板安装前应按品种、规格、颜色等进行分类选配。

9.1.6 轻质隔墙与顶棚和其他墙体的交接处应采取防开裂措施。

9.1.7 接触砖、石、混凝土的龙骨和埋置的木楔应作防腐处理。

9.1.8 胶粘剂应按饰面板的品种选用。现场配置胶粘剂，其配合比应由试验决定。

9.2 主要材料质量要求

9.2.1 板材隔墙的墙板、骨架隔墙的饰面板和龙骨、玻璃隔墙的玻璃应有产品合格证书。

9.2.2 饰面板表面应平整，边沿应整齐，不应有污垢、裂纹、缺角、翘曲、起皮、色差和图案不完整等缺陷。胶合板不应有脱胶、变色和腐朽。

9.2.3 复合轻质墙板的板面与基层(骨架)粘接必须牢固。

9.3 施工要点

9.3.1 墙位放线应按设计要求，沿地、墙、顶弹出隔墙的中心线和宽度线，宽度线应与隔墙厚度一致。弹线应清晰，位置应准确。

9.3.2 轻钢龙骨的安装应符合下列规定：

1 应按弹线位置固定沿地、沿顶龙骨及边框龙骨，龙骨的边线应与弹线重合。龙骨的端部应安装牢固，龙骨与基体的固定点间距应不大于1m。

2　安装竖向龙骨应垂直，龙骨间距应符合设计要求。潮湿房间和钢板网抹灰墙，龙骨间距不宜大于400mm。

3　安装支撑龙骨时，应先将支撑卡安装在竖向龙骨的开口方向，卡距宜为400～600mm，距龙骨两端的距离宜为20～25mm。

4　安装贯通系列龙骨时，低于3m的隔墙安装一道，3～5m隔墙安装两道。

5　饰面板横向接缝处不在沿地、沿顶龙骨上时，应加横撑龙骨固定。

6　门窗或特殊接点处安装附加龙骨应符合设计要求。

9.3.3　木龙骨的安装应符合下列规定：

1　木龙骨的横截面积及纵、横向间距应符合设计要求。

2　骨架横、竖龙骨宜采用开半榫、加胶、加钉连接。

3　安装饰面板前应对龙骨进行防火处理。

9.3.4　骨架隔墙在安装饰面板前应检查骨架的牢固程度、墙内设备管线及填充材料的安装是否符合设计要求，如有不符合处应采取措施。

9.3.5　纸面石膏板的安装应符合以下规定：

1　石膏板宜竖向铺设，长边接缝应安装在竖龙骨上。

2　龙骨两侧的石膏板及龙骨一侧的双层板的接缝应错开，不得在同一根龙骨上接缝。

3　轻钢龙骨应用自攻螺钉固定，木龙骨应用木螺钉固定。沿石膏板周边钉间距不得大于200mm，板中钉间距不得大于300mm，螺钉与板边距离应为10～15mm。

4　安装石膏板时应从板的中部向板的四边固定。钉头略埋入板内，但不得损坏纸面。钉眼应进行防锈处理。

5　石膏板的接缝应按设计要求进行板缝处理。石膏板与周围墙或柱应留有3mm的槽口，以便进行防开裂处理。

9.3.6　胶合板的安装应符合下列规定：

1　胶合板安装前应对板背面进行防火处理。

2　轻钢龙骨应采用自攻螺钉固定。木龙骨采用圆钉固定时，钉距宜为80～150mm，钉帽应砸扁；采用钉枪固定时，钉距宜为80～100mm。

3　阳角处宜作护角；

4　胶合板用木压条固定时，固定点间距不应大于200mm。

9.3.7　板材隔墙的安装应符合下列规定：

1　墙位放线应清晰，位置应准确。隔墙上下基层应平整，牢固。

2　板材隔墙安装拼接应符合设计和产品构造要求。

3　安装板材隔墙时宜使用简易支架。

4　安装板材隔墙所用的金属件应进行防腐处理。

5　板材隔墙拼接用的芯材应符合防火要求。

6　在板材隔墙上开槽、打孔应用云石机切割或电钻钻孔，不得直接剔凿和用力敲击。

9.3.8　玻璃砖墙的安装应符合下列规定：

1　玻璃砖墙宜以1.5m高为一个施工段，待下部施工段胶结材料达到设计强度后再进行上部施工。

2　当玻璃砖墙面积过大时应增加支撑。玻璃砖墙的骨架应与结构连接牢固。

3　玻璃砖应排列均匀整齐，表面平整，嵌缝的油灰或密封膏应饱满密实。

9.3.9　平板玻璃隔墙的安装应符合下列规定：

1　墙位放线应清晰，位置应准确。隔墙基层应平整、牢固。

2　骨架边框的安装应符合设计和产品组合的要求。

3 压条应与边框紧贴,不得弯棱、凸鼓。

4 安装玻璃前应对骨架、边框的牢固程度进行检查,如有不牢应进行加固。

5 玻璃安装应符合本规范门窗工程的有关规定。

10 门窗工程

10.1 一般规定

10.1.1 本章适用于木门窗、铝合金门窗、塑料门窗安装工程的施工。

10.1.2 门窗安装前应按下列要求进行检查:

1 门窗的品种、规格、开启方向、平整度等应符合国家现行有关标准规定,附件应齐全。

2 门窗洞口应符合设计要求。

10.1.3 门窗的存放、运输应符合下列规定:

1 木门窗应采取措施防止受潮、碰伤、污染与暴晒。

2 塑料门窗贮存的环境温度应小于50℃;与热源的距离不应小于1m。当在环境温度为0℃的环境中存放时,安装前应在室温下放置24h。

3 铝合金、塑料门窗运输时应竖立排放并固定牢靠。樘与樘间应用软质材料隔开,防止相互磨损及压坏玻璃和五金件。

10.1.4 门窗的固定方法应符合设计要求。门窗框、扇在安装过程中,应防止变形和损坏。

10.1.5 门窗安装应采用预留洞口的施工方法,不得采用边安装边砌口或先安装后砌口的施工方法。

10.1.6 推拉门窗扇必须有防脱落措施,扇与框的搭接量应符合设计要求。

10.1.7 建筑外门窗的安装必须牢固,在砖砌体上安装门窗严禁用射钉固定。

10.2 主要材料质量要求

10.2.1 门窗、玻璃、密封胶等应按设计要求选用,并应有产品合格证书。

10.2.2 门窗的外观、外形尺寸、装配质量、力学性能应符合国家现行标准的有关规定,塑料门窗中的竖框、中横框或拼樘料等主要受力杆件中的增强型钢,应在产品说明中注明规格、尺寸。门窗表面不应有影响外观质量的缺陷。

10.2.3 木门窗采用的木材,其含水率应符合国家现行标准的有关规定。

10.2.4 在木门窗的结合处和安装五金配件处,均不得有木节或已填补的木节。

10.2.5 金属门窗选用的零附件及固定件,除不锈钢外均应经防腐蚀处理。

10.2.6 塑料门窗组合窗及连窗门的拼樘应采用与其内腔紧密吻合的增强型钢作为内衬,型钢两端比拼樘料长出10~15mm。外窗的拼樘料截面积尺寸及型钢形状、壁厚,应能使组合窗承受本地区的瞬间风压值。

10.3 施工要点

10.3.1 木门窗的安装应符合下列规定:

1 门窗框与砖石砌体、混凝土或抹灰层接触部位以及固定用木砖等均应进行防腐处理。

2 门窗框安装前应校正方正,加钉必要拉条避免变形。安装门窗框时,每边固定点不得少于两处,其间距不得大于1.2m。

3 门窗框需镶贴脸时,门窗框应凸出墙面,凸出的厚度应等于抹灰层或装饰面层的厚度。

4 木门窗五金配件的安装应符合下列规定:

1)合页距门窗扇上下端宜取立梃高度的1/10,并应避开上、下冒头。

2)五金配件安装应用木螺钉固定。硬木应钻2/3深度的孔,孔径应略小于木螺钉直径。

3)门锁不宜安装在冒头与立梃的结合处。

4)窗拉手距地面宜为1.5~1.6m,门拉手距地面宜为0.9~1.05m。

10.3.2 铝合金门窗的安装应符合下列规定:

1 门窗装入洞口应横平竖直,严禁将门窗框直接埋入墙体。

2 密封条安装时应留有比门窗的装配边长20~30mm的余量,转角处应斜面断开,并用胶粘剂粘贴牢固,避免收缩产生缝隙。

3 门窗框与墙体间缝隙不得用水泥砂浆填塞,应采用弹性材料填嵌饱满,表面应用密封胶密封。

10.3.3 塑料门窗的安装应符合下列规定:

1 门窗安装五金配件时,应钻孔后用自攻螺钉拧入,不得直接锤击钉入。

2 门窗框、副框和扇的安装必须牢固。固定片或膨胀螺栓的数量与位置应正确,连接方式应符合设计要求,固定点应距窗角、中横框、中竖框150~100mm,固定点间距应小于或等于600mm。

3 安装组合窗时应将两窗框与拼樘料卡接,卡接后应用紧固件双向拧紧,其间距应小于或等于600mm,紧固件端头及拼樘料与窗框间的缝隙应用嵌缝膏进行密封处理。拼樘料型钢两端必须与洞口固定牢固。

4 门窗框与墙体间缝隙不得用水泥砂浆填塞,应采用弹性材料填嵌饱满,表面应用密封胶密封。

10.3.4 木门窗玻璃的安装应符合下列规定:

1 玻璃安装前应检查框内尺寸、将裁口内的污垢清除干净。

2 安装长边大于1.5m或短边大于lm的玻璃,应用橡胶垫并用压条和螺钉固定。

3 安装木框、扇玻璃,可用钉子固定,钉距不得大于300mm,且每边不少于两个;用木压条固定时,应先刷底油后安装,并不得将玻璃压得过紧。

4 安装玻璃隔墙时,玻璃在上框面应留有适量缝隙,防止木框变形,损坏玻璃。

5 使用密封膏时,接缝处的表面应清洁、干燥。

10.3.5 铝合金、塑料门窗玻璃的安装应符合下列规定:

1 安装玻璃前,应清出槽口内的杂物。

2 使用密封膏前,接缝处的表面应清洁、干燥。

3 玻璃不得与玻璃槽直接接触,并应在玻璃四边垫上不同厚度的垫块,边框上的垫块应用胶粘剂固定。

4 镀膜玻璃应安装在玻璃的最外层,单面镀膜玻璃应朝向室内。

11 细部工程

11.1 一般规定

11.1.1 本章适用木门窗套、窗帘盒、固定柜橱、护栏、扶手、花饰等细部工程的制作安装施工。

11.1.2 细部工程应在隐蔽工程已完成并经验收后进行。

11.1.3 框架结构的固定柜橱应用榫连接。板式结构的固定柜橱应用专用连接件连接。

11.1.4 细木饰面板安装后,应立即刷一遍底漆。

11.1.5 潮湿部位的固定橱柜、木门套应做防潮处理。

11.1.6 护栏、扶手应采用坚固、耐久材料,并能承受规范允许的水平荷载。

11.1.7 扶手高度不应小于0.90m,护栏高度不应小于1.05m,栏杆间距不应大于0.12m。

11.1.8 湿度较大的房间,不得使用未经防水处理的石膏花饰、纸质花饰等。

11.1.9 花饰安装完毕后,应采取成品保护措施。

11.2 主要材料质量要求

11.2.1 人造木板、胶粘剂的甲醛含量应符合国家现行标准的有关规定,应有产品合格证书。

11.2.2 木材含水率应符合国家现行标准的有关规定。

11.3 施工要点

11.3.1 木门窗套的制作安装应符合下列规定:

1 门窗洞口应方正垂直,预埋木砖应符合设计要求,并应进行防腐处理。

2 根据洞口尺寸、门窗中心线和位置线,用方木制成搁栅骨架并应做防腐处理,横撑位置必须与预埋件位置重合。

3 搁栅骨架应平整牢固，表面刨平。安装搁栅骨架应方正，除预留出板面厚度外，搁栅骨架与木砖间的间隙应垫以木垫，连接牢固。安装洞口搁栅骨架时，一般先上端后两侧，洞口上部骨架应与紧固件连接牢固。

4 与墙体对应的基层板板面应进行防腐处理，基层板安装应牢固。

5 饰面板颜色、花纹应谐调。板面应略大于搁栅骨架，大面应净光，小面应刮直。木纹根部应向下，长度方向需要对接时，花纹应通顺，其接头位置应避开视线平视范围，宜在室内地面 2m 以上或 1.2m 以下，接头应留在横撑上。

6 贴脸、线条的品种、颜色、花纹应与饰面板谐调。贴脸接头应成 45°角，贴脸与门窗套板面结合应紧密、平整，贴脸或线条盖住抹灰墙面应不小于 10mm。

11.3.2 木窗帘盒的制作安装应符合下列规定：

1 窗帘盒宽度应符合设计要求。当设计无要求时，窗帘盒宜伸出窗口两侧 200～300mm，窗帘盒中线应对准窗口中线，并使两端伸出窗口长度相同。窗帘盒下沿与窗口上沿应平齐或略低。

2 当采用木龙骨双包夹板工艺制作窗帘盒时，遮挡板外立面不得有明榫、露钉帽，底边应做封边处理。

3 窗帘盒底板可采用后置埋木楔或膨胀螺栓固定，遮挡板与顶棚交接处宜用角线收口。窗帘盒靠墙部分应与墙面紧贴。

4 窗帘轨道安装应平直。窗帘轨固定点必须在底板的龙骨上，连接必须用木螺钉，严禁用圆钉固定。采用电动窗帘轨时，应按产品说明书进行安装调试。

11.3.3 固定橱柜的制作安装应符合下列规定：

1 根据设计要求及地面及顶棚标高，确定橱柜的平面位置和标高。

2 制作木框架时，整体立面应垂直、平面应水平，框架交接处应做榫连接，并应涂刷木工乳胶。

3 侧板、底板、面板应用扁头钉与框架固定牢固，钉帽应做防腐处理。

4 抽屉应采用燕尾榫连接，安装时应配置抽屉滑轨。

5 五金件可先安装就位，油漆之前将其拆除，五金件安装应整齐、牢固。

11.3.4 扶手、护栏的制作安装应符合下列规定：

1 木扶手与弯头的接头要在下部连接牢固。木扶手的宽度或厚度超过 70mm 时，其接头应粘接加强。

2 扶手与垂直杆件连接牢固，紧固件不得外露。

3 整体弯头制作前应做足尺样板，按样板划线。弯头粘结时，温度不宜低于 5℃。弯头下部应与栏杆扁钢结合紧密、牢固。

4 木扶手弯头加工成形应刨光，弯曲应自然，表面应磨光。

5 金属扶手、护栏垂直杆件与预埋件连接应牢固、垂直，如焊接，则表面应打磨抛光。

6 玻璃栏板应使用夹层夹玻璃或安全玻璃。

11.3.5 花饰的制作安装应符合下列规定：

1 装饰线安装的基层必须平整、坚实，装饰线不得随基层起伏。

2 装饰线、件的安装应根据不同基层，采用相应的连接方式。

3 木(竹)质装饰线、件的接口应拼对花纹，拐弯接口应齐整无缝，同一种房间的颜色应一致，封口压边条与装饰线、件应连接紧密牢固。

4 石膏装饰线、件安装的基层应干燥，石膏线与基层连接的水平线和定位线的位置、距离应一致，接缝应 45°角拼接。当使用螺钉固定花件时，应用电钻打孔，螺钉钉头应沉入孔内，螺钉应做防锈处理；当使用胶粘剂固定花件时，应选用短时间固化的胶粘材料。

5 金属类装饰线、件安装前应做防腐处理。基层应干燥、坚实。铆接、焊接或紧固件连接时，紧固件位置应整齐，焊接点应在隐蔽处、焊接表面应无毛刺。刷漆前应去除氧化层。

12 墙面铺装工程

12.1 一般规定

12.1.1 本章适用于石材、墙面砖、木材、织物、壁纸等材料的住宅墙面铺贴安装工程施工。

12.1.2 墙面铺装工程应在墙面隐蔽及抹灰工程、吊顶工程已完成并经验收后进行。当墙体有防水要求时,应对防水工程进行验收。

12.1.3 采用湿作业法铺贴的天然石材应作防碱处理。

12.1.4 在防水层上粘贴饰面砖时,粘结材料应与防水材料的性能相容。

12.1.5 墙面面层应有足够的强度,其表面质量应符合国家现行标准的有关规定。

12.1.6 湿作业施工现场环境温度宜在5℃以上;裱糊时空气相对湿度不得大于85%,应防止湿度及温度剧烈变化。

12.2 主要材料质量要求

12.2.1 石材的品种、规格应符合设计要求,天然石材表面不得有隐伤、风化等缺陷。

12.2.2 墙面砖的品种、规格应符合设计要求,并应有产品合格证书。

12.2.3 木材的品种、质量等级应符合设计要求,含水率应符合国家现行标准的有关要求。

12.2.4 织物、壁纸、胶粘剂等应符合设计要求,并应有性能检测报告和产品合格证书。

12.3 施工要点

12.3.1 墙面砖铺贴应符合下列规定:

1 墙面砖铺贴前应进行挑选,并应浸水2h以上,晾干表面水分。

2 铺贴前应进行放线定位和排砖,非整砖应排放在次要部位或阴角处。每面墙不宜有两列非整砖,非整砖宽度不宜小于整砖的1/3。

3 铺贴前应确定水平及竖向标志,垫好底尺,挂线铺贴。墙面砖表面应平整、接缝应平直、缝宽应均匀一致。阴角砖应压向正确,阳角线宜做成45°角对接。在墙面突出物处,应整砖套割吻合,不得用非整砖拼凑铺贴。

4 结合砂浆宜采用1∶2水泥砂浆,砂浆厚度宜为6~10mm。水泥砂浆应满铺在墙砖背面,一面墙不宜一次铺贴到顶,以防塌落。

12.3.2 墙面石材铺装应符合下列规定:

1 墙面砖铺贴前应进行挑选,并应按设计要求进行预拼。

2 强度较低或较薄的石材应在背面粘贴玻璃纤维网布。

3 当采用湿作业法施工时,固定石材的钢筋网应与预埋件连接牢固。每块石材与钢筋网拉接点不得少于4个。拉接用金属丝应具有防锈性能。灌注砂浆前应将石材背面及基层湿润,并应用填缝材料临时封闭石材板缝,避免漏浆。灌注砂浆宜用1∶2.5水泥砂浆,灌注时应分层进行,每层灌注高度宜为150~200mm,且不超过板高的1/3,插捣应密实。待其初凝后方可灌注上层水泥砂浆。

4 当采用粘贴法施工时,基层处理应平整但不应压光。胶粘剂的配合比应符合产品说明书的要求。胶液应均匀、饱满的刷抹在基层和石材背面,石材就位时应准确,并应立即挤紧、找平、找正,进行顶、卡固定。溢出胶液应随时清除。

12.3.3 木装饰装修墙制作安装应符合下列规定:

1 制作安装前应检查基层的垂直度和平整度,有防潮要求的应进行防潮处理。

2 按设计要求弹出标高、竖向控制线、分格线。打孔安装木砖或木楔,深度应不小于40mm,木砖或木楔应做防腐处理。

3 龙骨间距应符合设计要求。当设计无要求时:横向间距宜为300mm,竖向间距宜为400mm。龙骨与木砖或木楔连接应牢固。龙骨、木质基层板应进行防火处理。

4 饰面板安装前应进行选配,颜色、木纹对接应自然谐调。

5 饰面板固定应采用射钉或胶粘接，接缝应在龙骨上，接缝应平整。

6 镶接式木装饰墙可用射钉从凹榫边倾斜射入。安装第一块时必须校对竖向控制线。

7 安装封边收口线条时应用射钉固定，钉的位置应在线条的凹槽处或背视线的一侧。

12.3.4 软包墙面制作安装应符合下列规定：

1 软包墙面所用填充材料、纺织面料和龙骨、木基层板等均应进行防火处理。

2 墙面防潮处理应均匀涂刷一层清油或满铺油纸。不得用沥青油毡做防潮层。

3 木龙骨宜采用凹槽榫工艺预制，可整体或分片安装，与墙体连接应紧密、牢固。

4 填充材料制作尺寸应正确，棱角应方正，应与木基层板粘接紧密。

5 织物面料裁剪时经纬应顺直。安装应紧贴墙面，接缝应严密，花纹应吻合，无波纹起伏、翘边和褶皱，表面应清洁。

6 软包布面与压线条、贴脸线、踢脚板、电气盒等交接处应严密，顺直，无毛边。电气盒盖等开洞处，套割尺寸应准确。

12.3.5 墙面裱糊应符合下列规定：

1 基层表面应平整、不得有粉化、起皮、裂缝和突出物，色泽应一致。有防潮要求的应进行防潮处理。

2 裱糊前应按壁纸、墙布的品种、花色、规格进行选配、拼花、裁切、编号，裱糊时应按编号顺序粘贴。

3 墙面应采用整幅裱糊，先垂直面后水平面，先细部后大面，先保证垂直后对花拼缝，垂直面是先上后下，先长墙面后短墙面，水平面是先高后低。阴角处接缝应搭接，阳角处应包角不得有接缝。

4 聚氯乙烯塑料壁纸裱糊前应先将壁纸用水润湿数分钟，墙面裱糊时应在基层表面涂刷胶粘剂，顶棚裱糊时，基层和壁纸背面均应涂刷胶粘剂。

5 复合壁纸不得浸水，裱糊前应先在壁纸背面涂刷胶粘剂，放置数分钟，裱糊时，基层表面应涂刷胶粘剂。

6 纺织纤维壁纸不宜在水中浸泡，裱糊前宜用湿布清洁背面。

7 带背胶的壁纸裱糊前应在水中浸泡数分钟。裱糊顶棚时应涂刷一层稀释的胶粘剂。

8 金属壁纸裱糊前应浸水 1 ~ 2min，阴干 5 ~ 8min 后在其背面刷胶。刷胶应使用专用的壁纸粉胶，一边刷胶，一边将刷过胶的部分，向上卷在发泡壁纸卷上。

9 玻璃纤维基材壁纸、无纺墙布无须进行浸润。应选用粘接强度较高的胶粘剂，裱糊前应在基层表面涂胶，墙布背面不涂胶。玻璃纤维墙布裱糊对花时不得横拉斜扯，避免变形脱落。

10 开关、插座等突出墙面的电气盒，裱糊前应先卸去盒盖。

13 涂饰工程

13.1 一般规定

13.1.1 本章适用于住宅内部水性涂料、溶剂型涂料和美术涂饰的涂饰工程施工。

13.1.2 涂饰工程应在抹灰、吊顶、细部、地面及电气工程等已完成并验收合格后进行。

13.1.3 涂饰工程应优先采用绿色环保产品。

13.1.4 混凝土或抹灰基层涂刷溶剂型涂料时，含水率不得大于 8%；涂刷水性涂料时，含水率不得大于 10%；木质基层含水率不得大于 12%。

13.1.5 涂料在使用前应搅拌均匀，并应在规定的时间内用完。

13.1.6 施工现场环境温度宜在 5 ~ 35℃之间，并应注意通风换气和防尘。

13.2 主要材料质量要求

13.2.1 涂料的品种、颜色应符合设计要求，并应有产品性能检测报告和产品合格证书。

13.2.2 涂饰工程所用腻子的粘结强度应符合国家现行标准的有关规定。

13.3 施工要点

13.3.1 基层处理应符合下列规定：

1 混凝土及水泥砂浆抹灰基层:应满刮腻子、砂纸打光,表面应平整光滑、线角顺直。

2 纸面石膏板基层:应按设计要求对板缝、钉眼进行处理后,满刮腻子、砂纸打光。

3 清漆木质基层:表面应平整光滑、颜色谐调一致、表面无污染、裂缝、残缺等缺陷。

4 调和漆木质基层:表面应平整、无严重污染。

5 金属基层:表面应进行除锈和防锈处理。

13.3.2 涂饰施工一般方法:

1 滚涂法:将蘸取漆液的毛辊先按W方式运动将涂料大致涂在基层上,然后用不蘸取漆液的毛辊紧贴基层上下、左右来回滚动,使漆液在基层上均匀展开,最后用蘸取漆液的毛辊按一定方向满滚一遍。阴角及上下口宜采用排笔刷涂找齐。

2 喷涂法:喷枪压力宜控制在0.4～0.8MPa范围内。喷涂时喷枪与墙面应保持垂直,距离宜在500mm左右,匀速平行移动。两行重叠宽度宜控制在喷涂宽度的1/3。

3 刷涂法:宜按先左后右、先上后下、先难后易、先边后面的顺序进行。

13.3.3 木质基层涂刷清漆:木质基层上的节疤、松脂部位应用虫胶漆封闭,钉眼处应用油性腻子嵌补。在刮腻子、上色前,应涂刷一遍封闭底漆,然后反复对局部进行拼色和修色,每修完一次,刷一遍中层漆,干后打磨,直至色调谐调统一,再做饰面漆。

13.3.4 木质基层涂刷调和漆:先满刷清油一遍,待其干后用油腻子将钉孔、裂缝、残缺处嵌刮平整,干后打磨光滑,再刷中层和面层油漆。

13.3.5 对泛碱、析盐的基层应先用3%的草酸溶液清洗,然后用清水冲刷干净或在基层上满刷一遍耐碱底漆,待其干后刮腻子,再涂刷面层涂料。

13.3.6 浮雕涂饰的中层涂料应颗粒均匀,用专用塑料辊蘸煤油或水均匀滚压,厚薄一致,待完全干燥固化后,才可进行面层涂饰。面层为水性涂料应采用喷涂,溶剂型涂料应采用刷涂。间隔时间宜在4h以上。

13.3.7 涂料、油漆打磨应待涂膜完全干透后进行,打磨应用力均匀,不得磨透露底。

14 地面铺装工程

14.1 一般规定

14.1.1 本章适用于石材(包括人造石材)、地面砖、实木地板、竹地板、实木复合地板、强化复合地板、地毯等材料的地面面层的铺贴安装工程施工。

14.1.2 地面铺装宜在地面隐蔽工程、吊顶工程、墙面抹灰工程完成并验收后进行。

14.1.3 地面面层应有足够的强度,其表面质量应符合国家现行标准、规范的有关规定。

14.1.4 地面铺装图案及固定方法等应符合设计要求。

14.1.5 天然石材在铺装前应采取防护措施,防止出现污损、泛碱等现象。

14.1.6 湿作业施工现场环境温度宜在5℃以上。

14.2 主要材料质量要求

14.2.1 地面铺装材料的品种、规格、颜色等应符合设计要求并应有产品合格证书。

14.2.2 地面铺装时所用龙骨、垫木、毛地板等木料的含水率,以及防腐、防蛀、防火处理等均应符合国家现行标准、规范的有关规定。

14.3 施工要点

14.3.1 石材、地面砖铺贴应符合下列规定:

1 石材、地面砖铺贴前应浸水湿润。天然石材铺贴前应进行对色、拼花并试拼、编号。

2 铺贴前应根据设计要求确定结合层砂浆厚度,拉十字线控制其厚度和石材、地面砖表面平整度。

3 结合层砂浆宜采用体积比为1:3的干硬性水泥砂浆,厚度宜高出实铺厚度2～3mm。铺贴前应在水泥砂浆上刷一道水灰比为1:2的素水泥浆或干铺水泥1～2mm后洒水。

4 石材、地面砖铺贴时应保持水平就位,用橡皮锤轻击使其与砂浆粘结紧密,同时调整其表面平整度及缝宽。

5 铺贴后应及时清理表面,24h 后应用 1∶1 水泥浆灌缝,选择与地面颜色一致的颜料与白水泥拌和均匀后嵌缝。

14.3.2 竹、实木地板铺装应符合下列规定:

1 基层平整度误差不得大于 5mm。

2 铺装前应对基层进行防潮处理,防潮层宜涂刷防水涂料或铺设塑料薄膜。

3 铺装前应对地板进行选配,宜将纹理、颜色接近的地板集中使用于一个房间或部位。

4 木龙骨应与基层连接牢固,固定点间距不得大于 600mm。

5 毛地板应与龙骨成 30°或 45°铺钉,板缝应为 2~3mm,相邻板的接缝应错开。

6 在龙骨上直接铺装地板时,主次龙骨的间距应根据地板的长宽模数计算确定,地板接缝应在龙骨的中线上。

7 地板钉长度宜为板厚的 2.5 倍,钉帽应砸扁。固定时应从凹榫边 30°角倾斜钉入。硬木地板应先钻孔,孔径应略小于地板钉直径。

8 毛地板及地板与墙之间应留有 8~10mm 的缝隙。

9 地板磨光应先刨后磨,磨削应顺木纹方向,磨削总量应控制在 0.3~0.8mm 内。

10 单层直铺地板的基层必须平整、无油污。铺贴前应在基层刷一层薄而匀的底胶以提高粘结力。铺贴时基层和地板背面均应刷胶,待不粘手后再进行铺贴。拼板时应用榔头垫木块敲打紧密,板缝不得大于 0.3mm。溢出的胶液应及时清理干净。

14.3.3 强化复合地板铺装应符合下列规定:

1 防潮垫层应满铺平整,接缝处不得叠压。

2 安装第一排时应凹槽面靠墙。地板与墙之间应留有 8~10mm 的缝隙。

3 房间长度或宽度超过 8m 时,应在适当位置设置伸缩缝。

14.3.4 地毯铺装应符合下列规定:

1 地毯对花拼接应按毯面绒毛和织纹走向的同一方向拼接。

2 当使用张紧器伸展地毯时,用力方向应呈 V 字形,应由地毯中心向四周展开。

3 当使用倒刺板固定地毯时,应沿房间四周将倒刺板与基层固定牢固。

4 地毯铺装方向,应是毯面绒毛走向的背光方向。

5 满铺地毯,应用扁铲将毯边塞入卡条和墙壁间的间隙中或塞入踢脚下面。

6 裁剪楼梯地毯时,长度应留有一定余量,以便在使用中可挪动常磨损的位置。

15 卫生器具及管道安装工程

15.1 一般规定

15.1.1 本章适用于厨房、卫生间的洗涤、洁身等卫生器具的安装以及分户进水阀后给水管段、户内排水管段的管道施工。

15.1.2 卫生器具、各种阀门等应积极采用节水型器具。

15.1.3 各种卫生设备及管道安装均应符合设计要求及国家现行标准规范的有关规定。

15.2 主要材料质量要求

15.2.1 卫生器具的品种、规格、颜色应符合设计要求并应有产品合格证书。

15.2.2 给排水管材、件应符合设计要求并应有产品合格证书。

15.3 施工要点

15.3.1 各种卫生设备与地面或墙体的连接应用金属固定件安装牢固。金属固定件应进行防腐处理。当墙体为多孔砖墙时，应凿孔填实水泥砂浆后再进行固定件安装。当墙体为轻质隔墙时，应在墙体内设后置埋件，后置埋件应与墙体连接牢固。

15.3.2 各种卫生器具安装的管道连接件应易于拆卸、维修。排水管道连接应采用有橡胶垫片排水栓。卫生器具与金属固定件的连接表面应安置铅质或橡胶垫片。各种卫生陶瓷类器具不得采用水泥砂浆窝嵌。

15.3.3 各种卫生器具与台面、墙面、地面等接触部位均应采用硅酮胶或防水密封条密封。

15.3.4 各种卫生器具安装验收合格后应采取适当的成品保护措施。

15.3.5 管道敷设应横平竖直，管卡位置及管道坡度等均应符合规范要求。各类阀门安装应位置正确且平正，便于使用和维修。

15.3.6 嵌入墙体、地面的管道应进行防腐处理并用水泥砂浆保护，其厚度应符合下列要求：墙内冷水管不小于10mm、热水管不小于15mm，嵌入地面的管道不小于10mm。嵌入墙体、地面或暗敷的管道应作隐蔽工程验收。

15.3.7 冷热水管安装应左热右冷，平行间距应不小于200mm。当冷热水供水系统采用分水器供水时，应采用半柔性管材连接。

15.3.8 各种新型管材的安装应按生产企业提供的产品说明书进行施工。

16 电气安装工程

16.1 一般规定

16.1.1 本章适用于住宅单相入户配电箱户表后的室内电路布线及电器、灯具安装。

16.1.2 电气安装施工人员应持证上岗。

16.1.3 配电箱户表后应根据室内用电设备的不同功率分别配线供电；大功率家电设备应独立配线安装插座。

16.1.4 配线时，相线与零线的颜色应不同；同一住宅相线（L）颜色应统一，零线（N）宜用蓝色，保护线（PE）必须用黄绿双色线。

16.1.5 电路配管、配线施工及电器、灯具安装除遵守本规定外，尚应符合国家现行有关标准规范的规定。

16.1.6 工程竣工时应向业主提供电气工程竣工图。

16.2 主要材料质量要求

16.2.1 电器、电料的规格、型号应符合设计要求及国家现行电器产品标准的有关规定。

16.2.2 电器、电料的包装应完好，材料外观不应有破损，附件、备件应齐全。

16.2.3 塑料电线保护管及接线盒必须是阻燃型产品，外观不应有破损及变形。

16.2.4 金属电线保护管及接线盒外观不应有折扁和裂缝，管内应无毛刺，管口应平整。

16.2.5 通信系统使用的终端盒、接线盒与配电系统的开关、插座，宜选用同一系列产品。

16.3 施工要点

16.3.1 应根据用电设备位置，确定管线走向、标高及开关、插座的位置。

16.3.2 电源线配线时，所用导线截面积应满足用电设备的最大输出功率。

16.3.3 暗线敷设必须配管。当管线长度超过15m或有两个直角弯时，应增设拉线盒。

16.3.4 同一回路电线应穿入同一根管内，但管内总根数不应超过8根，电线总截面积（包括绝缘外皮）不应超过管内截面积的40%。

16.3.5 电源线与通讯线不得穿人同一根管内。

16.3.6 电源线及插座与电视线及插座的水平间距不应小于500mm。

16.3.7 电线与暖气、热水、煤气管之间的平行距离不应小于300mm，交叉距离不应小于100mm。

16.3.8 穿入配管导线的接头应设在接线盒内，接头搭接应牢固，绝缘带包缠应均匀紧密。

16.3.9 安装电源插座时，面向插座的左侧应接零线（N），右侧应接相线（L），中间上方应接保护地线（PE）。

16.3.10 当吊灯自重在3kg及以上时，应先在顶板上安装后置埋件，然后将灯具固定在后置埋件上。严禁安装在木楔、木砖上。

16.3.11 连接开关、螺口灯具导线时，相线应先接开关，开关引出的相线应接在灯中心的端子上，零线应接在螺纹的端子上。

16.3.12 导线间和导线对地间电阻必须大于0.5MΩ。

16.3.13 同一室内的电源、电话、电视等插座面板应在同一水平标高上，高差应小于5mm。

16.3.14 厨房、卫生间应安装防溅插座，开关宜安装在门外开启侧的墙体上。

16.3.15 电源插座底边距地宜为300mm，平开关板底边距地宜为1400mm。

附录 A
本规范用词说明

A. 0. 1 为便于在执行本规范条文时区别对待，对要求严格程度不同的用词，说明如下：

1 表示很严格，非这样做不可的用词：正面词采用“必须”、“只能”；反面词采用“严禁”。

2 表示严格，在正常情况下均应这样做的用词：正面词采用“应”；反面词采用“不应”或“不得”。

3 表示允许稍有选择，在条件许可时，首先应这样做的用词：正面词采用“宜”；反面词采用“不宜”。

表示有选择，在一定条件下可以这样做的，采用“可”。

A. 0. 2 条文中指定按其他有关标准、规范执行时，写法为“应按……执行”或“应符合……的规定”。

中华人民共和国国家标准

住宅装饰装修工程施工规范

GB 50327—2001

条文说明

1 总 则

本章说明的是本规范制定的目的、适用范围以及与相关标准、规范的关系。

2 术 语

本章对住宅装饰装修、室内环境污染、基体和基层在本规范中的特定内容做出定义。

3 基本规定

3.1.1 本条规定的是施工前的主要准备工作内容。

3.1.2 自检、互检、交接检在施工实践中被证明是保证工程质量行之有效的措施。以规范的形式确定下来，对提高工程质量具有积极意义。各项检查应按工艺标准进行，符合要求并做相应记录后，再进行下一步施工。

3.1.3 本条对危及住宅建筑结构安全的行为做出了严禁的强制性规定。

3.1.4 对涉及主体和承重结构的变动和增加荷载的住宅装饰装修，应由原结构设计单位或相应资质的设计单位核查有关原始资料，对原建筑结构进行必要的核验，按工程建设强制性标准确定设计后施工。目的是为了保证住宅建筑的结构安全、保障人身健康和财产安全，维护公共利益。业主及施工单位均有严格遵守的义务。

3.1.6 施工安全与劳动保护，既是企业对施工人员的要求，也是施工人员的基本权利。

3.1.7 施工现场用电是施工安全的重要内容，也是安全事故的多发领域，因此制定为强制性规定。

3.1.9 从维护人民群众利益的立场出发，本规范通过制定施工现场管理规定，规范施工人员的行为，力图使住宅装饰装修工程施工中的扰民问题得到一定程度的控制。

3.2.1 对住宅装饰装修工程所用材料质量提出了原则性要求。

3.2.4 本条明确了材料进场质量把关的责任由施工单位负责，以减少合同纠纷，保护消费者利益。

3.3.1 提出了在住宅装饰装修过程中对既有建筑和设备的保护要求。

4 防火安全

4.1.1 防火安全首先应从制度建设入手。本条对施工单位和施工人员均提出了要求。

4.1.2 按现行国家标准《建筑材料燃烧性能分级方法》，将内部装饰装修材料的燃烧性能分为四级。本规范依据该分级方法将材料分为A不燃、B1难燃、B2可燃、B3易燃四级，以利于装饰装修材料的检测和规范的实施。

《建筑内部装饰装修设计防火规范》GB50222—95对装饰装修材料防火设计提出了相应的要求，它应是本规范的参照点，故提出本条规定。

4.2.1 阻燃处理通常可采用浸渍法、喷雾法、浸轧法。采用浸渍法处理织物时，一般将织物浸渍于阻燃剂中，待浸透后将织物取出，用轧辊轧出或用甩干机甩出多余的水分，铺叠平整，然后晒干、烘干、烫平即可。

4.2.2 防火涂料涂刷木材时应保证其渗入木材内部直至阻燃剂不再被吸收为止。两遍涂布的要求就是为了保证达到此效果。每平方米涂布500g的要求是有关标准规定的。木材表面如有水和油渍，会影响防火涂料的粘结性和耐燃性。

4.3.1 易燃物品对火十分敏感，很小的火星都可以致其起火，为此应集中放置并且在单位空间内尽可能少放可燃物品，以免火灾荷载过大。

4.3.2 施工现场材料堆放比较复杂，并且施工中的碰撞摩擦有可能出现火花。为此当施工现场有易燃、易爆材料时，应避免出现产生火花的操作。

4.3.3 油漆等挥发性材料会产生可爆气体，因此尽可能将其密闭，以免出现爆炸。

4.3.4 电气焊落渣温度很高，足以引燃很多类型的可燃材料。许多火灾表明，在电焊渣滴落区扫除可燃物并设专人监督，是十分有效的防火措施。

4.3.5 良好的施工环境和较高的防火意识是防止火灾发生的基本条件。

4.3.6 事实证明施工现场吸烟是引发火灾的重大隐患,必须严禁。

4.3.7 焊接和切割会在瞬间产生高温,该温度足以引燃引爆各类易燃、易爆的物质。

4.4.1 由照明灯具引发火灾的案例很多。本条没有具体规定高温部位与非 A 级装饰装修材料之间的距离。因为各种照明灯具在使用时散发出的热量大小、连续工作时间的长短、装饰装修材料的燃烧性能,以及不同防火保护措施的效果,都各不相同,难以做出具体的规定。可由设计人员本着“保障安全、经济合理、美观实用”的原则根据具体情况采取措施。

4.4.2 目前家用电器设备大幅度增加。另外,由于室内装修采用的可燃材料越来越多,增加了电气设备引发火灾的危险性。为防止配电箱产生的火花或高温熔珠引燃周围的可燃物和避免箱体传热引燃墙面装饰装修材料,规定其不应直接安装在低于 B_1 级的装饰装修材料上。开关、插座常会出现打火现象,故安装也应按此原则。

4.4.3 卤钨灯灯管工作时会产生很高的温度,因此与之相连的导线应有耐高温的防护。

4.4.4 对电线施行槽板和套管保护是为了防止电线破损老化短路而出现的火险。

4.5.1 进行室内装饰装修设计时要保证疏散指示标志和安全出口易于辨认,以免人员在紧急情况下发生疑问和误解。防火门是专用防火产品,其生产、安装均有严格的质量要求。装饰装修时不应损害防火门的任何一项专用功能。如特殊情况需做改动时,必须符合相应国家规范标准的要求。

4.5.2 建筑内部设置的消火栓门一般都设在比较显眼的位置,颜色也比较醒目。但有的单位单纯追求装饰装修效果,把消火栓门罩在木柜里面;还有的单位把消火栓门装饰装修得几乎与墙面一样,不到近处看不出来。这些做法给消火栓的及时取用造成了障碍。为了充分发挥消火栓在火灾扑救中的作用,特制定本条规定。

4.5.3 装饰装修吊顶的吊杆间距密,承载能力小,并且承载能力没有考虑其他负荷。消防水系统或报警系统的管线若用装饰装修的吊杆,第一不安全,第二会影响装饰装修的质量,因此应分开。消防系统的吊杆应按各自的规范要求设置。

4.5.4 房间重新分割装饰装修后,喷头、探头如果不进行调整,难以满足重新分割后的房间平面对喷头、探头布置的规范要求,会造成重大的火灾隐患。因此必须重点提出,引起高度重视。

4.5.5 为了不影响装饰装修效果,喷淋管线、报警线路、器件等首先应尽可能暗装;在不可能暗装时,为减少对装饰装修效果的影响,可以采取一些措施,如明装的标高、位置可按装饰装修要求调整,明装的器件可以按装饰装修要求进行协调处理。

5 室内环境污染控制

5.0.1 本规范列出的室内环境污染的五种主要有害物质是对人身危害最大的,因此必须提出加以严格控制。

5.0.2 《民用建筑工程室内环境污染控制规范》GB 50325—2001 对室内环境污染控制提出了相应的要求,它应是本规范的参照点,故提出本条规定。同时要求设计、施工应选用低毒性、低污染的装饰装修材料。

5.0.3 住宅装饰装修后,业主可以要求对 5.0.1 条列出的五种污染物质全部或部分进行检测。检测单位应是获政府有关职能部门许可的机构。

6 防水工程

6.1.1 本章所指防水工程为二次施工。一次施工为住宅在结构施工时所做的防水工程。在装饰装修施工中,由于业主要求改换地砖等,在剔凿时难免将防水层破坏,这时必须重新做防水施工。

6.1.2 涂膜类防水指聚氨酯等涂膜防水材料,产品特点是:拉伸强度、断裂伸长率均高于氯丁乳沥青防水材料,施工后干燥快,现在住宅装饰装修中多用此材料。但不排除使用其他类型的防水材料。

6.1.4 因卫生间面积狭小,施工中使用的材料又多有挥发性物质,为预防对施工人员的健康造成损害或引起燃爆,在无自然光照采用人工照明时,应设置安全照明并保持通风。

6.1.5　防水施工环境温度有下限要求，宜在5℃以上。

6.3.1　基层表面如有凹凸不平、松动、空鼓、起沙、开裂等缺陷，将直接影响防水工程质量，因此对上述缺陷应做预先处理。基层含水率过高会引起空鼓，故含水率应小于9%。

基层泛水坡度应符合设计要求。

6.3.2　地漏、套管、卫生洁具根部、阴阳角等是渗漏的多发部位，因此在做大面积防水施工前先应做好局部防水附加层。

7　抹灰工程

7.1.1　本章所指抹灰工程，是在住宅内部墙面，包括混凝土、砖砌体、加气混凝土砌块等墙面涂抹水泥砂浆、水泥混合砂浆、白灰砂浆、聚合物水泥砂浆，以及纸筋灰、石膏灰等。

抹灰工程应在隐蔽工程完毕，并经验收后进行。

7.1.2　针对顶棚抹灰层脱落，造成人员、财物的损失事故，故将本条作为强制性条文提出。施工单位应采取有效措施保证本条的落实。

7.1.3　为了防止不同材质基层的伸缩系数不同而造成抹灰层的通长裂缝，不同材质基层交接处表面应先铺设防裂加强材料，其与各基层的搭接宽度应不小于100mm。

7.1.4　水泥护角的功能主要是增加阳角的硬度和强度，减少使用过程中碰撞损坏。

7.1.5　水泥砂浆抹好后，常温下24h后应喷水养护，以促进水泥强度的增长。

7.1.6　为防止砂浆受冻后停止水化，在层与层之间形成隔离层，故要求施工现场温度下限不低于5℃。

7.3.1　基层处理是抹灰工程的第一道工序，也是影响抹灰质量的关键，目的是增强基体与底层砂浆的粘结，防止空鼓、裂缝和脱落等质量隐患，因此要求基层表面应剔平突出部位，光滑部位剔凿毛，残渣污垢、隔离剂等应清理干净。

洒水润湿基层是为了避免抹灰层过早脱水，影响强度，产生空鼓。住宅内部墙面基层洒水程度应视室内气温与操作环境的实际情况掌握。

7.3.2　抹灰总厚度加大了应力，等于加大抹灰层与基层的剪切力，易产生剥离，故抹灰层的平均总厚度应符合设计要求。

7.3.3　大面积抹灰前设置标筋，是为了控制抹灰厚度及平整度。因一次性抹灰过厚，干缩率加大，易出现空鼓、裂缝、脱落，为有利于基层与抹灰层的结合及面层的压光，防止上述质量问题，故抹灰施工应分层进行。

7.3.5　为避免抹灰层在凝结过程中产生较强的收缩应力，破坏强度较低的基层或抹灰底层，产生空鼓、裂缝、脱落等质量问题，故要求强度高的抹灰层不得覆盖在强度低的抹灰层上。

7.3.6　凡结硬的砂浆，再加水使用，其和易性、保水性差，硬化收缩性大，粘结强度低，故做本条规定。

8　吊顶工程

8.1.1　本章适用于龙骨加饰面板的吊顶工程施工。住宅装饰装修中一般为不上人吊顶，主要指木骨架、罩面板吊顶和轻钢龙骨罩面板吊顶及格栅木吊顶。罩面板主要指纸面石膏板、埃特板、胶合板、矿棉吸音板、PVC扣板、铝扣板等。

8.1.2　吊顶必须符合设计要求的主要内容包括：吊杆、龙骨的材质、规格、安装间距、连接方式以及标高、起拱、造型、颜色等。

8.1.4　重型灯具及电风扇、排风扇等有动荷载的物件，均应由独立吊杆固定。

8.3.1　吊杆的位置因关系到吊顶应力分配是否均衡，板面是否平整，故吊杆的位置及垂直度应符合设计和安全的要求。主、次龙骨的间距，可按饰面板的尺寸模数确定。

吊杆、龙骨的连接必须牢固。由于吊杆与龙骨之间松动造成应力集中，会产生较大的挠度变形，出现大面积罩面板不平整。在吊杆和龙骨的间距与水平度、连接位置等全面校正后，再将龙骨的所有吊挂件、连接件拧紧、夹牢。

为避免暗藏灯具与吊顶主龙骨、吊杆位置相撞，可在吊顶前在房间地面上弹线、排序，确定各物件的位置而后吊线施工。

8.3.2 吊顶板内的管线、设备在封顶板之前应作为隐蔽项目，调试验收完，应作记录。

8.3.5 对螺钉与板边距离、钉距、钉头嵌入石膏板内尺寸做出量化要求。钉头埋入板过深将破坏板的承载力。

9 轻质隔墙工程

9.1.1 本章适用于板材隔墙、骨架隔墙及玻璃隔墙的施工。板材隔墙多是加气混凝土条板和增强石膏空心条板。骨架隔墙多是轻钢龙骨。饰面板材种类比较多，如纸面石膏板、GRC板、FC板、埃特板等。玻璃砖有空心和实心两种，本章专指空心玻璃砖。

9.1.2 轻质隔墙安装所需的预埋件、连接件的位置、数量及固定方法，因涉及安全问题，故强调必须符合设计要求。有墙基要求的隔墙，应先按设计要求进行墙基施工。

9.1.6 因不同材质的物理膨胀系数不同，为避免出现通长裂缝，故轻质隔墙与顶棚和其他墙体的交接处应有防裂缝处理。

9.3.1 墙位放线强调按设计要求，为保证隔墙垂直、平整，故要求沿地、顶、墙弹出隔墙的中心线和宽度线，宽度线应与龙骨的边线吻合，弹出+500mm标高线。

9.3.2 应根据龙骨的不同材质确定沿地、顶、墙龙骨的固定点间距，且固定牢固。

9.3.4 预埋墙内的水暖、电气设备，应按设计要求采取局部加强措施固定牢固。为保证结构安全，墙中铺设管线时，不得切断横、竖向龙骨。

为保证密实，墙体内的填充材料应干燥，填充均匀无下坠，接头无空隙。

9.3.5 依墙面形状铺设饰面板，平面墙宜竖向铺设，曲面墙宜横向铺设。

为避免应力集中，由于物理膨胀系数不一而引起的安全隐患，龙骨两侧的饰面板及龙骨一侧的内外两层饰面板应错缝排列，接缝不得落在同一根龙骨上。所有饰面板接缝处的固定点必须连接在龙骨上。

为解决石膏板开裂、板接缝不平、墙面不平等通病，安装饰面板时，应从板的中部向板的四边固定，钉头略埋入板内，钉眼应用腻子抹平。

9.3.8 玻璃砖自重较大，且砌筑的接触面较小，故要求以1.5m高度为单位分段施工，待固定后再进行上部分施工。

10 门窗工程

10.1.1 本章适用于木门窗、金属门窗、塑料门窗，以及门窗玻璃的安装。

10.1.2 为保证门窗安装质量，在门窗安装之前，应根据设计和厂方提供的门窗节点图和构造图进行检查，核对类型、规格、开启方向是否符合设计要求，零部件、组合件是否齐全。

门窗安装前应核对洞口位置、尺寸及方正，有问题应提前进行剔凿、找平等处理。

10.1.5 为了保护门窗在施工过程中免受磨损、受力变形，应采用预留洞口的方法，而不得采用边安装边砌口或先安装后砌口的施工方法。

10.1.6 为保证使用安全，特别是防止高层住宅窗扇坠落事故，推拉窗扇必须有防脱落措施，扇与框的搭接量均应符合设计要求。

10.1.7 门窗的固定方法应根据不同材质的墙体确定不同的方法。如混凝土墙洞口应采用射钉或膨胀螺钉。砖墙洞口应采用膨胀螺钉或水泥钉固定，但不得固定在砖缝上。除预埋件之外，砖受冲击之后易碎，因此在砖砌体安装门窗时严禁用射钉固定。

10.3.1 木门窗与砖石砌体、混凝土或抹灰层接触处，是易受潮变形部位，故应进行防腐防潮处理；为保证使用安全，埋人砌体或混凝土中的木砖应进行防腐处理；为使木门窗框安装牢固，开启灵活，关闭严密，木门窗框的固定点数量、位置、固定方法，应符合设计要求。

10.3.3 为达到密闭目的，塑料门窗框与洞口壁的间隙应采用填充材料分层填塞充实。水泥为刚性材料，不能随环境温度的变化而伸缩，产生间隙，因此应用弹性材料填塞。同时，外表面应留5~8mm深槽口以填嵌密封胶。

10.3.5 金属、塑料门窗安装玻璃时，密封压条应与玻璃全部压紧，与型材的接缝处应无明显缝隙，接头缝隙应不大于0.5mm。

11 细部工程

11.1.1 本章适用于木门窗套、窗帘盒、固定橱柜、护栏、扶手、装饰花件等制作安装。

11.1.2 细部工程应在隐蔽工程、管道安装及吊顶工程已完成并经验收，墙面、地面已经找平后施工。

11.1.3 固定橱柜依结构可分为框架式和板式二种，安装施工各不相同，框架结构的固定橱柜应用榫连接。板式结构的固定橱柜应用专用连接件连接，不得胶粘。

11.1.5 为防止橱柜在潮湿环境中变形或腐朽，应在安装固定橱柜的墙面上作防潮层。

11.1.6 护栏、扶手一般是设在楼梯、落地窗、回廊、阳台等边缘部位的安全防护设施，故应采用坚固、耐久材料制作，固定必须牢固，并能承受规范允许的荷载，荷载主要是垂直和水平方向的。

11.1.7 扶手、护栏高度、垂直杆件间净空是根据工程建设强制性标准制定的，目的是防止儿童翻爬、钻卡等意外发生，因此必须严格遵守。

11.2.1 细部工程是比较集中地使用人造板材、胶粘剂及溶剂型涂料的分项子工程，同时也是甲醛、苯等室内主要污染物质的主要来源，因此必须强调所用材料应符合国家现行标准，以达到减少室内环境污染的目的。

11.3.1 木门窗套制作安装的重点是：洞口、骨架、面板、贴脸、线条五部分，强调应按设计要求制作。骨架可分片制作安装，立杆一般为二根，当门窗套较宽时可适当增加；横撑应根据面板厚度确定间距。

11.3.2 木窗帘盒制作安装的重点是：盒宽、龙骨、盒底板、窗帘轨道五部分，应强调安装的牢固性。

11.3.3 固定橱柜制作安装应根据图纸设计进行。框架结构制作完成后应认真校正垂直和水平度，然后进行旁板、顶板、面板等的制作安装。

11.3.5 随着装饰花件品种的增加，合成类装饰线、件在工程中已有较普遍的应用，对其防潮防腐可不要求，但有些以中密度板为基材的合成线、件仍需做防潮防腐处理。

12 墙面铺装工程

12.1.1 本章适用于石材（包括人造石材）、陶瓷、木材、纺织物、壁纸、墙布等材料在住宅内部墙面的铺贴安装。

12.1.2 墙面铺装应在隐蔽、墙面抹灰工程已完成并经验收后进行。当墙体有防水要求时，应对防水工程进行验收。

12.1.3 天然石材采用湿作业法铺贴，面层会出现反白污染，系混凝土外加剂中的碱性物质所致，因此，应进行防碱背涂处理。

12.1.4 因憎水性防水材料使防水材料与粘结材料不相容，故防水层上粘贴饰面砖不应采用憎水性防水材料。

12.1.5 基层表面的强度和稳定性是保证墙面铺装质量的前提，因此要首先根据铺装材料要求处理好基层表面。

12.1.6 为防止砂浆受冻，影响粘结力，故现场湿作业施工环境温度宜在5℃以上；裱糊时空气相对湿度不宜大于85%；裱糊过程中和干燥前，气候条件突然变化会干扰均匀干燥而造成表面不平整，故应防止过堂风及温度变化过大。

12.3.1 为保证墙面砖铺贴的整体效果，分格预排就显得十分重要。宜制定面砖分配详图，按图施工。在制定详图时，不仅要考虑墙面整体的高度与宽度，还应考虑与墙面有关的门窗洞口及管线设备等应尽可能符合面砖的模数。

为加强砂浆的粘结力，可在砂浆中掺入一定量的胶粘剂。

12.3.3 大面积的木装饰墙和软包应特别注意防火要求，所使用的材料应严格进行防火处理。

12.3.4 软包分硬收边和软收边，有边框和无边框等。面料的种类也很多，宜结合设计和面料特性制作安装。

12.3.5 裱糊使用的胶粘剂应按壁纸或墙布的品种选配，应具备防霉、耐久等性能。如有防火要求则应有耐高温、不起层性能。

13 涂饰工程

13.1.1 本章适用于住宅内部水性涂料、溶剂型涂料和美术涂饰的涂刷工程施工。

13.1.3 涂饰工程因施工面积大，所用材料如不符合有关环保要求的，将严重影响住宅装饰装修后的室内环境质量，故在可能的情况下，应优先使用绿色环保产品。

13.1.4 含水率的控制要求是保证涂料与基层的粘接力以及涂层不出现起皮、空鼓等现象。

13.1.5 各类涂料在使用前均应充分搅拌均匀，才能保障其技术指标的一致稳定。为避免产生色差，应根据涂饰使用量一次调配完成，并在规定时间内用完，否则会降低其技术指标，影响其施涂质量。

13.1.6 涂饰工程对施工环境要求较高，适宜的温度有利于涂料的干燥、成膜。温度过低或过高，均会降低其技术指标。良好的通风，既能加快结膜过程，又对操作人员的健康有益。

13.2.2 内墙腻子的粘结强度、耐老化性及腻子对基层的附着力会直接影响到整个涂层的质量，故制定本规定。厨房、卫生间为潮湿部位，墙面应使用耐水型内墙腻子。

13.3.1 基层直接影响到涂料的附着力、平整度、色调的谐调和使用寿命，因此，对基层必须进行相应的处理，否则会影响涂层的质量。

13.3.3 在刮腻子前涂刷一遍底漆，有三个目的：第一是保证木材含水率的稳定性；第二是以免腻子中的油漆被基层过多的吸收，影响腻子的附着力；第三是因材质所处原木的不同部位，其密度也有差异，密度大者渗透性小，反之，渗透性强。因此上色前刷一遍底漆，控制渗透的均匀性，从而避免颜色不至于因密度大者上色后浅，密度小者上色后深的弊端。

13.3.4 先刷清油的目的：一是保证木材含水率的稳定性；二是增加调和漆与基层的附着力。

13.3.5 因新建住宅的混凝土或抹灰基层有尚未挥发的碱性物质，故在涂饰涂料前，应涂刷抗碱封底漆；因旧住宅墙面已陈旧，故应清除酥松的旧装饰装修层并进行界面处理。

13.3.7 凡未完全干透的涂膜均不能打磨，涂料、油漆也不例外。打磨的技巧应用力均匀，整个膜面都要磨到，不能磨透露底。

14 地面铺装工程

14.1.1 本章适用于石材、地砖、实木地板、竹地板、实木复合地板、强化复合地板、塑料地板、地毯等材料的地面面层的铺装工程施工。

14.1.2 地面面层的铺装所用龙骨、垫木及毛地板等木料的含水率，以及树种、防腐、防蚁、防水处理均应符合有关规定，如《木结构工程施工质量验收规范》。

14.1.3 地面铺装下的隐蔽工程，如电线、电缆等，在地面铺装前应完成并验收。

14.1.4 依施工程序，各类地面面层铺设宜在顶、墙面工程完成后进行。

14.1.5 天然石材采用湿作业法铺贴，面层会出现反白污染，系混凝土外加剂中的碱性物质所致，因此，应进行防碱背涂处理。

14.3.1 石材、地面砖面层铺设后，表面应进行湿润养护，其养护时间应不少于7d。

14.3.2 实木地板有空铺、实铺两种方式，可采用双层面层和单层面层铺设。

空铺时木龙骨与基层连接应牢固，同时应避免损伤基层中的预埋管线；紧固件锚入现浇楼板深度不得超过板厚的2/3；在预制空心楼板上固定时，不得打洞固定。

实铺时应采用防水、防菌的胶。

14.3.3 强化复合地板属于无粘结铺设，地板与地面基层不用胶粘，只铺一层软泡沫塑料，以增加弹性，同时起防潮作用。板与板之间的企口部分用胶粘合，使整个房间地板形成一个整体。

强化复合地板铺设时，相邻条板端头错缝距离应大于300mm。

14.3.4 地毯铺设有固定、活动两种方式。固定式铺设时地毯张拉应适度，固定用金属卡条、压条、专用双面胶带应符合设计要求。

15 卫生器具及管道安装工程

15.1.1 本章规定适用于厨房洗涤盆、卫生间坐便器、净身器、普通浴缸、淋浴房、台盆、立盆等设备的安装。对新型卫浴设备如家用冲浪浴缸、电脑控制的冲洗按摩淋浴器、多功能人体冲洗式坐便器以及各种带有其他辅助功能的卫生设备等应按生产企业规定的技术资料进行安装及验收。各种燃气或电加热设备及管道安装应按照相应的技术规程进行。

管道安装仅限于本套住宅内，给水管由分户水表或阀门后开始（包括集中供热水的小区住宅），排水管由进入户内的接口部位开始。

15.1.2 我国是一个人均水资源相对贫乏的国家，节约用水是一项基本国策。本条的规定体现了本规范贯彻这一基本国策的精神。节水型卫生器具主要是指一次冲洗量≤6L的坐便器、防渗水箱配件、陶瓷芯片龙头、阀门等。提倡使用大小便分档定量冲洗坐便器。

15.1.3 对于一般卫生设备安装，建设部于2000年7月颁布的《卫生设备安装》（99S304）图册内容详尽，安装要求明确，本工程应以此为技术依据。

目前建筑给排水管道工程，各种管材已有国家、行业或地方技术规程，供设计、施工及验收应用，如《建筑排水用硬聚氯乙烯管道工程技术规程》CJJ/T—29—98、《建筑给水硬聚氯乙烯管道设计及施工验收规程》CECS41:92已作详细规定，本章不再重复。

15.2.2 目前建筑给水、排水用管材管件，硬聚氯乙烯管材、件有国家标准，另有些管材如铝塑复合管（PAP）管材有行业标准，其他管材目前市场上应用的如无规共聚聚丙烯（PP — R）、交联聚乙烯（PE—X）、聚丁烯（PB）等国家标准正在制定或审批过程中，因此这些管材目前主要质量标准按先进国家产品标准制定的企业标准进行控制。设计时应有说明。

15.3.1 本条对卫生器具安装在不同墙体时的安全牢固性提出了具体要求。

15.3.3 各种卫生器具是盛水性的器具，使用时与建筑面层连接部位可能产生渗水、溅水而影响环境，本条是基于这些要求提出的。密封材料要求有可靠防渗性能，又不能有坚实牢固的胶结性，以免更换、维修器具时，损坏表面质量。特别是坐便器底部坐落地坪位置不得采用水泥砂浆等材料窝嵌，而应采用硅酮胶、橡胶垫或油灰等材料。

15.3.6 目前住宅给水普遍采用塑料管材，它具有耐强、耐久、卫生，不产生二次污染，保温节能等优点，但塑料管道是高分子材料，其随温度变化，线膨胀系数较大，当约束管材线膨胀，管道产生内应力，因此嵌装埋设后对管道周边应采用C10水泥砂浆嵌实，以足够的摩擦力抵消其膨胀力且不致对墙面产生影响。本条规定的保护层厚度是工程实践中得出的最小厚度。管道嵌装及暗敷属隐蔽工程，且一旦发生渗漏水形成工程隐患，应进行隐蔽工程验收，合格后方可进行下道工序施工。

15.3.7 目前建设部对聚烯烃类给水管如聚乙烯（HDPE）、聚丁烯（PB）交联聚乙烯（PE — X）以及铝塑复合管等在卫生器具较集中的卫生间使用时，为确保用水可靠性、安全性，提高施工安装功效，要求集中设分水器，以中间无管件的直线管段将分水器出水与用水器具连接的供水形式，本条根据这一要求提出。

15.3.8 随着我国建筑材料工业的发展，新型管材在工程中的应用已越来越广泛。已有相应标准规范规定的从其规定，暂无标准规范规定的应按生产企业提供的产品说明书进行施工。

16 电气安装工程

16.1.1 本条明确了本章适用的范围。

16.1.2 本条对电气安装施工人员的资格提出要求。

16.1.3 本条明确了电源线及其配线的基本原则。

16.1.4 为了保证电器使用时的人身及设备安全,明确了配线的基本规定:相线与零线的颜色应不同,保护地线的绝缘外皮必须是黄绿双色。

16.1.5 本条明确了住宅配电施工时,除执行本规范外,还应执行与本规范有关的国家标准规范规定。

16.1.6 本条对施工电位提出了工程竣工后应向业主提供电气工程竣工图的要求,以便业主今后对电路的维修和改造。

16.2.1 本条明确了配电施工中所用材料应按设计要求选配,同时明确了当设计要求与国家现行的电气产品标准不一致时,应执行国家的标准。

16.2.2 本条明确了配电工程中,材料质量要求的一般规定。

16.2.3 本条明确了配电施工材料、塑料电线保护管及塑料盒的准用条件。

16.2.4 本条明确了配电施工材料、金属电线保护管及金属盒的准用条件。

16.2.5 本条是为了保证装饰效果的谐调性。

16.3.1 本条明确了配电工程的前期准备工作。

16.3.2 本条是为了确保配电系统的安全以及满足用电要求。

16.3.3 本条是为了保证配电系统的安全性和可操作性,防止穿线时导线外皮受损。

16.3.4 本条明确了管内配线施工时,对导线的基本要求。

16.3.5 本条是为了保证通信线路的安全畅通。

16.3.6 本条是为了保证人身设备安全以及视频效果。

16.3.7 本条明确了导线安装时与其他管线的安全距离。

16.3.8 本条是为了保证导线搭接的可靠性。

16.3.9 本条明确了电源插座接线的具体位置。

16.3.10 本条明确了重型灯具安全吊装的基本原则。

16.3.11 本条明确了开关、灯具的基本连接方法。

16.3.12 本条规定了导线间、导线对地间的安全电阻值。

16.3.13 本条是为了保证装饰装修的美观性。

16.3.14 本条明确了厨房、卫浴间插座、开关安装的一般原则。

16.3.15 本条明确了附墙电器安装的一般高度。

中华人民共和国国家标准

住宅性能评定技术标准

Technical standard for performance assessment of residential buildings

GB/T 50362—2005

主编部门:中华人民共和国建设部
批准部门:中华人民共和国建设部
施行日期:2006年3月1日

中华人民共和国建设部
公　　告

第387号

建设部关于发布国家标准
《住宅性能评定技术标准》的公告

现批准《住宅性能评定技术标准》为国家标准，编号为GB/T 50362—2005，自2006年3月1日起实施。

本标准由建设部标准定额研究所组织中国建筑工业出版社出版发行。

中华人民共和国建设部

2005年11月30日

前　言

本标准是根据建设部建标[1999]308号文的要求，由建设部住宅产业化促进中心与中国建筑科学研究院会同有关单位组成编制组共同编制完成的。

在本标准的编制过程中，编制组在调研国内外大量相关材料的基础上，结合我国住宅的实际情况，进行了针对性的研究，并将拟订的《住宅性能评定技术标准》在许多新建的住宅项目中进行试评，不断调整、完善、提高后，提出征求意见稿。在全国范围内广泛征求意见，并反复修改形成送审稿，最后经建设部标准定额司会同有关部门会审定稿。

本标准是目前我国唯一的有关住宅性能的评定技术标准，适合所有城镇新建和改建住宅；反映住宅的综合性能水平；体现节能、节地、节水、节材等产业技术政策，倡导土建装修一体化，提高工程质量；引导住宅开发和住房理性消费；鼓励开发商提高住宅性能。住宅性能级别要根据得分高低和部分关键指标双控确定。

本标准共分8章和5个附录，依次为总则、术语、住宅性能认定的申请和评定、适用性能的评定、环境性能的评定、经济性能的评定、安全性能的评定和耐久性能的评定及附录。

本标准由建设部负责管理，由建设部住宅产业化促进中心负责具体技术内容的解释。

为了提高本标准的质量，请各单位在执行本标准的过程中注意总结经验、积累资料，随时将有关的意见反馈给建设部住宅产业化促进中心（通信地址：北京市三里河路9号，邮政编码：100835）及中国建筑科学研究院（通信地址：北京市北三环东路30号，邮政编码：100013），以供今后修订时参考。

本标准主编单位、参编单位和主要起草人：

主编单位：建设部住宅产业化促进中心
　　　　　中国建筑科学研究院

参编单位：北京市城市开发集团有限责任公司
　　　　　北京建筑工程学院

主要起草人：童悦仲　王有为　吕振瀛　娄乃琳
　　　　　　夏靖华　曾　捷　方天培　陶学康
　　　　　　邸小坛　刘美霞　崔建友　林海燕
　　　　　　李引擎　徐　伟　孟小平　袁政宇
　　　　　　王宏伟　刘长滨

1 总 则

1.0.1 为了提高住宅性能,促进住宅产业现代化,保障消费者的权益,统一住宅性能评定指标与方法,制定本标准。

1.0.2 住宅建设必须符合国家的法律法规,正确处理与城镇规划、环境保护和人身安全与健康的关系,推广节约能源、节约用水、节约用地、节约用材、防治污染的新技术、新材料、新产品、新工艺,按照可持续发展的方针,实现经济效益、社会效益和环境效益的统一。

1.0.3 本标准适用于城镇新建和改建住宅的性能评审和认定。

1.0.4 本标准将住宅性能划分成适用性能、环境性能、经济性能、安全性能和耐久性能五个方面。每个性能按重要性和内容多少规定分值,按得分分值多少评定住宅性能。

1.0.5 住宅性能按照评定得分划分为A、B两个级别,其中A级住宅为执行了国家现行标准且性能好的住宅;B级住宅为执行了国家现行强制性标准但性能达不到A级的住宅。A级住宅按照得分由低到高又细分为1A、2A、3A三等。

1.0.6 申请性能评定的住宅必须符合国家现行有关强制性标准的规定。

1.0.7 住宅性能评定除应符合本标准外,尚应符合国家现行的有关标准的规定。

2 术 语

2.0.1 住宅适用性能 residential building applicability

由住宅建筑本身和内部设备设施配置所决定的适合用户使用的性能。

2.0.2 建筑模数 construction module

建筑设计中,统一选定的协调建筑尺度的增值单位。

2.0.3 住区 residential area

城市居住区、居住小区、居住组团的统称。

2.0.4 无障碍设施 barrier - free facilities

居住区内建有方便残疾人和老年人通行的路线和相应设施。

2.0.5 住宅环境性能 residential building environment

在住宅周围由人工营造和自然形成的外部居住条件的性能。

2.0.6 视线干扰 interference of sight line

因规划设计缺陷,使宅内居住空间暴露在邻居视线范围之内,给居民保护个人隐私带来的不便。

2.0.7 智能化系统 intelligence system

现代高科技领域中的产品与技术集成到居住区的一种系统,由安全防范子系统、管理与监控子系统和通信网络子系统组成。

2.0.8 住宅经济性能 residential building economy

在住宅建造和使用过程中,节能、节水、节地和节材的性能。

2.0.9 住宅安全性能 residential building safety

住宅建筑、结构、构造、设备、设施和材料等不危害人身安全并有利于用户躲避灾害的性能。

2.0.10 污染物 pollutant

对环境及人身造成有害影响的物质。

2.0.11 住宅耐久性能 residential building durability

住宅建筑工程和设备设施在一定年限内保证正常安全使用的性能。

2.0.12 设计使用年限 design working life

设计规定的结构、防水、装修和管线等不需要大修或更换,不影响使用安全和使用性能的时期。

2.0.13 主控项目 dominant item

建筑工程中的对安全、卫生、环境保护和公众利益起决定性作用的检测项目。

2.0.14 耐用指标 permanent index

体现材料或设备在正常环境使用条件下使用能力的检测指标。

3 住宅性能认定的申请和评定

3.0.1 申请住宅性能认定应按照国务院建设行政主管部门发布的住宅性能认定管理办法进行。

3.0.2 评审工作应由评审机构组织接受过住宅性能认定工作培训,熟悉本标准,并具有相关专业执业资格的专家进行。评审工作采取回避制度,评审专家不得参加本人或本单位设计、建造住宅的评审工作。评审工作完成后,评审机构应将评审结果提交相应的住宅性能认定机构进行认定。

3.0.3 评审工作包括设计审查、中期检查、终审三个环节。其中设计审查在初步设计完成后进行,中期检查在主体结构施工阶段进行,终审在项目竣工后进行。

3.0.4 住宅性能评定原则上以单栋住宅为对象,也可以单套住宅或住区为对象进行评定。评定单栋和单套住宅,凡涉及所处公共环境的指标,以对该公共环境的评价结果为准。

3.0.5 申请住宅性能设计审查时应提交以下资料:

1 项目位置图;

2 规划设计说明;

3 规划方案图;

4 规划分析图(包括规划结构、交通、公建、绿化等分析图);

5 环境设计示意图;

6 管线综合规划图;

7 竖向设计图;

8 规划经济技术指标、用地平衡表、配套公建设施一览表;

9 住宅设计图;

10 新技术实施方案及预期效益:

11 新技术应用一览表;

12 项目如果进行了超出标准规范限制的设计,尚需提交超限审查意见。

3.0.6 进行中期检查时,应重点检查以下内容:

1 设计审查意见执行情况报告;

2 施工组织与现场文明施工情况;

3 施工质量保证体系及其执行情况;

4 建筑材料和部品的质量合格证或试验报告;

5 工程施工质量;

6 其他有关的施工技术资料。

3.0.7 终审时应提供以下资料备查:

1 设计审查和中期检查意见执行情况报告;

2 项目全套竣工验收资料和一套完整的竣工图纸;

3 项目规划设计图纸;

4 推广应用新技术的覆盖面和效益统计清单(重点是结构体系、建筑节能、节水措施、装修情况和智能化技术应用等);

5 相关资质单位提供的性能检测报告或经认定能够达到性能要求的构造做法清单;

6 政府部门颁发的该项目计划批文和土地、规划、消防、人防、节能等施工图审查文件;

7 经济效益分析。

3.0.8 住宅性能的终审一般由2组专家同时进行,其中一组负责评审适用性能和环境性能,另一组负责评审经济性能、安全性能和耐久性能，每组专家人数3～4人。专家组通过听取汇报、查阅设计文件和检测报告、现场检查等程序，对照本标准分别打分。

3.0.9 本标准附录评定指标中每个子项的评分结果，在不分档打分的子项，只有得分和不得分两种选择。在分档打分的子项，以罗马数字Ⅲ、Ⅱ、Ⅰ区分不同的评分要求。为防止同一子项重复得分，较低档的分值用括弧（ ）表示。在使用评定指标时，同一条目中如包含多项要求，必须全部满足才能得分。凡前提条件与子项规定的要求无关时，该子项可直接得分。

3.0.10 本标准附录中，评定指标的分值设定为：适用性能和环境性能满分为250分，经济性能和安全性能满分为200分，耐久性能满分为100分，总计满分1000分。各性能的最终得分，为本组专家评分的平均值。

3.0.11 住宅综合性能等级按以下方法判别：

1 A级住宅：含有“☆”的子项全部得分，且适用性能和环境性能得分等于或高于150分，经济性能和安全性能得分等于或高于120分，耐久性能得分等于或高于60分，评为A级住宅。其中总分等于或高于600分但低于720分为1A，等级；总分等于或高于720分但低于850分为2A等级；总分850分以上，且满足所有含有“★”的子项为3A等级。

2 B级住宅：含有“☆”的子项中有一项或多项未能得分，或虽然含有“☆”的子项全部得分，但某方面性能未达到A级住宅得分要求的，评为B级住宅。

4 适用性能的评定

4.1 一般规定

4.1.1 住宅适用性能的评定应包括单元平面、住宅套型、建筑装修、隔声性能、设备设施和无障碍设施6个评定项目，满分为250分。

4.1.2 住宅适用性能评定指标见本标准附录A。

4.2 单元平面

4.2.1 单元平面的评定应包括单元平面布局、模数协调和可改造性、单元公共空间3个分项，满分为30分。

4.2.2 单元平面布局（15分）的评定应包括下述内容：

1 单元平面布局和空间利用；

2 住宅进深和面宽。

评定方法：选取各主要住宅套型进行审查（主要套型总建筑面积之和不少于总住宅建筑面积的80%），每个套型抽查一套。

4.2.3 模数协调和可改造性（5分）的评定应包括下述内容：

1 住宅平面模数化设计；

2 空间的灵活分隔和可改造性。

评定方法：检查各单元的标准层。

4.2.4 单元公共空间（10分）的评定应包括下述内容：

1 单元人口进厅或门厅的设置；

2 楼梯间的设置；

3 垃圾收集设施。

评定方法：检查各单元。

4.3 住宅套型

4.3.1 住宅套型的评定应包括套内功能空间设置和布局、功能空间尺度2个分项，满分为75分。

4.3.2 套内功能空间设置和布局（45分）的评定应包括下述内容：

1 套内卧室、起居室（厅）、餐厅、厨房、卫生间、贮藏室、阳台等功能空间的配置、布局和交通组织；

2 居住空间的自然通风、采光和视野；

3　厨房位置及其自然通风和采光。

评定方法：选取各主要住宅套型进行审查（各主要套型总建筑面积之和不少于总住宅建筑面积的80%），每个套型抽查一套。

4.3.3　功能空间尺度（30分）的评定应包括下述内容：

1　功能空间面积的配置；

2　起居室（厅）的连续实墙面长度；

3　双人卧室的开间；

4　厨房的操作台长度；

5　贮藏空间的使用面积；

6　功能空间净高。

评定方法：选取各主要住宅套型进行审查（各主要套型总建筑面积之和不少于总住宅建筑面积的80%），每个套型抽查一套。

4.4　建筑装修

4.4.1　建筑装修（25分）的评定应包括下述内容：

1　套内装修；

2　公共部位装修。

评定方法：在全部住宅套型中，现场随机抽查5套住宅进行检查。

4.5　隔声性能

4.5.1　隔声性能（25分）的评定应包括下述内容：

1　楼板的隔声性能；

2　墙体的隔声性能；

3　管道的噪声量；

4　设备的减振和隔声。

评定方法：审阅检测报告。

4.6　设备设施

4.6.1　设备设施的评定应包括厨卫设备、给排水与燃气系统、采暖通风与空调系统和电气设备与设施4个分项，满分为75分。

4.6.2　厨卫设备（17分）的评定应包括下述内容：

1　厨房设备配置；

2　卫生设施配置；

3　洗衣机、家务间和晾衣空间的设置。

评定方法：选取各主要住宅套型进行审查（各主要套型总建筑面积之和不少于总住宅建筑面积的80%），每个套型抽查一套。

4.6.3　给排水与燃气系统（20分）的评定应包括下述内容：

1　给排水和燃气系统的设置；

2　给排水和燃气系统的容量；

3　热水供应系统，或热水器和热水管道的设置；

4　分质供水系统的设置；

5　污水系统的设置；

6　管道和管线布置。

评定方法：对同类型住宅楼，抽查一套住宅。

4.6.4　采暖、通风与空调系统（20分）的评定应包括下述内容：

1 居住空间的自然通风状态；

2 采暖、空调系统和设施；

3 厨房排油烟系统；

4 卫生间排风系统。

评定方法：选取各主要住宅套型进行审查（各主要套型总建筑面积之和不少于总住宅建筑面积的80%），每个套型抽查一套。

4.6.5 电气设备与设施（18分）的评定应包括下述内容：

1 电源插座数量；

2 分支回路数；

3 电梯的设置；

4 楼内公共部位人工照明。

评定方法：选取各主要住宅套型进行审查（各主要套型总建筑面积之和不少于总住宅建筑面积的80%），每个套型抽查一套。

4.7 无障碍设施

4.7.1 无障碍设施的评定应包括套内无障碍设施、单元公共区域无障碍设施和住区无障碍设施3个分项，满分为20分。

4.7.2 套内无障碍设施（7分）的评定应包括下述内容：

1 室内地面；

2 室内过道和户门的宽度。

评定方法：对不同类型住宅楼，各抽查一套住宅进行现场检查。

4.7.3 单元公共区域无障碍设施（5分）的评定应包括下述内容：

1 电梯设置；

2 公共出入口。

评定方法：对不同类型住宅楼，各抽查一个单元进行现场检查。

4.7.4 住区无障碍设施（8分）的评定应包括下述内容：

1 住区道路；

2 住区公共厕所；

3 住区公共服务设施。

评定方法：现场检查。

5 环境性能的评定

5.1 一般规定

5.1.1 住宅环境性能的评定应包括用地与规划、建筑造型、绿地与活动场地、室外噪声与空气污染、水体与排水系统、公共服务设施和智能化系统7个评定项目，满分为250分。

5.1.2 住宅环境性能的评定指标见本标准附录B。

5.2 用地与规划

5.2.1 用地与规划的评定应包括用地、空间布局、道路交通和市政设施4个分项，满分为70分。

5.2.2 用地（12分）的评定内容应包括：

1 原有地形利用；

2 自然环境及历史文化遗迹保护；

3 周边污染规避与控制。

评定方法：审阅地方政府有关土地使用、规划方案等批准文件和现场检查。

5.2.3 空间布局(18 分)的评定内容应包括:

1 建筑密度;

2 住栋布置;

3 空间层次;

4 院落空间。

评定方法:审阅住区规划设计文件和现场检查。

5.2.4 道路交通(34 分)的评定内容应包括:

1 道路系统构架;

2 出入口选择;

3 住区道路路面及便道;

4 机动车停车率;

5 自行车停车位;

6 标示标牌;

7 住区周边交通。

评定方法:审阅规划设计文件和现场检查。

5.2.5 市政设施(6 分)的评定内容应为:

市政基础设施。

评定方法:审阅有关市政设施的文件和现场检查。

5.3 建筑造型

5.3.1 建筑造型的评定应包括造型与外立面、色彩效果和室外灯光 3 个分项,满分为 15 分。

5.3.2 造型与外立面(10 分)的评定内容应包括:

1 建筑形式;

2 建筑造型;

3 外立面。

评定方法:审阅有关的设计文件和现场检查。

5.3.3 色彩效果(2 分)的评定内容应为:

建筑色彩与环境的协调性。

评定方法:审阅有关的设计文件和现场检查。

5.3.4 室外灯光(3 分)的评定内容应为:

室外灯光与灯光造型。

评定方法:审阅有关的设计文件和现场检查。

5.4 绿地与活动场地

5.4.1 绿地与活动场地的评定应包括绿地配置、植物丰实度与绿化栽植和室外活动场地 3 个分项,满分为 45 分。

5.4.2 绿地配置(18 分)的评定内容应包括:

1 绿地配置;

2 绿地率;

3 人均公共绿地面积;

4 停车位、墙面、屋顶和阳台等部位绿化利用。

评定方法:审阅环境与绿化设计文件及现场检查。

5.4.3 植物丰实度及绿化栽植(1 9 分)的评定内容应包括:

1 人工植物群落类型;

2 乔木量;

3 观赏花卉；

4 树种选择；

5 木本植物丰实度；

6 植物长势。

评定方法：审阅环境与绿化设计文件及现场检查。

5.4.4 室外活动场地(8分)的评定内容应包括：

1 硬质铺装；

2 休闲场地的遮阴措施；

3 活动场地的照明设施。

评定方法：审阅环境与绿化设计文件及现场检查。

5.5 室外噪声与空气污染

5.5.1 室外噪声与空气污染的评定应包括室外噪声和空气污染2个分项，满分为20分。

5.5.2 室外噪声(8分)的评定内容应包括：

1 室外等效噪声级；

2 室外偶然噪声级。

评定方法：审阅室外噪声检测报告和现场检查。

5.5.3 空气污染(12分)的评定内容应包括：

1 排放性局部污染源；

2 开放性局部污染源；

3 辐射性局部污染源；

4 溢出性局部污染源；

5 空气污染物浓度。

评定方法：审阅空气污染检测报告和现场检查。

5.6 水体与排水系统

5.6.1 水体与排水系统的评定应包括水体和排水系统2个分项，满分为10分。

5.6.2 水体(6分)的评定内容应包括：

1 天然水体与人造景观水体水质；

2 游泳池水质。

评定方法：审阅水质检测报告和现场检查。

5.6.3 排水系统(4分)的评定内容应为：

雨污分流排水系统。

评定方法：审阅雨污排水系统设计文件和现场检查。

5.7 公共服务设施

5.7.1 公共服务设施的评定应包括配套公共服务设施和环境卫生2个分项，满分为60分。

5.7.2 配套公共服务设施(42分)的评定内容应包括：

1 教育设施；

2 医疗设施；

3 多功能文体活动室；

4 儿童活动场地；

5 老人活动与服务支援设施；

6 露天体育活动场地；

7 游泳馆(池)；

8 戏水池；

9 体育场馆或健身房；

10 商业设施；

11 金融邮电设施；

12 市政公用设施；

13 社区服务设施。

评定方法：审阅规划设计文件和现场检查。

5.7.3 环境卫生（18分）的评定内容应包括：

1 公共厕所数量与建设标准；

2 废物箱配置；

3 垃圾收运；

4 垃圾存放与处理。

评定方法：审阅规划设计文件和现场检查。

5.8 智能化系统

5.8.1 智能化系统的评定应包括管理中心与工程质量、系统配置和运行管理3个分项，满分为30分。

5.8.2 管理中心与工程质量（8分）的评定内容应包括：

1 管理中心；

2 管线工程；

3 安装质量；

4 电源与防雷接地。

评定方法：审阅智能化系统设计文档和现场检查。

5.8.3 系统配置（18分）的评定内容应包括：

1 安全防范子系统；

2 管理与监控子系统；

3 信息网络子系统。

评定方法：审阅智能化系统设计文档和现场检查。

5.8.4 运行管理（4分）的评定内容应为：

运行管理方案、制度和工作条件。

评定方法：审阅运行管理的有关文档和现场检查。

6 经济性能的评定

6.1 一般规定

6.1.1 住宅经济性能的评定应包括节能、节水、节地、节材4个评定项目，满分为200分。

6.1.2 住宅经济性能的评定指标见本标准附录C。

6.2 节 能

6.2.1 节能的评定应包括建筑设计、围护结构、采暖空调系统和照明系统4个分项，满分为100分。

6.2.2 建筑设计（35分）的评定应包括下述内容：

1 建筑朝向；

2 建筑物体形系数；

3 严寒、寒冷地区楼梯间和外廊采暖设计；

4 窗墙面积比；

5 外窗遮阳；

6 再生能源利用。

评定方法：审阅设计资料（包括施工图和热工计算表）和现场检查。

6.2.3 围护结构（35分）的评定应包括下述内容：

1 外窗和阳台门的气密性；

2 外墙、外窗和屋顶的传热系数。

评定方法：审阅设计资料（包括施工图和热工计算表）和现场检查。

6.2.4 采暖空调系统（20分）的评定应包括下述内容：

1 分户热量计量与装置；

2 采暖系统的水力平衡措施；

3 空调器位置；

4 空调器选用；

5 室温控制；

6 室外机位置。

评定方法：审阅设计图纸和有关文件。

6.2.5 照明系统（10分）的评定应包括下述内容：

1 照明方式的合理性；

2 高效节能照明产品应用；

3 节能控制型开关应用；

4 照明功率密度值（*LPD*）。

评定方法：审阅设计图纸和有关文件。

6.3 节　水

6.3.1 节水的评定应包括中水利用、雨水利用、节水器具及管材、公共场所节水措施和景观用水5个分项，满分为40分。

6.3.2 中水利用（12分）的评定应包括下述内容：

1 中水设施；

2 中水管道系统。

评定方法：审阅设计图纸和有关文件。

6.3.3 雨水利用（6分）的评定应包括下述内容：

1 雨水回渗；

2 雨水回收。

评定方法：审阅设计图纸。

6.3.4 节水器具及管材（12分）的评定应包括下述内容：

1 便器一次冲水量；

2 便器分档冲水功能；

3 节水器具；

4 防漏损管道系统。

评定方法：审阅设计图纸和现场检查。

6.3.5 公共场所节水措施（6分）的评定应包括下述内容：

1 公用设施的节水措施；

2 绿化灌溉方式。

评定方法：现场检查。

6.3.6 景观用水（4分）的评定内容应为：

水源利用情况。

评定方法:审阅设计图纸。

6.4 节 地

6.4.1 节地的评定应包括地下停车比例、容积率、建筑设计、新型墙体材料、节地措施、地下公建和土地利用7个分项,满分为40分。

6.4.2 地下停车比例(8分)的评定内容应为:

地下或半地下停车比例。

评定方法:审阅设计图纸。

6.4.3 容积率(5分)的评定内容应为:

容积率的合理性。

评定方法:审阅设计图纸和有关文件。

6.4.4 建筑设计(7分)的评定应包括下述内容:

1 住宅单元标准层使用面积系数;

2 户均面宽与户均面积比值。

评定方法:审阅设计图纸。

6.4.5 新型墙体材料(8分)的评定内容应为:

用以取代黏土砖的新型墙体材料应用情况。

评定方法:审阅设计图纸和有关文件。

6.4.6 节地措施(5分)的评定内容应为:

采用新设备、新工艺、新材料,减少公共设施占地的情况。

评定方法:审阅设计图纸和现场检查。

6.4.7 地下公建(5分)的评定内容应为:

住区公建利用地下空间的情况。

评定方法:审阅设计图纸和现场检查。

6.4.8 土地利用(2分)的评定内容应为:

充分利用荒地、坡地和不适宜耕种土地的情况。

评定方法:现场检查。

6.5 节 材

6.5.1 节材的评定应包括可再生材料利用、建筑设计施工新技术、节材新措施和建材回收率4个分项,满分为20分。

6.5.2 可再生材料利用(3分)的评定内容应为:

可再生材料的利用情况。

评定方法:审阅设计图纸和有关文件。

6.5.3 建筑设计施工新技术(10分)的评定内容应为:

高强高性能混凝土、高效钢筋、预应力钢筋混凝土、粗直径钢筋连接、新型模板与脚手架应用、地基基础、钢结构新技术和企业的计算机应用与管理技术的利用情况。

评定方法:审阅设计图纸和有关文件。

6.5.4 节材新措施(2分)的评定内容应为:

采用节约材料的新技术、新工艺的情况。

评定方法:审阅施工记录。

6.5.5 建材回收率(5分)的评定内容应为:

使用回收建材的比例。

评定方法:审阅设计图纸和有关文件。

7 安全性能的评定

7.1 一般规定

7.1.1 住宅安全性能的评定应包括结构安全、建筑防火、燃气及电气设备安全、日常安全防范措施和室内污染物控制5个评定项目,满分为200分。

7.1.2 住宅安全性能的评定指标见本标准附录D。

7.2 结构安全

7.2.1 结构安全的评定应包括工程质量、地基基础、荷载等级、抗震设防和外观质量5个分项,满分为70分。

7.2.2 工程质量(15分)的评定内容应为:

结构工程(含地基基础)设计施工程序和施工质量验收与备案情况。

评定方法:审阅施工图设计文件及审查结论,施工许可、施工资料及施工验收资料。

7.2.3 地基基础(10分)的评定内容应为:

地基承载力计算、变形及稳定性计算,以及基础的设计。

评定方法:审阅施工图设计文件及审查结论。

7.2.4 荷载等级(20分)的评定内容应为:

楼面和屋面活荷载设计取值,风荷载、雪荷载设计取值。

评定方法:审阅施工图设计文件及审查结论。

7.2.5 抗震设防(15分)的评定内容应为:

抗震设防烈度和抗震措施。

评定方法:审阅施工图设计文件及审查结论。

7.2.6 结构外观质量(10分)的评定内容应为:

结构的外观质量与构件尺寸偏差。

评定方法:现场检查。

7.3 建筑防火

7.3.1 建筑防火的评定应包括耐火等级、灭火与报警系统、防火门(窗)和疏散设施4个分项,满分为50分。

7.3.2 耐火等级(15分)的评定内容应为:

建筑实际的耐火等级。

评定方法:审阅认证资料及现场检查。

7.3.3 灭火与报警系统(15分)的评定应包括下述内容:

1 室外消防给水系统;

2 防火间距、消防交通道路及扑救面质量;

3 消火栓用水量及水柱股数;

4 消火栓箱标识;

5 自动报警系统与自动喷水灭火装置。

评定方法:审阅设计文件及现场检查。

7.3.4 防火门(窗)(5分)的评定内容应为:

防火门(窗)的设置及功能要求。

评定方法:审阅相关资料及现场检查。

7.3.5 疏散设施(15分)的评定应包括下述内容:

1 安全出口数量及安全疏散距离、疏散走道和门的净宽;

2 疏散楼梯的形式和数量,高层住宅的消防电梯;

3 疏散楼梯的梯段净宽;

4　疏散楼梯及走道的标识；

5　自救设施的配置。

评定方法：审阅相关文件及现场检查。

7.4　燃气及电气设备安全

7.4.1　燃气及电气设备安全的评定应包括燃气设备安全和电气设备安全2个分项，满分为35分。

7.4.2　燃气设备安全（12分）的评定应包括下述内容：

1　燃气器具的质量合格证；

2　燃气管道的安装位置及燃气设备安装场所的排风措施；

3　燃气灶具熄火保护自动关闭功能；

4　燃气浓度报警装置；

5　燃气设备安装质量；

6　安装燃气装置的厨房、卫生间的结构防爆措施。

评定方法：审阅燃气设备相关资料、施工验收资料、设计文件和现场检查。

7.4.3　电气设备安全（23分）的评定应包括下述内容：

1　电气设备及相关材料的质量认证和产品合格证；

2　配电系统与电气设备的保护措施和装置；

3　配电设备与环境的适用性；

4　防雷措施与装置；

5　配电系统的接地方式与接地装置；

6　配电系统工程的质量；

7　电梯安全性认证及相关资料。

评定方法：审阅配电系统设计文件及设备相关资料、施工记录、验收资料和现场检查。

7.5　日常安全防范措施

7.5.1　日常安全防范措施的评定应包括防盗设施、防滑防跌措施和防坠落措施3个分项，满分为20分。

7.5.2　防盗设施（6分）的评定内容应为：

防盗户门及有被盗隐患部位的防盗网、电子防盗等设施的质量与认证手续。

评定方法：审阅产品合格证和现场检查。

7.5.3　防滑防跌措施（2分）的评定内容应为：

厨房、卫生间等的防滑与防跌措施。

评定方法：审阅设计文件、产品质量文件和现场检查。

7.5.4　防坠落措施（12分）的评定应包括下述内容：

1　阳台栏杆或栏板、上人屋面女儿墙或栏杆的高度及垂直杆件间水平净距；

2　外窗窗台面距楼面或可登踏面的净高度及防坠落措施；

3　楼梯栏杆垂直杆件间水平净距、楼梯扶手高度，非垂直杆件栏杆的防攀爬措施；

4　室内顶棚和内外墙面装修层的牢固性，门窗安全玻璃的使用。

评定方法：审阅设计文件，质量、耐久性保证文件和现场检查。

7.6　室内污染物控制

7.6.1　室内污染物控制的评定应包括墙体材料、室内装修材料和室内环境污染物含量3个分项，满分为25分。

7.6.2　墙体材料（4分）的评定内容应为：

墙体材料的放射性污染及混凝土外加剂中释放氨的含量。

评定方法：审阅产品合格证和专项检测报告。

7.6.3 室内装修材料(6分)的评定内容应为:
人造板及其制品有害物质含量,溶剂型木器涂料有害物质含量,内墙涂料有害物质含量,胶粘剂有害物质含量,壁纸有害物质含量,花岗石及其他天然或人造石材的放射性污染。

评定方法:审阅产品合格证和专项检测报告。

7.6.4 室内环境污染物含量(15分)的评定内容应为:

室内氡浓度,室内甲醛浓度,室内苯浓度,室内氨浓度,室内总挥发性有机化合物(TVOC)浓度。

评定方法:审阅专项检测报告,必要时进行复验。

8 耐久性能的评定

8.1 一般规定

8.1.1 住宅耐久性能的评定应包括结构工程、装修工程、防水工程与防潮措施、管线工程、设备和门窗6个评定项目,满分为100分。

8.1.2 住宅耐久性能的评定指标见本标准附录E。

8.2 结构工程

8.2.1 结构工程的评定应包括勘察报告、结构设计、结构工程质量和外观质量4个分项,满分为20分。

8.2.2 勘察报告(5分)的评定应包括下述内容:

1 勘察报告中与认定住宅相关的勘察点的数量;

2 勘察报告提供地基土与土中水侵蚀性情况。

评定方法:审阅勘察报告。

8.2.3 结构设计(10分)的评定应包括下述内容:

1 结构的设计使用年限;

2 设计确定的技术措施。

评定方法:审阅设计图纸。

8.2.4 结构工程质量(3分)的评定内容应为:

主控项目质量实体检测情况。

评定方法:审阅检测报告。

8.2.5 外观质量(2分)的评定内容应为:

围护构件外观质量缺陷。

评定方法:现场检查。

8.3 装修工程

8.3.1 装修工程的评定应包括装修设计、装修材料、装修工程质量和外观质量4个分项,满分为15分。

8.3.2 装修设计(5分)的评定内容应为:

外装修的设计使用年限和设计提出的装修材料耐用指标要求。

评定方法:审阅设计文件。

8.3.3 装修材料(4分)的评定内容应为:

装修材料耐用指标检验情况。

评定方法:审阅检验报告。

8.3.4 装修工程质量(3分)的评定内容应为:

装修工程施工质量验收情况。

评定方法:审阅验收资料。

8.3.5 外观质量(3分)的评定内容应为:

装修工程的外观质量。

评定方法：现场检查。

8.4 防水工程与防潮措施

8.4.1 防水工程的评定应包括防水设计、防水材料、防潮与防渗漏措施、防水工程质量和外观质量5个分项，满分为20分。

8.4.2 防水设计(4分)的评定应包括下述内容：

1 防水工程的设计使用年限；

2 设计对防水材料提出的耐用指标要求。

评定方法：审阅设计文件。

8.4.3 防水材料(4分)的评定应包括下述内容：

1 防水材料的合格情况；

2 防水材料耐用指标的检验情况。

评定方法：审阅材料检验报告。

8.4.4 防潮与防渗漏措施(5分)的评定应包括下述内容：

1 首层墙体与地面的防潮措施；

2 外墙的防渗措施。

评定方法：审阅设计文件。

8.4.5 防水工程质量(4分)的评定应包括下述内容：

1 防水工程施工质量验收情况；

2 防水工程蓄水、淋水检验情况。

评定方法：审阅验收资料。

8.4.6 外观质量(3分)的评定内容应为：

防水工程外观质量和墙体、顶棚与地面潮湿情况。

评定方法：现场检查。

8.5 管线工程

8.5.1 管线工程的评定应包括管线工程设计、管线材料、管线工程质量和外观质量4个分项，满分为15分。

8.5.2 管线工程设计(7分)的评定应包括下述内容：

1 设计使用年限；

2 设计对管线材料的耐用指标要求；

3 上水管内壁材质。

评定方法：审阅设计文件。

8.5.3 管线材料(4分)的评定应包括下述内容：

1 管线材料的质量；

2 管线材料耐用指标的检验情况。

评定方法：审阅材料质量检验报告。

8.5.4 管线工程质量(2分)的评定内容应为：

工程质量验收合格情况。

评定方法：审阅施工验收资料。

8.5.5 外观质量(2分)的评定内容应为：

管线及其防护层外观质量和上水水质目测情况。

评定方法：现场检查。

8.6 设 备

8.6.1 设备的评定应包括设计或选型、设备质量、设备安装质量和运转情况4个分项，满分为15分。

8.6.2　设计或选型(4 分)的评定应包括下述内容：

1　设备的设计使用年限；

2　设计或选型时对设备提出的耐用指标要求。

评定方法:审阅设计资料。

8.6.3　设备质量(5 分)的评定应包括下述内容：

1　设备的合格情况；

2　设备耐用指标的检验情况(包括型式检验结论)。

评定方法:审阅产品合格证和检验报告。

8.6.4　设备安装质量(3 分)的评定内容应为：

设备安装质量的验收情况。

评定方法:审阅验收资料。

8.6.5　运转情况(3 分)的评定内容应为：

设备运转情况。

评定方法:现场检查。

8.7　门　窗

8.7.1　门窗的评定应包括设计或选型、门窗质量、门窗安装质量和外观质量 4 个分项,满分为 15 分。

8.7.2　设计或选型(5 分)的评定应包括下述内容：

1　设计使用年限；

2　耐用指标要求情况。

评定方法:审阅设计资料。

8.7.3　门窗质量(4 分)的评定应包括下述内容：

1　门窗质量的合格情况；

2　门窗耐用指标的检验情况(含型式检验结论)。

评定方法:审阅相关资料和检验报告。

8.7.4　门窗安装质量(3 分)的评定内容应为：

门窗安装质量的验收情况。

评定方法:审阅验收资料。

8.7.5　外观质量(3 分)的评定内容应为：

门窗的外观质量。

评定方法:现场检查。

附录 A
住宅适用性能评定指标

表 A. 0. 1 住宅适用性能评定指标(250 分)

评定项目及分值	分项及分值	子项序号	定性定量指标		分值
单元平面(30)	单元平面布局(15)	A01	平面布局合理、功能关系紧凑、空间利用充分	Ⅲ很合理	10
				Ⅱ合理	(7)
				Ⅰ基本合理	(4)
		A02	平面规整,平面设凹口时,其深度与开口宽度之比<2		2
		A03	平面进深、户均面宽大小适度		3
	模数协调和可改造性(5)	A04	住宅平面设计符合模数协调原则		3
		A05	结构体系有利于空间的灵活分隔		2
	单元公共空间(10)	A06	门厅和候梯厅有自然采光,窗地面积比≥1/10		2
		A07	单元入口处设进厅或门厅	Ⅲ门厅或进厅使用面积:高层、中高层≥$18m^2$;多层≥$6m^2$,并设独立信报间	3
				Ⅱ门厅或进厅使用面积:高层、中高层≥$15m^2$;多层≥$4.5m^2$,并设信报箱	(2)
				Ⅰ门厅或进厅使用面积:高层≥$15m^2$;中高层≥$10m^2$;多层≥$3.5m^2$	(1)
		A08	电梯候梯厅深度不小于多台电梯中最大轿厢深度,且≥1.5m		1
		A09	楼梯段净宽≥1.1m,平台宽≥1.2m,踏步宽度≥260mm,踏步高度≤175mm		2
		A10	高层住宅每层设垃圾间或垃圾收集设施,且便于清洁		2
住宅套型(75)	套内功能空间设置和布局(45)	A11	☆套内居住空间、厨房、卫生间等基本空间齐备		7
		A12	套内设贮藏空间、用餐空间以及阳台,配置有	Ⅲ书房(工作室)、贮藏室、独立餐厅以及入口过渡空间	5
				Ⅱ书房(工作室)及入口过渡空间	(3)
				Ⅰ入口过渡空间	(2)
		A13	功能空间形状合理,起居室、卧室、餐厅长短边之比≤1.8		5
		A14	起居室(厅)、卧室有自然通风和采光,无明显视线干扰和采光遮挡,窗地面积比不小于1/7		5
		A15	☆每套住宅至少有1个居住空间获得日照。当有4个以上居住空间时,其中有2个或2个以上居住空间获得日照		6
		A16	起居室、主要卧室的采光窗不朝向凹口和天井		3
		A17	套内交通组织顺畅,不穿行起居室(厅)、卧室		3
		A18	套内纯交通面积≤使用面积的1/20		2
		A19	餐厅、厨房流线联系紧密		2
		A20	☆厨房有直接采光和自然通风,且位置合理,对主要居住空间不产生干扰		3
		A21	★3个及3个以上卧室的套型至少配置2个卫生间		2
		A22	至少设1个功能齐全的卫生间		2

续表 A.0.1

评定项目及分值	分项及分值	子项序号	定性定量指标		分值
住宅套型（75）	功能空间尺度（30）	A23	主要功能空间面积配置合理		7
		A24	起居室(厅)供布置家具、设备的连续实墙面长度≥3.6m		5
		A25	双人卧室开间≥3.3m		5
		A26	厨房操作台总长度≥3.0m		4
		A27	贮藏空间(室)使用面积≥3m²		4
		A28	起居室、卧室空间净高≥2.4m，且≤2.8m		5
建筑装修（25）	套内装修（17）	A29	门窗和固定家具采用工厂生产的成型产品		2
		A30	装修做法	★Ⅱ装修到位	15
				Ⅰ厨房、卫生间装修到位	(10)
	公共部位装修（8）	A31	门厅、楼梯间或候梯厅装修	Ⅲ很好	4
				Ⅱ好	(3)
				Ⅰ较好	(2)
		A32	住宅外部装修	Ⅲ很好	4
				Ⅱ好	(3)
				Ⅰ较好	(2)
隔声性能（25）	楼板（6）	A33	楼板计权标准化撞击声压级	★Ⅱ≤65dB	3
				Ⅰ≤75dB	(2)
		A34	楼板的空气声计权隔声量	★Ⅲ≥50dB	3
				Ⅱ≥45dB	(2)
				Ⅰ≥40dB	(1)
	墙体（15）	A35	分户墙空气声计权隔声量	★Ⅲ≥50dB	6
				Ⅱ≥45dB	(4)
				Ⅰ≥40dB	(3)
		A36	含窗外墙的空气声计权隔声量	Ⅲ≥40dB	3
				Ⅱ≥35dB	(2)
				Ⅰ≥30dB	(1)
		A37	户门空气声计权隔声量	Ⅲ≥40dB	3
				Ⅱ≥30dB	(2)
				Ⅰ≥25dB	(1)
		A38	与卧室和书房相邻的分室墙空气声计权隔声量	Ⅲ≥40dB	3
				Ⅱ≥35dB	(2)
				Ⅰ≥30dB	(1)
	管道（2）	A39	排水管道平均噪声量≤50dB		2
	设备（2）	A40	电梯、水泵、风机、空调等设备采取了减振、消声和隔声措施		2

续表 A.0.1

评定项目及分值	分项及分值	子项序号	定性定量指标		分值
设备设施（75）	厨卫设备（17）	A41	厨房按“洗、切、烧”炊事流程布置，管道定位接口与设备位置一致，方便使用		3
		A42	厨房设备成套配置		4
		A43	卫生间平面布置有序、管道定位接口与设备位置一致，方便使用		3
		A44	卫生间沐浴、便溺、盥洗设施配套齐全		4
		A45	洗衣机位置设置合理，并设有洗衣机专用水嘴与地漏，有晾衣空间		3
	给排水与燃气系统（20）	A46	给排水与燃气设施完备		2
		A47	给排水、燃气系统的设计容量满足国家标准和使用要求		2
		A48	热水供应系统	Ⅱ设24小时集中热水供应，采用循环热水系统	4
				Ⅰ预留热水管道和热水器位置	(2)
		A49	室内排水系统	排水设备和器具分别设置存水弯，存水弯水封深度≥50mm	2
		A50	室内排水系统	排水立管检查口设在管井内时，有方便清通的检查门或接口	1
		A51		不与会所和餐饮业的排水系统共用排水管，在室外相连之前设水封井	2
		A52	管道、管线布置采用暗装，布置合理；燃气管道及计量仪表暗装时，采用相应的安全措施		1
		A53	厨房和卫生间立管集中设在管井内，管井紧邻卫生间和厨房布置		2
		A54	户内计量仪表、阀门和检查口等的位置方便检修和日常维护		2
		A55	给水总立管、雨水立管、消防立管和公共功能的阀门及用于总体调节和检修的部件，设在共用部位		2
	采暖、通风与空调系统（20）	A56	在自然状态下居住空间通风顺畅，外窗可开启面积不小于该房间地面面积的1/20		4
		A57	严寒、寒冷地区设置采暖系统和设备，夏热冬冷地区有采暖和空调措施，夏热冬暖地区有空调措施		2
		A58	空调室外机位置和风口等设施布置合理，冷凝水单独有组织排放		1
		A59	新风系统	Ⅲ设有组织的新风系统，新风经过滤、加热加湿（冬季）或冷却去湿（夏季）等处理后送入室内，新风量≥每人每小时30m³。室内湿度夏季≤70%，冬季≥30%。	4
				Ⅱ设有组织的新风系统，新风经过滤处理。新风量≥每人每小时30m³	(3)
				Ⅰ设有组织的换气装置	(2)
		A60	厨房设竖向和水平烟（风）道有组织地排放油烟，竖向烟（风）道最不利点最大静压≤-1.0Pa，如达不到时，6层以上住宅在屋顶设机械排风装置		3
		A61	严寒、寒冷和夏热冬冷地区卫生间设竖向风道		2
		A62	暗卫生间及严寒、寒冷和夏热冬冷地区卫生间设机械排风装置		3
		A63	采暖供回水总立管、公共功能的阀门和用于总体调节和检修的部件，设在共用部位		1
	电气设备与设施（18）	A64	除布置洗衣机、冰箱、排风机械、空调器等处设专用单相三线插座外，电源插座数量满足：	Ⅲ起居室、卧室、书房、厨房≥4组；餐厅、卫生间≥2组；阳台≥1组	6
				Ⅱ起居室、卧室、书房、厨房≥3组；餐厅、卫生间≥2组；阳台≥1组	(5)
				Ⅰ起居室、书房≥3组；卧室、厨房≥2组；卫生间≥1组；餐厅≥1组	(4)
		A65	每套住宅的空调电源插座、普通电源插座与照明应分路设计，厨房电源插座和卫生间设独立回路。分支回路数量为：	Ⅲ分支回路数≥7，预留备用回路数≥3	6
				Ⅱ分支回路数≥6	(5)
				Ⅰ分支回路数≥5	(4)

续表 A.0.1

评定项目及分值	分项及分值	子项序号	定性定量指标		分值
设备设施(75)	电气设备与设施(18)	A66	电梯设置	6层及以下多层住宅设电梯	2
		A67		☆7层及以上住宅设电梯,12层及以上至少设2部电梯,其中1部为消防电梯	2
		A68	楼内公共部位设人工照明,照度≥30lx		1
		A69	电气、电讯干线(管)和公共功能的电气设备及用于总体调节和检修的部件,设在共用部位		1
无障碍设施(20)	套内无障碍设施(7)	A70	户内同层楼(地)面高差≤20mm		2
		A71	入户过道净宽≥1.2m,其他通道净宽≥1.0m		3
		A72	户内门扇开启净宽度≥0.8m		2
	单元公共区域无障碍设施(5)	A73	7层及以上住宅,每单元至少设一部可容纳担架的电梯,且为无障碍电梯		2
		A74	单元公共出入口有高差时设轮椅坡道和扶手,且坡度符合要求		3
	住区无障碍设施(8)	A75	住区内各级道路按无障碍要求设置,并保证通行的连贯性		2
		A76	公共绿地的入口、道路及休息凉亭等设施的地面平整、防滑,地面有高差时,设轮椅坡道和扶手		2
		A77	公共服务设施的出入口通道按无障碍要求设计		2
		A78	公用厕所至少设一套满足无障碍设计要求的厕位和洗手盆		2

附录 B
住宅环境性能评定指标

表 B.0.1　住宅环境性能评定指标(250 分)

评定项目及分值	分项及分值	子项序号	定性定量指标		分值
用地与规划(70)	用地(12)	B01	因地制宜、合理利用原有地形地貌		4
		B02	重视场地内原有自然环境及历史文化遗迹的保护和利用		4
		B03	☆远离污染源,避免和有效控制水体、空气、噪声、电磁辐射等污染		4
	空间布局(18)	B04	按照住区规模,合理确定规划分级,功能结构清晰,住宅建筑密度控制适当,保持合理的住区用地平衡		4
		B05	住栋布置满足日照与通风的要求、避免视线干扰		6
		B06	空间层次与序列清晰,尺度恰当		4
		B07	院落空间有较强的领域感和可防卫性,有利于邻里交往与安全		4
	道路交通(34)	B08	道路系统架构清晰、顺畅,避免住区外部交通穿行,满足消防、救护要求;在地震设防地区,还应考虑减灾、救灾要求		6
		B09	出入口选择合理,方便与外界联系		4
		B10	住区内道路路面及便道选材和构造合理		4
		B11	机动车停车率	★Ⅲ≥1.0,且不低于当地标准	8
				Ⅱ≥0.6,且不低于当地标准	(6)
				Ⅰ≥0.4,且不低于当地标准	(4)
		B12	自行车停车位隐蔽、使用方便		4
		B13	标示标牌	Ⅲ出入口设有小区平面示意图,主要路口设有路标。各组团、栋及单元(门)、户和公共配套设施、场地有明显标志,标牌夜间清晰可见	4
				Ⅱ主出入口设有小区平面示意图,各组团、栋及单元(门)、户有明显标志,标牌夜间清晰可见	(3)
				Ⅰ各组团、栋及单元(门)、户有明显标志	(2)
		B14	住区周边设有公共汽车、电车、地铁或轻轨等公共交通场站,且居民最远行走距离<500m		4
	市政设施(6)	B15	☆市政基础设施(包括供电系统、燃气系统、给排水系统与通信系统)配套齐全、接口到位		6
建筑造型(15)	造型与外立面(10)	B16	建筑形式美观、体现地方气候特点和建筑文化传统,具有鲜明居住特征		3
		B17	建筑造型简洁实用		3
		B18	外立面	Ⅲ立面效果好	4
				Ⅱ立面效果较好	(2)
				Ⅰ立面效果尚可	(1)
	色彩效果(2)	B19	建筑色彩与环境协调		2
	室外灯光(3)	B20	有较好的室外灯光效果,避免对居住生活造成眩光等干扰;在城市景观道路、景观区范围内的住宅有较好的灯光造型		3

续表 B.0.1

评定项目及分值	分项及分值	子项序号	定性定量指标		分值
绿地与活动场地（45）	绿地配置（18）	B21	绿地配置合理，位置和面积适当，集中绿地与分散绿地相结合		4
		B22	绿地率	Ⅱ ≥35%	6
				☆ Ⅰ ≥30%	(4)
		B23	人均公共绿地面积（m^2/人）	Ⅲ组团≥1.0、小区≥1.5、居住区≥2.0	6
				Ⅱ组团≥0.8、小区≥1.3、居住区≥1.8	(4)
				Ⅲ组团≥0.5、小区≥1.0、居住区≥1.5	(3)
		B24	充分利用建筑散地、停车位、墙面（包括挡土墙）、平台、屋顶和阳台等部位进行绿化，要求有上述6种场地中的4种或4种以上		2
	植物丰实度与绿化栽植（19）	B25	乔木—草本型、灌木—草本型、乔木—灌木—草本型、藤本型等人工植物群落类型3种及以上，植物配置多层次		2
		B26	乔木量≥3株/100m^2 绿地面积		4
		B27	观赏花卉种类丰富，植被覆盖裸土		2
		B28	选择适合当地生长与易于存活的树种，不种植对人体有害、对空气有污染和有毒的植物		2
		B29	木本植物丰实度	Ⅲ木本植物种类：华北、东北、西北地区不少于32种；华中、华东地区不少于48种；华南、西南地区不少于54种	6
				Ⅱ木本植物种类：华北、东北、西北地区不少于25种；华中、华东地区不少于45种；华南、西南地区不少于50种	(4)
				Ⅰ木本植物种类：华北、东北、西北地区不少于20种；华中、华东地区不少于40种；华南、西南地区不少于45种	(3)
		B30	植物长势良好，没有病虫害和人为破坏，成活率98%以上		3
	室外活动场地（8）	B31	绿地中配置占绿地面积10% ~15%的硬质铺装		3
		B32	硬质铺装休闲场地有树木等遮阴措施和地面水渗透措施		3
		B33	室外活动场地设置有照明设施		2
室外噪声与空气污染（20）	室外噪声（8）	B34	等效噪声级	Ⅲ白天≤50dB(A)；黑夜≤40dB(A)	4
				Ⅱ白天≤55dB(A)；黑夜≤45dB(A)	(3)
				Ⅰ白天≤60dB(A)；黑夜≤50dB(A)	(2)
		B35	黑夜偶然噪声级	Ⅲ ≤55dB(A)	4
				Ⅱ ≤60dB(A)	(3)
				Ⅰ ≤65dB(A)	(2)
	空气污染（12）	B36	无排放性污染源或虽有局部污染源但经过除尘脱硫处理		3
		B37	采用洁净燃料，无开放性局部污染源		3
		B38	无辐射性局部污染源		2
		B39	无溢出性局部污染源，住区内的公共饮食餐厅等加工过程设有污染防治措施		2
		B40	空气污染物控制指标日平均浓度不超过标准值（mg/m^3）：飘尘为0.30、SO_2 为0.15、NO_x 为0.10、CO为4.0		2

续表 B.0.1

评定项目及分值	分项及分值	子项序号		定性定量指标	分值
水体与排水系统（10）	水体(6)	B41		天然水体与人造景观水体（水池）水质符合国家《景观娱乐用水水质标准》GB 12941 中 C 类水质要求	3
		B42		游泳馆（或游泳池、儿童戏水池）设有水循环和消毒设施，符合《游泳池给水排水设计规范》CECS14 和《游泳场所卫生标准》GB 9667 要求	3
	排水系统（4）	B43		设有完善的雨污分流排水系统，并分别排入城市雨污水系统（雨水可就近排入河道或其他水体）	4
公共服务设施（60）	配套公共服务设施（42）	B44		教育设施的配置符合《城市居住区规划设计规范》GB 50180 或当地规划部门对教育设施设置的规定	3
		B45		设置防疫、保健、医疗、护理等医疗设施	3
		B46		设置多功能文体活动室	3
		B47		儿童活动场地兼顾趣味、益智、健身、安全合理等原则统筹布置	3
		B48		设置老人活动与服务支援设施	3
		B49		结合绿地与环境设置露天健身活动场地	3
		B50		设置游泳馆或游泳池	5
		B51		设置儿童戏水池	2
		B52		设置体育场馆或健身房	5
		B53		设置商店、超市等购物设施	3
		B54		设置金融邮电设施	3
		B55		设置市政公用设施	3
		B56		设置社区服务设施	3
	环境卫生（18）	B57		设置公共厕所（公共设施中附有对外开放的厕所时可计入此项），并达到《城市公共厕所规划和设计标准》CJJ 14 一类标准	3
		B58		主要道路及公共活动场地均匀配置废物箱，其间距小于 80m，且废物箱防雨、密闭、整洁，采用耐腐蚀材料制作	3
		B59	垃圾收运	Ⅱ高层按层、多层按幢设置垃圾容器（或垃圾桶），生活垃圾采用袋装化收集，保持垃圾容器（或垃圾桶）清洁、无异味，每日清运	4
				Ⅰ按幢设置垃圾容器（或垃圾桶），生活垃圾采用袋装化收集，保持垃圾容器（或垃圾桶）清洁、无异味，每日清运	(2)
		B60	垃圾存放与处理	Ⅱ垃圾分类收集与存放，设垃圾处理房，垃圾处理房隐蔽、全密闭、保证垃圾不外漏，有风道或排风、冲洗和排水设施，采用微生物处理，处理过程无污染，排放物无二次污染，残留物无害	8
				Ⅰ设垃圾站，垃圾站隐蔽、有冲洗和排水设施，存放垃圾及时清运，不污染环境，不散发臭味	(5)

续表 B.0.1

<table>
<tr><th>评定项目及分值</th><th>分项及分值</th><th>子项序号</th><th colspan="2">定性定量指标</th><th>分值</th></tr>
<tr><td rowspan="4">智能化系统（30）</td><td rowspan="4">管理中心与工程质量（8）</td><td>B61</td><td colspan="2">管理中心位置恰当,面积与布局合理,机房建设符合国家同等规模通信机房或计算机机房的技术要求</td><td>2</td></tr>
<tr><td>B62</td><td colspan="2">管线工程质量合格</td><td>2</td></tr>
<tr><td>B63</td><td colspan="2">设备与终端产品安装质量合格,位置恰当,便于使用与维护</td><td>2</td></tr>
<tr><td>B64</td><td colspan="2">电源与防雷接地工程质量合格</td><td>2</td></tr>
<tr><td rowspan="10">智能化系统（30）</td><td rowspan="9">系统配置（18）</td><td rowspan="3">B65</td><td rowspan="3">安全防范子系统</td><td>Ⅲ子系统设置齐全,包括闭路电视监控、周界防越报警、电子巡更、可视对讲与住宅报警装置。子系统功能强,可靠性高,使用与维护方便</td><td>6</td></tr>
<tr><td>Ⅱ子系统设置较齐全,可靠性高,使用与维护方便</td><td>（4）</td></tr>
<tr><td>Ⅰ设置可视或语音对讲装置、紧急呼救按钮,可靠性高,使用与维护方便</td><td>（3）</td></tr>
<tr><td rowspan="3">B66</td><td rowspan="3">管理与监控子系统</td><td>Ⅲ子系统设置齐全,包括户外计量装置或IC卡表具、车辆出入管理、紧急广播与背景音乐、给排水、变配电设备与电梯集中监视、物业管理计算机系统。子系统功能强,可靠性高,使用与维护方便</td><td>6</td></tr>
<tr><td>Ⅱ子系统设置较齐全,可靠性高,使用与维护方便</td><td>（4）</td></tr>
<tr><td>Ⅰ设置物业管理计算机系统、户外计量装置或IC卡表具</td><td>（3）</td></tr>
<tr><td rowspan="3">B67</td><td rowspan="3">信息网络子系统</td><td>Ⅲ建立居住小区电话、电视、宽带接入网(或局域网)和网站,采用家庭智能控制器与通信网络配线箱。客厅、卧室与书房均安装电话、电视与宽带网插座,卫生间安装电话插座,位置合理。每套住宅不少于二路电话</td><td>6</td></tr>
<tr><td>Ⅱ建立居住小区电话、电视、宽带接入网,采用通信网络配线箱。客厅、卧室与书房均安装电话、电视与宽带网插座,位置恰当。每套住宅不少于二路电话</td><td>（4）</td></tr>
<tr><td>Ⅰ工建立居住小区电话、电视与宽带接入网。每套住宅内安装电话、电视与宽带网插座,位置恰当</td><td>（3）</td></tr>
<tr><td>运行管理（4）</td><td>B68</td><td colspan="2">提出运行管理的实施方案,有完善的管理制度,合理配置运行管理所需的办公与维护用房、维护设备及器材等</td><td>4</td></tr>
</table>

附录 C
住宅经济性能评定指标

表 C.0.1 住宅经济性能评定指标(200 分)

<table>
<tr><th>评定项目及分值</th><th>分项及分值</th><th>子项序号</th><th colspan="3">定性定量指标</th><th>分值</th></tr>
<tr><td rowspan="28">节能(100)</td><td rowspan="11">建筑设计(35)</td><td>C01</td><td colspan="3">住宅建筑以南北朝向为主</td><td>5</td></tr>
<tr><td>C02</td><td>建筑物体形系数</td><td colspan="2">符合当地现行建筑节能设计标准中体形系数规定值</td><td>6</td></tr>
<tr><td rowspan="2">C03</td><td rowspan="2">严寒、寒冷地区楼梯间和外廊采暖设计</td><td colspan="2">采暖期室外平均温度为 0℃ ~ −6.0℃的地区,楼梯间和外廊不采暖时,楼梯间和外廊的隔墙和户门采取保温措施</td><td rowspan="2">4</td></tr>
<tr><td colspan="2">采暖期室外平均温度在 −6.0℃以下的地区,楼梯间和外廊采暖,单元入口处设置门斗或其他避风措施</td></tr>
<tr><td>C04</td><td colspan="3">符合当地现行建筑节能设计标准中窗墙面积比规定值</td><td>6</td></tr>
<tr><td rowspan="3">C05</td><td rowspan="3">外窗遮阳</td><td colspan="2">夏热冬冷地区的南向和西向外窗设置活动遮阳设施</td><td rowspan="2">8</td></tr>
<tr><td rowspan="2">夏热冬暖、温和地区</td><td>Ⅱ南向和西向的外窗有遮阳措施,遮阳系数 $S_w \le 0.90Q$</td></tr>
<tr><td>Ⅰ南向和西向的外窗有遮阳措施,遮阳系数 $S_w \le Q$</td><td>(6)</td></tr>
<tr><td rowspan="3">C06</td><td rowspan="3">再生能源利用</td><td rowspan="2">太阳能利用</td><td>Ⅱ与建筑一体化</td><td>6</td></tr>
<tr><td>Ⅰ用量大,集热器安放有序,但未做到与建筑一体化</td><td>(4)</td></tr>
<tr><td colspan="2">利用地热能、风能等新型能源</td><td>(6)</td></tr>
<tr><td rowspan="11">围护结构(35)(注 1)</td><td rowspan="2">C07</td><td colspan="2" rowspan="2">外窗和阳台门(不封闭阳台或不采暖阳台)的气密性</td><td>Ⅱ5 级</td><td>5</td></tr>
<tr><td>Ⅱ4 级</td><td>(3)</td></tr>
<tr><td rowspan="3">C08</td><td colspan="2" rowspan="3">严寒寒冷地区和夏热冬冷地区外墙的平均传热系数</td><td>Ⅲ $K \le 0.70Q$ 或符合 65% 节能目标</td><td>10</td></tr>
<tr><td>Ⅱ $K \le 0.85Q$</td><td>(8)</td></tr>
<tr><td>☆Ⅰ $K \le Q$</td><td>(7)</td></tr>
<tr><td rowspan="3">C09</td><td colspan="2" rowspan="3">严寒寒冷地区和夏热冬冷地区外窗的传热系数</td><td>Ⅲ $K \le 0.90Q$</td><td>10</td></tr>
<tr><td>Ⅱ $K \le 0.95Q$</td><td>(8)</td></tr>
<tr><td>☆Ⅰ $K \le Q$</td><td>(7)</td></tr>
<tr><td rowspan="3">C10</td><td colspan="2" rowspan="3">严寒寒冷地区、夏热冬冷地区和夏热冬暖地区屋顶的平均传热系数</td><td>Ⅲ $K \le 0.85Q$ 或符合 65% 节能指标</td><td>10</td></tr>
<tr><td>Ⅱ $K \le 0.90Q$</td><td>(8)</td></tr>
<tr><td>☆Ⅰ $K \le Q$</td><td>(7)</td></tr>
<tr><td rowspan="6">综合节能要求(70)(注 2)</td><td rowspan="6">C11</td><td colspan="2" rowspan="3">北方耗热量指标</td><td>Ⅲ $q_H \le 0.80Q$ 或符合 65% 节能标准</td><td>70</td></tr>
<tr><td>Ⅱ $q_H \le 0.90Q$</td><td>(57)</td></tr>
<tr><td>☆Ⅰ $q_H \le Q$</td><td>(49)</td></tr>
<tr><td colspan="2" rowspan="3">中、南部耗热量指标</td><td>Ⅲ $E_h + E_c \le 0.80Q$</td><td>70</td></tr>
<tr><td>Ⅱ $E_h + E_c \le 0.90Q$</td><td>(57)</td></tr>
<tr><td>☆Ⅰ $E_h + E_c \le Q$</td><td>(49)</td></tr>
</table>

续表 C.0.1

评定项目及分值	分项及分值	子项序号	定性定量指标		分值
节能（100）	采暖空调系统（20）	C12	采用用能分摊技术与装置		5
		C13	集中采暖空调水系统采取有效的水力平衡措施		2
		C14	预留安装空调的位置合理，使空调房间在选定的送、回风方式下，形成合适的气流组织	Ⅲ气流分布满足室内舒适的要求	4
				Ⅱ生活或工作区 3/4 以上有气流通过	(3)
				Ⅰ生活或工作区 3/4 以下 1/2 以上有气流过	(2)
		C15	空调器种类	Ⅲ达到国家空调器能效等级标准中 2 级	4
				Ⅱ达到国家空调器能效等级标准中 3 级	(3)
				Ⅰ达到国家空调器能效等级标准中 4 级	(2)
		C16	室温控制情况	房间室温可调节	3
		C17	室外机的位置	Ⅱ满足通风要求，且不易受到阳光直射	2
				Ⅰ满足通风要求	(1)
	照明系统（10）	C18	照明方式合理		3
		C19	采用高效节能的照明产品（光源、灯具及附件）		2
		C20	设置节能控制型开关		3
		C21	照明功率密度（*LPD*）满足标准要求		2
节水（40）	中水利用（12）	C22	建筑面积 5 万 m^2 以上的居住小区，配置了中水设施，或回水利用设施，或与城市中水系统连接，或符合当地规定要求；建筑面积 5 万 m^2 以下或中水来源水量或中水回用水量过小（小于 $50m^3/d$）的居住小区，设计安装中水管道系统等中水设施		12
	雨水利用（6）	C23	采用雨水回渗措施		3
		C24	采用雨水回收措施		3
	节水器具及管材（12）	C25	使用≤6L 便器系统		3
		C26	便器水箱配备两档选择		3
		C27	使用节水型水龙头		3
		C28	给水管道及部件采用不易漏损的材料		3
	公共场所节水措施（6）	C29	公用设施中的洗面器、洗手盆、淋浴器和小便器等采用延时自闭、感应自闭式水嘴或阀门等节水型器具		3
		C30	绿地、树木、花卉使用滴灌、微喷等节水灌溉方式，不采用大水漫灌方式		3
	景观用水（4）	C31	不用自来水为景观用水的补充水		4
节地（40）	地下停车比例（8）	C32	地下或半地下停车位占总停车位的比例	Ⅲ ≥80%	8
				Ⅱ ≥70%	(7)
				Ⅰ ≥60%	(6)
	容积率（5）	C33	合理利用土地资源，容积率符合规划条件		5
	建筑设计（7）	C34	住宅单元标准层使用面积系数，高层≥72%，多层≥78%		5
		C35	户均面宽值不大于户均面积值的 1/10		2

续表 C.0.1

<table>
<tr><th>评定项目及分值</th><th>分项及分值</th><th>子项序号</th><th colspan="2">定性定量指标</th><th>分值</th></tr>
<tr><td rowspan="4">节地(40)</td><td>新型墙体材料(8)</td><td>C36</td><td colspan="2">采用取代黏土砖的新型墙体材料</td><td>8</td></tr>
<tr><td>节地措施(5)</td><td>C37</td><td colspan="2">采用新设备、新工艺、新材料而明显减少占地面积的公共设施</td><td>5</td></tr>
<tr><td>地下公建(5)</td><td>C38</td><td colspan="2">部分公建(服务、健身娱乐、环卫等)利用地下空间</td><td>5</td></tr>
<tr><td>土地利用(2)</td><td>C39</td><td colspan="2">利用荒地、坡地及不适宜耕种的土地</td><td>2</td></tr>
<tr><td rowspan="8">节材(20)</td><td>可再生材料利用(3)</td><td>C40</td><td colspan="2">利用可再生材料</td><td>3</td></tr>
<tr><td rowspan="3">建筑设计施工新技术(10)</td><td rowspan="3">C41</td><td rowspan="3">高强高性能混凝土、高效钢筋、预应力钢筋混凝土技术、粗直径钢筋连接、新型模板与脚手架应用、地基基础技术、钢结构技术和企业的计算机应用与管理技术</td><td>Ⅲ采用其中5~6项技术</td><td>10</td></tr>
<tr><td>Ⅱ采用其中3~4项技术</td><td>(8)</td></tr>
<tr><td>Ⅰ采用其中1~2项技术</td><td>(6)</td></tr>
<tr><td>节材新措施(2)</td><td>C42</td><td colspan="2">采用节约材料的新工艺、新技术</td><td>2</td></tr>
<tr><td rowspan="3">建材回收率(5)</td><td rowspan="3">C43</td><td rowspan="3">使用一定比例的再生玻璃、再生混凝土砖、再生木材等回收建材</td><td>Ⅲ使用三成回收建材</td><td>5</td></tr>
<tr><td>Ⅱ使用二成回收建材</td><td>(4)</td></tr>
<tr><td>Ⅰ使用一成回收建材</td><td>(3)</td></tr>
<tr><td colspan="6">注:1 夏热冬暖地区住宅外墙的平均传热系数和外窗的传热系数必须符合建筑节能设计标准中规定值,分值按Ⅰ档7分取值。
2 当建筑设计和围护结构的要求都满足时,不必进行综合节能要求的检查和评判。反之,就必须进行综合节能要求的检查和评判,两者分值相同,仅取其中之一。</td></tr>
</table>

附录 D
住宅安全性能评定指标

表 D. 0. 1 住宅安全性能评定指标(200 分)

<table>
<tr><th>评定项目及分值</th><th>分项及分值</th><th>子项序号</th><th colspan="2">定性定量指标</th><th>分值</th></tr>
<tr><td rowspan="8">结构安全(70)</td><td>工程质量(15)</td><td>D01</td><td colspan="2">☆结构工程(含地基基础)设计施工程序符合国家相关规定,施工质量验收合格且符合备案要求</td><td>15</td></tr>
<tr><td>地基基础(10)</td><td>D02</td><td colspan="2">岩土工程勘察文件符合要求,地基基础满足承载力和稳定性要求,地基变形不影响上部结构安全和正常使用,并满足规范要求</td><td>10</td></tr>
<tr><td rowspan="2">荷载等级(20)</td><td rowspan="2">D03</td><td colspan="2">Ⅱ楼面和屋面活荷载标准值高出规范限值且高出幅度≥25%;并满足下列二项之一:
(1)采用重现期为 70 年或更长的基本风压,或对住宅建筑群在风洞试验的基础上进行设计;
(2)采用重现期为 70 年或更长的最大雪压,或考虑本地区冬季积雪情况的不稳定性,适当提高雪荷载值按本地区基本雪压增大 20% 采用</td><td>20</td></tr>
<tr><td colspan="2">Ⅰ楼面和屋面活荷载标准值符合规范要求;基本风压、雪压按重现期 50 年采用,并符合建筑结构荷载规范要求</td><td>(16)</td></tr>
<tr><td rowspan="2">抗震设防(15)</td><td rowspan="2">D04</td><td colspan="2">Ⅱ抗震构造措施高于抗震规范相应要求,或采取抗震性能更好的结构体系、类型及技术</td><td>15</td></tr>
<tr><td colspan="2">☆Ⅰ抗震设计符合规范要求</td><td>(12)</td></tr>
<tr><td>外观质量(10)</td><td>D05</td><td colspan="2">构件外观无质量缺陷及影响结构安全的裂缝,尺寸偏差符合规范要求</td><td>10</td></tr>
<tr><td colspan="5"></td></tr>
<tr><td rowspan="11">建筑防火(50)</td><td rowspan="2">耐火等级(15)</td><td rowspan="2">D06</td><td colspan="2">Ⅱ高层住宅不低于一级,多层住宅不低于二级,低层住宅不低于三级</td><td>15</td></tr>
<tr><td colspan="2">Ⅰ高层住宅不低于二级,多层住宅不低于三级,低层住宅不低于四级</td><td>(12)</td></tr>
<tr><td rowspan="9">灭火与报警系统(15)(注)</td><td>D07</td><td colspan="2">☆室外消防给水系统、防火间距、消防交通道路及扑救面质量符合国家现行规范的规定</td><td>5</td></tr>
<tr><td rowspan="2">D08</td><td rowspan="2">消防卷盘水柱股数</td><td>Ⅱ设置 2 根消防竖管,保证 2 支水枪能同时到达室内楼地面任何部位</td><td>4</td></tr>
<tr><td>Ⅰ设置 1 根消防竖管,或设置消防卷盘,其间距保证有 1 支水枪能到达室内楼地面任何部位</td><td>(3)</td></tr>
<tr><td rowspan="2">D09</td><td rowspan="2">消火栓箱标识</td><td>Ⅱ消火栓箱有发光标识,且不被遮挡</td><td>2</td></tr>
<tr><td>Ⅰ消火栓箱有明显标识,且不被遮挡</td><td>(1)</td></tr>
<tr><td rowspan="2">D10</td><td rowspan="2">自动报警系统与自动喷水灭火装置</td><td>Ⅱ超出消防规范的要求,高层住宅设有火灾自动报警系统与自动喷水灭火装置;多层住宅设火灾自动报警系统及消防控制室或值班室</td><td>4</td></tr>
<tr><td>Ⅰ高层住宅按规范要求设有火灾自动报警系统及自动喷水灭火装置</td><td>(3)</td></tr>
</table>

续表 D.0.1

评定项目及分值	分项及分值	子项序号	定性定量指标		分值
建筑防火（50）	防火门（窗）(5)	D11	防火门（窗）的设置符合规范要求		4
		D12	防火门具有自闭式或顺序关闭功能		1
	疏散设施（15）（注）	D13	安全出口的数量及安全疏散距离，疏散走道和门的净宽符合国家现行相关规范的规定		2
		D14	疏散楼梯的形式和数量符合国家现行相关规范的规定，高层住宅按规范规定设置有消防电梯，并在消防电梯间及其前室设置应急照明		5
		D15	疏散楼梯设施	Ⅱ公共楼梯梯段净宽：高层住宅设防烟楼梯间≥1.3m；低层与多层≥1.2m	3
				Ⅰ公共楼梯梯段净宽：高层住宅设封闭楼梯间≥1.2m，不设封闭楼梯间≥1.3m；低层与多层≥1.1m	（2）
		D16	疏散楼梯及走道标识	Ⅱ设置火灾应急照明，且有灯光疏散标识	2
				Ⅰ设置火灾应急照明，且有蓄光疏散标识	（1）
		D17	自救设施	Ⅱ高层住宅每层配有3套以上缓降器或软梯；多层住宅配有缓降器或软梯	3
				Ⅰ高层住宅每层配有2套缓降器或软梯	（2）
燃气及电气设备安全(35)	燃气设备（12）	D18	燃气器具为国家认证的产品，并具有质量检验合格证书		2
		D19	燃气管道的安装位置及燃气设备安装场所符合国家现行相关标准要求，并设有排风装置		2
		D20	燃气灶具有熄火保护自动关闭阀门装置		2
		D21	安装燃气设备的房间设置燃气浓度报警器		2
		B22	燃气设备安装质量验收合格		2
		D23	安装燃气装置的厨房、卫生间采取结构措施，防止燃气爆炸引发的倒塌事故		2
	电气设备（23）	D24	电气设备及主要材料为通过国家认证的产品，并具有质量检验合格证书		2
		D25	配电系统有完好的保护措施，包括短路、过负荷、接地故障、防漏电、防雷电波入侵、防误操作措施等		2
		D26	配电设备选型与使用环境条件相符合		2
		D27	防雷措施正确，防雷装置完善		2
		D28	配电系统的接地方式正确，用电设备接地保护正确完好，接地装置完整可靠，等电位和局部等电位连接良好		2
		D29	导线材料采用铜质，支线导线截面不小于$2.5mm^2$，空调、厨房分支回路不小于$4mm^2$		3
		D30	导线穿管	Ⅱ配电导线保护管全部采用钢管，满足防火要求	3
				Ⅰ配电导线保护管采用聚乙烯塑料管（材质符合国家现行标准规定，但吊顶内严禁使用），满足防火要求	（2）
		D31	电气施工质量按有关规范验收合格		3
		D32	电梯安装调试良好，经过安全部门检验合格		4

续表 D.0.1

评定项目及分值	分项及分值	子项序号	定性定量指标		分值
日常安全防范措施（20）	防盗措施（6）	D33	防盗户门	Ⅱ具有防火、防撬、保温、隔声功能，并具有良好的装饰性	4
				Ⅰ工具有防火、防撬、保温功能	（3）
		D34	在有被盗隐患部位设防盗网、电子防盗等设施，对直通地下车库的电梯采取安全防范措施		2
	防滑防跌措施（2）	D35	厨房、卫生间以及起居室、卧室、书房等地面和通道采取防滑防跌措施		2
	防坠落措施（12）	D36	中高层、高层住宅阳台栏杆（栏板）和上人屋面女儿墙（栏杆），其从可踏面起算的净高度≥1.10m（低层与多层住宅≥1.05m）；栏杆垂直杆件间净距≤0.11m，非垂直杆件栏杆有防儿童攀爬措施		3
		D37	窗外无阳台或露台的外窗，当从可踏面起算的窗台净高或防护栏杆的高度<0.9m时有防护措施，放置花盆处采取防坠落措施		3
		D38	楼梯栏杆垂直杆件的净距≤0.11m；从踏步中心算起的扶手高度≥0.9m；当楼梯水平段栏杆长度>0.5m时，其扶手高度≥1.05m；非垂直杆件栏杆设防攀爬措施		3
		D39	室内外抹灰工程、室内外装修装饰物牢靠，门窗安全玻璃的使用符合相关规范的要求		3
室内污染物控制（25）	墙体材料（4）	D40	☆墙体材料的放射性污染、混凝土外加剂中释放氨的含量不超过国家现行相关标准的规定		4
	室内装修材料（6）	D41	☆人造板及其制品有害物质含量、溶剂型木器涂料有害物质含量、内墙涂料有害物质含量、胶粘剂有害物质含量、壁纸有害物质含量、室内用花岗石及其他天然或人造石材的有害物质含量不超过国家现行相关标准的规定		6
	室内环境污染物含量（15）	D42	☆室内氡浓度、室内游离甲醛浓度、室内苯浓度、室内氨浓度和室内总挥发性有机化合物（TVOC）浓度不超过国家现行相关标准的规定		15
注：在灭火与报警系统、疏散设施分项中，对6层及6层以下的住宅，分别无子项D08～D09、D16要求，可直接得分。					

附录 E
住宅耐久性能评定指标

表 E. 0. 1 住宅耐久性评定指标(100 分)

评定项目及分值	分项及分值	子项序号	定性定量指标	分值
结构工程(20)	勘察报告(5)	E01	Ⅱ该住宅的勘查点数量符合相关规范的要求	3
			Ⅰ该栋住宅的勘察点数量与相邻建筑可借鉴勘察点总数符合相关规范要求	(2)
		E02	确定了地基土与土中水的侵蚀种类与等级,提出相应的处理建议	2
	结构设计(10)	E03	Ⅱ结构的耐久性措施比设计使用年限 50 年的要求更高	5
			☆Ⅰ结构的耐久性措施符合设计使用年限 50 年的要求	(3)
		E04	Ⅱ结构设计(含基础)措施(包括材料选择、材料性能等级、构造做法、防护措施)普遍高于有关规范要求	5
			Ⅰ结构设计(含基础)措施符合有关规范的要求	(3)
	结构工程质量(3)	E05	Ⅱ全部主控项目均进行过实体抽样检测,检测结论为符合设计要求	3
			Ⅰ部分主控项目进行过实体抽样检测,检测结论为符合设计要求	(2)
	外观质量(2)	E06	Ⅱ现场检查围护构件无裂缝及其他可见质量缺陷	2
			Ⅰ现场检查围护构件个别点存在可见质量缺陷	(1)
装修工程(15)	装修设计(5)	E07	Ⅲ外墙装修(含外墙外保温)的设计使用年限不低于 20 年,且提出全部装修材料的耐用指标	5
			Ⅱ外墙装修(含外墙外保温)的设计使用年限不低于 15 年,且提出部分装修材料的耐用指标	(3)
			Ⅰ外墙装修(含外墙外保温)的设计使用年限不低于 10 年,且提出部分装修材料的耐用指标	(1)
	装修材料(4)	E08	Ⅱ设计提出的全部耐用指标均进行了检验,检验结论为符合要求	4
			Ⅰ设计提出的部分耐用指标进行了检验,检验结论为符合要求	(2)
	装修工程质量(3)	E09	按有关规范的规定进行了装修工程施工质量验收,验收结论为合格	3
	外观质量(3)	E10	现场检查,装修无起皮、空鼓、裂缝、变色、过大变形和脱落等现象	3
防水工程与防潮措施(20)	防水设计(4)	E11	Ⅱ设计使用年限,屋面与卫生间不低于 25 年,地下室不低于 50 年	3
			☆Ⅰ设计使用年限,屋面与卫生间不低于 15 年,地下室不低于 50 年	(2)
		E12	设计提出防水材料的耐用指标	1
	防水材料(4)	E13	全部防水材料均为合格产品	2
		E14	Ⅱ设计要求的全部耐用指标进行了检验,检验结论符合相应要求	2
			Ⅰ设计要求的主要耐用指标进行了检验,检验结论符合相应要求	(1)
	防潮与防渗漏措施(5)	E15	外墙采取了防渗漏措施	2
		E16	首层墙体与首层地面采取了防潮措施	3

续表 E. 0. 1

评定项目及分值	分项及分值	子项序号	定性定量指标	分值
防水工程与防潮措施（20）	防水工程质量（4）	E17	按有关规范的规定进行了防水工程施工质量验收，验收结论为合格	2
		E18	全部防水工程（不含地下防水）经过蓄水或淋水检验，无渗漏现象	2
	外观质量（3）	E19	现场检查，防水工程排水口部位排水顺畅，无渗漏痕迹，首层墙面与地面不潮湿	3
管线工程（15）	管线工程设计（7）	E20	Ⅲ管线工程的最低设计使用年限不低于20年	3
			Ⅱ管线工程的最低设计使用年限不低于15年	（2）
			Ⅰ管线工程的最低设计使用年限不低于10年	（1）
		E21	Ⅱ设计提出全部管线材料的耐用指标	3
			Ⅰ设计提出部分管线材料的耐用指标	（2）
		E22	上水管内壁为铜质等无污染、使用年限长的材料	1
	管线材料（4）	E23	管线材料均为合格产品	2
		E24	Ⅱ设计要求的耐用指标均进行了检验，检验结论为符合要求	2
			Ⅰ工设计要求的部分耐用指标进行了检验，检验结论为符合要求	（1）
	管线工程质量（2）	E25	按有关规范的规定进行了管线工程施工质量验收，验收结论为合格	2
	外观质量（2）	E26	现场检查，全部管线材料防护层无气泡、起皮等，管线无损伤；上水放水检查无锈色	2
设备（15）	设计或选型（4）	E27	Ⅲ设计使用年限不低于20年且提出设备与使用年限相符的耐用指标要求	4
			Ⅱ设计使用年限不低于15年且提出设备与使用年限相符的耐用指标要求	（3）
			Ⅰ设计使用年限不低于10年且提出设备的耐用指标要求	（2）
	设备质量（5）	E28	全部设备均为合格产品	2
		E29	Ⅱ设计或选型提出的全部耐用指标均进行了检验（型式检验结果有效），结论为符合要求	3
			Ⅰ设计或选型提出的主要耐用指标进行了检验（型式检验结果有效），结论为符合要求	（2）
	设备安装质量（3）	E30	设备安装质量按有关规定进行验收，验收结论为合格	3
	运转情况（3）	E31	现场检查，设备运行正常	3
门窗（15）	设计或选型（5）	E32	Ⅲ设计使用年限不低于30年	3
			Ⅱ设计使用年限不低于25年	（2）
			Ⅰ设计使用年限不低于20年	（1）
		E33	Ⅱ提出与设计使用年限相一致的全部耐用指标	2
			Ⅰ提出部分门窗的耐用指标	（1）
	门窗质量（4）	E34	门窗均为合格产品	2
		E35	Ⅱ设计或选型提出的全部耐用指标均进行了检验（型式检验结果有效），结论为符合要求	2
			Ⅰ设计或选型提出的部分耐用指标进行了检验（型式检验结果有效），结论为符合要求	（1）

续表 E.0.1

评定项目及分值	分项及分值	子项序号	定性定量指标	分值
门窗(15)	门窗安装质量(3)	E36	按有关规范进行了门窗安装质量验收,验收结论为合格	3
	外观质量(3)	E37	现场检查,门窗无翘曲、面层无损伤、颜色一致、关闭严密、金属件无锈蚀、开启顺畅	3

本标准用词说明

1　为了便于执行本标准条文时区别对待,对要求严格程度不同的用词说明如下:

1)表示很严格,非这样做不可的用词:

正面词采用"必须";反面词采用"严禁"。

2)表示严格,在正常情况下均应这样做的词:

正面词采用"应",反面词采用"不应"或"不得"。

2　标准中指定应按其他有关标准、规范执行时,写法为:"应符合……的规定"或"应按……执行"。

中华人民共和国国家标准

住宅性能评定技术标准

GB/T 50362—2005

条文说明

1 总 则

1.0.1、1.0.2 住宅与人民的生活休戚相关。住宅建设关系到国家的环境、资源和发展,同时关系到消费者的安全、健康和生活质量。随着我国经济的发展和引导住宅合理消费政策的实施,居住者对住宅的要求愈来愈高。为引导住宅的发展,促进住宅产业现代化,需要制定一个统一的住宅性能评价方法和标准。以提高住宅的品质,营造舒适、安全、卫生的居住环境,保障消费者权益,适应国家的可持续发展。

1.0.3 本标准所指的住宅包括城镇新建和改建住宅。对既有住宅通过可靠性评估后,也可参照本标准进行性能评定。

1.0.4、1.0.5 本标准从规划、设计、施工、使用等方面,将住宅的性能要求分成5个方面,即适用性能、环境性能、经济性能、安全性能和耐久性能。通过5个方面的综合评定,体现住宅的整体性能,以保障消费者的居住质量。标准的性能指标以现行国家相关标准为依据,有些指标适当提高,以满足人民生活日益发展和提高的要求,标准中将A级住宅的性能按得分高低细分成3等,目的是为了引导住宅性能的发展与提高,同时也可适应不同人群对居住质量的要求。

1.0.6 申请性能评定的住宅必须符合国家现行强制性标准的规定,不符合者不能申请性能评定。

2 术 语

本标准的主要术语是根据与住宅的规划、设计、施工、质量检测等有关的国家现行技术标准给出的。其中适用性能、环境性能、经济性能、安全性能和耐久性能的内涵与其他标准有所不同,本标准另作了解读。

4 适用性能的评定

4.1 一般规定

4.1.1 住宅适用性能的评定,既要考虑满足居住的功能性要求,也要考虑满足居住的舒适性要求,以提高住宅的内在品质。住宅的适用性能主要针对单元平面、住宅套型、建筑装修、隔声性能、设备设施、无障碍设施6个方面进行评定。与适用性能相关的保温隔热性能因涉及住宅使用阶段的节能,在经济性能章节进行规定;防水的耐久性是反映防水质量的重要参数,故防水性能在耐久性能章节进行规定。

4.2 单元平面

4.2.2 住宅单元平面的设计应根据居住活动的基本要求和活动规律,来布局和确定住宅功能空间的总体关系。使工作、睡眠、交流、餐食、盥洗等饮食起居的各种活动在一定的面积和空间内得到最充分、适用和经济的安排。

1 空间布局合理,动静分区,电梯、楼梯和排水管并不邻近居住空间布置,垃圾间位置避免串味和污染环境。

2 平面布置比较紧凑,能够充分利用空间,有利于减少公摊面积。

3 楼层单元平面应规整,无过分凹凸现象,体形系数不宜过大,平面布置应兼顾节能和卫生通风要求。

4 平面进深和户均面宽应适当,兼顾节地和舒适的要求。

5 对单元平面进行评定,是针对占总住宅建筑面积80%以上的各主要套型,主要套型满足要求即可按附录A得分。

4.2.3 遵循住宅建筑模数的协调原则,可保证住宅建设过程中,在功能、质量和经济效益方面获得优化,促进住宅建设从粗放型生产转化为集约型的社会化协作生产。强调住宅的可改造性,是考虑在住宅全寿命周期内,能通过适当改造,适应不断变化的居住要求。

1 住宅设计应符合住宅建筑模数的规定。厨房、卫生间部品类型多,条件复杂,应当充分注意模数尺寸的配合,特别是隔墙的位置尺寸定位,应能满足厨具及配件定型尺寸的要求。

2 采用大开间结构体系是可灵活分隔、易改造的前提条件,保证分隔方式的多样化;对非承重墙可采用易分隔的轻质材料,以便于拆装。

3 对模数协调和可改造性进行评定时,应检查各单元的标准层平面图。

4.2.4 单元公共空间是指从单元入口到住宅户门的公共空间。

1 多层住宅底层设进厅和高层住宅底层设门厅,可为居民提供交往、停留的空间,也为设置信报箱、管理间等设施提供空间。

2 候梯厅的进深要方便物品搬运,且使候梯不觉拥挤,因此候梯厅的进深不应小于轿厢的深度。

3 楼梯踏步的宽窄和高低决定了楼梯的坡度,它直接影响到人上下楼梯的安全和舒适程度,楼梯平台宽度对方便物品搬运尤为重要。

4 垃圾道在住宅中已被取消,对于多层住宅袋装垃圾应在室外设固定的存放地点,此内容在环境性能指标里有要求。对于高层住宅,袋装垃圾在每层应有固定的存放地点;垃圾收集空间或垃圾间的设置应满足卫生要求,应避免浊气、虫蝇的滋生,避免对住户的生活造成影响。

5 对单元公共空间进行评定时,应检查各单元的标准层平面图和首层平面图。

4.3 住宅套型

4.3.2 套内功能空间的设置和布局,既要满足功能上的要求,也要满足使用便利和卫生的要求,设计时应合理、有效地组织各功能区块,注重动静分区、洁污分区、提高使用效率。

1 卧室、起居室(厅)、厨房、卫生间是住宅的必要功能空间,为方便使用并增强居住的舒适度,还可设置书房、贮藏空间、用餐空间及入口过渡空间。

2 功能空间不应采用过分狭长的形状,为保证空间的有效利用、家具的设置以及采光和视觉的效果,起居室、卧室、餐厅等功能空间的长短边长度比不应大于1.8。

3 起居厅、卧室是家庭的主要活动空间,具有卫生和隐私的要求,因此,应有良好的自然通风、采光和视野景观,且不受邻居视线干扰。

4 本条为住宅最基本卫生要求,每套住宅必须有良好的日照,当有超过4个居住空间时,至少应有2个空间获得日照,以保证居室的卫生条件。关于居住空间日照时间,按现行国家标准《城市居住区规划设计规范》GB 50180中住宅建筑日照标准执行。

5 凹口处容易形成涡流,受污染的空气不容易消散,起居室、卧室若朝向凹口开窗,容易使得空气在户间交叉流动,造成串味和疾病的传播。

6 室内交通路线应短而便捷,要保证各功能空间的完整性,避免穿越。特别是不应穿行主要居住空间。

7 交通路线指从入口到达各功能空间的线路,线路越短,则表明平面组织合理,空间利用率高。交通面积是指无法设置家具,为交通使用的纯通道面积,如过大,则居室空间的有效利用率较低。

8 餐厅、厨房同属家庭公用空间,有紧密的功能上的联系,因此餐厅和厨房不应分离过远。

9 从卫生和安全的角度考虑,厨房应有自然采光和通风,且最好邻近出入口,以便蔬菜、食品和垃圾的出入。

10 对于三个及三个以上卧室的住宅,家庭人口偏多,为减少卫生间使用紧张的矛盾,照顾主人隐私和方便客人使用,一般设两个或两个以上的卫生间,其中一间为主卧室专用。卫生间的位置应方便使用,一般来讲应紧靠卧室,若有两个卫生间,共用卫生间可设在起居厅旁。

11 功能齐全的卫生间应考虑洗浴、便溺、化妆、洗面等各种需要,洗面和便溺应作适当分隔,相互空间位置和安装尺寸应符合人体工程学的要求。每套住宅至少应设一个功能齐全的卫生间。

12 对套内功能空间设置和布局进行评定,是针对占总住宅建筑面积80%以上的各主要套型,主要套型满足要求即可按附录A得分。

4.3.3 功能空间尺度的评定,既要满足使用功能上的要求,也要满足舒适度的要求。

1 住宅各功能空间的面积分配比例应适当,避免大而不当的现象产生。

2 起居厅是住宅内部的主要公共空间,为方便起居厅的使用,满足家具和设备摆放的要求,对起居厅连续实墙面的长度提出了基本要求;同时起居厅还应减少交通穿行的干扰,厅内门的数量不宜过多,门的位置宜集中布置。

3 双人卧室指可安排双人居住的卧室,按家具的摆放和使用舒适程度的要求,对开间尺寸提出了基本要求。

4 厨房操作台总长度指可用于炊事操作的台面长度总和。指洗、切、烧工序连续操作的有效长度，不含冰箱的宽度。

5 贮藏空间包括贮藏室、壁柜及吊柜等；壁柜及吊柜属于家具类，可由工厂预制、现场装配，住宅内除宜设贮藏室以外，可充分利用边角空间设置壁柜和吊柜。

6 在现行国家标准《住宅设计规范》GB 50096 中要求，普通住宅层高宜为2.8m，控制住宅层高主要目的是为了住宅节地、节能、节材，节约资源。适当提高室内净高可改善居住的舒适度，特别在夏热地区，提高室内净高有利于自然通风散热，但在采暖地区室内净高过大不利于节能，因此应适度掌握。

7 对功能空间尺度进行评定，是针对占总住宅建筑面积80%以上的各主要套型，主要套型满足要求即可按附录A得分。

4.4 建筑装修

4.4.1 住宅作为完整的产品应包括装修，将毛坯房交付给住户，很难保证住宅整体的品质，在住宅投诉与住宅纠纷中，很多情况是因为住户对毛坯房进行装修的质量没有保证引起的。因此为保证住宅的品质，对新建住宅提倡土建装修一体化，以推广应用工业化装修技术，提高装修施工水平。向消费者提供精装修商品房，是今后住宅产业发展的方向。装修到位的做法，能有效保证住宅的品质。在我国城镇中，集合式住宅占绝大多数，装修到位作为评定3A等级的一票否决指标，主要针对集合式住宅而言。

1 门窗和固定家具采用工厂生产的成型产品，有利于提高效率、保证部品质量和最终的装修质量。减少现场加工量，有利于减少工地废料和环境污染。

2 为保证住宅的品质，防止因二次装修带来的质量问题，提倡由开发商对新建住宅进行一次装修。

厨房、卫生间的装修受管道、设备、防水等诸多因素的影响，涉及的专业工种较多，要求也比较复杂，因此厨房、卫生间装修到位将有效避免因二次装修带来的质量问题。

3 门厅、楼梯间或候梯厅的装修应注重实用、美观、易清洁，装修档次应与住宅的档次相匹配。

4 住宅外部装修包括建筑外立面、单元入口等，装修应注重实用、美观、耐候、耐污染、易清洁，装修档次应与住宅的档次相匹配。

5 对建筑装修进行评定时，应由专家现场抽查5套不同楼栋、不同类型的住宅进行检查。

4.5 隔声性能

4.5.1 住宅声环境的影响因素十分复杂，隔声性能的评定主要注重围护结构的隔声性能和设备、管道的噪声情况。目前我国住宅声环境质量离标准的规定尚有一定的差距，这与我国住宅建筑构造简单、门窗气密性不高、设备管道处置不妥有关系。楼板撞击声的防治是我国住宅的老大难问题，其主要原因是我国的楼板结构过于简单所致。本条提出了不同等级的要求，目的是促进住宅改进构造做法，增强隔声性能，切实改善住宅的声环境。

1 楼板的撞击声声压级的测试方法按照现行国家标准《建筑隔声测量规范》GBJ75 进行，楼板的空气声计权隔声量按照建筑外墙的隔声测量方法进行。

2 计权隔声量为A声压级差。分户墙、分室墙、含窗外墙、户门的测试方法按照现行国家标准《建筑隔声测量规范》GBJ 75 进行。

3 当采用塑料排水管时，排水管道冲水时的噪声会影响住户休息，如管道设在管井里，将有效减轻此类噪声。

4 电梯、水泵、风机、空调等设备安装时应采取设减振垫、减振支架、减振吊架等减振措施，设备机房还应采取有效隔声降噪措施。

5 终审时，应提供相关的检测报告，3A等级住宅应实地抽查、检测，按现场测试数据进行判定。

4.6 设备设施

4.6.1 设备设施的配置是居住功能质量的重要保证，居民生活水平的提高和住宅品质的提高，很大程度上依靠设备设施配置水平的提高。

4.6.2 厨卫设备的评定包括以下内容：

1 厨房应按“洗、切、烧”炊事流程布置炊事设备，管道接口定位应与设备配置相适应，方便连接，并能减少支管段的长度。

2 厨房设备成套是指厨房应配备有橱柜、灶台、油烟机、洗涤池、吊柜、调理台等设备，并应预留冰箱、微波炉等炊事设备的放置空间。

3 洗浴和便器之间或洗面和便器之间宜有一定的分隔，避免干扰。相应的管道定位接口应与之配套，方便连接，并能减少支管段的长度。

4 卫生设备齐全指浴缸（或淋浴盘）、洗面台、便器等基本设备齐备，配套设备有梳妆镜、贮物柜等。

5 洗衣机可视情况设于专用洗衣机位、卫生间、厨房、阳台或家务间内，应方便使用。当设在卫生间时，应与其他卫生器具有一定的间隔。洗衣机的电源、水源、排水口应是专用的，且方便使用。有条件时可设专用的家务间。晾晒衣物应考虑卫生的要求，因此最好安排在阳光能直晒的区域，如南面的阳台或露台。

6 对厨卫设备进行评定，是针对占总住宅建筑面积80%以上的各主要套型，主要套型满足要求即可按附录A得分。

4.6.3 给水、排水和燃气系统的评定包括以下内容：

1 给水、排水和燃气应设有管道系统和相应的设备设施。

2 给水系统的水质、水量和水压应满足国家标准和使用要求，燃气系统的气质、气量和气压应满足国家标准和使用要求，排水系统的设置应满足国家标准和使用要求。

3 为提高生活质量，住宅要求有室内热水供应，条件允许时可设24小时集中热水供应系统，并应采用至少是干管循环系统（循环到户表前）。或设户式热水系统，预留热水器的位置，并安装好相应的管道。

4 地漏、卫生器具排水、厨房排水、洗衣机排水等应分别设置存水弯，器具自带存水弯的除外，存水弯水封深度不小于50mm。

5 为方便排水管道日常清通，排水立管检查口的设置应方便操作，立管设在管井里时，应预留检查门，或将检查口引在侧墙上。

6 会所和餐饮业排水系统的使用时间和污水性质与住宅有一定区别，为防止噪声传播和老鼠、蟑螂等对住户的影响，应尽量将两者的排水系统分开。

7 住宅给水管、电线管、排水管等不应暴露在居住空间中，燃气管及计量表具隐蔽敷设时，应采取一定的通风安全措施。

8 住宅应设集中管井，管井内的各种管线、管道布置合理、整齐，管井设在卫生间、厨房等管道集中的部位。避免出现主干管明装在住宅内的现象。

9 户内计量仪表、阀门等的设置应方便检修和日常维护，当设在吊顶或管井里时，应预留检查门（口），且位置方便操作。

10 为单元服务的给水总立管、雨水立管、消防立管和公共功能的阀门及用于总体调节和检修的部件应设置在户外，如地下室、单元楼道、室外管廊、室外阀门井里，使得系统维护、维修时不影响住户的生活。

11 住宅套型的些微差异不会影响给水、排水和燃气系统的设置，所以对给水、排水和燃气系统的评定，只需对不同类型的住宅楼，各抽查一套住宅进行检查即可。

4.6.4 采暖、通风与空调系统的评定包括以下内容：

1 各居住空间不得存在通风短路和死角部位，通风顺畅是指在夏季各外窗开启情况下，居室内部应有适当的自然风。

2 严寒、寒冷地区设置的采暖系统应是集中采暖系统或户式采暖系统；夏热冬冷地区应设置的采暖和空调措施，可以是热泵式分体空调，或有条件时设集中采暖系统、户式采暖系统；夏热冬暖地区应有空调措施。温和地区的住宅，此条可直接得分。

3 合理设置空调室外机、室内风机盘管、风口和相关的阀门管线，合理设置空调系统的冷凝水管、冷媒管，穿外墙时应对管孔进行处理，满足位置合理和美观的要求。冷凝水应单独设管道系统有组织排放。

4 随着住宅外围护结构气密性能的提高，住宅新风的补给大多需要通过开窗通风来实现，而在有些天气情况下，开窗引入新风既无法保证新风的质量（包括洁净度、温湿度），又不利于节能，因此应根据舒适度要求的不同，与住宅档次相匹配，分级设置新风系统或换气装置。

5 竖向烟（风）道最不利点的最大静压是指在所有各楼层同时开启排油烟机的情况下，最不利层接口处的最大静压。如不满足要求，应在屋顶设免维护机械排风装置或集中机械排风装置，集中机械排风装置是指设置屋顶风机等供烟道排风的动力装置。高层住宅尤其应当设置上述设备。

6 严寒、寒冷和夏热冬冷地区卫生间设置竖向风道，有利于即使在冬季不开窗的情况下，也能快速排除卫生间内的污浊空气和湿气，能有效避免污浊空气和湿气进入其他室内空间。其他地区的明卫生间不作要求，此条可得分。

7 严寒、寒冷和夏热冬冷地区的卫生间因冬季不便开窗通风，因此应和暗卫生间一样设机械排风装置。其他地区的明卫生间不作要求，此条可得分。

8 采暖供回水总立管、公共功能的阀门和用于总体调节和检修的部件，设在共用部位。

9 对采暖、通风与空调系统进行评定，是针对占总住宅建筑面积80%以上的各主要套型，主要套型满足要求即可按附录A得分。

4.6.5 电气设备设施的评定，应着眼于既满足目前的需要，又考虑未来发展的需要，在满足功能要求和安全要求的基础上，方便使用，可按不同档次要求进行配置。

1 电源插座的数量以"组"为单位，插座的"一组"指一个插座板，其上可能有多于一套插孔，一般为两线和三线的配套组。考虑居民生活水平的不断提高，用电设备不断增多，为方便使用、保证用电安全，电源插座的数量应尽量满足需要，插座的位置应方便用电设备的布置。对于空调和厨房、卫生间内的固定专用设备，还应根据需要配置多种专用插座。

2 对分支回路作出规定，可以使套内负荷电流分流，减少线路的温升和谐波危害，从而延长线路寿命和减少电气火灾危险。

3 上楼梯超过4层，成年人已感到辛苦，老年人及儿童更加困难，我国现行国家标准《住宅设计规范》GB 50096规定7层及以上住宅必须设电梯，国外发达国家一般定为4层以上住宅设电梯，因此为提高住宅的舒适度，对多层住宅也提出设置电梯的要求。

4 公共部位的照明，本着节能和满足相应舒适度的要求，规定人工照明的照度要求。住宅底层门厅和大堂的设计，不应有眩光现象。

5 电气、电信干线（管）和公共功能的电气设备及用于总体调节和检修的部件，设在共用部位。

6 对电气设备设施进行评定，是针对占总住宅建筑面积80%以上的主要套型，主要套型满足要求即可按附录A得分。对于公共部位的照明，应对楼梯间、电梯厅、楼梯前室、电梯前室、地下车库、电梯机房、水箱间等部位各随机抽查一处，满足要求即可按附录A得分。

4.7 无障碍设施

4.7.1 住宅满足残疾人和老年人的需求，是体现对人的最大关怀，是时代进步的要求。因此除在特殊的专用住宅中，要体现对特殊人群的关怀以外，尚应在普通住宅中创造基本条件，满足无障碍的要求。

4.7.2 套内无障碍设施的评定包括以下内容：

1 户内地面应尽可能保持在一个平面上，尽量不要出现台阶和高差，以便于老人、儿童、残疾人行走，而且方便人们夜晚行走。考虑到卫生间、阳台等处的防水要求，允许高差≤20mm。

2 户内过道的宽度，既要考虑搬运大型家具的要求，也要考虑老年人、残疾人使用轮椅通行的需要。此条参考了国家现行标准《住宅设计规范》GB 50096和《老年人建筑设计规范》JGJ 122－99。

3 此条参考了《老年人建筑设计规范》JGJ 122－99的要求，800mm的净宽能满足轮椅的进出要求。

4 对套内无障碍设施进行评定，是指对不同类型的住宅楼各抽查一套住宅，进行现场检查，根据现场情况进行评分。

4.7.3　单元公共区域无障碍设施的评定包括以下内容：

1　此条参考了《老年人建筑设计规范》JGJ 122—99 的要求。7 层及以上住宅，至少保证有一部电梯的电梯厅及轿厢尺寸，满足轮椅和急救担架进出方便，且为无障碍电梯。6 层及以下住宅此项可直接得分。

2　现行国家标准《住宅设计规范》GB 50096 规定设置电梯的住宅，单元公共出入口，当有高差时，应设轮椅坡道和扶手；对于不设电梯的住宅，可考虑首层为老年人和残疾人使用的套型，单元公共出入口有高差时，也应设轮椅坡道和扶手，从室外直达首层的户门。

3　对单元公共区域无障碍设施进行评定，是指对不同类型的住宅楼各抽查一个单元，进行现场检查，根据现场情况进行评分。

4.7.4　住区无障碍设施的评定包括以下内容：

1　为方便乘轮椅者和婴儿车的通行，住区内的无障碍通行设施应保证统一性、连贯性。

2　此条引自《城市道路和建筑物无障碍设计规范》JGJ 50—2001 中 6.2.2 的规定。为便于残疾人、老年人享用公共活动场所，应设置方便轮椅通行的坡道和轮椅席位，地面也要求平整、防滑、不积水。

3　此条引自《城市道路和建筑物无障碍设计规范》JGJ 50—2001 中 6.2.4 的规定。满足无障碍要求的厕位和洗手盆可设在会所等公共场所，可在男、女卫生间分别各设置一套，或设一个残疾人专用卫生间。

4　住区的公共服务设施应方便残疾人、老年人的使用，其出入口应满足无障碍通行的要求。

5　对住区无障碍设施进行评定，是指现场检查住区的公共区域无障碍设施的设置情况，根据现场情况进行评分。

5　环境性能的评定

5.2　用地与规划

5.2.2　结合场地的原有地形、地貌与地质，因地制宜地利用土地资源。控制建设活动对原有地形地貌的破坏，通过科学合理的设计与施工尽可能地保护原有地表土；地表径流不对场地地表造成破坏；减少对地下水与场地土壤的污染等。若住区周边环境优美，其主要房间、客厅开窗的位置、大小应有利于良好的视野与景观。

按照国家文物保护法规、确定对场地内的文物进行保护的方案。在人文景观方面，重视历史文化保护区内的空间和环境保护；对场地及周边环境的动植物原有生态状况进行调查，以尽量减少建设活动对原有生态环境的破坏。建筑形态和造型上尊重周围已经形成的城市空间、文化特色和景观。

大气污染源是指排放大气污染物的设施或指排放大气污染物的建筑构造（如车间等）。远离污染源，避免住区内空气污染。本条还包括避免和有效控制水体、噪声、电磁辐射等污染。若住区附近或住区内存在污染源，且对居住生活带来一定影响，不能评定为 A 级住宅。

5.2.3　住栋布置应优先选用环境条件良好的地段，注意合理的组合尺度及组团空间的营造，较好地形成小气候环境，方便日照、通风。住栋布置朝向满足住宅采光、通风、日照、防西晒的要求，住栋间距满足现行国家标准《城市居住区规划设计规范》GB 50180 中关于住宅建筑日照标准的规定。

空间层次与序列清晰、尺度恰当，是指住宅布置与组合的合理性，住区规划应尽可能形成层次清晰的室外空间序列。

5.2.4　住区道路系统构架清晰，小区路、组团路、宅间路分级明确。交通合理，人流、车流区分明确，既具通达性又不受外来干扰，避免区外交通穿越并与城市公交系统有机衔接。

机动车主出入口设置合理，方便与外界的联系，符合现行国家标准《城市居住区规划设计规范》GB 50180 的要求。

机动车出入口的设置满足：(1)与城市道路交接时，交角不宜小于 75°；(2)距相邻城市主干道交叉口距离，自道路红线交叉点起不小于 80m，次干道不小于 70m；(3)距地铁出入口、人行横道线、人行过街天桥、人行地道边缘不小于 30m；(4)距公交站边缘不小于 15m；(5)距学校、公园、儿童及残疾人等使用的建筑出入口不小于 20m；(6)距城市道路立体交叉口的距离或其他特殊情况应由当地主管部门确定。

满足消防、防盗、防卫空间层次的要求，无安全巡逻和视线死角。

机动车停车率是住区内停车位数量与居住户数的比率(%)。本标准主要考虑到发达地区的现状与发展趋势。目前我国私人汽车拥有量快速增长,但各地区发展不平衡,因此各地区可根据具体情况确定机动车停车率,但若低于本标准的数值要扣分。低层住宅应带有车位,其数量可以统计在内。

我国住区自行车拥有量很大,应合理规划设计自行车停车位,方便居民使用。高层住宅自行车停车位可设置在地下室;多层住宅自行车停车位可设置在室外,自行车停车位距离主要使用人员的步行距离≤100m。自行车在露天场所停放,应划分出专用场地并安装车架,周边或场内进行绿化,避免阳光直射,但要有一定的领域感。若多层住宅在楼内设置自行车停放场,要求使用方便,且隐蔽。

按要求设置标示标牌,标示标牌的位置应醒目,标牌夜间清晰可见,且不对行人交通及景观环境造成妨害。标志的色彩、造型设计应充分考虑其所在地区建筑、景观环境以及自身功能的需要。标志的用材应经久耐用,不易破损,方便维修。各种标志应确定统一的格调和背景色调以突出住区的识别性。

住区与外界交通方便,周围至少有一条公共交通线路,距离住区少于5分钟步行距离(约400m范围)有公共交通设施。

5.2.5 对A级住区要求市政基础设施(包括供电系统、燃气系统、给排水系统与通信系统)必须配套齐全、接口到位。

5.3 建筑造型

5.3.2 建筑形式美观、新颖,具有现代居住建筑风格,能体现地方气候特点和建筑文化传统。

建筑造型在空间变化和体形上均有灵活而宜人的处理,造型设计不得在采光、通风、视线干扰、节能等方面严重影响或损害住宅使用功能,不过多地采用无功能意义的多余构件和装饰。

外立面:Ⅲ级　外立面简洁,具有现代风格。室外设施的位置合适,保持住区景观的整体效果。对暴露在外墙的各种管道及设备均有必要的细部处理,不影响外立面造型效果。对外装空调的位置及洞口、支架形式均进行了有效的造型处理,并有组织排水;避免水迹、锈迹、加建阳台、露台及外设防盗设施对造型的影响;防盗网均应设在窗的室内一侧。Ⅱ级　外立面造型美观,但有些防盗网装在室外(卷帘式除外)或生活阳台设在临主要道路立面上。Ⅰ级总体状况与Ⅱ级类似,但外立面上多处存有金属锈迹与水迹,影响立面效果。

5.3.4 住区室外灯光设计的目的主要有4个方面:(1)增强对物体的辨别性;(2)提高夜间出行的安全度;(3)保证居民晚间活动的正常开展;(4)营造环境氛围。照明作为景观素材进行设计,既要符合夜间使用功能,又要考虑白天的造景效果,选择造型优美的灯具。

5.4 绿地与活动场地

5.4.2 住区绿地布局合理,各级游园及绿地配置均匀,并在设计中考虑区内外绿地的有机联系,方便居民活动使用。

住区绿地是指住区、小区游园、宅旁绿地、公共服务设施所属绿地和道路绿地(即道路红线内的绿地),但不包括屋顶和晒台的人工绿地;住区绿地占住区用地的比率(%)为绿地率。建设部1993年《关于印发<城市绿化规划建设指标的规定>的通知》(建城[1993]784号)提出:"新建住区内绿地占住区总用地比率不低于30%"。根据《国务院关于加强城市绿化建设的通知》中确定的城市绿化工作目标和主要任务:"到2005年,全国城市规划建成区绿地率达到30%以上,绿化覆盖率达到35%以上,人均公共绿地面积达到$8m^2$以上,城市中心区人均公共绿地达到$4m^2$以上;到2010年,城市规划建成区绿地率达到35%以上,绿化覆盖率达到40%以上,人均公共绿地面积达到$10m^2$以上,城市中心区人均公共绿地达到$6m^2$以上"。提高住区绿地率,对于整个城市的发展也将起到积极的作用。因此本标准将绿地率设定为35%与30%两档。

根据住区不同的规划组织结构类型,设置相应的中心公共绿地。住区公共绿地至少有一边与相应级别的道路相邻。应满足有不少于1/3的绿地面积在标准日照阴影范围之外。块状、带状公共绿地同时应满足宽度不小于8m,面积不少于$400m^2$的要求。参见现行国家标准《城市居住区规划设计规范》GB 50180。

居住小区内建筑散地、墙面(包括挡土墙)、平台、屋顶、阳台和停车场6种场地应充分绿化,既可增加住区的绿化量,又不影响建筑及设施的使用。平台绿化要把握"人流居中,绿地靠窗"的原则,即将人流限制在平台中部,以防止对平台首层居民的干扰。绿地靠窗设置,并种植一定数量的灌木和乔木,减少户外人员对室内居民的视线干扰。屋顶绿地分为坡屋面和平屋面绿化两种,应种植耐旱、耐移栽、生命力强、抗风力强、外形较低矮的植物。坡屋面多选择贴伏状藤本或攀缘植物。平屋顶以种植观赏性较强的花木为主,并适当配置水池、花架等小品,形成周边式和庭园式绿化。停车场绿化可分为:周界绿化、车位间绿化和地面绿化及铺装。总之,本条评定内容遵循“可绿化的用地均应绿化”的要求提出。

5.4.3 充分发挥植物的各种功能和观赏特点,合理配置,常绿与落叶、速生与慢生相结合,构成多层次的复合生态结构,达到人工配置的植物群落自然和谐。栽植多类型植物群落和植物配置的多层次,有助于增加绿量,可一定程度上减少环境绿化养护费。

为了提高绿化景观环境质量,减少绿化的维护成本,住区内的绿化应重视乔木数量,切实增加绿化面积。本条要求乔木量≥3 株/100m^2 绿地面积,可以按住区(总乔木量/总绿地面积)来计算。

全国根据气候条件和植物自然分布特点,按华北、东北、西北为一个区,华中、华东为一个区,华南、西南为一个区,将城市绿化植物配置分成三个大区,计算木本植物种类;并根据我国目前城市住区绿化植物数量和植物引种水平的调查,确定本标准植物种类。

5.4.4 绿地中配置适当的硬质铺装,一般占绿地面积的 10% ~15%,发挥绿地综合功能的作用。

5.5 室外噪声与空气污染

5.5.2 当住区临近交通干线,或不能远离固定的设备噪声源,应采取隔离和降噪措施,如采取道路声屏障、低噪声路面、绿化降噪、限制重载车通行等;对产生噪声干扰的固定的设备噪声源采取隔声和消声措施。住区周围无明显噪声源时,可免于检测。若存在噪声干扰,应提供具有相应检测资质单位的检测数据。检测依据为现行国家标准《城市区域环境噪声标准》GB 13096,测量方法依据为现行国家标准《城市区域环境噪声测量方法》GB/T 14623。测点选取:(1)住区内能代表大多数住户环境噪声特征的测点两个,两个测点间的距离不小于小区长向距离的 1/3;(2)住区周边道路中噪声和交通流量最高的一条道路所邻近的住宅前;(3)住户投诉受到噪声干扰的区域。

在偶然噪声测量有困难的住区,可采用下述间接计算方式,如下表 1 所示。

表 1 偶然噪声测量的间接计算方式

噪声发源地		方向与屏障情况	距离(≤km)		
			≤55dB	>55dB,且≤60dB	>60dB,且 ≤65dB
机场	中型机场	顺跑道爬升方向	25	20	14
		顺跑道降落方向	17	14	10
		侧跑道方向	5	4	3
	大型机场	顺跑道爬升方向	40	30	20
		顺跑道降落方向	25	20	14
		侧跑道方向	7	6	5
码头		前面无屏障	1.5	1.0	0.3
		前面有屏障	1	0.5	0.2
铁路		与铁路方向垂直,无屏障	4	3	2
		前面有屏障	3	2	1
有强烈噪声工厂		前面无屏障	0.3	0.2	0.1
		前面有屏障	0.2	0.1	0.05
城市主干路		前面无屏障	0.4	0.3	0.1
		前面有屏障	0.3	0.2	0.05
锅炉、风机、酒店		前面无屏障	0.4	0.2	0.1
		前面有屏障	0.1	—	—

5.5.3 排放性局部污染源包括:1km 范围内大型采暖锅炉或工业烟囱,无除尘脱硫设备;除尘与脱硫均指按照国家标准设计与施工并经验收合格的装置,其治理污染范围为100%。

开放性局部污染源包括:距离住区 500m 范围内非封闭污水沟塘、饮食摊点(使用非洁净燃料),非封闭垃圾站等。洁净燃料包括:油类(重油小于25%)、天然气、人工煤气、液化石油气等。

辐射性局部污染源包括:地表土壤及近地岩石中含强放射物质、附近有强电磁辐射源等。

溢出性局部污染源包括:距离住区 300m 范围内无水洗公共厕所、汽车修理厂、电镀厂、小型印染厂等。

住区内空气中有害物质的含量不应超过标准值(必要时可实际测定)。要求住区规划设计有利于空气流通,停车场布局合理,以减少汽车尾气对住户的污染。采取有效的措施,减少住区内污染物的排放等。

空气中主要污染物有飘尘、二氧化硫、氮氧化物、一氧化碳等。空气中的粒子状污染物数量大、成分复杂,对人体危害最大的是10μm 以下的浮游状颗粒物,称为飘尘。国家环境质量标准规定居住区飘尘日平均浓度低于0.3mg/m^3,年平均浓度低于0.2mg/m^3。二氧化硫(SO_2)主要由燃煤及燃料油等含硫物质燃烧产生。国家环境质量标准规定,居住区二氧化硫日平均浓度低于0.15mg/m^3,年平均浓度低于0.06mg/m^3。空气中含氮的氧化物有一氧化二氮(N_20)、一氧化氮(NO)、二氧化氮(NO_2)、三氧化二氮(N_20_3)等,其中占主要成分的是一氧化氮和二氧化氮。氮氧化物污染主要来源于生产、生活中所用的煤、石油等燃料燃烧的产物(包括汽车及一切内燃机燃烧排放的 NO_2)。NO_2 对动物的影响浓度大致为1.0mg/m^3,对患者的影响浓度大致为0.2mg/m^3。国家环境质量标准规定,居住区氮氧化物日平均浓度低于0.10mg/m^3,年平均浓度低于0.05mg/m^3。一氧化碳(CO)是无色、无味的气体。主要来源于含碳燃料、卷烟的不完全燃烧,其次是炼焦、炼钢、炼铁等工业生产过程所产生的。我国空气环境质量标准规定居住区一氧化碳日平均浓度低于4.0mg/m^3。

5.6 水体与排水系统

5.6.2 居住区内天然水体水质应根据其功能满足现行国家标准《景观娱乐用水水质标准》GB 12941,中相应水质的标准。人造景观用水体(水池)水质应满足该标准中C类水质的要求。

在现行国家标准《室外排水设计规范》GBJ 1 4 中要求:"新建地区排水系统宜采用(雨、污)分流制"。雨水应排入城市雨水管网或就近排入河道或天然水体。污水则应排入城市污水管网系统。当居住区远离城市污水管网系统时,必须单独设置污水处理设施。污水经处理后必须满足《污水排入城市下水道水质标准》CJ 3082—1999、《城市污水处理厂污水污泥排放标准》CJ 3025—1993。两种情况满足其中一种即可得分。

5.7 公共服务设施

5.7.2 教育设施的配置应符合《城市居住区规划设计规范》GB 50180 中对教育设施设置的规定。

提供居住区级范围内的医疗卫生服务。社区健康服务中心、门诊部分为市级、区级或镇级医院的派出机构,提供儿科、内科、妇幼与老年保健。该条应符合《城市居住区规划设计规范》GB 50180 对医疗卫生服务设施设置的规定。居住区周围1km 以内有镇级以上医院的此项亦得分。

儿童游乐场应该在景观绿地中划出固定的区域,一般均为开敞式。游乐场地必须阳光充足,空气清洁,能避开强风的袭扰。应与住区的主要交通道路相隔一定距离,减少汽车噪声的影响并保障儿童的安全。儿童游乐场周围不宜种植遮挡视线的树木,保持较好的可通视性。儿童游乐场设施的选择应能吸引和调动儿童参与游戏的热情,兼顾实用性与美观。色彩可鲜艳但应与周围环境相协调。游戏器械选择和设计应尺度适宜,避免儿童被器械划伤或从高处跌落,可设置保护栏、柔软地垫、警示牌等。

设置老人活动与服务支援设施,包括活动设施、休息座椅等。室外健身器材要考虑老年人的使用特点,要采取防跌倒措施。座椅的设计应满足人体舒适度要求。

居住区结合绿地与环境配置,设置露天体育健身活动场地。健身活动场地包括运动区和休息区。运动区应保证有良好的日照和通风,地面宜选用平整防滑适于运动的铺装材料,同时满足易清洗、耐磨、耐腐蚀的要求。休息区布置在运动区周围,供健身运动的居民休息和存放物品。休息区宜种植遮阳乔木,并设置适量的座椅。

居住区游泳池设计必须符合游泳池设计的相关规定。游泳池不宜做成正规比赛用池,池边尽可能采用优美的曲线,以加强水的动感。

设置社区服务设施，一般情况下0.6~1万人应设一处社区服务中心，设置与居民日常生活密切的居委会、社区管理机构等。

5.7.3 在《城镇环境卫生设施设置标准》CJJ 27—2005中规定公共厕所设置数量“居住用地，每平方公里3~5座”，参照此标准，本标准规定居住小区内公共厕所设置要求每30公顷1座以上，不足30公顷至少设置1座。为提高小区内环境卫生水平，本标准要求小区内公共厕所达到三类标准(《城市公共厕所设计标准》CJJ 14—2005)；为方便公众入厕，鼓励小区内公共设施如商店等设置厕所并对外开放；本标准规定小区内商店等设施有对外开放的厕所可作为小区内公共厕所来评定。

在《城镇环境卫生设施设置标准》CJJ 27—2005中规定废物箱“一般道路设置间隔80~100m”，并要求“废物箱一般设置在道路的两旁和路口，废物箱应美观、卫生、耐用并能防雨、阻燃”。本标准按《城镇环境卫生设施设置标准》CJJ 27—2005有关要求执行。

垃圾容器一般设在居住单元出入口附近隐蔽的位置，其外观色彩及标志应符合垃圾分类收集的要求。垃圾容器分为固定式和移动式两种。普通垃圾箱的规格为高600~800mm，宽500~600mm。放置在公共广场的要求较大，高宜在900mm左右，直径不宜超过750mm。垃圾容器应选择美观与功能兼备，并且与周围景观相协调产品，要求坚固耐用，不易倾倒。一般可采用不锈钢、木材、石材、混凝土、GRC、陶瓷材料制作。

垃圾存放与处理Ⅱ档做到减少垃圾处理负载，实现垃圾资源化与垃圾减量化。利用微生物对有机垃圾进行分解腐熟而形成的肥料，实现垃圾堆肥化。生活垃圾减量化、资源化是生活垃圾管理的重要目标，而生活垃圾的分类收集是实现这一目标的基础，也是生活垃圾管理的发展趋势。要求居住区具有生活垃圾分类收集设施，将生活垃圾中可降解的有机垃圾进行分类收集的设施；对可燃垃圾进行单独分类收集的设施；对生活垃圾中的煤灰进行单独分类收集的设施。若居住区规模较小时，不宜建垃圾处理房，但使用生活垃圾分类收集，做到存放垃圾及时清运，也可计入Ⅱ档。

5.8 智能化系统

5.8.2 居住区应设立管理中心，当居住区规模较大时，可设立多个分中心。管理中心的控制机房宜设置于居住区的中心位置并远离锅炉房、变电站(室)等。管理中心的控制机房的建筑和结构应符合国家对同等规模通信机房、计算机房及消防控制室的相关技术要求。机房地面应采用防静电材料，吊顶后机房净高应能满足设备安装的要求。控制机房的室内温度宜控制在18~27℃，湿度宜控制在30%~65%。控制机房应便于各种管线的引入，宜设有可直接外开的安全出口。

应将智能化系统管线纳入居住区综合管网的设计中，并满足居住区总平面规划和房屋结构对预埋管路的要求。采用优化技术，如选用总线技术、电力线传输技术与无线技术等，减少户内外管线数量。

系统装置安装应符合相应的标准规范的规定，如现行国家标准《电气装置安装工程 电缆线路施工及验收规范》GB 50168、《建筑电气工程施工质量验收规范》GB 50303与《民用闭路监视电视系统工程技术规范》GB 50198等。

应根据不同的地区和系统，提出符合规定的接地与防雷方案，并应满足现行国家标准《建筑物防雷设计规范》GB 50057—94(2000年版)中的相关要求。居住区智能化系统宜采用集中供电方式，对于家庭报警及自动抄表系统必须保证市电停电后的24h内正常工作。

5.8.3 按居住区内安装安全防范子系统配置的不同，分为Ⅲ、Ⅱ、Ⅰ三档。通过在居住区周界、重点部位与住户室内安装安全防范装置，并由居住区物业管理中心统一管理。目前可供选用的安全防范装置主要有：闭路电视监控系统、周界防越报警系统、电子巡更装置、可视对讲装置与住宅报警装置等。应依据小区的市场定位、当地的社会治安情况以及是否封闭式管理等因素，综合考虑技防人防，确定系统，提高居住区安全防范水平。技术要求遵照《居住区智能化系统配置与技术要求》CJ/T 174—2003。

管理与监控子系统按居住区内安装管理与监控装置配置的不同，分为Ⅲ、Ⅱ、Ⅰ三档。管理与监控系统主要有：户外计量装置或IC卡表具、车辆出入管理、紧急广播装置与背景音乐、给排水、变配电设备与电梯集中监视、物业管理计算机系统等。应依据小区的市场定位来选用，充分考虑运行维护模式及可行性。技术要求遵照《居住区智能化系统配置与技术要求》CJ/T 174—2003。

信息网络子系统由居住区宽带接入网、控制网、有线电视网、电话交换网和家庭网组成，提倡采用多网融合技术。建立居住区网站，采用家庭智能终端与通信网络配线箱等。信息网络系统配置差距很大，Ⅲ级配置用于高档豪华型居住区，Ⅱ级配置用于舒适型商品住宅，Ⅰ级配置用于适用型商品住宅或经济适用房。应依据小区的市场定位来选用，充分考虑运行维护模式及可行性。

6 经济性能的评定

6.1 一般规定

6.1.1 在试行稿《商品住宅性能评定方法与指标体系》中，经济性能主要包括住宅性能成本比和住宅日常运行能耗两部分内容。

由于在实际操作中，难于拿到性能成本比的真实数据，故在编写本标准时删除了这部分内容。根据国际上提出可持续发展的最新动态，本着国家提出的坚持扭转高消耗、高污染、低产出的状况，全面转变经济增长方式的要求，按照建设部的“四节”要求，把经济性能的评定列为节能、节水、节地和节材4个项目，“原指标体系”住宅日常运行能耗中的采暖、制冷、照明能耗，已包含在节能项目中，日常维修费用已包含在耐久性能中。

6.2 节 能

6.2.1 建筑节能在我国已有10年以上的工作实践，3本不同建筑气候地区的节能规范也陆续问世，它是可持续发展中的一个重要内容。对住宅节能而言，主要就建筑设计、围护结构、采暖空调系统和照明系统4个方面展开评定，其重要性系“四节”之最，所以分值的权重也最大。

6.2.2 建筑设计是建筑节能的首要环节。

住宅朝向以满足采光、通风、日照和防西晒为原则。建筑物朝向对太阳辐射得热量和空气渗透热量都有影响。

由于太阳高度角和方位角的变化规律，南北朝向的建筑夏季可以减少太阳辐射得热，冬季可以增加辐射得热，是最有利的建筑朝向。出于规划的各种需求，本条放宽为偏南北朝向。

建筑物体形系数是指建筑物的外表面积和外表面积所包的体积之比。体形系数的大小对建筑能耗的影响非常显著。研究资料表明，体形系数每增大0.01，耗能量指标就增加2.5%。体形系数越小，单位建筑面积对应的外表面积越小，外围护结构的传热损失越小。从降低建筑能耗的角度出发，应该将体形系数控制在一个较低的水平上。但是体形系数还与建筑造型、平面布局和采光通风有关，过小的体形系数会制约建筑师的创造性，造成建筑造型呆板，平面布局困难，甚至损害建筑功能，因此对不同地区应有不同的标准。对夏热冬冷和夏热冬暖地区，还对条式建筑和点式建筑制定了不同标准，意在留给建筑师较多的创作空间。

楼梯间和外廊是建筑物内部的节能薄弱部位，严寒、寒冷地区对此应有必要的规定。

普通窗户的保温隔热性能比外墙差很多，夏季白天通过窗户进入室内的太阳辐射热也比外墙多得多。窗墙面积比越大，则采暖和空调的能耗也越大。地处寒冷地区的北京市建筑测试表明，采暖期间门窗耗热量占建筑总耗热量的40%～53%。因此，减少窗口面积是节能的有效途径。为此，从节能的角度出发，必须限制窗墙面积比，一般应以满足室内采光要求作为窗墙面积比的确定原则。近年来住宅建筑的窗墙面积比有越来越大的趋势，因为购买者都希望自己的住宅更加通透明亮。当超过规定数值时，也可通过单框双玻或中空玻璃等措施来提高外窗的热工性能。在武汉、长沙的部分住宅小区已采用中空玻璃，其另一目的是隔声的需要。

夏季透过窗户进入室内的太阳辐射热构成了空调负荷的主要部分，设置外遮阳是减少太阳辐射热进入室内的一个有效措施。冬季透过窗户进入室内的太阳辐射热可以减少采暖负荷。所以设置活动式遮阳是比较合理的。

常用遮阳设施的太阳辐射热透过率见表2。

外窗遮阳仅考虑夏热冬冷、夏热冬暖和温和地区。遮阳系数 S_W 按《夏热冬暖地区居住建筑节能设计标准》JGJ 75—2003的规定计算。

再生能源系指太阳能、地热能、风能等新型能源，取之不尽、用之不竭又无污染。尤其太阳能利用已有一定的基础，其中与建筑一体化的工作开展得不甚理想，既不美观又不安全，为此设2个档次进行评分。

表2 常用遮阳设施的太阳辐射热透过率(%)

外窗类型	窗帘内遮阳		活动外遮阳	
	浅色较紧密织物	浅色紧密织物	铝制百叶卷帘（浅色）	金属或木制百叶卷帘（浅色）
单层普通玻璃窗 3+6mm厚玻璃	45	35	9	12
单框双层普通玻璃窗：3+6mm厚玻璃	42	35	9	13
6+6mm厚玻璃	42	35	13	15

6.2.3 建筑物是通过围护结构与外界空气进行热交换的，所以围护结构是建筑节能的重要环节，所给的分值也比较高。

外窗和阳台门的气密性过去是按《建筑外窗空气渗透性能分级及其检测方法》GB 7107—86规定执行：在10Pa压差下，每小时每米缝隙的空气渗透量在1.5~2.5m³之间为Ⅲ级，0.5~1.5m³之间为Ⅱ级，级别越小越好，《建筑外窗气密性能分级及检测方法》GB/T 7107—2000分为Ⅴ级（空气渗透量≤0.5m³），Ⅳ级（0.5~1.5m³），Ⅲ级（1.5~2.5m³）等3个级别，级别越大越好，本条设置Ⅴ级和Ⅳ级两档。

外墙、外窗和屋顶的平均传热系数在3本节能标准中都有明文规定，本条设置达标和提高3个档次，目的是鼓励开发商把住宅的保温隔热做得再超前一点，表中的K为实际设计值，Q为地区节能设计标准限值。

当设计的居住建筑不符合体形系数、窗墙面积比和围护结构传热系数的有关规定时，就应采用动态方法计算建筑物的节能综合指标，不同建筑地区有不同的计算方法，如同围护结构一样设置3个档次。

6.2.4 居住建筑选择集中采暖、空调系统，还是分户采暖、空调，应根据当地能源、环保等因素，通过仔细的技术经济分析来确定。

建设部2005年11月10日颁布了第143号令《民用建筑节能管理规定》，其中第十二条规定“采用集中采暖制冷方式的新建民用建筑应当安设建筑物室内温度控制和用能计量设施，逐步实行基本冷热价和计量冷热价共同构成的两部制用能价格制度。”

居住建筑采用分散式（户式）空气调节器（机）进行空调（及采暖）时，若用户自行购置空调器，分值系满分；若开发商配置时，其能效等级应按目前节能评价水平中的2级、3级及4级分别给予不同分值（目前的5级预计今后会淘汰）。

对分体空调室外安放搁板时，应充分考虑其位置利于空调器夏季排放热量、冬季吸收热量，并应防止对室内产生热污染及噪声污染。

6.2.5 照明节能也属建筑节能的一个分支。四条内容系根据国标《建筑照明设计标准》的内容归纳出来的。*LPD*指照明功率密度，即每平方米的照明功率不能超过标准规定。

6.3 节 水

6.3.1 水是维持地球生态和人类生存的基础性自然资源，但是我国水资源安全形势十分严峻，资源相对不足是制约发展的突出矛盾。我国人均水资源拥有量仅为世界平均水平的1/4，600多个城市中400多个缺水，其中110个严重缺水。我国的水资源量呈现出南方地区为水质型缺水，北方地区为水量加水质复合型缺水的特点。住宅用水是整体水耗的一个重要分支，因此在住宅的规划设计中考虑节水有十分积极的意义，不仅排位在节能后，分值也较高。选择了中水利用、雨水利用、节水器具及管材、公共场所节水和景观用水5个分项来评定。

6.3.2 中水利用是节水最显著的一项措施。目前较普遍的现象是，一方面大家知道供水紧张，另一方面又把优质水用于绿化、洗车、洗路和冲便器，而这些用水是完全能用中水取代的。北京、深圳、济南等城市都已明确规定，建筑面积5万m^2以上的居住小区，必须建立中水设施。有些城市正在建设规模颇大的中水供水管网。鉴于此，除了要求建立中水设施，也可安装中水管道。目前，对中水的水质安全及价格等问题，专家们也有不同看法，针对缺水的现状，还是制定了此条。

中水系统的设置应进行技术经济分析，应符合当地政府相关法规要求，并非要一刀切。所以写明要符合当地政府的有关规定要求。

6.3.3 雨水利用是节水中的重要措施。发达国家对此非常重视，且在产业化方面发展很快。中国的年平均降雨量为840mm，约为世界平均降雨量，但在时空上分布很不均匀，对雨水回渗采取将透水地面用于停车场、道路的做法，对绿化及生态均有好处。对雨水回收虽涉及收集装置、水处理、回用装置等许多环节，但成本不大，还应提倡，最好结合当地的降雨情况决定采用与否。

6.3.4 卫生间用水量占家庭用水60%～70%，便器用水占家庭用水的30%～50%，对此，对便器和水龙头作了规定。

2002年全国城市公共供水系统的管网漏损率达21.5%，全国城市供水年漏损量近100亿m^3，所以提高管道用材质量，减少漏损也是一项重要措施。

6.3.5 公共场所用水浪费是一种常见现象。除了采用延时自闭、感应自闭水嘴或阀门等节水器具外，主要应防止绿化灌溉浪费用水。大量种植草坪是一种严重耗水的设计，在干旱缺水地区应予限制。

6.3.6 水景是当今住宅建设中的一种时尚，规模不一，小型有喷泉、叠流、瀑布等；中型的有溪流、镜池等；大型的有水面、人工湖等。调查表明，较多的补充水系采用自来水，这是一种浪费，其代价是由居民来承担的。本条规定景观用水不准利用自来水作为补充水。

6.4 节 地

6.4.1 虽然我国地大物博，但可供生存生活的土地与世界人口第一大国的现实情况相比，土地资源显得十分紧张，节地也是评价住宅建设必须考虑的一大问题。本项目选择地下停车比例、容积率、建筑设计、新型墙体材料、节地措施、地下公建和土地利用7个分项进行评价。

6.4.2 随着国民经济的高速发展，私人小汽车拥有量也快速增长，各地制订的标准差异也很大，停车位太少满足不了需求，停车位太多又浪费了资源，加上停车方式有地下、半地下、地面和停车楼多种形式，给制订标准带来了困难。《城市居住区规划设计规范》GB 50180（2002年版）对居民停车率只作了10%的下限指标，出于对地面环境的考虑，又规定地面停车率不宜超过10%。

现有的大中城市的停车率远超过10%，若再考虑地面停车率时，以10%为指标显然是不合适的。本条在强调利用地下空间资源放置部分小汽车的同时，出于节地的考虑隐含着在地面还是可以存放部分小汽车。请注意，在环境性能中所称之停车率系指居住区内居民汽车的停车位数量与居住户数的比率（%）；此处所称的地下停车比例，系指地下停车位数量占停车数量总数的比例。

6.4.3 容积率是每公顷住区用地上拥有的各类建筑的建筑面积（万m^2/hm^2）或以住区总建筑面积（万m^2）与住区用地（万m^2）的比值表示。它是开发商最敏感的一个数字。容积率过小，土地资源利用率低，造成单位住宅成本过高；容积率过大，可能产生人口密度过高、居住环境质量下降、建筑造价过高等问题。因而，对容积率的评定要综合考虑经济、环境以及未来发展等多种因素。实际上住宅性能认定前，容积率已由规划部门严格审批，在此强调是突出节地的重要性。

6.4.4 使用面积系数是指住宅建筑总使用面积与总建筑面积之比，本指标体系的使用面积系数是根据经验数字而确定的，高层住宅因分摊的公用面积多，使用面积系数较低，而多层住宅分摊的公用面积少，使用面积系数偏高。户均面宽值不大于户均面积的1/10是为了保证一定的进深，这也是节地的一个重要措施。

6.4.5 墙体材料改革国家已有明文规定，其核心是用新型墙材取代实心黏土砖，改变我国数千年毁田烧砖的历史，实际上也是节地的一种表现形式。这项政策目前限于国家已正式公布的170个城市，其他地区暂不受此约束。

6.4.6 科技发展日新月异，建筑业中的新设备、新工艺、新材料不断涌现，有的采用后可大大地节约土地，如采用箱式变压器，仅占地约20m²，可替代过去占地约200m²的配电室，对节地作用是明显的。

6.4.7 公建的日照等要求不如居室那么高，所以把部分公建置于地下乃是节地的一种途径。

6.5 节 材

6.5.1 贯彻可持续发展方针，节约资源、节约材料是一个很重要的环节，本项目选择可再生材料利用、建筑设计施工新技术、节材新措施和建材回收率4个分项进行评价。

6.5.2 可再生材料系指钢材、木材、竹材等。

6.5.3 建筑设计施工新技术中的高强高性能混凝土、高效钢筋、预应力钢筋混凝土、粗直径钢筋连接、新型模板与脚手架应用、地基基础、钢结构新技术和企业的计算机应用与管理技术均涉及节材的内容，据英国管理资料介绍，单是企业的计算机应用及管理就可减少材料浪费30%。由于涉及内容较多，各项工程选用新技术情况不一，所以采用按选用数量多少分级评分的办法。

6.5.5 现在欧美等发达国家对于建筑物均有"建材回收率"的规定，也就是通常指定建筑物必须使用三至四成以上的再生玻璃、再生混凝土砖、再生木材等回收建材。1993年日本的混凝土块的再利用率约为七成，营建废弃物的五成均经过回收再循环使用，有些欧洲国家甚至以八成回收率为目标。考虑到我国这方面工作尚处于起步阶段，采用较低指标、分级评分的办法。

7 安全性能的评定

7.1 一般规定

7.1.1 住宅是居民日常生活起居的空间，在建筑结构上应是安全可靠的，且应具有足够的防火、抗风及抗地震等防灾功能，并能防止发生安全事故。本标准根据国内外的设计经验，从结构安全、建筑防火、燃气及电气设备安全、日常安全防范措施和室内污染物控制5个项目，对住宅安全性能进行评定。

7.2 结构安全

7.2.1 在结构安全评定项目中，除了审阅住宅结构的设计与施工应满足相关规范规定外，本标准还关注荷载取值、设计使用年限，以及实际工程质量情况等，评定包括工程质量、地基基础、荷载等级、抗震设防和外观质量。

7.2.2 我国工程建设中出现的质量事故，很多是由于不按基本建设程序办事造成的。因此，在评定中首先应审阅设计、施工程序是否符合国家相关文件规定，经有关部门批准的工程项目文件和设计文件是否齐全，勘察单位的资质是否与工程的复杂程度相符。施工质量与建筑材料的质量、结构施工的项目管理、施工监理、质量验收等有关，施工质量应经过验收合格，并在质量监督部门备案。

在住宅性能评定中，申报单位应提供的施工验收文件和记录如下：

1）地基与基础工程隐蔽验收记录：基础挖土验槽记录，地基勘测报告及地基土承载力复查记录，各类基础填埋前隐蔽验收记录。

2）主体结构工程隐蔽验收记录：砌体内配筋隐蔽验收记录，沉降、伸缩、抗震缝隐蔽验收记录，砌体内构造柱、圈梁隐蔽验收记录，主体承重结构钢筋、钢结构隐蔽验收记录。

3）主要建筑材料质量保证资料：钢材出厂合格证及试验报告，焊接试（检）验报告，水泥出厂合格证及试验报告，墙体材料出厂合格证及试验报告，构件出厂合格证及试验报告，混凝土及砂浆试验报告。

7.2.3 地基承载力的评定以有关部门出具的勘探报告为依据，并考察设计与地质勘察提供的内容是否相符或实际采用的持力层是否合理、安全，对满足有关设计规范的要求，评定工作主要对已经过主管部门审核、批准的有关资料基本认可，仅对重点或可疑项目进行抽查，如现场查看建筑是否存在基础沉降或超长等问题及由此产生的裂缝。对处于湿陷性黄土地区的住宅，尚应评定在设计中是否采取有效措施防止管道渗漏，以免造成地基沉陷问题。

7.2.4 在现行国家标准《建筑结构荷载规范》GB 50009中，已将楼面活荷载的取值从原1.5kN/m²提高为

2.0kN/m²。由于规范规定的活荷载值是最小值，且从长远考虑民用建筑的楼面活荷载宜留有一定的裕度，故在住宅性能评定中，对有的住宅设计将楼面和屋面活荷载比规范规定值高出25%进行设计，可评给较高得分。此外，楼面荷载还包括公共走廊、门厅、阳台及消防疏散楼梯等的荷载取值。

我国幅员广大，在南方风荷载是住宅建筑结构的主要荷载之一，但在北方雪荷载是住宅屋面结构的主要荷载之一。是否合理确定上述荷载的大小及其分布将直接影响住宅结构的安全性和经济性。本标准鼓励对风荷载、雪荷载进行研究，如对住宅建筑群在风洞试验的基础上进行设计，对本地区冬季积雪情况不稳定开展研究。也可根据现行国家标准《建筑结构荷载规范》GB 50009 附录 D 合理采用重现期为70年或100年的最大风压或雪压，以提升住宅结构防风或防雪灾的安全性，取70年将与目前我国土地出让期为70年相呼应。由于我国的住宅建筑在北方冬季受雪荷载的问题突出，在南方夏季受风荷载突出，故在住宅性能评定中，除了满足设计规范要求，若在风荷载或雪荷载取值中有一项采用高于规范规定值时，即可评给较高分值。

7.2.5 抗震设计的评定主要审阅经过主管部门审核、批准的有关资料，进行认可；审查抗震设防烈度、结构体系与体型、结构材料和抗震措施是否符合现行国家标准《建筑抗震设计规范》GB 50011 的规定，含基础构造规定和抗震构造措施，整体结构的抗震验算，上部结构的构造规定及抗震构造措施等。对抗震设防8度以上的地区，要重点审查地基抗震验算。并提倡在住宅设计中采取抗震性能更好的结构体系、类型及技术。

7.2.6 对预制板、现浇梁、板、柱检查其尺寸是否与设计相符；是否存在由于施工等原因产生的裂缝，如基础沉降、温度、收缩及建筑超长等引起的裂缝，以及外观质量；对梁、板尚应检查挠度是否与设计相符，并满足设计规范要求。

7.3 建筑防火

7.3.1 本项目评定各类住宅在耐火等级、灭火与报警系统、防火门(窗)和安全疏散设施等方面的设计与施工质量。其主要的依据是现行国家标准《建筑设计防火规范》GBJ 16—87(2001年版)和《高层民用建筑设计防火规范》GB 50045—95(2001年版)。

7.3.2 建筑物的耐火等级是由其主要建筑构件的燃烧性能和耐火极限值确定的。其中低层、多层建筑分为四个耐火等级，高层建筑分为两个耐火等级。评定时，根据现行国家标准《建筑设计防火规范》GBJ 16—87(2001年版)和《高层民用建筑设计防火规范》GB 50045—95(2001年版)中的有关规定，通过审阅设计资料和现场检查的方法评定住宅各类构件实际达到的耐火度。只有当建筑物的构件均等于或大于该耐火等级的规范要求值时，被评定的耐火等级才是成立的。现行国家标准《住宅建筑规范》GB 50368—2005 中有关住宅建筑构件的燃烧性能和耐火极限的规定见表3。

表3 住宅建筑构件的燃烧性能和耐火极限(h)

构件名称		耐火等级			
		一级	二级	三级	四级
墙	防火墙	不燃性 3.00	不燃性 3.00	不燃性 3.00	不燃性 3.00
	非承重外墙、疏散走道两侧的隔墙	不燃性 1.00	不燃性 1.00	不燃性 0.75	难燃性 0.75
	楼梯间的墙、电梯井的墙、住宅单元之间的墙、住宅分户墙、承重墙	不燃性 2.00	不燃性 2.00	不燃性 1.50	难燃性 1.00
	房间隔墙	不燃性 0.75	不燃性 0.50	难燃性 0.50	难燃性 0.25
柱		不燃性 3.00	不燃性 2.50	不燃性 2.00	难燃性 1.00

续表

构件名称	耐火等级			
	一级	二级	三级	四级
梁	不燃性 2.00	不燃性 1.50	不燃性 1.00	难燃性 1.00
楼板	不燃性 1.50	不燃性 1.00	不燃性 0.75	难燃性 0.50
屋顶承重构件	不燃性 1.50	不燃性 1.00	难燃性 0.50	难燃性 0.25
疏散楼梯	不燃性 1.50	不燃性 1.00	不燃性 0.75	难燃性 0.50

注:表中外墙指除外保温层外的主体构件。

7.3.3 为了保证住宅建筑着火后能够被早期发现和被施于有效的灭火救助,所以要求住宅建筑必须设有室外消火栓系统和便于消防车靠近的消防道路。关于住宅建筑与相邻民用建筑之间防火间距的要求,应按现行国家标准《住宅建筑规范》GB 50368—2005 执行,见表 4。当建筑相邻外墙采取必要的防火措施后,其防火间距可适当减少或贴邻。对住宅而言,只有超过六层的建筑,规范才开始要求设室内消防给水。评定要根据相应规范要求检验消防竖管的位置和数量以及消火栓箱的辨认标识。一般只有在高档的高层住宅中,规范才要求设置自动报警系统与自动喷水灭火装置,执行本条时,只要被评定的住宅设有自动报警系统并且质量合格,就应给予相应的分值。对 6 层及 6 层以下的住宅,无火灾自动报警与自动喷水要求。

按现行国家标准《建筑灭火器配置设计规范》GBJ 140 的规定,对高级住宅,10 层及 10 层以上的普通住宅,尚有配置建筑灭火器的要求。

表 4 住宅建筑与住宅建筑及其他民用建筑之间的防火间距(m)

建筑类别			10 层及 10 层以上住宅或其他高层民用建筑		10 层以下住宅或其他非高层民用建筑		
			高层建筑	裙房	耐火等级		
					一、二级	三级	四级
10 层以下住宅	耐火等级	一、二级	9	6	6	7	9
		三级	11	7	7	8	10
		四级	14	9	9	10	12
10 层及 10 层以上住宅			13	9	9	11	14

7.3.4 在住宅建筑中,防火门、窗的设置及功能要求应按照本标准条文说明第 7.3.1 条中所列现行国家标准的规定进行评定。

7.3.5 在建筑防火方面,防火分区是为防止局部火灾迅速扩大蔓延的一项防火措施,防火规范对各类民用建筑防火分区的允许最大建筑面积等有具体规定。考虑到住宅设计在平面布置上的特点,各楼层的建筑面积一般不会很大,这样就使得对住宅建筑进行防火分区的划分意义不大了。按照现行国家标准《住宅建筑规范》GB 50368—2005 的做法,本评定标准亦不对住宅建筑的防火分区进行评定,但根据上述国家标准的规定按安全出口的数量控制每个住宅单元的面积,要求住宅建筑应根据建筑的耐火等级、建筑层数、建筑面积、疏散距离等因素设置安全出口,并应符合下列要求:

1 10 层以下的住宅建筑,当住宅单元任一层建筑面积大于 $650m^2$,或任一住户的户门至安全出口的距离大于 15m 时,该住宅单元每层安全出口不应少于 2 个;

2 10 层及 10 层以上但不超过 18 层的住宅建筑,当住宅单元任一层建筑面积大于 $650m^2$,或任一住户的户门至安全出口的距离大于10m时，该住宅单元每层安全出口不应少于2个；

3 19层及19层以上住宅建筑，每个住宅单元每层安全出口不应少于2个；

4 安全出口应分散布置，两个安全出口之间的距离不应小于5m；

5 楼梯间及前室的门应向疏散方向开启；安装有门禁系统的住宅，应保证住宅直通室外的门在任何时候能从内部徒手开启。

此外，任一层有2个及2个以上安全出口的住宅单元，户门至最近安全出口的距离应根据建筑耐火等级、楼梯间形式和疏散方式按防火规范确定。

住宅建筑的安全疏散还体现在垂直方向，因此要求疏散楼梯、消防电梯必须满足规范有关数量和宽度的要求。在《高层民用建筑设计防火规范》GB 50045—95（2001年版）中，对高层塔式住宅，12层及12层以上的单元式住宅和通廊式住宅有设置消防电梯的规定。为了保证疏散楼梯的辨识与通畅，还应审查应急照明和指示标识。目前国家规范对住宅尚未提出设置自救逃生装置的要求。本条文从发展的角度，提出了该项评估内容，将有助于火灾中人员的逃生。

7.4 燃气及电气设备安全

7.4.1 本项目的评定包括燃气设备安全及电气设备安全两个分项。

7.4.2 燃气设备安全评定所依据的相关规范及条文说明如下：

1 燃气器具本身的质量是保证燃气使用安全和使用功能的物质基础，因此首先要确保产品质量，产品必须由国家认证批准的具有生产资质的厂家生产，而且每台设备应有质量检验合格证、检验合格标示牌、产品性能规格说明书、产品使用说明书等必须具备的文件资料。尤其需要注意的是，燃气器具的类型必须适应安装场所供气的品种。

2 居民生活用燃气管道的安装位置及燃气设备安装场所应符合现行国家标准《城镇燃气设计规范》GB 50028有关条款的要求。

3 在燃气燃烧过程中由于多种原因（如沸腾溢水、风吹）造成熄火，熄火后如不及时关闭气阀，燃气就会大量散出从而造成中毒或爆炸事故。有了熄火保护自动关闭阀门装置就可以防止上述事故的发生，提高使用燃气的安全性。

4 当安装燃气设备的房间因燃气泄漏达到燃气报警浓度时，燃气浓度报警器报警并自动关闭总进气阀，同时启动排风设备排风。这要求该设备既可以中止燃气泄漏又能将已泄漏的燃气排到室外，从而防止发生中毒和爆炸事故。由于对设备的要求高，增加的投资亦多，如果设备的质量得不到保证，反而会增加危险。因此本标准中没有列入“连锁关闭进气阀并启动排风设备”的要求。

5 燃气设备安装应由具备相应资质的专业施工单位承担，安装完成后应按施工图纸要求和国家现行标准《城镇燃气室内工程施工及验收规范》CJJ 94进行质量检查和验收。验收合格后才能交付使用。

6 安装燃气设备的厨房、卫生间应有泄爆面，万一发生爆炸可以首先破开泄爆面，释放爆炸压力，保护承重结构不受破坏，从而防止倒塌事故。为保护承重结构不受破坏，尚可采取现浇楼板、构造柱及其他增强结构整体稳定性的构造措施等。

7.4.3 电气设备安全的评定包括电气设备及材料、配电系统、防雷设施、电梯产品质量以及电气施工和电梯安装质量等。住宅配电系统的设计应符合现行国家标准《低压配电设计规范》GB 50054及《住宅设计规范》GB 50096的规定；配电系统的施工应按照现行国家标准“电气装置安装工程”系列规范及《建筑电气工程施工质量验收规范》GB 50303的规定执行。

1 电气设备及材料的质量是保证配电系统安全的最重要因素，因此我国对电气设备及主要电气材料产品实行强制性产品认证。本条要求工程中使用的电气设备及主要材料，其生产厂家不仅具有电气产品生产的资质，而且其生产的产品名称和系列、型号、规格、产品标准和技术要求等均通过国家强制性产品认证。此外，本条还要求使用的产品是厂家的合格产品。

2 本条是为了保证用电的人身安全和配电系统的正常运行，要求配电系统具有完好的保护功能和措施。这些保护应包括短路、过负荷、接地故障、漏电、防雷电波等高电位入侵，防误操作等。

3 本条要求电气设备及主要材料的型号、技术参数、功能和防护等级应与其所安装场所的环境对产品的要求相适应。这里的环境主要包括地理位置、海拔高度、日晒、风、雨、雪、尘埃、温度、湿度、盐雾、腐蚀性气体、爆炸危险、火灾危险等。

4 本条评定建筑物是否按规范要求设置防雷措施,这些措施应包括防直接雷、感应雷和防雷电波入侵。设置的防雷措施应齐全,防雷装置的质量和性能应满足相关规范及地方法规的要求。

5 本条评定配电系统接地方式是否合适,接地做法是否满足接地功能要求;等电位连接、带浴室的卫生间局部等电位连接是否符合设计和规范要求;接地装置是否完整,性能是否满足要求;材料和防腐处理是否合格。

6 本条指的工程质量应包括两个方面,一是配电系统设计质量是否满足安全性能要求;二是施工是否按照设计图纸施工,且满足施工质量的要求。在施工质量中强调配电线路敷设,配电线路的材质、规格是否满足设计要求,线路敷设是否满足防火要求,防火封堵是否完善。明确要求配电线路的导体用铜质,支线导体截面不小于 $2.5mm^2$,空调、厨房分支回路不小于 $4mm^2$。施工记录、质量验收是否合格等。

7 电梯产品符合国家质量标准要求,电梯安装、调试符合现行国家标准《电梯安装验收规范》GB 10060 的质量要求,且应获得有关安全部门检验合格。

7.5 日常安全防范措施

7.5.1 住宅设计的日常安全防范措施从防盗措施、防滑防跌措施和防坠落措施 3 个分项来评定。具体评定要求和指标主要按照现行国家标准《住宅设计规范》GB 50096 有关条款及设计经验作出规定。

7.5.2 防盗户门、防盗网、电子防盗等设施的质量直接影响其防盗的效果,而厂家的产品合格证是其质量的基本保证。审阅防盗设施的产品合格证是保证防盗设施质量的有效方法。现场检查主要是检查防盗设施的观感质量以及其安装部位的合理性和全面性。多层或高层住宅底层的防盗护栏应设有可以从室内开启逃生的装置。

7.5.3 本条参照现行国家标准《民用建筑设计通则》GB 50352—2005 对楼地面的有关规定进行评定。

审阅设计文件主要是审核防滑材料和防跌设施设计的合理性和全面性。审阅产品质量文件主要是审核厂家对于使用的防滑材料和防跌设施的产品质量保证文件。现场检查主要是检查防滑材料和防跌设施是否符合设计要求。

7.5.4 本条依据现行国家标准《住宅设计规范》GB 50096 对门窗设计、楼梯设计及上人屋面设计等的有关规定进行评定。

1 控制阳台栏杆(栏板)和上人屋面女儿墙(栏杆)的高度,以及垂直杆件间水平净距,是防止儿童发生坠落事故的重要环节。对非垂直杆件栏杆的要求,可参照对垂直栏杆的规定执行,且有防儿童攀爬措施。

2 外窗是指窗外无阳台或露台的窗户。净高是指从楼面或窗台下可登踏面至窗台面的垂直高度。控制其高度是防止窗台低造成人员跌落。

3 楼梯扶手高度是指楼梯踏步中心或休息平台地面至栏杆扶手顶面的垂直高度。控制楼梯栏杆垂直杆件间的水平净距其目的同前所述。

4 室内顶棚和内外墙面装修层的牢固性是建筑装修工程中最基本的要求,而高层住宅的外墙外表面装修层如果不牢固将对人身安全形成很大的潜在危害,因此必须切实保证其牢固性,其耐久性也同样重要。饰面砖应达到国家现行标准《建筑工程饰面砖粘结强度检验标准》JGJ 110 的规定指标,以质检报告为依据。室内外装修装饰物牢靠包括电梯厅等部位的大型灯具及门窗应使用安全玻璃等。

7.6 室内污染物控制

7.6.1 由于造成住宅建筑室内空气污染的主要来源是所采用的建筑材料,包括无机建筑材料和有机建筑材料两大类。本项目主要从墙体材料放射性污染及有害物质含量、室内装修材料有害物质含量和室内环境污染物含量 3 个分项来评定室内污染物控制情况。

7.6.2 放射线危害人体健康主要通过两种途径:一是从外部照射人体,称为外照射;另一是放射性物质进入人体后从人体内部照射人体,称为内照射。现行国家标准《建筑材料放射性核素限量》GB 6566 分别用外照射指数 I_{γ} 和内照射指数 I_{Ra} 来限制建筑材料产品中核素的放射性污染,如下式所示:

$$I_{\gamma}=\frac{C_{Ra}}{370}+\frac{C_{Th}}{260}+\frac{C_{k}}{4200}$$

$$I_{Ra}=\frac{C_{Ra}}{200}$$

式中　C_{Ra}、C_{Th}和C_{k}——建筑材料中天然放射性核素Ra^{226}、Th^{232}和K^{40}的放射性比活度。

按照GB 6566—2001的规定:对于建筑主体材料(包括水泥与水泥制品、砖瓦、混凝土、混凝土预制构件、砌块、墙体保温材料、工业废渣、掺工业废渣的建筑材料及各种新型墙体材料)需同时满足$I_{\gamma}\leqslant1.0$和$I_{Ra}\leqslant1.0$;对空心率大于25%的建筑主体材料需同时满足$I_{\gamma}\leqslant1.3$和$I_{Ra}\leqslant1.0$。评定时应审阅墙体材料放射性专项检测报告。

此外,规定对混凝土外加剂中释放氨的含量进行评定,评定的依据是现行国家标准《民用建筑工程室内环境污染控制规范》GB 50325和《混凝土外加剂中释放氨的限量》GB 18588,二者控制的指标是一致的,均为不大于0.10%。

7.6.3　本条规定的评定子项是室内装修材料有害物质含量,包括人造板及其制品、溶剂型木器涂料、内墙涂料、胶粘剂、壁纸、室内用花岗石及其他石材等6类材料。评定时要求审阅产品的合格证和专项检测报告,材料供应商应向设计人员和施工人员提供真实可靠的有害物质含量专项检测报告,设计人员和施工人员有责任选用符合相关标准规范要求的装修材料。涉及有害物质限量的标准主要有国家质量监督检验检疫总局于2001年发布的10项有害物质限量标准和现行国家标准《民用建筑工程室内环境污染控制规范》GB 50325第3章,二者的要求大部分是一致的。现将各类材料涉及的有害物质限量标准说明如下:

1　人造木板及其制品应有游离甲醛含量的检测报告,并应符合现行国家标准《室内装饰装修材料　人造板及其制品中甲醛释放限量》GB 18580的要求,同时应满足现行国家标准《民用建筑工程室内环境污染控制规范》GB 50325关于"Ⅰ类民用建筑工程的室内装修,必须采用E_1类人造木板及饰面人造木板"的要求。

2　溶剂型木器涂料的专项检测报告应符合现行国家标准《室内装饰装修材料　溶剂型木器涂料有害物质限量》GB 18581的要求,其中游离甲醛、苯、甲苯+二甲苯、总挥发性有机化合物(TVOC)等四项是各类溶剂型木器涂料都要检测的项目,如果属于聚氨酯类涂料,还应检测游离甲苯二异氰酸酯(TDI)的含量。

3　水性内墙涂料的专项检测报告应符合现行国家标准《室内装饰装修材料　内墙涂料中有害物质限量》GB 18582的要求,检测项目包括挥发性有机化合物(VOC)、游离甲醛、重金属等3项。现行国家标准《民用建筑工程室内环境污染控制规范》GB 50325只要求检测挥发性有机化合物(VOC)和游离甲醛两项。

4　胶粘剂的专项检测报告应符合现行国家标准《室内装饰装修材料　胶粘剂中有害物质限量》GB 18583的要求,其中一般要检测游离甲醛、苯、甲苯+二甲苯、总挥发性有机化合物(TVOC)等四项指标。如果属于聚氨酯类涂料,还应检测游离甲苯二异氰酸酯(TDI)的含量。

5　壁纸的专项检测报告应符合现行国家标准《室内装饰装修材料　壁纸中有害物质限量》GB 18585的要求,检测项目包括重金属、氯乙烯单体、甲醛等3项。

6　现行国家标准《建筑材料放射性核素限量》GB 6566对于装修材料(包括花岗石、建筑陶瓷、石膏制品、吊顶材料、粉刷材料及其他新型饰面材料)根据I_{γ}和I_{Ra}限值分成A、B和C三类,其限量与主体材料相比有所放宽:

A类:$I_{\gamma}\leqslant1.3$和$I_{Ra}\leqslant1.0$,产销与使用范围不受限制;

B类:$I_{\gamma}\leqslant1.9$和$I_{Ra}\leqslant1.3$,不可用于Ⅰ类民用建筑(如住宅、老年公寓、托儿所、医院和学校等)的内饰面,可用于Ⅰ类民用建筑的外饰面及其他一切建筑物的内、外饰面;

C类:满足$I_{\gamma}\leqslant2.8$但不满足A、B类要求的装修材料,只可用于建筑物的外饰面及室外其他用途。$I_{\gamma}>2.8$的花岗石只可用于碑石、海堤、桥墩等人类很少涉足的地方。

因此,室内用花岗石等石材的专项检测报告应符合现行国家标准《建筑材料放射性核素限量》GB 6566中A类的要求;室外用花岗石等石材应符合A类或B类的要求。

除以上常用材料外,住宅装修中所采用的木地板、聚氯乙烯卷材地板、化纤地毯、水性处理剂、溶剂等也有可能引入甲醛、氯乙烯单体、苯系物等有害物质。虽然此类材料未列入评定范围,如果用量较大也有可能导致本标准第7.6.4条规定的污染物含量超标,需要引起设计、施工单位的重视。

7.6.4 本条规定的评定子项是室内环境污染物含量,包括室内氡浓度、游离甲醛浓度、苯浓度、氨浓度、*TVOC*浓度等。这些污染物的浓度限量是依据现行国家标准《民用建筑工程室内环境污染控制规范》*GB* 50325作出规定的,见表5。污染物浓度限量,除氡外均应以同步测定的室外空气相应值为空白值。

评定时要求审阅空气质量专项检测报告,当室内环境污染物五项指标的检测结果全部合格时,方可判定该工程室内环境质量合格。室内环境质量验收不合格的住宅不允许投入使用。

表5 住宅室内空气污染物浓度限量

序号	项目	限量
1	氡	$\leqslant 200Bq/m^3$
2	游离甲醛	$0.08mg/m^3$
3	苯	$\leqslant 0.09mg/m^3$
4	氨	$\leqslant 0.2mg/m^3$
5	总挥发性有机化合物(*TVOC*)	$\leqslant 0.5mg/m^3$

8 耐久性能的评定

8.1 一般规定

8.1.1 本条规定了申报性能评定住宅的耐久性评定项目和满分分数。

8.1.2 住宅耐久性能各分项的评定一般包括:设计要求、材料质量与性能、工程质量验收情况和现场检查情况。设计使用年限是住宅耐久性能评定的重要指标,本标准提出的有关设计使用年限是根据有关规范和调查统计数据得出的。

8.2 结构工程

8.2.2 勘察报告的质量关系到结构的安全性和基础工程的耐久性能,勘察点的数量、土壤与地下水的侵蚀种类与等级是反映勘察报告(与耐久性相关)质量的两个重要方面,为避免重复规定,本标准在安全性的评定中未规定勘察报告的评审,但在耐久性评审时,应审阅勘察报告有关结构安全性的项目。

8.2.3 现行国家标准《建筑结构可靠度设计统一标准》*GB* 50068规定的结构设计使用年限为5年、25年、50年和100年。根据我国住宅的特定情况,本规程将申报性能评定住宅的设计使用年限分为50年和100年两个档次。现行国家标准《混凝土结构设计规范》*GB* 50010和《砌体结构设计规范》*GB* 50003对设计使用年限为100年和50年结构的材料等级、构造要求、有害元素含量、防护措施等都有相应的规定,评审时可对照相应规范的规定核查设计确定的技术措施。现行国家标准的规定一般为下限规定,故设计采取的技术措施一般宜高于现行国家标准的规定。

8.2.4 结构工程施工质量验收合格是申报性能评定住宅必须具备的条件,是评审组必须核查的分项。由于本标准第4章已有相应的规定,本条仅提出实体检测要求。

实体检测结果能直观地反映结构工程的质量情况,目前现行国家有关验收规范对实体检测已作出具体规定,检测工作应由具有相应资质的独立第三方进行。

8.2.5 现场检查是评审组对工程质量评审的措施之一,现场检查应以可见的外观质量为主。

8.3 装修工程

8.3.2 本标准只对住宅外墙装修(含外墙外保温)的设计使用年限提出要求。根据调查资料,外墙挂板、饰面、幕墙的合理使用寿命平均为40年。考虑地区差异,本标准提出的外墙装修的设计使用年限为10~20年。同时建议设计对装修材料耐用指标提出具体的要求,耐用指标是确定材料性能的关键因素。装修材料的耐用指标可分成抗裂性能、耐擦洗性能、防霉变能力、耐脱落性能、耐脱色性能、耐冲撞性能、耐磨性能等。设计可根据装修部位和预期使用年限确定相应的耐用指标。例如地面需要耐擦洗、耐磨和耐冲撞等。

8.3.3 材料为合格产品是对材料的基本要求，在任何情况下都不得使用不合格的材料。因本标准其他章节对装修材料还有要求，本节不再提出装修材料为合格产品的要求，实际上，装修材料应为满足相应耐久性检验指标要求的合格产品。

8.3.4 施工质量验收合格是对装修工程施工质量的基本要求。

8.3.5 参见本标准第8.2.5条条文说明。

8.4 防水工程与防潮措施

8.4.2 现行国家标准《屋面工程质量验收规范》*GB* 50207规定：屋面防水等级分成四级，对应的合理使用年限为Ⅰ级25年，Ⅱ级15年，Ⅲ级10年，Ⅳ级5年；本标准规定，申报性能认定住宅的屋面防水工程的设计使用年限不低于15年（相当于Ⅱ级），最高为不低于25年（相当于Ⅰ级）。卫生间防水工程的实际使用寿命一般高于屋面防水工程的实际使用寿命。本标准规定的卫生间防水工程设计使用年限，考虑了卫生器具和相应管线的实际使用寿命因素。地下工程的防水一旦出现渗漏很难修复，因此其设计使用年限不宜低于50年。一般来说，地下防水工程宜采取两种或两种以上的防水做法。

我国地域辽阔，气候情况差异较大，根据气候条件确定防水材料的耐用指标是必要的，如我国的东北等地区要考虑屋面防水材料的抗冻性能。

8.4.3 防水材料应为满足相应耐用指标要求的合格产品。

8.4.5 淋水或蓄水是检验防水工程质量最直观的方法之一，因此，对全部防水工程（不含地下室）均应进行淋水或蓄水检验。

8.4.6 我国现行国家标准对防水工程合格验收有明确的规定，现场检查时应符合现行国家标准的规定，同时应检查外墙是否渗漏，墙体、顶棚与地面是否潮湿。

8.5 管线工程

8.5.2 本条提出的管线工程设计使用年限为各类管线中最低的设计使用年限。根据调查，空调管道的合理使用寿命平均为20年，给水装置为40年，卫生间设施为20年，电气设施为40年。据此提出管线工程的最低设计使用年限作为评定的要求，且在所有管线中以设计使用年限最低的管线作为评定的对象。管线工程的实际使用年限总是低于结构的实际使用年限，在住宅使用过程中更换管线是不可避免的，设计时应考虑管线维修与更换的方便。在本标准其他章节已有关于方便管线更换的要求，本条不再规定。

上水管内壁为铜质的目的是为提高耐久性能和保证上水供水的质量，当有其他好的材料（无污染，寿命长）时可以使用。

8.5.3 参见本标准第8.4.3条条文说明。

8.6 设　备

8.6.2 本条规定的设计使用年限针对各类设备中使用年限最低的设备。燃气设备的使用年限一般为6～8年，不在本标准限制的范围之内。电子设备更新换代周期短，更新换代的周期不可与设计使用年限混淆。

8.6.3 设备为合格产品只是对其质量的基本要求，设备应为满足耐用指标要求的合格产品。设备耐用指标的检验耗时长、费用高，因此型式检验结论可作为评审的依据。

8.6.4 设备的安装质量是工程施工质量的一部分，因此有安装质量合格的要求。

8.6.5 设备的质量可通过现场运行进行检验。

8.7 门　窗

8.7.2 根据调查，门窗的使用寿命可到40年，本标准规定的门窗设计使用年限为无须大修的年限，该年限为20～30年。门窗上的易损可更换部件（如窗纱）不受该设计使用年限限制。

门窗反复开合或推拉的检验、外窗的耐候性能检验和门窗把手的检验等都可体现门窗的耐久性能。

8.7.3 门窗为合格产品只是对其质量的基本要求。门窗应为满足相应耐久性检验指标要求的合格产品。型式检验为产品生产定型时的检验。

8.7.4 门窗的安装质量对其使用性能有影响，对耐久性能也有影响。

本标准用词说明

1 为了便于执行本标准条文时区别对待,对要求严格程度不同的用词说明如下:

1)表示很严格,非这样做不可的用词:

正面词采用“必须”;反面词采用“严禁”。

2)表示严格,在正常情况下均应这样做的词:

正面词采用“应”,反面词采用“不应”或“不得”。

2 标准中指定应按其他有关标准、规范执行时,写法为:“应符合……的规定”或“应按……执行”。

中华人民共和国国家标准
建筑装饰装修工程质量验收规范

Code for construction quality acceptance of building decoration

GB 50210—2001

主编部门:中华人民共和国建设部

批准部门:中华人民共和国建设部

施行日期:2002 年 3 月 1 日

关于发布国家标准《建筑装饰装修工程质量验收规范》的通知

根据建设部《关于印发一九九八年工程建设国家标准制定、修订计划(第二批)的通知》(建标[1998]244号)的要求,由建设部会同有关部门共同修订的《建筑装饰装修工程质量验收规范》,经有关部门会审,批准为国家标准,编号为GB50210—2001,自2002年3月1日起施行。其中,3.1.1、3.1.5、3.2.3、3.2.9、3.3.4、3.3.5、4.1.12、5.1.11、6.1.12、8.2.4、8.3.4、9.1.8、9.1.13、9.1.14、12.5.6为强制性条文,必须严格执行。原《装饰工程施工及验收规范》GBJ 210—83、《建筑装饰工程施工及验收规范》JGJ 73—91和《建筑工程质量检验评定标准》GBJ 301—88中第十章、第十一章同时废止。

本标准由建设部负责管理,中国建筑科学研究院负责具体解释工作,建设部标准定额研究所组织中国建筑工业出版社出版发行。

中华人民共和国建设部

2001年11月1日

前　言

本标准是根据建设部建标[1998]244号文《关于印发一九九九年工程建设国家标准制订、修订计划(第二批)的通知》的要求,由中国建筑科学研究院会同有关单位共同对《建筑装饰工程施工及验收规范》JGJ 73—91和《建筑工程质量检验评定标准》GBJ 301—88修订而成的。

在修订过程中,规范编制组开展了专题研究,进行了比较广泛的调查研究,总结了多年来建筑装饰装修工程在设计、材料、施工等方面的经验,按照"验评分离、强化验收、完善手段、过程控制"的方针,进行了全面的修改,并以多种方式广泛征求了全国有关单位的意见,对主要问题进行了反复修改,最后经审查定稿。

本规范是决定装饰装修工程能否交付使用的质量验收规范。建筑装饰装修工程按施工工艺和装修部位划分为10个子分部工程,除地面子分部工程单独成册外,其他9个子分部工程的质量验收均由本规范作出规定。

本规范共分13章。前三章为总则、术语和基本规定。第4章至第12章为子分部工程的质量验收,其中每章的第一节为一般规定,第二节及以后的各节为分项工程的质量验收。第13章为分部工程的质量验收。

本规范将来可能需要进行局部修订,有关局部修订的信息和条文内容将刊登在《工程建设标准化》杂志上。

本规范以黑体字标志的条文为强制性条文,必须严格执行。

为了提高规范质量,请各单位在执行本规范的过程中,注意总结经验,积累资料,随时将有关的意见反馈给中国建筑科学研究院(通讯地址:北京市北三环东路30号,邮政编码:100013),以供今后修订时参考。

本规范主编单位、参编单位和主要起草人:

本规范主编单位:中国建筑科学研究院

本规范参编单位:北京市建设工程质量监督总站
中国建筑一局装饰公司
深圳市建设工程质量监督检验总站
上海汇丽(集团)公司
深圳市科源建筑装饰工程有限公司
北京建谊建筑工程有限公司

本规范主要起草人:孟小平　侯茂盛　张元勃　熊　伟
李爱新　龚万森　李子新　吴宏康
庄可章　张　鸣

1 总 则

1.0.1 为了加强建筑工程质量管理,统一建筑装饰装修工程的质量验收,保证工程质量,制定本规范。

1.0.2 本规范适用于新建、扩建、改建和既有建筑的装饰装修工程的质量验收。

1.0.3 建筑装饰装修工程的承包合同、设计文件及其他技术文件对工程质量验收的要求不得低于本规范的规定。

1.0.4 本规范应与国家标准《建筑工程施工质量验收统一标准》GB 50300—2001 配套使用。

1.0.5 建筑装饰装修工程的质量验收除应执行本规范外,尚应符合国家现行有关标准的规定。

2 术 语

2.0.1 建筑装饰装修 building decoration.

为保护建筑物的主体结构、完善建筑物的使用功能和美化建筑物,采用装饰装修材料或饰物,对建筑物的内外表面及空间进行的各种处理过程。

2.0.2 基体 primary structure

建筑物的主体结构或围护结构。

2.0.3 基层 base course

直接承受装饰装修施工的面层。

2.0.4 细部 detail

建筑装饰装修工程中局部采用的部件或饰物。

3 基本规定

3.1 设 计

3.1.1 建筑装饰装修工程必须进行设计,并出具完整的施工图设计文件。

3.1.2 承担建筑装饰装修工程设计的单位应具备相应的资质,并应建立质量管理体系。由于设计原因造成的质量问题应由设计单位负责。

3.1.3 建筑装饰装修设计应符合城市规划、消防、环保、节能等有关规定。

3.1.4 承担建筑装饰装修工程设计的单位应对建筑物进行必要的了解和实地勘察,设计深度应满足施工要求。

3.1.5 建筑装饰装修工程设计必须保证建筑物的结构安全和主要使用功能。当涉及主体和承重结构改动或增加荷载时,必须由原结构设计单位或具备相应资质的设计单位核查有关原始资料,对既有建筑结构的安全性进行核验、确认。

3.1.6 建筑装饰装修工程的防火、防雷和抗震设计应符合现行国家标准的规定。

3.1.7 当墙体或吊顶内的管线可能产生冰冻或结露时,应进行防冻或防结露设计。

3.2 材 料

3.2.1 建筑装饰装修工程所用材料的品种、规格和质量应符合设计要求和国家现行标准的规定。当设计无要求时应符合国家现行标准的规定。严禁使用国家明令淘汰的材料。

3.2.2 建筑装饰装修工程所用材料的燃烧性能应符合现行国家标准《建筑内部装修设计防火规范》GB 50222、《建筑设计防火规范》GBJ 16 和《高层民用建筑设计防火规范》GB50045 的规定。

3.2.3 建筑装饰装修工程所用材料应符合国家有关建筑装饰装修材料有害物质限量标准的规定。

3.2.4 所有材料进场时应对品种、规格、外观和尺寸进行验收。材料包装应完好,应有产品合格证书、中文说明书及相关性能的检测报告;进口产品应按规定进行商品检验。

3.2.5 进场后需要进行复验的材料种类及项目应符合本规范各章的规定。同一厂家生产的同一品种、同一类型的进场材料应至少抽取一组样品进行复验,当合同另有约定时应按合同执行。

3.2.6　当国家规定或合同约定应对材料进行见证检测时,或对材料的质量发生争议时,应进行见证检测。

3.2.7　承担建筑装饰装修材料检测的单位应具备相应的资质,并应建立质量管理体系。

3.2.8　建筑装饰装修工程所使用的材料在运输、储存和施工过程中,必须采取有效措施防止损坏、变质和污染环境。

3.2.9　建筑装饰装修工程所使用的材料应按设计要求进行防火、防腐和防虫处理。

3.2.10　现场配制的材料如砂浆、胶粘剂等,应按设计要求或产品说明书配制。

3.3　施　工

3.3.1　承担建筑装饰装修工程施工的单位应具备相应的资质,并应建立质量管理体系。施工单位应编制施工组织设计并应经过审查批准。施工单位应按有关的施工工艺标准或经审定的施工技术方案施工,并应对施工全过程实行质量控制。

3.3.2　承担建筑装饰装修工程施工的人员应有相应岗位的资格证书。

3.3.3　建筑装饰装修工程的施工质量应符合设计要求和本规范的规定,由于违反设计文件和本规范的规定施工造成的质量问题应由施工单位负责。

3.3.4　建筑装饰装修工程施工中,严禁违反设计文件擅自改动建筑主体、承重结构或主要使用功能;严禁未经设计确认和有关部门批准擅自拆改水、暖、电、燃气、通讯等配套设施。

3.3.5　施工单位应遵守有关环境保护的法律法规,并应采取有效措施控制施工现场的各种粉尘、废气、废弃物、噪声、振动等对周围环境造成的污染和危害。

3.3.6　施工单位应遵守有关施工安全、劳动保护、防火和防毒的法律法规,应建立相应的管理制度,并应配备必要的设备、器具和标识。

3.3.7　建筑装饰装修工程应在基体或基层的质量验收合格后施工。对既有建筑进行装饰装修前,应对基层进行处理并达到本规范的要求。

3.3.8　建筑装饰装修工程施工前应有主要材料的样板或做样板间(件),并应经有关各方确认。

3.3.9　墙面采用保温材料的建筑装饰装修工程,所用保温材料的类型、品种、规格及施工工艺应符合设计要求。

3.3.10　管道、设备等的安装及调试应在建筑装饰装修工程施工前完成,当必须同步进行时,应在饰面层施工前完成。装饰装修工程不得影响管道、设备等的使用和维修。涉及燃气管道的建筑装饰装修工程必须符合有关安全管理的规定。

3.3.11　建筑装饰装修工程的电器安装应符合设计要求和国家现行标准的规定。严禁不经穿管直接埋设电线。

3.3.12　室内外装饰装修工程施工的环境条件应满足施工工艺的要求。施工环境温度不应低于5℃。当必须在低于5℃气温下施工时,应采取保证工程质量的有效措施。

3.3.13　建筑装饰装修工程施工过程中应做好半成品、成品的保护,防止污染和损坏。

3.3.14　建筑装饰装修工程验收前应将施工现场清理干净。

4　抹灰工程

4.1　一般规定

4.1.1　本章适用于一般抹灰、装饰抹灰和清水砌体勾缝等分项工程的质量验收。

4.1.2　抹灰工程验收时应检查下列文件和记录:

1　抹灰工程的施工图、设计说明及其他设计文件。

2　材料的产品合格证书、性能检测报告、进场验收记录和复验报告。

3　隐蔽工程验收记录。

4　施工记录。

4.1.3　抹灰工程应对水泥的凝结时间和安定性进行复验。

4.1.4 抹灰工程应对下列隐蔽工程项目进行验收：

1 抹灰总厚度大于或等于 35 mm 时的加强措施。

2 不同材料基体交接处的加强措施。

4.1.5 各分项工程的检验批应按下列规定划分：

1 相同材料、工艺和施工条件的室外抹灰工程每 500 ~ 1000m^2 应划分为一个检验批，不足 500m^2 也应划分为一个检验批。

2 相同材料、工艺和施工条件的室内抹灰工程每 50 个自然间（大面积房间和走廊按抹灰面积 30m^2 为一间）应划分为一个检验批，不足 50 间也应划分为一个检验批。

4.1.6 检查数量应符合下列规定：

1 室内每个检验批应至少抽查 10%，并不得少于 3 间；不足 3 间时应全数检查。

2 室外每个检验批每 100m^2 应至少抽查一处，每处不得小于 10m^2。

4.1.7 外墙抹灰工程施工前应先安装钢木门窗框、护栏等，并应将墙上的施工孔洞堵塞密实。

4.1.8 抹灰用的石灰膏的熟化期不应少于 15d；罩面用的磨细石灰粉的熟化期不应少于 3d。

4.1.9 室内墙面、柱面和门洞口的阳角做法应符合设计要求。设计无要求时，应采用 1∶2 水泥砂浆做暗护角，其高度不应低于 2m，每侧宽度不应小于 50mm。

4.1.10 当要求抹灰层具有防水、防潮功能时，应采用防水砂浆。

4.1.11 各种砂浆抹灰层，在凝结前应防止快干、水冲、撞击、振动和受冻，在凝结后应采取措施防止玷污和损坏。水泥砂浆抹灰层应在湿润条件下养护。

4.1.12 外墙和顶棚的抹灰层与基层之间及各抹灰层之间必须粘结牢固。

4.2 一般抹灰工程

4.2.1 本节适用于石灰砂浆、水泥砂浆、水泥混合砂浆、聚合物水泥砂浆和麻刀石灰、纸筋石灰、石膏灰等一般抹灰工程的质量验收。一般抹灰工程分为普通抹灰和高级抹灰，当设计无要求时，按普通抹灰验收。

主控项目

4.2.2 抹灰前基层表面的尘土、污垢、油渍等应清除干净，并应洒水润湿。

检验方法：检查施工记录。

4.2.3 一般抹灰所用材料的品种和性能应符合设计要求。水泥的凝结时间和安定性复验应合格。砂浆的配合比应符合设计要求。

检验方法：检查产品合格证书、进场验收记录、复验报告和施工记录。

4.2.4 抹灰工程应分层进行。当抹灰总厚度大于或等于 35mm 时，应采取加强措施。不同材料基体交接处表面的抹灰，应采取防止开裂的加强措施，当采用加强网时，加强网与各基体的搭接宽度不应小于 100mm。

检验方法：检查隐蔽工程验收记录和施工记录。

4.2.5 抹灰层与基层之间及各抹灰层之间必须粘结牢固，抹灰层应无脱层、空鼓，面层应无爆灰和裂缝。

检验方法：观察；用小锤轻击检查；检查施工记录。

一般项目

4.2.6 一般抹灰工程的表面质量应符合下列规定：

1 普通抹灰表面应光滑、洁净、接槎平整，分格缝应清晰。

2 高级抹灰表面应光滑、洁净、颜色均匀、无抹纹，分格缝和灰线应清晰美观。

检验方法：观察；手摸检查。

4.2.7 护角、孔洞、槽、盒周围的抹灰表面应整齐、光滑；管道后面的抹灰表面应平整。

检验方法：观察。

4.2.8 抹灰层的总厚度应符合设计要求；水泥砂浆不得抹在石灰砂浆层上；罩面石膏灰不得抹在水泥砂浆层上。

检验方法：检查施工记录。

4.2.9 抹灰分格缝的设置应符合设计要求,宽度和深度应均匀,表面应光滑,棱角应整齐。

检验方法:观察;尺量检查。

4.2.10 有排水要求的部位应做滴水线(槽)。滴水线(槽)应整齐顺直,滴水线应内高外低,滴水槽的宽度和深度均不应小于10mm。

检验方法:观察;尺量检查。

4.2.11 一般抹灰工程质量的允许偏差和检验方法应符合表4.2.11的规定。

表4.2.11 一般抹灰的允许偏差和检验方法

项次	项目	允许偏差(mm)		检验方法
		普通抹灰	高级抹灰	
1	立面垂直度	4	3	用2m垂直检测尺检查
2	表面平整度	4	3	用2m靠尺和塞尺检查
3	阴阳角方正	4	3	用直角检测尺检查
4	分格条(缝)直线度	4	3	拉5m线,不足5m拉通线,用钢直尺检查
5	墙裙、勒脚上口直线度	4	3	拉5m线,不足5m拉通线,用钢直尺检查

注:1)普通抹灰,本表第3项阴角方正可不检查;

2)顶棚抹灰,本表第2项表面平整度可不检查,但应平顺。

4.3 装饰抹灰工程

4.3.1 本节适用于水刷石、斩假石、干粘石、假面砖等装饰抹灰工程的质量验收。

主控项目

4.3.2 抹灰前基层表面的尘土、污垢、油渍等应清除干净,并应洒水润湿。

检验方法:检查施工记录。

4.3.3 装饰抹灰工程所用材料的品种和性能应符合设计要求。水泥的凝结时间和安定性复验应合格。砂浆的配合比应符合设计要求。

检验方法:检查产品合格证书、进场验收记录、复验报告和施工记录。

4.3.4 抹灰工程应分层进行。当抹灰总厚度大于或等于35mm时,应采取加强措施。不同材料基体交接处表面的抹灰,应采取防止开裂的加强措施,当采用加强网时,加强网与各基体的搭接宽度不应小于100mm。

检验方法:检查隐蔽工程验收记录和施工记录。

4.3.5 各抹灰层之间及抹灰层与基体之间必须粘接牢固,抹灰层应无脱层、空鼓和裂缝。

检验方法:观察;用小锤轻击检查;检查施工记录。

一般项目

4.3.6 装饰抹灰工程的表面质量应符合下列规定:

1 水刷石表面应石粒清晰、分布均匀、紧密平整、色泽一致,应无掉粒和接槎痕迹。

2 斩假石表面剁纹应均匀顺直、深浅一致,应无漏剁处;阳角处应横剁并留出宽窄一致的不剁边条,棱角应无损坏。

3 干粘石表面应色泽一致、不露浆、不漏粘,石粒应粘结牢固、分布均匀,阳角处应无明显黑边。

4 假面砖表面应平整、沟纹清晰、留缝整齐、色泽一致,应无掉角、脱皮、起砂等缺陷。

检验方法:观察;手摸检查。

4.3.7 装饰抹灰分格条(缝)的设置应符合设计要求,宽度和深度应均匀,表面应平整光滑,棱角应整齐。

检验方法:观察。

4.3.8 有排水要求的部位应做滴水线(槽)。滴水线(槽)应整齐顺直,滴水线应内高外低,滴水槽的宽度和深度均不应小于10mm。

检验方法:观察;尺量检查。

4.3.9 装饰抹灰工程质量的允许偏差和检验方法应符合表4.3.9的规定.

表4.3.9 装饰抹灰的允许偏差和检验方法

项次	项目	允许偏差(mm)				检验方法
		水刷石	斩假石	干粘石	假面砖	
1	立面垂直度	5	4	5	5	用2m垂直检测尺检查
2	表面平整度	3	3	5	4	用2m靠尺和塞尺检查
3	阳角方正	3	3	4	4	用直角检测尺检查
4	分格条(缝)直线度	3	3	3	3	拉5m线,不足5m拉通线,用钢直尺检查
5	墙裙、勒脚上口直线度	3	3	—	—	拉5m线,不足5m拉通线,用钢直尺检查

4.4 清水砌体勾缝工程

4.4.1 本节适用于清水砌体砂浆勾缝和原浆勾缝工程的质量验收。

主控项目

4.4.2 清水砌体勾缝所用水泥的凝结时间和安定性复验应合格。砂浆的配合比应符合设计要求。

检验方法:检查复验报告和施工记录。

4.4.3 清水砌体勾缝应无漏勾。勾缝材料应粘结牢固、无开裂。

检验方法:观察。

一般项目

4.4.4 清水砌体勾缝应横平竖直,交接处应平顺,宽度和深度应均匀,表面应压实抹平。

检验方法:观察;尺量检查。

4.4.5 灰缝应颜色一致,砌体表面应洁净。

检验方法:观察。

5 门窗工程

5.1 一般规定

5.1.1 本章适用于木门窗制作与安装、金属门窗安装、塑料门窗安装、特种门安装、门窗玻璃安装等分项工程的质量验收。

5.1.2 门窗工程验收时应检查下列文件和记录:

1 门窗工程的施工图、设计说明及其他设计文件。

2 材料的产品合格证书、性能检测报告、进场验收记录和复验报告。

3 特种门及其附件的生产许可文件。

4 隐蔽工程验收记录。

5 施工记录。

5.1.3 门窗工程应对下列材料及其性能指标进行复验:

1 人造木板的甲醛含量。

2 建筑外墙金属窗、塑料窗的抗风压性能、空气渗透性能和雨水渗漏性能。

5.1.4 门窗工程应对下列隐蔽工程项目进行验收:

1 预埋件和锚固件。

2 隐蔽部位的防腐、填嵌处理。

5.1.5 各分项工程的检验批应按下列规定划分:

1　同一品种、类型和规格的木门窗、金属门窗、塑料门窗及门窗玻璃每100樘应划分为一个检验批，不足100樘也应划分为一个检验批。

2　同一品种、类型和规格的特种门每50樘应划分为一个检验批，不足50樘也应划分为一个检验批。

5.1.6　检查数量应符合下列规定：

1　木门窗、金属门窗、塑料门窗及门窗玻璃，每个检验批应至少抽查5%，并不得少于3樘，不足3樘时应全数检查；高层建筑的外窗，每个检验批应至少抽查10%，并不得少于6樘，不足6樘时应全数检查。

2　特种门每个检验批应至少抽查50%，并不得少于10樘，不足10樘时应全数检查。

5.1.7　门窗安装前，应对门窗洞口尺寸进行检验。

5.1.8　金属门窗和塑料门窗安装应采用预留洞口的方法施工，不得采用边安装边砌口或先安装后砌口的方法施工。

5.1.9　木门窗与砖石砌体、混凝土或抹灰层接触处应进行防腐处理并应设置防潮层；埋入砌体或混凝土中的木砖应进行防腐处理。

5.1.10　当金属窗或塑料窗组合时，其拼樘料的尺寸、规格、壁厚应符合设计要求。

5.1.11　建筑外门窗的安装必须牢固。在砌体上安装门窗严禁用射钉固定。

5.1.12　特种门安装除应符合设计要求和本规范规定外，还应符合有关专业标准和主管部门的规定。

5.2　木门窗制作与安装工程

5.2.1　本节适用于木门窗制作与安装工程的质量验收。

主控项目

5.2.2　木门窗的木材品种、材质等级、规格、尺寸、框扇的线型及人造木板的甲醛含量应符合设计要求。设计未规定材质等级时，所用木材的质量应符合本规范附录A的规定。

检验方法：观察；检查材料进场验收记录和复验报告。

5.2.3　木门窗应采用烘干的木材，含水率应符合《建筑木门、木窗》JG/I122的规定。

检验方法：检查材料进场验收记录。

5.2.4　木门窗的防火、防腐、防虫处理应符合设计要求。

检验方法：观察；检查材料进场验收记录。

5.2.5　木门窗的结合处和安装配件处不得有木节或已填补的木节。木门窗如有允许限值以内的死节及直径较大的虫眼时，应用同一材质的木塞加胶填补。对于清漆制品，木塞的木纹和色泽应与制品一致。

检验方法：观察。

5.2.6　门窗框和厚度大于50mm的门窗扇应用双榫连接。榫槽应采用胶料严密嵌合，并应用胶楔加紧。

检验方法：观察；手扳检查。

5.2.7　胶合板门、纤维板门和模压门不得脱胶。胶合板不得刨透表层单板，不得有戗槎。制作胶合板门、纤维板门时，边框和横楞应在同一平面上，面层、边框及横楞应加压胶结。横楞和上、下冒头应各钻两个以上的透气孔，透气孔应通畅。

检验方法：观察。

5.2.8　木门窗的品种、类型、规格、开启方向、安装位置及连接方式应符合设计要求。

检验方法：观察；尺量检查；检查成品门的产品合格证书。

5.2.9　木门窗框的安装必须牢固。预埋木砖的防腐处理、木门窗框固定点的数量、位置及固定方法应符合设计要求。

检验方法：观察；手扳检查；检查隐蔽工程验收记录和施工记录。

5.2.10　木门窗扇必须安装牢固，并应开关灵活，关闭严密，无倒翘。

检验方法：观察；开启和关闭检查；手扳检查。

5.2.11　木门窗配件的型号、规格、数量应符合设计要求，安装应牢固，位置应正确，功能应满足使用要求。

检验方法:观察;开启和关闭检查;手扳检查。

一般项目

5.2.12 木门窗表面应洁净,不得有刨痕、锤印。

检验方法:观察。

5.2.13 木门窗的割角、拼缝应严密平整。门窗框、扇裁口应顺直,刨面应平整。

检验方法:观察。

5.2.14 木门窗上的槽、孔应边缘整齐,无毛刺。

检验方法:观察。

5.2.15 木门窗与墙体间缝隙的填嵌材料应符合设计要求,填嵌应饱满。寒冷地区外门窗(或门窗框)与砌体间的空隙应填充保温材料。

检验方法:轻敲门窗框检查;检查隐蔽工程验收记录和施工记录。

5.2.16 木门窗批水、盖口条、压缝条、密封条的安装应顺直,与门窗结合应牢固、严密。

检验方法:观察;手扳检查。

5.2.17 木门窗制作的允许偏差和检验方法应符合表5.2.17的规定。

表5.2.17 木门窗制作的允许偏差和检验方法

项次	项目	构件名称	允许偏差(mm)		检验方法
			普通	高级	
1	翘曲	框	3	2	将框、扇平放在检查平台上,用塞尺检查
		扇	2	2	
2	对角线长度差	框、扇	3	2	用钢尺检查,框量裁口里角,扇量外角
3	表面平整度	扇	2	2	用1m靠尺和塞尺检查
4	高度、宽度	框	0;-2	0;-1	用钢尺检查,框量裁口里角,扇量外角
		扇	+2;0	+1;0	
5	裁口、线条结合处高低差	框、扇	1	0.5	用钢直尺和塞尺检查
6	相邻棂子两端间距	扇	2	1	用钢直尺检查

5.2.18 木门窗安装的留缝限值、允许偏差和检验方法应符合表5.2.18的规定。

表5.2.18 木门窗安装的留缝限值、允许偏差和检验方法

项次	项目	留缝限值(mm)		允许偏差(mm)		检验方法
		普通	高级	普通	高级	
1	门窗槽口对角线长度差	—	—	3	2	用钢尺检查
2	门窗框的正、侧面垂直度	—	—	2	1	用1m垂直检测尺检查
3	框与扇、扇与扇接缝高低差	—	—	2	1	用钢直尺和塞尺检查
4	门窗扇对口缝	1~2.5	1.5~2	—	—	用塞尺检查
5	工业厂房双扇大门对口缝	2~5	—	—	—	
6	门窗扇与上框间留缝	1~2	1~1.5	—	—	
7	门窗扇与侧框间留缝	1~2.5	1~1.5	—	—	

续表

项次	项目		留缝限值(mm)		允许偏差(mm)		检验方法
			普通	高级	普通	高级	
8	窗扇与下框间留缝		2~3	2~2.5	—	—	用塞尺检查
9	门扇与下框间留缝		3~5	3~4	—	—	
10	双层门窗内外框间距		—	—	4	3	用钢尺检查
11	无下框时门扇与地面间留缝	外门	4~7	5~6	—	—	用塞尺检查
		内门	5~8	6~7	—	—	
		卫生间门	8~12	8~10	—	—	
		厂房大门	10~20	—	—	—	

5.3 金属门窗安装工程

5.3.1 本节适用于钢门窗、铝合金门窗、涂色镀锌钢板门窗等金属门窗安装工程的质量验收。

主控项目

5.3.2 金属门窗的品种、类型、规格、尺寸、性能、开启方向、安装位置、连接方式及铝合金门窗的型材壁厚应符合设计要求。金属门窗的防腐处理及填嵌、密封处理应符合设计要求。

检验方法:观察;尺量检查;检查产品合格证书、性能检测报告、进场验收记录和复验报告;检查隐蔽工程验收记录。

5.3.3 金属门窗框和副框的安装必须牢固。预埋件的数量、位置、埋设方式、与框的连接方式必须符合设计要求。

检验方法:手扳检查;检查隐蔽工程验收记录。

5.3.4 金属门窗扇必须安装牢固,并应开关灵活、关闭严密,无倒翘。推拉门窗扇必须有防脱落措施。

检验方法:观察;开启和关闭检查;手扳检查。

5.3.5 金属门窗配件的型号、规格、数量应符合设计要求,安装应牢固,位置应正确,功能应满足使用要求。

检验方法:观察;开启和关闭检查;手扳检查。

一般项目

5.3.6 金属门窗表面应洁净、平整、光滑、色泽一致,无锈蚀。大面应无划痕、碰伤。漆膜或保护层应连续。

检验方法:观察。

5.3.7 铝合金门窗推拉门窗扇开关力应不大于100N。

检验方法:用弹簧秤检查。

5.3.8 金属门窗框与墙体之间的缝隙应填嵌饱满,并采用密封胶密封。密封胶表面应光滑、顺直,无裂纹。

检验方法:观察;轻敲门窗框检查;检查隐蔽工程验收记录。

5.3.9 金属门窗扇的橡胶密封条或毛毡密封条应安装完好,不得脱槽。

检验方法:观察;开启和关闭检查。

5.3.10 有排水孔的金属门窗,排水孔应畅通,位置和数量应符合设计要求。

检验方法:观察。

5.3.11 钢门窗安装的留缝限值、允许偏差和检验方法应符合表5.3.11的规定。

表 5.3.11 钢门窗安装的留缝限值、允许偏差和检验方法

项次	项目		留缝限值（mm）	允许偏差（mm）	检验方法
1	门窗槽口宽度、高度	≤1500mm	—	2.5	用钢尺检查
		>1500mm	—	3.5	
2	门窗槽口对角线长度差	≤2000mm	—	5	用钢尺检查
		>2000mm	—	6	
3	门窗框的正、侧面垂直度		—	3	用1m垂直检测尺检查
4	门窗横框的水平度		—	3	用1m水平尺和塞尺检查
5	门窗横框标高		—	5	用钢尺检查
6	门窗竖向偏离中心		—	4	用钢尺检查
7	双层门窗内外框间距		—	5	用钢尺检查
8	门窗框、扇配合间隙		≤2	—	用塞尺检查
9	无下框时门扇与地面间留缝		4~8	—	用塞尺检查

5.3.12 铝合金门窗安装的允许偏差和检验方法应符合表5.3.12的规定。

表 5.3.12 铝合金门窗安装的允许偏差和检验方法

项次	项目		允许偏差（mm）	检验方法
1	门窗槽口宽度、高度	≤1500mm	1.5	用钢尺检查
		>1500mm	2	
2	门窗槽口对角线长度差	≤2000mm	3	用钢尺检查
		>2000mm	4	
3	门窗框的正、侧面垂直度		2.5	用垂直检测尺检查
4	门窗横框的水平度		2	用1m水平尺和塞尺检查
5	门窗横框标高		5	用钢尺检查
6	门窗竖向偏离中心		5	用钢尺检查
7	双层门窗内外框间距		4	用钢尺检查
8	推拉门窗扇与框搭接量		1.5	用钢直尺检查

5.3.13 涂色镀锌钢板门窗安装的允许偏差和检验方法应符合表5.3.13的规定。

表 5.3.13 涂色镀锌钢板门窗安装的允许偏差和检验方法

项次	项 目		允许偏差（mm）	检验方法
1	门窗槽口宽度、高度	≤1500mm	2	用钢尺检查
		>1500mm	3	
2	门窗槽口对角线长度差	≤2000mm	4	用钢尺检查
		>2000mm	5	
3	门窗框的正、侧面垂直度		3	用垂直检测尺检查
4	门窗横框的水平度		3	用1m水平尺和塞尺检查

续表

项次	项　目	允许偏差（mm）	检验方法
5	门窗横框标高	5	用钢尺检查
6	门窗竖向偏离中心	5	用钢尺检查
7	双层门窗内外框间距	4	用钢尺检查
8	推拉门窗扇与框搭接量	2	用钢直尺检查

5.4　塑料门窗安装工程

5.4.1　本节适用于塑料门窗安装工程的质量验收。

主控项目

5.4.2　塑料门窗的品种、类型、规格、尺寸、开启方向、安装位置、连接方式及填嵌密封处理应符合设计要求，内衬增强型钢的壁厚及设置应符合国家现行产品标准的质量要求。

检验方法：观察；尺量检查；检查产品合格证书、性能检测报告、进场验收记录和复验报告；检查隐蔽工程验收记录。

5.4.3　塑料门窗框、副框和扇的安装必须牢固。固定片或膨胀螺栓的数量与位置应正确，连接方式应符合设计要求。固定点应距窗角、中横框、中竖框 50～200mm，固定点间距应不大于 600mm。

检验方法：观察；手扳检查；检查隐蔽工程验收记录。

5.4.4　塑料门窗拼樘料内衬增强型钢的规格、壁厚必须符合设计要求，型钢应与型材内腔紧密吻合，其两端必须与洞口固定牢固。窗框必须与拼樘料连接紧密，固定点间距应不大于 600mm。

检验方法：观察；手扳检查；尺量检查；检查进场验收记录。

5.4.5　塑料门窗扇应开关灵活、关闭严密，无倒翘。推拉门窗扇必须有防脱落措施。

检验方法：观察；开启和关闭检查；手扳检查。

5.4.6　塑料门窗配件的型号、规格、数量应符合设计要求，安装应牢固，位置应正确，功能应满足使用要求。

检验方法：观察；手扳检查；尺量检查。

5.4.7　塑料门窗框与墙体间缝隙应采用闭孔弹性材料填嵌饱满，表面应采用密封胶密封。密封胶应粘结牢固，表面应光滑、顺直、无裂纹。

检验方法：观察；检查隐蔽工程验收记录。

一般项目

5.4.8　塑料门窗表面应洁净、平整、光滑，大面应无划痕、碰伤。

检验方法：观察。

5.4.9　塑料门窗扇的密封条不得脱槽。旋转窗间隙应基本均匀。

5.4.10　塑料门窗扇的开关力应符合下列规定：

1　平开门窗扇平铰链的开关力应不大于 80N；滑撑铰链的开关力应不大于 80N，并不小于 30N。

2　推拉门窗扇的开关力应不大于 100N。

检验方法：观察；用弹簧秤检查。

5.4.11　玻璃密封条与玻璃及玻璃槽口的接缝应平整，不得卷边、脱槽。

检验方法：观察。

5.4.12　排水孔应畅通，位置和数量应符合设计要求。

检验方法：观察。

5.4.13　塑料门窗安装的允许偏差和检验方法应符合表 5.4.13 的规定。

表 5.4.13 塑料门窗安装的允许偏差和检验方法

项次	项目		允许偏差(mm)	检验方法
1	门窗槽口宽度、高度	≤1500mm	2	用钢尺检查
		>1500mm	3	
2	门窗槽口对角线长度差	≤2000mm	3	用钢尺检查
		>2000mm	5	
3	门窗框的正、侧面垂直度		3	用 1m 垂直检测尺检查
4	门窗横框的水平度		3	用 1m 水平尺和塞尺检查
5	门窗横框标高		5	用钢尺检查
6	门窗竖向偏离中心		5	用钢直尺检查
7	双层门窗内外框间距		4	用钢尺检查
8	同樘平开门窗相邻扇高度差		2	用钢直尺检查
9	平开门窗铰链部位配合间隙		+2;-1	用塞尺检查
10	推拉门窗扇与框搭接量		+1.5;-2.5	用钢直尺检查
11	推拉门窗扇与竖框平行度		2	用 1m 水平尺和塞尺检查

5.5 特种门安装工程

5.5.1 本节适用于防火门、防盗门、自动门、全玻门、旋转门、金属卷帘门等特种门安装工程的质量验收。

主控项目

5.5.2 特种门的质量和各项性能应符合设计要求。

检验方法:检查生产许可证、产品合格证书和性能检测报告。

5.5.3 特种门的品种、类型、规格、尺寸、开启方向、安装位置及防腐处理应符合设计要求。

检验方法:观察;尺量检查;检查进场验收记录和隐蔽工程验收记录。

5.5.4 带有机械装置、自动装置或智能化装置的特种门,其机械装置、自动装置或智能化装置的功能应符合设计要求和有关标准的规定。

检验方法:启动机械装置、自动装置或智能化装置,观察。

5.5.5 特种门的安装必须牢固。预埋件的数量、位置、埋设方式、与框的连接方式必须符合设计要求。

检验方法:观察;手扳检查;检查隐蔽工程验收记录。

5.5.6 特种门的配件应齐全,位置应正确,安装应牢固,功能应满足使用要求和特种门的各项性能要求。

检验方法:观察;手扳检查;检查产品合格证书、性能检测报告和进场验收记录。

一般项目

5.5.7 特种门的表面装饰应符合设计要求。

检验方法:观察。

5.5.8 特种门的表面应洁净,无划痕、碰伤。

检验方法:观察。

5.5.9 推拉自动门安装的留缝限值、允许偏差和检验方法应符合表 5.5.9 的规定。

表 5.5.9 推拉自动门安装的留缝限值、允许偏差和检验方法

项次	项目		留缝限值(mm)	允许偏差(mm)	检验方法
1	门槽口宽度、高度	≤1500mn	—	1.5	用钢尺检查
		>1500mm	—	2	
2	门槽口对角线长度差	≤2000mm	—	2	用钢尺检查
		>2000mm	—	2.5	
3	门框的正、侧面垂直度		—	1	用1m垂直检测尺检查
4	门构件装配间隙		—	0.3	用塞尺检查
5	门梁导轨水平度		—	1	用1m水平尺和塞尺检查
6	下导轨与门梁导轨平行度		—	1.5	用钢尺检查
7	门扇与侧框间留缝		1.2~1.8	—	用塞尺检查
8	门扇对口缝		1.2~1.8	—	用塞尺检查

5.5.10 推拉自动门的感应时间限值和检验方法应符合表5.5.10的规定。

表 5.5.10 推拉自动门的感应时间限值和检验方法

项次	项目	感应时间限值(s)	检验方法
1	开门响应时间	≤0.5	用秒表检查
2	堵门保护延时	16~20	用秒表检查
3	门扇全开启后保持时间	13~17	用秒表检查

5.5.11 旋转门安装的允许偏差和检验方法应符合表5.5.11的规定。

表 5.5.11 旋转门安装的允许偏差和检验方法

项次	项目	允许偏差(mm)		检验方法
		金属框架玻璃旋转门	木质旋转门	
1	门扇正、侧面垂直度	1.5	1.5	用1m垂直检测尺检查
2	门扇对角线长度差	1.5	1.5	用钢尺检查
3	相邻扇高度差	1	1	用钢尺检查
4	扇与圆弧边留缝	1.5	2	用塞尺检查
5	扇与上顶间留缝	2	2.5	用塞尺检查
6	扇与地面间留缝	2	2.5	用塞尺检查

5.6 门窗玻璃安装工程

5.6.1 本节适用于平板、吸热、反射、中空、夹层、夹丝、磨砂、钢化、压花玻璃等玻璃安装工程的质量验收。

主控项目

5.6.2 玻璃的品种、规格、尺寸、色彩、图案和涂膜朝向应符合设计要求。单块玻璃大于1.5m^2时应使用安全玻璃。

检验方法:观察;检查产品合格证书、性能检测报告和进场验收记录。

5.6.3 门窗玻璃裁割尺寸应正确。安装后的玻璃应牢固,不得有裂纹、损伤和松动。

检验方法:观察;轻敲检查。

5.6.4 玻璃的安装方法应符合设计要求。固定玻璃的钉子或钢丝卡的数量、规格应保证玻璃安装牢固。

检验方法:观察;检查施工记录。

5.6.5　镶钉木压条接触玻璃处，应与裁口边缘平齐。木压条应互相紧密连接，并与裁口边缘紧贴，割角应整齐。

检验方法：观察。

5.6.6　密封条与玻璃、玻璃槽口的接触应紧密、平整。密封胶与玻璃、玻璃槽口的边缘应粘结牢固、接缝平齐。

检验方法：观察。

5.6.7　带密封条的玻璃压条，其密封条必须与玻璃全部贴紧，压条与型材之间应无明显缝隙，压条接缝应不大于0.5mm。

检验方法：观察；尺量检查。

一般项目

5.6.8　玻璃表面应洁净，不得有腻子、密封胶、涂料等污渍。中空玻璃内外表面均应洁净，玻璃中空层内不得有灰尘和水蒸气。

检验方法：观察。

5.6.9　门窗玻璃不应直接接触型材。单面镀膜玻璃的镀膜层及磨砂玻璃的磨砂面应朝向室内。中空玻璃的单面镀膜玻璃应在最外层，镀膜层应朝向室内。

检验方法：观察。

5.6.10　腻子应填抹饱满、粘结牢固；腻子边缘与裁口应平齐。固定玻璃的卡子不应在腻子表面显露。

检验方法：观察。

6　吊顶工程

6.1　一般规定

6.1.1　本章适用于暗龙骨吊顶、明龙骨吊顶等分项工程的质量验收。

6.1.2　吊顶工程验收时应检查下列文件和记录：

1　吊顶工程的施工图、设计说明及其他设计文件。

2　材料的产品合格证书、性能检测报告、进场验收记录和复验报告。

3　隐蔽工程验收记录。

4　施工记录。

6.1.3　吊顶工程应对人造木板的甲醛含量进行复验。

6.1.4　吊顶工程应对下列隐蔽工程项目进行验收：

1　吊顶内管道、设备的安装及水管试压。

2　木龙骨防火、防腐处理。

3　预埋件或拉结筋。

4　吊杆安装。

5　龙骨安装。

6　填充材料的设置。

6.1.5　各分项工程的检验批应按下列规定划分：

同一品种的吊顶工程每50间（大面积房间和走廊按吊顶面积30m^{2}为一间）应划分为一个检验批，不足50间也应划分为一个检验批。

6.1.6　检查数量应符合下列规定：

每个检验批应至少抽查10%，并不得少于3间；不足3间时应全数检查。

6.1.7　安装龙骨前，应按设计要求对房间净高、洞口标高和吊顶内管道、设备及其支架的标高进行交接检验。

6.1.8　吊顶工程的木吊杆、木龙骨和木饰面板必须进行防火处理，并应符合有关设计防火规范的规定。

6.1.9 吊顶工程中的预埋件、钢筋吊杆和型钢吊杆应进行防锈处理。

6.1.10 安装饰面板前应完成吊顶内管道和设备的调试及验收。

6.1.11 吊杆距主龙骨端部距离不得大于300mm,当大于300mm时,应增加吊杆。当吊杆长度大于1.5m时,应设置反支撑。当吊杆与设备相遇时,应调整并增设吊杆。

6.1.12 重型灯具、电扇及其他重型设备严禁安装在吊顶工程的龙骨上。

6.2 暗龙骨吊顶工程

6.2.1 本节适用于以轻钢龙骨、铝合金龙骨、木龙骨等为骨架,以石膏板、金属板、矿棉板、木板、塑料板或格栅等为饰面材料的暗龙骨吊顶工程的质量验收。

主控项目

6.2.2 吊顶标高、尺寸、起拱和造型应符合设计要求。

检验方法:观察;尺量检查。

6.2.3 饰面材料的材质、品种、规格、图案和颜色应符合设计要求。

检验方法:观察;检查产品合格证书、性能检测报告、进场验收记录和复验报告。

6.2.4 暗龙骨吊顶工程的吊杆、龙骨和饰面材料的安装必须牢固。

检验方法:观察;手扳检查;检查隐蔽工程验收记录和施工记录。

6.2.5 吊杆、龙骨的材质、规格、安装间距及连接方式应符合设计要求。金属吊杆、龙骨应经过表面防腐处理;木吊杆、龙骨应进行防腐、防火处理。

检验方法:观察;尺量检查;检查产品合格证书、性能检测报告、进场验收记录和隐蔽工程验收记录。

6.2.6 石膏板的接缝应按其施工工艺标准进行板缝防裂处理。安装双层石膏板时,面层板与基层板的接缝应错开,并不得在同一根龙骨上接缝。

检验方法:观察。

一般项目

6.2.7 饰面材料表面应洁净、色泽一致,不得有翘曲、裂缝及缺损。压条应平直、宽窄一致。

检验方法:观察;尺量检查。

6.2.8 饰面板上的灯具、烟感器、喷淋头、风口篦子等设备的位置应合理、美观,与饰面板的交接应吻合、严密。

检验方法:观察。

6.2.9 金属吊杆、龙骨的接缝应均匀一致,角缝应吻合,表面应平整,无翘曲、锤印。木质吊杆、龙骨应顺直,无劈裂、变形。

检验方法:检查隐蔽工程验收记录和施工记录。

6.2.10 吊顶内填充吸声材料的品种和铺设厚度应符合设计要求,并应有防散落措施。

检验方法:检查隐蔽工程验收记录和施工记录。

6.2.11 暗龙骨吊顶工程安装的允许偏差和检验方法应符合表6.2.11的规定。

表6.2.11 暗龙骨吊顶工程安装的允许偏差和检验方法

项次	项目	允许偏差(mm)				检验方法
		纸面石膏板	金属板	矿棉板	木板、塑料板、格栅	
1	表面平整度	3	2	2	2	用2m靠尺和塞尺检查
2	接缝直线度	3	1.5	3	3	拉5m线,不足5m拉通线,用钢直尺检查
3	接缝高低差	1	1	1.5	1	用钢直尺和塞尺检查

6.3 明龙骨吊顶工程

6.3.1 本节适用于以轻钢龙骨、铝合金龙骨、木龙骨等为骨架,以石膏板、金属板、矿棉板、塑料板、玻璃板或格栅等为饰面材料的明龙骨吊顶工程的质量验收。

主控项目

6.3.2 吊顶标高、尺寸、起拱和造型应符合设计要求。

检验方法:观察;尺量检查。

6.3.3 饰面材料的材质、品种、规格、图案和颜色应符合设计要求。当饰面材料为玻璃板时,应使用安全玻璃或采取可靠的安全措施。

检验方法:观察;检查产品合格证书、性能检测报告和进场验收记录。

6.3.4 饰面材料的安装应稳固严密。饰面材料与龙骨的搭接宽度应大于龙骨受力面宽度的2/3。

检验方法:观察;手扳检查;尺量检查。

6.3.5 吊杆、龙骨的材质、规格、安装间距及连接方式应符合设计要求。金属吊杆、龙骨应进行表面防腐处理;木龙骨应进行防腐、防火处理。

检验方法:观察;尺量检查;检查产品合格证书、进场验收记录和隐蔽工程验收记录。

6.3.6 明龙骨吊顶工程的吊杆和龙骨安装必须牢固。

检验方法:手扳检查;检查隐蔽工程验收记录和施工记录。

一般项目

6.3.7 饰面材料表面应洁净、色泽一致,不得有翘曲、裂缝及缺损。饰面板与明龙骨的搭接应平整、吻合,压条应平直、宽窄一致。

检验方法:观察;尺量检查。

6.3.8 饰面板上的灯具、烟感器、喷淋头、风口篦子等设备的位置应合理、美观,与饰面板的交接应吻合、严密。

检验方法:观察。

6.3.9 金属龙骨的接缝应平整、吻合、颜色一致,不得有划伤、擦伤等表面缺陷。木质龙骨应平整、顺直,无劈裂。

检验方法:观察。

6.3.10 吊顶内填充吸声材料的品种和铺设厚度应符合设计要求,并应有防散落措施。

检验方法:检查隐蔽工程验收记录和施工记录。

6.3.11 明龙骨吊顶工程安装的允许偏差和检验方法应符合表6.3.11的规定。

表6.3.11 明龙骨吊顶工程安装的允许偏差和检验方法

项次	项目	允许偏差(mm)				检验方法
		石膏板	金属板	矿棉板	塑料板、玻璃板	
1	表面平整度	3	2	3	2	用2m靠尺和塞尺检查
2	接缝直线度	3	2	3	3	拉5m线,不足5m拉通线,用钢直尺检查
3	接缝高低差	1	1	2	1	用钢直尺和塞尺检查

7 轻质隔墙工程

7.1 一般规定

7.1.1 本章适用于板材隔墙、骨架隔墙、活动隔墙、玻璃隔墙等分项工程的质量验收。

7.1.2 轻质隔墙工程验收时应检查下列文件和记录:

1 轻质隔墙工程的施工图、设计说明及其他设计文件。

2 材料的产品合格证书、性能检测报告、进场验收记录和复验报告。

3 隐蔽工程验收记录。

4 施工记录。

7.1.3 轻质隔墙工程应对人造木板的甲醛含量进行复验。

7.1.4 轻质隔墙工程应对下列隐蔽工程项目进行验收：

1 骨架隔墙中设备管线的安装及水管试压。

2 木龙骨防火、防腐处理。

3 预埋件或拉结筋。

4 龙骨安装。

5 填充材料的设置。

7.1.5 各分项工程的检验批应按下列规定划分：

同一品种的轻质隔墙工程每50间(大面积房间和走廊按轻质隔墙的墙面 $30m^2$ 为一间)应划分为一个检验批,不足50间也应划分为一个检验批。

7.1.6 轻质隔墙与顶棚和其他墙体的交接处应采取防开裂措施。

7.1.7 民用建筑轻质隔墙工程的隔声性能应符合现行国家标准《民用建筑隔声设计规范》GBJ 118 的规定。

7.2 板材隔墙工程

7.2.1 本节适用于复合轻质墙板、石膏空心板、预制或现制的钢丝网水泥板等板材隔墙工程的质量验收。

7.2.2 板材隔墙工程的检查数量应符合下列规定：

每个检验批应至少抽查10%,并不得少于3间;不足3间时应全数检查。

主控项目

7.2.3 隔墙板材的品种、规格、性能、颜色应符合设计要求。有隔声、隔热、阻燃、防潮等特殊要求的工程,板材应有相应性能等级的检测报告。

检验方法:观察;检查产品合格证书、进场验收记录和性能检测报告。

7.2.4 安装隔墙板材所需预埋件、连接件的位置、数量及连接方法应符合设计要求。

检验方法:观察;尺量检查;检查隐蔽工程验收记录。

7.2.5 隔墙板材安装必须牢固。现制钢丝网水泥隔墙与周边墙体的连接方法应符合设计要求,并应连接牢固。

检验方法:观察;手扳检查。

7.2.6 隔墙板材所用接缝材料的品种及接缝方法应符合设计要求。

检验方法:观察;检查产品合格证书和施工记录。

一般项目

7.2.7 隔墙板材安装应垂直、平整、位置正确,板材不应有裂缝或缺损。

检验方法:观察;尺量检查。

7.2.8 板材隔墙表面应平整光滑、色泽一致、洁净,接缝应均匀、顺直。

检验方法:观察;手摸检查。

7.2.9 隔墙上的孔洞、槽、盒应位置正确、套割方正、边缘整齐。

检验方法:观察。

7.2.10 板材隔墙安装的允许偏差和检验方法应符合表 7.2.10 的规定。

表 7.2.10 板材隔墙安装的允许偏差和检验方法

项次	项目	允许偏差(mm)				检验方法
		复合轻质墙板		石膏空心板	钢丝网水泥板	
		金属夹芯板	其他复合板			
1	立面垂直度	2	3	3	3	用2m垂直检测尺检查
2	表面平整度	2	3	3	3	用2m靠尺和塞尺检查
3	阴阳角方正	3	3	3	4	用直角检测尺检查
4	接缝高低差	1	2	2	3	用钢直尺和塞尺检查

7.3 骨架隔墙工程

7.3.1 本节适用于以轻钢龙骨、木龙骨等为骨架，以纸面石膏板、人造木板、水泥纤维板等为墙面板的隔墙工程的质量验收。

7.3.2 骨架隔墙工程的检查数量应符合下列规定：

每个检验批应至少抽查10%，并不得少于3间；不足3间时应全数检查。

主控项目

7.3.3 骨架隔墙所用龙骨、配件、墙面板、填充材料及嵌缝材料的品种、规格、性能和木材的含水率应符合设计要求。有隔声、隔热、阻燃、防潮等特殊要求的工程，材料应有相应性能等级的检测报告。

检验方法：观察；检查产品合格证书、进场验收记录、性能检测报告和复验报告。

7.3.4 骨架隔墙工程边框龙骨必须与基体结构连接牢固，并应平整、垂直、位置正确。

检验方法：手扳检查；尺量检查；检查隐蔽工程验收记录。

7.3.5 骨架隔墙中龙骨间距和构造连接方法应符合设计要求。骨架内设备管线的安装、门窗洞口等部位加强龙骨应安装牢固、位置正确，填充材料的设置应符合设计要求。

检验方法：检查隐蔽工程验收记录。

7.3.6 木龙骨及木墙面板的防火和防腐处理必须符合设计要求。

检验方法：检查隐蔽工程验收记录。

7.3.7 骨架隔墙的墙面板应安装牢固，无脱层、翘曲、折裂及缺损。

检验方法：观察；手扳检查。

7.3.8 墙面板所用接缝材料的接缝方法应符合设计要求。

检验方法：观察。

一般项目

7.3.9 骨架隔墙表面应平整光滑、色泽一致、洁净、无裂缝，接缝应均匀、顺直。

检验方法：观察；手摸检查。

7.3.10 骨架隔墙上的孔洞、槽、盒应位置正确、套割吻合、边缘整齐。

检验方法：观察。

7.3.11 骨架隔墙内的填充材料应干燥，填充应密实、均匀、无下坠。

检验方法：轻敲检查；检查隐蔽工程验收记录。

7.3.12 骨架隔墙安装的允许偏差和检验方法应符合表7.3.12的规定。

表 7.3.12 骨架隔墙安装的允许偏差和检验方法

项次	项目	允许偏差(mm)		检验方法
		纸面石膏板	人造木板、水泥纤维板	
1	立面垂直度	3	4	用2m垂直检测尺检查
2	表面平整度	3	3	用2m靠尺和塞尺检查
3	阴阳角方正	3	3	用直角检测尺检查
4	接缝直线度	—	3	拉5m线,不足5m拉通线,用钢直尺检查
5	压条直线度	—	3	拉5m线,不足5m拉通线,用钢直尺检查
6	接缝高低差	1	1	用钢直尺和塞尺检查

7.4 活动隔墙工程

7.4.1 本节适用于各种活动隔墙工程的质量验收。

7.4.2 活动隔墙工程的检查数量应符合下列规定:

每个检验批应至少抽查20%,并不得少于6间;不足6间时应全数检查。

主控项目

7.4.3 活动隔墙所用墙板、配件等材料的品种、规格、性能和木材的含水率应符合设计要求。有阻燃、防潮等特性要求的工程,材料应有相应性能等级的检测报告。

检验方法:观察;检查产品合格证书、进场验收记录、性能检测报告和复验报告。

7.4.4 活动隔墙轨道必须与基体结构连接牢固,并应位置正确。

检验方法:尺量检查;手扳检查。

7.4.5 活动隔墙用于组装、推拉和制动的构配件必须安装牢固、位置正确,推拉必须安全、平稳、灵活。

检验方法:尺量检查;手扳检查;推拉检查。

7.4.6 活动隔墙制作方法、组合方式应符合设计要求。

检验方法:观察。

一般项目

7.4.7 活动隔墙表面应色泽一致、平整光滑、洁净,线条应顺直、清晰。

检验方法:观察;手摸检查。

7.4.8 活动隔墙上的孔洞、槽、盒应位置正确、套割吻合、边缘整齐。

检验方法:观察;尺量检查。

7.4.9 活动隔墙推拉应无噪声。

检验方法:推拉检查。

7.4.10 活动隔墙安装的允许偏差和检验方法应符合表7.4.10的规定。

表 7.4.10 活动隔墙安装的允许偏差和检验方法

项次	项目	允许偏差(mm)	检验方法
1	立面垂直度	3	用2m垂直检测尺检查
2	表面平整度	2	用2m靠尺和塞尺检查
3	接缝直线度	3	拉5m线,不足5m拉通线,用钢直尺检查
4	接缝高低差	2	用钢直尺和塞尺检查
5	接缝宽度	2	用钢直尺检查

7.5 玻璃隔墙工程

7.5.1 本节适用于玻璃砖、玻璃板隔墙工程的质量验收。

7.5.2 玻璃隔墙工程的检查数量应符合下列规定：

每个检验批应至少抽查20%，并不得少于6间；不足6间时应全数检查。

主控项目

7.5.3 玻璃隔墙工程所用材料的品种、规格、性能、图案和颜色应符合设计要求。玻璃板隔墙应使用安全玻璃。

检验方法：观察；检查产品合格证书、进场验收记录和性能检测报告。

7.5.4 玻璃砖隔墙的砌筑或玻璃板隔墙的安装方法应符合设计要求。

检验方法：观察。

7.5.5 玻璃砖隔墙砌筑中埋设的拉结筋必须与基体结构连接牢固，并应位置正确。

检验方法：手扳检查；尺量检查；检查隐蔽工程验收记录。

7.5.6 玻璃板隔墙的安装必须牢固。玻璃板隔墙胶垫的安装应正确。

检验方法：观察；手推检查；检查施工记录。

一般项目

7.5.7 玻璃隔墙表面应色泽一致、平整洁净、清晰美观。

检验方法：观察。

7.5.8 玻璃隔墙接缝应横平竖直，玻璃应无裂痕、缺损和划痕。

检验方法：观察。

7.5.9 玻璃板隔墙嵌缝及玻璃砖隔墙勾缝应密实平整、均匀顺直、深浅一致。

检验方法：观察。

7.5.10 玻璃隔墙安装的允许偏差和检验方法应符合表7.5.10的规定。

表7.5.10 玻璃隔墙安装的允许偏差和检验方法

项次	项目	允许偏差(mm)		检验方法
		玻璃砖	玻璃板	
1	立面垂直度	3	2	用2m垂直检测尺检查
2	表面平整度	3	—	用2m靠尺和塞尺检查
3	阴阳角方正	—	2	用直角检测尺检查
4	接缝直线度	—	2	拉5m线，不足5m拉通线，用钢直尺检查
5	接缝高低差	3	2	用钢直尺和塞尺检查
6	接缝宽度	—	1	用钢直尺检查

8 饰面板(砖)工程

8.1 一般规定

8.1.1 本章适用于饰面板安装、饰面砖粘贴等分项工程的质量验收。

8.1.2 饰面板(砖)工程验收时应检查下列文件和记录：

1 饰面板(砖)工程的施工图、设计说明及其他设计文件。

2 材料的产品合格证书、性能检测报告、进场验收记录和复验报告。

3 后置埋件的现场拉拔检测报告。

4 外墙饰面砖样板件的粘结强度检测报告。

5 隐蔽工程验收记录。

6 施工记录。

8.1.3 饰面板(砖)工程应对下列材料及其性能指标进行复验:

1 室内用花岗石的放射性。

2 粘贴用水泥的凝结时间、安定性和抗压强度。

3 外墙陶瓷面砖的吸水率。

4 寒冷地区外墙陶瓷面砖的抗冻性。

8.1.4 饰面板(砖)工程应对下列隐蔽工程项目进行验收:

1 预埋件(或后置埋件)。

2 连接节点。

3 防水层。

8.1.5 各分项工程的检验批应按下列规定划分:

1 相同材料、工艺和施工条件的室内饰面板(砖)工程每50间(大面积房间和走廊按施工面积 $30m^2$ 为一间)应划分为一个检验批,不足50间也应划分为一个检验批。

2 相同材料、工艺和施工条件的室外饰面板(砖)工程每 $500 \sim 1000m^2$ 应划分为一个检验批,不足 $500m^2$ 也应划分为一个检验批。

8.1.6 检查数量应符合下列规定:

1 室内每个检验批应至少抽查10%,并不得少于3间;不足3间时应全数检查。

2 室外每个检验批每 $100m^2$ 应至少抽查一处,每处不得小于 $10m^2$。

8.1.7 外墙饰面砖粘贴前和施工过程中,均应在相同基层上做样板件,并对样板件的饰面砖粘结强度进行检验,其检验方法和结果判定应符合《建筑工程饰面砖粘结强度检验标准》JGJ110 的规定。

8.1.8 饰面板(砖)工程的抗震缝、伸缩缝、沉降缝等部位的处理应保证缝的使用功能和饰面的完整性。

8.2 饰面板安装工程

8.2.1 本节适用于内墙饰面板安装工程和高度不大于24m、抗震设防烈度不大于7度的外墙饰面板安装工程的质量验收。

主控项目

8.2.2 饰面板的品种、规格、颜色和性能应符合设计要求,木龙骨、木饰面板和塑料饰面板的燃烧性能等级应符合设计要求。

检验方法:观察;检查产品合格证书、进场验收记录和性能检测报告。

8.2.3 饰面板孔、槽的数量、位置和尺寸应符合设计要求。

检验方法:检查进场验收记录和施工记录。

8.2.4 饰面板安装工程的预埋件(或后置埋件)、连接件的数量、规格、位置、连接方法和防腐处理必须符合设计要求。后置埋件的现场拉拔强度必须符合设计要求。饰面板安装必须牢固。

检验方法:手扳检查;检查进场验收记录、现场拉拔检测报告、隐蔽工程验收记录和施工记录。

一般项目

8.2.5 饰面板表面应平整、洁净、色泽一致,无裂痕和缺损。石材表面应无泛碱等污染。

检验方法:观察。

8.2.6 饰面板嵌缝应密实、平直,宽度和深度应符合设计要求,嵌填材料色泽应一致。

检验方法:观察;尺量检查。

8.2.7 采用湿作业法施工的饰面板工程,石材应进行防碱背涂处理。饰面板与基体之间的灌注材料应饱满、密实。

检验方法:用小锤轻击检查;检查施工记录。

8.2.8 饰面板上的孔洞应套割吻合,边缘应整齐。

检验方法:观察。

8.2.9 饰面板安装的允许偏差和检验方法应符合表8.2.9的规定。

表8.2.9 饰面板安装的允许偏差和检验方法

项次	项目	允许偏差(mm)							检验方法
		石材			瓷板	木材	塑料	金属	
		光面	剁斧石	蘑菇石					
1	立面垂直度	2	3	3	2	1.5	2	2	用2m垂直检测尺检查
2	表面平整度	2	3	—	1.5	1	3	3	用2m靠尺和塞尺检查
3	阴阳角方正	2	4	4	2	1.5	3	3	用直角检测尺检查
4	接缝直线度	2	4	4	2	1	1	1	拉5m线,不足5m拉通线,用钢直尺检查
5	墙裙、勒脚上口直线度	2	3	3	2	2	2	2	拉5m线,不足5m拉通线,用钢直尺检查
6	接缝高低差	0.5	3	—	0.5	0.5	1	1	用钢直尺和塞尺检查
7	接缝宽度	1	2	2	1	1	1	1	用钢直尺检查

8.3 饰面砖粘贴工程

8.3.1 本节适用于内墙饰面砖粘贴工程和高度不大于100m、抗震设防烈度不大于8度、采用满粘法施工的外墙饰面砖粘贴工程的质量验收。

主控项目

8.3.2 饰面砖的品种、规格、图案、颜色和性能应符合设计要求。

检验方法:观察;检查产品合格证书、进场验收记录、性能检测报告和复验报告。

8.3.3 饰面砖粘贴工程的找平、防水、粘结和勾缝材料及施工方法应符合设计要求及国家现行产品标准和工程技术标准的规定。

检验方法:检查产品合格证书、复验报告和隐蔽工程验收记录。

8.3.4 饰面砖粘贴必须牢固。

检验方法:检查样板件粘结强度检测报告和施工记录。

8.3.5 满粘法施工的饰面砖工程应无空鼓、裂缝。

检验方法:观察;用小锤轻击检查。

一般项目

8.3.6 饰面砖表面应平整、洁净、色泽一致,无裂痕和缺损。

检验方法:观察。

8.3.7 阴阳角处搭接方式、非整砖使用部位应符合设计要求。

检验方法:观察。

8.3.8 墙面突出物周围的饰面砖应整砖套割吻合,边缘应整齐。墙裙、贴脸突出墙面的厚度应一致。

检验方法:观察;尺量检查。

8.3.9 饰面砖接缝应平直、光滑,填嵌应连续、密实;宽度和深度应符合设计要求。

检验方法:观察;尺量检查。

8.3.10 有排水要求的部位应做滴水线(槽)。滴水线(槽)应顺直,流水坡向应正确,坡度应符合设计要求。

检验方法:观察;用水平尺检查。

8.3.11 饰面砖粘贴的允许偏差和检验方法应符合表8.3.11的规定。

表 8.3.11 饰面砖粘贴的允许偏差和检验方法

项次	项目	允许偏差(mm)		检验方法
		外墙面砖	内墙面砖	
1	立面垂直度	3	2	用 2m 垂直检测尺检查
2	表面平整度	4	3	用 2m 靠尺和塞尺检查
3	阴阳角方正	3	3	用直角检测尺检查
4	接缝直线度	3	2	拉 5m 线,不足 5m 拉通线,用钢直尺检查
5	接缝高低差	1	0.5	用钢直尺和塞尺检查
6	接缝宽度	1	1	用钢直尺检查

9 幕墙工程

9.1 一般规定

9.1.1 本章适用于玻璃幕墙、金属幕墙、石材幕墙等分项工程的质量验收。

9.1.2 幕墙工程验收时应检查下列文件和记录:

1 幕墙工程的施工图、结构计算书、设计说明及其他设计文件。

2 建筑设计单位对幕墙工程设计的确认文件。

3 幕墙工程所用各种材料、五金配件、构件及组件的产品合格证书、性能检测报告、进场验收记录和复验报告。

4 幕墙工程所用硅酮结构胶的认定证书和抽查合格证明;进口硅酮结构胶的商检证;国家指定检测机构出具的硅酮结构胶相容性和剥离粘结性试验报告;石材用密封胶的耐污染性试验报告。

5 后置埋件的现场拉拔强度检测报告。

6 幕墙的抗风压性能、空气渗透性能、雨水渗漏性能及平面变形性能检测报告。

7 打胶、养护环境的温度、湿度记录;双组份硅酮结构胶的混匀性试验记录及拉断试验记录。

8 防雷装置测试记录。

9 隐蔽工程验收记录。

10 幕墙构件和组件的加工制作记录;幕墙安装施工记录。

9.1.3 幕墙工程应对下列材料及其性能指标进行复验:

1 铝塑复合板的剥离强度。

2 石材的弯曲强度;寒冷地区石材的耐冻融性;室内用花岗石的放射性。

3 玻璃幕墙用结构胶的邵氏硬度、标准条件拉伸粘结强度、相容性试验;石材用结构胶的粘结强度;石材用密封胶的污染性。

9.1.4 幕墙工程应对下列隐蔽工程项目进行验收:

1 预埋件(或后置埋件)。

2 构件的连接节点。

3 变形缝及墙面转角处的构造节点。

4 幕墙防雷装置。

5 幕墙防火构造。

9.1.5 各分项工程的检验批应按下列规定划分:

1 相同设计、材料、工艺和施工条件的幕墙工程每 500 ~ 1000m^2 应划分为一个检验批,不足 500m^2 也应划分为一个检验批。

2 同一单位工程的不连续的幕墙工程应单独划分检验批。

3　对于异型或有特殊要求的幕墙，检验批的划分应根据幕墙的结构、工艺特点及幕墙工程规模，由监理单位(或建设单位)和施工单位协商确定。

9.1.6　检查数量应符合下列规定：

1　每个检验批每 100m^2 应至少抽查一处，每处不得小于 10m^2。

2　对于异型或有特殊要求的幕墙工程，应根据幕墙的结构和工艺特点，由监理单位(或建设单位)和施工单位协商确定。

9.1.7　幕墙及其连接件应具有足够的承载力、刚度和相对于主体结构的位移能力。幕墙构架立柱的连接金属角码与其他连接件应采用螺栓连接，并应有防松动措施。

9.1.8　隐框、半隐框幕墙所采用的结构粘结材料必须是中性硅酮结构密封胶，其性能必须符合《建筑用硅酮结构密封胶》GB16776 的规定；硅酮结构密封胶必须在有效期内使用。

9.1.9　立柱和横梁等主要受力构件，其截面受力部分的壁厚应经计算确定，且铝合金型材壁厚不应小于 3.0mm，钢型材壁厚不应小于 3.5mm。

9.1.10　隐框、半隐框幕墙构件中板材与金属框之间硅酮结构密封胶的粘结宽度，应分别计算风荷载标准值和板材自重标准值作用下硅酮结构密封胶的粘结宽度，并取其较大值，且不得小于 7.0mm。

9.1.11　硅酮结构密封胶应打注饱满，并应在温度 15℃～30℃、相对湿度 50%以上、洁净的室内进行；不得在现场墙上打注。

9.1.12　幕墙的防火除应符合现行国家标准《建筑设计防火规范》GBJ 16 和《高层民用建筑设计防火规范》GB 50045 的有关规定外，还应符合下列规定：

1　应根据防火材料的耐火极限决定防火层的厚度和宽度，并应在楼板处形成防火带。

2　防火层应采取隔离措施。防火层的衬板应采用经防腐处理且厚度不小于 1.5mm 的钢板，不得采用铝板。

3　防火层的密封材料应采用防火密封胶。

4　防火层与玻璃不应直接接触，一块玻璃不应跨两个防火分区。

9.1.13　主体结构与幕墙连接的各种预埋件，其数量、规格、位置和防腐处理必须符合设计要求。

9.1.14　幕墙的金属框架与主体结构预埋件的连接、立柱与横梁的连接及幕墙面板的安装必须符合设计要求，安装必须牢固。

9.1.15　单元幕墙连接处和吊挂处的铝合金型材的壁厚应通过计算确定，并不得小于 5.0mm。

9.1.16　幕墙的金属框架与主体结构应通过预埋件连接，预埋件应在主体结构混凝土施工时埋入，预埋件的位置应准确。当没有条件采用预埋件连接时，应采用其他可靠的连接措施，并应通过试验确定其承载力。

9.1.17　立柱应采用螺栓与角码连接，螺栓直径应经过计算，并不应小于 10mm。不同金属材料接触时应采用绝缘垫片分隔。

9.1.18　幕墙的抗震缝、伸缩缝、沉降缝等部位的处理应保证缝的使用功能和饰面的完整性。

9.1.19　幕墙工程的设计应满足维护和清洁的要求。

9.2　玻璃幕墙工程

9.2.1　本节适用于建筑高度不大于 150m、抗震设防烈度不大于 8 度的隐框玻璃幕墙、半隐框玻璃幕墙、明框玻璃幕墙、全玻幕墙及点支承玻璃幕墙工程的质量验收。

主控项目

9.2.2　玻璃幕墙工程所使用的各种材料、构件和组件的质量，应符合设计要求及国家现行产品标准和工程技术规范的规定。

检验方法：检查材料、构件、组件的产品合格证书、进场验收记录、性能检测报告和材料的复验报告。

9.2.3　玻璃幕墙的造型和立面分格应符合设计要求。

检验方法：观察；尺量检查。

9.2.4 玻璃幕墙使用的玻璃应符合下列规定：

1 幕墙应使用安全玻璃，玻璃的品种、规格、颜色、光学性能及安装方向应符合设计要求。

2 幕墙玻璃的厚度不应小于6.0mm。全玻幕墙肋玻璃的厚度不应小于12mm。

3 幕墙的中空玻璃应采用双道密封。明框幕墙的中空玻璃应采用聚硫密封胶及丁基密封胶；隐框和半隐框幕墙的中空玻璃应采用硅酮结构密封胶及丁基密封胶；镀膜面应在中空玻璃的第2或第3面上。

4 幕墙的夹层玻璃应采用聚乙烯醇缩丁醛（PVB）胶片干法加工合成的夹层玻璃。点支承玻璃幕墙夹层玻璃的夹层胶片（PVB）厚度不应小于0.76mm。

5 钢化玻璃表面不得有损伤；8.0mm.以下的钢化玻璃应进行引爆处理。

6 所有幕墙玻璃均应进行边缘处理。

检验方法：观察；尺量检查；检查施工记录。

9.2.5 玻璃幕墙与主体结构连接的各种预埋件、连接件、紧固件必须安装牢固，其数量、规格、位置、连接方法和防腐处理应符合设计要求。

检验方法：观察；检查隐蔽工程验收记录和施工记录。

9.2.6 各种连接件、紧固件的螺栓应有防松动措施；焊接连接应符合设计要求和焊接规范的规定。

检验方法：观察；检查隐蔽工程验收记录和施工记录。

9.2.7 隐框或半隐框玻璃幕墙，每块玻璃下端应设置两个铝合金或不锈钢托条，其长度不应小于100mm，厚度不应小于2mm，托条外端应低于玻璃外表面2mm。

检验方法：观察；检查施工记录。

9.2.8 明框玻璃幕墙的玻璃安装应符合下列规定：

1 玻璃槽口与玻璃的配合尺寸应符合设计要求和技术标准的规定。

2 玻璃与构件不得直接接触，玻璃四周与构件凹槽底部应保持一定的空隙，每块玻璃下部应至少放置两块宽度与槽口宽度相同、长度不小于100mm的弹性定位垫块；玻璃两边嵌入量及空隙应符合设计要求。

3 玻璃四周橡胶条的材质、型号应符合设计要求，镶嵌应平整，橡胶条长度应比边框内槽长1.5%～2.0%，橡胶条在转角处应斜面断开，并应用粘结剂粘结牢固后嵌入槽内。

检验方法：观察；检查施工记录。

9.2.9 高度超过4m的全玻幕墙应吊挂在主体结构上，吊夹具应符合设计要求，玻璃与玻璃、玻璃与玻璃肋之间的缝隙，应采用硅酮结构密封胶填嵌严密。

检验方法：观察；检查隐蔽工程验收记录和施工记录。

9.2.10 点支承玻璃幕墙应采用带万向头的活动不锈钢爪，其钢爪间的中心距离应大于250mm。

检验方法：观察；尺量检查。

9.2.11 玻璃幕墙四周、玻璃幕墙内表面与主体结构之间的连接节点、各种变形缝、墙角的连接节点应符合设计要求和技术标准的规定。

检验方法：观察；检查隐蔽工程验收记录和施工记录。

9.2.12 玻璃幕墙应无渗漏。

检验方法：在易渗漏部位进行淋水检查。

9.2.13 玻璃幕墙结构胶和密封胶的打注应饱满、密实、连续、均匀、无气泡，宽度和厚度应符合设计要求和技术标准的规定。

检验方法：观察；尺量检查；检查施工记录。

9.2.14 玻璃幕墙开启窗的配件应齐全，安装应牢固，安装位置和开启方向、角度应正确；开启应灵活，关闭应严密。

检验方法：观察；手扳检查；开启和关闭检查。

9.2.15 玻璃幕墙的防雷装置必须与主体结构的防雷装置可靠连接。

检验方法：观察；检查隐蔽工程验收记录和施工记录。

一般项目

9.2.16 玻璃幕墙表面应平整、洁净;整幅玻璃的色泽应均匀一致;不得有污染和镀膜损坏。

检验方法:观察。

9.2.17 每平方米玻璃的表面质量和检验方法应符合表 9.2.17 的规定。

表 9.2.17 每平方米玻璃的表面质量和检验方法

项次	项目	质量要求	检验方法
1	明显划伤和长度 >100mm 的轻微划伤	不允许	观察
2	长度≤100mm 的轻微划伤	≤8 条	用钢尺检查
3	擦伤总面积	≤500mm²	用钢尺检查

9.2.18 一个分格铝合金型材的表面质量和检验方法应符合表 9.2.18 的规定。

表 9.2.18 一个分格铝合金型材的表面质量和检验方法

项次	项目	质量要求	检验方法
1	明显划伤和长度 >100mm 的轻微划伤	不允许	观察
2	长度≤100mm 的轻微划伤	≤2 条	用钢尺检查
3	擦伤总面积	≤500mm²	用钢尺检查

9.2.19 明框玻璃幕墙的外露框或压条应横平竖直,颜色、规格应符合设计要求,压条安装应牢固。单元玻璃幕墙的单元拼缝或隐框玻璃幕墙的分格玻璃拼缝应横平竖直、均匀一致。

检验方法:观察;手扳检查;检查进场验收记录。

9.2.20 玻璃幕墙的密封胶缝应横平竖直、深浅一致、宽窄均匀、光滑顺直。

检验方法:观察;手摸检查。

9.2.21 防火、保温材料填充应饱满、均匀,表面应密实、平整。

检验方法:检查隐蔽工程验收记录。

9.2.22 玻璃幕墙隐蔽节点的遮封装修应牢固、整齐、美观。

检验方法:观察;手扳检查。

9.2.23 明框玻璃幕墙安装的允许偏差和检验方法应符合表 9.2.23 的规定。

表 9.2.23 明框玻璃幕墙安装的允许偏差和检验方法

项次	项目		允许偏差(mm)	检验方法
1	幕墙垂直度	幕墙高度≤30m	10	用经纬仪检查
		30m < 幕墙高度≤60m	15	
		60m < 幕墙高度≤90m	20	
		幕墙高度 >90m	25	
2	幕墙水平度	幕墙幅宽≤35m	5	用水平仪检查
		幕墙幅宽 >35m	7	
3	构件直线度		2	用 2m 靠尺和塞尺检查
4	构件水平度	构件长度≤2m	2	用水平仪检查
		构件长度 >2m	3	
5	相邻构件错位	1		用钢直尺检查
6	分格框对角线长度差	对角线长度≤2m	3	用钢尺检查
		对角线长度 >2m	4	

9.2.24 隐框、半隐框玻璃幕墙安装的允许偏差和检验方法应符合表9.2.24的规定。

表9.2.24 隐框、半隐框玻璃幕墙安装的允许偏差和检验方法

项次	项目		允许偏差(mm)	检验方法
1	幕墙垂直度	幕墙高度≤30m	10	用经纬仪检查
		30m<幕墙高度≤60m	15	
		60m<幕墙高度≤90m	20	
		幕墙高度>90m	25	
2	幕墙水平度	层高≤3m	3	用水平仪检查
		层高>3m	5	
3	幕墙表面平整度		2	用2m靠尺和塞尺检查
4	板材立面垂直度		2	用垂直检测尺检查
5	板材上沿水平度		2	用1m水平尺和钢直尺检查
6	相邻板材板角错位		1	用钢直尺检查
7	阳角方正		2	用直角检测尺检查
8	接缝直线度		3	拉5m线,不足5m拉通线,用钢直尺检查
9	接缝高低差		1	用钢直尺和塞尺检查
10	接缝宽度		1	用钢直尺检查

9.3 金属幕墙工程

9.3.1 本节适用于建筑高度不大于150m的金属幕墙工程的质量验收。

主控项目

9.3.2 金属幕墙工程所使用的各种材料和配件,应符合设计要求及国家现行产品标准和工程技术规范的规定。

检验方法:检查产品合格证书、性能检测报告、材料进场验收记录和复验报告。

9.3.3 金属幕墙的造型和立面分格应符合设计要求。

检验方法:观察;尺量检查。

9.3.4 金属面板的品种、规格、颜色、光泽及安装方向应符合设计要求。

检验方法:观察;检查进场验收记录。

9.3.5 金属幕墙主体结构上的预埋件、后置埋件的数量、位置及后置埋件的拉拔力必须符合设计要求。

检验方法:检查拉拔力检测报告和隐蔽工程验收记录。

9.3.6 金属幕墙的金属框架立柱与主体结构预埋件的连接、立柱与横梁的连接、金属面板的安装必须符合设计要求,安装必须牢固。

检验方法:手扳检查;检查隐蔽工程验收记录。

9.3.7 金属幕墙的防火、保温、防潮材料的设置应符合设计要求,并应密实、均匀、厚度一致。

检验方法:检查隐蔽工程验收记录。

9.3.8 金属框架及连接件的防腐处理应符合设计要求。

检验方法:检查隐蔽工程验收记录和施工记录。

9.3.9 金属幕墙的防雷装置必须与主体结构的防雷装置可靠连接。

检验方法:检查隐蔽工程验收记录。

9.3.10 各种变形缝、墙角的连接节点应符合设计要求和技术标准的规定。

检验方法：观察；检查隐蔽工程验收记录。

9.3.11 金属幕墙的板缝注胶应饱满、密实、连续、均匀、无气泡，宽度和厚度应符合设计要求和技术标准的规定。

检验方法：观察；尺量检查；检查施工记录。

9.3.12 金属幕墙应无渗漏。

检验方法：在易渗漏部位进行淋水检查。

一般项目

9.3.13 金属板表面应平整、洁净、色泽一致。

检验方法：观察。

9.3.14 金属幕墙的压条应平直、洁净、接口严密、安装牢固。

检验方法：观察；手扳检查。

9.3.15 金属幕墙的密封胶缝应横平竖直、深浅一致、宽窄均匀、光滑顺直。

检验方法：观察。

9.3.16 金属幕墙上的滴水线、流水坡向应正确、顺直。

检验方法；观察；用水平尺检查。

9.3.17 每平方米金属板的表面质量和检验方法应符合表9.3.17的规定。

表9.3.17 每平方米金属板的表面质量和检验方法

项次	项目	质量要求	检验方法
1	明显划伤和长度>100mm的轻微划伤	不允许	观察
2	长度≤100mm的轻微划伤	≤8条	用钢尺检查
3	擦伤总面积	≤500mm^2	用钢尺检查

9.3.18 金属幕墙安装的允许偏差和检验方法应符合表9.3.18的规定。

表9.3.18 金属幕墙安装的允许偏差和检验方法

项次	项目		允许偏差(mm)	检验方法
1	幕墙垂直度	幕墙高度≤30m	10	用经纬仪检查
		30m < 幕墙高度≤60m	15	
		60m < 幕墙高度≤90m	20	
		幕墙高度 > 90m	25	
2	幕墙水平度	层高≤3m	3	用水平仪检查
		层高 > 3m	5	
3	幕墙表面平整度		2	用2m靠尺和塞尺检查
4	板材立面垂直度		2	用垂直检测尺检查
5	板材上沿水平度		2	用1m水平尺和钢直尺检查
6	相邻板材板角错位		1	用钢直尺检查
7	阳角方正		2	用直角检测尺检查
8	接缝直线度		3	拉5m线，不足5m拉通线，用钢直尺检查
9	接缝高低差		1	用钢直尺和塞尺检查
10	接缝宽度		1	用钢直尺检查

9.4 石材幕墙工程

9.4.1 本节适用于建筑高度不大于100m、抗震设防烈度不大于8度的石材幕墙工程的质量验收。

主控项目

9.4.2 石材幕墙工程所用材料的品种、规格、性能和等级,应符合设计要求及国家现行产品标准和工程技术规范的规定。石材的弯曲强度不应小于8.0MPa;吸水率应小于0.8%。石材幕墙的铝合金挂件厚度不应小于4.0mm,不锈钢挂件厚度不应小于3.0mm。

检验方法:观察;尺量检查;检查产品合格证书、性能检测报告、材料进场验收记录和复验报告。

9.4.3 石材幕墙的造型、立面分格、颜色、光泽、花纹和图案应符合设计要求。

检验方法:观察。

9.4.4 石材孔、槽的数量、深度、位置、尺寸应符合设计要求。

检验方法:检查进场验收记录或施工记录。

9.4.5 石材幕墙主体结构上的预埋件和后置埋件的位置、数量及后置埋件的拉拔力必须符合设计要求。

检验方法:检查拉拔力检测报告和隐蔽工程验收记录。

9.4.6 石材幕墙的金属框架立柱与主体结构预埋件的连接、立柱与横梁的连接、连接件与金属框架的连接、连接件与石材面板的连接必须符合设计要求,安装必须牢固。

检验方法:手扳检查;检查隐蔽工程验收记录。

9.4.7 金属框架和连接件的防腐处理应符合设计要求。

检验方法:检查隐蔽工程验收记录。

9.4.8 石材幕墙的防雷装置必须与主体结构防雷装置可靠连接。

检验方法:观察;检查隐蔽工程验收记录和施工记录。

9.4.9 石材幕墙的防火、保温、防潮材料的设置应符合设计要求,填充应密实、均匀、厚度一致。

检验方法:检查隐蔽工程验收记录。

9.4.10 各种结构变形缝、墙角的连接节点应符合设计要求和技术标准的规定。

检验方法:检查隐蔽工程验收记录和施工记录。

9.4.11 石材表面和板缝的处理应符合设计要求。

检验方法:观察。

9.4.12 石材幕墙的板缝注胶应饱满、密实、连续、均匀、无气泡,板缝宽度和厚度应符合设计要求和技术标准的规定。

检验方法:观察;尺量检查;检查施工记录。

9.4.13 石材幕墙应无渗漏。

检验方法:在易渗漏部位进行淋水检查。

一般项目

9.4.14 石材幕墙表面应平整、洁净,无污染、缺损和裂痕。颜色和花纹应协调一致,无明显色差,无明显修痕。

检验方法:观察。

9.4.15 石材幕墙的压条应平直、洁净、接口严密、安装牢固。

检验方法:观察;手扳检查。

9.4.16 石材接缝应横平竖直、宽窄均匀;阴阳角石板压向应正确,板边合缝应顺直;凸凹线出墙厚度应一致,上下口应平直;石材面板上洞口、槽边应套割吻合,边缘应整齐。

检验方法:观察;尺量检查。

9.4.17 石材幕墙的密封胶缝应横平竖直、深浅一致、宽窄均匀、光滑顺直。

检验方法:观察。

9.4.18　石材幕墙上的滴水线、流水坡向应正确、顺直。

检验方法:观察;用水平尺检查。

9.4.19　每平方米石材的表面质量和检验方法应符合表9.4.19的规定。

表9.4.19　每平方米石材的表面质量和检验方法

项次	项目	质量要求	检验方法
1	裂痕、明显划伤和长度>100mm的轻微划伤	不允许	观察
2	长度≤100mm的轻微划伤	≤8条	用钢尺检查
3	擦伤总面积	≤500mm²	用钢尺检查

9.4.20　石材幕墙安装的允许偏差和检验方法应符合表9.4.20的规定。

表9.4.20　石材幕墙安装的允许偏差和检验方法

项次	项目		允许偏差(mm)		检验方法
			光面	麻面	
1	幕墙垂直度	幕墙高度≤30m	10		用经纬仪检查
		30m<幕墙高度≤60m	15		
		60m<幕墙高度≤90m	20		
		幕墙高度>90m	25		
2	幕墙水平度		3		用水平仪检查
3	板材立面垂直度		3		用水平仪检查
4	板材上沿水平度		2		用1m水平尺和钢直尺检查
5	相邻板材板角错位		1		用钢直尺检查
6	幕墙表面平整度		2	3	用垂直检测尺检查
7	阳角方正		2	4	用直角检测尺检查
8	接缝直线度		3	4	拉5m线,不足5m拉通线,用钢直尺检查
9	接缝高低差		1	—	用钢直尺和塞尺检查
10	接缝宽度		1	2	用钢直尺检查

10　涂饰工程

10.1　一般规定

10.1.1　本章适用于水性涂料涂饰、溶剂型涂料涂饰、美术涂饰等分项工程的质量验收。

10.1.2　涂饰工程验收时应检查下列文件和记录:

1　涂饰工程的施工图、设计说明及其他设计文件。

2　材料的产品合格证书、性能检测报告和进场验收记录。

3　施工记录

10.1.3　各分项工程的检验批应按下列规定划分:

1　室外涂饰工程每一栋楼的同类涂料涂饰的墙面每500~1000m² 应划分为一个检验批,不足500m² 也应划分为一个检验批。

2　室内涂饰工程同类涂料涂饰的墙面每50间(大面积房间和走廊按涂饰面积30m² 为一间)应划分为一个检验批,不足50间也应划分为一个检验批。

10.1.4　检查数量应符合下列规定：

1　室外涂饰工程每 $100m^2$ 应至少检查一处，每处不得小于 $10m^2$。

2　室内涂饰工程每个检验批应至少抽查 10%，并不得少于 3 间；不足 3 间时应全数检查。

10.1.5　涂饰工程的基层处理应符合下列要求：

1　新建筑物的混凝土或抹灰基层在涂饰涂料前应涂刷抗碱封闭底漆。

2　旧墙面在涂饰涂料前应清除疏松的旧装修层，并涂刷界面剂。

3　混凝土或抹灰基层涂刷溶剂型涂料时，含水率不得大于 8%；涂刷乳液型涂料时，含水率不得大于 10%。木材基层的含水率不得大于 12%。

4　基层腻子应平整、坚实、牢固，无粉化、起皮和裂缝；内墙腻子的粘结强度应符合《建筑室内用腻子》JG/T 3049 的规定。

5　厨房、卫生间墙面必须使用耐水腻子。

10.1.6　水性涂料涂饰工程施工的环境温度应在 5～35℃之间。

10.1.7　涂饰工程应在涂层养护期满后进行质量验收。

10.2　水性涂料涂饰工程

10.2.1　本节适用于乳液型涂料、无机涂料、水溶性涂料等水性涂料涂饰工程的质量验收。

主控项目

10.2.2　水性涂料涂饰工程所用涂料的品种、型号和性能应符合设计要求。

检验方法：检查产品合格证书、性能检测报告和进场验收记录。

10.2.3　水性涂料涂饰工程的颜色、图案应符合设计要求。

检验方法：观察。

10.2.4　水性涂料涂饰工程应涂饰均匀、粘结牢固，不得漏涂、透底、起皮和掉粉。

检验方法：观察；手摸检查。

10.2.5　水性涂料涂饰工程的基层处理应符合本规范第 10.1.5 条的要求。

检验方法：观察；手摸检查；检查施工记录。

一般项目

10.2.6　薄涂料的涂饰质量和检验方法应符合表 10.2.6 的规定。

表 10.2.6　薄涂料的涂饰质量和检验方法

项次	项目	普通涂饰	高级涂饰	检验方法
1	颜色	均匀一致	均匀一致	观察
2	泛碱、咬色	允许少量轻微	不允许	
3	流坠、疙瘩	允许少量轻微	不允许	
4	砂眼、刷纹	允许少量轻微砂眼，刷纹通顺	无砂眼，无刷纹	
5	装饰线、分色线直线度允许偏差(mm)	2	1	拉 5m 线，不足 5m 拉通线，用钢直尺检查

10.2.7　厚涂料的涂饰质量和检验方法应符合表 10.2.7 的规定。

表 10.2.7 厚涂料的涂饰质量和检验方法

项次	项目	普通涂饰	高级涂饰	检验方法
1	颜色	均匀一致	均匀一致	观察
2	泛碱、咬色	允许少量轻微	不允许	
3	点状分布	—	疏密均匀	

10.2.8 复层涂料的涂饰质量和检验方法应符合表 10.2.8 的规定。

表 10.2.8 复层涂料的涂饰质量和检验方法

项次	项目	质量要求	检验方法
1	颜色	均匀一致	观察
2	泛碱、咬色	不允许	
3	喷点疏密程度	均匀,不允许连片	

10.2.9 涂层与其他装修材料和设备衔接处应吻合,界面应清晰。

检验方法:观察。

10.3 溶剂型涂料涂饰工程

10.3.1 本节适用于丙烯酸酯涂料、聚氨酯丙烯酸涂料、有机硅丙烯酸涂料等溶剂型涂料涂饰工程的质量验收。

主控项目

10.3.2 溶剂型涂料涂饰工程所选用涂料的品种、型号和性能应符合设计要求。

检验方法:检查产品合格证书、性能检测报告和进场验收记录。

10.3.3 溶剂型涂料涂饰工程的颜色、光泽、图案应符合设计要求。

检验方法:观察。

10.3.4 溶剂型涂料涂饰工程应涂饰均匀、粘结牢固,不得漏涂、透底、起皮和反锈。

检验方法:观察;手摸检查。

10.3.5 溶剂型涂料涂饰工程的基层处理应符合本规范第 10.1.5 条的要求。

检验方法:观察;手摸检查;检查施工记录。

一般项目

10.3.6 色漆的涂饰质量和检验方法应符合表 10.3.6 的规定。

表 10.3.6 色漆的涂饰质量和检验方法

项次	项目	普通涂饰	高级涂饰	检验方法
1	颜色	均匀一致	均匀一致	观察
2	光泽、光滑	光泽基本均匀光滑无挡手感	光泽均匀一致光滑	观察、手摸检查
3	刷纹	刷纹通顺	无刷纹	观察
4	裹棱、流坠、皱皮	明显处不允许	不允许	观察
5	装饰线、分色线直线度允许偏差(mm)	2	1	拉 5m 线,不足 5m 拉通线,用钢直尺检查

注:无光色漆不检查光泽。

10.3.7 清漆的涂饰质量和检验方法应符合表 10.3.7 的规定。

表 10.3.7 清漆的涂饰质量和检验方法

项次	项目	普通涂饰	高级涂饰	检验方法
1	颜色	基本一致	均匀一致	观察
2	木纹	棕眼刮平、木纹清楚	棕眼刮平、木纹清楚	观察
3	光泽、光滑	光泽基本均匀 光滑无挡手感	光泽均匀一致光滑	观察、手摸检查
4	刷纹	无刷纹	无刷纹	观察
5	裹棱、流坠、皱皮	明显处不允许	不允许	观察

10.3.8 涂层与其他装修材料和设备衔接处应吻合,界面应清晰。

检验方法:观察。

10.4 美术涂饰工程

10.4.1 本节适用于套色涂饰、滚花涂饰、仿花纹涂饰等室内外美术涂饰工程的质量验收。

主控项目

10.4.2 美术涂饰所用材料的品种、型号和性能应符合设计要求。

检验方法:观察;检查产品合格证书、性能检测报告和进场验收记录。

10.4.3 美术涂饰工程应涂饰均匀、粘结牢固,不得漏涂、透底、起皮、掉粉和反锈。

检验方法:观察;手摸检查。

10.4.4 美术涂饰工程的基层处理应符合本规范第 10.1.5 条的要求。

检验方法:观察;手摸检查;检查施工记录。

10.4.5 美术涂饰的套色、花纹和图案应符合设计要求。

检验方法:观察。

一般项目

10.4.6 美术涂饰表面应洁净,不得有流坠现象。

检验方法:观察。

10.4.7 仿花纹涂饰的饰面应具有被模仿材料的纹理。

检验方法:观察。

10.4.8 套色涂饰的图案不得移位,纹理和轮廓应清晰。

检验方法:观察。

11 裱糊与软包工程

11.1 一般规定

11.1.1 本章适用于裱糊、软包等分项工程的质量验收。

11.1.2 裱糊与软包工程验收时应检查下列文件和记录:

1 裱糊与软包工程的施工图、设计说明及其他设计文件。

2 饰面材料的样板及确认文件。

3 材料的产品合格证书、性能检测报告、进场验收记录和复验报告。

4 施工记录。

11.1.3 各分项工程的检验批应按下列规定划分:

同一品种的裱糊或软包工程每 50 间(大面积房间和走廊按施工面积 $30m^2$ 为一间)应划分为一个检验批,不足 50 间也应划分为一个检验批。

11.1.4 检查数量应符合下列规定：

1 裱糊工程每个检验批应至少抽查10%，并不得少于3间，不足3间时应全数检查。

2 软包工程每个检验批应至少抽查20%，并不得少于6间，不足6间时应全数检查。

11.1.5 裱糊前，基层处理质量应达到下列要求：

1 新建筑物的混凝土或抹灰基层墙面在刮腻子前应涂刷抗碱封闭底漆。

2 旧墙面在裱糊前应清除疏松的旧装修层，并涂刷界面剂。

3 混凝土或抹灰基层含水率不得大于8%；木材基层的含水率不得大于12%。

4 基层腻子应平整、坚实、牢固，无粉化、起皮和裂缝；腻子的粘结强度应符合《建筑室内用腻子》JG/T 3049N型的规定。

5 基层表面平整度、立面垂直度及阴阳角方正应达到本规范第4.2.11条高级抹灰的要求。

6 基层表面颜色应一致。

7 裱糊前应用封闭底胶涂刷基层。

11.2 裱糊工程

11.2.1 本章适用于聚氯乙烯塑料壁纸、复合纸质壁纸、墙布等裱糊工程的质量验收。

主控项目

11.2.2 壁纸、墙布的种类、规格、图案、颜色和燃烧性能等级必须符合设计要求及国家现行标准的有关规定。

检验方法：观察；检查产品合格证书、进场验收记录和性能检测报告。

11.2.3 裱糊工程基层处理质量应符合本规范第11.1.5条的要求。

检验方法：观察；手摸检查；检查施工记录。

11.2.4 裱糊后各幅拼接应横平竖直，拼接处花纹、图案应吻合，不离缝，不搭接，不显拼缝。

检验方法：观察；拼缝检查距离墙面1.5m处正视。

11.2.5 壁纸、墙布应粘贴牢固，不得有漏贴、补贴、脱层、空鼓和翘边。

检验方法：观察；手摸检查。

一般项目

11.2.6 裱糊后的壁纸、墙布表面应平整，色泽应一致，不得有波纹起伏、气泡、裂缝、皱折及斑污，斜视时应无胶痕。

检验方法：观察；手摸检查。

11.2.7 复合压花壁纸的压痕及发泡壁纸的发泡层应无损坏。

检验方法：观察。

11.2.8 壁纸、墙布与各种装饰线、设备线盒应交接严密。

检验方法：观察。

11.2.9 壁纸、墙布边缘应平直整齐，不得有纸毛、飞刺。

检验方法：观察。

11.2.10 壁纸、墙布阴角处搭接应顺光，阳角处应无接缝。

检验方法：观察。

11.3 软包工程

11.3.1 本节适用于墙面、门等软包工程的质量验收。

主控项目

11.3.2 软包面料、内衬材料及边框的材质、颜色、图案、燃烧性能等级和木材的含水率应符合设计要求及国家现行标准的有关规定。

检验方法：观察；检查产品合格证书、进场验收记录和性能检测报告。

11.3.3 软包工程的安装位置及构造做法应符合设计要求。

检验方法:观察;尺量检查;检查施工记录。

11.3.4 软包工程的龙骨、衬板、边框应安装牢固,无翘曲,拼缝应平直。

检验方法:观察;手扳检查。

11.3.5 单块软包面料不应有接缝,四周应绷压严密。

检验方法:观察;手摸检查。

一般项目

11.3.6 软包工程表面应平整、洁净,无凹凸不平及皱折;图案应清晰、无色差,整体应协调美观。

检验方法:观察。

11.3.7 软包边框应平整、顺直、接缝吻合。其表面涂饰质量应符合本规范第10章的有关规定。

检验方法:观察;手摸检查。

11.3.8 清漆涂饰木制边框的颜色、木纹应协调一致。

检验方法:观察。

11.3.9 软包工程安装的允许偏差和检验方法应符合表11.3.9的规定。

表11.3.9 软包工程安装的允许偏差和检验方法

项次	项目	允许偏差(mm)	检验方法
1	垂直度	3	用1m垂直检测尺检查
2	边框宽度、高度	0;-2	用钢尺检查
3	对角线长度差	3	用钢尺检查
4	裁口、线条接缝高低差	1	用钢直尺和塞尺检查

12 细部工程

12.1 一般规定

12.1.1 本章适用于下列分项工程的质量验收:

1 橱柜制作与安装。

2 窗帘盒、窗台板、散热器罩制作与安装。

3 门窗套制作与安装。

4 护栏和扶手制作与安装。

5 花饰制作与安装。

12.1.2 细部工程验收时应检查下列文件和记录:

1 施工图、设计说明及其他设计文件。

2 材料的产品合格证书、性能检测报告、进场验收记录和复验报告。

3 隐蔽工程验收记录。

4 施工记录。

12.1.3 细部工程应对人造木板的甲醛含量进行复验。

12.1.4 细部工程应对下列部位进行隐蔽工程验收:

1 预埋件(或后置埋件)。

2 护栏与预埋件的连接节点。

12.1.5 各分项工程的检验批应按下列规定划分:

1 同类制品每50间(处)应划分为一个检验批,不足50间(处)也应划分为一个检验批。

2 每部楼梯应划分为一个检验批。

12.2 橱柜制作与安装工程

12.2.1 本节适用于位置固定的壁柜、吊柜等橱柜制作与安装工程的质量验收。

12.2.2 检查数量应符合下列规定：

每个检验批应至少抽查3间(处)，不足3间(处)时应全数检查。

主控项目

12.2.3 橱柜制作与安装所用材料的材质和规格、木材的燃烧性能等级和含水率、花岗石的放射性及人造木板的甲醛含量应符合设计要求及国家现行标准的有关规定。

检验方法：观察；检查产品合格证书、进场验收记录、性能检测报告和复验报告。

12.2.4 橱柜安装预埋件或后置埋件的数量、规格、位置应符合设计要求。

检验方法：检查隐蔽工程验收记录和施工记录。

12.2.5 橱柜的造型、尺寸、安装位置、制作和固定方法应符合设计要求。橱柜安装必须牢固。

检验方法：观察；尺量检查；手扳检查。

12.2.6 橱柜配件的品种、规格应符合设计要求。配件应齐全，安装应牢固。

检验方法：观察；手扳检查；检查进场验收记录。

12.2.7 橱柜的抽屉和柜门应开关灵活、回位正确。

检验方法：观察；开启和关闭检查。

一般项目

12.2.8 橱柜表面应平整、洁净、色泽一致，不得有裂缝、翘曲及损坏。

检验方法：观察。

12.2.9 橱柜裁口应顺直、拼缝应严密。

检验方法：观察。

12.2.10 橱柜安装的允许偏差和检验方法应符合表12.2.10的规定。

表12.2.10 橱柜安装的允许偏差和检验方法

项次	项目	允许偏差(mm)	检验方法
1	外型尺寸	3	用钢尺检查
2	立面垂直度	2	用1m垂直检测尺检查
3	门与框架的平行度	2	用钢尺检查

12.3 窗帘盒、窗台板和散热器罩制作与安装工程

12.3.1 本节适用于窗帘盒、窗台板和散热器罩制作与安装工程的质量验收。

12.3.2 检查数量应符合下列规定：

每个检验批应至少抽查3间(处)，不足3间(处)时应全数检查。

主控项目

12.3.3 窗帘盒、窗台板和散热器罩制作与安装所使用材料的材质和规格、木材的燃烧性能等级和含水率、花岗石的放射性及人造木板的甲醛含量应符合设计要求及国家现行标准的有关规定。

检验方法：观察；检查产品合格证书、进场验收记录、性能检测报告和复验报告。

12.3.4 窗帘盒、窗台板和散热器罩的造型、规格、尺寸、安装位置和固定方法必须符合设计要求。窗帘盒、窗台板和散热器罩的安装必须牢固。

检验方法：观察；尺量检查；手扳检查。

12.3.5 窗帘盒配件的品种、规格应符合设计要求，安装应牢固。

检验方法：手扳检查；检查进场验收记录。

一般项目

12.3.6 窗帘盒、窗台板和散热器罩表面应平整、洁净、线条顺直、接缝严密、色泽一致，不得有裂缝、翘曲及损坏。

检验方法:观察。

12.3.7 窗帘盒、窗台板和散热器罩与墙面、窗框的衔接应严密,密封胶缝应顺直、光滑。

检验方法:观察。

12.3.8 窗帘盒、窗台板和散热器罩安装的允许偏差和检验方法应符合表12.3.8的规定。

表12.3.8 窗帘盒、窗台板和散热器罩安装的允许偏差和检验方法

项次	项目	允许偏差(mm)	检验方法
1	水平度	2	用1m水平尺和塞尺检查
2	上口、下口直线度	3	拉5m线,不足5m拉通线,用钢直尺检查
3	两端距窗洞口长度差	2	用钢直尺检查
4	两端出墙厚度差	3	用钢直尺检查

12.4 门窗套制作与安装工程

12.4.1 本节适用于门窗制作与安装工程的质量验收。

12.4.2 检查数量应符合下列规定:每个检验批应至少抽查3间(处),不足3间(处)时应全数检查。

主控项目

12.4.3 门窗套制作与安装所使用材料的材质、规格、花纹和颜色、木材的燃烧性能等级和含水率、花岗石的放射性及人造木板的甲醛含量应符合设计要求及国家现行标准的有关规定。

检验方法:观察;检查产品合格证书、进场验收记录、性能检测报告和复验报告。

12.4.4 门窗套的造型、尺寸和固定方法应符合设计要求,安装应牢固。

检验方法:观察;尺量检查;手扳检查。

一般项目

12.4.5 门窗套表面应平整、洁净、线条顺直、接缝严密、色泽一致,不得有裂缝、翘曲及损坏。

检验方法:观察。

12.4.6 门窗套安装的允许偏差和检验方法应符合表12.4.6的规定。

表12.4.6 门窗套安装的允许偏差和检验方法

项次	项目	允许偏差(mm)	检验方法
1	正、侧面垂直度	3	用1m垂直检测尺检查
2	门窗套上口水平度	1	用1m水平检测尺和塞尺检查
3	门窗套上口直线度	3	拉5m线,不足5m拉通线,用钢直尺检查

12.5 护栏和扶手制作与安装工程

12.5.1 本节适用于护栏和扶手制作与安装工程的质量验收。

12.5.2 检查数量应符合下列规定:

每个检验批的护栏和扶手应全部检查。

主控项目

12.5.3 护栏和扶手制作与安装所使用材料的材质、规格、数量和木材、塑料的燃烧性能等级应符合设计要求。

检验方法:观察;检查产品合格证书、进场验收记录和性能检测报告。

12.5.4 护栏和扶手的造型、尺寸及安装位置应符合设计要求。

检验方法:观察;尺量检查;检查进场验收记录。

12.5.5 护栏和扶手安装预埋件的数量、规格、位置以及护栏与预埋件的连接节点应符合设计要求。

检验方法:检查隐蔽工程验收记录和施工记录。

12.5.6　护栏高度、栏杆间距、安装位置必须符合设计要求。护栏安装必须牢固。

检验方法:观察;尺量检查;手扳检查。

12.5.7　护栏玻璃应使用公称厚度不小于12mm的钢化玻璃或钢化夹层玻璃。当护栏一侧距楼地面高度为5m及以上时,应使用钢化夹层玻璃。

检验方法:观察;尺量检查;检查产品合格证书和进场验收记录。

一般项目

12.5.8　护栏和扶手转角弧度应符合设计要求,接缝应严密,表面应光滑,色泽应一致,不得有裂缝、翘曲及损坏。

检验方法:观察;手摸检查。

12.5.9　护栏和扶手安装的允许偏差和检验方法应符合表12.5.9的规定。

表12.5.9　护栏和扶手安装的允许偏差和检验方法

项次	项目	允许偏差(mm)	检验方法
1	护栏垂直度	3	用1m垂直检测尺检查
2	栏杆间距	3	用钢尺检查
3	扶手直线度	4	拉通线,用钢直尺检查
4	扶手高度	3	用钢尺检查

12.6　花饰制作与安装工程

12.6.1　本节适用于混凝土、石材、木材、塑料、金属、玻璃、石膏等花饰制作与安装工程的质量验收。

12.6.2　检查数量应符合下列规定:

1　室外每个检验批应全部检查。

2　室内每个检验批应至少抽查3间(处);不足3间(处)时应全数检查。

主控项目

12.6.3　花饰制作与安装所使用材料的材质、规格应符合设计要求。

检验方法:观察;检查产品合格证书和进场验收记录。

12.6.4　花饰的造型、尺寸应符合设计要求。

检验方法:观察;尺量检查。

12.6.5　花饰的安装位置和固定方法必须符合设计要求,安装必须牢固。

检验方法:观察;尺量检查;手扳检查。

一般项目

12.6.6　花饰表面应洁净,接缝应严密吻合,不得有歪斜、裂缝、翘曲及损坏。

检验方法:观察。

12.6.7　花饰安装的允许偏差和检验方法应符合表12.6.7的规定。

表12.6.7　花饰安装的允许偏差和检验方法

项次	项目		允许偏差(mm)		检验方法
			室内	室外	
1	条型花饰的水平度或垂直度	每米	1	2	拉线和用1m垂直检测尺检查
		全长	3	6	
2	单独花饰中心位置偏移		10	15	拉线和用钢直尺检查

13 分部工程质量验收

13.0.1 建筑装饰装修工程质量验收的程序和组织应符合《建筑工程施工质量验收统一标准》GB50300—2001第6章的规定。

13.0.2 建筑装饰装修工程的子分部工程及其分项工程应按本规范附录B划分。

13.0.3 建筑装饰装修工程施工过程中,应按本规范各章一般规定的要求对隐蔽工程进行验收,并按本规范附录C的格式记录。

13.0.4 检验批的质量验收应按《建筑工程施工质量验收统一标准》GB 50300—2001附录D的格式记录。检验批的合格判定应符合下列规定:

1 抽查样本均应符合本规范主控项目的规定。

2 抽查样本的80%以上应符合本规范一般项目的规定。其余样本不得有影响使用功能或明显影响装饰效果的缺陷,其中有允许偏差的检验项目,其最大偏差不得超过本规范规定允许偏差的1.5倍。

13.0.5 分项工程的质量验收应按《建筑工程施工质量验收统一标准》GB50300—2001附录E的格式记录,各检验批的质量均应达到本规范的规定。

13.0.6 子分部工程的质量验收应按《建筑工程施工质量验收统一标准》GB 50300—2001附录F的格式记录。子分部工程中各分项工程的质量均应验收合格,并应符合下列规定:

1 应具备本规范各子分部工程规定检查的文件和记录。

2 应具备表13.0.6所规定的有关安全和功能的检测项目的合格报告。

3 观感质量应符合本规范各分项工程中一般项目的要求。

表13.0.6 有关安全和功能的检测项目表

项次	子分部工程	检测项目
1	门窗工程	1 建筑外墙金属窗的抗风压性能、空气渗透性能和雨水渗漏性能 2 建筑外墙塑料窗的抗风压性能、空气渗透性能和雨水渗漏性能
2	饰面板(砖)工程	1 饰面板后置埋件的现场拉拔强度 2 饰面砖样板件的粘结强度
3	幕墙工程	1 硅酮结构胶的相容性试验 2 幕墙后置埋件的现场拉拔强度 3 幕墙的抗风压性能、空气渗透性能、雨水渗漏性能及平面变形性能

13.0.7 分部工程的质量验收应按《建筑工程施工质量验收统一标准》GB 50300—2001附录F的格式记录。分部工程中各子分部工程的质量均应验收合格,并应按本规范第13.0.6条1至3款的规定进行核查。

当建筑工程只有装饰装修分部工程时,该工程应作为单位工程验收。

13.0.8 有特殊要求的建筑装饰装修工程,竣工验收时应按合同约定加测相关技术指标。

13.0.9 建筑装饰装修工程的室内环境质量应符合国家现行标准《民用建筑工程室内环境污染控制规范》GB 50325的规定。

13.0.10 未经竣工验收合格的建筑装饰装修工程不得投入使用。

附录 A
木门窗用木材的质量要求

A.0.1 制作普通木门窗所用木材的质量应符合表 A.0.1 的规定。

表 A.0.1 普通木门窗用木材的质量要求

木材缺陷		门窗扇的立梃、冒头，中冒头	窗棂、压条、门窗及气窗的线脚、通风窗立梃	门心板	门窗框
活节	不计个数，直径(mm)	<15	<5	<15	<15
	计算个数，直径	≤材宽的 1/3	≤材宽的 1/3	≤30mm	≤材宽的 1/3
	任 1 延米个数	≤3	≤2	≤3	≤5
死节		允许，计入活节总数	不允许	允许，计入活节总数	
髓心		不露出表面的，允许	不允许	不露出表面的，允许	
裂缝		深度及长度≤厚度及材长的 1/5	不允许	允许可见裂缝	深度及长度≤厚度及材长的 1/4
斜纹的斜率(%)		≤7	≤5	不限	≤12
油眼		非正面，允许			
其他		浪形纹理、圆形纹理、偏心及化学变色，允许			

A.0.2 制作高级木门窗所用木材的质量应符合表 A.0.2 的规定。

表 A.0.2 高级木门窗用木材的质量要求

木材缺陷		木门扇的立梃、冒头，中冒头	窗棂、压条、门窗及气窗的线脚，通风窗立梃	门心板	门窗框
活节	不计个数，直径(mm)	<10	<5	<10	<10
	计算个数，直径	≤材宽的 1/4	≤材宽的 1/4	≤20mm	≤材宽的 1/3
	任 1 延米个数	≤2	0	≤2	≤3
死节		允许，包括在活节总数中	不允许	允许，包括在活节总数中	不允许
髓心		不露出表面的，允许	不允许	不露出表面的，允许	
裂缝		深度及长度≤厚度及材长的 1/6	不允许	允许可见裂缝	深度及长度≤厚度及材长的 1/5
斜纹的斜率(%)		≤6	≤4	≤15	≤10
油眼		非正面，允许			
其他		浪形纹理、圆形纹理、偏心及化学变色，允许			

附录 B
子分部工程及其分项工程划分表

项次	子分部工程	分项工程
1	抹灰工程	一般抹灰,装饰抹灰,清水砌体勾缝
2	门窗工程	木门窗制作与安装,金属门窗安装,塑料门窗安装,特种门安装,门窗玻璃安装
3	吊顶工程	暗龙骨吊顶,明龙骨吊顶
4	轻质隔墙工程	板材隔墙,骨架隔墙,活动隔墙,玻璃隔墙
5	饰面板(砖)工程	饰面板安装,饰面砖粘贴
6	幕墙工程	玻璃幕墙,金属幕墙,石材幕墙
7	涂饰工程	水性涂料涂饰,溶剂型涂料涂饰,美术涂饰
8	裱糊与软包工程	裱糊,软包
9	细部工程	橱柜制作与安装,窗帘盒、窗台板和散热器罩制作与安装,门窗套制作与安装,护栏和扶手制作与安装,花饰制作与安装
10	建筑地面工程	基层,整体面层,板块面层,竹木面层

附录 C
隐蔽工程验收记录表

第 页 共 页

<table>
<tr><td>装饰装修工程名称</td><td colspan="2"></td><td>项目经理</td><td></td></tr>
<tr><td>分项工程名称</td><td colspan="2"></td><td>专业工长</td><td></td></tr>
<tr><td>隐蔽工程项目</td><td colspan="4"></td></tr>
<tr><td>施工单位</td><td colspan="4"></td></tr>
<tr><td>施工标准名称及代号</td><td colspan="4"></td></tr>
<tr><td>施工图名称及编号</td><td colspan="4"></td></tr>
<tr><td>隐蔽工程部位</td><td>质量要求</td><td>施工单位自查记录</td><td colspan="2">监理(建设)单位验收记录</td></tr>
<tr><td></td><td></td><td></td><td colspan="2"></td></tr>
<tr><td></td><td></td><td></td><td colspan="2"></td></tr>
<tr><td></td><td></td><td></td><td colspan="2"></td></tr>
<tr><td></td><td></td><td></td><td colspan="2"></td></tr>
<tr><td></td><td></td><td></td><td colspan="2"></td></tr>
<tr><td>施工单位自查结论</td><td colspan="4">施工单位项目技术负责人： 年 月 日</td></tr>
<tr><td>监理(建设)单位验收结论</td><td colspan="4">监理工程师(建设单位项目负责人)： 年 月 日</td></tr>
</table>

本规范用词用语说明

1 为了便于在执行本规范条文时区别对待,对要求严格程度不同的用词说明如下:

(1)表示很严格,非这样做不可的用词:

正面词采用“必须”,反面词采用“严禁”;

(2)表示严格,在正常情况下均应这样做的用词:

正面词采用“应”,反面词采用“不应”或“不得”;

(3)表示允许稍有选择,在条件许可时首先应这样做的用词:

正面词采用“宜”,反面词采用“不宜”;

表示有选择,在一定条件下可以这样做的,采用“可”。

2 规范中指定应按其他有关标准、规范执行时,写法为:“应符合……的规定”或“应按……执行”。

中华人民共和国国家标准

建筑装饰装修工程质量验收规范

GB 50210 — 2001

条　文　说　明

1 总 则

1.0.1 目前,对建筑装饰装修工程的质量验收主要依据两本标准:《建筑装饰工程施工及验收规范》JGJ 73—91 和《建筑工程质量检验评定标准》GBJ 301—88 的第十章、第十一章。在20 世纪90 年代,这两本标准为保证建筑装饰装修工程的质量发挥了重要作用。随着我国在科技和经济领域的快速发展,装饰装修工程的设计、施工、材料发生了很大变化;由于生活水平的提高,人们的要求和审美观也发生了很大变化。本规范是在两本标准的基础上编制的,同时,考虑了近十几年来建筑装饰装修领域发展的新材料、新技术。

1.0.2 此条所述新建、扩建、改建及既有建筑包括住宅工程,但不包括古建筑和保护性建筑。既有建筑是指已竣工验收合格交付使用的建筑。

1.0.3 本规范规定的施工质量要求是对建筑装饰装修工程的最低要求。建设单位不得要求设计单位按低于本规范的标准设计;设计单位提出的设计文件必须满足本规范的要求。双方不得签订低于本规范要求的合同文件。

当设计文件和承包合同的规定高于本规范的要求时,验收时必须以设计文件和承包合同为准。

2 术 语

2.0.1 关于建筑装饰装修,目前还有几种习惯性说法,如建筑装饰、建筑装修、建筑装潢等。从三个名词在正规文件中的使用情况来看,《建筑装饰工程施工及验收规范》JGJ 73—91 和《建筑工程质量检验评定标准》GBJ 301—88 沿用了建筑装饰一词,《建设工程质量管理条例》和《建筑内部装修设计防火规范》GB 50222—1995 沿用了“建筑装修”一词。从三个名词的含义来看,“建筑装饰”反映面层处理比较贴切,“装修”一词与基层处理、龙骨设置等工程内容更为符合。而装潢一词的本意是指裱画。另外,装饰装修一词在实际使用中越来越广泛。由于上述原因,本规范决定采用“装饰装修”一词并对“建筑装饰装修”加以定义。本条所列“建筑装饰装修”术语的含义包括了目前使用的“建筑装饰”、“建筑装修”和“建筑装潢”。

3 基本规定

3.1.5 随着我国经济的快速发展和人民生活水平的提高,建筑装饰装修行业已经成为一个重要的新兴行业,年产值已超过1000 亿元人民币,从业人数达到500 多万人。建筑装饰装修行业为公众营造出了美丽、舒适的居住和活动空间,为社会积累了财富,已成为现代生活中不可或缺的一个组成部分。但是,在装饰装修活动中也存在一些不规范甚至相当危险的做法。例如,为了扩大使用面积随意拆改承重墙等。为了保证在任何情况下,建筑装饰装修活动本身不会导致建筑物的安全度降低,或影响到建筑物的主要使用功能如防水、采暖、通风、供电、供水、供燃气等,特制订本条。

3.2.5 对进场材料进行复验,是为保证建筑装饰装修工程质量采取的一种确认方式。在目前建筑材料市场假冒伪劣现象较多的情况下,进行复验有助于避免不合格材料用于装饰装修工程,也有助于解决提供样品与供货质量不一致的问题。本规范各章的第一节“一般规定”明确规定了需要复验的材料及项目。在确定项目时,考虑了三个因素,一是保证安全和主要使用功能,二是尽量减少复验发生的费用,三是尽量选择检测周期较短的项目。关于抽样数量的规定是最低要求,为了达到控制质量的目的,在抽取样品时应首先选取有疑问的样品,也可以由双方商定增加抽样数量。

3.2.9 建筑装饰装修工程采用大量的木质材料,包括木材和各种各样的人造木板,这些材料不经防火处理往往达不到防火要求。与建筑装饰装修工程有关的防火规范主要是《建筑内部装修设计防火规范》GB 50222,《建筑设计防火规范》GBJ 16 和《高层民用建筑设计防火规范》GB 50045 也有相关规定。设计人员按上述规范给出所用材料的燃烧性能及处理方法后,施工单位应严格按设计进行选材和处理,不得调换材料或减少处理步骤。

3.3.7 基体或基层的质量是影响建筑装饰装修工程质量的一个重要因素。例如,基层有油污可能导致抹灰工程和涂饰工程出现脱层、起皮等质量问题;基体或基层强度不够可能导致饰面层脱落,甚至造成坠落伤人的严重事故。为了保证质量，避免返工，特制订本条。

3.3.8 一般来说，建筑装饰装修工程的装饰装修效果很难用语言准确、完整的表述出来；有时，某些施工质量问题也需要有一个更直观的评判依据。因此，在施工前，通常应根据工程情况确定制作样板间、样板件或封存材料样板。样板间适用于宾馆客房、住宅、写字楼办公室等工程，样板件适用于外墙饰面或室内公共活动场所，主要材料样板是指建筑装饰装修工程中采用的壁纸、涂料、石材等涉及颜色、光泽、图案花纹等评判指标的材料。不管采用哪种方式，都应由建设方、施工方、供货方等有关各方确认。

4 抹灰工程

4.1.5 根据《建筑工程施工质量验收统一标准》GB 50300—2001 关于检验批划分的规定，及装饰装修工程的特点，对原标准予以修改。室外抹灰一般是上下层连续作业，两层之间是完整的装饰面，没有层与层之间的界限，如果按楼层划分检验批不便于检查。另一方面各建筑物的体量和层高不一致，即使是同一建筑其层高也不完全一致，按楼层划分检验批量的概念难确定。因此，规定室外按相同材料、工艺和施工条件每 500 ~ 1000m^2 划分为一个检验批。

4.1.12 经调研发现，混凝土（包括预制混凝土）顶棚基体抹灰，由于各种因素的影响，抹灰层脱落的质量事故时有发生，严重危及人身安全，引起了有关部门的重视，如北京市为解决混凝土顶棚基体表面抹灰层脱落的质量问题，要求各建筑施工单位，不得在混凝土顶棚基体表面抹灰，用腻子找平即可，5 年来取得了良好的效果。

4.2.1 本规范将原标准中一般抹灰工程分为普通抹灰、中级抹灰和高级抹灰三级合并为普通抹灰和高级抹灰两级，主要是由于普通抹灰和中级抹灰的主要工序和表面质量基本相同，将原中级抹灰的主要工序和表面质量作为普通抹灰的要求。抹灰等级应由设计单位按照国家有关规定，根据技术、经济条件和装饰美观的需要来确定，并在施工图中注明。

4.2.3 材料质量是保证抹灰工程质量的基础，因此，抹灰工程所用材料如水泥、砂、石灰膏、石膏、有机聚合物等应符合设计要求及国家现行产品标准的规定，并应有出厂合格证；材料进场时应进行现场验收，不合格的材料不得用在抹灰工程上，对影响抹灰工程质量与安全的主要材料的某些性能如水泥的凝结时间和安定性进行现场抽样复验。

4.2.4 抹灰厚度过大时，容易产生起鼓、脱落等质量问题；不同材料基体交接处，由于吸水和收缩性不一致，接缝处表面的抹灰层容易开裂，上述情况均应采取加强措施，以切实保证抹灰工程的质量。

4.2.5 抹灰工程的质量关键是粘结牢固，无开裂、空鼓与脱落。如果粘结不牢，出现空鼓、开裂、脱落等缺陷，会降低对墙体保护作用，且影响装饰效果。经调研分析，抹灰层之所以出现开裂、空鼓和脱落等质量问题，主要原因是基体表面清理不干净，如：基体表面尘埃及疏松物、脱模剂和油渍等影响抹灰粘结牢固的物质未彻底清除干净；基体表面光滑，抹灰前未作毛化处理；抹灰前基体表面浇水不透，抹灰后砂浆中的水分很快被基体吸收，使砂浆中的水泥未充分水化生成水泥石，影响砂浆粘结力；砂浆质量不好，使用不当；一次抹灰过厚，干缩率较大等，都会影响抹灰层与基体的粘结牢固。

4.3.1 根据国内装饰抹灰的实际情况，本规范保留了《建筑装饰工程施工及验收规范》JGJ 73—91 中水刷石、斩假石、干粘石、假面砖等项目，删除了水磨石、拉条灰、拉毛灰、洒毛灰、喷砂、喷涂、滚涂、弹涂、仿石和彩色抹灰等项目。但水刷石浪费水资源，并对环境有污染，应尽量减少使用。

5 门窗工程

5.1.5 本条规定了门窗工程检验批划分的原则。即进场门窗应按品种、类型、规格各自组成检验批，并规定了各种门窗组成检验批的不同数量。

本条所称门窗品种，通常是指门窗的制作材料，如实木门窗、铝合金门窗、塑料门窗等；门窗类型指门窗的功能或开启方式，如平开窗、立转窗、自动门、推拉门等；门窗规格指门窗的尺寸。

5.1.6 本条对各种检验批的检查数量作出规定。考虑到对高层建筑（10 层及 10 层以上的居住建筑和建筑高度超过 24m 的公共建筑）的外窗各项性能要求应更为严格，故每个检验批的检查数量增加一倍。此外，由于特种门的重要性明显高于普通门，数量则较之普通门为少，为保证特种门的功能，规定每个检验批抽样检查的数量应比普通门加大。

5.1.7 本条规定了安装门窗前应对门窗洞口尺寸进行检查，除检查单个门窗洞口尺寸外，还应对能够通视的成排或成列的门窗洞口进行目测或拉通线检查。如果发现明显偏差，应向有关管理人员反映，采取处理措施后再安装门窗。

5.1.8 安装金属门窗和塑料门窗，我国规范历来规定应采用预留洞口的方法施工，不得采用边安装边砌口或先安装后砌口的方法施工，其原因主要是防止门窗框受挤压变形和表面保护层受损。木门窗安装也宜采用预留洞口的方法施工。如果采用先安装后砌口的方法施工时，则应注意避免门窗框在施工中受损、受挤压变形或受到污染。

5.1.10 组合窗拼樘料不仅起连接作用，而且是组合窗的重要受力部件，故对其材料应严格要求，其规格、尺寸、壁厚等应由设计给出，并应使组合窗能够承受该地区的瞬时风压值。

5.1.11 门窗安装是否牢固既影响使用功能又影响安全，其重要性尤其以外墙门窗更为显著。故本条规定，无论采用何种方法固定，建筑外墙门窗均必须确保安装牢固，并将此条列为强制性条文。内墙门窗安装也必须牢固，本规范将内墙门窗安装牢固的要求列入主控项目而非强制性条文。考虑到砌体中砖、砌块以及灰缝的强度较低，受冲击容易破碎，故规定在砌体上安装门窗时严禁用射钉固定。

5.2.10 在正常情况下，当门窗扇关闭时，门窗扇的上端本应与下端同时或上端略早于下端贴紧门窗的上框。所谓“倒翘”通常是指当门窗扇关闭时，门窗扇的下端已经贴紧门窗下框，而门窗扇的上端由于翘曲而未能与门窗的上框贴紧，尚有离缝的现象。

5.2.11 考虑到材料的发展，本规范将门窗五金件统一称为配件。门窗配件不仅影响门窗功能，也有可能影响安全，故本规范将门窗配件的型号、规格、数量及功能列为主控项目。

5.2.17 表中允许偏差栏中所列数值，凡注明正负号的，表示本规范对此偏差的不同方向有不同要求，应严格遵守。凡没有注明正负号的，即使其偏差可能具有方向性，但本规范并未对这类偏差的方向性作出规定，故检查时对这些偏差可以不考虑方向性要求。本条说明也适用本规范其他表格中的类似情况。

5.2.18 表中除给出允许偏差外，对留缝尺寸等给出了尺寸限值。考虑到所给尺寸限值是一个范围，故不再给出允许偏差。

5.3.4 推拉门窗扇意外脱落容易造成安全方面的伤害，对高层建筑情况更为严重，故规定推拉门窗扇必须有防脱落措施。

5.4.4 拼樘料的作用不仅是连接多樘窗，而且起着重要的固定作用。故本规范从安全角度，对拼樘料作出了严格要求。

5.4.7 塑料门窗的线性膨胀系数较大，由于温度升降易引起门窗变形或在门窗框与墙体间出现裂缝，为了防止上述现象，特规定塑料门窗框与墙体间缝隙应采用伸缩性能较好的闭孔弹性材料填嵌，并用密封胶密封。采用闭孔材料则是为了防止材料吸水导致连接件锈蚀，影响安装强度。

5.5.1 特种门种类繁多，功能各异，而且其品种、功能还在不断增加，故在规范中不能一一列出。本规范从安装质量验收角度，就其共性做出了原则规定。本规范未列明的其他特种门，也可参照本章的规定验收。

5.6.9 为防止门窗的框、扇型材胀缩、变形时导致玻璃破碎，门窗玻璃不应直接接触型材。为保护镀膜玻璃上的镀膜层及发挥镀膜层的作用，单面镀膜玻璃的镀膜层应朝向室内。双层玻璃的单面镀膜玻璃应在最外层，镀膜层应朝向室内。

6 吊顶工程

6.1.1 本章适用于龙骨加饰面板的吊顶工程。按照施工工艺不同，又分为暗龙骨吊顶和明龙骨吊顶。

6.1.4 为了既保证吊顶工程的使用安全，又做到竣工验收时不破坏饰面，吊顶工程的隐蔽工程验收非常重要，本条所列各款均应提供由监理工程师签名的隐蔽工程验收记录。

6.1.8 由于发生火灾时，火焰和热空气迅速向上蔓延，防火问题对吊顶工程是至关重要的，使用木质材料装饰装修顶棚时应慎重。《建筑内部装修设计防火规范》GB 50222—1995 规定顶棚装饰装修材料的燃烧性能必须达到 A 级或 B1 级，未经防火处理的木质材料的燃烧性能达不到这个要求。

6.1.12 龙骨的设置主要是为了固定饰面材料，一些轻型设备如小型灯具、烟感器、喷淋头、风口篦子等也可以固定在饰面材料上。但如果把电扇和大型吊灯固定在龙骨上，可能会造成脱落伤人事故。为了保证吊顶工程的使用安全，特制定本条并作为强制性条文。

7 轻质隔墙工程

7.1.1 本章所说轻质隔墙是指非承重轻质内隔墙。轻质隔墙工程所用材料的种类和隔墙的构造方法很多，本章将其归纳为板材隔墙、骨架隔墙、活动隔墙、玻璃隔墙四种类型。加气混凝土砌块、空心砌块及各种小型砌块等砌体类轻质隔墙不含在本章范围内。

7.1.3 轻质隔墙施工要求对所使用人造木板的甲醛含量进行进场复验。目的是避免对室内空气环境造成污染。

7.1.4 轻质隔墙工程中的隐蔽工程施工质量是这一分项工程质量的重要组成部分。本条规定了轻质隔墙工程中的隐蔽工程验收内容，其中设备管线安装的隐蔽工程验收属于设备专业施工配合的项目，要求在骨架隔墙封面板前，对骨架中设备管线的安装进行隐蔽工程验收，隐蔽工程验收合格后才能封面板。

7.1.6 轻质隔墙与顶棚或其他材料墙体的交接处容易出现裂缝，因此，要求轻质隔墙的这些部位要采取防裂缝的措施。

7.2.1 板材隔墙是指不需设置隔墙龙骨，由隔墙板材自承重，将预制或现制的隔墙板材直接固定于建筑主体结构上的隔墙工程。目前这类轻质隔墙的应用范围很广，使用的隔墙板材通常分为复合板材、单一材料板材、空心板材等类型。常见的隔墙板材如金属夹芯板、预制或现制的钢丝网水泥板、石膏夹芯板、石膏水泥板、石膏空心板、泰柏板(舒乐舍板)、增强水泥聚苯板(GRC 板)、加气混凝土条板、水泥陶粒板等等。随着建材行业的技术进步，这类轻质隔墙板材的性能会不断提高，板材的品种也会不断变化。

7.3.1 骨架隔墙是指在隔墙龙骨两侧安装墙面板以形成墙体的轻质隔墙。这一类隔墙主要是由龙骨作为受力骨架固定于建筑主体结构上。目前大量应用的轻钢龙骨石膏板隔墙就是典型的骨架隔墙。龙骨骨架中根据隔声或保温设计要求可以设置填充材料，根据设备安装要求安装一些设备管线等等。龙骨常见的有轻钢龙骨系列、其他金属龙骨以及木龙骨。墙面板常见的有纸面石膏板、人造木板、防火板、金属板、水泥纤维板以及塑料板等。

7.3.4 龙骨体系沿地面、顶棚设置的龙骨及边框龙骨，是隔墙与主体结构之间重要的传力构件，要求这些龙骨必须与基体结构连接牢固，垂直和平整，交接处平直，位置准确。由于这是骨架隔墙施工质量的关键部位，故应作为隐蔽工程项目加以验收。

7.3.5 目前我国的轻钢龙骨主要有两大系列，一种是仿日本系列，一种是仿欧美系列。这两种系列的构造不同，仿日本龙骨系列要求安装贯通龙骨并在竖向龙骨竖向开口处安装支撑卡，以增强龙骨的整体性和刚度，而仿欧美系列则没有这项要求。在对龙骨进行隐蔽工程验收时可根据设计选用不同龙骨系列的有关规定进行检验，并符合设计要求。

骨架隔墙在有门窗洞口、设备管线安装或其他受力部位，应安装加强龙骨，增强龙骨骨架的强度，以保证在门窗开启使用或受力时隔墙的稳定。

一些有特殊结构要求的墙面，如曲面、斜面等，应按照设计要求进行龙骨安装。

7.4.1 活动隔墙是指推拉式活动隔墙、可拆装的活动隔墙等。这一类隔墙大多使用成品板材及其金属框架、附件在现场组装而成，金属框架及饰面板一般不需再作饰面层。也有一些活动隔墙不需要金属框架，完全是使用半成品板材现场加工制作成活动隔墙。这都属于本节验收范围。

7.4.2 活动隔墙在大空间多功能厅室中经常使用，由于这类内隔墙是重复及动态使用，必须保证使用的安全性和灵活性。因此，每个检验批抽查的比例有所增加。

7.4.5 推拉式活动隔墙在使用过程中，经常会由于滑轨推拉制动装置的质量问题而使得推拉使用不灵活，这是一个带有普遍性的质量问题，本条规定了要进行推拉开启检查，应该推拉平稳、灵活。

7.5.1 近年来，装饰装修工程中用钢化玻璃作内隔墙、用玻璃砖砌筑内隔墙日益增多，为适应这类隔墙工程的质量验收，特制定本节内容。

7.5.2 玻璃隔墙或玻璃砖砌筑隔墙在轻质隔墙中用量一般不是很大，但是有些玻璃隔墙的单块玻璃面积比较大，其安全性就很突出，因此，要对涉及安全性的部位和节点进行检查，而且每个检验批抽查的比例也有所提高。

7.5.5 玻璃砖砌筑隔墙中应埋设拉结筋，拉结筋要与建筑主体结构或受力杆件有可靠的连接；玻璃板隔墙的受力边也要与建筑主体结构或受力杆件有可靠的连接，以充分保证其整体稳定性，保证墙体的安全。

8 饰面板(砖)工程

8.1.1 饰面板工程采用的石材有花岗石、大理石、青石板和人造石材；采用的瓷板有抛光板和磨边板两种，面积不大于 $1.2m^2$，不小于 $0.5m^2$；金属饰面板有钢板、铝板等品种；木材饰面板主要用于内墙裙。陶瓷面砖主要包括釉面瓷砖、外墙面砖、陶瓷锦砖、陶瓷壁画、劈裂砖等；玻璃面砖主要包括玻璃锦砖、彩色玻璃面砖、釉面玻璃等。

8.1.3 本条仅规定对人身健康和结构安全有密切关系的材料指标进行复验。天然石材中花岗石的放射性超标的情况较多，故规定对室内用花岗石的放射性进行检测。

8.1.7 《外墙饰面砖工程施工及验收规程》JGJ 126—2000 中 6.0.6 条第 3 款规定："外墙饰面砖工程，应进行粘结强度检验。其取样数量、检验方法、检验结果判定均应符合现行行业标准《建筑工程饰面砖粘结强度检验标准》JGJ 110 的规定。"由于该方法为破坏性检验，破损饰面砖不易复原，且检验操作有一定难度，在实际验收中较少采用。故本条规定在外墙饰面砖粘贴前和施工过程中均应制作样板件并做粘结强度试验。

8.2.7 采用传统的湿作业法安装天然石材时，由于水泥砂浆在水化时析出大量的氢氧化钙，泛到石材表面，产生不规则的花斑，俗称泛碱现象，严重影响建筑物室内外石材饰面的装饰效果。因此，在天然石材安装前，应对石材饰面采用"防碱背涂剂"进行背涂处理。

9 幕墙工程

9.1.1 由金属构件与各种板材组成的悬挂在主体结构上、不承担主体结构荷载与作用的建筑物外围护结构，称为建筑幕墙。按建筑幕墙的面板可将其分为玻璃幕墙、金属幕墙、石材幕墙、混凝土幕墙及组合幕墙等。按建筑幕墙的安装形式又可将其分为散装建筑幕墙、半单元建筑幕墙、单元建筑幕墙、小单元建筑幕墙等。

9.1.8 隐框、半隐框玻璃幕墙所采用的中性硅酮结构密封胶，是保证隐框、半隐框玻璃幕墙安全性的关键材料。中性硅酮结构密封胶有单组份和双组份之分，单组份硅酮结构密封胶靠吸收空气中水分而固化，因此，单组份硅酮结构密封胶的固化时间较长，一般需要 14～21 天，双组份固化时间较短，一般为 7～10 天左右，硅酮结构密封胶在完全固化前，其粘结拉伸强度是很弱的，因此，玻璃幕墙构件在打注结构胶后，应在温度 20℃、湿度 50% 以上的干净室内养护，待完全固化后才能进行下道工序。

幕墙工程使用的硅酮结构密封胶，应选用法定检测机构检测合格的产品，在使用前必须对幕墙工程选用的铝合金型材、玻璃、双面胶带、硅酮耐候密封胶、塑料泡沫棒等与硅酮结构密封胶接触的材料做相容性试验和粘结剥离性试验，试验合格后才能进行打胶。

9.1.9 本条规定有双重含意，一是说幕墙的立柱和横梁等主要受力杆件，其截面受力部分的壁厚应经计算确定，但又规定了最小壁厚，即如计算的壁厚小于规定的最小壁厚时，应取最小壁厚值，计算的壁厚大于规定的最小壁厚时，应取计算值，这主要是由于某些构造要求无法计算，为保证幕墙的安全可靠而采取的双控措施。

9.1.10 硅酮结构密封胶的粘结宽度是保证半隐框、隐框玻璃幕墙安全的关键环节之一，当采用半隐框、隐框幕墙时，硅酮结构密封胶的粘结宽度一定要通过计算来确定。当计算的粘结宽度小于规定的最小值时则采用最小值，当计算值大于规定的最小值时则采用计算值。

9.1.13 幕墙工程使用的各种预埋件必须经过计算确定，以保证其具有足够的承载力。为了保证幕墙与主体结构连接牢固可靠，幕墙与主体结构连接的预埋件应在主体结构施工时，按设计要求的数量、位置和方法进行埋设，埋设位置应正确。施工过程中如将预埋件的防腐层损坏，应按设计要求重新对其进行防腐处理。

9.1.15　本条所提到单元幕墙连接处和吊挂处的壁厚，是按照板块的大小、自重及材质、连接型式严格计算的，并留有一定的安全系数，壁厚计算值如果大于5mm，应取计算值，如果壁厚计算值小于5mm，应取5mm。

9.1.16　幕墙构件与混凝土结构的连接一般是通过预埋件实现的。预埋件的锚固钢筋是锚固作用的主要来源，混凝土对锚固钢筋的粘结力是决定性的，因此预埋件必须在混凝土浇灌前埋入，施工时混凝土必须振捣密实。目前实际施工中，往往由于放入预埋件时，未采取有效措施来固定预埋件，混凝土浇筑时往往使预埋件偏离设计位置，影响立柱的连接，甚至无法使用。因此应将预埋件可靠地固定在模板上或钢筋上。

当施工未设预埋件、预埋件漏放、预埋件偏离设计位置、设计变更、旧建筑加装幕墙时，往往要使用后置埋件。采用后置埋件（膨胀螺栓或化学螺栓）时，应符合设计要求并应进行现场拉拔试验。

9.2.1　本条所规定的玻璃幕墙适用范围，参照了《玻璃幕墙工程技术规范》JGJ 102—96 的规定，建筑高度大于150m的玻璃幕墙工程目前尚无国家或行业的设计和施工标准，故不包含在本规范规定的范围内。

9.2.4　本条规定幕墙应使用安全玻璃，安全玻璃时指夹层玻璃和钢化玻璃，但不包括半钢化玻璃。夹层玻璃是一种性能良好的安全玻璃，它的制作方法是用聚乙烯醇缩丁醛胶片（PVB）将两块玻璃牢固地粘结起来，受到外力冲击时，玻璃碎片粘在PVB胶片上，可以避免飞溅伤人。钢化玻璃是普通玻璃加热后急速冷却形成的，被打破时变成很多细小无锐角的碎片，不会造成割伤。半钢化玻璃虽然强度也比较大，但其破碎时仍然会形成锐利的碎片，因而不属于安全玻璃。

9.3.1　本条所规定的金属幕墙适用范围，参照了《金属与石材幕墙工程技术规范》JGJ 133—2001 的规定，建筑高度大于150m的金属幕墙工程目前尚无国家或行业的设计和施工标准，故不包含在本规范规定的范围内。

9.3.2　金属幕墙工程所使用的各种材料、配件大部分都有国家标准，应按设计要求严格检查材料产品合格证书及性能检测报告、材料进场验收记录、复验报告。不符合规定要求的严禁使用。

9.3.9　金属幕墙结构中自上而下的防雷装置与主体结构的防雷装置可靠连接十分重要，导线与主体结构连接时应除掉表面的保护层，与金属直接连接。幕墙的防雷装置应由建筑设计单位认可。

9.4.1　本条所规定的石材幕墙适用范围，参照了《金属与石材幕墙工程技术规范》JGJ 133—2001 的规定。对于建筑高度大于100m的石材幕墙工程，由于我国目前尚无国家或行业的设计和施工标准，故不包含在本规范规定的范围内。

9.4.2　石材幕墙所用的主要材料如石材的弯曲强度、金属框架杆件和金属挂件的壁厚应经过设计计算确定。本条款规定了最小限值，如计算值低于最小限值时，应取最小限值，这是为了保证石材幕墙安全而采取的双控措施。

9.4.3　由于石材幕墙的饰面板大都是选用天然石材，同一品种的石材在颜色、光泽和花纹上容易出现很大的差异；在工程施工中，又经常出现石材排版放样时，石材幕墙的立面分格与设计分格有很大的出入；这些问题都不同程度地降低了石材幕墙整体的装饰效果。本条要求石材幕墙的石材样品和石材的施工分格尺寸放样图应符合设计要求并取得设计的确认。

9.4.4　石板上用于安装的钻孔或开槽是石板受力的主要部位，加工时容易出现位置不正、数量不足、深度不够或孔槽壁太薄等质量问题，本条要求对石板上孔或槽的位置、数量、深度以及孔或槽的壁厚进行进场验收；如果是现场开孔或开槽，监理单位和施工单位应对其进行抽检，并做好施工记录。

9.4.11　本条是考虑目前石材幕墙在石材表面处理上有不同做法，有些工程设计要求在石材表面涂刷保护剂，形成一层保护膜，有些工程设计要求石材表面不作任何处理，以保持天然石材本色的装饰效果；在石材板缝的做法上也有开缝和密封缝的不同做法，在施工质量验收时应符合设计要求。

9.4.14　石材幕墙要求石板不能有影响其弯曲强度的裂缝。石板进场安装前应进行预拼，拼对石材表面花纹纹路，以保证幕墙整体观感无明显色差，石材表面纹路协调美观。天然石材的修痕应力求与石材表面质感和光泽一致。

10 涂饰工程

10.1.2 涂饰工程所选用的建筑涂料,其各项性能应符合下述产品标准的技术指标。

1 《合成树脂乳液砂壁状建筑涂料》JG/T 24

2 《合成树脂乳液外墙涂料》GB/T 9755

3 《合成树脂乳液内墙涂料》GB/T 9756

4 《溶剂型外墙涂料》GB/T 9757

5 《复层建筑涂料》GB/T 9779

6 《外墙无机建筑涂料》JG/T 25

7 《饰面型防火涂料通用技术标准》GB 12441

8 《水泥地板用漆》HG/T 2004

9 《水溶性内墙涂料》JC/T 423

10 《多彩内墙涂料》JG/T 003

11 《聚氨酯清漆》HG 2454

12 《聚氨酯磁漆》HG/T 2660

10.1.5 不同类型的涂料对混凝土或抹灰基层含水率的要求不同,涂刷溶剂型涂料时,参照国际一般做法规定为不大于8%;涂刷乳液型涂料时,基层含水率控制在10%以下时装饰质量较好,同时,国内外建筑涂料产品标准对基层含水率的要求均在10%左右,故规定涂刷乳液型涂料时基层含水率不大于10%。

11 裱糊与软包工程

11.1.1 软包工程包括带内衬软包及不带内衬软包两种。

11.1.5 基层的质量与裱糊工程的质量有非常密切的关系;故作出本条规定。

1 新建筑物的混凝土抹灰基层如不涂刷抗碱封闭底漆,基层泛碱会导致裱糊后的壁纸变色。

2 旧墙面疏松的旧装修层如不清除,将会导致裱糊后的壁纸起鼓或脱落。清除后的墙面仍需达到裱糊对基层的要求。

3 基层含水率过大时,水蒸气会导致壁纸表面起鼓。

4 腻子与基层粘结不牢固,或出现粉化、起皮和裂缝,均会导致壁纸接缝处开裂,甚至脱落,影响裱糊质量。

5 抹灰工程的表面平整度、立面垂直度及阴阳角方正等质量均对裱糊质量影响很大,如其质量达不到高级抹灰的质量要求,将会造成裱糊时对花困难,并出现离缝和搭接现象,影响整体装饰效果,故抹灰质量应达到高级抹灰的要求。

6 如基层颜色不一致,裱糊后会导致壁纸表面发花,出现色差,特别是对遮蔽性较差的壁纸,这种现象将更严重。

7 底胶能防止腻子粉化,并防止基层吸水,为粘贴壁纸提供一个适宜的表面,还可使壁纸在对花、校正位置时易于滑动。

11.2.6 裱糊时,胶液极易从拼缝中挤出,如不及时擦去,胶液干后壁纸表面会产生亮带,影响装饰效果。

11.2.10 裱糊时,阴阳角均不能有对接缝,如有对接缝极易开胶、破裂,且接缝明显,影响装饰效果。阳角处应包角压实,阴角处应顺光搭接,这样可使拼缝看起来不明显。

11.3.2 木材含水率太高,在施工后的干燥过程中,会导致木材翘曲、开裂、变形,直接影响到工程质量。故应对其含水率进行进场验收。

11.3.5 如不绷压严密,经过一段时间,软包面料会因失去张力而出现下垂及皱折;单块软包上的面料不能拼接,因拼接既影响装饰效果,拼接处又容易开裂。

11.3.8 因清漆制品显示的是木料的本色,其色泽和木纹如相差较大,均会影响到装饰效果,故制定此条。

12 细部工程

12.1.1 橱柜、窗帘盒、窗台板、散热器罩、门窗套、护栏、扶手、花饰等的制作与安装在建筑装饰装修工程中的比重越来越大。国家标准《建筑工程质量检验评定标准》GBJ 301—88 第十一章第十节“细木制品工程”的内容已经不能满足新材料、新技术的发展要求,故本章不限定材料的种类,以利于创新和提高装饰装修水平。

12.1.2 验收时检查施工图、设计说明及其他设计文件,有利于强化设计的重要性,为验收提供依据,避免口头协议造成扯皮。材料进场验收、复验、隐蔽工程验收、施工记录是施工过程控制的重要内容,是工程质量的保证。

12.1.3 人造木板的甲醛含量过高会污染室内环境,进行复验有利于核查是否符合要求。

12.2.1 本条适用于位置固定的壁柜、吊柜等橱柜制作、安装工程的质量验收。不包括移动式橱柜和家具的质量验收。

12.2.7 橱柜抽屉、柜门开闭频繁,应灵活、回位正确。

12.2.10 橱柜安装允许偏差指标是参考北京市标准《高级建筑装饰工程质量检验评定标准》DBJ 是 01—27—96 第 7.6 条“高档固定家具”制定的。

12.3.1 本条适用于窗帘盒、散热器罩和窗台板制作、安装工程的质量验收。窗帘盒有木材、塑料、金属等多种材料做法,散热器罩以木材为主,窗台板有木材、天然石材、水磨石等多种材料做法。

12.5.2 护栏和扶手安全性十分重要,故每个检验批的护栏和扶手全部检查。

13 分部工程质量验收

13.0.2 本规范附录 B 列出了建筑装饰装修工程中十个子分部工程及其三十三个分项工程的名称,本规范第四章至第十二章分别对前九个子分部工程的施工质量提出要求。每章第一节是对子分部工程的一般规定,第二节及以后各节是对各个分项工程的施工质量要求。

与《建筑装饰工程施工及验收规范》JGJ 73—91 相比,本规范对验收的范围和章节设置做了如下调整:

1 “门窗工程”增加了木门窗制作与安装和特种门安装;

2 将“玻璃工程”的内容分别并入相关的“门窗工程”和“轻质隔墙工程”;

3 “裱糊工程”扩充为“裱糊和软包工程”;

4 删去了“刷浆工程”;

5 “花饰工程”扩充为“细部工程”;

6 增加了“幕墙工程”。

13.0.4 本规范是决定装饰装修工程是否能够交付使用的质量验收规范,因此只有一个合格标准。在把握这个合格标准的松严程度时,编制组综合考虑了安全的需要、装饰效果的需要、技术的发展和目前施工的整体水平。本规范将涉及安全、健康、环保,以及主要使用功能方面的要求列为“主控项目”。“一般项目”大部分为外观质量要求,不涉及使用安全。考虑到目前我国装饰装修施工水平参差不齐,而某些外观质量问题返工成本高、效果不理想,故允许有 20% 以下的抽查样本存在既不影响使用功能也不明显影响装饰效果的缺陷,但是其中有允许偏差的检验项目,其最大偏差不得超过本规范规定允许偏差的 1.5 倍。

13.0.7 按照《建筑工程施工质量验收统一标准》GB 50300—2001 第 5.0.5 条的规定,分部工程验收和子分部工程验收均应按该标准附录 F 的格式记录。在进行装饰装修工程的子分部工程验收时,直接按照附录 F 的格式记录即可,但在进行装饰装修工程的分部工程验收时,应对附录 F 的格式稍加修改,“分项工程名称”应改为“子分部工程名称”,“检验批数”应改为“分项工程数”。

本条明确规定:分部工程中各子分部工程的质量均应验收合格。因此,进行分部工程验收时,应将子分部工程的验收结论进行汇总,不必再对子分部工程进行验收,但应对分部工程的质量控制资料(文件和记录)、安全和功能检验报告及观感质量进行核查。

13.0.8 有的建筑装饰装修工程除一般要求外,还会提出一些特殊的要求,如音乐厅、剧院、电影院、会堂等建筑对声学、光学有很高的要求;大型控制室、计算机房等建筑在屏蔽、绝缘方面需特别处理;一些实验室和车间有超净、防霉、防辐射等要求。为满足这些特殊要求,设计人员往往采用一些特殊的装饰装修材料和工艺。此类工程验收时,除执行本规范外,还应按设计对特殊要求进行检测和验收。

13.0.9　许多案例说明,如长期在空气污染严重、通风状况不良的室内居住或工作,会导致许多健康问题,轻者出现头痛、嗜睡、疲惫无力等症状;重者会导致支气管炎、癌症等疾病,此类病症被国际医学界统称为"建筑综合症"。而劣质建筑装饰装修材料散发出的有害气体是导致室内空气污染的主要原因。

近年来,我国政府逐步加强了对室内环境问题的管理,并正在将有关内容纳入技术法规。《民用建筑工程室内环境污染控制规范》GB 50325 规定要对氡、甲醛、氨、苯及挥发性有机化合物进行控制,建筑装饰装修工程均应符合该规范的规定。

中华人民共和国国家标准

绿色建筑评价标准

Assessment standard for green building

GB/T 50378—2014

主编部门：中华人民共和国住房和城乡建设部

批准部门：中华人民共和国住房和城乡建设部

施行日期：2015 年 1 月 1 日

中华人民共和国住房和城乡建设部
公　　告

第 408 号

住房城乡建设部关于发布国家标准《绿色建筑评价标准》的公告

现批准《绿色建筑评价标准》为国家标准，编号为 GB/T 50378—2014，自 2015 年 1 月 1 日起实施。原《绿色建筑评价标准》GB/T 50378—2006 同时废止。

本标准由我部标准定额研究所组织中国建筑工业出版社出版发行。

中华人民共和国住房和城乡建设部

2014 年 4 月 15 日

前 言

本标准是根据住房和城乡建设部《关于印发〈2011年工程建设标准规范制订、修订计划〉的通知》(建标[2011]17号)的要求，由中国建筑科学研究院和上海市建筑科学研究院(集团)有限公司会同有关单位在原国家标准《绿色建筑评价标准》GB/T 50378—2006基础上进行修订完成的。

本标准在修订过程中，标准编制组开展了广泛的调查研究，总结了近年来《绿色建筑评价标准》GB/T 50378—2006的实施情况和实践经验，参考了有关国外标准，开展了多项专题研究，广泛征求了有关方面的意见，对具体内容进行了反复讨论、协调和修改，最后经审查定稿。

本标准共分11章，主要技术内容是：总则、术语、基本规定、节地与室外环境、节能与能源利用、节水与水资源利用、节材与材料资源利用、室内环境质量、施工管理、运营管理、提高与创新。

本次修订的主要内容包括：

1. 将标准适用范围由住宅建筑和公共建筑中的办公建筑、商场建筑和旅馆建筑，扩展至各类民用建筑。

2. 将评价分为设计评价和运行评价。

3. 绿色建筑评价指标体系在节地与室外环境、节能与能源利用、节水与水资源利用、节材与材料资源利用、室内环境质量和运营管理六类指标的基础上，增加“施工管理”类评价指标。

4. 调整评价方法。对各类评价指标评分，并在每类评价指标评分项满足最低得分要求的前提下，以总得分确定绿色建筑等级。相应地，将《绿色建筑评价标准》GB/T 50378—2006中的一般项和优选项合并改为评分项。

5. 增设加分项，鼓励绿色建筑技术、管理的提高和创新。

6. 明确多功能的综合性单体建筑的评价方式与等级确定方法。

7. 修改部分评价条文，并对所有评分项和加分项条文赋以评价分值。

本标准由住房和城乡建设部负责管理，由中国建筑科学研究院负责具体技术内容的解释。执行过程中如有意见或建议，请寄送中国建筑科学研究院标准规范处(地址：北京市北三环东路30号；邮政编码：100013)。

本标准主编单位：中国建筑科学研究院
上海市建筑科学研究院(集团)有限公司

本标准参编单位：中国城市科学研究会绿色建筑与节能专业委员会
中国城市规划设计研究院
清华大学
中国建筑工程总公司
中国建筑材料科学研究总院
中国市政工程华北设计研究总院
深圳市建筑科学研究院有限公司
城市建设研究院
住房和城乡建设部科技发展促进中心
同济大学

本标准参加单位：拜耳材料科技(中国)有限公司
长沙大家物联网络科技有限公司
方兴地产(中国)有限公司
圣戈班(中国)投资有限公司
中国建筑金属结构协会建筑钢结构委员会

本标准主要起草人员：林海燕 韩继红 程志军 曾 捷
王有为 王清勤 鹿 勤 林波荣
程大章 杨建荣 于震平 蒋 荃
陈 立 叶 青 徐海云 宋 凌
叶 凌

本标准主要审查人员：吴德绳 刘加平 杨 榕 李 迅
窦以德 郎四维 赵 锂 娄 宇
汪 维 徐永模 毛志兵 方天培

1 总 则

1.0.1 为贯彻国家技术经济政策，节约资源，保护环境，规范绿色建筑的评价，推进可持续发展，制定本标准。

1.0.2 本标准适用于绿色民用建筑的评价。

1.0.3 绿色建筑评价应遵循因地制宜的原则，结合建筑所在地域的气候、环境、资源、经济及文化等特点，对建筑全寿命期内节能、节地、节水、节材、保护环境等性能进行综合评价。

1.0.4 绿色建筑的评价除应符合本标准的规定外，尚应符合国家现行有关标准的规定。

2 术 语

2.0.1 绿色建筑 green building

在全寿命期内，最大限度地节约资源（节能、节地、节水、节材）、保护环境、减少污染，为人们提供健康、适用和高效的使用空间，与自然和谐共生的建筑。

2.0.2 热岛强度 heat island intensity

城市内一个区域的气温与郊区气温的差别，用二者代表性测点气温的差值表示，是城市热岛效应的表征参数。

2.0.3 年径流总量控制率 annual runoff volume capture ratio

通过自然和人工强化的入渗、滞蓄、调蓄和收集回用，场地内累计一年得到控制的雨水量占全年总降雨量的比例。

2.0.4 可再生能源 renewable energy

风能、太阳能、水能、生物质能、地热能和海洋能等非化石能源的统称。

2.0.5 再生水 reclaimed water

污水经处理后，达到规定水质标准、满足一定使用要求的非饮用水。

2.0.6 非传统水源 non-traditional water source

不同于传统地表水供水和地下水供水的水源，包括再生水、雨水、海水等。

2.0.7 可再利用材料 reusable material

不改变物质形态可直接再利用的，或经过组合、修复后可直接再利用的回收材料。

2.0.8 可再循环材料 recyclable material

通过改变物质形态可实现循环利用的回收材料。

3 基本规定

3.1 一般规定

3.1.1 绿色建筑的评价应以单栋建筑或建筑群为评价对象。评价单栋建筑时，凡涉及系统性、整体性的指标，应基于该栋建筑所属工程项目的总体进行评价。

3.1.2 绿色建筑的评价分为设计评价和运行评价。设计评价应在建筑工程施工图设计文件审查通过后进行，运行评价应在建筑通过竣工验收并投入使用一年后进行。

3.1.3 申请评价方应进行建筑全寿命期技术和经济分析，合理确定建筑规模，选用适当的建筑技术、设备和材料，对规划、设计、施工、运行阶段进行全过程控制，并提交相应分析、测试报告和相关文件。

3.1.4 评价机构应按本标准的有关要求，对申请评价方提交的报告、文件进行审查，出具评价报告，确定等级。对申请运行评价的建筑，尚应进行现场考察。

3.2 评价与等级划分

3.2.1 绿色建筑评价指标体系由节地与室外环境、节能与能源利用、节水与水资源利用、节材与材料资源利用、室内环境质量、施工管理、运营管理7类指标组成。每类指标均包括控制项和评分项。评价指标体系还统一设置加分项。

3.2.2 设计评价时，不对施工管理和运营管理 2 类指标进行评价，但可预评相关条文。运行评价应包括 7 类指标。

3.2.3 控制项的评定结果为满足或不满足；评分项和加分项的评定结果为分值。

3.2.4 绿色建筑评价应按总得分确定等级。

3.2.5 评价指标体系 7 类指标的总分均为 100 分。7 类指标各自的评分项得分 Q_1、Q_2、Q_3、Q_4、Q_5、Q_6、Q_7 按参评建筑该类指标的评分项实际得分值除以适用于该建筑的评分项总分值再乘以 100 分计算。

3.2.6 加分项的附加得分 Q_8 按本标准第 11 章的有关规定确定。

3.2.7 绿色建筑评价的总得分按下式进行计算，其中评价指标体系 7 类指标评分项的权重 w_1 ~ w_7 按表 3.2.7 取值。

$$\sum Q=w_1Q_1+w_2Q_2+w_3Q_3+w_4Q_4+w_5Q_5+w_6Q_6+w_7Q_7+Q_8 \qquad (3.2.7)$$

表 3.2.7 绿色建筑各类评价指标的权重

		节地与室外环境 w_1	节能与能源利用 w_2	节水与水资源利用 w_3	节材与材料资源利用 w_4	室内环境质量 w_5	施工管理 w_6	运营管理 w_7
设计评价	居住建筑	0.21	0.24	0.20	0.17	0.18	—	—
	公共建筑	0.16	0.28	0.18	0.19	0.19	—	—
运行评价	居住建筑	0.17	0.19	0.16	0.14	0.14	0.10	0.10
	公共建筑	0.13	0.23	0.14	0.15	0.15	0.10	0.10

注：1 表中“—”表示施工管理和运营管理两类指标不参与设计评价。

2 对于同时具有居住和公共功能的单体建筑，各类评价指标权重取为居住建筑和公共建筑所对应权重的平均值。

3.2.8 绿色建筑分为一星级、二星级、三星级 3 个等级。3 个等级的绿色建筑均应满足本标准所有控制项的要求，且每类指标的评分项得分不应小于 40 分。当绿色建筑总得分分别达到 50 分、60 分、80 分时，绿色建筑等级分别为一星级、二星级、三星级。

3.2.9 对多功能的综合性单体建筑，应按本标准全部评价条文逐条对适用的区域进行评价，确定各评价条文的得分。

4 节地与室外环境

4.1 控制项

4.1.1 项目选址应符合所在地城乡规划，且应符合各类保护区、文物古迹保护的建设控制要求。

4.1.2 场地应无洪涝、滑坡、泥石流等自然灾害的威胁，无危险化学品、易燃易爆危险源的威胁，无电磁辐射、含氡土壤等危害。

4.1.3 场地内不应有排放超标的污染源。

4.1.4 建筑规划布局应满足日照标准，且不得降低周边建筑的日照标准。

4.2 评分项

土地利用

4.2.1 节约集约利用土地，评价总分值为 19 分。对居住建筑，根据其人均居住用地指标按表 4.2.1-1 的规则评分；对公共建筑，根据其容积率按表 4.2.1-2 的规则评分。

表 4.2.1–1　居住建筑人均居住用地指标评分规则

居住建筑人均居住用地指标 A（m^2）					得分
3 层及以下	4 ~ 6 层	7 ~ 12 层	13 ~ 18 层	19 层及以上	
$35<A \leqslant 41$	$23<A \leqslant 26$	$22<A \leqslant 24$	$20<A \leqslant 22$	$11<A \leqslant 13$	15
$A \leqslant 35$	$A \leqslant 23$	$A \leqslant 22$	$A \leqslant 20$	$A \leqslant 11$	19

表 4.2.1–2　公共建筑容积率评分规则

容积率 R	得分
$0.5 \leqslant R<0.8$	5
$0.8 \leqslant R<1.5$	10
$1.5 \leqslant R<3.5$	15
$R \geqslant 3.5$	19

4.2.2　场地内合理设置绿化用地，评价总分值为 9 分，并按下列规则评分：

1　居住建筑按下列规则分别评分并累计：

1）　住区绿地率：新区建设达到 30%，旧区改建达到 25%，得 2 分；

2）　住区人均公共绿地面积：按表 4.2.2–1 的规则评分，最高得 7 分。

表 4.2.2–1　住区人均公共绿地面积评分规则

住区人均公共绿地面积 A_g		得分
新区建设	旧区改建	
$1.0m^2 \leqslant A_g<1.3m^2$	$0.7m^2 \leqslant A_g<0.9m^2$	3
$1.3m^2 \leqslant A_g<1.5m^2$	$0.9m^2 \leqslant A_g<1.0m^2$	5
$A_g \geqslant 1.5m^2$	$A_g \geqslant 1.0m^2$	7

2　公共建筑按下列规则分别评分并累计：

1）　绿地率：按表 4.2.2–2 的规则评分，最高得 7 分；

表 4.2.2–2　公共建筑绿地率评分规则

绿地率 R_g	得分
$30\% \leqslant R_g<35\%$	2
$35\% \leqslant R_g<40\%$	5
$R_g \geqslant 40\%$	7

2）　绿地向社会公众开放，得 2 分。

4.2.3　合理开发利用地下空间，评价总分值为 6 分，按表 4.2.3 的规则评分。

表 4.2.3 地下空间开发利用评分规则

建筑类型	地下空间开发利用指标		得分
居住建筑	地下建筑面积与地上建筑面积的比率 R_r	$5\% \leqslant R_r<15\%$	2
		$15\% \leqslant R_r<25\%$	4
		$R_r \geqslant 25\%$	6
公共建筑	地下建筑面积与总用地面积之比 R_{p1} 地下一层建筑面积与总用地面积的比率 R_{p2}	$R_{p1} \geqslant 0.5$	3
		$R_{p1} \geqslant 0.7$ 且 $R_{p2}<70\%$	6

室外环境

4.2.4 建筑及照明设计避免产生光污染，评价总分值为 4 分，并按下列规则分别评分并累计：

1 玻璃幕墙可见光反射比不大于 0.2，得 2 分；

2 室外夜景照明光污染的限制符合现行行业标准《城市夜景照明设计规范》JGJ/T 163 的规定，得 2 分。

4.2.5 场地内环境噪声符合现行国家标准《声环境质量标准》GB 3096 的有关规定，评价分值为 4 分。

4.2.6 场地内风环境有利于室外行走、活动舒适和建筑的自然通风，评价总分值为 6 分，并按下列规则分别评分并累计：

1 在冬季典型风速和风向条件下，按下列规则分别评分并累计：

1） 建筑物周围人行区风速小于 5m/s，且室外风速放大系数小于 2，得 2 分；

2） 除迎风第一排建筑外，建筑迎风面与背风面表面风压差不大于 5Pa，得 1 分；

2 过渡季、夏季典型风速和风向条件下，按下列规则分别评分并累计：

1） 场地内人活动区不出现涡旋或无风区，得 2 分；

2） 50% 以上可开启外窗室内外表面的风压差大于 0.5Pa，得 1 分。

4.2.7 采取措施降低热岛强度，评价总分值为 4 分，并按下列规则分别评分并累计：

1 红线范围内户外活动场地有乔木、构筑物等遮阴措施的面积达到 10%，得 1 分；达到 20%，得 2 分；

2 超过 70% 的道路路面、建筑屋面的太阳辐射反射系数不小于 0.4，得 2 分。

交通设施与公共服务

4.2.8 场地与公共交通设施具有便捷的联系，评价总分值为 9 分，并按下列规则分别评分并累计：

1 场地出入口到达公共汽车站的步行距离不大于 500m，或到达轨道交通站的步行距离不大于 800m，得 3 分；

2 场地出入口步行距离 800m 范围内设有 2 条及以上线路的公共交通站点（含公共汽车站和轨道交通站），得 3 分；

3 有便捷的人行通道联系公共交通站点，得 3 分。

4.2.9 场地内人行通道采用无障碍设计，评价分值为 3 分。

4.2.10 合理设置停车场所，评价总分值为 6 分，并按下列规则分别评分并累计：

1 自行车停车设施位置合理、方便出入，且有遮阳防雨措施，得 3 分；

2 合理设置机动车停车设施，并采取下列措施中至少 2 项，得 3 分：

1） 采用机械式停车库、地下停车库或停车楼等方式节约集约用地；

2） 采用错时停车方式向社会开放，提高停车场（库）使用效率；

3） 合理设计地面停车位，不挤占步行空间及活动场所。

4.2.11 提供便利的公共服务，评价总分值为 6 分，并按下列规则评分：

1 居住建筑：满足下列要求中 3 项，得 3 分；满足 4 项及以上，得 6 分：

1） 场地出入口到达幼儿园的步行距离不大于 300m；

2） 场地出入口到达小学的步行距离不大于500m；

3） 场地出入口到达商业服务设施的步行距离不大于500m；

4） 相关设施集中设置并向周边居民开放；

5） 场地1 000m范围内设有5种及以上的公共服务设施。

2 公共建筑：满足下列要求中2项，得3分；满足3项及以上，得6分：

1） 2种及以上的公共建筑集中设置，或公共建筑兼容2种及以上的公共服务功能；

2） 配套辅助设施设备共同使用、资源共享；

3） 建筑向社会公众提供开放的公共空间；

4） 室外活动场地错时向周边居民免费开放。

场地设计与场地生态

4.2.12 结合现状地形地貌进行场地设计与建筑布局，保护场地内原有的自然水域、湿地和植被，采取表层土利用等生态补偿措施，评价分值为3分。

4.2.13 充分利用场地空间合理设置绿色雨水基础设施，对大于$10hm^2$的场地进行雨水专项规划设计，评价总分值为9分，并按下列规则分别评分并累计：

1 下凹式绿地、雨水花园等有调蓄雨水功能的绿地和水体的面积之和占绿地面积的比例达到30%，得3分；

2 合理衔接和引导屋面雨水、道路雨水进入地面生态设施，并采取相应的径流污染控制措施，得3分；

3 硬质铺装地面中透水铺装面积的比例达到50%，得3分。

4.2.14 合理规划地表与屋面雨水径流，对场地雨水实施外排总量控制，评价总分值为6分。其场地年径流总量控制率达到55%，得3分；达到70%，得6分。

4.2.15 合理选择绿化方式，科学配置绿化植物，评价总分值为6分，并按下列规则分别评分并累计：

1 种植适应当地气候和土壤条件的植物，采用乔、灌、草结合的复层绿化，种植区域覆土深度和排水能力满足植物生长需求，得3分；

2 居住建筑绿地配植乔木不少于3株/$100m^2$，公共建筑采用垂直绿化、屋顶绿化等方式，得3分。

5 节能与能源利用

5.1 控制项

5.1.1 建筑设计应符合国家现行相关建筑节能设计标准中强制性条文的规定。

5.1.2 不应采用电直接加热设备作为供暖空调系统的供暖热源和空气加湿热源。

5.1.3 冷热源、输配系统和照明等各部分能耗应进行独立分项计量。

5.1.4 各房间或场所的照明功率密度值不应高于现行国家标准《建筑照明设计标准》GB 50034中规定的现行值。

5.2 评分项

建筑与围护结构

5.2.1 结合场地自然条件，对建筑的体形、朝向、楼距、窗墙比等进行优化设计，评价分值为6分。

5.2.2 外窗、玻璃幕墙的可开启部分能使建筑获得良好的通风，评价总分值为6分，并按下列规则评分：

1 设玻璃幕墙且不设外窗的建筑，其玻璃幕墙透明部分可开启面积比例达到5%，得4分；达到10%，得6分。

2 设外窗且不设玻璃幕墙的建筑，外窗可开启面积比例达到30%，得4分；达到35%，得6分。

3 设玻璃幕墙和外窗的建筑，对其玻璃幕墙透明部分和外窗分别按本条第1款和第2款进行评价，得分取两项得分的平均值。

5.2.3 围护结构热工性能指标优于国家现行相关建筑节能设计标准的规定，评价总分值为10分，并按下列规则评分：

1 围护结构热工性能比国家现行相关建筑节能设计标准规定的提高幅度达到5%，得5分；达到10%，得10分。

2 供暖空调全年计算负荷降低幅度达到5%，得5分；达到10%，得10分。

供暖、通风与空调

5.2.4 供暖空调系统的冷、热源机组能效均优于现行国家标准《公共建筑节能设计标准》GB 50189的规定以及现行有关国家标准能效限定值的要求，评价分值为6分。对电机驱动的蒸气压缩循环冷水（热泵）机组，直燃型和蒸汽型溴化锂吸收式冷（温）水机组，单元式空气调节机、风管送风式和屋顶式空调机组，多联式空调（热泵）机组，燃煤、燃油和燃气锅炉，其能效指标比现行国家标准《公共建筑节能设计标准》GB 50189规定值的提高或降低幅度满足表5.2.4的要求；对房间空气调节器和家用燃气热水炉，其能效等级满足现行有关国家标准的节能评价值要求。

表5.2.4 冷、热源机组能效指标比现行国家标准《公共建筑节能设计标准》GB 50189的提高或降低幅度

机组类型		能效指标	提高或降低幅度
电机驱动的蒸气压缩循环冷水（热泵）机组		制冷性能系数（COP）	提高6%
溴化锂吸收式冷水机组	直燃型	制冷、供热性能系数（COP）	提高6%
	蒸汽型	单位制冷量蒸汽耗量	降低6%
单元式空气调节机、风管送风式和屋顶式空调机组		能效比（EER）	提高6%
多联式空调（热泵）机组		制冷综合性能系数（IPLV（C））	提高8%
锅炉	燃煤	热效率	提高3个百分点
	燃油燃气	热效率	提高2个百分点

5.2.5 集中供暖系统热水循环泵的耗电输热比和通风空调系统风机的单位风量耗功率符合现行国家标准《公共建筑节能设计标准》GB 50189等的有关规定，且空调冷热水系统循环水泵的耗电输冷（热）比比现行国家标准《民用建筑供暖通风与空气调节设计规范》GB 50736规定值低20%，评价分值为6分。

5.2.6 合理选择和优化供暖、通风与空调系统，评价总分值为10分，根据系统能耗的降低幅度按表5.2.6的规则评分。

表5.2.6 供暖、通风与空调系统能耗降低幅度评分规则

供暖、通风与空调系统能耗降低幅度 D_e	得分
$5\% \leqslant D_e < 10\%$	3
$10\% \leqslant D_e < 15\%$	7
$D_e \geqslant 15\%$	10

5.2.7 采取措施降低过渡季节供暖、通风与空调系统能耗，评价分值为6分。

5.2.8 采取措施降低部分负荷、部分空间使用下的供暖、通风与空调系统能耗，评价总分值为9分，并按下列规则分别评分并累计：

1 区分房间的朝向，细分供暖、空调区域，对系统进行分区控制，得3分；

2 合理选配空调冷、热源机组台数与容量，制定实施根据负荷变化调节制冷（热）量的控制策略，且空调冷源的部分负荷性能符合现行国家标准《公共建筑节能设计标准》GB 50189的规定，得3分；

3 水系统、风系统采用变频技术，且采取相应的水力平衡措施，得3分。

照明与电气

5.2.9 走廊、楼梯间、门厅、大堂、大空间、地下停车场等场所的照明系统采取分区、定时、感应等节能控制措施，评价分值为 5 分。

5.2.10 照明功率密度值达到现行国家标准《建筑照明设计标准》GB 50034 中规定的目标值，评价总分值为 8 分。主要功能房间满足要求，得 4 分；所有区域均满足要求，得 8 分。

5.2.11 合理选用电梯和自动扶梯，并采取电梯群控、扶梯自动启停等节能控制措施，评价分值为 3 分。

5.2.12 合理选用节能型电气设备，评价总分值为 5 分，并按下列规则分别评分并累计：

1 三相配电变压器满足现行国家标准《三相配电变压器能效限定值及能效等级》GB 20052 的节能评价值要求，得 3 分；

2 水泵、风机等设备，及其他电气装置满足相关现行国家标准的节能评价值要求，得 2 分。

能量综合利用

5.2.13 排风能量回收系统设计合理并运行可靠，评价分值为 3 分。

5.2.14 合理采用蓄冷蓄热系统，评价分值为 3 分。

5.2.15 合理利用余热废热解决建筑的蒸汽、供暖或生活热水需求，评价分值为 4 分。

5.2.16 根据当地气候和自然资源条件，合理利用可再生能源，评价总分值为 10 分，按表 5.2.16 的规则评分。

表 5.2.16 可再生能源利用评分规则

可再生能源利用类型和指标		得分
由可再生能源提供的生活用热水比例 R_{hw}	$20\% \leqslant R_{hw} < 30\%$	4
	$30\% \leqslant R_{hw} < 40\%$	5
	$40\% \leqslant R_{hw} 50\%$	6
	$50\% \leqslant R_{hw} < 60\%$	7
	$60\% \leqslant R_{hw} < 70\%$	8
	$70\% \leqslant R_{hw} < 80\%$	9
	$R_{hw} \geqslant 80\%$	10
由可再生能源提供的空调用冷量和热量比例 R_{cb}	$20\% \leqslant R_{cb} < 30\%$	4
	$30\% \leqslant R_{cb} < 40\%$	5
	$40\% \leqslant R_{cb} < 50\%$	6
	$50\% \leqslant R_{cb} < 60\%$	7
	$60\% \leqslant R_{cb} < 70\%$	8
	$70\% \leqslant R_{cb} < 80\%$	9
	$R_{cb} \geqslant 80\%$	10
由可再生能源提供的电量比例 R_e	$1.0\% \leqslant R_e < 1.5\%$	4
	$1.5\% \leqslant R_e < 2.0\%$	5
	$2.0\% \leqslant R_e < 2.5\%$	6
	$2.5\% \leqslant R_e < 3.0\%$	7
	$3.0\% \leqslant R_e < 3.5\%$	8
	$3.5\% \leqslant R_e < 4.0\%$	9
	$R_e \geqslant 4.0\%$	10

6 节水与水资源利用

6.1 控制项

6.1.1 应制定水资源利用方案，统筹利用各种水资源。

6.1.2 给排水系统设置应合理、完善、安全。

6.1.3 应采用节水器具。

6.2 评分项

节水系统

6.2.1 建筑平均日用水量满足现行国家标准《民用建筑节水设计标准》GB 50555 中的节水用水定额的要求，评价总分值为 10 分，达到节水用水定额的上限值的要求，得 4 分；达到上限值与下限值的平均值要求，得 7 分；达到下限值的要求，得 10 分。

6.2.2 采取有效措施避免管网漏损，评价总分值为 7 分，并按下列规则分别评分并累计：

1 选用密闭性能好的阀门、设备，使用耐腐蚀、耐久性能好的管材、管件，得 1 分；

2 室外埋地管道采取有效措施避免管网漏损，得 1 分；

3 设计阶段根据水平衡测试的要求安装分级计量水表；运行阶段提供用水量计量情况和管网漏损检测、整改的报告，得 5 分。

6.2.3 给水系统无超压出流现象，评价总分值为 8 分。用水点供水压力不大于 0.30MPa，得 3 分；不大于 0.20MPa，且不小于用水器具要求的最低工作压力，得 8 分。

6.2.4 设置用水计量装置，评价总分值为 6 分，并按下列规则分别评分并累计：

1 按使用用途，对厨房、卫生间、空调系统、游泳池、绿化、景观等用水分别设置用水计量装置，统计用水量，得 2 分；

2 按付费或管理单元，分别设置用水计量装置，统计用水量，得 4 分。

6.2.5 公用浴室采取节水措施，评价总分值为 4 分，并按下列规则分别评分并累计：

1 采用带恒温控制和温度显示功能的冷热水混合淋浴器，得 2 分；

2 设置用者付费的设施，得 2 分。

节水器具与设备

6.2.6 使用较高用水效率等级的卫生器具，评价总分值为 10 分。用水效率等级达到 3 级，得 5 分；达到 2 级，得 10 分。

6.2.7 绿化灌溉采用节水灌溉方式，评价总分值为 10 分，并按下列规则评分：

1 采用节水灌溉系统，得 7 分；在此基础上设置土壤湿度感应器、雨天关闭装置等节水控制措施，再得 3 分。

2 种植无需永久灌溉植物，得 10 分。

6.2.8 空调设备或系统采用节水冷却技术，评价总分值为 10 分，并按下列规则评分：

1 循环冷却水系统设置水处理措施；采取加大集水盘、设置平衡管或平衡水箱的方式，避免冷却水泵停泵时冷却水溢出，得 6 分；

2 运行时，冷却塔的蒸发耗水量占冷却水补水量的比例不低于 80%，得 10 分；

3 采用无蒸发耗水量的冷却技术，得 10 分。

6.2.9 除卫生器具、绿化灌溉和冷却塔外的其他用水采用节水技术或措施，评价总分值为 5 分。其他用水中采用节水技术或措施的比例达到 50%，得 3 分；达到 80%，得 5 分。

非传统水源利用

6.2.10 合理使用非传统水源，评价总分值为 15 分，并按下列规则评分：

1 住宅、办公、商店、旅馆类建筑：根据其按下列公式计算的非传统水源利用率，或者其非传统水源利用措施，按表 6.2.10 的规则评分。

$$R_u=\frac{W_u}{W_t}\times 100\% \qquad (6.2.10-1)$$

$$W_u=W_R+W_r+W_s+W_o \qquad (6.2.10-2)$$

式中：R_u——非传统水源利用率，%；

W_u——非传统水源设计使用量（设计阶段）或实际使用量（运行阶段），m^3/a；

W_R——再生水设计利用量（设计阶段）或实际利用量（运行阶段），m^3/a；

W_r——雨水设计利用量（设计阶段）或实际利用量（运行阶段），m^3/a；

W_s——海水设计利用量（设计阶段）或实际利用量（运行阶段），m^3/a；

W_o——其他非传统水源利用量（设计阶段）或实际利用量（运行阶段），m^3/a；

W_t——设计用水总量（设计阶段）或实际用水总量（运行阶段），m^3/a。

注：式中设计使用量为年用水量，由平均日用水量和用水时间计算得出。实际使用量应通过统计全年水表计量的情况计算得出。式中用水量计算不包含冷却水补水量和室外景观水体补水量。

表 6.2.10　非传统水源利用率评分规则

建筑类型	非传统水源利用率		非传统水源利用措施				得分
	有市政再生水供应	无市政再生水供应	室内冲厕	室外绿化灌溉	道路浇洒	洗车用水	
住宅	8.0%	4.0%	—	●○	●	●	5 分
	—	8.0%	—	○	○	○	7 分
	30.0%	30.0%	●○	●○	●○	●○	15 分
办公	10.0%	—	—	●	●	●	5 分
	—	8.0%	—	○	—	—	10 分
	50.0%	10.0%	●	●○	●○	●○	15 分
商店	3.0%	—	—	●	●	●	2 分
	—	2.5%	—	○	—	—	10 分
	50.0%	3.0%	●	●○	●○	●○	15 分
旅馆	2.0%	—	—	●	●	●	2 分
	—	1.0%	—	○	—	—	10 分
	12.0%	2.0%	●	●○	●○	●○	15 分

注：“●”为有市政再生水供应时的要求；“○”为无市政再生水供应时的要求。

2　其他类型建筑：按下列规则分别评分并累计。

1）　绿化灌溉、道路冲洗、洗车用水采用非传统水源的用水量占其总用水量的比例不低于 80%，得 7 分；

2）　冲厕采用非传统水源的用水量占其总用水量的比例不低于 50%，得 8 分。

6.2.11　冷却水补水使用非传统水源，评价总分值为 8 分，根据冷却水补水使用非传统水源的量占总用水量的比例按表 6.2.11 的规则评分。

表 6.2.11　冷却水补水使用非传统水源的评分规则

冷却水补水使用非传统水源的量占总用水量比例 R_{nt}	得分
$10\% \leqslant R_{nt} < 30\%$	4
$30\% \leqslant R_{nt} < 50\%$	6
$R_{nt} \geqslant 50\%$	8

6.2.12　结合雨水利用设施进行景观水体设计，景观水体利用雨水的补水量大于其水体蒸发量的60%，且采用生态水处理技术保障水体水质，评价总分值为7分，并按下列规则分别评分并累计：

1　对进入景观水体的雨水采取控制面源污染的措施，得4分；

2　利用水生动、植物进行水体净化，得3分。

7　节材与材料资源利用

7.1　控制项

7.1.1　不得采用国家和地方禁止和限制使用的建筑材料及制品。

7.1.2　混凝土结构中梁、柱纵向受力普通钢筋应采用不低于400MPa级的热轧带肋钢筋。

7.1.3　建筑造型要素应简约，且无大量装饰性构件。

7.2　评分项

节材设计

7.2.1　择优选用建筑形体，评价总分值为9分。根据国家标准《建筑抗震设计规范》GB 50011-2010规定的建筑形体规则性评分，建筑形体不规则，得3分；建筑形体规则，得9分。

7.2.2　对地基基础、结构体系、结构构件进行优化设计，达到节材效果，评价分值为5分。

7.2.3　土建工程与装修工程一体化设计，评价总分值为10分，并按下列规则评分：

1　住宅建筑土建与装修一体化设计的户数比例达到30%，得6分；达到100%，得10分。

2　公共建筑公共部位土建与装修一体化设计，得6分；所有部位均土建与装修一体化设计，得10分。

7.2.4　公共建筑中可变换功能的室内空间采用可重复使用的隔断（墙），评价总分值为5分，根据可重复使用隔断（墙）比例按表7.2.4的规则评分。

表7.2.4　可重复使用隔断（墙）比例评分规则

可重复使用隔断（墙）比例 R_{rp}	得分
$30\% \leqslant R_{rp} < 50\%$	3
$50\% \leqslant R_{rp} < 80\%$	4
$R_{rp} \geqslant 80\%$	5

7.2.5　采用工业化生产的预制构件，评价总分值为5分，根据预制构件用量比例按表7.2.5的规则评分。

表7.2.5　预制构件用量比例评分规则

预制构件用量比例 R_{pc}	得分
$15\% \leqslant R_{pc} < 30\%$	3
$30\% \leqslant R_{pc} < 50\%$	4
$R_{pc} \geqslant 50\%$	5

7.2.6　采用整体化定型设计的厨房、卫浴间，评价总分值为6分，并按下列规则分别评分并累计：

1　采用整体化定型设计的厨房，得3分；

2　采用整体化定型设计的卫浴间，得3分。

材料选用

7.2.7　选用本地生产的建筑材料，评价总分值为10分，根据施工现场500km以内生产的建筑材料重量占建筑材料总重量的比例按表7.2.7的规则评分。

表 7.2.7　本地生产的建筑材料评分规则

施工现场 500km 以内生产的建筑材料重量占建筑材料总重量的比例 R_{lm}	得分
$60\% \leq R_{lm} < 70\%$	6
$70\% \leq R_{lm} < 90\%$	8
$R_{lm} \geq 90\%$	10

7.2.8　现浇混凝土采用预拌混凝土，评价分值为 10 分。

7.2.9　建筑砂浆采用预拌砂浆，评价总分值为 5 分。建筑砂浆采用预拌砂浆的比例达到 50%，得 3 分；达到 100%，得 5 分。

7.2.10　合理采用高强建筑结构材料，评价总分值为 10 分，并按下列规则评分：

1　混凝土结构：

1）　根据 400MPa 级及以上受力普通钢筋的比例，按表 7.2.10 的规则评分，最高得 10 分。

表 7.2.10　400MPa 级及以上受力普通钢筋评分规则

400MPa 级及以上受力普通钢筋比例 R_{sb}	得分
$30\% \leq R_{sb} < 50\%$	4
$50\% \leq R_{sb} < 70\%$	6
$70\% \leq R_{sb} < 85\%$	8
$R_{sb} \geq 85\%$	10

2）混凝土竖向承重结构采用强度等级不小于 C50 混凝土用量占竖向承重结构中混凝土总量的比例达到 50%，得 10 分。

2　钢结构：Q345 及以上高强钢材用量占钢材总量的比例达到 50%，得 8 分；达到 70%，得 10 分。

3　混合结构：对其混凝土结构部分和钢结构部分，分别按本条第 1 款和第 2 款进行评价，得分取两项得分的平均值。

7.2.11　合理采用高耐久性建筑结构材料，评价分值为 5 分。对混凝土结构，其中高耐久性混凝土用量占混凝土总量的比例达到 50%；对钢结构，采用耐候结构钢或耐候型防腐涂料。

7.2.12　采用可再利用材料和可再循环材料，评价总分值为 10 分，并按下列规则评分：

1　住宅建筑中的可再利用材料和可再循环材料用量比例达到 6%，得 8 分；达到 10%，得 10 分。

2　公共建筑中的可再利用材料和可再循环材料用量比例达到 10%，得 8 分；达到 15%，得 10 分。

7.2.13　使用以废弃物为原料生产的建筑材料，评价总分值为 5 分，并按下列规则评分：

1　采用一种以废弃物为原料生产的建筑材料，其占同类建材的用量比例达到 30%，得 3 分；达到 50%，得 5 分。

2　采用两种及以上以废弃物为原料生产的建筑材料，每一种用量比例均达到 30%，得 5 分。

7.2.14　合理采用耐久性好、易维护的装饰装修建筑材料，评价总分值为 5 分，并按下列规则分别评分并累计：

1　合理采用清水混凝土，得 2 分；

2　采用耐久性好、易维护的外立面材料，得 2 分；

3　采用耐久性好、易维护的室内装饰装修材料，得 1 分。

8 室内环境质量

8.1 控制项

8.1.1 主要功能房间的室内噪声级应满足现行国家标准《民用建筑隔声设计规范》GB 50118 中的低限要求。

8.1.2 主要功能房间的外墙、隔墙、楼板和门窗的隔声性能应满足现行国家标准《民用建筑隔声设计规范》GB 50118 中的低限要求。

8.1.3 建筑照明数量和质量应符合现行国家标准《建筑照明设计标准》GB 50034 的规定。

8.1.4 采用集中供暖空调系统的建筑，房间内的温度、湿度、新风量等设计参数应符合现行国家标准《民用建筑供暖通风与空气调节设计规范》GB 50736 的规定。

8.1.5 在室内设计温、湿度条件下，建筑围护结构内表面不得结露。

8.1.6 屋顶和东、西外墙隔热性能应满足现行国家标准《民用建筑热工设计规范》GB 50176 的要求。

8.1.7 室内空气中的氨、甲醛、苯、总挥发性有机物、氡等污染物浓度应符合现行国家标准《室内空气质量标准》GB/T 18883 的有关规定。

8.2 评分项

室内声环境

8.2.1 主要功能房间室内噪声级，评价总分值为 6 分。噪声级达到现行国家标准《民用建筑隔声设计规范》GB 50118 中的低限标准限值和高要求标准限值的平均值，得 3 分；达到高要求标准限值，得 6 分。

8.2.2 主要功能房间的隔声性能良好，评价总分值为 9 分，并按下列规则分别评分并累计：

1 构件及相邻房间之间的空气声隔声性能达到现行国家标准《民用建筑隔声设计规范》GB 50118 中的低限标准限值和高要求标准限值的平均值，得 3 分；达到高要求标准限值，得 5 分；

2 楼板的撞击声隔声性能达到现行国家标准《民用建筑隔声设计规范》GB 50118 中的低限标准限值和高要求标准限值的平均值，得 3 分；达到高要求标准限值，得 4 分。

8.2.3 采取减少噪声干扰的措施，评价总分值为 4 分，并按下列规则分别评分并累计：

1 建筑平面、空间布局合理，没有明显的噪声干扰，得 2 分；

2 采用同层排水或其他降低排水噪声的有效措施，使用率不小于 50%，得 2 分。

8.2.4 公共建筑中的多功能厅、接待大厅、大型会议室和其他有声学要求的重要房间进行专项声学设计，满足相应功能要求，评价分值为 3 分。

室内光环境与视野

8.2.5 建筑主要功能房间具有良好的户外视野，评价分值为 3 分。对居住建筑，其与相邻建筑的直接间距超过 18m；对公共建筑，其主要功能房间能通过外窗看到室外自然景观，无明显视线干扰。

8.2.6 主要功能房间的采光系数满足现行国家标准《建筑采光设计标准》GB 50033 的要求，评价总分值为 8 分，并按下列规则评分：

1 居住建筑：卧室、起居室的窗地面积比达到 1/6，得 6 分；达到 1/5，得 8 分。

2 公共建筑：根据主要功能房间采光系数满足现行国家标准《建筑采光设计标准》GB 50033 要求的面积比例，按表 8.2.6 的规则评分，最高得 8 分。

表 8.2.6 公共建筑主要功能房间采光评分规则

面积比例 R_A	得分
$60\% \leq R_A < 65\%$	4
$65\% \leq R_A < 70\%$	5
$70\% \leq R_A < 75\%$	6
$75\% \leq R_A < 80\%$	7
$R_A \geq 80\%$	8

8.2.7 改善建筑室内天然采光效果，评价总分值为 14 分，并按下列规则分别评分并累计：

1 主要功能房间有合理的控制眩光措施，得 6 分；

2 内区采光系数满足采光要求的面积比例达到 60%，得 4 分；

3 根据地下空间平均采光系数不小于 0.5% 的面积与首层地下室面积的比例，按表 8.2.7 的规则评分，最高得 4 分。

表 8.2.7 地下空间采光评分规则

面积比例 R_A	得分
$5\% \leq R_A < 10\%$	1
$10\% \leq R_A < 15\%$	2
$15\% \leq R_A < 20\%$	3
$R_A \geq 20\%$	4

室内热湿环境

8.2.8 采取可调节遮阳措施，降低夏季太阳辐射得热，评价总分值为 12 分。外窗和幕墙透明部分中，有可控遮阳调节措施的面积比例达到 25%，得 6 分；达到 50%，得 12 分。

8.2.9 供暖空调系统末端现场可独立调节，评价总分值为 8 分。供暖、空调末端装置可独立启停的主要功能房间数量比例达到 70%，得 4 分；达到 90%，得 8 分。

室内空气质量

8.2.10 优化建筑空间、平面布局和构造设计，改善自然通风效果，评价总分值为 13 分，并按下列规则评分：

1 居住建筑：按下列 2 项的规则分别评分并累计：

1） 通风开口面积与房间地板面积的比例在夏热冬暖地区达到 10%，在夏热冬冷地区达到 8%，在其他地区达到 5%，得 10 分；

2） 设有明卫，得 3 分。

2 公共建筑：根据在过渡季典型工况下主要功能房间平均自然通风换气次数不小于 2 次 /h 的面积比例，按表 8.2.10 的规则评分，最高得 13 分。

表 8.2.10 公共建筑过渡季典型工况下主要功能房间自然通风评分规则

面积比例 R_R	得分
$60\% \leq R_R < 65\%$	6
$65\% \leq R_R < 70\%$	7
$70\% \leq R_R < 75\%$	8
$75\% \leq R_R < 80\%$	9
$80\% \leq R_R < 85\%$	10
$85\% \leq R_R < 90\%$	11
$90\% \leq R_R < 95\%$	12
$R_R \geq 95\%$	13

8.2.11 气流组织合理，评价总分值为 7 分，并按下列规则分别评分并累计：

1 重要功能区域供暖、通风与空调工况下的气流组织满足热环境设计参数要求，得 4 分；

2 避免卫生间、餐厅、地下车库等区域的空气和污染物串通到其他空间或室外活动场所，得 3 分。

8.2.12 主要功能房间中人员密度较高且随时间变化大的区域设置室内空气质量监控系统，评价总分值为

8 分，并按下列规则分别评分并累计：

1 对室内的二氧化碳浓度进行数据采集、分析，并与通风系统联动，得 5 分；

2 实现室内污染物浓度超标实时报警，并与通风系统联动，得 3 分。

8.2.13 地下车库设置与排风设备联动的一氧化碳浓度监测装置，评价分值为 5 分。

9 施工管理

9.1 控制项

9.1.1 应建立绿色建筑项目施工管理体系和组织机构，并落实各级责任人。

9.1.2 施工项目部应制定施工全过程的环境保护计划，并组织实施。

9.1.3 施工项目部应制定施工人员职业健康安全管理计划，并组织实施。

9.1.4 施工前应进行设计文件中绿色建筑重点内容的专项会审。

9.2 评分项

环境保护

9.2.1 采取洒水、覆盖、遮挡等降尘措施，评价分值为 6 分。

9.2.2 采取有效的降噪措施。在施工场界测量并记录噪声，满足现行国家标准《建筑施工场界环境噪声排放标准》GB 12523 的规定，评价分值为 6 分。

9.2.3 制定并实施施工废弃物减量化、资源化计划，评价总分值为 10 分，并按下列规则分别评分并累计：

1 制定施工废弃物减量化、资源化计划，得 3 分；

2 可回收施工废弃物的回收率不小于 80%，得 3 分；

3 根据每 10000m^2 建筑面积的施工固体废弃物排放量，按表 9.2.3 的规则评分，最高得 4 分。

表 9.2.3 施工固体废弃物排放量评分规则

每 10000m^2 建筑面积施工固体废弃物排放量 SW_c	得分
350t<SW_c ≤ 400t	1
300t<SW_c ≤ 350t	3
SW_c ≤ 300t	4

资源节约

9.2.4 制定并实施施工节能和用能方案，监测并记录施工能耗，评价总分值为 8 分，并按下列规则分别评分并累计：

1 制定并实施施工节能和用能方案，得 1 分；

2 监测并记录施工区、生活区的能耗，得 3 分；

3 监测并记录主要建筑材料、设备从供货商提供的货源地到施工现场运输的能耗，得 3 分；

4 监测并记录建筑施工废弃物从施工现场到废弃物处理 / 回收中心运输的能耗，得 1 分。

9.2.5 制定并实施施工节水和用水方案，监测并记录施工水耗，评价总分值为 8 分，并按下列规则分别评分并累计：

1 制定并实施施工节水和用水方案，得 2 分；

2 监测并记录施工区、生活区的水耗数据，得 4 分；

3 监测并记录基坑降水的抽取量、排放量和利用量数据，得 2 分。

9.2.6 减少预拌混凝土的损耗，评价总分值为 6 分。损耗率降低至 1.5%，得 3 分；降低至 1.0%，得 6 分。

9.2.7 采取措施降低钢筋损耗，评价总分值为 8 分，并按下列规则评分：

1 80%以上的钢筋采用专业化生产的成型钢筋，得 8 分。

2 根据现场加工钢筋损耗率，按表 9.2.7 的规则评分，最高得 8 分。

表 9.2.7　现场加工钢筋损耗率评分规则

现场加工钢筋损耗率 LR_{sb}	得分
$3.0\% < LR_{sb} \leq 4.0\%$	4
$1.5\% < LR_{sb} \leq 3.0\%$	6
$LR_{sb} \leq 1.5\%$	8

9.2.8　使用工具式定型模板，增加模板周转次数，评价总分值为 10 分，根据工具式定型模板使用面积占模板工程总面积的比例按表 9.2.8 的规则评分。

表 9.2.8　工具式定型模板使用率评分规则

工具式定型模板使用面积占模板工程总面积的比例 R_{sf}	得分
$50\% \leq R_{sf} < 70\%$	6
$70\% \leq R_{sf} < 85\%$	8
$R_{sf} \geq 85\%$	10

过程管理

9.2.9　实施设计文件中绿色建筑重点内容，评价总分值为 4 分，并按下列规则分别评分并累计：

1　进行绿色建筑重点内容的专项交底，得 2 分；

2　施工过程中以施工日志记录绿色建筑重点内容的实施情况，得 2 分。

9.2.10　严格控制设计文件变更，避免出现降低建筑绿色性能的重大变更，评价分值为 4 分。

9.2.11　施工过程中采取相关措施保证建筑的耐久性，评价总分值为 8 分，并按下列规则分别评分并累计：

1　对保证建筑结构耐久性的技术措施进行相应检测并记录，得 3 分；

2　对有节能、环保要求的设备进行相应检验并记录，得 3 分；

3　对有节能、环保要求的装修装饰材料进行相应检验并记录，得 2 分。

9.2.12　实现土建装修一体化施工，评价总分值为 14 分，并按下列规则分别评分并累计：

1　工程竣工时主要功能空间的使用功能完备，装修到位，得 3 分；

2　提供装修材料检测报告、机电设备检测报告、性能复试报告，得 4 分；

3　提供建筑竣工验收证明、建筑质量保修书、使用说明书，得 4 分；

4　提供业主反馈意见书，得 3 分。

9.2.13　工程竣工验收前，由建设单位组织有关责任单位，进行机电系统的综合调试和联合试运转，结果符合设计要求，评价分值为 8 分。

10　运营管理

10.1　控制项

10.1.1　应制定并实施节能、节水、节材、绿化管理制度。

10.1.2　应制定垃圾管理制度，合理规划垃圾物流，对生活废弃物进行分类收集，垃圾容器设置规范。

10.1.3　运行过程中产生的废气、污水等污染物应达标排放。

10.1.4　节能、节水设施应工作正常，且符合设计要求。

10.1.5　供暖、通风、空调、照明等设备的自动监控系统应工作正常，且运行记录完整。

10.2　评分项

管理制度

10.2.1　物业管理机构获得有关管理体系认证，评价总分值为 10 分，并按下列规则分别评分并累计：

1　具有 ISO 14001 环境管理体系认证，得 4 分；

2　具有 ISO 9001 质量管理体系认证，得 4 分；

3　具有现行国家标准《能源管理体系要求》GB/T 23331 的能源管理体系认证，得 2 分。

10.2.2　节能、节水、节材、绿化的操作规程、应急预案完善，且有效实施，评价总分值为 8 分，并按下列规则分别评分并累计：

1　相关设施的操作规程在现场明示，操作人员严格遵守规定，得 6 分；

2　节能、节水设施运行具有完善的应急预案，得 2 分。

10.2.3　实施能源资源管理激励机制，管理业绩与节约能源资源、提高经济效益挂钩，评价总分值为 6 分，并按下列规则分别评分并累计：

1　物业管理机构的工作考核体系中包含能源资源管理激励机制，得 3 分；

2　与租用者的合同中包含节能条款，得 1 分；

3　采用合同能源管理模式，得 2 分。

10.2.4　建立绿色教育宣传机制，编制绿色设施使用手册，形成良好的绿色氛围，评价总分值为 6 分，并按下列规则分别评分并累计：

1　有绿色教育宣传工作记录，得 2 分；

2　向使用者提供绿色设施使用手册，得 2 分；

3　相关绿色行为与成效获得公共媒体报道，得 2 分。

技术管理

10.2.5　定期检查、调试公共设施设备，并根据运行检测数据进行设备系统的运行优化，评价总分值为 10 分，并按下列规则分别评分并累计：

1　具有设施设备的检查、调试、运行、标定记录，且记录完整，得 7 分；

2　制定并实施设备能效改进方案，得 3 分。

10.2.6　对空调通风系统进行定期检查和清洗，评价总分值为 6 分，并按下列规则分别评分并累计：

1　制定空调通风设备和风管的检查和清洗计划，得 2 分；

2　实施第 1 款中的检查和清洗计划，且记录保存完整，得 4 分。

10.2.7　非传统水源的水质和用水量记录完整、准确，评价总分值为 4 分，并按下列规则分别评分并累计：

1　定期进行水质检测，记录完整、准确，得 2 分；

2　用水量记录完整、准确，得 2 分。

10.2.8　智能化系统的运行效果满足建筑运行与管理的需要，评价总分值为 12 分，并按下列规则分别评分并累计：

1　居住建筑的智能化系统满足现行行业标准《居住区智能化系统配置与技术要求》CJ/T 174 的基本配置要求，公共建筑的智能化系统满足现行国家标准《智能建筑设计标准》GB/T50314 的基础配置要求，得 6 分；

2　智能化系统工作正常，符合设计要求，得 6 分。

10.2.9　应用信息化手段进行物业管理，建筑工程、设施、设备、部品、能耗等档案及记录齐全，评价总分值为 10 分，并按下列规则分别评分并累计：

1　设置物业管理信息系统，得 5 分；

2　物业管理信息系统功能完备，得 2 分；

3　记录数据完整，得 3 分。

环境管理

10.2.10　采用无公害病虫害防治技术，规范杀虫剂、除草剂、化肥、农药等化学品的使用，有效避免对土壤和地下水环境的损害，评价总分值为 6 分，并按下列规则分别评分并累计：

1　建立和实施化学品管理责任制，得 2 分；

2　病虫害防治用品使用记录完整，得 2 分；

3 采用生物制剂、仿生制剂等无公害防治技术，得 2 分。

10.2.11 栽种和移植的树木一次成活率大于 90%，植物生长状态良好，评价总分值为 6 分，并按下列规则分别评分并累计：

1 工作记录完整，得 4 分；

2 现场观感良好，得 2 分。

10.2.12 垃圾收集站（点）及垃圾间不污染环境，不散发臭味，评价总分值为 6 分，并按下列规则分别评分并累计：

1 垃圾站（间）定期冲洗，得 2 分；

2 垃圾及时清运、处置，得 2 分；

3 周边无臭味，用户反映良好，得 2 分。

10.2.13 实行垃圾分类收集和处理，评价总分值为 10 分，并按下列规则分别评分并累计：

1 垃圾分类收集率达到 90%，得 4 分；

2 可回收垃圾的回收比例达到 90%，得 2 分；

3 对可生物降解垃圾进行单独收集和合理处置，得 2 分；

4 对有害垃圾进行单独收集和合理处置，得 2 分。

11 提高与创新

11.1 一般规定

11.1.1 绿色建筑评价时，应按本章规定对加分项进行评价。加分项包括性能提高和创新两部分。

11.1.2 加分项的附加得分为各加分项得分之和。当附加得分大于 10 分时，应取为 10 分。

11.2 加分项

性能提高

11.2.1 围护结构热工性能比国家现行相关建筑节能设计标准的规定高 20%，或者供暖空调全年计算负荷降低幅度达到 15%，评价分值为 2 分。

11.2.2 供暖空调系统的冷、热源机组能效均优于现行国家标准《公共建筑节能设计标准》GB 50189 的规定以及现行有关国家标准能效节能评价值的要求，评价分值为 1 分。对电机驱动的蒸气压缩循环冷水（热泵）机组，直燃型和蒸汽型溴化锂吸收式冷（温）水机组，单元式空气调节机、风管送风式和屋顶式空调机组，多联式空调（热泵）机组，燃煤、燃油和燃气锅炉，其能效指标比现行国家标准《公共建筑节能设计标准》GB 50189 规定值的提高或降低幅度满足表 11.2.2 的要求；对房间空气调节器和家用燃气热水炉，其能效等级满足现行有关国家标准规定的 1 级要求。

表 11.2.2 冷、热源机组能效指标比现行国家标准《公共建筑节能设计标准》GB 50189 的提高或降低幅度

机组类型		能效指标	提高或降低幅度
电机驱动的蒸气压缩循环冷水（热泵）机组		制冷性能系数（COP）	提高 12%
溴化锂吸收式冷水机组	直燃型	制冷、供热性能系数（COP）	提高 12%
	蒸汽型	单位制冷量蒸汽耗量	降低 12%
单元式空气调节机、风管送风式和屋顶式空调机组		能效比（EER）	提高 12%
多联式空调（热泵）机组		制冷综合性能系数［IPLV（C）］	提高 16%
锅炉	燃煤	热效率	提高 6 个百分点
	燃油燃气	热效率	提高 4 个百分点

11.2.3　采用分布式热电冷联供技术，系统全年能源综合利用率不低于 70%，评价分值为 1 分。

11.2.4　卫生器具的用水效率均达到国家现行有关卫生器具用水效率等级标准规定的1级，评价分值为1分。

11.2.5　采用资源消耗少和环境影响小的建筑结构，评价分值为 1 分。

11.2.6　对主要功能房间采取有效的空气处理措施，评价分值为 1 分。

11.2.7　室内空气中的氨、甲醛、苯、总挥发性有机物、氡、可吸入颗粒物等污染物浓度不高于现行国家标准《室内空气质量标准》GB/T 18883 规定限值的 70%，评价分值为 1 分。

创　新

11.2.8　建筑方案充分考虑建筑所在地域的气候、环境、资源，结合场地特征和建筑功能，进行技术经济分析，显著提高能源资源利用效率和建筑性能，评价分值为 2 分。

11.2.9　合理选用废弃场地进行建设，或充分利用尚可使用的旧建筑，评价分值为 1 分。

11.2.10　应用建筑信息模型（BIM）技术，评价总分值为 2 分。在建筑的规划设计、施工建造和运行维护阶段中的一个阶段应用，得 1 分；在两个或两个以上阶段应用，得 2 分。

11.2.11　进行建筑碳排放计算分析，采取措施降低单位建筑面积碳排放强度，评价分值为 1 分。

11.2.12　采取节约能源资源、保护生态环境、保障安全健康的其他创新，并有明显效益，评价总分值为2分。采取一项，得 1 分；采取两项及以上，得 2 分。

本标准用词说明

1　为便于在执行本标准条文时区别对待，对要求严格程度不同的用词说明如下：

1）表示很严格，非这样做不可的：

正面词采用“必须”，反面词采用“严禁”；

2）表示严格，在正常情况下均应这样做的：

正面词采用“应”，反面词采用“不应”或“不得”；

3）表示允许稍有选择，在条件许可时首先应这样做的：

正面词采用“宜”，反面词采用“不宜”；

4）表示有选择，在一定条件下可以这样做的，采用“可”。

2　条文中指明应按其他有关标准执行的写法为：“应符合……的规定”或“应按……执行”。

引用标准名录

1　《建筑抗震设计规范》GB 50011—2010

2　《建筑采光设计标准》GB 50033

3　《建筑照明设计标准》GB 50034

4　《民用建筑隔声设计规范》GB 50118

5　《民用建筑热工设计规范》GB 50176

6　《公共建筑节能设计标准》GB 50189

7　《智能建筑设计标准》GB/T 50314

8　《民用建筑节水设计标准》GB 50555

9　《民用建筑供暖通风与空气调节设计规范》GB 50736

10　《声环境质量标准》GB 3096

11　《建筑施工场界环境噪声排放标准》GB 12523

12　《室内空气质量标准》GB/T 18883

13　《三相配电变压器能效限定值及能效等级》GB 20052

14　《能源管理体系　要求》GB/T 23331

15　《城市夜景照明设计规范》JGJ/T 163

16　《居住区智能化系统配置与技术要求》CJ/T 174

中华人民共和国国家标准

绿色建筑评价标准

GB/T 50378—2014

条文说明

修订说明

《绿色建筑评价标准》GB/T 50378—2014，经住房和城乡建设部2014年4月15日以第408号公告批准、发布。

本标准是在国家标准《绿色建筑评价标准》GB/T 50378—2006基础上修订完成的，标准上一版的主编单位是中国建筑科学研究院、上海市建筑科学研究院，参编单位是中国城市规划设计研究院、清华大学、中国建筑工程总公司、中国建筑材料科学研究院、国家给水排水工程技术中心、深圳市建筑科学研究院、城市建设研究院，主要起草人是王有为、韩继红、曾捷、杨建荣、方天培、汪维、王静霞、秦佑国、毛志兵、马眷荣、陈立、叶青、徐文龙、林海燕、郎四维、程志军、安宇、张蓓红、范宏武、王玮华、林波荣、赵平、于震平、郭兴芳、涂英时、刘景立。

为便于广大设计、施工、科研、学校等单位有关人员在使用本标准时能正确理解和执行条文规定，标准修订组按章、节、条顺序编制了本标准的条文说明，对条文规定的目的、依据以及执行中需要注意的有关事项进行了说明。但是，本条文说明不具备与标准正文同等的法律效力，仅供使用者作为理解和把握标准规定的参考。

1 总 则

1.0.1 建筑活动消耗大量能源资源，并对环境产生不利影响。我国资源总量和人均资源量都严重不足，同时我国的消费增长速度惊人，在资源再生利用率上也远低于发达国家。而且我国正处于工业化、城镇化加速发展时期，能源资源消耗总量逐年迅速增长。在我国发展绿色建筑，是一项意义重大而十分迫切的任务。借鉴国际先进经验，建立一套适合我国国情的绿色建筑评价体系，制订并实施统一、规范的评价标准，反映建筑领域可持续发展理念，对积极引导绿色建筑发展，具有十分重要的意义。

本标准的前一版本《绿色建筑评价标准》GB/T 50378—2006（以下称本标准2006年版）是总结我国绿色建筑方面的实践经验和研究成果，借鉴国际先进经验制定的第一部多目标、多层次的绿色建筑综合评价标准。该标准明确了绿色建筑的定义、评价指标和评价方法，确立了我国以"四节一环保"为核心内容的绿色建筑发展理念和评价体系。自2006年发布实施以来，已经成为我国各级、各类绿色建筑标准研究和编制的重要基础，有效指导了我国绿色建筑实践工作。截至2012年底，累计评价绿色建筑项目742个，总建筑面积超过7500万m^2。

"十二五"以来，我国绿色建筑快速发展。随着绿色建筑各项工作的逐步推进，绿色建筑的内涵和外延不断丰富，各行业、各类别建筑践行绿色理念的需求不断提出，本标准2006年版已不能完全适应现阶段绿色建筑实践及评价工作的需要。因此，根据住房和城乡建设部的要求，由中国建筑科学研究院、上海市建筑科学研究院（集团）有限公司会同有关单位对其进行了修订。

1.0.2 建筑因使用功能不同，其能源资源消耗和对环境的影响存在较大差异。本标准2006年版编制时，考虑到我国当时建筑业市场情况，侧重于评价总量大的住宅建筑和公共建筑中能源资源消耗较多的办公建筑、商场建筑、旅馆建筑。本次修订，将适用范围扩展至覆盖民用建筑各主要类型，并兼具通用性和可操作性，以适应现阶段绿色建筑实践及评价工作的需要。

1.0.3 我国各地区在气候、环境、资源、经济社会发展水平与民俗文化等方面都存在较大差异；而因地制宜又是绿色建筑建设的基本原则。对绿色建筑的评价，也应综合考量建筑所在地域的气候、环境、资源、经济及文化等条件和特点。建筑物从规划设计到施工，再到运行使用及最终的拆除，构成一个全寿命期。本次修订，基本实现了对建筑全寿命期内各环节和阶段的覆盖。节能、节地、节水、节材和保护环境（四节一环保）是我国绿色建筑发展和评价的核心内容。绿色建筑要求在建筑全寿命期内，最大限度地节能、节地、节水、节材和保护环境，同时满足建筑功能要求。结合建筑功能要求，对建筑的四节一环保性能进行评价时，要综合考虑，统筹兼顾，总体平衡。

1.0.4 符合国家法律法规和相关标准是参与绿色建筑评价的前提条件。本标准重点在于对建筑的四节一环保性能进行评价，并未涵盖通常建筑物所应有的全部功能和性能要求，如结构安全、防火安全等，故参与评价的建筑尚应符合国家现行有关标准的规定。当然，绿色建筑的评价工作也应符合国家现行有关标准的规定。

3 基本规定

3.1 一般规定

3.1.1 建筑单体和建筑群均可以参评绿色建筑。绿色建筑的评价，首先应基于评价对象的性能要求。当需要对某工程项目中的单栋建筑进行评价时，由于有些评价指标是针对该工程项目设定的（如住区的绿地率），或该工程项目中其他建筑也采用了相同的技术方案（如再生水利用），难以仅基于该单栋建筑进行评价，此时，应以该栋建筑所属工程项目的总体为基准进行评价。

3.1.2 本标准2006年版规定绿色建筑的评价应在其投入使用一年后进行，侧重评价建筑的实际性能和运行效果。根据绿色建筑发展的实际需求，结合目前有关管理制度，本次修订将绿色建筑的评价分为设计评价和运行评价，增加了对建筑规划设计的四节一环保性能评价。

考虑大力发展绿色建筑的需要，同时也参考国外开展绿色建筑评价的情况，将绿色建筑评价明确划分为"设计评价"和"运行评价"。设计评价的重点在评价绿色建筑方方面面采取的"绿色措施"和预期效果上，而运行评价则不仅要评价“绿色措施”，而且要评价这些“绿色措施”所产生的实际效果。除此之外，运行评价还关注绿色建筑在施工过程中留下的“绿色足迹”，关注绿色建筑正常运行后的科学管理。简言之，“设计评价”所评的是建筑的设计，“运行评价”所评的是已投入运行的建筑。

3.1.3　申请评价方依据有关管理制度文件确定。本条对申请评价方的相关工作提出要求。绿色建筑注重全寿命期内能源资源节约与环境保护的性能，申请评价方应对建筑全寿命期内各个阶段进行控制，综合考虑性能、安全、耐久、经济、美观等因素，优化建筑技术、设备和材料选用，综合评估建筑规模、建筑技术与投资之间的总体平衡，并按本标准的要求提交相应分析、测试报告和相关文件。

3.1.4　绿色建筑评价机构依据有关管理制度文件确定。本条对绿色建筑评价机构的相关工作提出要求。绿色建筑评价机构应按照本标准的有关要求审查申请评价方提交的报告、文档，并在评价报告中确定等级。对申请运行评价的建筑，评价机构还应组织现场考察，进一步审核规划设计要求的落实情况以及建筑的实际性能和运行效果。

3.2　评价与等级划分

3.2.1　本次修订增加了“施工管理”类评价指标，实现标准对建筑全寿命期内各环节和阶段的覆盖。本次修订将本标准2006年版中“一般项”和“优选项”改为“评分项”。为鼓励绿色建筑在节约资源、保护环境的技术、管理上的创新和提高，本次修订增设了“加分项”。“加分项”部分条文本可以分别归类到七类指标中，但为了将鼓励性的要求和措施与对绿色建筑的七个方面的基本要求区分开来，本次修订将全部“加分项”条文集中在一起，列成单独一章。

3.2.2　运行评价是最终结果的评价，检验绿色建筑投入实际使用后是否真正达到了四节一环保的效果，应对全部指标进行评价。设计评价的对象是图纸和方案，还未涉及施工和运营，所以不对施工管理和运营管理两类指标进行评价。但是，施工管理和运营管理的部分措施如能得到提前考虑，并在设计评价时预评，将有助于达到这两个阶段节约资源和环境保护的目的。

3.2.3　控制项的评价同本标准2006年版。评分项的评价，依据评价条文的规定确定得分或不得分，得分时根据需要对具体评分子项确定得分值，或根据具体达标程度确定得分值。加分项的评价，依据评价条文的规定确定得分或不得分。

本标准中评分项的赋分有以下几种方式：

1　一条条文评判一类性能或技术指标，且不需要根据达标情况不同赋以不同分值时，赋以一个固定分值，该评分项的得分为0分或固定分值，在条文主干部分表述为“评价总分值为某分”，如第4.2.5条；

2　一条条文评判一类性能或技术指标，需要根据达标情况不同赋以不同分值时，在条文主干部分表述为“评价总分值为某分”，同时在条文主干部分将不同得分值表述为“得某分”的形式，且从低分到高分排列，如第4.2.14条，对场地年径流总量控制率采用这种递进赋分方式；递进的档次特别多或者评分特别复杂的，则采用列表的形式表达，在条文主干部分表述为“按某表的规则评分”，如第4.2.1条；

3　一条条文评判一类性能或技术指标，但需要针对不同建筑类型或特点分别评判时，针对各种类型或特点按款或项分别赋以分值，各款或项得分均等于该条得分，在条文主干部分表述为“按下列规则评分”，如第4.2.11条；

4　一条条文评判多个技术指标，将多个技术指标的评判以款或项的形式表达，并按款或项赋以分值，该条得分为各款或项得分之和，在条文主干部分表述为“按下列规则分别评分并累计”，如第4.2.4条；

5　一条条文评判多个技术指标，其中某技术指标需要根据达标情况不同赋以不同分值时，首先按多个技术指标的评判以款或项的形式表达并按款或项赋以分值，然后考虑达标程度不同对其中部分技术指标采用递进赋分方式。如第4.2.2条，对住区绿地率赋以2分，对住区人均公共绿地面积赋以最高7分，其中住区人均公共绿地面积又按达标程度不同分别赋以3分、5分、7分；对公共建筑绿地率赋以最高7分，对“公共建筑的绿地向社会公众开放”赋以2分，其中公共建筑绿地率又按达标程度不同分别赋以2分、5分、7分。这种赋分方式是上述第2、3、4种方式的组合。

可能还会有少数条文出现其他评分方式组合。

本标准中评分项和加分项条文主干部分给出了该条文的“评价分值”或“评价总分值”，是该条可能得到的最高分值。各评价条文的分值，经广泛征求意见和试评价后综合调整确定。

3.2.4 与本标准 2006 年版依据各类指标一般项达标的条文数以及优选项达标的条文数确定绿色建筑等级的方式不同，本版标准依据总得分来确定绿色建筑的等级。考虑到各类指标重要性方面的相对差异，计算总得分时引入了权重。同时，为了鼓励绿色建筑技术和管理方面的提升和创新，计算总得分时还计入了加分项的附加得分。

设计评价的总得分为节地与室外环境、节能与能源利用、节水与水资源利用、节材与材料资源利用、室内环境质量五类指标的评分项得分经加权计算后与加分项的附加得分之和；运行评价的总得分为节地与室外环境、节能与能源利用、节水与水资源利用、节材与材料资源利用、室内环境质量、施工管理、运营管理七类指标的评分项得分经加权计算后与加分项的附加得分之和。

3.2.5 本次修订按评价总得分确定绿色建筑的等级。对于具体的参评建筑而言，它们在功能、所处地域的气候、环境、资源等方面客观上存在差异，对不适用的评分项条文不予评定。这样，适用于各参评建筑的评分项的条文数量和总分值可能不一样。对此，计算参评建筑某类指标评分项的实际得分值与适用于参评建筑的评分项总分值的比率，反映参评建筑实际采用的“绿色措施”和（或）效果占理论上可以采用的全部“绿色措施”和（或）效果的相对得分率。

3.2.7 本条对各类指标在绿色建筑评价中的权重作出规定。表 3.2.7 中给出了设计评价、运行评价时居住建筑、公共建筑的分项指标权重。施工管理和运营管理两类指标不参与设计评价。各类指标的权重经广泛征求意见和试评价后综合调整确定。

3.2.8 控制项是绿色建筑的必要条件。对控制项的要求同本标准 2006 年版。

本标准 2006 年版在确定绿色建筑等级时，对各等级绿色建筑各类指标的最低达标程度均进行了限制。本次修订基本沿用本标准 2006 年版的思路，规定了每类指标的最低得分要求，避免仅按总得分确定等级引起参评的绿色建筑可能存在某一方面性能过低的情况。

在满足全部控制项和每类指标最低得分的前提下，绿色建筑按总得分确定等级。评价得分及最终评价结果可按表 1 记录。

表 1 绿色建筑评价得分与结果汇总表

<table>
<tr><td colspan="2">工程项目名称</td><td colspan="7"></td></tr>
<tr><td colspan="2">申请评价方</td><td colspan="7"></td></tr>
<tr><td colspan="2">评价阶段</td><td colspan="2">□设计评价　□运行评价</td><td>建筑类型</td><td colspan="4">□居住建筑　□公共建筑</td></tr>
<tr><td colspan="2">评价指标</td><td>节地与室外环境</td><td>节能与能源利用</td><td>节水与水资源利用</td><td>节材与材料资源利用</td><td>室内环境质量</td><td>施工管理</td><td>运营管理</td></tr>
<tr><td rowspan="2">控制项</td><td>评定结果</td><td>□满足</td><td>□满足</td><td>□满足</td><td>□满足</td><td>□满足</td><td>□满足</td><td>□满足</td></tr>
<tr><td>说明</td><td></td><td></td><td></td><td></td><td></td><td></td><td></td></tr>
<tr><td rowspan="4">评分项</td><td>权重 w_i</td><td></td><td></td><td></td><td></td><td></td><td></td><td></td></tr>
<tr><td>适用总分</td><td></td><td></td><td></td><td></td><td></td><td></td><td></td></tr>
<tr><td>实际得分</td><td></td><td></td><td></td><td></td><td></td><td></td><td></td></tr>
<tr><td>得分 Q_i</td><td></td><td></td><td></td><td></td><td></td><td></td><td></td></tr>
<tr><td rowspan="2">加分项</td><td>得分 Q_8</td><td colspan="7"></td></tr>
<tr><td>说明</td><td colspan="7"></td></tr>
<tr><td colspan="2">总得分 ΣQ</td><td colspan="7"></td></tr>
<tr><td colspan="2">绿色建筑等级</td><td colspan="7">□一星级　□二星级　□三星级</td></tr>
<tr><td colspan="2">评价结果说明</td><td colspan="7"></td></tr>
<tr><td colspan="2">评价机构</td><td colspan="2"></td><td colspan="2">评价时间</td><td colspan="3"></td></tr>
</table>

3.2.9 不论建筑功能是否综合，均以各个条 / 款为基本评判单元。对于某一条文，只要建筑中有相关区域涉及，则该建筑就参评并确定得分。在此后的具体条文及其说明中，有的已说明混合功能建筑的得分取多种功能分别评价结果的平均值；有的则已说明按各种功能用水量的权重，采用加权法调整计算非传统水源利用率的要求；等等。还有一些条文，下设两款分别针对居住建筑和公共建筑的（即本标准第 3.2.3 条条文说明中所指的第 3 种情况），所评价建筑如同时具有居住和公共功能，则需按这两种功能分别评价后再取平均值，标准后文中不再一一说明。最后需要强调的是，建筑整体的等级仍按本标准的规定确定。

4 节地与室外环境

4.1 控制项

4.1.1 本条适用于各类民用建筑的设计、运行评价。

本条沿用自本标准 2006 年版控制项第 4.1.1、5.1.1 条，有修改。《城乡规划法》第二条明确：“本法所称城乡规划，包括城镇体系规划、城市规划、镇规划、乡规划和村庄规划”；第四十二条规定：“城市规划主管部门不得在城乡规划确定的建设用地范围以外作出规划许可”。因此，任何建设项目的选址必须符合所在地城乡规划。

各类保护区是指受到国家法律法规保护、划定有明确的保护范围、制定有相应的保护措施的各类政策区，主要包括：基本农田保护区（《基本农田保护条例》）、风景名胜区（《风景名胜区条例》）、自然保护区（《自然保护区条例》）、历史文化名城名镇名村（《历史文化名城名镇名村保护条例》）、历史文化街区（《城市紫线管理办法》）等。

文物古迹是指人类在历史上创造的具有价值的不可移动的实物遗存，包括地面与地下的古遗址、古建筑、古墓葬、石窟寺、古碑石刻、近代代表性建筑、革命纪念建筑等，主要指文物保护单位、保护建筑和历史建筑。

本条的评价方法为：设计评价查阅项目区位图、场地地形图以及当地城乡规划、国土、文化、园林、旅游或相关保护区等有关行政管理部门提供的法定规划文件或出具的证明文件；运行评价在设计评价方法之外还应现场核实。

4.1.2 本条适用于各类民用建筑的设计、运行评价。

本条沿用自本标准 2006 年版控制项第 4.1.2、5.1.2 条，有修改。本条对绿色建筑的场地安全提出要求。建筑场地与各类危险源的距离应满足相应危险源的安全防护距离等控制要求，对场地中的不利地段或潜在危险源应采取必要的避让、防护或控制、治理等措施，对场地中存在的有毒有害物质应采取有效的治理与防护措施进行无害化处理，确保符合各项安全标准。

场地的防洪设计符合现行国家标准《防洪标准》GB 50201 及《城市防洪工程设计规范》GB/T 50805 的规定；抗震防灾设计符合现行国家标准《城市抗震防灾规划标准》GB 50413 及《建筑抗震设计规范》GB 50011 的要求；土壤中氡浓度的控制应符合现行国家标准《民用建筑工程室内环境污染控制规范》GB 50325 的规定；电磁辐射符合现行国家标准《电磁辐射防护规定》GB 8702 的规定。

本条的评价方法为：设计评价查阅地形图，审核应对措施的合理性及相关检测报告或论证报告；运行评价在设计评价方法之外还应现场核实。

4.1.3 本条适用于各类民用建筑的设计、运行评价。

本条沿用自本标准 2006 年版控制项第 4.1.7、5.1.4 条，有修改。建筑场地内不应存在未达标排放或者超标排放的气态、液态或固态的污染源，例如：易产生噪声的运动和营业场所，油烟未达标排放的厨房，煤气或工业废气超标排放的燃煤锅炉房，污染物排放超标的垃圾堆等。若有污染源应积极采取相应的治理措施并达到无超标污染物排放的要求。

本条的评价方法为：设计评价查阅环评报告，审核应对措施的合理性；运行评价在设计评价方法之外还应现场核实。

4.1.4 本条适用于各类民用建筑的设计、运行评价。

本条由本标准2006年版控制项第4.1.4、5.1.3条整合得到，明确了建筑日照的评价要求。

建筑室内的环境质量与日照密切相关，日照直接影响居住者的身心健康和居住生活质量。我国对居住建筑以及幼儿园、医院、疗养院等公共建筑都制定有相应的国家标准或行业标准，对其日照、消防、防灾、视觉卫生等提出了相应的技术要求，直接影响着建筑布局、间距和设计。

如《城市居住区规划设计规范》GB 50180—93（2002年版）中第5.0.2.1规定了住宅的日照标准，同时明确：老年人居住建筑不应低于冬至日日照2小时的标准；在原设计建筑外增加任何设施不应使相邻住宅原有日照标准降低；旧区改建的项目内新建住宅日照标准可酌情降低，但不应低于大寒日日照1小时的标准。

如《托儿所、幼儿园建筑设计规范》JGJ 39—87中规定：托儿所、幼儿园的生活用房应布置在当地最好日照方位，并满足冬至日底层满窗日照不少于3h的要求，温暖地区、炎热地区的生活用房应避免朝西，否则应设遮阳设施；《中小学校设计规范》GB 50099—2011中对建筑物间距的规定是：普通教室冬至日满窗日照不应小于2h。因此，建筑的布局与设计应充分考虑上述技术要求，最大限度地为建筑提供良好的日照条件，满足相应标准对日照的控制要求；若没有相应标准要求，符合城乡规划的要求即为达标。

建筑布局不仅要求本项目所有建筑都满足有关日照标准，还应兼顾周边，减少对相邻的住宅、幼儿园生活用房等有日照标准要求的建筑产生不利的日照遮挡。条文中的“不降低周边建筑的日照标准”是指：（1）对于新建项目的建设，应满足周边建筑有关日照标准的要求。（2）对于改造项目分两种情况：周边建筑改造前满足日照标准的，应保证其改造后仍符合相关日照标准的要求；周边建筑改造前未满足日照标准的，改造后不可再降低其原有的日照水平。

本条的评价方法为：设计评价查阅相关设计文件和日照模拟分析报告；运行评价查阅相关竣工图和日照模拟分析报告，并现场核实。

4.2 评分项

土地利用

4.2.1 本条适用于各类民用建筑的设计、运行评价。本标准所指的居住建筑不包括国家明令禁止建设的别墅类项目。

本条在本标准2006年版控制项第4.1.3条基础上发展而来，并补充了对公共建筑容积率的要求。对居住建筑，人均居住用地指标是控制居住建筑节地的关键性指标，本标准根据国家标准《城市居住区规划设计规范》GB 50180—93（2002年版）第3.0.3条的规定，提出人均居住用地指标；15分或19分是根据居住建筑的节地情况进行赋值的，评价时要进行选择，可得0分、15分或19分。

对公共建筑，因其种类繁多，故在保证其基本功能及室外环境的前提下应按照所在地城乡规划的要求采用合理的容积率。就节地而言，对于容积率不可能高的建设项目，在节地方面得不到太高的评分，但可以通过精心的场地设计，在创造更高的绿地率以及提供更多的开敞空间或公共空间等方面获得更高的评分；而对于容积率较高的建设项目，在节地方面则更容易获得较高的评分。

本条的评价方法为：设计评价查阅相关设计文件、计算书；运行评价查阅相关竣工图、计算书。

4.2.2 本条适用于各类民用建筑的设计、运行评价。

本条在本标准2006年版控制项第4.1.6条基础上发展而来，并将适用范围扩展至各类民用建筑。本标准所指住区包括不同规模居住用地构成的居住地区。绿地率指建设项目用地范围内各类绿地面积的总和占该项目总用地面积的比率（%）。绿地包括建设项目用地中各类用作绿化的用地。

合理设置绿地可起到改善和美化环境、调节小气候、缓解城市热岛效应等作用。绿地率以及公共绿地的数量则是衡量住区环境质量的重要指标之一。根据现行国家标准《城市居住区规划设计规范》GB 50180的规定，绿地应包括公共绿地、宅旁绿地、公共服务设施所属绿地和道路绿地（道路红线内的绿地），包括满足当地植树绿化覆土要求的地下或半地下建筑的屋顶绿化。需要说明的是，不包括其他屋顶、晒台的人工绿地。

住区的公共绿地是指满足规定的日照要求、适合于安排游憩活动设施的、供居民共享的集中绿地，包括居住区公园、小游园和组团绿地及其他块状、带状绿地。集中绿地应满足的基本要求：宽度不小于8m，面积不小于400m^2，并应有不少于1/3的绿地面积在标准的建筑日照阴影线范围之外。

为保障城市公共空间的品质、提高服务质量，每个城市对城市中不同地段或不同性质的公共设施建设项目，都制定有相应的绿地管理控制要求。本条鼓励公共建筑项目优化建筑布局，提供更多的绿化用地或绿化广场，创造更加宜人的公共空间；鼓励绿地或绿化广场设置休憩、娱乐等设施并定时向社会公众免费开放，以提供更多的公共活动空间。

本条的评价方法为：设计评价查阅相关设计文件、居住建筑平面日照等时线模拟图、计算书；运行评价查阅相关竣工图、居住建筑平面日照等时线模拟图、计算书，并现场核实。

4.2.3 本条适用于各类民用建筑的设计、运行评价。由于地下空间的利用受诸多因素制约，因此未利用地下空间的项目应提供相关说明。经论证，场地区位、地质等条件不适宜开发地下空间的，本条不参评。

本条在本标准2006年版一般项第5.1.11条、优选项第4.1.17条基础上发展而来。开发利用地下空间是城市节约集约用地的重要措施之一。地下空间的开发利用应与地上建筑及其他相关城市空间紧密结合、统一规划，但从雨水渗透及地下水补给，减少径流外排等生态环保要求出发，地下空间也应利用有度、科学合理。

本条的评价方法为：设计评价查阅相关设计文件、计算书；运行评价查阅相关竣工图、计算书，并现场核实。

室外环境

4.2.4 本条适用于各类民用建筑的设计、运行评价。非玻璃幕墙建筑，第1款直接得2分。

本条在本标准2006年版控制项第5.1.3条基础上发展而来，适用范围扩展至各类民用建筑。建筑物光污染包括建筑反射光（眩光）、夜间的室外夜景照明以及广告照明等造成的光污染。光污染产生的眩光会让人感到不舒服，还会使人降低对灯光信号等重要信息的辨识力，甚至带来道路安全隐患。

光污染控制对策包括降低建筑物表面（玻璃和其他材料、涂料）的可见光反射比，合理选配照明器具，采取防止溢光措施等。现行国家标准《玻璃幕墙光学性能》GB/T 18091—2000将玻璃幕墙的光污染定义为有害光反射，对玻璃幕墙的可见光反射比作了规定，本条对玻璃幕墙可见光反射比较该标准中最低要求适当提高，取为0.2。

室外夜景照明设计应满足《城市夜景照明设计规范》JGJ/T 163—2008第7章关于光污染控制的相关要求，并在室外照明设计图纸中体现。

本条的评价方法为：设计评价查阅相关设计文件、光污染分析专项报告；运行评价查阅相关竣工图、光污染分析专项报告、相关检测报告，并现场核实。

4.2.5 本条适用于各类民用建筑的设计、运行评价。

本条沿用自本标准2006年版一般项第4.1.11、5.1.6条。绿色建筑设计应对场地周边的噪声现状进行检测，并对规划实施后的环境噪声进行预测，必要时采取有效措施改善环境噪声状况，使之符合现行国家标准《声环境质量标准》GB 3096中对于不同声环境功能区噪声标准的规定。当拟建噪声敏感建筑不能避免临近交通干线，或不能远离固定的设备噪声源时，需要采取措施降低噪声干扰。

需要说明的是，噪声监测的现状值仅作为参考，需结合场地环境条件的变化（如道路车流量的增长）进行对应的噪声改变情况预测。

本条的评价方法为：设计评价查阅环境噪声影响测试评估报告、噪声预测分析报告；运行评价查阅环境噪声影响测试评估报告、现场测试报告。

4.2.6 本条适用于各类民用建筑的设计、运行评价。

本条沿用自本标准2006年版一般项第4.1.13、5.1.7条，有修改。

冬季建筑物周围人行区距地1.5m高处风速$V<5$m/s是不影响人们正常室外活动的基本要求。建筑的迎风面与背风面风压差不超过5Pa，可以减少冷风向室内渗透。

夏季、过渡季通风不畅在某些区域形成无风区和涡旋区，将影响室外散热和污染物消散。外窗室内外表面的风压差达到0.5Pa有利于建筑的自然通风。

利用计算流体动力学（CFD）手段通过不同季节典型风向、风速可对建筑外风环境进行模拟，其中来流风速、风向为对应季节内出现频率最高的风向和平均风速，可通过查阅建筑设计或暖通空调设计手册中所在城市的相关资料得到。

本条的评价方法为：设计评价查阅相关设计文件、风环境模拟计算报告；运行评价查阅相关竣工图、风环境模拟计算报告，必要时可进行现场测试。

4.2.7　本条适用于各类民用建筑的设计、运行评价。

本条在本标准2006年版一般项第4.1.12条基础上发展而来，不仅扩展了适用范围，而且改变了评价指标。户外活动场地包括：步道、庭院、广场、游憩场和停车场。乔木遮阴面积按照成年乔木的树冠正投影面积计算；构筑物遮阴面积按照构筑物正投影面积计算。

本条的评价方法为：设计评价查阅相关设计文件；运行评价查阅相关竣工图、测试报告，并现场核实。

交通设施与公共服务

4.2.8　本条适用于各类民用建筑的设计、运行评价。

本条沿用自本标准2006年版一般项第4.1.15、5.1.10条，有修改。优先发展公共交通是缓解城市交通拥堵问题的重要措施，因此建筑与公共交通联系的便捷程度很重要。为便于选择公共交通出行，在选址与场地规划中应重视建筑场地与公共交通站点的便捷联系，合理设置出入口。“有便捷的人行通道联系公共交通站点”包括：建筑外的平台直接通过天桥与公交站点相连，建筑的部分空间与地面轨道交通站点出入口直接连通，为减少到达公共交通站点的绕行距离设置了专用的人行通道，地下空间与地铁站点直接相连等。

本条的评价方法为：设计评价查阅相关设计文件；运行评价查阅相关竣工图，并现场核实。

4.2.9　本条适用于各类民用建筑的设计、运行评价。

本条为新增条文。场地内人行通道及场地内外联系的无障碍设计是绿色出行的重要组成部分，是保障各类人群方便、安全出行的基本设施。

本条的评价方法为：设计评价查阅相关设计文件；运行评价查阅相关竣工图，并现场核实。如果建筑场地外已有无障碍人行通道，场地内的无障碍通道必须与之联系才能得分。

4.2.10　本条适用于各类民用建筑的设计、运行评价。

本条为新增条文。本条鼓励使用自行车等绿色环保的交通工具，绿色出行。自行车停车场所应规模适度、布局合理，符合使用者出行习惯。机动车停车应符合所在地控制性详细规划要求，地面停车位应按照国家和地方有关标准适度设置，并科学管理、合理组织交通流线，不应对人行、活动场所产生干扰。

本条的评价方法为：设计评价查阅相关设计文件；运行评价查阅相关竣工图、有关记录，并现场核实。

4.2.11　本条适用于各类民用建筑的设计、运行评价。

本条在本标准2006年版一般项第4.1.9条基础上发展而来，并将适用范围扩展至各类民用建筑。根据《城市居住区规划设计规范》GB 50180—93（2002年版）相关规定，住区配套服务设施（也称配套公建）应包括：教育、医疗卫生、文化体育、商业服务、金融邮电、社区服务、市政公用和行政管理等八类设施。住区配套服务设施便利，可减少机动车出行需求，有利于节约能源、保护环境。设施集中布置、协调互补和社会共享可提高使用效率、节约用地和投资。

公共建筑集中设置，配套的设施设备共享，也是提高服务效率、节约资源的有效方法。兼容2种及以上主要公共服务功能是指主要服务功能在建筑内部混合布局，部分空间共享使用，如建筑中设有共用的会议设施、展览设施、健身设施以及交往空间、休息空间等；配套辅助设施设备是指建筑或建筑群的车库、锅炉房或空调机房、监控室、食堂等可以共用的辅助性设施设备；大学、独立学院和职业技术学院、高等专科学校等专用运动场所科学管理，在非校用时间向社会公众开放；文化、体育设施的室外活动场地错时向社会开放；办公建筑的室外场地在非办公时间向周边居民开放；高等教育学校的图书馆、体育馆等定时免费向社会开放等。公共空间的共享既可增加公众的活动场所，有利陶冶情操、增进社会交往，又可提高各类设施和场地的使用效率，是绿色建筑倡导和鼓励的建设理念。

本条的评价方法为：设计评价查阅相关设计文件；运行评价查阅相关竣工图、有关证明文件，并现场核实。如果参评项目为建筑单体，则“场地出入口”用“建筑主要出入口”替代。

场地设计与场地生态

4.2.12　本条适用于各类民用建筑的设计、运行评价。

本条为新增条文。建设项目应对场地可利用的自然资源进行勘查，充分利用原有地形地貌，尽量减少土石方工程量，减少开发建设过程对场地及周边环境生态系统的改变，包括原有水体和植被，特别是大型乔木。在建设过程中确需改造场地内的地形、地貌、水体、植被等时，应在工程结束后及时采取生态复原措施，减少对原场地环境的改变和破坏。表层土含有丰富的有机质、矿物质和微量元素，适合植物和微生物的生长，场地表层土的保护和回收利用是土壤资源保护、维持生物多样性的重要方法之一。除此之外，根据场地实际状况，采取其他生态恢复或补偿措施，如对土壤进行生态处理，对污染水体进行净化和循环，对植被进行生态设计以恢复场地原有动植物生存环境等，也可作为得分依据。

本条的评价方法为：设计评价查阅相关设计文件、生态保护和补偿计划；运行评价查阅相关竣工图、生态保护和补偿报告，并现场核实。

4.2.13　本条适用于各类民用建筑的设计、运行评价。

本条在本标准 2006 年版一般项第 4.1.16 条、优选项第 5.1.14 条基础上发展而来。场地开发应遵循低影响开发原则，合理利用场地空间设置绿色雨水基础设施。绿色雨水基础设施有雨水花园、下凹式绿地、屋顶绿化、植被浅沟、雨水截流设施、渗透设施、雨水塘、雨水湿地、景观水体、多功能调蓄设施等。绿色雨水基础设施有别于传统的灰色雨水设施（雨水口、雨水管道等），能够以自然的方式控制城市雨水径流、减少城市洪涝灾害、控制径流污染、保护水环境。

当场地面积超过一定范围时，应进行雨水专项规划设计。雨水专项规划设计是通过建筑、景观、道路和市政等不同专业的协调配合，综合考虑各类因素的影响，对径流减排、污染控制、雨水收集回用进行全面统筹规划设计。通过实施雨水专项规划设计，能避免实际工程中针对某个子系统（雨水利用、径流减排、污染控制等）进行独立设计所带来的诸多资源配置和统筹衔接问题，避免出现“顾此失彼”的现象。具体评价时，场地占地面积大于 $10hm^2$ 的项目，应提供雨水专项规划设计，不大于 $10hm^2$ 的项目可不做雨水专项规划设计，但也应根据场地条件合理采用雨水控制利用措施，编制场地雨水综合利用方案。

利用场地的河流、湖泊、水塘、湿地、低洼地作为雨水调蓄设施，或利用场地内设计景观（如景观绿地和景观水体）来调蓄雨水，可达到有限土地资源多功能开发的目标。能调蓄雨水的景观绿地包括下凹式绿地、雨水花园、树池、干塘等。

屋面雨水和道路雨水是建筑场地产生径流的重要源头，易被污染并形成污染源，故宜合理引导其进入地面生态设施进行调蓄、下渗和利用，并采取相应截污措施，保证雨水在滞蓄和排放过程中有良好的衔接关系，保障自然水体和景观水体的水质、水量安全。地面生态设施是指下凹式绿地、植草沟、树池等，即在地势较低的区域种植植物，通过植物截流、土壤过滤滞留处理小流量径流雨水，达到径流污染控制目的。

雨水下渗也是消减径流和径流污染的重要途径之一。本条“硬质铺装地面”指场地中停车场、道路和室外活动场地等，不包括建筑占地（屋面）、绿地、水面等。通常停车场、道路和室外活动场地等，有一定承载力要求，多采用石材、砖、混凝土、砾石等为铺地材料，透水性能较差，雨水无法入渗，形成大量地面径流，增加城市排水系统的压力。“透水铺装”是指采用如植草砖、透水沥青、透水混凝土、透水地砖等透水铺装系统，既能满足路用及铺地强度和耐久性要求，又能使雨水通过本身与铺装下基层相通的渗水路径直接渗入下部土壤的地面铺装。当透水铺装下为地下室顶板时，若地下室顶板设有疏水板及导水管等可将渗透雨水导人与地下室顶板接壤的实土，或地下室顶板上覆土深度能满足当地园林绿化部门要求时，仍可认定其为透水铺装地面。评价时以场地中硬质铺装地面中透水铺装所占的面积比例为依据。

本条的评价方法为：设计评价查阅地形图、相关设计文件、场地雨水综合利用方案或雨水专项规划设计（场地大于 $10hm^2$ 的应提供雨水专项规划设计，没有提供的本条不得分）、计算书；运行评价查阅地形图、相关竣工图、场地雨水综合利用方案或雨水专项规划设计（场地大于 $10hm^2$ 的应提供雨水专项规划设计，没有提供的本条不得分）、计算书，并现场核实。

4.2.14　本条适用于各类民用建筑的设计、运行评价。

本条在本标准 2006 年版一般项第 4.3.6 条基础上发展而来。

场地设计应合理评估和预测场地可能存在的水涝风险，尽量使场地雨水就地消纳或利用，防止径流外排到其他区域形成水涝和污染。径流总量控制同时包括雨水的减排和利用，实施过程中减排和利用的比例需依据场地的实际情况，通过合理的技术经济比较，来确定最优方案。

从区域角度看，雨水的过量收集会导致原有水体的萎缩或影响水系统的良性循环。要使硬化地面恢复到自然地貌的环境水平，最佳的雨水控制量应以雨水排放量接近自然地貌为标准，因此从经济性和维持区域性水环境的良性循环角度出发，径流的控制率也不宜过大而应有合适的量（除非具体项目有特殊的防洪排涝设计要求）。本条设定的年径流总量控制率不宜超过 85%。

年径流总量控制率为 55%、70%或 85%时对应的降雨量（日值）为设计控制雨量，参见下表。设计控制雨量的确定要通过统计学方法获得。统计年限不同时，不同控制率下对应的设计雨量会有差异。考虑气候变化的趋势和周期性，推荐采用 30 年，特殊情况除外。

表 2　年径流总量控制率对应的设计控制雨量

城市	年均降雨量（mm）	年径流总量控制率对应的设计控制雨量（mm）		
		55%	70%	85%
北京	544	11.5	19.0	32.5
长春	561	7.9	13.3	23.8
长沙	1501	11.3	18.1	31.0
成都	856	9.7	17.1	31.3
重庆	1101	9.6	16.7	31.0
福州	1376	11.8	19.3	33.9
广州	1760	15.1	24.4	43.0
贵阳	1092	10.1	17.0	29.9
哈尔滨	533	7.3	12.2	22.6
海口	1591	16.8	25.1	51.1
杭州	1403	10.4	16.5	28.2
合肥	984	10.5	17.2	30.2
呼和浩特	396	7.3	12.0	21.2
济南	680	13.8	23.4	41.3
昆明	988	9.3	15.0	25.9
拉萨	442	4.9	7.5	11.8
兰州	308	5.2	8.2	14.0
南昌	1609	13.5	21.8	37.4
南京	1053	11.5	18.9	34.2
南宁	1302	13.2	22.0	38.5

续表 2

城市	年均降雨量（mm）	年径流总量控制率对应的设计控制雨量（mm）		
		55%	70%	85%
上海	1158	11.2	18.5	33.2
沈阳	672	10.5	17.0	29.1
石家庄	509	10.1	17.3	31.2
太原	419	7.6	12.5	22.5
天津	540	12.1	20.8	38.2
乌鲁木齐	282	4.2	6.9	11.8
武汉	1308	14.5	24.0	42.3
西安	543	7.3	11.6	20.0
西宁	386	4.7	7.4	12.2
银川	184	5.2	8.7	15.5
郑州	633	11.0	18.4	32.6

注：1 表中的统计数据年限为 1977 ~ 2006 年。

2 其他城市的设计控制雨量，可参考所列类似城市的数值，或依据当地降雨资料进行统计计算确定。

设计时应根据年径流总量控制率对应的设计控制雨量来确定雨水设施规模和最终方案，有条件时，可通过相关雨水控制利用模型进行设计计算；也可采用简单计算方法，结合项目条件，用设计控制雨量乘以场地综合径流系数、总汇水面积来确定项目雨水设施总规模，再分别计算滞蓄、调蓄和收集回用等措施实现的控制容积，达到设计控制雨量对应的控制规模要求，即达标。

本条的评价方法为：设计评价查阅当地降雨统计资料、相关设计文件、设计控制雨量计算书；运行评价查阅当地降雨统计资料、相关竣工图、设计控制雨量计算书、场地年径流总量控制报告，并现场核实。

4.2.15 本条适用于各类民用建筑的设计、运行评价。

本条由本标准 2006 年版控制项第 4.1.5 条、一般项第 4.1.14、5.1.8、5.1.9 条整合得到。绿化是城市环境建设的重要内容。大面积的草坪不但维护费用昂贵，其生态效益也远远小于灌木、乔木。因此，合理搭配乔木、灌木和草坪，以乔木为主，能够提高绿地的空间利用率、增加绿量，使有限的绿地发挥更大的生态效益和景观效益。鼓励各类公共建筑进行屋顶绿化和墙面垂直绿化，既能增加绿化面积，又可以改善屋顶和墙壁的保温隔热效果，还可有效截留雨水。

植物配置应充分体现本地区植物资源的特点，突出地方特色。合理的植物物种选择和搭配会对绿地植被的生长起到促进作用。种植区域的覆土深度应满足乔、灌木自然生长的需要，满足申报项目所在地有关覆土深度的控制要求。

本条的评价方法为：设计评价查阅相关设计文件、计算书；运行评价查阅相关竣工图、计算书，并现场核实。

5 节能与能源利用

5.1 控制项

5.1.1 本条适用于各类民用建筑的设计、运行评价。

本条基本集中了本标准 2006 年版“节能与能源利用”方面热工、暖通专业的控制项条文。建筑围护结构的热工性能指标、外窗和玻璃幕墙的气密性能指标、供暖锅炉的额定热效率、空调系统的冷热源机组能效比、分户（单元）热计量和分室（户）温度调节等对建筑供暖和空调能耗都有很大的影响。国家和行业的建筑节能设计标准都对这些性能参数提出了明确的要求，有的地方标准的要求比国家标准更高，而且这些要求都是以强制性条文的形式出现的。因此，将本条列为绿色建筑必须满足的控制项。当地方标准要求低于国家标准、行业标准时，应按国家标准、行业标准执行。

本条的评价方法为：设计评价查阅相关设计文件（含设计说明、施工图和计算书）；运行评价查阅相关竣工图、计算书、验收记录，并现场核实。

5.1.2 本条适用于集中空调或供暖的各类民用建筑的设计、运行评价。

本条沿用自本标准 2006 年版控制项第 5.2.3 条，有修改。合理利用能源、提高能源利用率、节约能源是我国的基本国策。高品位的电能直接用于转换为低品位的热能进行供暖或空调，热效率低，运行费用高，应限制这种“高质低用”的能源转换利用方式。

本条的评价方法为：设计评价查阅相关设计文件；运行评价查阅相关竣工图，并现场核实。

5.1.3 本条适用于公共建筑的设计、运行评价。

本条沿用自本标准 2006 年版控制项第 5.2.5 条、一般项第 5.2.15 条，适用范围有拓展。建筑能源消耗情况较复杂，主要包括空调系统、照明系统、其他动力系统等。当未分项计量时，不利于统计建筑各类系统设备的能耗分布，难以发现能耗不合理之处。为此，要求采用集中冷热源的建筑，在系统设计（或既有建筑改造设计）时必须考虑使建筑内各能耗环节如冷热源、输配系统、照明、热水能耗等都能实现独立分项计量。这有助于分析建筑各项能耗水平和能耗结构是否合理，发现问题并提出改进措施，从而有效地实施建筑节能。

本条的评价方法为：设计评价查阅相关设计文件；运行评价查阅相关竣工图、分项计量记录，并现场核实。

5.1.4 本条适用于各类民用建筑的设计、运行评价。

本条沿用自本标准 2006 年版控制项 5.2.4 条。国家标准《建筑照明设计标准》GB 50034 规定了各类房间或场所的照明功率密度值，分为“现行值”和“目标值”。其中，“现行值”是新建建筑必须满足的最低要求，“目标值”要求更高，是努力的方向。本条将现行值列为绿色建筑必须满足的控制项。

本条的评价方法为：设计评价查阅相关设计文件、计算书；运行评价查阅相关竣工图、计算书，并现场核实。

5.2 评分项

建筑与围护结构

5.2.1 本条适用于各类民用建筑的设计、运行评价。

本条沿用自本标准 2006 年版一般项第 4.2.4、5.2.6 条，有修改。建筑的体形、朝向、窗墙比、楼距以及楼群的布置都对通风、日照、采光以及遮阳有明显的影响，因而也间接影响建筑的供暖和空调能耗以及建筑室内环境的舒适性，应该给予足够的重视。本条所指优化设计包括体形、朝向、楼距、窗墙比等。

如果建筑的体形简单、朝向接近正南正北，楼间距、窗墙比也满足标准要求，可视为设计合理，本条直接得 6 分。体形等复杂时，应对体形、朝向、楼距、窗墙比等进行综合性优化设计。对于公共建筑，如果经过优化之后的建筑窗墙比都低于 0.5，本条直接得 6 分。

本条的评价方法为：设计评价查阅相关设计文件、优化设计报告；运行评价查阅相关竣工图、优化设计报告，并现场核实。

5.2.2 本条适用于各类民用建筑的设计、运行评价。有严格的室内温湿度要求、不宜进行自然通风的建筑或房间，本条不参评。当建筑层数大于 18 层时，18 层以上部分不参评。

本条在本标准 2006 年版一般项第 5.2.7 条基础上发展而来。窗户的可开启比例对室内的通风有很大的影响。对开推拉窗的可开启面积比例大致为 40% ~ 45%，平开窗的可开启面积比例更大。

玻璃幕墙的可开启部分比例对建筑的通风性能有很大的影响，但现行建筑节能标准未对其提出定量指标，而且大量的玻璃幕墙建筑确实存在幕墙可开启部分很小的现象。

玻璃幕墙的开启方式有多种，通风效果各不相同。为简单起见，可将玻璃幕墙活动窗扇的面积认定为可开启面积，而不再计算实际的或当量的可开启面积。

本条的玻璃幕墙系指透明的幕墙，背后有非透明实体墙的纯装饰性玻璃幕墙不在此列。

对于高层和超高层建筑，考虑到高处风力过大以及安全方面的原因，仅评判第18层及其以下各层的外窗和玻璃幕墙。

本条的评价方法为：设计评价查阅相关设计文件、计算书；运行评价查阅相关竣工图、计算书，并现场核实。

5.2.3 本条适用于各类民用建筑的设计、运行评价。

本条为新增条文。围护结构的热工性能指标对建筑冬季供暖和夏季空调的负荷和能耗有很大的影响，国家和行业的建筑节能设计标准都对围护结构的热工性能提出明确的要求。本条对优于国家和行业节能设计标准规定的热工性能指标进行评分。

对于第1款，要求对国家和行业有关建筑节能设计标准中外墙、屋顶、外窗、幕墙等围护结构主要部位的传热系数 *K* 和遮阳系数 *SC* 进一步降低。特别地，不同窗墙比情况下，节能标准对于透明围护结构的传热系数和遮阳系数数值要求是不一样的，需要在此基础上具体分析针对性地改善。具体说，要求围护结构的传热系数 *K* 和遮阳系数 *SC* 比标准要求的数值均降低5%得5分，均降低10%得10分。对于夏热冬暖地区，应重点比较透明围护结构遮阳系数的降低，围护结构的传热系数不做进一步降低的要求。对于严寒地区，应重点比较不透明围护结构的传热系数的降低，遮阳系数不做进一步降低的要求。对其他情况，要求同时比较传热系数和遮阳系数。有的地方建筑节能设计标准规定的建筑围护结构的热工性能已经比国家或行业标准规定有明显提升，按此设计的建筑在进行第1款的判定时有利于得分。

对于温和地区的建筑，或者室内发热量大的公共建筑（人员、设备和灯光等室内发热量累计超过 $50W/m^2$），由于围护结构性能的继续提升不一定最有利于运行能耗的降低，宜按照第2款进行评价。

本条第2款的判定较为复杂，需要经过模拟计算，即需根据供暖空调全年计算负荷降低幅度分档评分，其中参考建筑的设定应该符合国家、行业建筑节能设计标准的规定。计算不仅要考虑建筑本身，而且还必须与供暖空调系统的类型以及设计的运行状态综合考虑，当然也要考虑建筑所处的气候区。应该做如下的比较计算：其他条件不变（包括建筑的外形、内部的功能分区、气象参数、建筑的室内供暖空调设计参数、空调供暖系统形式和设计的运行模式（人员、灯光、设备等）、系统设备的参数取同样的设计值），第一个算例取国家或行业建筑节能设计标准规定的建筑围护结构的热工性能参数，第二个算例取实际设计的建筑围护结构的热工性能参数，然后比较两者的负荷差异。

本条的评价方法为：设计评价查阅相关设计文件、计算分析报告；运行评价查阅相关竣工图、计算分析报告，并现场核实。

供暖、通风与空调

5.2.4 本条适用于空调或供暖的各类民用建筑的设计、运行评价。对城市市政热源，不对其热源机组能效进行评价。

本条在本标准2006年版一般项第4.2.6条基础上发展而来，适用范围有拓展。国家标准《公共建筑节能设计标准》GB 50189—2005强制性条文第5.4.3、5.4.5、5.4.8、5.4.9条，分别对锅炉额定热效率、电机驱动压缩机的蒸气压缩循环冷水（热泵）机组的性能系数（COP）、名义制冷量大于7100W、采用电机驱动压缩机的单元式空气调节机、风管送风式和屋顶式空气调节机组的能效比（EER）、蒸汽、热水型溴化锂吸收式冷水机组及直燃型溴化锂吸收式冷（温）水机组的性能参数提出了基本要求。本条在此基础上，并结合《公共建筑节能设计标准》GB 50189—2005的最新修订情况，以比其强制性条文规定值提高百分比（锅炉热效率则以百分点）的形式，对包括上述机组在内的供暖空调冷热源机组能源效率（补充了多联式空调（热泵）机组等）提出了更高要求。对于国家标准《公共建筑节能设计标准》GB 50189中未予规定的情况，例如量大面广的住宅或小型公建中采用分体空调器、燃气热水炉等其他设备作为供暖空调冷热源（含热水炉同时作为供暖和生活热水热源的情况），可以《房间空气调节器能效限定值及能效等级》GB 12021.3、《转速可控型房间空气调节器能效限定值及能源效率等级》GB 21455、《家用燃气快速热水器和燃气采暖热水炉能效限定值及能效等级》GB 20665 等现行有关国家标准中的节能评价值作为判定本条是否达标的依据。

本条的评价方法为：设计评价查阅相关设计文件；运行评价查阅相关竣工图、主要产品型式检验报告，并现场核实。

5.2.5 本条适用于集中空调或供暖的各类民用建筑的设计、运行评价。

本条沿用自本标准 2006 年版一般项第 4.2.5、5.2.13 条，有修改。

1） 供暖系统热水循环泵耗电输热比满足现行国家标准《公共建筑节能设计标准》GB 50189 的要求。

2） 通风空调系统风机的单位风量耗功率满足现行国家标准《公共建筑节能设计标准》GB 50189 的要求。

3） 空调冷热水系统循环水泵的耗电输冷（热）比需要比《民用建筑供暖通风与空气调节设计规范》GB 50736 的规定值低 20% 以上。耗电输冷（热）比反映了空调水系统中循环水泵的耗电与建筑冷热负荷的关系，对此值进行限制是为了保证水泵的选择在合理的范围，降低水泵能耗。

本条的评价方法为：设计评价查阅相关设计文件、计算书；运行评价查阅相关竣工图、主要产品型式检验报告、计算书，并现场核实。

5.2.6 本条适用于进行供暖、通风或空调的各类民用建筑的设计、运行评价。

本条在本标准 2006 年版优选项第 4.2.10、5.2.16 条基础上发展而来。本条主要考虑暖通空调系统的节能贡献率。采用建筑供暖空调系统节能率为评价指标，被评建筑的参照系统与实际空调系统所对应的围护结构要求与第 5.2.3 条优化后实际情况一致。暖通空调系统节能措施包括合理选择系统形式，提高设备与系统效率，优化系统控制策略等。

对于不同的供暖、通风和空调系统形式，应根据现有国家和行业有关建筑节能设计标准统一设定参考系统的冷热源能效、输配系统和末端方式，计算并统计不同负荷率下的负荷情况，根据暖通空调系统能耗的降低幅度，判断得分。

设计系统和参考系统模拟计算时，包括房间的作息、室内发热量等基本参数的设置应与第 5.2.3 条的第 2 款一致。

本条的评价方法为：设计评价查阅相关设计文件、计算分析报告；运行评价查阅相关竣工图、主要产品型式检验报告、计算分析报告，并现场核实。

5.2.7 本条适用于各类民用建筑的设计、运行评价。

本条在本标准 2006 年版一般项第 5.2.11 条基础上发展而来。空调系统设计时不仅要考虑到设计工况，而且应考虑全年运行模式。尤其在过渡季，空调系统可以有多种节能措施，例如对于全空气系统，可以采用全新风或增大新风比运行，可以有效地改善空调区内空气的品质，大量节省空气处理所需消耗的能量。但要实现全新风运行，设计时必须认真考虑新风取风口和新风管所需的截面积，妥善安排好排风出路，并应确保室内合理的正压值。此外还有过渡季节改变新风送风温度、优化冷却塔供冷的运行时数、处理负荷及调整供冷温度等节能措施。

本条的评价方法为：设计评价查阅相关设计文件；运行评价查阅相关竣工图、运行记录，并现场核实。

5.2.8 本条适用于各类民用建筑的设计、运行评价。

本条在本标准 2006 年版一般项第 5.2.12 条基础上发展而来。多数空调系统都是按照最不利情况（满负荷）进行系统设计和设备选型的，而建筑在绝大部分时间内是处于部分负荷状况的，或者同一时间仅有一部分空间处于使用状态。针对部分负荷、部分空间使用条件的情况，如何采取有效的措施以节约能源，显得至关重要。系统设计中应考虑合理的系统分区、水泵变频、变风量、变水量等节能措施，保证在建筑物处于部分冷热负荷时和仅部分建筑使用时，能根据实际需要提供恰当的能源供给，同时不降低能源转换效率，并能够指导系统在实际运行中实现节能高效运行。

本条第 1 款主要针对系统划分及其末端控制，空调方式采用分体空调以及多联机的，可认定为满足（但前提是其供暖系统也满足本款要求，或没有供暖系统）。本条第 2 款主要针对系统冷热源，如热源为市政热源可不予考察（但小区锅炉房等仍应考察）；本条第 3 款主要针对系统输配系统，包括供暖、空调、通风等系统，如冷热源和末端一体化而不存在输配系统的，可认定为满足，例如住宅中仅设分体空调以及多联机。

本条的评价方法为：设计评价查阅相关设计文件、计算书；运行评价查阅相关竣工图、计算书、运行记录，并现场核实。

照明与电气

5.2.9 本条适用于各类民用建筑的设计、运行评价。对于住宅建筑，仅评价其公共部分。

本条在本标准 2006 年版一般项第 4.2.7 条基础上发展而来。在建筑的实际运行过程中，照明系统的分区控制、定时控制、自动感应开关、照度调节等措施对降低照明能耗作用很明显。

照明系统分区需满足自然光利用、功能和作息差异的要求。公共活动区域（门厅、大堂、走廊、楼梯间、地下车库等）以及大空间应采取定时、感应等节能控制措施。

本条的评价方法为：设计评价查阅相关设计文件；运行评价查阅相关竣工图，并现场核实。

5.2.10 本条适用于各类民用建筑的设计、运行评价。对住宅建筑，仅评价其公共部分。

本条沿用自本标准 2006 年版优选项第 5.2.19 条，适用范围有拓展。现行国家标准《建筑照明设计标准》GB 50034 规定了各类房间或场所的照明功率密度值，分为“现行值”和“目标值”，其中“现行值”是新建建筑必须满足的最低要求，“目标值”要求更高，是努力的方向。

本条的评价方法为：设计评价查阅相关设计文件、计算书；运行评价查阅相关竣工图、计算书，并现场核实。

5.2.11 本条适用于各类民用建筑的设计、运行评价。对于仅设有一台电梯的建筑，本条中的节能控制措施不参评。对于不设电梯的建筑，本条不参评。

本条为新增条文。本标准 2006 年版并未对电梯节能作出明确规定。然而，电梯等动力用电也形成了一定比例的能耗，而目前也出现了包括变频调速拖动、能量再生回馈等在内的多种节能技术措施。因此，增加本条作为评分项。

本条的评价方法为：设计评价查阅相关设计文件、人流平衡计算分析报告；运行评价查阅相关竣工图，并现场核实。

5.2.12 本条适用于各类民用建筑的设计、运行评价。

本条为新增条文。2010 年，国家发改委发布《电力需求侧管理办法》（发改运行 [2010]2643 号）。虽然其实施主体是电网企业，但也需要建筑业主、用户等方面的积极参与。对照其中要求，本标准其他条文已对高效用电设备，以及变频、热泵、蓄冷蓄热等技术予以了鼓励，本条要求所用配电变压器满足现行国家标准《三相配电变压器能效限定值及能效等级》GB 20052 规定的节能评价值；水泵、风机（及其电机）等功率较大的用电设备满足相应的能效限定值及能源效率等级国家标准所规定的节能评价值。

本条的评价方法为：设计评价查阅相关设计文件；运行评价查阅相关竣工图、主要产品型式检验报告，并现场核实。

能量综合利用

5.2.13 本条适用于进行供暖、通风或空调的各类民用建筑的设计、运行评价；对无独立新风系统的建筑，新风与排风的温差不超过 15℃或其他不宜设置排风能量回收系统的建筑，本条不参评。

本条沿用自本标准 2006 年版一般项第 4.2.8、5.2.10 条，有修改。参评建筑的排风能量回收满足下列两项之一即可：

1 采用集中空调系统的建筑，利用排风对新风进行预热（预冷）处理，降低新风负荷，且排风热回收装置（全热和显热）的额定热回收效率不低于 60%；

2 采用带热回收的新风与排风双向换气装置，且双向换气装置的额定热回收效率不低于 55%。

本条的评价方法为：设计评价查阅相关设计文件、计算分析报告；运行评价查阅相关竣工图、主要产品型式检验报告、运行记录、计算分析报告，并现场核实。

5.2.14 本条适用于进行供暖或空调的公共建筑的设计、运行评价。若当地峰谷电价差低于2.5倍或没有峰谷电价的，本条不参评。

本条沿用自本标准2006年版一般项第5.2.9条，有修改。蓄冷蓄热技术虽然从能源转换和利用本身来讲并不节约，但是其对于昼夜电力峰谷差异的调节具有积极的作用，能够满足城市能源结构调整和环境保护的要求。为此，宜根据当地能源政策、峰谷电价、能源紧缺状况和设备系统特点等选择采用。参评建筑的蓄冷蓄热系统满足下列两项之一即可：

1 用于蓄冷的电驱动蓄能设备提供的设计日的冷量达到30%；参考现行国家标准《公共建筑节能设计标准》GB 50189，电加热装置的蓄能设备能保证高峰时段不用电；

2 最大限度地利用谷电，谷电时段蓄冷设备全负荷运行的80%应能全部蓄存并充分利用。

本条的评价方法为：设计评价查阅相关设计文件、计算分析报告；运行评价查阅相关竣工图、主要产品型式检验报告、运行记录、计算分析报告，并现场核实。

5.2.15 本条适用于各类民用建筑的设计、运行评价。若建筑无可用的余热废热源，或建筑无稳定的热需求，本条不参评。

本条沿用自本标准2006年版一般项第5.2.14条，有修改。生活用能系统的能耗在整个建筑总能耗中占有不容忽视的比例，尤其是对于有稳定热需求的公共建筑而言更是如此。用自备锅炉房满足建筑蒸汽或生活热水，不仅可能对环境造成较大污染，而且其能源转换和利用也不符合“高质高用”的原则，不宜采用。鼓励采用热泵、空调余热、其他废热等供应生活热水。在靠近热电厂、高能耗工厂等余热、废热丰富的地域，如果设计方案中很好地实现了回收排水中的热量，以及利用其他余热废热作为预热，可降低能源的消耗，同样也能够提高生活热水系统的用能效率。一般情况下的具体指标可取为：余热或废热提供的能量分别不少于建筑所需蒸汽设计日总量的40%、供暖设计日总量的30%、生活热水设计日总量的60%。

本条的评价方法为：设计评价查阅相关设计文件、计算分析报告；运行评价查阅相关竣工图、计算分析报告，并现场核实。

5.2.16 本条适用于各类民用建筑的设计、运行评价。

本条基于本标准2006年版涉及可再生能源的多条进行了整合完善。由于不同种类可再生能源的度量方法、品位和价格都不同，本条分三类进行评价。如有多种用途可同时得分，但本条累计得分不超过10分。

本条的评价方法为：设计评价查阅相关设计文件、计算分析报告；运行评价查阅相关竣工图、计算分析报告，并现场核实。

6 节水与水资源利用

6.1 控制项

6.1.1 本条适用于各类民用建筑的设计、运行评价。

本条沿用自本标准2006年版控制项第4.3.1、5.3.1条，有修改。在进行绿色建筑设计前，应充分了解项目所在区域的市政给排水条件、水资源状况、气候特点等实际情况，通过全面的分析研究，制定水资源利用方案，提高水资源循环利用率，减少市政供水量和污水排放量。

水资源利用方案包含下列内容：

1 当地政府规定的节水要求、地区水资源状况、气象资料、地质条件及市政设施情况等。

2 项目概况。当项目包含多种建筑类型，如住宅、办公建筑、旅馆、商店、会展建筑等时，可统筹考虑项目内水资源的综合利用。

3 确定节水用水定额、编制水量计算表及水量平衡表。

4 给排水系统设计方案介绍。

5 采用的节水器具、设备和系统的相关说明。

6 非传统水源利用方案。对雨水、再生水及海水等水资源利用的技术经济可行性进行分析和研究，进行水量平衡计算，确定雨水、再生水及海水等水资源的利用方法、规模、处理工艺流程等。

7 景观水体补水严禁采用市政供水和自备地下水井供水，可以采用地表水和非传统水源；取用建筑场地外的地表水时，应事先取得当地政府主管部门的许可；采用雨水和建筑中水作为水源时，水景规模应根据设计可收集利用的雨水或中水量确定。

本条的评价方法为：设计评价查阅水资源利用方案，核查其在相关设计文件（含设计说明、施工图、计算书）中的落实情况；运行评价查阅水资源利用方案、相关竣工图、产品说明书，查阅运行数据报告，并现场核实。

6.1.2 本条适用于各类民用建筑的设计、运行评价。

本条对本标准 2006 年版节水与水资源利用部分多条控制项条文进行了整合、完善。合理、完善、安全的给排水系统应符合下列要求：

1 给排水系统的规划设计应符合相关标准的规定，如《建筑给水排水设计规范》GB 50015、《城镇给水排水技术规范》GB 50788、《民用建筑节水设计标准》GB 50555、《建筑中水设计规范》GB 50336 等。

2 给水水压稳定、可靠，各给水系统应保证以足够的水量和水压向所有用户不间断地供应符合要求的水。供水充分利用市政压力，加压系统选用节能高效的设备；给水系统分区合理，每区供水压力不大于 0.45MPa；合理采取减压限流的节水措施。

3 根据用水要求的不同，给水水质应达到国家、行业或地方标准的要求。使用非传统水源时，采取用水安全保障措施，且不得对人体健康与周围环境产生不良影响。

4 管材、管道附件及设备等供水设施的选取和运行不应对供水造成二次污染。各类不同水质要求的给水管线应有明显的管道标识。有直饮水供应时，直饮水应采用独立的循环管网供水，并设置水量、水压、水质、设备故障等安全报警装置。使用非传统水源时，应保证非传统水源的使用安全，设置防止误接、误用、误饮的措施。

5 设置完善的污水收集、处理和排放等设施。技术经济分析合理时，可考虑污废水的回收再利用，自行设置完善的污水收集和处理设施。污水处理率和达标排放率必须达到 100%。

6 为避免室内重要物资和设备受潮引起的损失，应采取有效措施避免管道、阀门和设备的漏水、渗水或结露。

7 热水供应系统热水用水量较小且用水点分散时，宜采用局部热水供应系统；热水用水量较大、用水点比较集中时，应采用集中热水供应系统，并应设置完善的热水循环系统。设置集中生活热水系统时，应确保冷热水系统压力平衡，或设置混水器、恒温阀、压差控制装置等。

8 应根据当地气候、地形、地貌等特点合理规划雨水入渗、排放或利用，保证排水渠道畅通，减少雨水受污染的概率，且合理利用雨水资源。

本条的评价方法为：设计评价查阅相关设计文件；运行评价查阅相关竣工图、产品说明书、水质检测报告、运行数据报告等，并现场核实。

6.1.3 本条适用于各类民用建筑的设计、运行评价。

本条沿用自本标准 2006 年版控制项第 4.3.3、5.3.4 条。本着“节流为先”的原则，用水器具应选用中华人民共和国国家经济贸易委员会 2001 年第 5 号公告和 2003 年第 12 号公告《当前国家鼓励发展的节水设备（产品）》目录中公布的设备、器材和器具。根据用水场合的不同，合理选用节水水龙头、节水便器、节水淋浴装置等。所有生活用水器具应满足现行标准《节水型生活用水器具》CJ 164 及《节水型产品通用技术条件》GB/T 18870 的要求。

除特殊功能需求外，均应采用节水型用水器具。对土建工程与装修工程一体化设计项目，在施工图中应对节水器具的选用提出要求；对非一体化设计项目，申报方应提供确保业主采用节水器具的措施、方案或约定。

可选用以下节水器具：

1 节水龙头：加气节水龙头、陶瓷阀芯水龙头、停水自动关闭水龙头等；

2 坐便器：压力流防臭、压力流冲击式6L直排便器、3L/6L两档节水型虹吸式排水坐便器、6L以下直排式节水型坐便器或感应式节水型坐便器，缺水地区可选用带洗手水龙头的水箱坐便器；

3 节水淋浴器：水温调节器、节水型淋浴喷嘴等；

4 营业性公共浴室淋浴器采用恒温混合阀、脚踏开关等。

本条的评价方法为：设计评价查阅相关设计文件、产品说明书等；运行评价查阅设计说明、相关竣工图、产品说明书或产品节水性能检测报告等，并现场核实。

6.2 评分项

节水系统

6.2.1 本条适用于各类民用建筑的运行评价。

本条为新增条文。计算平均日用水量时，应实事求是地确定用水的使用人数、用水面积等。使用人数在项目使用初期可能不会达到设计人数，如住宅的入住率可能不会很快达到100%，因此对与用水人数相关的用水，如饮用、盥洗、冲厕、餐饮等，应根据用水人数来计算平均日用水量；对使用人数相对固定的建筑，如办公建筑等，按实际人数计算；对浴室、商店、餐厅等流动人口较大且数量无法明确的场所，可按设计人数计算。

对与用水人数无关的用水，如绿化灌溉、地面冲洗、水景补水等，则根据实际水表计量情况进行考核。

根据实际运行一年的水表计量数据和使用人数、用水面积等计算平均日用水量，与节水用水定额进行比较来判定。

本条的评价方法为：运行评价查阅实测用水量计量报告和建筑平均日用水量计算书。

6.2.2 本条适用于各类民用建筑的设计、运行评价。

本条在本标准2006年版控制项第4.3.2、5.3.3条基础上发展而来。管网漏失水量包括：阀门故障漏水量，室内卫生器具漏水量，水池、水箱溢流漏水量，设备漏水量和管网漏水量。为避免漏损，可采取以下措施：

1 给水系统中使用的管材、管件，应符合现行产品标准的要求。

2 选用性能高的阀门、零泄漏阀门等。

3 合理设计供水压力，避免供水压力持续高压或压力骤变。

4 做好室外管道基础处理和覆土，控制管道埋深，加强管道工程施工监督，把好施工质量关。

5 水池、水箱溢流报警和进水阀门自动联动关闭。

6 设计阶段：根据水平衡测试的要求安装分级计量水表，分级计量水表安装率达100%。具体要求为下级水表的设置应覆盖上一级水表的所有出流量，不得出现无计量支路。

7 运行阶段：物业管理机构应按水平衡测试的要求进行运行管理。申报方应提供用水量计量和漏损检测情况报告，也可委托第三方进行水平衡测试。报告包括分级水表设置示意图、用水计量实测记录、管道漏损率计算和原因分析。申报方还应提供整改措施的落实情况报告。

本条的评价方法为：设计评价查阅相关设计文件（含分级水表设置示意图）；运行评价查阅设计说明、相关竣工图（含分级水表设置示意图）、用水量计量和漏损检测及整改情况的报告，并现场核实。

6.2.3 本条适用于各类民用建筑的设计、运行评价。

本条为新增条文。用水器具给水额定流量是为满足使用要求，用水器具给水配件出口在单位时间内流出的规定出水量。流出水头是保证给水配件流出额定流量，在阀前所需的水压。给水配件阀前压力大于流出水头，给水配件在单位时间内的出水量超过额定流量的现象，称超压出流现象，该流量与额定流量的差值，为超压出流量。给水配件超压出流，不但会破坏给水系统中水量的正常分配，对用水工况产生不良的影响，同时因超压出流量未产生使用效益，为无效用水量，即浪费的水量。因它在使用过程中流失，不易被人们察觉和认识，属于“隐形”水量浪费，应引起足够的重视。给水系统设计时应采取措施控制超压出流现象，应合理进行压力分区，并适当地采取减压措施，避免造成浪费。

当选用了恒定出流的用水器具时，该部分管线的工作压力满足相关设计规范的要求即可。当建筑因功能需要，选用特殊水压要求的用水器具时，如大流量淋浴喷头，可根据产品要求采用适当的工作压力，但应选用用水效率高的产品，并在说明中作相应描述。在上述情况下，如其他常规用水器具均能满足本条要求，可以评判其达标。

本条的评价方法为：设计评价查阅相关设计文件（含各层用水点用水压力计算表）；运行评价查阅设计说明、相关竣工图、产品说明书，并现场核实。

6.2.4 本条适用于各类民用建筑的设计、运行评价。

本条在本标准2006年版一般项第5.3.10条基础上发展而来。按使用用途、付费或管理单元情况，对不同用户的用水分别设置用水计量装置，统计用水量，并据此施行计量收费，以实现“用者付费”，达到鼓励行为节水的目的，同时还可统计各种用途的用水量和分析渗漏水量，达到持续改进的目的。各管理单元通常是分别付费，或即使是不分别付费，也可以根据用水计量情况，对不同管理单元进行节水绩效考核，促进行为节水。

对公共建筑中有可能实施用者付费的场所，应设置用者付费的设施，实现行为节水。

本条的评价方法为：设计评价查阅相关设计文件（含水表设置示意图）；运行评价查阅设计说明、相关竣工图（含水表设置示意图）、各类用水的计量记录及统计报告，并现场核实。

6.2.5 本条适用于设有公用浴室的建筑的设计、运行评价。无公用浴室的建筑不参评。

本条为新增条文。通过“用者付费”，鼓励行为节水。本条中“公用浴室”既包括学校、医院、体育场馆等建筑设置的公用浴室，也包含住宅、办公楼、旅馆、商店等为物业管理人员、餐饮服务人员和其他工作人员设置的公用浴室。

本条的评价方法为：设计评价查阅相关设计文件（含相关节水产品的设备材料表）；运行评价查阅设计说明（含相关节水产品的设备材料表）、相关竣工图、产品说明书或产品检测报告，并现场核实。

节水器具与设备

6.2.6 本条适用于各类民用建筑的设计、运行评价。

本条为新增条文，并与本标准控制项第6.1.3条相呼应。卫生器具除按第6.1.3条要求选用节水器具外，绿色建筑还鼓励选用更高节水性能的节水器具。目前我国已对部分用水器具的用水效率制定了相关标准，如:《水嘴用水效率限定值及用水效率等级》GB 25501—2010、《坐便器用水效率限定值及用水效率等级》GB 25502—2010、《小便器用水效率限定值及用水效率等级》GB 28377—2012、《淋浴器用水效率限定值及用水效率等级》GB 28378—2012、《便器冲洗阀用水效率限定值及用水效率等级》GB 28379—2012，今后还将陆续出台其他用水器具的标准。

在设计文件中要注明对卫生器具的节水要求和相应的参数或标准。当存在不同用水效率等级的卫生器具时，按满足最低等级的要求得分。

卫生器具有用水效率相关标准的应全部采用，方可认定达标。今后当其他用水器具出台了相应标准时，按同样的原则进行要求。

对土建装修一体化设计的项目，在施工图设计中应对节水器具的选用提出要求；对非一体化设计的项目，申报方应提供确保业主采用节水器具的措施、方案或约定。

本条的评价方法为：设计评价查阅相关设计文件、产品说明书（含相关节水器具的性能参数要求）；运行评价查阅相关竣工图纸、设计说明、产品说明书或产品节水性能检测报告，并现场核实。

6.2.7 本条适用于各类民用建筑的设计、运行评价。

本条沿用自本标准2006年版一般项第4.3.8、5.3.8条，有修改。绿化灌溉应采用喷灌、微灌、渗灌、低压管灌等节水灌溉方式，同时还可采用湿度传感器或根据气候变化的调节控制器。可参照《园林绿地灌溉工程技术规程》CECS 243中的相关条款进行设计施工。

目前普遍采用的绿化节水灌溉方式是喷灌，其比地面漫灌要省水30%~50%。采用再生水灌溉时，因水中微生物在空气中极易传播，应避免采用喷灌方式。

微灌包括滴灌、微喷灌、涌流灌和地下渗灌，比地面漫灌省水50%~70%，比喷灌省水15%~20%。

其中微喷灌射程较近，一般在5m以内，喷水量为（200 ~ 400）L/h。

无须永久灌溉植物是指适应当地气候，仅依靠自然降雨即可维持良好的生长状态的植物，或在干旱时体内水分丧失，全株呈风干状态而不死亡的植物。无须永久灌溉植物仅在生根时需进行人工灌溉，因而不需设置永久的灌溉系统，但临时灌溉系统应在安装后一年之内移走。

当90%以上的绿化面积采用了高效节水灌溉方式或节水控制措施时，方可判定本条得7分；当50%以上的绿化面积采用了无须永久灌溉植物，且其余部分绿化采用了节水灌溉方式时，方可判定本条得10分。当选用无须永久灌溉植物时，设计文件中应提供植物配置表，并说明是否属无须永久灌溉植物，申报方应提供当地植物名录，说明所选植物的耐旱性能。

本条的评价方法为：设计评价查阅相关设计图纸、设计说明（含相关节水灌溉产品的设备材料表）、景观设计图纸（含苗木表、当地植物名录等）、节水灌溉产品说明书；运行评价查阅相关竣工图纸、设计说明、节水灌溉产品说明书，并进行现场核查，现场核查包括实地检查节水灌溉设施的使用情况、查阅绿化灌溉用水制度和计量报告。

6.2.8 本条适用于各类民用建筑的设计、运行评价。不设置空调设备或系统的项目，本条得10分。第2款仅适用于运行评价。

本条为新增条文。公共建筑集中空调系统的冷却水补水量很大，甚至可能占据建筑物用水量的30% ~ 50%，减少冷却水系统不必要的耗水对整个建筑物的节水意义重大。

1 开式循环冷却水系统或闭式冷却塔的喷淋水系统受气候、环境的影响，冷却水水质比闭式系统差，改善冷却水系统水质可以保护制冷机组和提高换热效率。应设置水处理装置和化学加药装置改善水质，减少排污耗水量。

开式冷却塔或闭式冷却塔的喷淋水系统设计不当时，高于集水盘的冷却水管道中部分水量在停泵时有可能溢流排掉。为减少上述水量损失，设计时可采取加大集水盘、设置平衡管或平衡水箱等方式，相对加大冷却塔集水盘浮球阀至溢流口段的容积，避免停泵时的泄水和启泵时的补水浪费。

2 开式冷却水系统或闭式冷却塔的喷淋水系统的实际补水量大于蒸发耗水量的部分，主要由冷却塔飘水、排污和溢水等因素造成，蒸发耗水量所占的比例越高，不必要的耗水量越低，系统也就越节水；

本条文第2款从冷却补水节水角度出发，对于减少开式冷却塔和设有喷淋水系统的闭式冷却塔的不必要耗水，提出了定量要求，本款需要满足公式（1）方可得分：

$$\frac{Q_e}{Q_b} \geqslant 80\% \qquad (1)$$

式中：Q_e——冷却塔年排出冷凝热所需的理论蒸发耗水量，kg；

Q_b——冷却塔实际年冷却水补水量（系统蒸发耗水量、系统排污量、飘水量等其他耗水量之和），kg。

排出冷凝热所需的理论蒸发耗水量可按公式（2）计算

$$Q_e = \frac{H}{r_0} \qquad (2)$$

式中：Q_e——冷却塔年排出冷凝热所需的理论蒸发耗水量，kg；

H——冷却塔年冷凝排热量，kJ；

r_0——水的汽化热，kJ/kg。

集中空调制冷及其自控系统设备的设计和生产应提供条件，满足能够记录、统计空调系统的冷凝排热量的要求，在设计与招标阶段，对空调系统/冷水机组应有安装冷凝热计量设备的设计与招标要求；运行评价可以通过楼宇控制系统实测、记录并统计空调系统/冷水机组全年的冷凝热，据此计算出排出冷凝热所需要的理论蒸发耗水量。

3 本款所指的“无蒸发耗水量的冷却技术”包括采用分体空调、风冷式冷水机组、风冷式多联机、地源热泵、干式运行的闭式冷却塔等。风冷空调系统的冷凝排热以显热方式排到大气，并不直接耗费水资源，采用风冷方式替代水冷方式可以节省水资源消耗。但由于风冷方式制冷机组的COP通常较水冷方式的制冷机组低，所以需要综合评价工程所在地的水资源和电力资源情况，有条件时宜优先考虑风冷方式排出空调冷凝热。

本条的评价方法为：设计评价查阅相关设计文件、计算书、产品说明书；运行评价查阅相关竣工图纸、设计说明、产品说明，查阅冷却水系统的运行数据、蒸发量、冷却水补水量的用水计量报告和计算书，并现场核实。

6.2.9 本条适用于各类民用建筑的设计、运行评价。

本条为新增条文。除卫生器具、绿化灌溉和冷却塔以外的其他用水也应采用节水技术和措施，如车库和道路冲洗用的节水高压水枪、节水型专业洗衣机、循环用水洗车台，给水深度处理采用自用水量较少的处理设备和措施，集中空调加湿系统采用用水效率高的设备和措施。按采用了节水技术和措施的用水量占其他用水总用水量的比例进行评分。

本条的评价方法为：设计评价查阅相关设计文件、计算书、产品说明书；运行评价查阅相关竣工图纸、设计说明、产品说明，查阅水表计量报告，并现场核查，现场核查包括实地检查设备的运行情况。

非传统水源利用

6.2.10 本条适用于各类民用建筑的设计、运行评价。住宅、办公、商店、旅馆类建筑参评第1款，除养老院、幼儿园、医院之外的其他建筑参评第2款。养老院、幼儿园、医院类建筑本条不参评。项目周边无市政再生水利用条件，且建筑可回用水量小于100m^3/d时，本条不参评。

本条对本标准2006年版中涉及非传统水源利用率的多条进行了整合、完善。根据《民用建筑节水设计标准》GB 50555的规定，“建筑可回用水量”指建筑的优质杂排水和杂排水水量，优质杂排水指杂排水中污染程度较低的排水，如沐浴排水、盥洗排水、洗衣排水、空调冷凝水、游泳池排水等；杂排水指民用建筑中除粪便污水外的各种排水，除优质杂排水外还包括冷却排污水、游泳池排污水、厨房排水等。当一个项目中仅部分建筑申报时，“建筑可回用水量”应按整个项目计算。

评分时，既可根据表中的非传统水源利用率来评分，也可根据表中的非传统水源利用措施来评分；按措施评分时，非传统水源利用应具有较好的经济效益和生态效益。

计算设计年用水总量应由平均日用水量计算得出，取值详见《民用建筑节水设计标准》GB 50555—2010。运行阶段的实际用水量应通过统计全年水表计量的情况计算得出。

由于我国各地区气候和资源情况差异较大，有些建筑并没有冷却水补水和室外景观水体补水的需求，为了避免这些差异对评价公平性的影响，本条在规定非传统水源利用率的要求时，扣除了冷却水补水量和室外景观水体补水量。在本标准的第6.2.11条和第6.2.12条中对冷却水补水量和室外景观水体补水量提出了非传统水源利用的要求。

包含住宅、旅馆、办公、商店等不同功能区域的综合性建筑，各功能区域按相应建筑类型参评。评价时可按各自用水量的权重，采用加权法计算非传统水源利用率的要求。

本条中的非传统水源利用措施主要指生活杂用水，包括用于绿化浇灌、道路冲洗、洗车、冲厕等的非饮用水，但不含冷却水补水和水景补水。

第2款中的“非传统水源的用水量占其总用水量的比例”指采用非传统水源的用水量占相应的生活杂用水总用水量的比例。

本条的评价方法为：设计评价查阅相关设计文件、当地相关主管部门的许可、非传统水源利用计算书；运行评价查阅相关竣工图纸、设计说明，查阅用水计量记录、计算书及统计报告、非传统水源水质检测报告，并现场核实。

6.2.11 本条适用于各类民用建筑的设计、运行评价。没有冷却水补水系统的建筑，本条得8分。

本条为新增条文。使用非传统水源替代自来水作为冷却水补水水源时，其水质指标应满足《采暖空调系统水质》GB/T 29044中规定的空调冷却水的水质要求。

全年来看，冷却水用水时段与我国大多数地区的降雨高峰时段基本一致，因此收集雨水处理后用于冷却水补水，从水量平衡上容易达到吻合。雨水的水质要优于生活污废水，处理成本较低、管理相对简单，具有较好的成本效益，值得推广。

条文中冷却水的补水量以年补水量计，设计阶段冷却塔的年补水量可按照《民用建筑节水设计标准》GB 50555执行。

本条的评价方法为：设计评价查阅相关设计文件、冷却水补水量及非传统水源利用的水量平衡计算书；运行评价查阅相关竣工图纸、设计说明、计算书，查阅用水计量记录、计算书及统计报告、非传统水源水质检测报告，并现场核实。

6.2.12　本条适用于各类民用建筑的设计、运行评价。不设景观水体的项目，本条得7分。景观水体的补水没有利用雨水或雨水利用量不满足要求时，本条不得分。

本条为新增条文。《民用建筑节水设计标准》GB 50555—2010中强制性条文第4.1.5条规定“景观用水水源不得采用市政自来水和地下井水”，全文强制的《住宅建筑规范》GB 50368—2005第4.4.3条规定“人工景观水体的补充水严禁使用自来水。”因此设有水景的项目，水体的补水只能使用非传统水源，或在取得当地相关主管部门的许可后，利用临近的河、湖水。有景观水体，但利用临近的河、湖水进行补水的，本条不得分。

自然界的水体（河、湖、塘等）大都是由雨水汇集而成，结合场地的地形地貌汇集雨水，用于景观水体的补水，是节水和保护、修复水生态环境的最佳选择，因此设置本条的目的是鼓励将雨水控制利用和景观水体设计有机地结合起来。景观水体的补水应充分利用场地的雨水资源，不足时再考虑其他非传统水源的使用。

缺水地区和降雨量少的地区应谨慎考虑设置景观水体，景观水体的设计应通过技术经济可行性论证确定规模和具体形式。设计阶段应做好景观水体补水量和水体蒸发量逐月的水量平衡，确保满足本条的定量要求。

本条要求利用雨水提供的补水量大于水体蒸发量的60%，亦即采用除雨水外的其他水源对景观水体补水的量不得大于水体蒸发量的40%，设计时应做好景观水体补水量和水体蒸发量的水量平衡，在雨季和旱季降雨水差异较大时，可以通过水位或水面面积的变化来调节补水量的富余和不足，也可设计旱溪或干塘等来适应降雨量的季节性变化。景观水体的补水管应单独设置水表，不得与绿化用水、道路冲洗用水合用水表。

景观水体的水质应符合国家标准《城市污水再生利用　景观环境用水水质》GB/T 18921—2002的要求。景观水体的水质保障应采用生态水处理技术，合理控制雨水面源污染，确保水质安全。本标准第4.2.13条也对控制雨水面源污染的相关措施提出了要求。

本条的评价方法为：设计评价查阅相关设计文件（含景观设计图纸）、水量平衡计算书；运行评价查阅相关竣工图纸、设计说明、计算书，查阅景观水体补水的用水计量记录及统计报告、景观水体水质检测报告，并现场核实。

7　节材与材料资源利用

7.1　控制项

7.1.1　本条适用于各类民用建筑的设计、运行评价。

本条为新增条文。一些建筑材料及制品在使用过程中不断暴露出问题，已被证明不适宜在建筑工程中应用，或者不适宜在某些地区的建筑中使用。绿色建筑中不应采用国家和当地有关主管部门向社会公布禁止和限制使用的建筑材料及制品。

本条的评价方法为：设计评价对照国家和当地有关主管部门向社会公布的限制、禁止使用的建材及制品目录，查阅设计文件，对设计选用的建筑材料进行核查；运行评价对照国家和当地有关主管部门向社会公布的限制、禁止使用的建材及制品目录，查阅工程材料决算材料清单，对实际采用的建筑材料进行核查。

7.1.2　本条适用于混凝土结构的各类民用建筑的设计、运行评价。

本条为新增条文。抗拉屈服强度达到400MPa级及以上的热轧带肋钢筋，具有强度高、综合性能优的特点，用高强钢筋替代目前大量使用的335 MPa级热轧带肋钢筋，平均可节约钢材12%以上。高强钢筋作为节材节能环保产品，在建筑工程中大力推广应用，是加快转变经济发展方式的有效途径，是建设资源节约型、环境友好型社会的重要举措，对推动钢铁工业和建筑业结构调整、转型升级具有重大意义。

为了在绿色建筑中推广应用高强钢筋，本条参考国家标准《混凝土结构设计规范》GB 50010—2010第4.2.1条之规定，对混凝土结构中梁、柱纵向受力普通钢筋提出强度等级和品种要求。

本条的评价方法为：设计评价查阅设计文件，对设计选用的梁、柱纵向受力普通钢筋强度等级进行核查；运行评价查阅竣工图纸，对实际选用的梁、柱纵向受力普通钢筋强度等级进行核查。

7.1.3 本条适用于各类民用建筑的设计、运行评价。

本条沿用本标准2006年版控制项第4.4.2、5.4.2条。设置大量的没有功能的纯装饰性构件，不符合绿色建筑节约资源的要求。而通过使用装饰和功能一体化构件，利用功能构件作为建筑造型的语言，可以在满足建筑功能的前提下表达美学效果，并节约资源。对于不具备遮阳、导光、导风、载物、辅助绿化等作用的飘板、格栅、构架和塔、球、曲面等装饰性构件，应对其造价进行控制。

本条的评价方法为：设计评价查阅设计文件，有装饰性构件的应提供其功能说明书和造价计算书；运行评价查阅竣工图和造价计算书，并现场核实。

7.2 评分项

节材设计

7.2.1 本条适用于各类民用建筑的设计、运行评价。

本条为新增条文。形体指建筑平面形状和立面、竖向剖面的变化。绿色建筑设计应重视其平面、立面和竖向剖面的规则性对抗震性能及经济合理性的影响，优先选用规则的形体。

建筑设计应根据抗震概念设计的要求明确建筑形体的规则性，抗震概念设计将建筑形体的规则性分为：规则、不规则、特别不规则、严重不规则。建筑形体的规则性应根据现行国家标准《建筑抗震设计规范》GB 50011—2010的有关规定进行划分。为实现相同的抗震设防目标，形体不规则的建筑，要比形体规则的建筑耗费更多的结构材料。不规则程度越高，对结构材料的消耗量越多，性能要求越高，不利于节材。本条评分的两个档次分别对应抗震概念设计中建筑形体规则性分级的“规则”和“不规则”；对形体“特别不规则”的建筑和“严重不规则”的建筑，本条不得分。

本条的评价方法为：设计评价查阅建筑图、结构施工图、建筑形体规则性判定报告；运行评价查阅竣工图、建筑形体规则性判定报告，并现场核实。

7.2.2 本条适用于各类民用建筑的设计、运行评价。

本条为新增条文。在设计过程中对地基基础、结构体系、结构构件进行优化，能够有效地节约材料用量。结构体系指结构中所有承重构件及其共同工作的方式。结构布置及构件截面设计不同，建筑的材料用量也会有较大的差异。

本条的评价方法为：设计评价查阅建筑图、结构施工图和地基基础方案论证报告、结构体系节材优化设计书和结构构件节材优化设计书；运行评价查阅竣工图、有关报告，并现场核实。

7.2.3 本条适用于各类民用建筑的设计、运行评价。对混合功能建筑，应分别对其住宅建筑部分和公共建筑部分进行评价，本条得分值取两者的平均值。

本条沿用自本标准2006年版一般项第4.4.8、5.4.8条，并作了细化。土建和装修一体化设计，要求对土建设计和装修设计统一协调，在土建设计时考虑装修设计需求，事先进行孔洞预留和装修面层固定件的预埋，避免在装修时对已有建筑构件打凿、穿孔。这样既可减少设计的反复，又可保证结构的安全，减少材料消耗，并降低装修成本。

本条的评价方法为：设计评价查阅土建、装修各专业施工图及其他证明材料；运行评价查阅土建、装修各专业竣工图及其他证明材料。

7.2.4 本条适用于公共建筑的设计、运行评价。

本条沿用自本标准2006年版一般项第5.4.9条，并作了细化。在保证室内工作环境不受影响的前提下，在办公、商店等公共建筑室内空间尽量多地采用可重复使用的灵活隔墙，或采用无隔墙只有矮隔断的大开间敞开式空间，可减少室内空间重新布置时对建筑构件的破坏，节约材料，同时为使用期间构配件的替换和将来建筑拆除后构配件的再利用创造条件。

除走廊、楼梯、电梯井、卫生间、设备机房、公共管井以外的地上室内空间均应视为“可变换功能的室内空间”，有特殊隔声、防护及特殊工艺需求的空间不计入。此外，作为商业、办公用途的地下空间也应视为“可变换功能的室内空间”，其他用途的地下空间可不计入。

“可重复使用的隔断(墙)”在拆除过程中应基本不影响与之相接的其他隔墙，拆卸后可进行再次利用，如大开间敞开式办公空间内的玻璃隔断（墙）、预制隔断（墙）、特殊节点设计的可分段拆除的轻钢龙骨水泥板或石膏板隔断（墙）和木隔断（墙）等。是否具有可拆卸节点，也是认定某隔断（墙）是否属于“可重复使用的隔断（墙）”的一个关键点，例如用砂浆砌筑的砌体隔墙不算可重复使用的隔墙。

本条中“可重复使用隔断（墙）比例”为：实际采用的可重复使用隔断（墙）围合的建筑面积与建筑中可变换功能的室内空间面积的比值。

本条的评价方法为：设计评价查阅建筑、结构施工图及可重复使用隔断（墙）的设计使用比例计算书；运行评价查阅建筑、结构竣工图及可重复使用隔断（墙）的实际使用比例计算书，并现场核实。

7.2.5　本条适用于各类民用建筑的设计、运行评价。

本条为新增条文。本条旨在鼓励采用工业化方式生产的预制构件设计、建造绿色建筑。本条所指“预制构件”包括各种结构构件和非结构构件，如预制梁、预制柱、预制墙板、预制阳台板、预制楼梯、雨棚、栏杆等。在保证安全的前提下，使用工厂化方式生产的预制构件，既能减少材料浪费，又能减少施工对环境的影响，同时可为将来建筑拆除后构件的替换和再利用创造条件。

预制构件用量比例取各类预制构件重量与建筑地上部分重量的比值。

本条的评价方法为：设计评价查阅施工图、工程材料用量概预算清单、计算书；运行评价查阅竣工图、工程材料用量决算清单、计算书。

7.2.6　本条适用于居住建筑及旅馆建筑的设计、运行评价。对旅馆建筑，本条第1款可不参评。

本条为新增条文。本条鼓励采用系列化、多档次的整体化定型设计的厨房、卫浴间。其中整体化定型设计的厨房是指按人体工程学、炊事操作工序、模数协调及管线组合原则，采用整体设计方法而建成的标准化厨房。整体化定型设计的卫浴间是指在有限的空间内实现洗面、沐浴、如厕等多种功能的独立卫生单元。

本条的评价方法为：设计评价查阅建筑设计或装修设计图或有关说明材料；运行评价查阅竣工图、工程材料用量决算表、施工记录。

材料选用

7.2.7　本条适用于各类民用建筑的运行评价。

本条沿用自本标准2006年版一般项第4.4.3、5.4.3条，并作了细化。建材本地化是减少运输过程资源和能源消耗、降低环境污染的重要手段之一。本条鼓励使用本地生产的建筑材料，提高就地取材制成的建筑产品所占的比例。运输距离指建筑材料的最后一个生产工厂或场地到施工现场的距离。

本条的评价方法为：运行评价核查材料进场记录、本地建筑材料使用比例计算书、有关证明文件。

7.2.8　本条适用于各类民用建筑的设计、运行评价。

本条沿用自本标准2006年版一般项第4.4.4、5.4.4条。我国大力提倡和推广使用预拌混凝土，其应用技术已较为成熟。与现场搅拌混凝土相比，预拌混凝土产品性能稳定，易于保证工程质量，且采用预拌混凝土能够减少施工现场噪声和粉尘污染，节约能源、资源，减少材料损耗。

预拌混凝土应符合现行国家标准《预拌混凝土》GB/T 14902的规定。

本条的评价方法为：设计评价查阅施工图及说明；运行评价查阅竣工图、预拌混凝土用量清单、有关证明文件。

7.2.9　本条适用于各类民用建筑的设计、运行评价。

本条为新增条文。长期以来，我国建筑施工用砂浆一直采用现场拌制砂浆。现场拌制砂浆由于计量不准确、原材料质量不稳定等原因，施工后经常出现空鼓、龟裂等质量问题，工程返修率高。而且，现场拌制砂浆在生产和使用过程中不可避免地会产生大量材料浪费和损耗，污染环境。

预拌砂浆是根据工程需要配制、由专业化工厂规模化生产的，砂浆的性能品质和均匀性能够得到充分保证，可以很好地满足砂浆保水性、和易性、强度和耐久性需求。

预拌砂浆按照生产工艺可分为湿拌砂浆和干混砂浆；按照用途可分为砌筑砂浆、抹灰砂浆、地面砂浆、防水砂浆、陶瓷砖粘结砂浆、界面砂浆、保温板粘结砂浆、保温板抹面砂浆、聚合物水泥防水砂浆、自流平砂浆、耐磨地坪砂浆和饰面砂浆等。

预拌砂浆与现场拌制砂浆相比，不是简单意义的同质产品替代，而是采用先进工艺的生产线拌制，增加了技术含量，产品性能得到显著增强。预拌砂浆尽管单价比现场拌制砂浆高，但是由于其性能好、质量稳定、减少环境污染、材料浪费和损耗小、施工效率高、工程返修率低，可降低工程的综合造价。

预拌砂浆应符合现行标准《预拌砂浆》GB/T 25181 及《预拌砂浆应用技术规程》JGJ/T 223 的规定。

本条的评价方法为：设计评价查阅施工图及说明；运行评价查阅竣工图及说明、砂浆用量清单等证明文件。

7.2.10 本条适用于各类民用建筑的设计、运行评价。砌体结构和木结构不参评。

本条沿用自本标准 2006 年版一般项第 4.4.5、5.4.5 条，并作了细化，与本标准控制项第 7.1.2 条相呼应。合理采用高强度结构材料，可减小构件的截面尺寸及材料用量，同时也可减轻结构自重，减小地震作用及地基基础的材料消耗。混凝土结构中的受力普通钢筋，包括梁、柱、墙、板、基础等构件中的纵向受力筋及箍筋。

混合结构指由钢框架或型钢（钢管）混凝土框架与钢筋混凝土筒体所组成的共同承受竖向和水平作用的高层建筑结构。

本条的评价方法为：设计评价查阅结构施工图及计算书；运行评价查阅竣工图、材料决算清单、计算书，并现场核实。

7.2.11 本条适用于混凝土结构、钢结构民用建筑的设计、运行评价。

本条由本标准 2006 年版一般项第 4.4.5、5.4.5 条发展而来。本条中“高耐久性混凝土”指满足设计要求下，性能不低于行业标准《混凝土耐久性检验评定标准》JGJ/T 193 中抗硫酸盐侵蚀等级 KS90，抗氯离子渗透性能、抗碳化性能及早期抗裂性能Ⅲ级的混凝土。其各项性能的检测与试验方法应符合《普通混凝土长期性能和耐久性能试验方法标准》GB/T 50082 的规定。

本条中的耐候结构钢须符合现行国家标准《耐候结构钢》GB/T 4171 的要求；耐候型防腐涂料须符合行业标准《建筑用钢结构防腐涂料》JG/T 224—2007 中Ⅱ型面漆和长效型底漆的要求。

本条的评价方法为：设计评价查阅建筑及结构施工图、计算书；运行评价查阅建筑及结构竣工图、计算书，并现场核实。

7.2.12 本条适用于各类民用建筑的设计、运行评价。

本条由本标准 2006 年版一般项第 4.4.7、5.4.7 条、优选项第 4.4.11、5.4.12 条整合得到。建筑材料的循环利用是建筑节材与材料资源利用的重要内容。本条的设置旨在整体考量建筑材料的循环利用对于节材与材料资源利用的贡献，评价范围是永久性安装在工程中的建筑材料，不包括电梯等设备。

有的建筑材料可以在不改变材料的物质形态情况下直接进行再利用，或经过简单组合、修复后可直接再利用，如有些材质的门、窗等。有的建筑材料需要通过改变物质形态才能实现循环利用，如难以直接回用的钢筋、玻璃等，可以回炉再生产。有的建筑材料则既可以直接再利用又可以回炉后再循环利用，例如标准尺寸的钢结构型材等。以上各类材料均可纳入本条范畴。

建筑中采用的可再循环建筑材料和可再利用建筑材料，可以减少生产加工新材料带来的资源、能源消耗和环境污染，具有良好的经济、社会和环境效益。

本条的评价方法为：设计评价查阅工程概预算材料清单和相关材料使用比例计算书，核查相关建筑材料的使用情况；运行评价查阅工程决算材料清单、计算书和相应的产品检测报告，核查相关建筑材料的使用情况。

7.2.13 本条适用于各类民用建筑的运行评价。

本条沿用自本标准2006年版一般项第4.4.9、5.4.10条，有修改。本条中的“以废弃物为原料生产的建筑材料”是指在满足安全和使用性能的前提下，使用废弃物等作为原材料生产出的建筑材料，其中废弃物主要包括建筑废弃物、工业废料和生活废弃物。

在满足使用性能的前提下，鼓励利用建筑废弃混凝土，生产再生骨料，制作成混凝土砌块、水泥制品或配制再生混凝土；鼓励利用工业废料、农作物秸秆、建筑垃圾、淤泥为原料制作成水泥、混凝土、墙体材料、保温材料等建筑材料；鼓励以工业副产品石膏制作成石膏制品；鼓励使用生活废弃物经处理后制成的建筑材料。

为保证废弃物使用量达到一定比例，本条要求以废弃物为原料生产的建筑材料重量占同类建筑材料总重量的比例不小于30%。以废弃物为原料生产的建筑材料，应满足相应的国家或行业标准的要求。

本条的评价方法为：运行评价查阅工程决算材料清单、以废弃物为原料生产的建筑材料检测报告和废弃物建材资源综合利用认定证书等证明材料，核查相关建筑材料的使用情况和废弃物掺量。

7.2.14 本条适用于各类民用建筑的运行评价。

本条为新增条文。为了保持建筑物的风格、视觉效果和人居环境，装饰装修材料在一定使用年限后会进行更新替换。如果使用易沾污、难维护及耐久性差的装饰装修材料，则会在一定程度上增加建筑物的维护成本，且施工也会带来有毒有害物质的排放、粉尘及噪声等问题。使用清水混凝土可减少装饰装修材料用量。

本条重点对外立面材料的耐久性提出了要求，详见下表。

表3 外立面材料耐久性要求

分类		耐久性要求
外墙涂料		采用水性氟涂料或耐候性相当的涂料
建筑幕墙	玻璃幕墙	明框、半隐框玻璃幕墙的铝型材表面处理符合《铝及铝合金阳极氧化膜与有机聚合物膜》GB/T 8013.1 ~ 8013.3规定的耐候性等级的最高级要求。硅酮结构密封胶耐候性优于标准要求
	石材幕墙	根据当地气候环境条件，合理选用石材含水率和耐冻融指标，并对其表面进行防护处理
	金属板幕墙	采用氟碳制品，或耐久性相当的其他表面处理方式的制品
	人造板幕墙	根据当地气候环境条件，合理选用含水率、耐冻融指标

对建筑室内所采用耐久性好、易维护的装饰装修材料应提供相关材料证明所采用材料的耐久性。

本条的评价方法为：运行评价查阅建筑竣工图纸、材料决算清单、材料检测报告或有关证明材料，并现场核实。

8 室内环境质量

8.1 控制项

8.1.1 本条适用于各类民用建筑的设计、运行评价。

本条在本标准2006年版控制项第4.5.3条基础上发展而来。本条所指的噪声控制对象包括室内自身声源和来自室外的噪声。室内噪声源一般为通风空调设备、日用电器等；室外噪声源则包括来自于建筑其他房间的噪声（如电梯噪声、空调设备噪声等）和来自建筑外部的噪声（如周边交通噪声、社会生活噪声、工业噪声等）。本条所指的低限要求，与国家标准《民用建筑隔声设计规范》GB 50118中的低限要求规定对应，如该标准中没有明确室内噪声级的低限要求，即对应该标准规定的室内噪声级的最低要求。

本条的评价方法为：设计评价查阅相关设计文件、环评报告或噪声分析报告；运行评价查阅相关竣工图、室内噪声检测报告。

8.1.2 本条适用于各类民用建筑的设计、运行评价。

本条在本标准2006年版控制项第4.5.3条、一般项第5.5.9条基础上发展而来。外墙、隔墙和门窗的隔声性能指空气声隔声性能；楼板的隔声性能除了空气声隔声性能之外，还包括撞击声隔声性能。本条所指的围护结构构件的隔声性能的低限要求，与国家标准《民用建筑隔声设计规范》GB 50118中的低限要求规定对应，如该标准中没有明确围护结构隔声性能的低限要求，即对应该标准规定的隔声性能的最低要求。

本条的评价方法为：设计评价查阅相关设计文件、构件隔声性能的实验室检验报告；运行评价查阅相关竣工图、构件隔声性能的实验室检验报告，并现场核实。

8.1.3 本条适用于各类民用建筑的设计、运行评价。对住宅建筑的公共部分及土建装修一体化设计的房间应满足本条要求。

本条沿用自本标准2006年版控制项第5.5.6条。室内照明质量是影响室内环境质量的重要因素之一，良好的照明不但有利于提升人们的工作和学习效率，更有利于人们的身心健康，减少各种职业疾病。良好、舒适的照明要求在参考平面上具有适当的照度水平，避免眩光，显色效果良好。各类民用建筑中的室内照度、眩光值、一般显色指数等照明数量和质量指标应满足现行国家标准《建筑照明设计标准》GB 50034的有关规定。

本条的评价方法为：设计评价查阅相关设计文件、计算分析报告；运行评价查阅相关竣工图、计算分析报告、现场检测报告，并现场核实。

8.1.4 本条适用于集中供暖空调的各类民用建筑的设计、运行评价。

本条对本标准2006年版控制项第5.5.1、5.5.3条进行了整合、完善，并拓展了适用范围。通风以及房间的温度、湿度、新风量是室内热环境的重要指标，应满足现行国家标准《民用建筑供暖通风与空气调节设计规范》GB 50736中的有关规定。

本条的评价方法为：设计评价查阅相关设计文件；运行评价查阅相关竣工图、室内温湿度检测报告、新风机组竣工验收风量检测报告、二氧化碳浓度检测报告，并现场核实。

8.1.5 本条适用于各类民用建筑的设计、运行评价。

本条沿用自本标准2006年版控制项第5.5.2条、一般项第4.5.7条。房间内表面长期或经常结露会引起霉变，污染室内的空气，应加以控制。在南方的梅雨季节，空气的湿度接近饱和，要彻底避免发生结露现象非常困难，不属于本条控制范畴。另外，短时间的结露并不至于引起霉变，所以本条控制“在室内设计温、湿度”这一前提条件下不结露。

本条的评价方法为：设计评价查阅相关设计文件；运行评价查阅相关竣工图，并现场核实。

8.1.6 本条适用于各类民用建筑的设计、运行评价。

本条沿用自本标准2006年版一般项第4.5.8条，有修改。屋顶和东西外墙的隔热性能，对于建筑在夏季时室内热舒适度的改善，以及空调负荷的降低，具有重要意义。因此，除在本标准的第5章相关条文对于围护结构热工性能要求之外，增加对上述围护结构的隔热性能的要求作为控制项。

本条的评价方法为：设计评价查阅围护结构热工设计说明等图纸或文件，以及计算分析报告；运行评价查阅相关竣工文件，并现场核实。

8.1.7 本条适用于各类民用建筑的运行评价。

本条沿用自本标准2006年版控制项第4.5.5、5.5.4条，有修改。国家标准《民用建筑工程室内环境污染控制规范》GB 50325—2010（2013年版）第6.0.4条规定，民用建筑工程验收时必须进行室内环境污染物浓度检测；并对其中氡、甲醛、苯、氨、总挥发性有机物等五类物质污染物的浓度限量进行了规定。本条在此基础上进一步要求建筑运行满一年后，氨、甲醛、苯、总挥发性有机物、氡五类空气污染物浓度应符合现行国家标准《室内空气质量标准》GB/T 18883 中的有关规定，详见下表。

表 4 室内空气质量标准

污染物	标准值	备注
氨 NH_3	≤ 0.20mg/m³	1h 均值
甲醛 HCHO	≤ 0.10mg/m³	1h 均值
苯 C_6H_6	≤ 0.11mg/m³	1h 均值
总挥发性有机物 TVOC	≤ 0.60mg/m³	8h 均值
氡 ^{222}Rn	≤ 400Bq/m³	年平均值

本条的评价方法为：运行评价查阅室内污染物检测报告，并现场核实。

8.2 评分项

室内声环境

8.2.1 本条适用于各类民用建筑的设计、运行评价。

本条是在本标准控制项第 8.1.1 条要求基础上的提升。国家标准《民用建筑隔声设计规范》GB 50118—2010 将住宅、办公、商业、医院等建筑主要功能房间的室内允许噪声级分“低限标准”和“高要求标准”两档列出。对于《民用建筑隔声设计规范》GB 50118—2010 一些只有唯一室内噪声级要求的建筑（如学校），本条认定该室内噪声级对应数值为低限标准，而高要求标准则在此基础上降低 5dB（A）。需要指出，对于不同星级的旅馆建筑，其对应的要求不同，需要一一对应。

本条的评价方法为：设计评价查阅相关设计文件、环评报告或噪声分析报告；运行评价查阅相关竣工图、室内噪声检测报告。

8.2.2 本条适用于各类民用建筑的设计、运行评价。

本条是在本标准控制项第 8.1.2 条要求基础上的提升。国家标准《民用建筑隔声设计规范》GB 50118—2010 将住宅、办公、商业、旅馆、医院等类型建筑的墙体、门窗、楼板的空气声隔声性能以及楼板的撞击声隔声性能分“低限标准”和“高要求标准”两档列出。居住建筑、办公、旅馆、商业、医院等建筑宜满足《民用建筑隔声设计规范》GB 50118—2010 中围护结构隔声标准的低限标准要求，但不包括开放式办公空间。对于《民用建筑隔声设计规范》GB 50118—2010 只规定了构件的单一空气隔声性能的建筑，本条认定该构件对应的空气隔声性能数值为低限标准限值，而高要求标准限值则在此基础上提高 5dB。本条采取同样的方式定义只有单一楼板撞击声隔声性能的建筑类型，并规定高要求标准限值为低限标准限值降低 10dB。

对于《民用建筑隔声设计规范》GB 50118—2010 没有涉及的类型建筑的围护结构构件隔声性能可对照相似类型建筑的要求评价。

本条的评价方法为：设计评价查阅相关设计文件、构件隔声性能的实验室检验报告；运行评价查阅相关竣工图、构件隔声性能的实验室检验报告，并现场核实。

8.2.3 本条适用于各类民用建筑的设计、运行评价。

本条在本标准 2006 年版一般项第 5.5.10 条基础上发展而来。

解决民用建筑内的噪声干扰问题首先应从规划设计、单体建筑内的平面布置考虑。这就要求合理安排建筑平面和空间功能，并在设备系统设计时就考虑其噪声与振动控制措施。变配电房、水泵房等设备用房的位置不应放在住宅或重要房间的正下方或正上方。此外，卫生间排水噪声是影响正常工作生活的主要噪声，因此鼓励采用包括同层排水、旋流弯头等有效措施加以控制或改善。

本条的评价方法为：设计评价查阅相关设计文件；运行评价查阅相关竣工图，并现场核实。

8.2.4 本条适用于各类公共建筑的设计、运行评价。

本条为新增条文。多功能厅、接待大厅、大型会议室、讲堂、音乐厅、教室、餐厅和其他有声学要求的重要功能房间的各项声学设计指标应满足有关标准的要求。

专项声学设计应将声学设计目标在相关设计文件中注明。

本条的评价方法为：设计评价查阅相关设计文件、声学设计专项报告；运行评价查阅声学设计专项报告、检测报告，并现场核实。

室内光环境与视野

8.2.5 本条适用于各类民用建筑的设计、运行评价。

本条沿用自本标准 2006 年版一般项第 4.5.6 条，并进行了拓展。窗户除了有自然通风和天然采光的功能外，还起到沟通内外的作用，良好的视野有助于居住者或使用者心情舒畅，提高效率。

对于居住建筑，主要判断建筑间距。根据国外经验，当两幢住宅楼居住空间的水平视线距离不低于 18m 时即能基本满足要求。对于公共建筑本条主要评价，在规定的使用区域，主要功能房间都能看到室外自然环境，没有构筑物或周边建筑物造成明显视线干扰。对于公共建筑，非功能空间包括走廊、核心筒、卫生间、电梯间、特殊功能房间，其余的为功能房间。

本条的评价方法为：设计评价查阅相关设计文件；运行评价查阅相关竣工图，并现场核实。

8.2.6 本条适用于各类民用建筑的设计、运行评价。

本条在本标准 2006 年版控制项第 4.5.2 条、一般项第 5.5.11 条基础上发展而来。充足的天然采光有利于居住者的生理和心理健康，同时也有利于降低人工照明能耗。各种光源的视觉试验结果表明，在同样照度的条件下，天然光的辨认能力优于人工光，从而有利于人们工作、生活、保护视力和提高劳动生产率。

本条的评价方法为：设计评价查阅相关设计文件、计算分析报告；运行评价查阅相关竣工图、计算分析报告、检测报告，并现场核实。

8.2.7 本条适用于各类民用建筑的设计、运行评价。

本条沿用自本标准 2006 年版优选项第 5.5.15 条，有修改。天然采光不仅有利于照明节能，而且有利于增加室内外的自然信息交流，改善空间卫生环境，调节空间使用者的心情。建筑的地下空间和大进深的地上室内空间，容易出现天然采光不足的情况。通过反光板、棱镜玻璃窗、天窗、下沉庭院等设计手法或采用导光管技术，可以有效改善这些空间的天然采光效果。本条第 1 款，要求符合现行国家标准《建筑采光设计标准》GB 50033 中控制不舒适眩光的相关规定。

第 2 款的内区，是针对外区而言的。为简化，一般情况下外区定义为距离建筑外围护结构 5m 范围内的区域。

三款可同时得分。如果参评建筑无内区，第 2 款直接得 4 分；如果参评建筑没有地下部分，第 3 款直接得 4 分。

本条的评价方法为：设计评价查阅相关设计文件、采光计算报告；运行评价查阅相关竣工图、采光计算报告、天然采光检测报告，并现场核实。

室内热湿环境

8.2.8 本条适用于各类民用建筑的设计、运行评价。

本条沿用自本标准 2006 年版一般项第 4.5.10 条、优选项第 5.5.13 条，有修改。可调遮阳措施包括活动外遮阳设施、永久设施（中空玻璃夹层智能内遮阳）、固定外遮阳加内部高反射率可调节遮阳等措施。对没有阳光直射的透明围护结构，不计入面积计算。

本条的评价方法为：设计评价查阅相关设计文件、产品说明书、计算书；运行评价查阅相关竣工图、产品说明书、计算书，并现场核实。

8.2.9 本条适用于集中供暖空调的各类民用建筑的设计、运行评价。

本条沿用自本标准 2006 年版一般项第 4.5.9、5.5.8 条，有修改。本条文强调室内热舒适的调控性，包括主动式供暖空调末端的可调性及个性化的调节措施，总的目标是尽量地满足用户改善个人热舒适的差异化需求。对于集中供暖空调的住宅，由于本标准第 5.1.1 条的控制项要求，比较容易达到要求。对于采用供暖空调系统的公共建筑，应根据房间、区域的功能和所采取的系统形式，合理设置可调末端装置。

本条的评价方法为：设计评价查阅相关设计文件、产品说明书；运行评价查阅相关竣工图、产品说明书，并现场核实。

室内空气质量

8.2.10　本条适用于各类民用建筑的设计、运行评价。

本条在本标准 2006 年版一般项第 4.5.4、5.5.7 条基础上发展而来。

第 1 款主要通过通风开口面积与房间地板面积的比值进行简化判断。此外，卫生间是住宅内部的一个空气污染源，卫生间开设外窗有利于污浊空气的排放。

第 2 款主要针对不容易实现自然通风的公共建筑（例如大进深内区、由于别的原因不能保证开窗通风面积满足自然通风要求的区域）进行了自然通风优化设计或创新设计，保证建筑在过渡季典型工况下平均自然通风换气次数大于 2 次 /h（按面积计算。对于高大空间，主要考虑 3m 以下的活动区域）。本款可通过以下两种方式进行判断：

1　在过渡季节典型工况下，自然通风房间可开启外窗净面积不得小于房间地板面积的 4%，建筑内区房间若通过邻接房间进行自然通风，其通风开口面积应大于该房间净面积的 8%，且不应小于 $2.3m^2$（数据源自美国 ASHRAE 标准 62.1）。

2　对于复杂建筑，必要时需采用多区域网络法进行多房间自然通风量的模拟分析计算。

本条的评价方法为：设计评价查阅相关设计文件、计算书、自然通风模拟分析报告；运行评价查阅相关竣工图、计算书、自然通风模拟分析报告，并现场核实。

8.2.11　本条适用于各类民用建筑的设计、运行评价。

本条为新增条文。

重要功能区域指的是主要功能房间，高大空间（如剧场、体育场馆、博物馆、展览馆等），以及对于气流组织有特殊要求的区域。

本条第 1 款要求供暖、通风或空调工况下的气流组织应满足功能要求，避免冬季热风无法下降，气流短路或制冷效果不佳，确保主要房间的环境参数（温度、湿度分布，风速，辐射温度等）达标。公共建筑的暖通空调设计图纸应有专门的气流组织设计说明，提供射流公式校核报告，末端风口设计应有充分的依据，必要时应提供相应的模拟分析优化报告。对于住宅，应分析分体空调室内机位置与起居室床的关系是否会造成冷风直接吹到居住者、分体空调室外机设计是否形成气流短路或恶化室外传热等问题；对于土建与装修一体化设计施工的住宅，还应校核室内空调供暖时卧室和起居室室内热环境参数是否达标。设计评价主要审查暖通空调设计图纸，以及必要的气流组织模拟分析或计算报告。运行阶段检查典型房间的抽样实测报告。

第 2 款要求卫生间、餐厅、地下车库等区域的空气和污染物避免串通到室内别的空间或室外活动场所。住区内尽量将厨房和卫生间设置于建筑单元（或户型）自然通风的负压侧，防止厨房或卫生间的气味因主导风反灌进入室内，而影响室内空气质量。同时，可以对于不同功能房间保证一定压差，避免气味散发量大的空间（比如卫生间、餐厅、地下车库等）的气味或污染物串通到室内别的空间或室外主要活动场所。卫生间、餐厅、地下车库等区域如设置机械排风，应保证负压，还应注意其取风口和排风口的位置，避免短路或污染。运行评价需现场核查或检测。

本条的评价方法为：设计评价查阅相关设计文件、气流组织模拟分析报告；运行评价查阅相关竣工图、气流组织模拟分析报告或检测报告，并现场核实。

8.2.12　本条适用于集中通风空调各类公共建筑的设计、运行评价。住宅建筑不参评。

本条在本标准 2006 年版一般项第 4.5.11 条、优选项第 5.5.14 条基础上发展而来。人员密度较高且随时间变化大的区域，指设计人员密度超过 0.25 人 $/m^2$，设计总人数超过 8 人，且人员随时间变化大的区域。

二氧化碳检测技术比较成熟、使用方便，但甲醛、氨、苯、VOC 等空气污染物的浓度监测比较复杂，使用不方便，有些简便方法不成熟，受环境条件变化影响大。对二氧化碳，要求检测进、排风设备的工作状态，并与室内空气污染监测系统关联，实现自动通风调节。对甲醛、颗粒物等其他污染物，要求可以超标实时报警。

本条包括对室内的要求二氧化碳浓度监控，即应设置与排风联动的二氧化碳检测装置，当传感器监测到室内 CO_2 浓度超过一定量值时，进行报警，同时自动启动排风系统。室内 CO_2 浓度的设定量值可参考国家标准《室内空气中二氧化碳卫生标准》GB/T 17094—1997（2000mg/m^3）等相关标准的规定。

本条的评价方法为：设计评价查阅相关设计文件；运行评价查阅相关竣工图、运行记录，并现场核实。

8.2.13 本条适用于设地下车库的各类民用建筑的设计、运行评价。

本条在本标准 2006 年版一般项第 4.5.11 条、优选项第 5.5.14 条基础上发展而来。地下车库空气流通不好，容易导致有害气体浓度过大，对人体造成伤害。有地下车库的建筑，车库设置与排风设备联动的一氧化碳检测装置，超过一定的量值时需报警，并立刻启动排风系统。所设定的量值可参考国家标准《工作场所有害因素职业接触限值　第 1 部分：化学有害因素》GBZ 2.1—2007（一氧化碳的短时间接触容许浓度上限为 30mg/m^3）等相关标准的规定。

本条的评价方法为：设计评价查阅相关设计文件；运行评价查阅相关竣工图、运行记录，并现场核实。

9 施工管理

9.1 控制项

9.1.1 本条适用于各类民用建筑的运行评价。

项目部成立专门的绿色建筑施工管理组织机构，完善管理体系和制度建设，根据预先设定的绿色建筑施工总目标，进行目标分解、实施和考核活动。比选优化施工方案，制定相应施工计划并严格执行，要求措施、进度和人员落实，实行过程和目标双控。项目经理为绿色施工第一责任人，负责绿色施工的组织实施及目标实现，并指定绿色建筑施工各级管理人员和监督人员。

本条的评价方法为查阅该项目组织机构的相关制度文件，在施工过程中各种主要活动的可证明记录，包括可证明时间、人物、事件的纸质和电子文件、影像资料等。

9.1.2 本条适用于各类民用建筑的运行评价。

建筑施工过程是对工程场地的一个改造过程，不但改变了场地的原始状态，而且对周边环境造成影响，包括水土流失、土壤污染、扬尘、噪声、污水排放、光污染等。为了有效减小施工对环境的影响，应制定施工全过程的环境保护计划，明确施工中各相关方应承担的责任，将环境保护措施落实到具体责任人；实施过程中开展定期检查，保证环境保护目标的实现。

本条的评价方法为查阅环境保护计划书、施工单位 ISO 14001 文件、环境保护实施记录文件（包括责任人签字的检查记录、照片或影像等）、可能有的当地环保局或建委等有关主管部门对环境影响因子如扬尘、噪声、污水排放评价的达标证明。

9.1.3 本条适用于各类民用建筑的运行评价。

建筑施工过程中应加强对施工人员的健康安全保护。建筑施工项目部应编制“职业健康安全管理计划”，并组织落实，保障施工人员的健康与安全。

本条的评价方法为查阅职业健康安全管理计划、施工单位 OHSAS 18000 职业健康与安全体系文件、现场作业危险源清单及其控制计划、现场作业人员个人防护用品配备及发放台账，必要时核实劳动保护用品或器具进货单。

9.1.4 本条适用于各类民用建筑的运行评价；也可在设计评价中进行预审。

施工建设将绿色设计转化成绿色建筑。在这一过程中，参建各方应对设计文件中绿色建筑重点内容正确理解与准确把握。施工前由参建各方进行专业会审时，应对保障绿色建筑性能的重点内容逐一进行。

本条的评价方法为运行评价查阅各专业设计文件专项会审记录。设计评价预审时，查阅各专业设计文件说明。

9.2 评分项

环境保护

9.2.1 本条适用于各类民用建筑的运行评价。

施工扬尘是最主要的大气污染源之一。施工中应采取降尘措施，降低大气总悬浮颗粒物浓度。施工中的降尘措施包括对易飞扬物质的洒水、覆盖、遮挡，对出入车辆的清洗、封闭，对易产生扬尘施工工艺的降尘措施等。在工地建筑结构脚手架外侧设置密目防尘网或防尘布，具有很好的扬尘控制效果。

本条的评价方法为查阅降尘计算书、降尘措施实施记录。

9.2.2 本条适用于各类民用建筑的运行评价。

施工产生的噪声是影响周边居民生活的主要因素之一，也是居民投诉的主要对象。国家标准《建筑施工场界环境噪声排放标准》GB 12523—2011 对噪声的测量、限值作出了具体的规定，是施工噪声排放管理的依据。为了减低施工噪声排放，应该采取降低噪声和噪声传播的有效措施，包括采用低噪声设备，运用吸声、消声、隔声、隔振等降噪措施，降低施工机械噪声。

本条的评价方法为查阅降噪计划书、场界噪声测量记录。

9.2.3 本条适用于各类民用建筑的运行评价。

目前建筑施工废弃物的数量很大，堆放或填埋均占用大量的土地；对环境产生很大的影响，包括建筑垃圾的淋滤液渗入土层和含水层，破坏土壤环境，污染地下水，有机物质发生分解产生有害气体，污染空气；同时建筑施工废弃物的产出，也意味着资源的浪费。因此减少建筑施工废弃物产出，涉及节地、节能、节材和保护环境这样一个可持续发展的综合性问题。施工废弃物减量化应在材料采购、材料管理、施工管理的全过程实施。施工废弃物应分类收集、集中堆放，尽量回收和再利用。

建筑施工废弃物包括工程施工产生的各类施工废料，有的可回收，有的不可回收，不包括基坑开挖的渣土。

本条的评价方法为查阅建筑施工废弃物减量化资源化计划，建筑施工废弃物回收单据，各类建筑材料进货单，各类工程量结算清单，统计计算的每 10000m^2 建筑施工固体废弃物排放量。

资源节约

9.2.4 本条适用于各类民用建筑的运行评价。

施工过程中的用能，是建筑全寿命期能耗的组成部分。由于建筑结构、高度、所在地区等的不同，建成每平方米建筑的用能量有显著的差异。施工中应制定节能和用能方案，提出建成每平方米建筑能耗目标值，预算各施工阶段用电负荷，合理配置临时用电设备，尽量避免多台大型设备同时使用。合理安排工序，提高各种机械的使用率和满载率，降低各种设备的单位耗能。做好建筑施工能耗管理，包括现场耗能与运输耗能。为此应该做好能耗监测、记录，用于指导施工过程中的能源节约。竣工时提供施工过程能耗记录和建成每平方米建筑实际能耗值，为施工过程的能耗统计提供基础数据。

记录主要建筑材料运输耗能，是指有记录的建筑材料占所有建筑材料重量的 85%以上。

本条的评价方法为查阅施工节能和用能方案，用能监测记录，统计计算的建成每平方米建筑能耗值，有关证明材料。

9.2.5 本条适用于各类民用建筑的运行评价。

施工过程中的用水，是建筑全寿命期水耗的组成部分。由于建筑结构、高度、所在地区等的不同，建成每平方米建筑的用水量有显著的差异。施工中应制定节水和用水方案，提出建成每平方米建筑水耗目标值。为此应该做好水耗监测、记录，用于指导施工过程中的节水。竣工时提供施工过程水耗记录和建成每平方米建筑实际水耗值，为施工过程的水耗统计提供基础数据。

基坑降水抽取的地下水量大，要合理设计基坑开挖，减少基坑水排放。配备地下水存储设备，合理利用抽取的基坑水。记录基坑降水的抽取量、排放量和利用量数据。对于洗刷、降尘、绿化、设备冷却等用水来源，应尽量采用非传统水源。具体包括工程项目中使用的中水、基坑降水、工程使用后收集的沉淀水以及雨水等。

本条的评价方法为查阅施工节水和用水方案，统计计算的用水监测记录，建成每平方米建筑水耗值，有关证明材料。

9.2.6 本条适用于各类民用建筑的运行评价；也可在设计评价中进行预审。对不使用预拌混凝土的项目，本条不参评。

减少混凝土损耗、降低混凝土消耗量是施工中节材的重点内容之一。我国各地方的工程量预算定额，一般规定预拌混凝土的损耗率是 1.5%，但在很多工程施工中超过了 1.5%，甚至达到了 2% ~ 3%，因此有必要对预拌混凝土的损耗率提出要求。本条参考有关定额标准及部分实际工程的调查数据，对损耗率分档评分。

本条的评价方法为运行评价查阅混凝土用量结算清单、预拌混凝土进货单，统计计算的预拌混凝土损耗率。设计评价预审时，查阅减少损耗的措施计划。

9.2.7 本条适用于各类民用建筑的运行评价；也可在设计评价中进行预审。对不使用钢筋的项目，本条得 8 分。

钢筋是混凝土结构建筑的大宗消耗材料。钢筋浪费是建筑施工中普遍存在的问题，设计、施工不合理都会造成钢筋浪费。我国各地方的工程量预算定额，根据钢筋的规格不同，一般规定的损耗率为 2.5% ~ 4.5%。根据对国内施工项目的初步调查，施工中实际钢筋浪费率约为 6%。因此有必要对钢筋的损耗率提出要求。

专业化生产是指将钢筋用自动化机械设备按设计图纸要求加工成钢筋半成品，并进行配送的生产方式。钢筋专业化生产不仅可以通过统筹套裁节约钢筋，还可减少现场作业、降低加工成本、提高生产效率、改善施工环境和保证工程质量。

本条参考有关定额及部分实际工程的调查数据，对现场加工钢筋损耗率分档评分。

本条的评价方法为运行评价查阅专业化生产成型钢筋用量结算清单、成型钢筋进货单，统计计算的成型钢筋使用率，现场钢筋加工的钢筋工程量清单、钢筋用量结算清单，钢筋进货单，统计计算的现场加工钢筋损耗率。设计评价预审时，查阅采用专业化加工的建议文件，如条件具备情况、有无加工厂、运输距离等。

9.2.8 本条适用于各类民用建筑的运行评价。对不使用模板的项目，本条得 10 分。

建筑模板是混凝土结构工程施工的重要工具。我国的木胶合板模板和竹胶合板模板发展迅速，目前与钢模板已成三足鼎立之势。

散装、散拆的木（竹）胶合板模板施工技术落后，模板周转次数少，费工费料，造成资源的大量浪费。同时废模板形成大量的废弃物，对环境造成负面影响。

工具式定型模板，采用模数制设计，可以通过定型单元，包括平面模板、内角、外角模板以及连接件等，在施工现场拼装成多种形式的混凝土模板。它既可以一次拼装，多次重复使用；又可以灵活拼装，随时变化拼装模板的尺寸。定型模板的使用，提高了周转次数，减少了废弃物的产出，是模板工程绿色技术的发展方向。

本条用定型模板使用面积占模板工程总面积的比例进行分档评分。

本条的评价方法为查阅模板工程施工方案，定型模板进货单或租赁合同，模板工程量清单，以统计计算的定型模板使用率。

过程管理

9.2.9 本条适用于各类民用建筑的运行评价。

施工是把绿色建筑由设计转化为实体的重要过程，为此施工单位应进行专项交底，落实绿色建筑重点内容。

本条的评价方法为查阅施工单位绿色建筑重点内容的交底记录、施工日志。

9.2.10 本条适用于各类民用建筑的运行评价。

绿色建筑设计文件经审查后，在建造过程中往往可能需要进行变更，这样有可能使绿色建筑的相关指标发生变化。本条旨在强调在建造过程中严格执行审批后的设计文件，若在施工过程中出于整体建筑功能要求，对绿色建筑设计文件进行变更，但不显著影响该建筑绿色性能，其变更可按照正常的程序进行。设计变更应存留完整的资料档案，作为最终评审时的依据。

本条的评价方法为查阅各专业设计文件变更文件、洽商记录、会议纪要、施工日志记录。

9.2.11　本条适用于各类民用建筑的运行评价。

建筑使用寿命的延长意味着更好地节约能源资源。建筑结构耐久性指标，决定着建筑的使用年限。施工过程中，应根据绿色建筑设计文件和有关标准的要求，对保障建筑结构耐久性相关措施进行检测。检测结果是竣工验收及绿色建筑评价时的重要依据。

对绿色建筑的装修装饰材料、设备，应按照相应标准进行检测。

本条规定的检测，可采用实施各专业施工、验收规范所进行的检测结果。也就是说，不必专门为绿色建筑实施额外的检测。

本条的评价方法为查阅建筑结构耐久性施工专项方案和检测报告，有关装饰装修材料、设备的进场检验记录和有关的检测报告。

9.2.12　本条适用于住宅建筑的运行评价；也可在设计评价中进行预审。

土建装修一体化设计、施工，对节约能源资源有重要作用。实践中，可由建设单位统一组织建筑主体工程和装修施工，也可由建设单位提供菜单式的装修做法由业主选择，统一进行图纸设计、材料购买和施工。在选材和施工方面尽可能采取工业化制造，具备稳定性、耐久性、环保性和通用性的设备和装修装饰材料，从而在工程竣工验收时室内装修一步到位，避免破坏建筑构件和设施。

本条的评价方法为运行评价查阅主要功能空间竣工验收时的实景照片及说明、装修材料、机电设备检测报告、性能复试报告、建筑竣工验收证明、建筑质量保修书、使用说明书，业主反馈意见书。设计评价预审时，查阅土建装修一体化设计图纸、效果图。

9.2.13　本条适用于各类民用建筑的运行评价；也可在设计评价中进行预审。

随着技术的发展，现代建筑的机电系统越来越复杂。本条强调系统综合调试和联合试运转的目的，就是让建筑机电系统的设计、安装和运行达到设计目标，保证绿色建筑的运行效果。主要内容包括制定完整的机电系统综合调试和联合试运转方案，对通风空调系统、空调水系统、给排水系统、热水系统、电气照明系统、动力系统的综合调试过程以及联合试运转过程。建设单位是机电系统综合调试和联合试运转的组织者，根据工程类别、承包形式，建设单位也可以委托代建公司和施工总承包单位组织机电系统综合调试和联合试运转。

本条的评价方法为运行评价查阅设计文件中机电系统的综合调试和联合试运转方案、技术要点、施工日志、调试运转记录。设计评价预审时，查阅设计方提供的综合调试和联合试运转技术要点文件。

10　运营管理

10.1　控制项

10.1.1　本条适用于各类民用建筑的运行评价。

本条沿用自本标准 2006 年版控制项第 4.6.1、5.6.1 条。物业管理机构应提交节能、节水、节材与绿化管理制度，并说明实施效果。节能管理制度主要包括节能方案、节能管理模式和机制、分户分项计量收费等。节水管理制度主要包括节水方案、分户分类计量收费、节水管理机制等。耗材管理制度主要包括维护和物业耗材管理。绿化管理制度主要包括苗木养护、用水计量和化学药品的使用制度等。

本条的评价方法为查阅物业管理机构节能、节水、节材与绿化管理制度文件、日常管理记录，并现场核查。

10.1.2　本条适用于各类民用建筑的运行评价；也可在设计评价中进行预审。

本条沿用自本标准 2006 年版控制项第 4.6.3、4.6.4、5.6.3 条。建筑运行过程中产生的生活垃圾有家具、电器等大件垃圾，有纸张、塑料、玻璃、金属、布料等可回收利用垃圾；有剩菜剩饭、骨头、菜根菜叶、果皮等厨余垃圾；有含有重金属的电池、废弃灯管、过期药品等有害垃圾；还有装修或维护过程中产生的渣土、砖石和混凝土碎块、金属、竹木材等废料。首先，根据垃圾处理要求等确立分类管理制度和必要的收集设施，并对垃圾的收集、运输等进行整体的合理规划，合理设置小型有机厨余垃圾处理设施。其次，制定包括垃圾管理运行操作手册、管理设施、管理经费、人员配备及机构分工、监督机制、定期的岗位业务培训和突发事件的应急处理系统等内容的垃圾管理制度。最后，垃圾容器应具有密闭性能，其规格和位置应符合国家有关标准的规定，其数量、外观色彩及标志应符合垃圾分类收集的要求，并置于隐蔽、避风处，与周围景观相协调，坚固耐用，不易倾倒，防止垃圾无序倾倒和二次污染。

本条的评价方法为运行评价查阅建筑、环卫等专业的垃圾收集、处理设施的竣工文件，垃圾管理制度文件，垃圾收集、运输等的整体规划，并现场核查。设计评价预审时，查阅垃圾物流规划、垃圾容器设置等文件。

10.1.3 本条适用于各类民用建筑的运行评价。

本条沿用自本标准 2006 年版控制项第 5.6.2 条，将适用范围扩展至各类民用建筑，并扩展了污染物的范围。本标准中第 4.1.3 条虽有类似要求，但更侧重于规划选址、设计等阶段的考虑，本条则主要考察建筑的运行。除了本标准第 10.1.2 条已作出要求的固体污染物之外，建筑运行过程中还会产生各类废气和污水，可能造成多种有机和无机的化学污染，放射性等物理污染以及病原体等生物污染。此外，还应关注噪声、电磁辐射等物理污染（光污染已在第 4.2.4 条体现）。为此需要通过合理的技术措施和排放管理手段，杜绝建筑运行过程中相关污染物的不达标排放。相关污染物的排放应符合现行标准《大气污染物综合排放标准》GB 16297、《锅炉大气污染物排放标准》GB 13271、《饮食业油烟排放标准》GB 18483、《污水综合排放标准》GB 8978、《医疗机构水污染物排放标准》GB 18466、《污水排入城镇下水道水质标准》CJ 343、《社会生活环境噪声排放标准》GB 22337、《制冷空调设备和系统 减少卤代制冷剂排放规范》GB/T 26205 等的规定。

本条的评价方法为查阅污染物排放管理制度文件，项目运行期排放废气、污水等污染物的排放检测报告，并现场核查。

10.1.4 本条适用于各类民用建筑的运行评价。

本条为新增条文。绿色建筑设置的节能、节水设施，如热能回收设备、地源 / 水源热泵、太阳能光伏发电设备、太阳能热水设备、遮阳设备、雨水收集处理设备等，均应工作正常，才能使预期的目标得以实现。本标准中第 5.2.13、5.2.14、5.2.15、5.2.16、6.2.12 条等对相关设施虽有技术要求，但偏重于技术合理性，有必要考察其实际运行情况。

本条的评价方法是查阅节能、节水设施的竣工文件、运行记录，并现场核查设备系统的工作情况。

10.1.5 本条适用于各类民用建筑的运行评价；也可在设计评价中进行预审。

本条在本标准 2006 年版一般项第 5.6.9 条基础上发展而来，不仅适用范围扩展至各类民用建筑，而且强化为控制项。供暖、通风、空调、照明系统是建筑物的主要用能设备。本标准中第 5.2.7、5.2.8、5.2.9、8.2.9、8.2.12、8.2.13 条虽已要求采用自动控制措施进行节能和室内环境保障，但本条主要考察其实际工作正常，及其运行数据。因此，需对绿色建筑的上述系统及主要设备进行有效的监测，对主要运行数据进行实时采集并记录；并对上述设备系统按照设计要求进行自动控制，通过在各种不同运行工况下的自动调节来降低能耗。对于建筑面积 2 万 m^2 以下的公共建筑和建筑面积 10 万 m^2 以下的住宅区公共设施的监控，可以不设建筑设备自动监控系统，但应设简易有效的控制措施。

本条的评价方法是运行评价查阅设备自控系统竣工文件、运行记录，并现场核查设备及其自控系统的工作情况。设计评价预审时，查阅建筑设备自动监控系统的监控点数。

10.2 评分项

管理制度

10.2.1 本条适用于各类民用建筑的运行评价。

本条在本标准2006年版一般项第4.6.9、5.6.5条基础上发展而来。物业管理机构通过ISO 14001环境管理体系认证，是提高环境管理水平的需要，可达到节约能源，降低消耗，减少环保支出，降低成本的目的，减少由于污染事故或违反法律、法规所造成的环境风险。

物业管理具有完善的管理措施，定期进行物业管理人员的培训。ISO 9001质量管理体系认证可以促进物业管理机构质量管理体系的改进和完善，提高其管理水平和工作质量。

《能源管理体系要求》GB/T 23331是在组织内建立起完整有效的、形成文件的能源管理体系，注重过程的控制，优化组织的活动、过程及其要素，通过管理措施，不断提高能源管理体系持续改进的有效性，实现能源管理方针和预期的能源消耗或使用目标。

本条的评价方法为查阅相关认证证书和相关的工作文件。

10.2.2 本条适用于各类民用建筑的运行评价。

本条为新增条文，是在本标准控制项第10.1.1、10.1.4条的基础上所提出的更高要求。节能、节水、节材、绿化的操作管理制度是指导操作管理人员工作的指南，应挂在各个操作现场的墙上，促使操作人员严格遵守，以有效保证工作的质量。

可再生能源系统、雨废水回用系统等节能、节水设施的运行维护技术要求高，维护的工作量大，无论是自行运维还是购买专业服务，都需要建立完善的管理制度及应急预案。日常运行中应做好记录。

本条的评价方法为查阅相关管理制度、操作规程、应急预案、操作人员的专业证书、节能节水设施的运行记录，并现场核查。

10.2.3 本条适用于各类民用建筑的运行评价。当被评价项目不存在租用者时，第2款可不参评。

本条在本标准2006年版优选项第5.6.11条基础上发展而来。管理是运行节约能源、资源的重要手段，必须在管理业绩上与节能、节约资源情况挂钩。因此要求物业管理机构在保证建筑的使用性能要求、投诉率低于规定值的前提下，实现其经济效益与建筑用能系统的耗能状况、水资源和各类耗材等的使用情况直接挂钩。采用合同能源管理模式更是节能的有效方式。

本条的评价方法为查阅物业管理机构的工作考核体系文件、业主和租用者以及管理企业之间的合同。

10.2.4 本条适用于各类民用建筑的运行评价。

本条为新增条文。在建筑物长期的运行过程中，用户和物业管理人员的意识与行为，直接影响绿色建筑的目标实现，因此需要坚持倡导绿色理念与绿色生活方式的教育宣传制度，培训各类人员正确使用绿色设施，形成良好的绿色行为与风气。

本条的评价方法为查阅绿色教育宣传的工作记录与报道记录，绿色设施使用手册。

技术管理

10.2.5 本条适用于各类民用建筑的运行评价。

本条为新增条文，是在本标准控制项第10.1.4、10.1.5条的基础上所提出的更高要求。保持建筑物与居住区的公共设施设备系统运行正常，是绿色建筑实现各项目标的基础。机电设备系统的调试不仅限于新建建筑的试运行和竣工验收，而应是一项持续性、长期性的工作。因此，物业管理机构有责任定期检查、调试设备系统，标定各类检测器的准确度，根据运行数据，或第三方检测的数据，不断提升设备系统的性能，提高建筑物的能效管理水平。

本条的评价方法是查阅相关设备的检查、调试、运行、标定记录，以及能效改进方案等文件。

10.2.6 本条适用于采用集中空调通风系统的各类民用建筑的运行评价。

本条沿用自本标准2006年版一般项第5.6.7条，有修改。随着国民经济的发展和人民生活水平的提高，中央空调与通风系统已成为许多建筑中的一项重要设施。对于使用空调可能会造成疾病转播（如军团菌、非典等）的认识也不断提高，从而深刻意识到了清洗空调系统，不仅可节省系统运行能耗、延长系统的使用寿命，还可保证室内空气品质，降低疾病产生和传播的可能性。空调通风系统清洗的范围应包括系统中的换热器、过滤器，通风管道与风口等，清洗工作符合《空调通风系统清洗规范》GB 19210的要求。

本条的评价方法是查阅物业管理措施、清洗计划和工作记录。

10.2.7　本条适用于设置非传统水源利用设施的各类民用建筑的运行评价；也可在设计评价中进行预审。无非传统水源利用设施的项目不参评。

本条为新增条文，是在本标准控制项第 10.1.4 条的基础上所提出的更高要求。使用非传统水源的场合，其水质的安全性十分重要。为保证合理使用非传统水源，实现节水目标，必须定期对使用的非传统水源的水质进行检测，并对其水质和用水量进行准确记录。所使用的非传统水源应满足现行国家标准《城市污水再生利用　城市杂用水水质》GB/T 18920 的要求。非传统水源的水质检测间隔不应大于 1 个月，同时，应提供非传统水源的供水量记录。

本条的评价方法为运行评价查阅非传统水源的检测、计量记录。设计评价预审时，查阅非传统水源的水表设计文件。

10.2.8　本条适用于各类民用建筑的运行评价；也可在设计评价中进行预审。

本条沿用自本标准 2006 年版一般项第 4.6.6、5.6.8 条。通过智能化技术与绿色建筑其他方面技术的有机结合，可望有效提升建筑综合性能。由于居住建筑 / 居住区和公共建筑的使用特性与技术需求差别较大，故其智能化系统的技术要求也有所不同；但系统设计上均要求达到基本配置。此外，还对系统工作运行情况也提出了要求。

居住建筑智能化系统应满足《居住区智能化系统配置与技术要求》CJ/T 174 的基本配置要求，主要评价内容为居住区安全技术防范系统、住宅信息通信系统、居住区建筑设备监控管理系统、居住区监控中心等。

公共建筑的智能化系统应满足《智能建筑设计标准》GB/T50314 的基础配置要求，主要评价内容为安全技术防范系统、信息通信系统、建筑设备监控管理系统、安（消）防监控中心等。国家标准《智能建筑设计标准》GB/T 50314 以系统合成配置的综合技术功效对智能化系统工程标准等级予以了界定，绿色建筑应达到其中的应选配置（即符合建筑基本功能的基础配置）的要求。

本条的评价方法运行评价为查阅智能化系统竣工文件、验收报告及运行记录，并现场核查。设计评价预审时，查阅安全技术防范系统、信息通信系统、建筑设备监控管理系统、监控中心等设计文件。

10.2.9　本条适用于各类民用建筑的运行评价。

本条为新增条文。信息化管理是实现绿色建筑物业管理定量化、精细化的重要手段，对保障建筑的安全、舒适、高效及节能环保的运行效果，提高物业管理水平和效率，具有重要作用。采用信息化手段建立完善的建筑工程及设备、能耗监管、配件档案及维修记录是极为重要的。本条第 3 款是在本标准控制项第 10.1.5 条的基础上所提出的更高一级的要求，要求相关的运行记录数据均为智能化系统输出的电子文档。应提供至少 1 年的用水量、用电量、用气量、用冷热量的数据，作为评价的依据。

本条的评价方法为查阅针对建筑物及设备的配件档案和维修的信息记录，能耗分项计量和监管的数据，并现场核查物业管理信息系统。

环境管理

10.2.10　本条适用于各类民用建筑的运行评价。

本条沿用自本标准 2006 年版一般项第 4.6.7 条，同时也是在本标准控制项第 10.1.1 条的基础上所提出的更高要求。无公害病虫害防治是降低城市及社区环境污染、维护城市及社区生态平衡的一项重要举措。对于病虫害，应坚持以物理防治、生物防治为主，化学防治为辅，并加强预测预报。因此，一方面提倡采用生物制剂、仿生制剂等无公害防治技术，另一方面规范杀虫剂、除草剂、化肥、农药等化学品的使用，防止环境污染，促进生态可持续发展。

本条的评价方法为查阅化学品管理制度文件病虫害防治用品的进货清单与使用记录，并现场核查。

10.2.11　本条适用于各类民用建筑的运行评价。

本条沿用自本标准 2006 年版一般项第 4.6.8 条。对绿化区做好日常养护，保证新栽种和移植的树木有较高的一次成活率。发现危树、枯死树木应及时处理。

本条的评价方法为查阅绿化管理制度、工作记录，并现场核实和用户调查。

10.2.12　本条适用于各类民用建筑的运行评价；也可在设计评价中进行预审。

本条沿用自本标准2006年版一般项第4.6.5条，略有修改。重视垃圾收集站点与垃圾间的景观美化及环境卫生问题，用以提升生活环境的品质。垃圾站（间）设冲洗和排水设施，并定期进行冲洗、消杀；存放垃圾能及时清运、并做到垃圾不散落、不污染环境、不散发臭味。本条所指的垃圾站（间），还应包括生物降解垃圾处理房等类似功能间。

本条评价方法为运行评价现场考察必要时开展用户抽样调查。设计评价评审时，查阅垃圾收集站点、垃圾间等冲洗、排水设施设计文件。

10.2.13　本条适用于各类民用建筑的运行评价。

本条由本标准2006年版一般项第4.6.10条和优选项第4.6.12条整合得到，同时也是在本标准控制项第10.1.2条的基础上所提出的更高一级的要求。垃圾分类收集就是在源头将垃圾分类投放，并通过分类的清运和回收使之分类处理或重新变成资源，减少垃圾的处理量，减少运输和处理过程中的成本。除要求垃圾分类收集率外，还分别对可回收垃圾、可生物降解垃圾（有机厨余垃圾）提出了明确要求。需要说明的是，对有害垃圾必须单独收集、单独运输、单独处理，这是《环境卫生设施设置标准》CJJ 27—2012的强制性要求。

本条的评价方法为查阅垃圾管理制度文件、各类垃圾收集和处理的工作记录，并进行现场核查，必要时开展用户抽样调查。

11　提高与创新

11.1　一般规定

11.1.1　绿色建筑全寿命期内各环节和阶段，都有可能在技术、产品选用和管理方式上进行性能提高和创新。为鼓励性能提高和创新，在各环节和阶段采用先进、适用、经济的技术、产品和管理方式，本次修订增设了相应的评价项目。比照“控制项”和“评分项”，本标准中将此类评价项目称为“加分项”。

本次修订增设的加分项内容，有的在属性分类上属于性能提高，如采用高性能的空调设备、建筑材料、节水装置等，鼓励采用高性能的技术、设备或材料；有的在属性分类上属于创新，如建筑信息模型（BIM）、碳排放分析计算、技术集成应用等，鼓励在技术、管理、生产方式等方面的创新。

11.1.2　加分项的评定结果为某得分值或不得分。考虑到与绿色建筑总得分要求的平衡，以及加分项对建筑“四节一环保”性能的贡献，本标准对加分项附加得分作了不大于10分的限制。附加得分与加权得分相加后得到绿色建筑总得分，作为确定绿色建筑等级的最终依据。某些加分项是对前面章节中评分项的提高，符合条件时，加分项和相应评分项可都得分。

11.2　加分项

性能提高

11.2.1　本条适用于各类民用建筑的设计、运行评价。

本条是第5.2.3条的更高层次要求。围护结构的热工性能提高，对于绿色建筑的节能与能源利用影响较大，而且也对室内环境质量有一定影响。为便于操作，参照国家有关建筑节能设计标准的做法，分别提供了规定性指标和性能化计算两种可供选择的达标方法。

本条的评价方法为：设计评价查阅相关设计文件、计算分析报告；运行评价查阅相关竣工图、计算分析报告，并现场核实。

11.2.2　本条适用于各类民用建筑的设计、运行评价。

本条是第5.2.4条的更高层次要求，除指标数值以外的其他说明内容与第5.2.4条同。尚需说明的是对于住宅或小型公建中采用分体空调器、燃气热水炉等其他设备作为供暖空调冷热源的情况（包括同时作为供暖和生活热水热源的热水炉），可以《房间空气调节器能效限定值及能效等级》GB 12021.3、《转速可控型房间空气调节器能效限定值及能源效率等级》GB 21455、《家用燃气快速热水器和燃气采暖热水炉能效限定值及能效等级》GB 20665等现行有关国家标准中的能效等级1级作为判定本条是否达标的依据。

本条的评价方法为：设计评价查阅相关设计文件；运行评价查阅相关竣工图、主要产品型式检验报告，并现场核实。

11.2.3　本条适用于各类公共建筑的设计、运行评价。

本条沿用自本标准2006年版优选项第5.2.17条，有修改。分布式热电冷联供系统为建筑或区域提供电力、供冷、供热（包括供热水）三种需求，实现能源的梯级利用。

在应用分布式热电冷联供技术时，必须进行科学论证，从负荷预测、系统配置、运行模式、经济和环保效益等多方面对方案做可行性分析，严格以热定电，系统设计满足相关标准的要求。

本条的评价方法为：设计评价查阅相关设计文件、计算分析报告（包括负荷预测、系统配置、运行模式、经济和环保效益等方面）；运行评价查阅相关竣工图、主要产品型式检验报告、计算分析报告，并现场核实。

11.2.4　本条适用于各类民用建筑的设计、运行评价。

本条是第6.2.6条的更高层次要求。绿色建筑鼓励选用更高节水性能的节水器具。目前我国已对部分用水器具的用水效率制定了相关标准，如：《水嘴用水效率限定值及用水效率等级》GB 25501—2010、《坐便器用水效率限定值及用水效率等级》GB 25502—2010、《小便器用水效率限定值及用水效率等级》GB 28377—2012、《淋浴器用水效率限定值及用水效率等级》GB 28378—2012、《便器冲洗阀用水效率限定值及用水效率等级》GB 28379—2012，今后还将陆续出台其他用水器具的标准。

在设计文件中要注明对卫生器具的节水要求和相应的参数或标准。卫生器具有用水效率相关标准的，应全部采用，方可认定达标。

本条的评价方法为：设计评价查阅相关设计文件、产品说明书；运行评价查阅相关竣工图、产品说明书、产品节水性能检测报告，并现场核实。

11.2.5　本条适用于各类民用建筑的设计、运行评价。

本条沿用自本标准2006年版中的两条优选项第4.4.10条和第5.4.11条。当主体结构采用钢结构、木结构，或预制构件用量比例不小于60%时，本条可得分。对其他情况，尚需经充分论证后方可得分。

本条的评价方法为：设计评价查阅相关设计文件、计算分析报告；运行评价查阅竣工图、计算分析报告，并现场核实。

11.2.6　本条适用于各类民用建筑的设计、运行评价。

本条为新增条文。主要功能房间主要包括间歇性人员密度较高的空间或区域（如会议室），以及人员经常停留空间或区域（如办公室的等）。空气处理措施包括在空气处理机组中设置中效过滤段、在主要功能房间设置空气净化装置等。

本条的评价方法为：设计评价查阅暖通空调专业设计图纸和文件空气处理措施报告；运行评价查阅暖通空调专业竣工图纸、主要产品型式检验报告、运行记录、室内空气品质检测报告等，并现场检查。

11.2.7　本条适用于各类民用建筑的运行评价。

本条是第8.1.7条的更高层次要求。以TVOC浓度为例，英国BREEAM新版文件的要求不大于300μg/m^3，比我国现行国家标准要求（不大于600μg/m^3）更为严格。甲醛浓度也是如此，多个国家的绿色建筑标准要求均在（50～60）μg/m^{3}的水平，也比我国现行国家标准要求（不大于0.10mg/m^3）严格。进一步提高对于室内环境质量指标要求的同时，也适当考虑了我国当前的大气环境条件和装修材料工艺水平，因此，将现行国家标准规定值的70%作为室内空气品质的更高要求。

本条的评价方法为：运行评价查阅室内污染物检测报告（应依据相关国家标准进行检测），并现场检查。

创　新

11.2.8　本条适用于各类民用建筑的设计、运行评价。

本条主要目的是为了鼓励设计创新，通过对建筑设计方案的优化，降低建筑建造和运营成本，提高绿色建筑性能水平。例如，建筑设计充分体现我国不同气候区对自然通风、保温隔热等节能特征的不同需求，建筑形体设计等与场地微气候结合紧密，应用自然采光、遮阳等被动式技术优先的理念，设计策略明显有利于降低空调、供暖、照明、生活热水、通风、电梯等的负荷需求、提高室内环境质量、减少建筑用能时间或促进运行阶段的行为节能，等等。

本条的评价方法为：设计评价查阅相关设计文件、分析论证报告；运行评价查阅相关竣工图、分析论证报告，并现场核实。

11.2.9　本条适用于各类民用建筑的设计、运行评价。

本条前半部分沿用自本标准2006年版中的优选项第4.1.18条和第5.1.12条，后半部分沿用自本标准2006年版中的一般项第4.1.10条和优选项第5.1.13条。虽然选用废弃场地、利用旧建筑具体技术存在不同，但同属于项目策划、规划前期均需考虑的问题，而且基本不存在两点内容可同时达标的情况，故进行了条文合并处理。

我国城市可建设用地日趋紧缺，对废弃地进行改造并加以利用是节约集约利用土地的重要途径之一。利用废弃场地进行绿色建筑建设，在技术难度、建设成本方面都需要付出更多努力和代价。因此，对于优先选用废弃地的建设理念和行为进行鼓励。本条所指的废弃场地主要包括裸岩、石砾地、盐碱地、沙荒地、废窑坑、废旧仓库或工厂弃置地等。绿色建筑可优先考虑合理利用废弃场地，采取改造或改良等治理措施，对土壤中是否含有有毒物质进行检测与再利用评估，确保场地利用不存在安全隐患、符合国家相关标准的要求。

本条所指的“尚可使用的旧建筑”系指建筑质量能保证使用安全的旧建筑，或通过少量改造加固后能保证使用安全的旧建筑。虽然目前多数项目为新建，且多为净地交付，项目方很难有权选择利用旧建筑。但仍需对利用“可使用的”旧建筑的行为予以鼓励，防止大拆大建。对于一些从技术经济分析角度不可行、但出于保护文物或体现风貌而留存的历史建筑，由于有相关政策或财政资金支持，因此不在本条中得分。

本条的评价方法为：设计评价查阅相关设计文件、环评报告、旧建筑使用专项报告；运行评价查阅相关竣工图、环评报告、旧建筑使用专项报告、检测报告，并现场核实。

11.2.10　本条适用于各类民用建筑的设计、运行评价。

建筑信息模型（BIM）是建筑业信息化的重要支撑技术。BIM是在CAD技术基础上发展起来的多维模型信息集成技术。BIM是集成了建筑工程项目各种相关信息的工程数据模型，能使设计人员和工程人员能够对各种建筑信息做出正确的应对，实现数据共享并协同工作。

BIM技术支持建筑工程全寿命期的信息管理和利用。在建筑工程建设的各阶段支持基于BIM的数据交换和共享，可以极大地提升建筑工程信息化整体水平，工程建设各阶段、各专业之间的协作配合可以在更高层次上充分利用各自资源，有效地避免由于数据不通畅带来的重复性劳动，大大提高整个工程的质量和效率，并显著降低成本。

本条的评价方法为：设计评价查阅规划设计阶段的BIM技术应用报告；运行评价查阅规划设计、施工建造、运行维护阶段的BIM技术应用报告。

11.2.11　本条适用于各类民用建筑的设计、运行评价。

建筑碳排放计算及其碳足迹分析，不仅有助于帮助绿色建筑项目进一步达到和优化节能、节水、节材等资源节约目标，而且有助于进一步明确建筑对于我国温室气体减排的贡献量。经过多年的研究探索，我国也有了较为成熟的计算方法和一定量的案例实践。在计算分析基础上，再进一步采取相关节能减排措施降低碳排放，做到有的放矢。绿色建筑作为节约资源、保护环境的载体，理应将此作为一项技术措施同步开展。

建筑碳排放计算分析包括建筑固有的碳排放量和标准运行工况下的资源消耗碳排放量。设计阶段的碳排放计算分析报告主要分析建筑的固有碳排放量，运行阶段主要分析在标准运行工况下建筑的资源消耗碳排放量。

本条的评价方法为：设计评价查阅设计阶段的碳排放计算分析报告，以及相应措施；运行评价查阅设计、运行阶段的碳排放计算分析报告，以及相应措施的运行情况。

11.2.12　本条适用于各类民用建筑的设计、运行评价。

本条主要是对前面未提及的其他技术和管理创新予以鼓励。对于不在前面绿色建筑评价指标范围内，但在保护自然资源和生态环境、节能、节材、节水、节地、减少环境污染与智能化系统建设等方面实现良好性能的项目进行引导，通过各类项目对创新项的追求以提高绿色建筑技术水平。

当某项目采取了创新的技术措施，并提供了足够证据表明该技术措施可有效提高环境友好性，提高资源与能源利用效率，实现可持续发展或具有较大的社会效益时，可参与评审。项目的创新点应较大地超过相应指标的要求，或达到合理指标但具备显著降低成本或提高工效等优点。本条未列出所有的创新项内容，只要申请方能够提供足够相关证明，并通过专家组的评审即可认为满足要求。

本条的评价方法为：设计评价时查阅相关设计文件、分析论证报告及相关证明材料；运行评价时查阅相关竣工图、分析论证报告及相关证明材料，并现场核实。

三、行业标准

中华人民共和国行业标准

住宅室内装饰装修设计规范

Code for design of the residential interior decoration

JGJ 367—2015

批准部门:中华人民共和国住房和城乡建设部

施行日期:2015年12月1日

中华人民共和国住房和城乡建设部
公　　告

第830号

住房城乡建设部关于发布行业标准《住宅室内装饰装修设计规范》的公告

现批准《住宅室内装饰装修设计规范》为行业标准,编号为JGJ 367—2015,自2015年12月1日起实施。其中,第3.0.4、3.0.7条为强制性条文,必须严格执行。

本规范由我部标准定额研究所组织中国建筑工业出版社出版发行。

中华人民共和国住房和城乡建设部

2015年6月3日

前　言

根据住房和城乡建设部《关于印发<2012 年工程建设标准规范制订、修订计划>的通知》(建标[2012]5 号)的要求,规范编制组经广泛调查研究,认真总结实践经验,参考有关国际标准和国外先进标准,并在广泛征求意见的基础上,编制了本规范。

本规范的主要技术内容是:1 总则;2 术语;3 基本规定;4 套内空间;5 共用部分;6 地下室和半地下室;7 无障碍设计;8 细部;9 室内环境;10 建筑设备;11 安全防范;12 设计深度。

本规范以黑体字标志的条文为强制性条文,必须严格执行。

本规范由住房和城乡建设部负责管理和对强制性条文的解释,由东南大学负责具体技术内容的解释。执行过程中如有意见或建议,请寄送东南大学建筑学院(地址:江苏省南京市四牌楼 2 号东南大学中大院;邮政编码:210096)。

本规范主编单位:东南大学
永升建设集团有限公司

本规范参编单位:浙江亚厦装饰股份有限公司
深圳市晶宫设计装饰工程有限公司
苏州金螳螂建筑装饰股份有限公司
万科企业股份有限公司
南京盛旺装饰设计研究所
江苏广宇建设集团有限公司
浙江中财管道科技股份有限公司

本规范主要起草人员:高祥生　周　燕　何静姿　沈俊强
朱　农　潘瑜芬　周倩羽　李闽川
潘　瑜　郝　伟　蒋鹏旭　汤李俊
季震宇　朱成慧　傅　雁　龚曾谷
刘荣君　陈增贵　韩　颖　吴俊书
马丽旻　薛冬林

本规范主要审查人员:李　青　熊　伟　王宏伟　孙　逊
陈　易　吕小泉　郭和平　黄湘陵
张玉君　寿　广　张国强

1 总 则

1.0.1 为提高住宅室内装饰装修设计水平，保证装饰装修工程质量，满足安全、适用、环保、经济、美观等要求，制定本规范。

1.0.2 本规范适用于住宅的室内装饰装修设计，不适用属于历史文物保护的住宅的室内装饰装修设计。

1.0.3 住宅室内装饰装修设计应遵循绿色生态、可持续发展和简装修、重装饰的理念，做到节能、节水、节材，并适应不同地区气候和文化的特征，兼顾当前使用和将来改造的需要。

1.0.4 住宅室内装饰装修设计应推行标准化、模数化、装配化、智能化，兼顾多样化和个性化，积极采用新技术、新工艺、新材料、新产品，促进住宅产业化的发展。

1.0.5 住宅室内装饰装修设计除应符合本规范外，尚应符合国家现行有关标准的规定。

2 术 语

2.0.1 住宅室内装饰装修 interior decoration of residential buildings

根据住宅室内各功能空间的使用性质、所处环境，运用物质技术手段并结合视觉艺术，达到安全卫生、功能合理、舒适美观，满足人们物质和精神生活需要的空间效果的过程。

2.0.2 顶棚 ceiling

建筑物房间内的吊顶或楼盖、屋盖底面。

2.0.3 套内前厅 entry foyer

进入套内的过渡空间。

2.0.4 室内净高 interior net storey height

从楼、地面面层(完成面)至吊顶或楼盖、屋盖底面之间有效使用空间的垂直距离。

2.0.5 陈设品 furnishings

用来美化或强化室内视觉效果的可布置物品，也称摆设品、装饰品。

2.0.6 细部 detail

装饰装修工程中局部采用的造型、饰物、部件、纹样及做法。

3 基本规定

3.0.1 住宅室内装饰装修设计应包括下列内容：

1 使用功能的细化、环境质量的提升、空间形态的完善；

2 室内空间的墙面、顶棚、楼面或地面、内门、内窗、门窗套、固定隔断、固定家具及套内楼梯的装修；

3 套内空间中活动家具、陈设品及部品、部件的选择和布置；

4 室内空间中给水排水、暖通、电气、智能化等专业设计的布线；

5 预留设备、设施的安装、检修空间；

6 安全防护和消防设施的维护；

7 无障碍设计。

3.0.2 住宅室内装饰装修设计后，卧室、起居室(厅)、厨房和卫生间等基本空间的使用面积、室内净高、门窗洞口最小净尺寸及开启方向、窗台、栏杆和台阶等防护设施的净高，台阶踏步的数量、尺寸，过道的净宽、坡道的坡度以及无障碍设计等，应符合现行国家标准《住宅设计规范》GB 50096 的相关规定。

3.0.3 住宅室内装饰装修设计不得减少共用部分安全出口的数量和增加疏散距离，不得占用或拆改共用部分的门厅、走廊和楼梯间。

3.0.4 住宅共用部分的装饰装修设计不得影响消防设施和安全疏散设施的正常使用，不得降低安全疏散能力。

3.0.5 住宅室内装饰装修设计不得擅自改变共用部分配电箱、弱电设备箱、给水排水、暖通、燃气管道等设施的位置和规格。

3.0.6 住宅室内装饰装修设计宜与建筑、结构、设备等专业配合。

3.0.7 住宅室内装饰装修设计不得拆除室内原有的安全防护设施,且更换的防护设施不得降低安全防护的要求。

3.0.8 住宅室内装饰装修设计不得采用国家禁止使用的材料,宜采用绿色环保的材料。

3.0.9 住宅室内装饰装修设计不得封堵、扩大、缩小外墙窗户或增加外墙窗户、洞口。

3.0.10 住宅室内装饰装修设计不应降低建筑设计对住宅光环境、声环境、热环境和空气环境的质量要求。

3.0.11 住宅室内装饰装修设计应满足使用者对空间、尺寸的要求,且不应影响安全。

3.0.12 行动不便的老年人、残疾人使用的住宅室内装饰装修应符合现行国家标准《无障碍设计规范》GB 50763 和《老年人居住建筑设计标准》GB/T 50340 的规定。

4 套内空间

4.1 一般规定

4.1.1 套内装饰装修设计不得改变原住宅建筑中厨房和卫生间的位置,不宜改变阳台的基本功能。

4.1.2 套内装饰装修中给水排水、暖通、电气、智能化等设备、设施的设计,应符合国家现行有关标准的规定。

4.1.3 套内装修材料应符合下列规定:

1 顶棚材料应采用防腐、耐久、不易变形、易清洁和便于施工的材料;厨房顶棚材料应具有防火、防潮、防霉等性能。

2 墙面宜采用抗污染、易清洁的材料;与外窗相邻的室内墙面不宜采用深色饰面材料;厨房、卫生间的墙面材料还应具有防水、防潮、防霉、耐腐蚀、不吸污等性能。

3 地面应采用平整、耐磨、抗污染、易清洁、耐腐蚀的材料,厨房、卫生间的楼地面材料还应具有防水、防滑等性能。

4 套内的玻璃隔断、玻璃隔板、落地玻璃门窗及玻璃饰面等玻璃用材均应采用安全玻璃,其种类和厚度应符合现行行业标准《建筑玻璃应用技术规程》JGJ 113 的规定。

4.1.4 套内顶棚装饰装修设计应符合下列规定:

1 套内前厅、起居室(厅)、卧室顶棚上灯具底面距楼面或地面面层的净高不应低于 2.10m。

2 顶棚不宜采用玻璃饰面,当局部采用时,应选用安全玻璃,并应采取安装牢固的构造措施。

3 顶棚上部的空间应满足设备和灯具安装高度的需要。有灯带的顶棚,侧边开口部位的高度应能满足检修的需要,有出风口的开口部位应满足出风的要求。

4 顶棚中设有透光片后置灯光的,应采取隔热、散热等措施,并应采取安装牢固、便于维修的构造措施。

5 顶棚上悬挂自重 3kg 以上或有振动荷载的设施应采取与建筑主体连接牢固的构造措施。

4.1.5 套内墙面装饰装修设计应符合下列规定:

1 墙面、柱子挂置设备或装饰物,应采取安装牢固的构造措施;

2 底层墙面、贴近用水房间的墙面及家具应采取防潮、防霉的构造措施;

3 踢脚板厚度不宜超出门套贴脸的厚度。

4.1.6 套内地面装饰装修设计应符合下列规定:

1 用水房间门口的地面防水层应向外延展宽度不小于 500mm,向两侧延展宽度不小于 200mm,并宜设置门槛。门槛应采用坚硬的材料,并应高出用水房间地面 5mm～15mm。

2 用水房间地面不宜采用大于 300mm×300mm 的块状材料,且铺贴后不应影响排水坡度。

3 铺贴条形地板时,宜将长边垂直于主要采光窗方向。

4 硬质与软质材料拼接处宜采取有利于保护硬质材料边缘不被磨损的构造措施。

4.1.7 装饰装修后,套内通往卧室、起居室(厅)的过道净宽不应小于 1.00m;通往厨房、卫生间、储藏室的过道净宽不应小于 0.90m。

4.1.8 与儿童、老人用房相连接的卫生间走道、上下楼梯平台、踏步等部位，宜设灯光照明。

4.1.9 对于既有住宅套内有防水要求但没做防水处理的部位，装饰装修应重做防水构造设计，其防水要求应符合现行行业标准《住宅室内防水工程技术规程》JGJ 298 的相关规定。

4.1.10 固定家具应采用环保、防虫蛀、防潮、防霉变、防变形、易清洁的材料，尺寸应满足使用要求。

4.1.11 套内功能空间的装饰装修样式宜与使用功能及家具样式协调，用材、用色宜与相邻空间协调。家具的布置应根据功能需要、平面形状、空间尺寸等因素确定。

4.1.12 套内空间新增隔断、隔墙应采用轻质、隔声性能较好的材料。

4.1.13 套内空间宜布置陈设品和家具，提高审美效果和舒适性。

4.2 套内前厅

4.2.1 套内前厅宜根据套内的功能需要和空间大小等因素设置家具、设施，并宜设计可遮挡视线的装饰隔断。

4.2.2 套内前厅通道净宽不宜小于 1.20m，净高不应低于 2.40m。

4.2.3 套内前厅的门禁显示屏的中心点至楼地面装饰装修完成面的距离宜为 1.40m ~ 1.60m。

4.3 起居室（厅）

4.3.1 起居室（厅）应选择尺寸、数量合适的家具及设施，家具、设施布置后应满足使用和通行的要求，且主要通道的净宽不宜小于 900mm。

4.3.2 起居室（厅）装饰装修后室内净高不应低于 2.40m；局部顶棚净高不应低于 2.10m，且净高低于 2.40m 的局部面积不应大于室内使用面积的 1/3。

4.3.3 装饰装修设计时，不宜增加直接开向起居室的门。沙发、电视柜宜选择直线长度较长的墙面布置。

4.4 卧　　室

4.4.1 卧室应根据功能需要和空间大小选择尺寸、种类适宜的家具及设施，家具、设施布置后应满足通行和使用的要求，并宜留有净宽不小于 600mm 的主要通道。

4.4.2 卧室装饰装修后，室内净高不应低于 2.40m，局部净高不应低于 2.10m，且净高低于 2.40m 的局部面积不应大于使用面积的 1/3。

4.4.3 卧室的平面布置应具有私密性，避免视线干扰，床不宜紧靠外窗或正对卫生间门，无法避免时应采取装饰遮挡措施。

4.4.4 老年人卧室应符合下列规定：

1 宜选择有独立卫生间的卧室或靠近卫生间的卧室；

2 墙面阳角宜做成圆角或钝角；

3 地面宜采用木地板，严寒和寒冷地区不宜采用陶瓷地砖；

4 有条件的宜留有护理通道和放置护理设备的空间，在床头和卫生间厕位旁、洗浴位旁等宜设置固定式紧急呼救装置；

5 宜采用内外均可开启的平开门，不宜设弹簧门，当采用玻璃门时，应选用安全玻璃，当采用推拉门时，地埋轨不应高出装修地面面层。

4.4.5 儿童卧室不宜在儿童可触摸、易碰撞的部位做外凸造型，且不应有尖锐的棱状、角状造型。

4.5 厨　　房

4.5.1 厨房应优先采用定制的整体橱柜和装配式部品，并应根据厨房的平面形状、面积大小和炊事操作的流程等布置厨房设施。

4.5.2 厨房装饰装修后，地面面层至顶棚的净高不应低于 2.20m。

4.5.3 单排布置设备的地柜前宜留有不小于 1.50m 的活动距离，双排布置设备的地柜之间净距不应小于 900mm。洗涤池与灶具之间的操作距离不宜小于 600mm。

4.5.4 厨房吊柜底面至装修地面的距离宜为 1.40m ~ 1.60m，吊柜的深度宜为 300mm ~ 400mm。厨房地柜的尺寸应符合现行行业标准《住宅厨房模数协调标准》JGJ/T 262 的相关规定。

4.5.5 厨房内吊柜的安装位置不应影响自然通风和天然采光。安装或预留燃气热水器位置时，应满足自然通风要求。

4.5.6 封闭式厨房宜设计推拉门，并应采取安装牢固的构造措施。

4.5.7 采用燃气的厨房宜配置燃气浓度检测报警器。

4.5.8 厨房装饰装修不应破坏墙面防潮层和地面防水层，并应符合下列规定：

1 墙面应设防潮层，当厨房布置在非用水房间的下层时，顶棚应设防潮层；

2 地面防水层应沿墙基上翻 0.30m；洗涤池处墙面防水层高度宜距装修地面 1.40m ~ 1.50m，长度宜超出洗涤池两端各 400mm。

4.5.9 当厨房内设置地漏时，地面应设不小于 1% 的坡度坡向地漏。

4.6 餐 厅

4.6.1 餐厅应选择尺寸、数量适宜的家具及设施，且家具、设施布置后应形成稳定的就餐空间，并宜留有净宽不小于 900mm 的通往厨房和其他空间的通道。

4.6.2 餐厅装饰装修后，地面至顶棚的净高不应低于 2.20m。

4.6.3 餐厅应靠近厨房布置。

4.6.4 套内无餐厅的，应在起居室（厅）或厨房内设计适当的就餐空间。

4.7 卫 生 间

4.7.1 卫生间应根据不同的套型平面合理布置，平面组合宜干湿分区并方便上下水管线的安装和共用。

4.7.2 卫生间宜选择尺寸合适的便器、洗浴器、洗面器等基本设施，设施布置后应满足人体活动的需要。

4.7.3 无前室的卫生间门不得直接开向厨房、起居室，不宜开向卧室。

4.7.4 老年人、残疾人使用的卫生间宜采用可内外双向开启的门。

4.7.5 卫生间门的位置、尺寸、开启方式应便于设施、设备及家具的布置和使用。

4.7.6 卫生间的地面应有坡度坡向地漏，非浴区地面排水坡度不宜小于 0.5%，浴区地面排水坡度不宜小于 1.5%。

4.7.7 卫生间内设有洗衣机时，应有专用的给水排水接口和防溅水电源插座。

4.7.8 卫生间的柜子宜采用环保、防潮、防霉、易清洁、不易变形的材料，台面板宜采用硬质、耐久、耐水、抗渗、易清洁、强度高的材料。

4.7.9 卫生间洗面台应符合下列规定：

1 洗面台上的盆面至装修地面的距离宜为 750mm ~ 850mm；

2 除立柱式洗面台外，装饰装修后侧墙面至洗面盆中心的距离不宜小于 550mm；

3 嵌置洗面盆的台面进深宜大于洗面盆 150mm，宽度宜大于洗面盆 300mm；

4 卫生间洗面台上部的墙面应设置镜子。

4.7.10 侧墙面至坐便器边缘的距离不宜小于 250mm，至蹲便器中心的距离不宜小于 400mm。

4.7.11 坐便器、蹲便器前应有不小于 500mm 的活动空间。

4.7.12 设置浴缸应符合下列规定：

1 浴缸安装后，上边缘至装修地面的距离宜为 450mm ~ 600mm；

2 浴缸、淋浴间靠墙一侧应设置牢固的抓杆；

3 只设浴缸不设淋浴间的卫生间宜增设带延长软管的手执式淋浴器（花洒）。

4.7.13 淋浴间应符合下列规定：

1 淋浴间宜设推拉门或外开门，门洞净宽不宜小于 600mm；淋浴间内花洒的两旁距离不宜小于 800mm，前后距离不宜小于 800mm，隔断高度不宜低于 2.00m；

2 淋浴间的挡水高度宜为 25mm ~ 40mm；

3 淋浴间采用的玻璃隔断应符合现行行业标准《建筑玻璃应用技术规程》JGJ 113 的规定。

4.7.14 卫生间装饰装修防水应符合下列规定：

1 地面防水层应沿墙基上翻 300mm；

2 墙面防水层应覆盖由地面向墙基上翻 300mm 的防水层；洗浴区墙面防水层高度不得低于 1.80m，非洗浴区配水点处墙面防水层高度不得低于 1.20m；当采用轻质墙体时，墙面应做通高防水层；

3 管道穿楼板的部位、地面与墙面交界处及地漏周边等易渗水部位应采取加强防水构造措施；

4 卫生间地面宜比相邻房间地面低 5mm ~ 15mm。

4.7.15 卫生间木门套及与墙体接触的侧面应采取防腐措施。门套下部的基层宜采用防水、防腐材料。门槛宽度不宜小于门套宽度，且门套线宜压在门槛上。

4.8 套内楼梯

4.8.1 套内加建的楼梯应采用安全可靠的结构和构造设计，梯段、踏步、栏杆的尺寸应符合现行国家标准《住宅设计规范》GB 50096 的规定。

4.8.2 套内楼梯的踏面应采用坚固、防滑、平整、耐久、耐磨、不易变形的装修材料，且应采取防滑构造措施。

4.8.3 老年人使用的楼梯不应采用无踢面或突缘大于 10mm 的直角形踏步，踏面应防滑。

4.8.4 套内楼梯踏步临空处，应设置高度不小于 20mm，宽度不小于 80mm 的挡台。

4.9 储藏空间

4.9.1 套内应设置储藏空间。

4.9.2 步入式储藏空间应设置照明设施，并宜具备通风、除湿的条件。

4.10 阳　台

4.10.1 阳台的装饰装修设计不应改变原建筑为防止儿童攀爬的防护构造措施。对于栏杆、栏板上设置的装饰物，应采取防坠落措施。

4.10.2 靠近阳台栏杆处不应设计可踩踏的地柜或装饰物。

4.10.3 当阳台设置储物柜、装饰柜时，不应遮挡窗和阳台的自然通风、采光，并宜为空调外机等设备的安装、维护预留操作空间。

4.10.4 布置健身设施的阳台应在墙面合适的位置安装防溅水电源插座。

4.10.5 阳台地面应符合下列规定：

1 阳台地面应采用防滑、防水、硬质、易清洁的材料，开敞阳台的地面材料还应具有抗冻、耐晒、耐风化的性能；

2 开敞阳台的地面完成面标高宜比相邻室内空间地面完成面低 15mm ~ 20mm。

4.10.6 当阳台设有洗衣机时，应在相应位置设置专用给水排水接口和电源插座，洗衣机的下水管道不得接驳在雨水管上。

4.10.7 阳台应设置使用方便、安装牢固的晾晒架。

4.11 门　窗

4.11.1 室内门的装饰装修设计应符合下列规定：

1 厨房、餐厅、阳台的推拉门宜采用透明的安全玻璃门；

2 安装推拉门、折叠门应采用吊挂式门轨或吊挂式门轨与地埋式门轨组合的形式，并应采取安装牢固的构造措施；地面限位器不应安装在通行位置上；

3 非成品门应采取安装牢固、密封性能良好的构造设计，推拉门应采取防脱轨的构造措施；

4 门把手中心距楼地面的高度宜为 0.95m ~ 1.10m。

4.11.2 室内窗的装饰装修设计应符合下列规定：

1 当紧邻窗户的位置设有地台或其他可踩踏的固定物体时，应重新设计防护设施，且防护高度应符合现行国家标准《住宅设计规范》GB 50096 的规定；

2 窗扇的开启把手距装修地面高度不宜低于1.10m或高于1.50m；

3 窗台板、窗宜采用环保、硬质、耐久、光洁、不易变形、防水、防火的材料；

4 非成品窗应采取安装牢固、密封性能良好的构造设计。

5 共用部分

5.0.1 装饰装修设计不得改变楼梯间门、前室门、通往屋面门的开启方向、方式，不得减小门的尺寸。

5.0.2 共用部分的顶棚应符合下列规定：

1 顶棚装修材料应采用防火等级为A级、环保、防水、防潮、防锈蚀、不易变形且便于施工的材料；

2 出人口门厅、电梯厅装修地面至顶棚的净高不应低于2.40m，标准层公共走道装修地面至顶棚的局部净高不应低于2.00m；

3 顶棚不宜采用玻璃吊顶，当局部设置时，应采用安全玻璃，其种类及厚度应符合现行行业标准《建筑玻璃应用技术规程》JGJ 113的规定，并应采用安装牢固且便于检修的构造措施。

5.0.3 墙面应采用难燃、环保、易清洁、防水性能好的装修材料。

5.0.4 地面应采用难燃、环保、防滑、易清洁、耐磨的装修材料。

6 地下室和半地下室

6.0.1 装饰装修不得扩大地下室和半地下室面积或增加层高，不得破坏原建筑基础构件和移除基础构件周边的覆土。

6.0.2 地下室和半地下室的装饰装修应采取防水、排水、除湿、防潮、防滑、采光、通风的构造措施。

7 无障碍设计

7.0.1 装饰装修设计不应改变原住宅共用部分无障碍设计，不应降低无障碍住宅中套内卧室、起居室(厅)、厨房、卫生间、过道及共同部分的要求。

7.0.2 无障碍住宅的家具、陈设品、设施布置后，应留有符合现行国家标准《无障碍设计规范》GB 50763中规定的通往套内入口、起居室(厅)、餐厅、厨房、卫生间、储藏室及阳台的连续通道，且通道地面应平整、防滑、反光小，并不宜采用醒目的厚地毯。

7.0.3 无障碍住宅不宜设计地面高差，当存在大于15mm的高差时，应设缓坡。

7.0.4 在套内无障碍通道的墙面、柱面的0.60m~2.00m高度内，不应设置凸出墙面100mm以上的装饰物。墙面、柱面的阳角宜做成圆角或钝角，并应在高度0.40m以下设护角。

7.0.5 无障碍厨房设计应符合现行国家标准《无障碍设计规范》GB 50763和《住宅厨房及相关设备基本参数》GB/T 11228的相关规定。

7.0.6 无障碍卫生间设计应符合现行国家标准《无障碍设计规范》GB 50763和《住宅卫生间功能及尺寸系列》GB/T 11977的相关规定。

8 细 部

8.0.1 装饰装修界面的连接应符合下列规定：

1 当相邻界面同时铺贴成品块状饰面板时，宜采用对缝或间隔对缝方式衔接；

2 当同一界面上不同饰面材料平面对接时，对接处可采用离缝、错落的方法分开或加入第三种材料过渡处理；

3 当同一界面上两块相同花纹的材料平面对接时，宜使对接处的花纹、色彩、质感对接自然；

4 当同一界面上铺贴两种或两种以上不同尺寸的饰面材料时，宜选择大尺寸为小尺寸的整数倍，且大尺寸材料的一条边宜与小尺寸材料的其中一条边对缝；

5 当相邻界面上装饰装修材料成角度相交时，宜在交界处作造型处理；

6　当不同界面上或同一界面上出现菱形块面材料对接时，块面材料对接的拼缝宜贯通，并宜在界面的边部作收边处理；

7　成品饰面材料尺寸宜与设备尺寸及安装位置协调。

8.0.2　不规则界面宜做规整化设计，并应符合下列规定：

1　不规则的顶面宜在边部采用非等宽的材料作收边调整，并宜使中部顶面取得规整形状；

2　不规则的墙面宜采用涂料或无花纹的墙纸（布）饰面，并宜淡化墙面的不规整感；

3　当以块面材料铺装不规整的地面时，宜在地面的边部用与中部块面材料不同颜色的非等宽的块面材料作收边调整；

4　不规则的饰面材料宜铺贴在隐蔽的位置或大型家具的遮挡区域。

8.0.3　不规则图样应采用网格划分定位。

8.0.4　不规则的小空间宜进行功能利用和美化处理。

8.0.5　当过道内设置两扇及以上的门时，门及门套的高度、颜色、材质宜一致。

8.0.6　侧面突出装饰面的硬质块材应作圆角或倒角处理。

8.0.7　陈设品宜布置在下列位置：

1　视线集中的界面上；

2　视线集中的空间位置；

3　空间的端头；

4　空间的内凹处；

5　空间的空旷处；

6　强调设计意向的位置。

8.0.8　套内各空间的地面、门槛石的标高宜符合表8.0.8的规定。

表8.0.8　套内空间装修地面标高（m）

位　置	建议标高	备　注
入户门槛顶面	0.010～0.015	防渗水
套内前厅地面	±0.000～0.005	套内前厅地面材料与相邻空间地面材料不同时
起居室、餐厅、卧室走道地面	±0.000	以起居室（厅）、地面装修完成面为标高±0.000
厨房地面	-0.015～-0.005	当厨房地面材料与相邻地面材料不同时，与相邻空间地面材料过渡
卫生间门槛石顶面	±0.000～0.005	防渗水
卫生间地面	-0.015～-0.005	防渗水
阳台地面	-0.015～-0.005	开敞阳台或当阳台地面材料与相邻地面材料不相同时，防止水渗至相邻空间

注：以套内起居室（厅）地面装修完成面标高为±0.000。

9　室内环境

9.1　采光、照明

9.1.1　住宅室内装饰装修不应在天然采光处设置遮挡采光的吊柜、装饰物等固定设施。

9.1.2　对于日间需要人工照明的房间，照明光源宜采用接近天然光色温的光源。

9.1.3　住宅室内功能空间应设置一般照明、分区一般照明；对照度要求较高和有特殊照明要求的空间宜采用局部照明。

9.1.4　住宅室内照明应合理选择灯具、布置灯光，灯光设计应避免产生眩光，并应符合下列规定：

1 应选择节能型灯具；

2 宜避免使用大面积高反射度的装饰装修材料；

3 家具和灯光布置后，宜使光线从阅读、书写者的左侧前方射入，并应避免灯光直射使用者的眼睛。

9.1.5 住宅室内各功能空间照明光源的显色指数(R_a)不宜小于80。

9.1.6 住宅室内照明标准值应符合现行国家标准《建筑照明设计标准》GB 50034 的相关规定。

9.2 自然通风

9.2.1 装饰装修不应减少窗洞开口的有效面积或改变窗洞开口的位置。

9.2.2 住宅室内装饰装修不应在自然通风处设置遮挡通风的隔断、家具、装饰物或其他固定设施。

9.2.3 当既有住宅的自然通风不能满足要求时，可采用机械通风的方式改善空气质量。

9.3 隔声、降噪

9.3.1 住宅室内装饰装修设计应改善住宅室内的声环境，降低室外噪声对室内环境的影响，并应符合下列规定：

1 当室外噪声对室内有较大影响时，朝向噪声源的门窗宜采取隔声构造措施；

2 有振动噪声的部位应采取隔声降噪构造措施；当套内房间紧邻电梯井时，装饰装修应采取隔声和减振构造措施；

3 厨房、卫生间及封闭阳台处排水管宜采用隔声材料包裹；

4 对声学要求较高的房间，宜对墙面、顶棚、门窗等采取隔声、吸声等构造措施。

9.3.2 轻质隔墙应选用隔声性能好的墙体材料和吸声性能好的饰面材料，并应将隔墙做到楼盖的底面，且隔墙与地面、墙面的连接处不应留有缝隙。

9.4 室内空气质量

9.4.1 住宅室内装饰装修设计应组织好室内空气流通。

9.4.2 装饰装修材料应控制有害物质的含量，并应符合现行国家标准《民用建筑工程室内环境污染控制规范》GB 50325 中的相关规定。

9.4.3 住宅室内装饰装修不宜大面积采用人造木板及人造木饰面板。

9.4.4 住宅室内装饰装修不宜大面积采用固定地毯，局部可采用既能防腐蚀、防虫蛀，又能起阻燃作用的环保地毯。

10 建筑设备

10.1 给水排水

10.1.1 住宅室内装饰装修中给水应符合下列规定：

1 当给水管暗敷时，应避免破坏建筑结构和其他设备管线，水平给水管宜在顶棚内暗敷；

2 当塑料给水管明设在容易受撞击处时，装饰装修应采取防撞击的构造；

3 新设置的燃气或电热水器的给水可与原有太阳能热水器共用一路管道；塑料给水管不得与水加热器或热水出水管口直接连接，应设置长度不小于400mm 的金属管过渡；

4 当明设的塑料给水立管距灶台边缘小于400mm、距燃气热水器小于200mm 时，装饰装修应采取隔热、散热的构造措施；

5 严寒及寒冷地区明设室内给水管道或装修要求较高的吊顶内给水管道，应有防结露保温层。

10.1.2 住宅室内装饰装修中排水应符合下列规定：

1 除独立式低层住宅外，不得改变原有干管的排水系统；

2 不得将厨房排水与卫生间排污合并排放；

3 应缩短卫生洁具至排水主管的距离，减少管道转弯次数，且转弯次数不宜多于3 次；宜将排水量最大的排水点靠近排水立管；

4 排水管道不应穿过卧室、排气道、风道和壁柜，不应在厨房操作台上部敷设；

5 不应封闭暗装排污管、废水管的检修孔和顶棚位置的冷热水阀门的检修孔；

6 同层排水系统应采取防止填充层内渗漏的防水构造措施；

7 塑料排水管明设在容易受撞击处，装饰装修应有防撞击构造措施；

8 塑料排水管应避免布置在热源附近；当不能避免，并导致管道表面受热温度大于60℃时，应采取隔热措施；塑料排水立管与家用灶具边净距不得小于400mm。

10.1.3 当改变卫生间内设施位置时，不应影响结构安全和下层或相邻住户使用，并应重做防水构造。

10.1.4 套内宜设置热水供应设施，热源宜采用太阳能或其他环保热源。

10.1.5 住宅应采用节水型便器、淋浴器等卫生洁具。

10.1.6 采用中水冲洗便器时，中水管道和预留接口应设明显标识。坐便器安装洁身器时，洁身器应与自来水管连接，严禁与中水管连接。

10.2 采暖、通风与空调

10.2.1 当住宅采用集中采暖、集中空调时，不应擅自改变总管道及计量器具位置，不宜擅自改变房间内管道、散热器位置。

10.2.2 散热器的安装位置应能使室内温度均匀分布，且不宜安装在影响家具布置的位置。

10.2.3 对于设有采暖、空调设备的住宅，当设置机械换气装置时，宜采用带余热或显热回收功能的双向换气装置。

10.2.4 对于严寒地区、寒冷地区和夏热冬冷地区密闭性好的厨房，除设有排油烟设备外，还宜有供房间换气的排风扇或其他有效的通风措施。

10.2.5 通风、空调系统的管道宜布置在顶棚内，并应便于检修。

10.2.6 空调区的送、回风方式及送、回风口选型及安装位置应满足使室内温度均匀分布的要求。

10.2.7 起居室(厅)、卧室、餐厅、封闭阳台等朝阳位置的外窗宜设有遮阳装置。

10.3 电　气

10.3.1 当装饰装修后住宅套内用电负荷大于原建筑电气的设计负荷时，应事先得到当地供电部门的增容许可。

10.3.2 装饰装修设计不宜改变原设计的分户配电箱位置，当需改变时，配电箱不应安装在共用部分的电梯井壁、套内卫生间和分户隔墙上；配电箱底部至装修地面的高度不应低于1.60m。

10.3.3 住宅各功能空间应设置能够满足使用需求的电源插座和开关，并符合下列规定：

1 电源插座的数量不应少于现行国家标准《住宅设计规范》GB 50096的规定；

2 当电源插座底边距地面1.80m及以下时，应选用带安全门的产品；

3 厨房宜预留增添设施、设备的电源插座位置，电源插座距水槽边缘的水平距离宜大于600mm；

4 洗衣机、电热水器、空调和厨房设备宜选用开关型插座；

5 可能被溅水的电源插座应选用防护等级不低于IP54的防溅水型插座；

6 除照明、壁挂空调电源插座外，所有电源插座配电回路应设置剩余电流动作保护装置。

10.3.4 无顶棚的阳台的照明应采用防护等级不低于IP54的防水壁灯，安装高度不宜低于2.40m。

10.3.5 套内电气线路敷设应符合下列规定：

1 导线(含护套线)不得直接敷设在墙体及顶棚的抹灰层、保温层及装饰面板内；

2 敷设在顶棚内的电气线路，应采用穿金属导管、塑料导管、封闭式金属线槽或金属软管的布线方式；

3 潮湿部位的配电线路宜采用管壁厚度不小于2mm的塑料导管或金属导管，明敷的金属导管应作防腐、防潮处理；

4 卫生间电气线路应在顶棚内敷设，并宜设置在给水、排水管道的上方；不应敷设在卫生间0、1区内，且不宜敷设在2区内；

5 当电气线路与采暖热水管在同一位置时，宜敷在热水管的下面，并应避免与热水管平行敷设，且与热水管相交处不应有接头。

10.3.6 卫生间防止电击危险的安全防护应符合下列规定：

1 有洗浴设备的卫生间应做局部等电位联结，装饰装修不得拆除或覆盖局部等电位联结端子箱；

2 0、1、2 防护区内，不得通过非本区的配电线路，且不得在该区域装设接线盒或设置电源插座（含照明开关）及线路附件；

3 照明开关、电源插座距淋浴间门口的水平距离不得小于 600mm。

10.4 智 能 化

10.4.1 当弱电工程增加新的内容时，不应影响原有功能，不得影响与整幢建筑或整个小区的联动。

10.4.2 每套住宅应设置信息配线箱，当箱内安装集线器（HUB）、无线路由器或其他电源设备时，箱内应预留电源插座。

10.4.3 信息配线箱宜嵌墙安装，安装高度宜为 0.50m，当与分户配电箱等高度安装时，其间距不应小于 500mm。

10.4.4 当电话插口和网络插口并存时，宜采用双孔信息插座。

10.4.5 套内各功能空间宜合理设置各类弱电插座及配套线路，且各类弱电插座及线路的数量应满足现行国家标准《住宅设计规范》GB 50096 的相关规定。

11 安全防范

11.1 消防安全

11.1.1 住宅室内各部位采用的装饰装修材料的燃烧性能和燃烧性能等级应符合现行国家标准《建筑材料及制品燃烧性能分级》GB 8624 和《建筑内部装修设计防火规范》GB 50222 的规定。

11.1.2 胶合板应按现行国家标准《建筑内部装修设计防火规范》GB 50222 的相关规定进行阻燃处理。

11.1.3 厨房、卫生间等空间内靠近热源部位应采用不燃、耐高温的材料。灶具与燃气管道、液化石油气瓶应有不小于 1.0m 的安全距离。

11.1.4 当开关、插座、照明灯具等电器的高温部位靠近可燃性装饰装修材料时，应采取隔热、散热的构造措施。

11.1.5 管道穿墙时，应采用不燃材料封堵穿孔处缝隙。采暖管道通过可燃材料时，其距离应大于 50mm 或采用不燃材料将两者隔离。

11.1.6 采用隔墙重新分隔室内空间后，火灾自动报警系统设备和自动灭火喷水头的位置及数量应满足消防安全的规定。

11.2 结构安全

11.2.1 既有住宅未经技术鉴定或原设计单位许可，装饰装修设计不得改变建筑用途和使用环境，对超过设计使用年限的住宅，在无建筑结构安全鉴定时，不应进行装饰装修。

11.2.2 住宅室内装饰装修时，不应在梁、柱、板、墙上开洞或扩大洞口尺寸，不应凿掉钢筋混凝土结构中梁、柱、板、墙的钢筋保护层，不应在预应力楼板上切凿开洞或加建楼梯。

11.2.3 住宅室内装饰装修时，不宜拆除框架结构、框剪结构或剪力墙结构的填充墙，不得拆除混合结构住宅的墙体，不宜拆除阳台与相邻房间之间的窗下坎墙。

11.2.4 住宅室内装饰装修时，不得在梁上、梁下或楼板上增设柱子，分割空间应选择轻质隔断或轻质混凝土板，不宜采用砖墙等重质材料，并应由具备设计资质的单位进行校验、确认。

11.2.5 当住宅室内装饰装修设计采用后锚固技术与原主体结构连接，应按现行行业标准《混凝土结构后锚固技术规程》JGJ 145 执行。钢结构房屋不应采用直接焊接连接。

12 设计深度

12.1 一般规定

12.1.1 住宅室内装饰装修设计应分为方案设计、初步设计和施工图设计三个阶段。对于技术要求相对简单的住宅,且合同中没有做初步设计约定的,可在方案设计审批后直接进入施工图设计。当施工有变更时,应有变更设计。因工程决算和备案的需要,施工单位应绘制竣工图。

12.1.2 方案设计阶段可不包括给水排水、采暖通风、空气调节、建筑电气与智能化等专业的设计。

12.1.3 方案设计阶段应根据使用要求、空间特征、结构现状等,运用技术和艺术方法,表达设计思想。

12.1.4 初步设计阶段应深化方案设计,解决相关的技术和经济问题,深度接近施工图设计。

12.1.5 施工图设计应满足材料、设备的采购和现场施工的需要,并应在方案设计或初步设计基础上,完成装饰装修工程需要的全部图纸,包括变更设计图。施工图应绘制节点大样,标明施工做法和技术措施,选择材料的品种、规格,部品的种类、规格,家具的样式、尺寸,以及陈设品的种类样式等。变更设计应包括变更原因、变更位置、变更内容或变更图纸,以及变更说明。

12.1.6 竣工图应完整反映施工及现场实际情况,应能作为施工单位工程决算、工程维护和修理的依据,并应能作为存档的资料,其图纸深度应与施工图相同。

12.1.7 住宅室内装饰装修的制图应符合现行行业标准《房屋建筑室内装饰装修制图标准》JGJ/T 244 的规定和国家现行有关制图标准的规定。

12.2 方案设计

12.2.1 方案设计应包括下列内容:

1 设计说明书;

2 平面图、顶棚图、室内主要立面图、透视图以及其他图纸;

3 主要装饰材料表等;

4 工程投资估算(概算)书。

12.2.2 设计说明书应包括下列内容:

1 设计依据(设计任务书或协议书等);

2 委托设计的内容和范围;

3 依据的设计标准、规范;

4 工程规模、装饰装修面积、主要用材、投资估算说明;

5 功能布局和设计特点;

6 环保节能、防火、可持续的思路;

7 根据工程的实际情况和业主要求的相关说明。

12.2.3 平面图应符合下列规定:

1 尺寸应与现场尺寸一致;

2 应标明各功能房间和区域的名称、编号;

3 宜标明相关立面的索引符号、编号;

4 批量的新建住宅室内装饰装修设计应标注轴线编号,并应与原住宅建筑设计图纸轴线编号相一致;

5 宜标明主要家具、陈设、隔断、厨卫设施的位置;

6 宜标明主要装饰装修材料的名称;

7 宜标注地面装修后的主要标高;

8 宜标明装饰装修后室内外墙体、门窗、管道井、阳台、楼梯等位置;

9 应标注图纸名称、制图比例及编号;

10 批量的新建住宅应在总平面中标明套型名称或编号及套型位置。

12.2.4 顶棚平面图应符合下列规定：

1 顶棚平面尺寸应与对应的平面图尺寸相符；

2 批量的新建成套住宅室内装饰装修设计应标注轴线编号，并应与原住宅建筑设计图纸的轴线符号相符；

3 宜标明灯具和主要设施的位置、名称、大小；

4 宜标明主要装饰装修材料的名称；

5 宜标注主要装饰装修造型的位置、尺寸和标高；

6 应标明门、窗和窗帘盒的位置、大小；

7 应标注图纸名称、制图比例、图例和编号。

12.2.5 立面图应符合下列规定：

1 应绘制有代表性的立面；

2 宜标注立面的轴线编号、尺寸以及主要物体的宽度尺寸；

3 宜标注住宅室内地面至顶棚面的尺寸以及立面上主要物体的高度尺寸；

4 宜标注立面的装饰装修材料和装饰物象的名称；

5 宜标明门窗的位置、大小；

6 应标注图纸名称、制图比例及必要的索引符号、编号。

12.2.6 透视图应符合下列规定：

1 应表现室内主要空间的装饰装修效果；

2 空间尺度应准确；

3 彩色透视图的材料、色彩、质感宜能较真实地反映实际效果。

12.3 初步设计

12.3.1 技术要求较高的住宅室内装饰装修应作初步设计。

12.3.2 初步设计应包括下列内容：

1 设计说明书；

2 平面图、顶棚平面图、主要立面图；

3 配套的设备、设施设计图；

4 主要材料表和工程概算书。

12.3.3 初步设计的深度应符合下列规定：

1 应对方案设计进行深化设计，并作为施工图设计的依据；

2 应标明水、暖、电专业的主要设计内容；

3 应提出解决装饰装修中的环境、结构、设备等技术问题的方案；

4 应作为工程概算的依据；

5 应符合报审设计文件的要求。

12.4 施工图设计

12.4.1 施工图设计应包括下列内容：

1 施工图设计说明书；

2 平面图、现状平面图，顶棚平面图，设备、设施平面图，立面图，剖面图，节点详图、大样图；

3 主要装饰材料表或主要材料样板；

4 配套的设备、设施设计图；

5 工程预算书。

12.4.2 施工图设计说明书应包括下列内容：

1 设计内容和范围；

2 设计依据(设计任务书或协议书等)；

3 依据的设计标准规范；

4 装饰装修设计样式的说明；

5 建筑结构、消防设施维护状况的说明；

6 装饰装修材料燃烧性能等级、环保质量的要求；

7 装饰装修材料规格和质量的要求；

8 施工工艺和质量的要求；

9 设备、设施深化设计的说明；

10 图纸中特殊问题的说明；

11 引用相关图集的标注。

12.4.3 施工图的平面图应包括平面布置图、顶棚平面图、设备设施布置图、地面铺装图、索引图等，并应符合下列规定：

1 应标明原建筑室内外墙体、门窗、管道井、楼梯、平台、阳台等位置，并应标注装饰装修需要的尺寸；

2 应标明固定家具、隔断、构件、陈设品、厨房家具、卫生间洁具、照明灯具以及其他固定装饰配置和饰品的名称、位置及必要的定位尺寸，尺寸可标注在平面图内；

3 应标明的轴线编号，并与原住宅建筑设计图纸轴线编号相符，并标明轴线间尺寸、总尺寸及装饰装修需要的室内净空的定位尺寸；

4 宜标注装饰门窗的编号及开启方向，标明家具的橱柜门或其他构件的开启方向和方式；

5 应标注楼地面、主要平台、厨房、卫生间等地面完成面及有高差处的设计标高；

6 宜标明设备、设施的位置、尺寸及有关安装工艺；

7 应标注索引符号和编号、图纸名称和制图比例。

12.4.4 地面装修图应符合下列规定：

1 应标注地面装修材料的种类、拼接图案、不同材料的分界线；

2 应标注地面装修标高和异形材料的定位尺寸、施工做法；

3 宜标注地面装修嵌条、台阶和梯段防滑条品种、定位尺寸及做法。

12.4.5 索引平面图应符合下列规定：

1 空间形状复杂的住宅室内装饰装修可单独绘制索引平面图；

2 索引平面图宜注明立面、剖面、局部大样和节点详图的索引符号及编号，必要时可用文字说明索引位置。

12.4.6 顶棚平面图应符合下列规定：

1 应与平面图的形状、大小、尺寸相对应；

2 批量的新建住宅应标明墙体的主要轴线编号，并应与原住宅建筑设计图纸中的轴线编号相符，还应标注轴线间尺寸和总尺寸；

3 应标明墙体、管道井和楼梯等位置；

4 应标明顶棚造型、天窗、构件，标明装饰垂挂物及其他装饰配置和饰品的位置，标注顶棚的标高、定位尺寸、材料种类和做法；

5 应标明灯具、发光顶棚、灯具开关的位置和空调风口等设备、设施的位置，标注定位尺寸、材料种类、产品型号、灯具型号规格、编号及做法；

6 应标注索引符号和编号、图纸名称和制图比例。

12.4.7 立面图应画出需要进行装饰装修的各空间的立面，无特殊装饰装修要求的立面可不画立面图，但应在施工图说明或图纸中说明。

12.4.8 立面图应符合下列规定：

1 应标注立面设计部位两端的总尺寸和局部的分尺寸，平面图中有轴线编号的宜标注立面范围内的轴线编号；

2 应标明立面左右两端的内墙线，标明装修后上下之间的地面线、顶棚线；

3 宜标注顶棚剖切部位的定位尺寸及其他相关尺寸，标注地面线标高、顶棚线标高；

4 应标明墙面、柱面、门窗、固定隔断、固定家具及需要标明的陈设品位置，并宜标注其定位尺寸；

5 宜标注立面和顶棚剖切部位的装饰装修材料图例、材料分块尺寸、材料拼接线和分界线定位尺寸等；

6 宜标明立面上的灯饰、电源插座、通信和电视信号插孔、空调控制器、开关、按钮、消火栓等设备、设施的位置，标注定位尺寸、设备、设施的种类、产品型号、编号，以及安装工艺等；

7 对需要特殊或详细表达的部位，可单独绘制其局部立面大样，并标明其索引位置；

8 宜用展开图表示弧形立面、折形立面；

9 应标注索引符号和编号、图纸名称和制图比例。

12.4.9 剖面图宜有墙身构造的剖面图和各种局部剖面图。

12.4.10 剖面图应标明剖切部位构造的构成关系，并应标注详细尺寸、标高、材料、品种、连接方式和工艺。

12.4.11 大样图应索引平面图、顶棚平面图、立面图和剖面图中某些需要更加清晰表达的部位，并应绘制大比例图样。

12.4.12 节点详图应索引需要详细表达的剖切部位，并应绘制大比例图样。节点详图应符合下列规定：

1 可标明节点处原有的构造中基层材料、支撑和连接材料及构件、配件之间的相互关系，应标明基层、面层装饰材料的图例，应标注材料、构件、配件等的详细尺寸、产品型号、工艺做法和施工要求；

2 可标明设备、设施的安装方式，应标明收口和收边方式，并应标注其详细尺寸和做法；

3 应标注索引符号和编号、节点名称和制图比例。

12.4.13 主要装饰材料表应有材料名称、规格，或根据合同的要求提供相应内容。

12.4.14 设备、设施设计应符合下列规定：

1 设备、设施设计的深度应与设备、设施各专业的制图标准和设计文件深度规定一致；

2 设备、设施的设计应与装饰装修设计协调配合，图中标明的设备、设施的位置应与装饰装修设计图中的位置一致；

3 装饰装修中，设备、设施设计图中标明的技术要求应符合本规范第10.2～10.4节的相关规定。

本规范用词说明

1 为便于在执行本规范条文时区别对待，对要求严格程度不同的用词说明如下：

1）表示很严格，非这样做不可的：

正面词采用“必须”，反面词采用“严禁”；

2）表示严格，在正常情况下均应这样做的：

正面词采用“应”，反面词采用“不应”或“不得”；

3）表示允许稍有选择，在条件许可时首先应这样做的：

正面词采用“宜”，反面词采用“不宜”；

4）表示有选择，在一定条件下可以这样做的，采用“可”。

2 条文中指明应按其他有关标准执行的写法为：“应符合……的规定”或“应按……执行”。

引用标准名录

1 《建筑照明设计标准》GB 50034

2 《住宅设计规范》GB 50096
3 《建筑内部装修设计防火规范》GB 50222
4 《民用建筑工程室内环境污染控制规范》GB 50325
5 《老年人居住建筑设计标准》GB/T 50340
6 《无障碍设计规范》GB 50763
7 《建筑材料及制品燃烧性能分级》GB 8624
8 《住宅厨房及相关设备基本参数》GB/T 11228
9 《住宅卫生间功能及尺寸系列》GB/T 11977
10 《建筑玻璃应用技术规程》JGJ 113
11 《混凝土结构后锚固技术规程》JGJ 145
12 《房屋建筑室内装饰装修制图标准》JGJ/T 244
13 《住宅厨房模数协调标准》JGJ/T 262
14 《住宅室内防水工程技术规程》JGJ 298

中华人民共和国行业标准

住宅室内装饰装修设计规范

JGJ 367—2015

条文说明

制订说明

《住宅室内装饰装修设计规范》JGJ 367—2015，经住房和城乡建设部2015年6月3日以第830号公告批准、发布。

本规范编制过程中，编制组进行了住宅室内装饰装修设计中有关使用功能、结构安全、消防安全、环境质量、配套设施设备等方面的调查研究，总结了我国住宅室内装饰装修方面的实践经验，同时参考了国外先进技术法规、技术标准，通过人体活动最小尺寸控制的模拟试验、结构安全实验以及多次专家研讨会等形式取得了相应的重要技术参数。

为便于广大设计、施工、科研、学校等单位有关人员在使用本规范时能正确理解和执行条文规定，《住宅室内装饰装修设计规范》编制组按章、节、条顺序编制了本规范的条文说明，对条文规定的目的、依据以及执行中需注意的有关事项进行了说明，还着重对强制性条文的强制性理由做了解释。但是，本条文说明不具备与规范正文同等的法律效力，仅供使用者作为理解和把握规范规定的参考。

1 总 则

1.0.1 我国的住宅室内装饰装修面广量大，它与资源利用、环境保护和广大城镇居民安居乐业息息相关。由于目前国家尚未有针对住宅室内装饰装修设计的相关规范，住宅室内装饰装修设计因缺少标准依据，致使室内装饰装修设计市场较为混乱，安全事故时有发生，装饰装修质量难以保证，同时装修业主与设计方、施工单位之间纠纷不断。为了保证住宅室内装饰装修工程质量，使装饰装修更好地满足安全、适用、环保、经济、美观等要求，并使装饰装修的设计方、施工方、监理方等有法可依，特编制本规范。

1.0.2 虽然我国城镇的住宅形式多样，但其基本功能都是供家庭居住，都应该执行共同的标准，因此，本规范在《住宅设计规范》GB 50096 等规范的基础上，根据住宅室内装饰装修的特点对设计的范围作出明确规定。

历史文物保护住宅应执行《中华人民共和国文物保护法》，因此不能执行本规范的规定。

1.0.4 住宅室内装饰装修的产业化、工业化必然要求住宅部品的标准化、模数化、智能化，而住宅室内环境的多样化、个性化又是提升现代住宅品质的重要因素。因此需要设计师很好地解决标准化与个性化之间的矛盾。同时，在住宅室内装饰装修中积极采用新技术、新工艺、新材料、新产品，也是促进住宅建筑产业化、工业化的重要内容。

1.0.5 住宅室内装饰装修涉及建筑、结构、防火、热工、节能、隔声、采光、照明、给水排水、暖通空调、电气等专业规范的相关规定，因此在住宅室内装饰装修设计时除执行本规范外，尚应符合国家现行的与住宅室内装饰装修有关的规范、标准。

2 术 语

2.0.1 “装饰”与“装修”原义都是指修饰、美化。但 20 世纪 80 年代，建筑界为了说明室内工程的范围和内容，特将“室内装饰”与“室内装修”作了区分。“室内装修”是指对建筑室内空间中的界面，如顶棚、墙面、柱面、地面、门窗及厨卫设施、固定家具进行维护、修饰，它是指对建筑基体、基层、面层的处理、修饰。而“室内装饰”则是指运用家具、陈设品等对室内环境进行美化处理。综上所述，装饰装修是根据住宅室内功能空间的使用性质、所处环境，运用物质技术手段，并结合视觉艺术，达到安全卫生、功能合理、舒适美观、满足人们物质和精神生活需要的空间效果的过程。

2.0.2 指房间内楼盖、屋盖底部，也指楼盖、屋盖底部下的吊顶。

2.0.3 进入套内后的过渡空间，也叫玄关。

2.0.4 在住宅室内装饰装修中，指本层室内地坪装饰装修完成面至该空间楼盖、屋盖底面或吊顶之间的有效使用空间的垂直距离。

2.0.5 陈设品也称摆设品、装饰品。陈设品有四类：

(1)纯观赏性的艺术作品、工艺品，如绘画、雕刻、工艺美术品等；

(2)既有使用功能又有观赏功能的生活用品，如家电、器皿等；

(3)有文化价值的物品，如远古时期的或异国他乡的具有历史文化或地域文化内涵的物品；

(4)用艺术设计的方法布置的物品。陈设品在室内能起到美化和展示作用。陈设设计对提升室内审美效果和舒适性具有重要的作用。

3 基本规定

3.0.1 在查阅了国内数十家著名家装企业的住宅室内装饰装修图纸内容，征求数十家著名家装企业万余位设计的意见后确定本条文。

3.0.2 鉴于住宅室内装饰装修中有改变原住宅建筑标准的情况和部分装饰装修设计人员对建筑相关规范、标准缺乏了解的现状，从保证居住者生活安全和舒适角度考虑，特作本条文规定。

3.0.3 有些住宅室内装饰装修为了扩大套内使用面积，有的减少共用部分安全疏散口数量，延长室内至疏散出口距离，有的擅自拆改、占用共用部分门厅、走廊和楼梯间等，这些行为严重影响了住宅的消防安全，因此作本条文规定。

3.0.4 关于住宅的消防设施、消防应急照明、疏散指示标志、安全疏散设施等，现行国家标准《建筑设计防火规范》GB 50016 已经明确规定。但目前的住宅装饰装修存在部分装饰装修设计人员和住户的防火安全意识淡薄，在装饰装修设计或施工中经常出现遮挡消防设施标志或影响安全疏散通道正常使用等现象，因此本条对此作出规定。

3.0.5 住宅室内装饰装修设计存在改变共用部分配电箱、弱电设备箱、给水排水管道设施的位置和规格的现象。这些设施的位置和规格是建筑设备设计从设施安全和使用方便的角度确定的，改变它们的位置、规格或增加原设计负荷都可能会引发安全事故，并影响使用效果。

3.0.7 住宅室内对防护设施的规定是从居住者的安全角度考虑并通过大量调查研究后确定的。现行国家标准《民用建筑设计通则》GB 50352、《住宅建筑规范》GB 50368 和《住宅设计规范》GB 50096 均对栏杆、扶手及其他防护设施作出了强制规定。降低高度或抗冲击性等做法都可能带来安全隐患，影响居住的安全。但是在实际工程中，部分装饰装修人员或住户往往忽视这些安全措施，而仅仅从美观或功能角度出发进行室内装饰装修设计，拆除了原有的防护设施，由此导致安全隐患的产生，因此对防护设施的安全性进行了规定。

本条中所称的“拆除”是指装饰装修过程中拆掉原有的安全防护设施，不再安装回去或更换新的。对于更换防护设施，不属于“拆除”范围，但更换后的防护设施的安全防护性能不应低于现行国家有关标准的规定。

3.0.8 住宅室内的空气污染源主要有甲醛、氨、苯以及天然石材的放射性元素等，而这些元素基本上来自装修材料。例如对人体危害最大的甲醛和放射性元素，甲醛主要存在于板材类、胶粘剂类材料中，其挥发性慢，会长时间积存在室内空气中，危害居住者健康；而放射性元素主要存在于各种天然石材中，无色无味，不易觉察，同样容易对健康产生影响。住宅室内空气污染物的活度和浓度应符合国家标准《住宅设计规范》GB 50096—2011 中关于住宅室内空气污染物限值的规定。

3.0.9 有些住宅室内装饰装修为了片面追求室内的视觉效果而封堵、扩大、缩小外墙窗户或增加外墙窗户、洞口等，改变或影响建筑外立面，影响城镇建筑的整体形象和建筑的技术指标。

3.0.10 现行国家标准《住宅设计规范》GB 50096、《住宅建筑规范》GB 50368 的对住宅室内光环境、声环境、热环境、防水、防潮和空气质量作了规定，这些规定是控制住宅室内环境质量的重要依据。

3.0.11 住宅室内装饰装修设计中布置家具、设施时应留出满足居住者活动的空间，其尺寸应便于居住者的使用。

3.0.12 根据我国大部分老年人尚可自理生活、行动方便的实际情况，本条文在老年人前加了“行动不便”的限定。

4 套内空间

4.1 一般规定

4.1.1 住宅建筑设计中已确定了套内空间中厨房、卫生间的平面和设备、设施的管道位置，改变厨房、卫生间的位置必然改变设备、设施的管道位置，而改变下水管道的位置会影响废水和污水的排放。住宅建筑设计中对阳台的基本功能和相应的标准已作规定，改变阳台的基本功能有的会增加阳台的荷载或改变相关设施，有的会影响阳台的结构安全、消防安全等，故不宜改变。

4.1.3 装饰装修中各部位使用的材料都应满足现行国家标准对防火和环境污染控制的规定。顶棚、墙面、地面因所处室内部位的不同对装饰装修还有不同的要求。

4.1.4 顶棚是室内装饰装修的主要界面之一，是装修的重点。实态调研表明，为了追求装饰效果，设计师往往会设计多个层次的吊顶或采用自由造型，悬挂各种折板、平板、曲板或玻璃顶等，这些吊顶造型虽然丰富了室内空间的视觉效果，但是从安全和使用的角度考虑，顶棚装修还应符合下列规定：

1 室内装饰装修中，灯具样式很多，实际调查发现很多设计师在选择灯具时，往往不太注意灯具的悬挂高度。这样即便建筑层高满足要求，但是因为灯具底面距离地面较低，当居住者在灯具下方活动时就可能触碰到，产生潜在危险。

2 现行行业标准《建筑玻璃应用技术规程》JGJ 113 对安全玻璃中有框平板玻璃、真空玻璃和夹丝玻璃的最大许用面积作了规定。

3 实态调研表明，因设计疏忽或施工者任意减少吊顶灯带的侧边开口部位的高度，致使工程完工后出现无法检修或无法更换灯具等设备的情况。因此，应考虑风口的位置及合理的尺寸，以满足设备安装和检修的需要。

4 顶棚中的发光灯片如果没有隔热、散热措施就会有火灾的隐患，灯片安装不牢固也会因坠落发生事故。

5 吊顶上悬挂的物体位于人的头顶，如没有连接牢固的构造措施，一旦坠落就有可能伤及居住者或砸坏物体。自重3kg以上的或有振动荷载的物体、设施一旦坠落，危险更大。因此应采取与建筑主体牢固连接的构造措施以保证安全。

4.1.5 墙面是住宅室内装饰装修的主要界面。本条文对住宅室内装饰装修墙面设计中的安全、美观及有关工艺问题作了规定。

2 底层外墙及靠卫生间的墙面，常因施工质量差而发生渗水、漏水现象，所以本条要求对底层墙面、靠卫生间的墙面和固定家具作防潮、防霉构造设计，以消除或减少潮湿对室内空间的影响。

3 踢脚板是楼地面和墙面相交处的构造节点。踢脚板的作用主要有两个：一是保护墙面，防止搬运、行走或清洁卫生时将墙面弄脏，避免外力碰撞造成对墙面（或墙角）的破坏；二是装饰作用，遮盖楼地面与墙面的接缝，使墙体和地面之间结合得更牢固。踢脚板的厚度不超过门贴脸的厚度，既可以起到遮挡踢脚板断面，防止其截面端部损坏的作用，又可起到装饰作用。

4.1.6 地面是住宅室内装修的重要部位之一。本条文根据实态调研对地面的防水、排水及用材等问题作了规定。

1 门槛高差小于5mm难以起到阻挡卫生间出现积水外溢的作用，而大于15mm则又可能导致居住者因忽视高差而被绊倒。

2 铺贴大于300mm×300mm的块状材料较难形成符合排水要求的坡度。

4 硬质材料与软质材料拼接时，硬质材料的边缘容易磨损，因此要采取保护硬质材料边缘不被磨损的构造措施。

4.1.8 老人、儿童夜间上卫生间的频率较高，如果卫生间走道、上下楼梯平台、踏步处没有照明，老人、儿童容易碰撞、摔倒。

4.1.9 实态调研中发现，有些既有住宅的卫生间、厨房部位存在防水失效或根本没有防水的情况。故重新装修时，这些部位应补上防水设计。

4.1.10 多数固定家具都是以木材为原料，因此对材料作了环保、防蛀、防潮、防霉变、防变形等规定。

4.1.11 住宅套内有不同功能的空间，不同的功能需要有不同的装饰装修特点，如起居室（厅）与卧室、餐厅的装饰装修不应一样，应符合功能的特点。另外套内各功能空间之间的距离较短，如用材、用色差距较大就会产生视觉上的突兀感。家具的布置应根据功能需要、平面形状、空间尺寸等因素确定。家具在住宅室内占有较大的面积，如果家具的风格与空间装修风格差异太大，会使住宅室内装饰装修整体风格不协调。

4.1.12 轻质隔断自重轻，不会对楼板产生较大荷载，而良好的隔声性能是居住环境好坏的重要评价因素。

4.2 套内前厅

4.2.1 出入套内前厅时有换鞋、存物、开启开关等行为，装饰装修设计可根据套内前厅的空间大小和业主的要求设置相关家具和设施。套内前厅设置装饰隔断既能使套内前厅有一个相对独立的空间，又能起到美化套内空间的作用。

4.2.2 套内前厅是搬运大型家具和装饰装修材料的必经之路，既要考虑到大型家具、装饰装修材料的高度和尺寸，又要考虑搬运家具、材料拐弯时需要的宽度尺寸，所以规定装饰装修后套内前厅净高不应低于2.40m，净宽不宜小于1.20m。

4.2.3 该尺寸根据模拟实验中较矮身高者及较高身高者站立状态下眼睛与地面之间距离的统计数据分析而

确定。

4.3 起居室(厅)

4.3.1 根据人体工学和模拟实验统计,成年人正面通行的平均宽度为520mm,当持有小件物体时正面通行或转身通行宽度都在900mm以内,由此对起居室(厅)的主要通道净宽作了规定。另外,根据《住宅设计规范》GB 50096—2011 规定,起居室(厅)面积不应小于$10m^2$,将必要家具模拟布置在起居室(厅)后只能留出900mm宽度的通道。

4.3.2 在住宅室内顶棚装饰装修中常有过度降低净高的做法,影响住宅的通风、采光。根据《住宅设计规范》GB 50096—2011 的规定:起居室(厅)的净高不应低于2.40m,局部净高不应低于2.10m,且局部净高面积不应大于室内使用面积的1/3,由此制定本条规定。

4.3.3 增加直接开向起居室(厅)的门不利于家具的布置和交通。起居室(厅)的沙发、电视柜等大型家具在靠直线长度较长的墙面布置,并避开门洞位置,既符合人的视觉审美习惯,也能提高客厅的利用率。

4.4 卧 室

4.4.1 人体工学的知识和模拟实验表明,600mm的通道宽度可满足身材高大型的人持小件物品正面通过。另外,根据《住宅设计规范》GB 50096—2011 中规定卧室最小面积$5m^2$的条件,模拟布置必要的家具后卧室仍有留出600mm宽度的可能。

4.4.2 针对装饰装修设计中有过度降低净高的现象,本条根据现行国家标准《住宅设计规范》GB 50096制定。

4.4.3 当卧室平面布置中床头无法避免正对卫生间门洞时,应采取装饰措施,遮挡两者之间的直接视线。

4.4.4 为了使老年人卧室具有舒适的生活环境和便捷、安全的护理条件,本条文根据现行国家标准《无障碍设计规范》GB 50763 中的相关规定和住宅室内装饰装修工程的实态调研,对老年人卧室的装饰装修设计作了规定。

1 实态调研表明,老年人使用卫生间的频率较青壮年人高,因此,老年人的卧室宜设置在接近卫生间的位置。住房条件允许时,宜在老年人卧室的套间内设置独立使用的卫生间,以增加老年人生活的便利性。

4 老人卧室是否留有护理通道和放置设备的空间,应根据空间大小、护理需要及条件等因素决定。另外,卧室床头、卫生间厕位旁、洗浴位旁都是需要护理的老年人发病时呼叫和求救的地方,因此根据需要宜设置固定式呼救按钮。

5 内外开启的门便于轮椅使用者的进出,而使用弹簧门,特别是弹力很强的门,反弹时会撞击使用者。老年人卧室一般不采用玻璃门,如采用则应用安全玻璃。另外,在老年人经常活动的空间应保持地面平整,避免发生羁绊等危险。

4.4.5 儿童在居室中碰伤的主要的形式是跌伤,而跌伤的主要原因大都是由物体引起的滑倒或绊倒。在儿童滑到或被绊倒时,墙面的外凸造型,特别是呈尖锐的棱状、角状造型,更易增加碰伤的危险程度,因此作本条文的规定。

4.5 厨 房

4.5.1 整体橱柜由专业厂家制作,有成熟的工艺水平。整体橱柜较现场制作的橱柜,其功能更合理,用材更环保,形式更美观。采用整体橱柜是住宅装修产业化的重要内容。

4.5.2 装饰装修中有过度降低厨房净高的现象,因此,根据现行国家标准《住宅设计规范》GB 50096 制定本条文。

4.5.4 本条文根据现行国家行业标准《住宅厨房模数协调标准》JGJ/T 262 中的相关数据规定。

4.5.5 厨房是产生油烟污染的空间,因此厨房装饰装修设计不应将吊柜安装在遮挡自然通风和天然采光的位置(如窗户位置)。另外,厨房具有自然通风不仅可以排出烹调过程中产生的烟气,也能在可燃气体泄漏时,换气稀释,降低火灾危险。

4.5.6 通常厨房的面积较小,封闭式的厨房设置推拉门可少占空间,并不影响设施、设备及家具的布置使用。

另外，推拉门应有安装牢靠、便于使用的构造设施。

4.6 餐 厅

4.6.1 根据人体工学和模拟实验的结果制定本条文。成年人正面通行平均需要520mm的宽度，而持有小件物体无论正面通行或转身通行需要900mm以内的宽度。

4.6.3 餐厅靠近厨房布置，方便备餐和观察厨房的烹调情况。

4.6.4 小户型或既有住宅室内没有独立的餐厅，装饰装修设计应根据经常就餐的人数设计就餐空间。

4.7 卫 生 间

4.7.3 无前室的卫生间门直接对着厨房、餐厅、客厅、卧室会产生视线干扰和不卫生、不文明的状况，装饰装修设计应避免产生这种情况。如既有住宅中存在此类情况，应通过装饰装修设计采取遮挡的措施避免或减弱这种状况。

4.7.4 内外双向开启的卫生间门便于老年人、残疾人发生意外事故时自救或抢救。

4.7.5 卫生间装饰装修设计中有时会改变门的位置、尺寸、开启方式等，但不能影响结构安全和设施、设备的布置使用。

4.7.6 根据对实际工程的调查统计规定本条文的数据。

4.7.7 《住宅设计规范》GB 50096—2011中第5.4.6条规定"每套住宅应设置洗衣机的位置及条件"，卫生间是多数住宅设置洗衣机的地方，洗衣机具有瞬间集中给水排水的特点，如没有专用的给水排水接口和地漏，容易产生排水不畅的现象。同时，由于洗衣机位于多水区，因此卫生间设有洗衣机时除有专用的地漏外，还应有专用的给排水接口和防溅水电源插座。

4.7.9 根据实态调研和人体工学的知识，本条文对卫生间洗面台的尺寸作了规定。

1 该尺寸根据模拟实验中对身材较高者和身材较矮者在卫生间洗面台前活动所需尺寸统计、分析确定。

2 装饰装修中卫生间的墙面因装修材料铺贴会占据一定空间，而根据模拟实验对高大型身材的人在洗面台前活动时左右两侧所需尺寸分析，如小于550mm，将对人的活动有所限制。且本条文规定与《民用建筑设计通则》GB 50352—2005第6.5.3条中"洗脸盆或盥洗槽水嘴中心与侧墙面净距离不宜小于550mm"的规定一致。

3 根据洗面盆的尺寸加上嵌入洗面台后洗面台的边所需要的尺寸确定嵌装洗面盆宽度。嵌置洗面盆宜留100mm靠墙装水嘴，50mm作洗面台前缘，左右留150mm以上放洗面用具，另外，嵌置洗面盆台面开孔后如边缘尺寸过小，台面负重后容易断裂。

4.7.10 该尺寸根据模拟实验中人在使用坐便器、蹲便器及小便器时需要与侧墙保持的最小距离确定。通常，身材高大型人在坐便、蹲便、小便时需要的面宽尺寸在800mm以下，因此左右两侧不宜小于400mm。

4.7.11 当坐便器、蹲便器前的活动距离小于500mm时会使人如厕后起身感到压抑。

4.7.12 根据实态调研和人体工学的知识，本条文对卫生间的浴缸作了规定。

1 浴缸上边缘距地面低于450mm或高于600mm都会使多数成年人进出浴缸时的跨入、弯腰等动作不舒适。

2 为防止洗浴时滑倒、跌倒，浴缸和淋浴间的侧墙应安装方便抓握的安全抓杠。

3 设延长软管的手执式花洒可方便全方位冲洗人体，且不将水溅到浴缸外。

4.7.13 根据实态调研和人体工学的知识，本条文对淋浴间的装饰装修设计作了规定。

1 淋浴间设置推拉门或外开门可以少占用淋浴空间。淋浴间的活动空间尺寸根据模拟实验中偏高大型人在淋浴间内活动时所需要的尺寸确定，这个尺寸与目前市场上销售的小型成品淋浴房的尺寸基本一致。淋浴间门宽来源于模拟实验中偏高大型人进入需要的尺寸，淋浴间的隔断高度如小于2.00m，淋浴喷头的水花容易溅出淋浴间外。

2 淋浴间会在短时间内形成积水，如挡水小于25mm，积水就会漫出淋浴间，大于40mm则容易发生绊倒事故。

4.7.14 在卫生间的装饰装修中通常都做防水。根据装饰装修工程的实态调研和现行国家标准《建筑给水排水设计规范》GB 50015 中的相关规定，本条文对卫生间的防水设计作了规定。

1 卫生间地面经常浸水，为防止墙基部位受潮，需要把地面防水层上翻 300mm，以保证地面与墙基的交界处的防水更牢靠。

2 墙面防水覆盖地面防水自墙基向上翻 300mm 是为了加强交界处的防水。而浴区墙面防水设计不低于 1.80m 的防水高度是考虑到淋浴时人的高度以及水喷洒到人身上溅起的高度。非洗浴区有配水点的墙面，如洗面台前、洗衣机前的墙面也有溅水，因此需要设计不低于 1.20m 的防水高度，此高度一般高于给水点 200mm。与书房相邻的浴区，相邻房间的墙面一般都为轻质隔墙，考虑到淋浴时水蒸气上升可能通过吊顶空间浸入轻质墙体，所以要求浴区做通高防水。

4 实态调研表明，当卫生间内积水时，其地面低于相邻房间地面 15mm 可以使积水不侵蚀相邻房间。但高差大于 20mm 则容易发生绊倒的情况。

4.7.15 卫生间木门、木门套及与墙体接触的侧面做防腐，一是因为这些部位的缝隙可能使水汽渗透到墙体内，一是为了防止木门、木门套被水侵蚀腐烂，所以本条文还规定木门套下部的基层宜采用不易腐烂的材料。门槛宽度不小于门套宽度也是从保护门套的角度考虑，避免木门套下部悬空，使水汽渗透到木门套里面导致门套受潮腐烂。

4.8 套内楼梯

4.8.2 实态调研表明，楼梯使用频率高，楼梯踏步面磨损较大，且楼梯是家居意外跌伤、碰伤的主要部位之一。因此，要求楼梯踏步面层装饰装修宜设计用硬质、防滑、耐久的地材板块或不易变形的硬质、耐磨的木制板材饰面。

4.8.3 老年人使用无踏面或直角形踏面突缘容易被绊倒。

4.8.4 套内过道和楼梯地面临空处设高度不小于 20mm、宽度不小于 80mm 的收口，可以起到阻拦地面灰尘、污水侵入下层空间的作用。

4.9 储藏空间

4.9.1 住宅套内应设计储藏空间。储藏空间包括储物柜、步入式储藏间等满足储藏需要的空间。

4.9.2 步入式储藏空间的通风条件包括自然通风和机械通风。

4.10 阳　　台

4.10.2 在阳台地面靠近栏杆处设置低柜或装饰物可以使活动者具有可攀高的条件，这等于降低了阳台栏杆的高度，使栏杆实际的围护功能大大减弱，从而带来安全隐患。

4.10.4 阳台的墙面有受到雨雪的侵害可能，因此电源插座应采用防溅水插座。

4.10.7 阳台设置使用方便、造型整洁、安装牢固的晾晒架，既方便生活，又使阳台部位的空间形态整洁美观。

4.11 门　　窗

4.11.1 根据装饰装修工程的实态调研，本条文对室内门的装饰装修设计作了规定。

1 厨房、餐厅、阳台的推拉门采用透明的安全玻璃既可避免相临空间行人的碰撞，又能保证玻璃破碎时不伤害人。

2 推拉门、折叠门占的空间小，安装推拉门或折叠门采用吊挂式门轨或吊挂式门轨与地埋式门轨组合的方法有成熟的工艺。避免限位器安装于走道通行位置是为了方便通行。

3 对非成品的门做安装构造设计是提高安装门的施工质量的重要措施。

4.11.2 根据现行国家标准《住宅设计规范》GB 50096 的相关规定和装饰装修的实态调研，本条文对室内窗的装饰装修设计作了规定。

1 紧邻窗户的地台或可踩踏的装饰装修物为活动者提供可攀爬的条件，故应重新设计防护设施，并符合现行国家标准《住宅设计规范》GB 50096 中对于栏杆的要求，否则将带来安全隐患。

2 模拟试验结果表明，窗扇的开启把手设置在距装修地面高度 1.10m～1.50m 便于多数成年人的开启。

3 窗台板用材除应符合现行国家标准《建筑内部装修设计防火规范》GB 50222 的要求外，还因其接触水、污染物，使用频率较高等，对耐晒、防水、抗变形的要求较高，因此，要求窗台板采用环保、硬质、耐久、光洁、不易变形、防水、防火的装修材料。

4 对非成品的窗做安装构造设计，是提高窗户安装施工质量的重要措施。

5 共用部分

5.0.1 实态调研表明装饰装修有改变疏散门开启方向或减小门的尺寸等情况，这将导致一旦发生火灾，会造成人群疏散困难，酿成人为的灾害。因此，作本条规定。

5.0.2 根据现行国家标准《住宅设计规范》GB 50096 和现行行业标准《建筑玻璃应用技术规程》JGJ 113 中的相关规定和实态调研，本条文对共用部分的顶棚装饰装修设计作了规定。

7 无障碍设计

7.0.1 住宅的无障碍设计大部分在建筑设计中完成。但在装饰装修中由于设计师对无障碍设计知识的缺乏或片面追求视觉效果，经常有改变原无障碍设计的做法，因此强调在装饰装修设计阶段，不应降低无障碍设计对套内各功能房的面积要求和设施标准是很有必要的。《无障碍设计规范》GB 50763—2012 中对功能房的面积和卫生间的设施有如下规定：

1 单人卧室面积不应小于 7.00m^2，双人卧室面积不应小于 10.50m^2，兼起居室的卧室面积不应小于 16.00m^2，起居室面积不应小于 14.00m^2，厨房面积不应小于 6.00m^2。

2 设坐便器、洗浴器(浴盆或淋浴)、洗面盆三件卫生洁具的卫生间面积不应小于 4.00m^2；设坐便器、洗浴器二件卫生洁具的卫生间面积不应小于 3.00m^2；设坐便器、洗面盆二件卫生洁具的卫生间面积不应小于 2.50m^2；单设坐便器的卫生间面积不应小于 2.00m^2。

7.0.2 无障碍住宅的装饰装修设计应考虑为轮椅的通行和停留提供符合现行国家标准《无障碍设计规范》GB 50763 中规定的空间面积。室内地面的装饰装修应考虑无障碍设计，粗糙和松动的地面(如地毯)会给乘轮椅者的通行带来困难，积水地面对拄拐者的通行造成危险，光滑的地面对任何步行者的通行都会有影响，突显的图案也会干扰视线。

7.0.3 在住宅室内装饰装修中会因地面装修铺贴厚度不同的材料，或因防水措施形成超过 15mm 的高差致使轮椅通过困难，因此在这些情况下应设计缓坡或坡道。坡道净宽不应小于 1.20m，坡度不应大于 1∶ 12。

7.0.4 现行国家标准《无障碍设计规范》GB 50763 对无障碍通道的垂直净空和凸出物作出了规定。有视力障碍的人很难避开从墙上凸出的或从高处悬吊下的物体。室内装饰装修中凸出物是指有关设施和装饰物。在室内装饰装修设计中，可把凸出物布置在凹进的空间里或设置在距地面高度不大于 600mm 的靠近地面处，即处于手杖可探测的范围之内，则可以避免伤害。

8 细　部

8.0.1 装饰装修界面的连接影响装饰装修的美观和使用效果。根据实态调研和视觉的规律。本条文对住宅室内装饰装修中界面的连接方法作了规定。

1 在相邻界面铺贴成品块状饰面板，采用对缝或间隔对缝方式衔接，可以使界面分格有序，工艺美观，如图 1 所示。

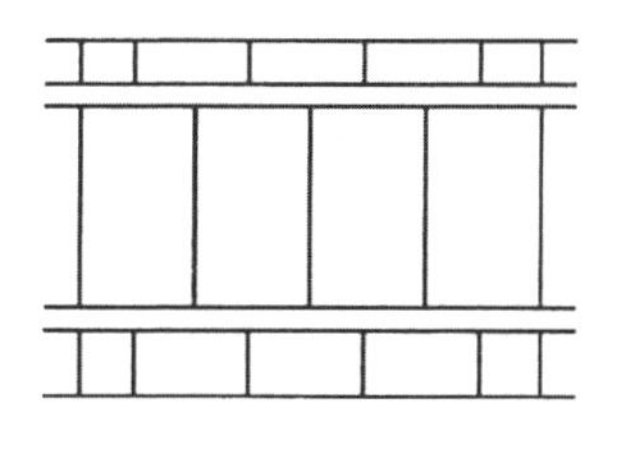

(a)间隔对缝万式衔接

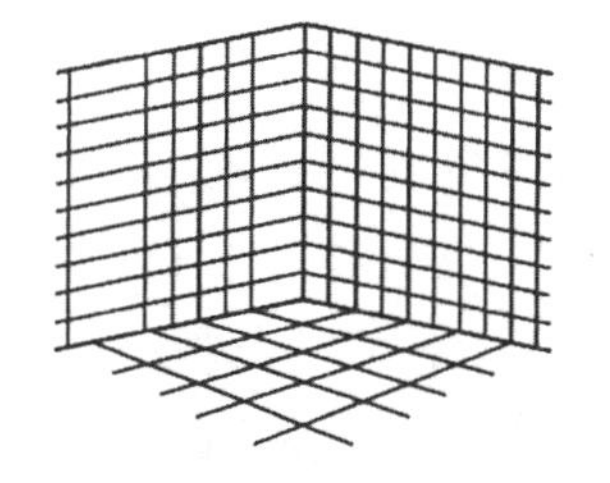

(b)对缝方式衔接

图 1 相邻界面铺贴成品块状饰面板示意

2　两种不同饰面材料平面对接时，由于材料特性的不同带来裂缝、翘边等隐患，采用离缝、错落或加入第三种材料压边的工艺可避免产生这种情况，同时，也能淡化因对接产生的视觉突兀感，如图2所示。

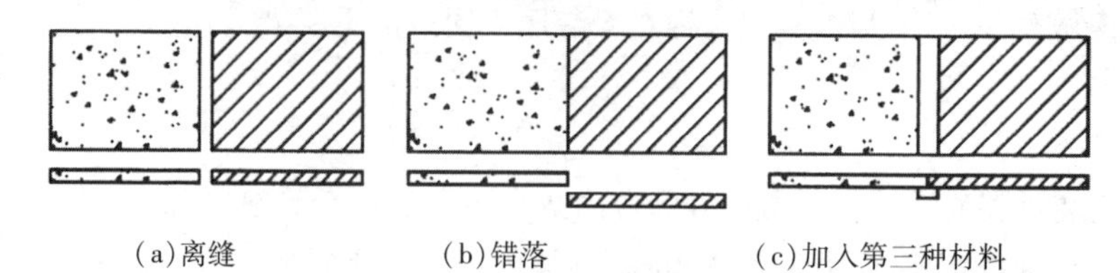

(a)离缝　(b)错落　(c)加入第三种材料

图2　两种不同饰面材料平面对接示意

3　两块相同花纹的材料平面对接时需特别注意花纹、色彩和质感之间的衔接，否则就会破坏界面的整体感。

4　铺贴饰面材料选择大尺寸为小尺寸的整数倍，大尺寸材料的一条边与小尺寸材料其中的一边对缝，这样处理既便于施工又能使材料的铺贴整齐有序，如图3所示。

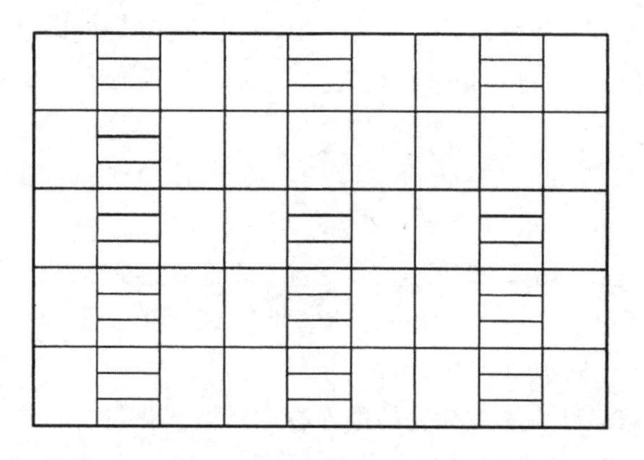

图3　饰面材料大尺寸为小尺寸的整数倍示意

5　由于装饰装修材料的侧口大多为毛面，在成角度交界处会出毛面暴露的现象，所以宜作细部造型处理，如图4所示。

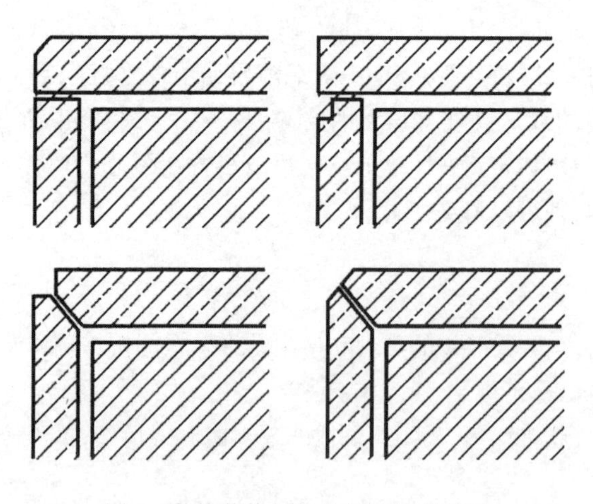

图4　装饰装修材料的侧口造型示意

6　菱形的块面材料对接，特别是在不同界面上对接，容易出现对缝错位，设计中宜做好排版图。菱形块面材料对接界面的边部如不进行收口处理就会出现突兀的视觉感受，如图5所示。

7　饰面材料的尺寸与设备的尺寸及安装位置协调，可以使设备与饰面材料产生整体的装饰美感。

8.0.2　根据实态调研，对室内不规整界面进行规整处理，会使空间感符合绝大多数人的审美取向。

1　不规整的顶面在边部采用非等宽的材料作收边处理，可以使视线首先感觉到的中部顶面规整，如图6所示。

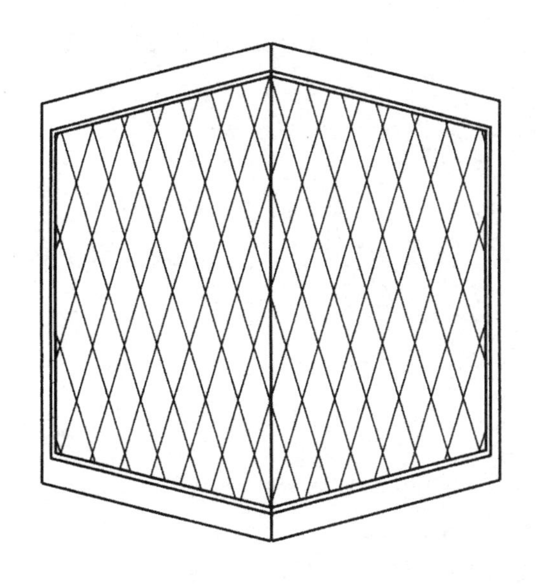

图5 不同界面上菱形块面材料对接的方法示意

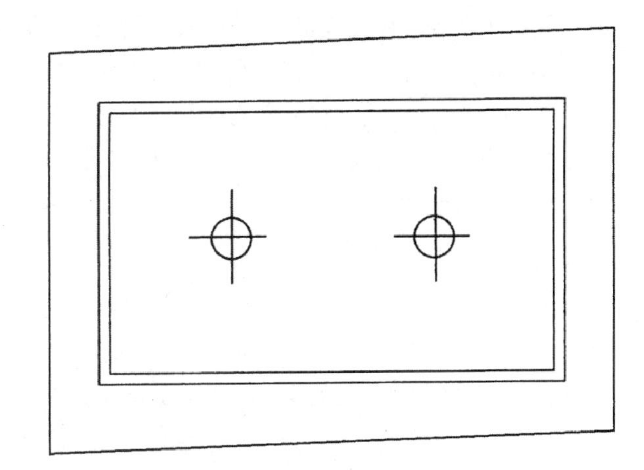

图6 不规整的顶面在边部采用非等宽的材料作收边处理示意

2 不规整的墙面如采用块面材料铺贴因有分缝存在必然会在边部出现不规则形状，而无分缝的涂料或墙纸（布）不会出现明显的分缝线，它能淡化不规整的视觉感受。

3 在地面的边部用与中部块面材料不同颜色的非等宽块面材料作收边处理，可以确保中部块面材料的规整、有序，如图7所示。

8.0.3 在装饰装修设计中采用网格划分定位可以使不规则的图样准确定位，如图8所示。

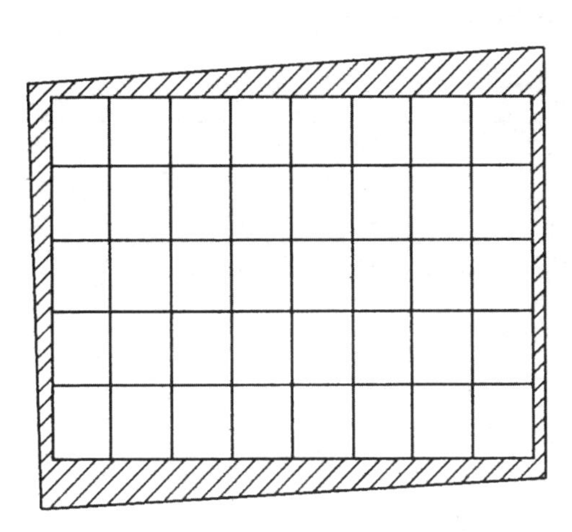

图7 地面的边部用与中部块面材料不同颜色的非等宽的材料收边示意

图8 以网格划分定位不规则图样示意

8.0.4 由于建筑外部形态设计、室内构件设置等会使室内空间出现一些不规则的小空间，如楼梯底部、坡屋顶边部等，这些空间也应尽量加以利用，可以作为储藏或展示空间并进行美化设计。

8.0.5 过道内两扇以上的门及门套，在高度、色彩、材质上协调统一，便于制作、施工，也符合人们的审美习惯。

8.0.6 硬质材料突出装饰装修面容易对人和物造成碰撞，同时材料本身也容易撞坏，而圆角或倒角可以较好地避免这些问题。

8.0.7 陈设设计在住宅室内装饰装修中具有重要作用。陈设布置的位置是影响陈设设计的主要因素。根据实态调研，陈设品布置在合适的位置可以提高陈设设计的效果。

1、2 视线集中的界面或空间，都需要能看到物象，因此在这些部位布置陈设品可以满足视觉感知的需要。

3 空间的端头是人们的视线由远及近,视线停留时间较长的部分。在此处布置陈设品可以满足人们在不同距离对陈设品的观赏需要。

4 空间的内凹处有使视线聚焦的作用,在此处布置陈设品,可以形成空间中的观赏重点。

5 在空间的空旷处设没有必要的装饰物,会使空间感觉贫乏。

6 为了表达设计意向,在住宅室内的其他部分也可布置陈设品。

8.0.8 在收集国内数十家装饰装修公司的设计案例的基础上,广泛征求意见后制定了表8.0.8。本表标高以本层套内空间的地面装修完成面为±0.000。

9 室内环境

9.1 采光、照明

9.1.1 外窗是天然采光部位,如这些位置被遮挡就会影响采光,并造成室内照明不足等问题。

9.1.2 当白天的灯光颜色与室外天然光的颜色产生差异时会产生视觉不适。

9.1.3 住宅室内需要有均匀照亮整个空间的一般照明,也需要有均匀照亮某个工作区域的分区一般照明。对有特定要求的视觉工作区域,如厨房、卫生间、书桌等局部需有局部照明。

9.1.4 住宅室内照明中合理地选择灯具、布置灯光,避免灯光产生眩光是提高住宅室内光环境质量的重要因素。

1 装饰装修设计应选用国家推荐使用的LED灯和荧光灯、节能灯,不应用白炽灯和卤钨灯。

2 大面积高反射装饰装修材料易造成视觉混乱,产生不适感。

3 家具和灯光的布置位置决定了光线射入阅读者、书写者、工作者眼睛的方向。正面射入会产生眩光,而从左侧前方射入既没有眩光,又不会在工作、学习范围产生影子。

9.1.6 《建筑照明设计标准》GB 50034—2013 对住宅室内的照度和显色指数标准作了规定,见表1。

表1 居住建筑照明标准值

房间或场所		参考平面及其高度	照度标准值(lx)	R_a
起居室	一般活动	750mm 水平面	100	80
	书写、阅读		300 *	
卧室	一般活动	750mm 水平面	75	80
	床头、阅读		150 *	
餐厅		750mm 餐桌面	150	80
厨房	一般活动	750mm 水平面	100	80
	操作台	台面	150 *	
卫生间		750mm 水平面	100	80

注:* 宜用混合照明。

9.2 自然通风

9.2.1 在室内装饰装修中,有些在原住宅建筑空间中增加不少装修内容,设计应符合《住宅设计规范》GB 50096—2011 对自然通风的规定,如:(1)卧室、起居室(厅)、明卫生间的直接自然通风开口面积不应小于该房间地板面积的1/20;当采用自然通风的房间外设置阳台时,阳台的自然通风开口面积不应小于采用自然通风的房间和阳台地板面积总和的1/20;(2)厨房的直接自然通风开口面积不应小于该房间地板面积的1/10,并不得小于0.60m^2;当厨房外设置阳台时,阳台的自然通风开口面积不应小于厨房和阳台地板面积总和的1/10,并不得小于0.60m^2。

9.2.3 新建住宅应按现行国家标准《住宅设计规范》GB 50096—2011 对住宅的自然通风的规定执行。既有住宅中自然通风不能满足要求的,可采用机械通风的方式改善空气质量。

9.3 隔声、降噪

9.3.1 通过装饰装修设计改善室内声环境是提高居住质量的一个重要内容。在装饰装修设计中宜根据噪声状况采取相应的控制措施,如增强建筑围护结构的隔声量,对结构传声的声源进行减振处理等,有条件的宜进行声学设计,因为专业的声学设计是改善声环境的最科学的方法。

1 当住宅毗邻城市交通干道、体育场馆、中小学校、商业中心等人员密集的建筑空间以及有噪声污染的设备用房时,室外噪声容易通过窗户传人室内。故应对朝向噪声源的窗户和窗户内侧墙体采取隔声、吸声等构造措施,通常可以在现有窗户外再加一面能密闭的真空双层窗,或在窗户上挂置能遮盖整个窗户并有较好吸声效果的厚重窗帘,也可调整家具的方位,使一定高度的家具起到隔声作用。

2 在既有住宅中,有的起居室、厨房等房间的墙面与电梯井邻近,一旦电梯启动,就可以感觉到电梯电机的振动声,影响居住者生活、休息。在室内装修中应采取隔声、减振的构造措施来满足现行国家标准《住宅设计规范》GB 50096 对隔声、降噪的规定。

3 实际调查发现,厨房、卫生间、阳台等排水主管处会产生噪声,特别是便器冲水时产生的噪声已经达到85dB,足以影响居住者生活、休息,故这些位置的排水管应采取包裹隔声材料等措施来降低噪声。

4 对隔声要求较高的房间,宜对围合该房间的墙体、门窗做隔声处理,室内可做吸声、隔声吊顶和隔声、消声地坪,并利用隔声较好的家具和吸声窗帘等部件来优化室内声环境。

9.3.2 住宅室内分隔空间大都用隔墙,如果隔墙高度不到楼盖底面,被分隔的房间就会产生声音相互干扰的情况。另外,隔墙表面用吸声材料装饰也是提高房间声学质量的措施。

9.4 室内空气质量

9.4.2 装饰装修材料中的机拼木工板(大芯板)、胶合板、复合木地板、密度板材类、内墙涂料、油漆等涂料类,以及各种粘合剂都会释放出甲醛气体,非甲烷类挥发性有机气体会污染室内空气,对居住者的健康危害很大。现行国家标准《民用建筑工程室内环境污染控制规范》GB 50325 对氡、甲醛、苯、氨、总挥发性有机化合物(TVOC)等有害气体的限量及检测方法作了规定,应作为住宅室内装饰装修中对空气污染控制的依据。

9.4.3 人造木板及饰面人造木板用得越多,与之相关的材料诸如胶粘剂、油漆等使用量也会增大,这些有机溶剂会散发出对人体有害的气体,因此,从提高室内空气质量的角度考虑,不应大面积采用人造木板及饰面人造木板。

9.4.4 地毯吸水性强,渗到纤维内的水分不易除去,如果不能及时晾干,就容易发霉成为细菌滋生的场所。从防火角度考虑,应采用有阻燃作用的环保地毯,否则一旦发生火灾,地毯燃烧时会产生有毒气体,危害住户的安全。

10 建筑设备

10.1 给水排水

10.1.1 根据对住宅装饰装修工程的实态调研和现行国家标准《建筑给水排水设计规范》GB 50015 的相关规定,确定本条文。

1 虽然目前的住宅室内装饰装修中的给水管大多在墙体上暗敷,少数是从楼地板下暗敷,但在这些部位敷设都存在一些弊端,即无论在墙体或楼地板下敷设都需要开槽、打洞,都有可能破坏建筑结构和其他设备管线,并且完工后还会影响后期的维护、检修。因此,在装饰装修设计中应标注给水管的敷设,需避免破坏建筑结构和其他设备管线。另外,水平给水管宜从吊顶中暗敷。

2 室内给水管通常宜暗敷,如明设时立管应布置在不易受撞击处,如不能避免时,应在管外加保护措施。对于塑料给水管,考虑到强度问题,更应该采取防撞击措施,避免管道变形破坏。此外,住宅室内装饰装修不同于公共建筑装饰装修可以把管道外露作为装饰形式,住宅室内装饰装修各功能空间面积、净高有限,外露的管道对视觉影响大,故在设计中宜采取美化措施。

3 太阳能热水器普遍存在夏天水温过高、冬天和阴雨天水温不足的问题,很多家庭要求在安装太阳能热水器的同时再增设一个燃气或电热水器。为了避免管道系统过于复杂、不便使用、影响美观或造成浪费等问题,宜采用双热水器共用一路管道,切换使用的方法。目前市场上通用的塑料给水管允许使用水温不超过65℃,如与高于65℃的热水直接连接会很快老化损坏,所以普通的塑料给水管与热水管连接时需要加接一段金属管过渡。

4 灶台或燃气热水器周边温度较高,塑料管道容易受热变形老化,导致使用不便和损坏,故在设计中应采取隔热的构造措施,保护管道。

5 严寒及寒冷地区冬季采暖的住宅室内房间温度较高,当管道内水温低于环境温度时,管道及设备的外壁会产生凝结水,破坏吊顶、污损墙面和地面,故需要采取防结露措施。对于非采暖房间的管道,为了避免低温对管道的破坏,应当对给水管进行保温设计,保温层的外壳应密封防渗。

10.1.2 根据住宅室内装饰装修工程的实态调研和现行国家标准《建筑给水排水设计规范》GB 50015 中相关规定确定本条文。

1 原有干管排水系统在住宅室内装饰装修前已完成,如擅自改变,可能造成整个单元排水系统紊乱,影响整幢住宅的排水。而排水支管是针对套内住宅而言,在不影响到干管排水效果的情况下,可局部调整。独幢独户的低层住宅不存在上述情况,可以除外。

2 厨房生活废水和卫生间的生活污水由各自的排水系统分部排放,这样可以避免卫生间生活污水的污浊气体通过合并排放管道窜至厨房,并对居住者的健康造成影响。

3 《建筑给水排水设计规范》GB 50015—2003(2009 年版)规定:卫生器具至排水主管的距离应最短,管道转弯应最少。鉴于住宅室内装饰装修设计更加具体,本条根据对工程的实态调研增加了对管道转弯不宜多于 3 次的规定。排水量最大的排水管靠近排水立管,便于排水和降低噪声。

4 为了避免排水管泄漏造成环境的污染和排水管排水时产生排水噪声而作本条文规定。

5 暗装的排污管、废水管及其他各类排水管上的检修孔都是为了对管道进行检修和疏通用的,因此装饰装修设计中不能封闭各类检修孔。

6 采用降板同层排水时,如果施工不规范就可能因为坡度不够导致管道堵塞、管道连接处漏水、卫生间内有异味等问题,故应有防止填充层内渗漏的构造措施。

10.1.3 卫生间内改变设备设施位置通常伴随有凿地面、改变排水管位置等现象,可能导致楼板受损、影响排水、防水等问题,故本条对此作出相应规定。

10.1.5 装饰装修设计大多需要选择便器,节水性能是选择便器的一个重要因素。

10.2 采暖、通风与空调

10.2.1 本条文是为了贯彻《中华人民共和国节约能源法》和建设部第 143 号令《民用建筑节能管理规定》中关于"在新建住宅中推行热水集中采暖的分户热量"的规定而制定。

10.2.3 空气能量回收设备有两类:一类是显热回收型,另一类是全热回收型。显热回收型回收的能量体现在新风和排风的温差上所含的那部分热量;而全热回收型体现在新风和排风的焓差上所含的热量。空气热回收技术在美国能源部推广的 15 种最佳节能技术中其节能潜力居第二位,因为这种技术极具节能效果,从环保、节约资源等角度考虑设置机械换气装置时,宜采用带全热或显热回收装置的机械换气装置。

10.2.4 厨房中的抽排烟机虽然能在局部位置排风,但不能排除厨房内的全部油烟。另外,严寒地区、寒冷地区和夏热冬冷地区的厨房,在关闭外窗和非炊事时间抽排烟机不工作的情况下,应向室外排除厨房内燃气或烟气,所以还宜设供厨房全面换气的排风扇或其他有效的通风措施。

10.2.7 我国位于北半球,南面、西面是阳光照射的主要位置,朝西的房间由于下午阳光直射容易导致室内炎热,故需设置遮挡阳光的装置,朝东、朝南的房间尽管可以避免下午阳光直射,但考虑到夏季高温,即使是早上的阳光,同样容易造成室内高温,故所有朝阳的房间都宜设计用于遮阳的装置。

10.3 电　　气

10.3.1 住宅室内装饰装修设计,其电气负荷大多大于原建筑的设计值,在需要增容的情况下,必须得到当地供电部门的许可并应由供电部门到户施工。

10.3.2 共用部分电梯的井壁一般为剪力墙结构,不易开孔、开槽,且电梯运行产生的振动会影响安装在井壁上的配电箱内的断电器,使之产生误动作。卫生间潮气大,且隔墙一般较薄,配电箱安装在卫生间隔墙上难以保证箱体的防水绝缘;配电箱安装在分户隔墙上会影响邻居的生活,且无法保证户间墙体隔声。

10.3.3 为了住户的用电方便和安全而确定本条文。

10.3.4 无顶棚的阳台无法安装吸顶灯,故应采用防水壁灯。另外,据实测,距地2.40m的高度能让大部分人在正常情况下难以接触到灯具。

10.3.5 本条强调了电气线路的安全敷设措施,目的是保证用电安全,并利于今后电气线路的维修与改造。

10.3.6 为了住户的用电安全而确定本条文。

1 卫生间是主要用水场所,环境潮湿,电气设备可能存在由于线路老化、室外雷电产生的浪涌电压或者其他原因造成带电伤人的潜在危险,故要求卫生间内各类给、排水的金属设备应做局部等电位联结,以防止出现接触电击,产生事故。目前在许多住宅装饰装修中为了卫生间的美观,拆除或封闭了局部等电位联结端子箱,造成后续新添加的卫生设备的等电位联结的缺失,容易产生安全隐患,所以要求装饰装修中不得拆除或封闭局部等电位联结端子箱。

2 卫生间内的0~2区墙面可能出现严重潮湿情况,为了减少配电线路因绝缘性能下降而引起的漏电,保障在这种环境中使用者的人身安全,所有非本区设备的配电线路不得通过,在0~2区墙面不应设置各种配电设备。

3 卫生间内淋浴间属于多用水区域,为避免人在潮湿环境中接触开关等电器可能出现的电击事故,照明开关和电源插座的安装应距离洗浴间的门600mm以上。

10.4 智 能 化

10.4.1 住宅室内的弱电工程个性化、差异化很大,应允许在原有设计基础上增加新的弱电内容,但不能影响或减弱原有设计功能,且不能影响与整幢建筑或整个小区的联动。

10.4.2 有线电视系统、电话系统、信息网络系统三网融合是今后的发展方向,设置家居配线箱以适应家居智能化发展需要。

10.4.3 本条确定了家居配线箱的安装高度、位置和与户内配电箱的距离。从安装和使用的角度考虑,家居配线箱安装高度低于0.50m或高于1.80m都很不方便。规定与配电箱的距离是为了避免不同的进出线之间的互相干扰。

10.4.5 弱电设备设置可参照表2的规定进行设置。

表2 弱电设备的设置

部位	电视	网络	电话	呼救报警
起居室(厅)	●	△	●	△
主卧室	●	△	●	●
餐厅	△	—	△	—
厨房	—	—	—	△
卫生间	—	—	△	●
老人房	●	—	△	●
阳台	—	—	—	—

注:●为应设,△为可设,—为不设。

11 安全防范

11.1 消防安全

11.1.1 《建筑内部装修设计防火规范》GB 50222—1995 对民用建筑内部各部位装修材料的燃烧性能等级作了规定，其中住宅室内各部位的装修材料的燃烧性能等级可见表 3 和表 4 中的有关规定。

表 3 单层、多层民用建筑内部各部位装修材料的燃烧性能等级(摘要)

建筑物及场所	建筑规模、性质	装修材料燃烧性能等级							
		顶棚	墙面	地面	隔断	固定家具	装饰织物		其他装饰材料
							窗帘	帷幕	
住宅	高级住宅	B_1	B_1	B_1	B_1	B_2	B_2		B_2
	普通住宅	B_1	B_2	B_2	B_2	B_2			

表 4 高层民用建筑内部各部位装修材料的燃烧性能等级(摘要)

建筑物	建筑规模、性质	装修材料燃烧性能等级									
		顶棚	墙面	地面	隔断	固定家具	装饰织物				其他装饰材料
							窗帘	帷幕	床罩	家具包布	
住宅、普通旅馆	一类普通旅馆 高级住宅	A	B_1	B_2	B_1	B_2	B_1		B_1	B_2	B_1
	二类普通旅馆 普通住宅	B_1	B_1	B_2	B_2	B_2	B_2		B_2	B_2	B_2

11.1.2 胶合板是易燃材料，涂覆一级饰面型防火涂料后可作难燃型材料，有较好的防火作用。

11.1.3 实验论证，厨房、卫生间热源的辐射距离大概在 600mm ~ 800mm 左右，1.00m 之外基本上等同于室温，故本条文规定厨具位置与煤气管道、液化石油气瓶保持 1.00m 以上的安全距离。

11.1.4 电气开关、插座、照明灯具特别是一些工作时会产生高热量的灯具，都有可能产生火花引燃可燃物，因此这些电气设备在靠近可燃性装修材料时必须采取隔热、散热构造措施。

11.1.5 管道穿墙时应采用不燃烧材料密封缝隙，主要是为了避免发生火灾时火焰或烟气通过缝隙窜入相邻空间，扩大灾害。此外，实验论证，采暖管道表面温度可达 65℃以上，如长时间靠近可燃物可能导致火灾，故应采用不燃材料隔断或保持一定的距离。

11.1.6 原有火灾自动报警控制器和自动灭火喷水头的位置和数量在建筑设计中相关规定要求已确定，如房间重新分隔就可能改变或破坏原有的防火设施，导致火灾隐患。

11.2 结构安全

11.2.1 建筑结构设计是根据建筑等级、重要性、工程地质勘查报告，建筑所在地的抗震设防烈度、建筑的高度和层数以及建筑类型、用途、使用环境等一系列条件来确定建筑的结构形式。如果改变建筑的用途和使用环境等，会对结构体系、受力特征等产生影响，必须经过技术鉴定或原设计许可。对于超过设计使用年限的住宅，应进行建筑结构安全鉴定，现场检测使用状况、结构受力、周围环境等一系列因素，并由检测单位出具检测与鉴定报告，未经有关技术部门同意，装饰装修设计不得自行变更使用条件或改变房屋结构受力体系。

11.2.2 在室内装饰装修过程中，为了布线、穿管方便，有时会出现在墙、梁、柱上开洞、剔槽的情况，如果开洞处理不当就会产生安全隐患。墙、梁上开洞造成的安全隐患主要是：(1)在梁、柱上开洞将削弱梁、柱的截面，如果开洞位置不当或洞口尺寸超出一定范围就可能会在洞口周边产生局部裂缝，影响建筑承载能力和抗震能力；(2)由于梁内布满钢筋，如果打洞不当，会将受力钢筋打断，导致梁受损，影响结构受力。在实际工程中，梁上开洞应由结构设计单位或有相应资质的设计师核验结构或设备的有关原始资料，按工程建设强制性标准进行设计。

"不应凿掉钢筋混凝土结构梁、柱、板、墙的混凝土保护层"主要考虑三个因素:(1)混凝土保护层是混凝土结构构件中最外侧钢筋边缘至构件表面用于保护钢筋的混凝土。钢筋混凝土是由钢筋和混凝土两种材料组成,两种材料之间具有良好的粘结性能并成为它们共同发挥效能的基础,去掉混凝土保护层无法保证钢筋与其周围混凝土共同工作,钢筋无法发挥计算所需强度;(2)钢筋裸露在空气或者其他介质中,容易受蚀生锈,使得钢筋的有效截面减少,影响结构受力,因此需要加混凝土保护;(3)对防火有要求的钢筋混凝土梁、板及预应力构件,混凝土保护层是为了保证构件在火灾中按建筑物的耐火等级确定的耐火极限的这段时间内,构件不会失去支撑能力。

在楼板上切凿开洞产生的安全隐患有:(1)容易造成楼板受力不均,开洞处应力集中,楼板承载能力严重削弱;(2)装修施工时,凿洞会给墙体等房屋结构带来很大震动,从而破坏砂浆与砖的粘结,降低墙体的抗压和抗剪强度,影响结构的整体性和可靠性;(3)如果开洞位置不当就会破坏钢筋混凝土的保护层,甚至打断或改变钢筋位置,造成结构破坏,使其承载力降低。在住宅室内装饰装修设计中如涉及结构改造的情况,应由结构设计单位或有相应资质的设计师核验结构、设备的有关原始资料,按工程建设强制性标准进行设计,以保证建筑结构的完整和居住者的安全。

11.2.3 填充墙通常是非承重墙,非承重墙虽然不承受上部楼层重量,但是它有自身重量,并同样要承受水平地震荷载和风力的作用,拆除非承重墙,同样会影响到结构受力。另外,框架结构的填充墙还起着分隔空间、防火、隔音等作用,因此不能随意拆除。

阳台窗下坎墙对悬挑阳台起着配重的作用。20世纪80~90年代的多层砖混结构住宅阳台通常采用预制阳台,安装时,预制阳台板预留的钢筋铆固到混凝土圈梁内固定,再依靠上部砖墙的重量起部分配重作用,配重坎墙一旦拆除,阳台承重荷载能力削弱,稳定性下降,同时拆除坎墙还削弱了建筑抗侧刚度,当发生意外受力时阳台就可能产生倾覆。除了砖混结构,很多全现浇混凝土墙板结构(也称剪力墙结构)的住宅阳台门联窗的窗下部也有墙,虽然不是"配重坎墙",但是它是在墙体抗震计算时,起到抗剪作用,同样不能拆除或降低高度。

11.2.4 在梁上或梁下增设柱子都会改变梁的最初受力状态,例如梁下加柱相当于在梁下增加了支撑点,将改变梁的受力状态,在新增柱的两侧,梁由承受正弯矩变成承受负弯矩,这就会影响整个建筑初始的内力状况,使房屋结构产生潜在危险。

砖墙等重质材料自重大,即便原住宅设计中考虑了安全放大系数以及承载力的潜力,而采用砖墙等重质材料,也容易使房屋构件的一部分增加永久性活荷载,导致承受活荷载的能力和余地大大下降,造成安全隐患。

12 设计深度

12.1 一般规定

12.1.1 目前我国大多数住宅室内装饰装修设计缺少必要的深度,致使装饰装修的施工、监理、造价缺少必要的依据,既严重影响住宅室内装饰装修质量,又导致各种民事纠纷的产生。设计深度规定是对设计和施工质量的重要保证,本条文根据住宅室内装饰装修设计的特点对设计的阶段作了规定。

12.1.2 住宅装饰装修的配套设备(电气、智能化、给水、排水、采暖、通风、空调)设计的规模都比较小,大多是对原建筑的设备专业设计的优化和改进。因此,通常在住宅室内装饰装修设计完成后就可以进行设备施工图设计,无需做设备的方案设计与初步设计。但对于毛坯的低层住宅建筑,或是业主对设备设计要求较高的,宜做配套设备的方案设计和初步设计。

12.1.3~12.1.5 规定了方案设计、扩初设计、施工图设计及设计变更的基本要求。

12.1.6 本条文规定了竣工图的图纸深度。竣工图应完整反映施工及现场的实际情况,是施工单位工程决算、工程维护、修理的依据并作为存档的资料。竣工图应由施工单位完成,装饰装修设计单位可受施工单位委托完成竣工图绘制。

12.1.7 实态调研表明,有些住宅室内装饰装修制图不标准,影响了设计思想的表达和交流,为了提高住宅室内的设计水平和工程质量，作本条文规定。

12.2 方案设计

12.2.2 根据住宅室内装饰装修设计的特点和工程的实际需要规定了方案设计说明书的内容。

12.2.3 根据住宅室内装饰装修设计的特点和工程需要，本条文对方案设计中的平面图作了规定。

1 有些住宅因施工原因，现场的状况与原始图纸有误差，有些装饰装修设计无法得到住宅建筑施工图，而装饰装修设计却需要精确的依据，因此调查、测绘现场情况，做到图纸尺寸与现场尺寸一致是很有必要的。

4 在批量的新建住宅和低层住宅的室内装饰装修中因平面关系复杂，需要有轴线定位，并要求室内装饰装修设计的轴线编号与原住宅建筑设计的标号相一致。

6 方案设计标明的主要装饰装修材料指影响设计整体效果的材料。

7 地面装修后的标高应标注在地面落差处。

10 批量的单元式住宅套型多，而室内装饰装修无论是设计还是施工都必须落实到每一套住宅，因此应在住宅建筑的总平面中标明套型名称或编号，以方便实际操作。

12.2.4 根据住宅室内装饰装修设计的特点和工程的需要，本条文对方案设计中的顶棚平面图作了规定。

1 顶棚平面尺寸与对应的平面图尺寸相符既方便设计的深化也便于施工读图。

2 在批量的新建单元式住宅和低层住宅的室内装饰装修中因平面关系复杂，需要有轴线定位，并要求室内装饰装修设计的轴线编号与原住宅建筑设计的编号一致。

3 灯具的设施的位置应包括安装、检修位置，设施的大小指其自身尺寸大小，方案中可不标尺寸、名称，宜标注设施名称，可不标注品牌名称。

12.2.5 根据住宅室内装饰装修设计的特点和工程需要，本条文对方案设计中的立面图作了规定。

1 代表性的立面指能反映装饰装修设计特点和设计思想的立面。

12.2.6 住宅室内装饰装修透视图包括黑白透视图和彩色透视图（效果图）。住宅室内装饰装修透视图通常选择能反映设计效果的主要空间，如起居室（厅）、主要卧室、餐厅等。透视图应该较真实地反映设计的空间、尺度、色彩、材料质感等情况，不应虚假地夸张设计效果。本条文中要求的真实反映实际效果因绘画者或软件的不同，实际效果存在差异，所以在本条文中用“较”字表示实际效果的相对性。

12.3 初步设计

12.3.2 目前我国的住宅室内装饰装修设计中做初步设计的较少，且国家和行业标准均无相关规定。本条文在参照《建筑工程设计文件编制深度规定》的内容，结合住宅室内装饰装修设计实际情况，既考虑未来发展的需要，也兼顾当前操作的可能性下作了相关规定。

12.4 施工图设计

12.4.1 根据住宅室内装饰装修设计的特点和工程的实际需要规定了施工图设计的内容。

12.4.2 施工图设计说明书是施工设计的重要组成部分，根据住宅室内装饰装修特点和施工管理需要作本条文的规定。

12.4.3 根据住宅室内装饰装修设计的特点和工程需要，本条文对施工图设计中的平面图作了规定。

1 标明原建筑室内外墙体、门窗、管井、楼梯、平台、阳台等位置，标注装饰装修需要的尺寸是住宅室内装饰装修设计的客观依据。

2、3 批量的新建住宅和低层住宅室内装饰装修设计应对配置和饰品标明必要的定位尺寸，标明主要配置和饰品的名称，但无需有定位尺寸。尺寸标注在平面图内既可方便读图又便于制图。

12.4.4 根据住宅室内装饰装修设计的特点和工程需要，本条文对施工图设计中的地面装修图作了规定。

1 材料种类，可只标注品种、等级。不标注品牌。

2 异形材料的定位尺寸可用网格法绘制。参见本规范第8.0.3条。

12.4.8 根据住宅室内装饰装修设计的特点和工程需要，本条文对施工图设计中的立面图作了规定。

1 在平面图中有轴线编号的应标注立面范围内的轴线编号，而平面图中没有轴线编号的就无需标注。

4 本条文规定应标明相关立面及在其中的装饰物的位置及其必要的定位尺寸,而对于无尺寸定位意义的装饰物,可不标明定位尺寸。

6 本条规定了与装饰装修相关设施的标注内容和要求。

8 展开图的画法可参见现行国家标准《房屋建筑制图统一标准》GB/T 50001 中的制图要求。

12.4.9 根据住宅室内装饰装修设计的特点和工程需要,本条规定了剖面图的内容。

12.4.12 根据住宅室内装饰装修设计的特点和工程需要,本条规定了节点详图绘制的要求。

中华人民共和国行业标准

住宅室内装饰装修工程质量验收规范

Code for construction quality acceptance of housing interior decoration

JGJ/T 304—2013

批准部门：中华人民共和国住房和城乡建设部

施行日期：2013 年 12 月 1 日

中华人民共和国住房和城乡建设部
公　　告

第49号

住房城乡建设部关于发布行业标准《住宅室内装饰装修工程质量验收规范》的公告

现批准《住宅室内装饰装修工程质量验收规范》为行业标准，编号为 JGJ/T 304—2013，自 2013 年 12 月 1 日起实施。

本规范由我部标准定额研究所组织中国建筑工业出版社出版发行。

中华人民共和国住房和城乡建设部

2013 年 6 月 9 日

前　言

根据住房和城乡建设部《关于印发〈2010年工程建设标准规范制订、修订计划〉的通知》(建标[2010]43号)的要求,规范编制组经过广泛调查研究,认真总结实践经验,参考有关国际标准和国外先进标准,并在广泛征求意见的基础上,编制本规范。

本规范的主要技术内容是:1.总则;2.术语;3.基本规定;4.基层工程检验;5.防水工程;6.门窗工程;7.吊顶工程;8.轻质隔墙工程;9.墙饰面工程;10.楼地面饰面工程;11.涂饰工程;12.细部工程;13.厨房工程;14.卫浴工程;15.电气工程;16.智能化工程;17.给水排水与采暖工程;18.通风与空调工程;19.室内环境污染控制;20.工程质量验收程序。

本规范由住房和城乡建设部负责管理,由住房和城乡建设部住宅产业化促进中心负责具体技术内容的解释。执行过程中如有意见或建议,请寄送住房和城乡建设部住宅产业化促进中心(地址:北京市海淀区三里河路9号;邮编:100835)。

本规范主编单位:住房和城乡建设部住宅产业化促进中心
龙信建设集团有限公司

本规范参编单位:深圳市人居环境委员会
合肥经济开发区住宅产业化促进中心
仁恒置地集团有限公司
天津住宅建设发展集团有限公司
北新集团建材股份有限公司
上海市装饰装修行业协会
远洋装饰工程股份有限公司
北京业之峰诺华装饰股份有限公司
北京轻舟世纪建筑工程有限公司
青岛海尔家居集成股份有限公司
浙江亚厦装饰股份有限公司
深圳广田装饰集团股份有限公司
深圳市洪涛装饰股份有限公司
武汉嘉禾装饰集团有限公司
苏州金螳螂建筑股份有限公司
上海全筑建筑装饰工程有限公司
郎诗集团股份有限公司
二十二冶集团第一建设有限公司
南京建邺城镇建设开发集团有限公司

本规范主要起草人员:叶　明　黄　华　文林峰　陈祖新
武洁青　王本明　尹德潜　周红锤
李正茂　陈雪涌　张文龄　董占波
赵　飞　李少强　李少军　王志军
王巧生　黄大鹏　孙培都　刘　磊
郁尚章　任春斗　陆庭海　陈　扬
顾新洪　施　贤　杨泽华　黄　新
王　亮　郭跃骅　杨卫涵　吴凯波
王国志

本规范主要审查人员:徐正忠 孙玉明 饶良修 张中一
张 静 张 仁 陆 兴 刘德良
高祥生 付建华

1 总 则

1.0.1 为加强住宅室内装饰装修工程的质量管理,规范室内装饰装修工程质量验收,保证住宅室内装饰装修工程质量,制定本规范。

1.0.2 本规范适用于新建住宅室内装饰装修工程的质量验收。

1.0.3 住宅室内装饰装修工程的质量验收,除应符合本规范外,尚应符合国家现行有关标准的规定。

2 术 语

2.0.1 住宅室内装饰装修 housing interior decoration

根据住宅室内各功能区的使用性质、所处环境,运用物质技术手段并结合视觉艺术,达到安全卫生、功能合理、舒适美观、满足人们物质和精神生活需要的空间效果的过程。

2.0.2 基体 primary structure

建筑物的主体结构或围护结构。

2.0.3 基层 base course

直接承受装饰装修施工的面层。

2.0.4 基层净距 clear distance of base course

住宅室内墙体基层完成面之间的距离。

2.0.5 基层净高 clear height of base course

从楼、地面基层完成面至楼盖、顶棚基层完成面之间的垂直距离。

2.0.6 分户交接检验 handing over acceptance

室内装饰装修施工前,对已完成土建施工的工程分户(套)进行质量检验和交接工作。

2.0.7 分户工程验收 household acceptance

在单位装饰装修工程验收前,对住宅各功能空间的使用功能、观感质量等内容所进行的分户(套)验收。

3 基本规定

3.0.1 住宅室内装饰装修工程施工应符合现行国家标准《住宅装饰装修工程施工规范》GB 50327 的规定,质量验收应符合现行国家标准《建筑装饰装修工程质量验收规范》GB 50210 的规定。

3.0.2 住宅室内装饰装修工程所用材料进场时应进行验收,并应符合下列规定:

1 材料的品种、规格、包装、外观和尺寸等应验收合格,并应具备相应验收记录;

2 材料应具备质量证明文件,并应纳入工程技术档案;

3 同一厂家生产的同一类型的材料,应至少抽取一组样品进行复验;

4 检测的样品应进行见证取样;承担材料检测的机构应具备相应的资质。

3.0.3 住宅室内装饰装修工程质量验收应以施工前采用相同材料和工艺制作的样板房作为依据。

3.0.4 住宅室内装饰装修工程不得存在擅自拆除和破坏承重墙体、损坏受力钢筋、擅自拆改水、暖、电、燃气、通信等配套设施的现象。

3.0.5 住宅室内装饰装修工程质量验收时,应提供施工前的交接检验记录,并应符合本规范附录 A、附录 B 的规定。

3.0.6 住宅室内装饰装修工程质量验收应以户(套)为单位进行分户工程验收。

3.0.7 分户工程验收应在装饰装修工程完工后进行。

3.0.8 住宅室内装饰装修工程质量分户验收应符合下列规定:

1 每户住宅室内装饰装修工程的各分项工程应全数检查,分项工程划分应符合本规范附录 C 的规定;

2 分项检查的主控项目应全部符合本规范的规定;

3 分项检查点的 80% 以上应符合本规范一般项目的规定,不符合规定的检查点不得有影响使用功能或明显影响装饰效果的缺陷，且允许偏差项目中最大偏差不得超过本规范规定允许偏差的1.5倍；

4 住宅室内分户工程质量验收的各分项工程质量均应合格，并应有完整的质量验收记录。

3.0.9 分户工程验收应检查下列文件和记录：

1 施工图、设计说明；

2 材料的产品合格证书、性能检测报告、进场验收记录和复验报告；

3 隐蔽工程验收记录；

4 施工记录。

4 基层工程检验

4.1 一般规定

4.1.1 本章适用于住宅室内装饰装修墙面基层、地面基层、顶棚基层等工程的质量检验。

4.1.2 基层工程施工完成后，在装饰装修施工前应按本规范附录B进行基层工程交接检验，并应在检验合格后再进行下道工序施工。

4.2 墙面基层工程检验

主控项目

4.2.1 墙面基层工程质量应符合下列规定：

1 墙面基层工程应符合设计要求和国家现行有关标准的规定；

2 不同材料交接处不应有裂缝；

3 基层与基体之间应粘结牢固，无脱层；

4 每处空鼓面积不应大于0.04m^2，且每自然间不应多于2处。

检验方法：观察、用小锤轻击检查。

一般项目

4.2.2 墙面基层表面应平整，阴阳角应顺直，表面无爆灰。

检验方法：观察、尺量检查。

4.2.3 护角、空洞、槽、盒周围的抹灰表面应整齐、光滑；管道后面的抹灰应表面平整。

检验方法：观察、尺量检查。

4.2.4 墙面基层工程的允许偏差和检验方法应符合表4.2.4的规定。

表4.2.4 墙面基层工程的允许偏差和检验方法

序号	项目	允许偏差(mm)	检验方法
1	立面垂直度	4	用2m垂直检测尺检查
2	表面平整度	4	用2m靠尺和塞尺检查
3	阴阳角方正	4	用直角检测尺检查

4.3 地面基层工程检验

主控项目

4.3.1 混凝土、水泥砂浆基层的强度等级应符合设计要求，且混凝土的强度等级不应低于C20。

检验方法：回弹法检测或检查配合比通知单及检测报告。

4.3.2 地面基层与结构层之间、分层施工的基层各层之间，应结合牢固，无裂纹，每处空鼓面积不应大于0.04m^2，且每自然间不应多于2处。

检验方法：观察、用小锤轻击检查。

4.3.3 地面基层表面的坡度应符合设计要求，不得有倒泛水和积水现象。

检验方法：观察、泼水或坡度尺检查。

一般项目

4.3.4 地面基层表面不应有裂纹、脱皮、麻面、起砂等缺陷。

检验方法：观察检查。

4.3.5 地面基层表面平整度的允许偏差不宜大于4mm。

检验方法：用2m靠尺和塞尺检查。

4.4 顶棚基层工程检验

主控项目

4.4.1 抹灰顶棚基层材料的品种、规格和性能应符合设计要求。

检验方法：观察，检查产品合格证书、进场验收记录。

4.4.2 抹灰顶棚基层与基体之间以及分层施工的基层，各层之间应粘结牢固，无裂纹。

检验方法：观察、用小锤轻击检查。

一般项目

4.4.3 基层表面应顺平、接槎平整，无爆灰和裂缝。

检验方法：观察检查。

4.5 基层净距、基层净高检验

一般项目

4.5.1 住宅室内自然间墙面之间的净距允许偏差不宜大于15mm，房间对角线基层净距差允许偏差不宜大于20mm。

检验方法：用钢直尺或激光测距仪检查。测量时距墙端0.2m处对自然间的长、宽两个方向各测两点；对角线测量时，测4个角部测点对角之间的水平距离。

4.5.2 住宅室内自然间的基层净高允许偏差不宜大于15mm，同一平面的相邻基层净高允许偏差不宜大于15mm。

检验方法：用水准仪、激光测距仪或拉线、钢直尺检查。以室内地面水平面为依据，对卧室、厅测5点，即4角点加中心点；厨房、卫生间、楼梯间、阳台测2点，即长边分中线的两端；角部测点距墙边0.2m；平面布置不规则的房间增加1个测点；相邻测点的距离不宜大于4m。

5 防水工程

5.1 一般规定

5.1.1 本章适用于有防、排水要求的楼（地）面防水工程的质量验收。

5.1.2 楼（地）面防水工程验收时应检查蓄水试验记录。

5.2 楼（地）面孔洞封堵工程

主控项目

5.2.1 微膨胀细石混凝土原材料应符合设计要求和国家现行有关标准的规定。

检验方法：检查产品合格证书、进场验收记录和复验报告。

5.2.2 微膨胀细石混凝土的配合比、强度应符合设计要求和国家现行有关标准的规定。

检验方法：检查检测报告。

一般项目

5.2.3 微膨胀细石混凝土与穿楼（地）板的立管及洞口结合应密实牢固，无裂缝。

5.3 水泥砂浆找平层与保护层工程

主控项目

5.3.1 找平层与基层结合应牢固密实，表面平整光洁，无空鼓、裂缝、麻面和起砂；立管根部和阴阳角处理应符合设计要求。

检验方法:观察、用小锤敲击检查。

5.3.2 找平层坡度应符合设计要求;排水应畅通,不得积水。

检验方法:泼水或坡度尺检查。

5.3.3 保护层强度、厚度以及坡度应符合设计要求;表面应平整、密实。

检验方法:用小锤敲击检查,观察、尺量检查。

一般项目

5.3.4 水泥砂浆找平层、保护层表面平整度的允许偏差不应大于5mm。

检验方法:用2m靠尺和楔形塞尺检查。

5.4 涂膜和卷材防水工程

主控项目

5.4.1 防水工程材料的品种、规格和性能应符合设计要求和国家现行有关标准的规定。

检验方法:观察,检查产品合格证书、进场验收记录和复验报告。

5.4.2 地面排水坡度应符合设计要求,不得有倒坡和积水现象。

检验方法:观察,泼水或坡度尺检查。

一般项目

5.4.3 防水层应从地面延伸到墙面,构造要求应符合现行国家标准《住宅装饰装修工程施工规范》GB 50327的规定。

检验方法:观察、尺量检查。

5.4.4 涂膜防水涂刷应均匀,不得漏刷。防水层平均厚度应符合设计要求,且最小厚度不应小于设计厚度的80%,或防水层每平方米涂料用量应符合设计要求。涂膜防水层采用玻纤布增强时,应顺排水方向搭接,搭接宽度应符合设计要求和国家现行有关标准的规定。

检验方法:观察、尺量检查。

5.4.5 卷材防水所选用的基层处理剂、胶粘剂、密封材料等均应与铺贴的卷材材性相容。防水层总厚度应符合设计要求。两幅卷材搭接时,短边和长边的搭接宽度应符合设计要求和国家现行有关标准的规定,且应顺排水方向搭接。

检验方法:观察、尺量检查。

6 门窗工程

6.1 一般规定

6.1.1 本章适用于住宅室内金属门窗、塑料门窗、木门窗等工程的质量验收。

6.1.2 门窗外观与尺寸、连接固定、埋件、排水构造、启闭、密封等应符合设计要求。

6.1.3 门窗工程使用的玻璃应符合现行行业标准《建筑玻璃应用技术规程》JGJ 113 的有关规定。

6.2 金属门窗、塑料门窗工程

主控项目

6.2.1 金属门窗、塑料门窗工程主控项的质量和检验方法应符合现行国家标准《建筑装饰装修工程质量验收规范》GB 50210 的相关规定。

一般项目

6.2.2 金属门窗、塑料门窗工程一般项的质量和检验方法应符合现行国家标准《建筑装饰装修工程质量验收规范》GB 50210 的相关规定。

6.3 木门窗工程

主控项目

6.3.1 木门窗工程主控项的质量和检验方法应符合现行国家标准《建筑装饰装修工程质量验收规范》GB 50210 的相关规定。

一般项目

6.3.2 木门窗工程一般项的质量和检验方法应符合现行国家标准《建筑装饰装修工程质量验收规范》GB 50210 的相关规定。

7 吊顶工程

7.1 一般规定

7.1.1 本章适用于住宅室内金属板吊顶、纸面石膏板吊顶、木质胶合板吊顶、纤维类块材饰面板吊顶、塑料板吊顶、玻璃板吊顶及花栅类吊顶等工程的质量验收。

7.1.2 吊顶工程的木吊杆、木龙骨和木饰面的防火处理应符合现行国家标准《木结构工程施工质量验收规范》GB 50206 的规定。

7.1.3 吊顶应按设计要求及使用功能留设检修口、上人孔。

7.1.4 灯具、设备口与饰面板交接应吻合、严密。

7.1.5 吊顶灯光片的材质、规格应符合设计要求,应有隔热、散热措施,并应安装牢固、便于维修。

7.1.6 超过 3kg 的灯具、电扇及其他设备应设置独立吊挂结构。

7.2 暗龙骨吊顶工程

主控项目

7.2.1 吊杆、龙骨的质量、规格、间距和连接方式应符合设计要求;安装应牢固可靠。

检验方法:观察、手试、尺量检查。

7.2.2 面板安装接缝不得在同一根龙骨上。

检验方法:观察检查。

一般项目

7.2.3 饰面板上的设备安装位置应符合设计要求,与饰面板的交接应吻合、严密。

检验方法:观察、尺量检查。

7.2.4 暗龙骨吊顶工程安装的允许偏差和检验方法应符合表 7.2.4 的规定。

表 7.2.4 暗龙骨吊顶工程安装的允许偏差和检验方法

项次	项目	允许偏差(mm)				检验方法
		纸面石膏板	金属板	矿棉板	木板、塑料板、格栅	
1	表面平整度	3.0	2.0	2.0	2.0	用 2m 靠尺和塞尺检查
2	接缝直线度	3.0	1.5	3.0	3.0	拉 5m 线,不足 5m 拉通线
3	接缝高低差	1.0	1.0	1.5	1.0	用钢直尺和塞尺检查
4	水平度	5.0	4.0	5.0	3.0	在室内 4 角用尺量检查

7.3 明龙骨吊顶工程

主控项目

7.3.1 龙骨、饰面材料安装应牢固、严密。

检验方法:观察、手试检查。

一般项目

7.3.2 饰面材料表面应无污染、色泽一致;应无锈迹、麻点、锤印;不得有翘曲、裂缝和缺损;自攻钉排列应均匀,无外露钉帽,钉帽应做防锈处理,无开裂现象;饰面板与明龙骨的搭接应平整、吻合,压条应平直、宽窄一致。

检验方法:观察检查。

7.3.3 饰面板上的各种设备的安装位置应符合设计要求,与饰面板的接口部位应严密、边缘整齐。

检验方法:观察检查。

7.3.4 明龙骨吊顶工程安装的允许偏差和检验方法应符合表7.3.4的规定。

表7.3.4 明龙骨吊顶工程安装的允许偏差和检验方法

项次	项目	允许偏差(mm)				检验方法
		纸面石膏板	金属板	矿棉板	塑料板、玻璃板	
1	表面平整度	3.0	2.0	3.0	2.0	用2m靠尺和塞尺检查
2	接缝直线度	3.0	2.0	3.0	3.0	拉5m线,不足5m拉通线,用钢直尺检查
3	接缝高低差	1.0	1.0	2.0	1.0	用钢直尺和塞尺检查
4	水平度	5.0	4.0	5.0	3.0	在室内4角用尺量检查

8 轻质隔墙工程

8.1 一般规定

8.1.1 本章适用于住宅室内装饰装修板材隔墙、骨架隔墙、玻璃隔墙等非承重隔墙工程的质量验收。

8.1.2 轻质隔墙工程的隔声性能应符合现行国家标准《民用建筑隔声设计规范》GB 50118的规定。

8.1.3 轻质隔墙的构造、固定方法应符合设计要求。

8.2 板材隔墙、骨架隔墙、玻璃隔墙工程

主控项目

8.2.1 隔墙工程主控项的质量和检验方法应符合现行国家标准《建筑装饰装修工程质量验收规范》GB 50210的相关规定。

一般项目

8.2.2 隔墙工程一般项的质量和检验方法应符合现行国家标准《建筑装饰装修工程质量验收规范》GB 50210的相关规定。

9 墙饰面工程

9.1 一般规定

9.1.1 本章适用于住宅室内装饰装修饰面砖、饰面板、裱糊饰面、软包饰面、玻璃板饰面等工程的质量验收。

9.1.2 胶粘剂的粘结适用性应符合设计要求。

9.1.3 木质材料应进行防火、防腐处理,并应符合设计要求。

9.1.4 墙面上不同材料交接处缝隙宜做封闭处理。

9.1.5 墙面线盒、插座、检修口等的位置应符合设计要求。墙饰面与电气、检修口周围应交接严密、吻合、无缝隙。

9.1.6 墙面饰面工程的防震缝、伸缩缝、沉降缝等部位的处理应保证缝的使用功能和饰面完整性。

9.1.7　天然石材的放射性应符合设计要求和国家现行有关标准的有关规定。

9.2　饰面砖工程

主控项目

9.2.1　饰面砖工程的找平层、防水层、粘结和勾缝材料及施工方法应符合设计要求和国家现行有关标准的规定。

检验方法：观察；检查设计文件、性能检测报告和进场验收记录。

9.2.2　饰面砖粘贴应牢固，表面应平整、洁净、色泽协调一致。满粘法施工的饰面砖工程应无空鼓。

检验方法：检查样板件粘贴强度检测报告和施工记录，观察检查，用小锤轻击检查。

一般项目

9.2.3　单面墙不宜多于两排非整砖，非整砖的宽度不宜小于原砖的1/3。

检验方法：观察、尺量检查。

9.2.4　饰面砖粘贴的允许偏差和检验方法应符合现行国家标准《建筑装饰装修工程质量验收规范》GB 50210的相关规定。

9.3　饰面板工程

主控项目

9.3.1　饰面板及其嵌缝材料的品种、规格、颜色和性能应符合设计要求，木龙骨、木饰面板和塑料饰面板的燃烧性能等级应符合设计要求和国家现行有关标准的规定。

检验方法：观察；检查产品合格证书、性能检测报告和进场验收记录。

9.3.2　干挂饰面工程的骨架与预埋件的安装、连接，防锈、防腐、防火处理应符合设计要求。

检验方法：观察；检查产品合格证书、性能检测报告和进场验收记录。

9.3.3　饰面造型、图案布局、安装位置、外形尺寸应符合设计要求。

检验方法：观察、尺量检查。

9.3.4　饰面板开孔、槽的数量、位置、尺寸及孔槽的壁厚应符合设计要求。

检验方法：观察、尺量检查。

9.3.5　干挂饰面工程的挂件应牢固可靠、位置准确、调节适宜。

检验方法：观察、手试、尺量检查。

9.3.6　饰面板安装应牢固，排列应合理、平整、美观。

检验方法：观察、手试、尺量检查。

9.3.7　饰面板工程骨架制作安装质量应符合下列规定：

1　饰面板骨架安装的预埋件或后置埋件、连接件的数量、规格、位置、连接方法和防腐、防锈处理应符合设计要求；

2　有防潮要求的应进行防潮处理；

3　龙骨间距应符合设计要求；

4　骨架应安装牢固，横平竖直，安装位置、外形和尺寸应符合设计要求。

检验方法：观察、尺量、手试检查和查阅隐蔽工程验收记录。

一般项目

9.3.8　饰面板表面应平整、洁净、色泽均匀，带木纹饰面板朝向应一致，不应有裂痕、磨痕、翘曲、裂缝和缺损。石材表面应无泛碱等污染。

检验方法：观察检查。

9.3.9　饰面板上的孔洞套割应尺寸正确，边缘整齐、方正，并应与电器口盖交接严密、吻合。

检验方法：观察、尺量检查。

9.3.10　饰面板接缝应平直、光滑、宽窄一致，纵横交错处应无明显错台错位；填嵌应连续、密实；宽度、深度、颜色应符合设计要求。密缝饰面板应无明显缝隙,线缝平直。

检验方法:观察、尺量检查。

9.3.11 木饰面板表面应平整、光滑,无污染、锤印,不露钉帽,木纹纹理通畅一致。木板拼接应位置正确,接缝严密、光滑、顺直,拐角方正,木纹拼花正确、吻合。

检验方法:观察、尺量检查。

9.3.12 组装式或有特殊要求饰面板的安装应符合设计及产品说明书要求,钉眼应设于不明显处。

检验方法:观察检查。

9.3.13 饰面板安装的允许偏差和检验方法应符合现行国家标准《建筑装饰装修工程质量验收规范》GB 50210 的相关规定。

9.4 裱糊饰面工程

主控项目

9.4.1 裱糊工程基层处理质量和检验方法应符合现行国家标准《建筑装饰装修工程质量验收规范》GB 50210 的相关规定。

一般项目

9.4.2 壁纸、墙布表面应平整,色泽应均匀、不透底,不得有漏贴、补贴、脱层、气泡、裂缝、皱折、翘边和斑污,斜视时应无胶痕。

检验方法:观察检查。

9.4.3 壁纸、墙布与装饰线、饰面板、踢脚板等交接处应严密、吻合,不应压盖电气盒面板。

检验方法:观察检查。

9.4.4 壁纸、墙布与不同材质间搭接应棱角分明,接缝平直。

检验方法:观察检查。

9.5 软包工程

主控项目

9.5.1 软包面料、衬板、内衬填充材料及边框的材质、品种、颜色、图案、燃烧性能等级、有害物质含量和木材的含水率应符合设计要求和国家现行有关标准的规定。

检验方法:观察;检查产品合格证书、性能检测报告和进场验收记录。

9.5.2 内衬填充材料均应进行防腐、防火处理。

检验方法:观察;检查进场验收记录。

9.5.3 木基层板、龙骨与墙体连接应稳定、牢固、平整,并应满足整体刚度要求。

检验方法:观察、手试检查。

9.5.4 软包安装位置、尺寸应符合设计要求。

检验方法:观察、尺量检查。

9.5.5 软包工程应棱角方正、平整饱满,并应与基层板连接紧密。

检验方法:观察、尺量、手试检查。

9.5.6 软包饰面与装饰线、踢脚板、电气盒盖等交接处应吻合、严密、顺直、无缝隙。

检验方法:观察、尺量、手试检查。

一般项目

9.5.7 软包面料四周应绷压紧密,单块软包面料不应有接缝。

检验方法:观察、手试检查。

9.5.8 软包面料的电气盒盖开口应尺寸正确,套割边缘整齐方正、无毛边。

检验方法:观察、手试检查。

9.5.9 软包工程安装的允许偏差和检验方法应符合现行国家标准《建筑装饰装修工程质量验收规范》GB 50210 的相关规定。

9.6 玻璃板饰面工程

主控项目

9.6.1 与主体结构连接的预埋件、连接件以及金属框架应安装牢固,其数量、规格、位置、连接方法和防腐处理应符合设计要求。

检验方法:观察检查。

9.6.2 玻璃板饰面工程所用材料的品种、规格、等级、颜色、图案、花纹应符合设计要求和国家现行有关标准的规定。

检验方法:观察检查。

9.6.3 玻璃安装应安全、牢固,不松动。玻璃安装位置及安装方法应符合设计要求和现行行业标准《建筑玻璃应用技术规程》JGJ 113 的相关规定。

检验方法:观察检查。

9.6.4 玻璃板外边框或压条的安装位置应正确,安装应牢固。

检验方法:观察、尺量检查。

9.6.5 玻璃板结构胶和密封胶的打注应饱满、密实、平顺、连续、均匀、无气泡。

检验方法:观察、尺量检查。

一般项目

9.6.6 玻璃板表面应平整、洁净,整幅玻璃应色泽一致,不得有污染和镀膜损坏。玻璃应进行磨边处理,拼缝应横平竖直、均匀一致。

检验方法:观察、手试检查。

9.6.7 镜面玻璃表面应平整、光洁无瑕,镜面玻璃背面不应咬色,成像应清晰、保真、无变形。

检验方法:观察、手试检查。

9.6.8 玻璃安装密封胶缝应横平竖直、深浅一致、宽窄均匀、光滑顺直、美观。

检验方法:观察、手试检查。

9.6.9 玻璃外框或压条应平整、顺直、无翘曲,线型挺秀、美观。

检验方法:观察、手试检查。

9.6.10 玻璃板安装的允许偏差和检验方法应符合表 9.6.10 的规定。

表 9.6.10 玻璃板安装的允许偏差和检验方法

<table>
<tr><th rowspan="2">项次</th><th rowspan="2" colspan="2">项目</th><th colspan="2">允许偏差(mm)</th><th rowspan="2">检验方法</th></tr>
<tr><th>明框玻璃</th><th>隐框玻璃</th></tr>
<tr><td>1</td><td colspan="2">立面垂直度</td><td>1.0</td><td>1.0</td><td>用 2m 垂直检测尺检查</td></tr>
<tr><td>2</td><td colspan="2">构件直线度</td><td>1.0</td><td>1.0</td><td>拉 5m 线,不足 5m 拉通线,用钢直尺检查</td></tr>
<tr><td>3</td><td colspan="2">表面平整度</td><td>1.0</td><td>1.0</td><td>用 2m 靠尺和塞尺检查</td></tr>
<tr><td>4</td><td colspan="2">阳角方正</td><td>1.0</td><td>1.0</td><td>用直角检测尺检查</td></tr>
<tr><td>5</td><td colspan="2">接缝直线度</td><td>2.0</td><td>2.0</td><td>拉 5m 线,不足 5m 拉通线,用钢直尺检查</td></tr>
<tr><td>6</td><td colspan="2">接缝高低差</td><td>1.0</td><td>1.0</td><td>用钢直尺和塞尺检查</td></tr>
<tr><td>7</td><td colspan="2">接缝宽度</td><td>—</td><td>1.0</td><td>用钢直尺检查</td></tr>
<tr><td>8</td><td colspan="2">相邻板角错位</td><td>—</td><td>1.0</td><td>用钢直尺检查</td></tr>
<tr><td rowspan="2">9</td><td rowspan="2">分格框对角线长度差</td><td>对角线长度≤2m</td><td>2.0</td><td>—</td><td rowspan="2">钢直尺检查</td></tr>
<tr><td>对角线长度 >2m</td><td>3.0</td><td>—</td></tr>
</table>

10 楼地面饰面工程

10.1 一般规定

10.1.1 本章适用于住宅室内装饰装修地面工程的木地板、块材地板、地毯、水泥地面等工程的质量验收。

10.1.2 楼地面饰面工程的质量和检验方法除符合本规范外，尚应符合现行国家标准《建筑地面工程施工质量验收规范》GB 50209 的相关规定。

10.2 木地板工程

主控项目

10.2.1 木地板材料的品种、规格、图案颜色和性能应符合设计要求。

检验方法：观察检查。

10.2.2 木地板工程的基层板铺设应牢固，不松动。

检验方法：行走检查。

10.2.3 木搁栅的截面尺寸、间距和固定方法等应符合设计要求。木搁栅固定时，不得损坏基层和预埋管线。

检验方法：观察、钢直尺测量。

10.2.4 木地板铺贴位置、图案排布应符合设计要求。

检验方法：观察检查。

10.2.5 实铺木地板面层应牢固；粘结应牢固无空鼓现象。

检验方法：观察、行走检查。

10.2.6 竹木地板铺设应无松动，行走时不得有明显响声。

检验方法：行走检查。

一般项目

10.2.7 木地板表面应洁净、平整光滑，无刨痕、无沾污、毛刺、戗槎等现象；划痕每处长度不应大于 10mm，同一房间累计长度不应大于 300mm。

检验方法：观察、尺量检查。

10.2.8 木地板面层应打蜡均匀，光滑明亮，纹理清晰，色泽一致，且表面不应有裂纹、损伤等现象。

检验方法：观察、尺量检查。

10.2.9 木地板的板面铺设的方向应正确，条形木地板宜顺光方向铺设。

检验方法：观察、尺量检查。

10.2.10 地板面层接缝应严密、平直、光滑、均匀，接头位置应错开，表面洁净。拼花地板面层板面排列及镶边宽度应符合设计要求，周边应一致。

检验方法：观察、尺量检查。

10.2.11 踢脚线表面应光滑，高度及凸墙厚度应一致；地板与踢脚板交接应紧密，缝隙顺直。

检验方法：观察、尺量检查。

10.2.12 地板与墙面或地面突出物周围套割吻合，边缘应整齐。

检验方法：观察、尺量检查。

10.2.13 木地板铺设的允许偏差和检验方法应符合现行国家标准《建筑地面工程施工质量验收规范》GB 50209 的相关规定。

10.3 块材地板工程

主控项目

10.3.1 块材的排列应符合设计要求，门口处宜采用整块。非整块的宽度不宜小于整块的 1/3。

检验方法：观察、尺量检查。

10.3.2 块材地板铺设允许偏差应符合现行国家标准《建筑地面工程施工质量验收规范》GB 50209 的规定。

10.3.3 块材地板材料的品种、规格、图案颜色和性能应符合设计要求。

检验方法:观察检查。

10.3.4 块材地板工程的找平、防水、粘结和勾缝材料应符合设计要求和国家现行有关产品标准的规定。

检验方法:观察;检查产品合格证书、性能检测报告和进场验收记录。

10.3.5 块材地板铺贴位置、整体布局、排布形式、拼花图案应符合设计要求。

检验方法:观察检查。

10.3.6 块材地板面层与基层应结合牢固、无空鼓。

检验方法:观察、用小锤轻击检查。

一般项目

10.3.7 块材地板表面应平整、洁净、色泽基本一致,无裂纹、划痕、磨痕、掉角、缺棱等现象。

检验方法:观察、尺量、用小锤轻击检查。

10.3.8 块材地板边角应整齐、接缝应平直、光滑、均匀,纵横交接处应无明显错台、错位,填嵌应连续、密实。

检验方法:观察、尺量、用小锤轻击检查。

10.3.9 块材地板与墙面或地面突出物周围套割应吻合,边缘应整齐。块材地板与踢脚板交接应紧密,缝隙应顺直。

检验方法:观察、尺量、用小锤轻击检查。

10.3.10 踢脚板固定应牢固,高度、凸墙厚度应保持一致,上口应平直;地板与踢脚板交接应紧密,缝隙顺直。

检验方法:观察、尺量、用小锤轻击检查。

10.3.11 石材块材地板表面应无泛碱等污染现象。

检验方法:观察、尺量、用小锤轻击检查。

10.3.12 塑料块材地板粘贴铺设时,应无波纹起伏、脱层、空鼓、翘边、翘角等现象。

检验方法:观察、尺量、用小锤轻击检查。

10.3.13 块材地板面层的排水坡度应符合设计要求,并不应倒坡、积水;与地漏(管道)结合处应严密牢固,无渗漏。

检验方法:观察、尺量、用小锤轻击检查。

10.3.14 块材地板的允许偏差和检验方法应符合表 10.3.14 的规定。

表 10.3.14 块材地板的允许偏差和检验方法

项次	项目	允许偏差(mm)			检验方法
		石材块材	陶瓷块材	塑料块材	
1	表面平整度	2.0	2.0	2.0	2m 靠尺、塞尺检查
2	接缝直线度	2.0	3.0	1.0	钢直尺或者拉 5m 线,不足 5m 拉通线,钢直尺检查
3	接缝宽度	2.0	2.0	1.0	钢直尺检查
4	板块之间接缝高低差	2.0	2.0	1.0	钢直尺和塞尺检查
5	与踢脚缝隙	1.0	1.0	1.0	观察,塞尺检查
6	排水坡度	4.0	4.0	4.0	水平尺,塞尺检查

10.4 地毯工程

主控项目

10.4.1 地毯材料的品种、规格、图案、颜色和性能应符合设计要求。

检验方法:观察检查。

10.4.2 地毯工程的粘结、底衬和紧固材料应符合设计要求和国家现行有关标准的规定。

检验方法:观察;检查产品合格证书、性能检测报告和进场验收记录。

10.4.3 地毯铺贴位置、拼花图案应符合设计要求。

检验方法:观察检查。

10.4.4 地毯铺贴应符合现行国家标准《建筑地面工程施工质量验收规范》GB 50209 的规定。

检验方法:观察检查。

一般项目

10.4.5 地毯表面应干净,不应起鼓、起皱、翘边、卷边、露线,无毛边和损伤。拼缝处对花对线拼接应密实平整、不显拼缝;绒面毛顺光一致,异型房间花纹应顺直端正、裁割合理。

检验方法:观察、手试检查。

10.4.6 固定式地毯和底衬周边与倒刺板连接牢固,倒刺板不得外露。

检验方法:观察、手试检查。

10.4.7 粘贴式地毯胶粘剂与基层应粘贴牢固,块与块之间应挤紧服贴。地毯表面不得有胶迹。

检验方法:观察、手试检查。

10.4.8 楼梯地毯铺设每梯段顶级地毯固定牢固,每踏级阴角处应用卡条固定。

检验方法:观察、手试检查。

10.5 水泥地面工程

主控项目

10.5.1 防水水泥砂浆中掺入的外加剂应符合国家现行有关标准的规定,外加剂的品种和掺量应经试验确定。

检验方法:观察检查和检查质量合格证明文件、配合比试验报告。

10.5.2 有排水要求的水泥砂浆地面,坡向应正确,排水应通畅;防水砂浆面层不应渗漏。

检验方法:观察检查和蓄水、泼水检验或坡度尺检查及检查验收记录。

10.5.3 面层与下一层应结合牢固,无空鼓、裂纹。当出现空鼓时,空鼓面积不应大于400cm^2,且每自然间或标准间不应多于2处。

检验方法:用小锤轻击检查。

一般项目

10.5.4 面层表面的坡度应符合现行国家标准《建筑地面工程施工质量验收规范》GB 50209 的规定。

检验方法:观察和采用泼水或坡度尺检查。

10.5.5 踢脚线与柱、墙面应紧密结合,踢脚线高度及出柱、墙厚度应符合设计要求且均匀一致。当出现空鼓时,局部空鼓长度不应大于300mm,且每自然间或标准间不应多于2处。

检验方法:用小锤轻击、钢直尺和观察检查。

10.5.6 楼梯踏步的宽度、高度应符合现行国家标准《建筑地面工程施工质量验收规范》GB 50209 的规定。

检验方法:观察和钢直尺检查。

10.5.7 水泥砂浆面层的允许偏差和检验方法应符合表10.5.7的规定。

表10.5.7 水泥砂浆面层的允许偏差和检验方法

项次	项目	允许偏差(mm)	检验方法
1	表面平整度	4	用2m靠尺和楔形塞尺检查
2	踢脚线上口平直	4	拉5m线和用钢直尺检查
3	缝格平直	3	

11 涂饰工程

11.1 一般规定

11.1.1 本章适用于住宅室内装饰装修工程中水性涂料涂饰和溶剂型涂料涂饰等工程的质量验收。

11.1.2 涂饰工程的基层处理应符合现行国家标准《建筑装饰装修工程质量验收规范》GB 50210 的相关规定。

11.1.3 涂饰工程所用涂料的有害物质含量应符合现行国家标准《室内装饰装修材料内墙涂料中有害物质限量》GB 18582 和《民用建筑工程室内环境污染控制规范》GB 50325 的规定。

11.2 水性涂料涂饰工程

主控项目

11.2.1 水性涂料涂饰工程主控项目质量和检验方法应符合现行国家标准《建筑装饰装修工程质量验收规范》GB 50210 的相关规定。

一般项目

11.2.2 水性涂料涂饰工程一般项目质量和检验方法应符合现行国家标准《建筑装饰装修工程质量验收规范》GB 50210 的相关规定。

11.3 溶剂型涂料涂饰工程

主控项目

11.3.1 溶剂型涂料涂饰工程主控项目质量和检验方法应符合现行国家标准《建筑装饰装修工程质量验收规范》GB 50210 的相关规定。

一般项目

11.3.2 溶剂型涂料涂饰工程一般项目质量和检验方法应符合现行国家标准《建筑装饰装修工程质量验收规范》GB 50210 的相关规定。

12 细部工程

12.1 一般规定

12.1.1 本章适用于室内装饰装修下列分项工程的质量验收：

1 储柜制作与安装工程；

2 窗帘盒、窗台板和散热器罩制作与安装工程；

3 门窗套制作与安装工程；

4 护栏和扶手制作与安装工程；

5 装饰线及花饰制作与安装工程；

6 可拆装式隔断制作与安装工程；

7 地暖分水器阀检修口、强弱电箱检修门的制作与安装工程；

8 内遮阳安装工程；

9 阳台晾晒架安装工程。

12.1.2 细部工程所用的木制材料的树种、等级、规格、含水率、防腐处理、燃烧性能、有害物质限量等应符合设计要求和国家现行有关标准的规定。

12.1.3 细部工程所采用的大理石、花岗石等天然石材应符合现行行业标准《建筑材料放射性核素限量》GB 6566 中有关材料有害物质的限量规定。

12.2 储柜制作与安装工程

主控项目

12.2.1 工厂化生产的整体储柜的固定应用专用连接件连接。

检验方法:观察检查。

12.2.2 储柜的外形、尺寸、安装位置应符合设计要求;储柜柜体与顶棚、墙、地的固定方法应符合设计要求,储柜安装应牢固。

检验方法:观察检查。

12.2.3 储柜安装预埋件或后置埋件的品种、规格、数量、位置、防锈处理及埋设方式应符合设计要求。

检验方法:观察检查。

12.2.4 储柜配件的品种、规格应符合设计要求,配件应齐全、安装应牢固。

检验方法:观察检查。

12.2.5 储柜内易形成结露的部位应有防结露措施。

检验方法:观察检查。

12.2.6 储柜的柜门和抽屉应开关灵活,回位正确,无倒翘、回弹现象。

检验方法:观察检查。

一般项目

12.2.7 储柜表面应平整、光滑、洁净、色泽一致,不露钉帽、无锤印,且不应存在弯曲变形、裂缝及损坏现象;分格线应均匀一致,线脚直顺;装饰线刻纹应清晰、直顺,棱线凹凸层次分明,出墙尺寸应一致;柜门与边框缝隙应均匀一致。

检验方法:观察检查。

12.2.8 板面拼缝应严密,纹理通顺,表面平整。

检验方法:观察检查。

12.2.9 储柜与顶棚、墙体等处的交接、嵌合应严密,交接线应顺直、清晰、美观。

检验方法:观察检查。

12.2.10 储柜安装的允许偏差和检验方法应符合表12.2.10的规定。

表12.2.10 储柜安装的允许偏差和检验方法

项次	项目	允许偏差(mm)	检验方法
1	外形尺寸	3.0	用钢直尺检查
2	两端高低差	2.0	用水准仪或尺量检查
3	立面垂直度	2.0	用1m垂直检测尺检查
4	上、下口平直度	2.0	拉线、尺量检查
5	柜门与口框错台	2.0	用尺量检查
6	柜门与上框间隙	留缝限制为0.7	用塞尺检查
7	柜门并缝与两边框间隙	1.0	
8	柜门与下框间隙	1.5	

12.3 窗帘盒、窗台板和散热器罩制作与安装工程

主控项目

12.3.1 窗帘盒、窗台板和散热器罩的造型、规格、尺寸、安装位置和固定方法应符合设计要求。安装应牢固。

检验方法:观察检查。

一般项目

12.3.2 对于双包夹板工艺制作的窗帘盒,遮挡板外立面不得有明榫、露钉帽,底边应做封边处理。

检验方法:观察检查。

12.3.3 窗帘盒、窗台板和散热器罩表面应平整、光滑、洁净、色泽一致,不露钉帽,无锤印、弯曲变形、裂缝和

损坏现象;装饰线刻纹应清晰、直顺、棱线凹凸层次分明。

检验方法:观察检查。

12.3.4 窗帘盒、窗台板和散热器罩安装的允许偏差和检验方法应符合表 12.3.4 的规定。

表 12.3.4 窗帘盒、窗台板和散热器罩安装的允许偏差和检验方法

项次	项目	允许偏差(mm)				检验方法
		散热器罩	窗台板	窗帘盒	木线	
1	两端高低差	1.0	1.0	2.0	2.0	用 1m 水平尺和塞尺检查
2	表面平整度	1.0	1.0	—	1.0	用 1m 水平尺和塞尺检查
3	两端出墙厚度差	2.0	2.0	2.0	—	用尺量检查
4	上口平直度	2.0	2.0	2.0	—	拉线、尺量检查
5	下口平直度	—	—	2.0	—	
6	垂直度	2.0	—	1.0	2.0	全高吊线、尺量检查
7	两窗帘轨间距差	—	—	2.0	—	用尺量检查
8	两端距洞口长度	2.0	2.0	2.0	—	用尺量检查
9	木线交接错台错峰	—	—	—	0.3	用直尺和塞尺检查

12.4 门窗套制作与安装工程

主控项目

12.4.1 门窗套的造型、尺寸和固定方法应符合设计要求。安装应牢固。

检验方法:观察、尺量,检查产品合格证书、检测报告。

一般项目

12.4.2 门窗套安装的允许偏差和检验方法应符合现行国家标准《建筑装饰装修工程质量验收规范》GB 50210 的相关规定。

12.5 护栏和扶手制作与安装工程

主控项目

12.5.1 护栏和扶手的材质、规格、造型、尺寸及安装位置应符合设计要求。

检验方法:观察检查。

12.5.2 护栏高度、栏杆间距、安装位置应符合设计要求和现行国家标准《住宅设计规范》GB 50096 的规定,安装应牢固。

检验方法:观察、尺量和检查合格证书。

12.5.3 木扶手与弯头的接头应紧密牢固。

检验方法:观察、尺量和检查合格证书。

12.5.4 护栏玻璃安装不应松动;玻璃厚度、安装位置、安装方法应符合设计要求和现行行业标准《建筑玻璃应用技术规程》JGJ 113 的规定。

检验方法:观察、尺量和检查合格证书。

一般项目

12.5.5 扶手与垂直杆件连接应牢固,紧固件不得外露。

检验方法:观察、手试检查。

12.5.6 木质扶手表面应光滑平直、色泽一致,无刨痕、锤印、裂缝和损坏现象。木扶手弯头弯曲应自然,表面应光滑。

检验方法:观察、手试检查。

12.5.7 护栏安装应牢固、垂直，排列应均匀、整齐，纹饰线条应清晰美观；楼梯护栏应与楼梯坡度一致。

检验方法：观察、手试检查。

12.5.8 不锈钢护栏立杆与扶手接口应吻合，表面应光洁，割角接缝应严密，外形应美观；扶手转角应圆顺、光滑、不变形。

检验方法：观察、手试检查。

12.5.9 金属护栏、扶手的焊缝应饱满、光滑，无结疤、焊瘤和毛刺。

检验方法：观察、手试检查。

12.5.10 玻璃栏板应与边框吻合、平行；接缝应严密，表面应平顺、洁净、美观。玻璃边缘应磨边、倒棱、倒角，不得有锋利边角。

检验方法：观察、手试检查。

12.5.11 护栏和扶手安装的允许偏差和检验方法应符合现行国家标准《建筑装饰装修工程质量验收规范》GB 50210 的相关规定。

12.6 装饰线条及花饰制作与安装工程

主控项目

12.6.1 装饰线、花饰制作与安装所用材料的材质、品种、规格、颜色应符合设计要求。

检验方法：观察检查。

12.6.2 装饰线安装的基层应平整、坚实，并应符合设计要求。

检验方法：观察检查。

12.6.3 石膏装饰线、花饰安装应牢固，不应有缝隙，螺钉不应外露。

检验方法：观察、手试检查。

一般项目

12.6.4 花饰线条安装应流畅，图案应清晰，安装应端正，不应有歪斜、错位、翘曲和缺损现象。

检验方法：观察、手试、尺量检查。

12.6.5 木(竹)质装饰线、件的接口应齐整无缝；同一种房间的颜色应一致。

检验方法：观察、手试、尺量检查。

12.6.6 金属类装饰线、花饰安装前应做防腐处理。紧固件位置应整齐，焊接点应在隐蔽处，焊接表面应无毛刺。

检验方法：查阅文件、观察、手试、尺量检查。

12.6.7 石膏装饰线、件安装的基层应干燥；石膏线与基层连接的水平线和定位线的位置、距离应一致，转角接缝应割角处理。

检验方法：观察、手试、尺量检查。

12.6.8 装饰线、花饰安装的允许偏差和检验方法应符合表 12.6.8 的规定。

表 12.6.8 装饰线、花饰安装的允许偏差和检验方法

项次	项目		允许偏差(mm)		检验方法
			室内	室外	
1	装饰线、条型花饰的水平度或垂直度	每米	1.0	3.0	拉线、尺量或用 1m 垂直检测尺检查
		全长	3.0	6.0	
2	单独花饰中心位置偏移		10.0	15.0	拉线和用钢直尺检查
3	装饰线、花饰拼接错台错峰		0.5	1.5	用直尺和塞尺检查

12.7 可拆装式隔断制作与安装工程

主控项目

12.7.1 隔断制作与安装所用材料的材质、品种、等级，各种辅料、配件的品种、等级、规格、型号、颜色、花色均应符合设计要求和国家现行有关标准的规定。

检验方法:观察;检查产品合格证书、性能检测报告和进场验收记录。

12.7.2 隔断安装埋件的品种、数量、规格、位置和埋设方式应符合设计要求。

检验方法:观察检查。

12.7.3 隔断的造型、构造、尺寸、安装位置、固定方法应符合设计要求。隔断安装应牢固。

检验方法:观察、手试检查。

一般项目

12.7.4 隔断表面应平整、光滑、洁净、色泽一致,不露钉帽、无锤印,不应有弯曲、变形、裂缝和损坏现象;分格线应均匀一致、线角应直顺、方正;装饰线刻纹应清晰、直顺、棱线凹凸层次分明;接缝应严密、无污染。

检验方法:观察检查。

12.7.5 隔断与顶棚、墙体等处的交接、嵌合应严密,交接线应顺直、清晰、美观。

检验方法:观察检查。

12.7.6 隔断的五金配件安装应位置正确、牢固、端正、尺寸一致;表面应洁净美观,无划痕、污染。

检验方法:观察检查。

12.7.7 隔断制作与安装的允许偏差和检验方法应符合表12.7.7的规定。

表12.7.7 隔断制作与安装的允许偏差和检验方法

项次	项目	允许偏差(mm)	检验方法
1	边框垂直度	2.0	全高吊线尺量检查
2	单元扇对角线差	2.0	用尺量检查
3	表面平整度	1.0	用靠尺、塞尺检查
4	压条或缝隙平直	1.0	用1m直尺检查
5	组合扇水平	2.0	拉5m线,不足5m拉通线,用尺量检查
6	相同部位部件尺寸差	0.5	用尺量检查
7	活扇与上框之间的间隙	留缝限值1.2	用塞尺检查
8	活扇并缝或与两边框间隙	1.5	
9	活扇与下框间隙	2.0	

12.8 内遮阳安装工程

主控项目

12.8.1 内遮阳及其配件的材质、规格和遮阳性能应符合设计要求和国家现行标准的有关规定。

检验方法:观察;检查产品合格证书、性能检测报告和进场验收记录。

12.8.2 内遮阳及其配件的造型、尺寸、安装位置和固定方法应符合设计要求,安装应牢固。

检验方法:观察、手试、尺量检查。

一般项目

12.8.3 内遮阳百叶帘应外观整洁、平整、色泽基本一致,无明显擦伤、划痕、毛刺和叶片变形。

检验方法:观察、手试检查。

12.8.4 内遮阳软卷帘布表面应无破损、皱折、污垢、毛边和明显色差等缺陷;帘布接缝应连续,无脱线。

检验方法:观察、手试检查。

12.8.5 遮阳帘伸展、收回应灵活连续,无停顿、滞阻、松动;帘布边缘应整齐。

检验方法:观察、手试检查。

12.8.6 遮阳机械传动机构操作应平稳,无明显噪声,定位应正确。

检验方法：观察、手试检查。

12.9　阳台晾晒架安装工程

主控项目

12.9.1　晾晒架及其配件的材质和规格应符合设计要求和国家现行有关标准的规定。

检验方法：观察；检查产品合格证书、性能检测报告和进场验收记录。

12.9.2　晾晒架及其配件的造型、尺寸、安装位置和固定方法应符合设计要求，安装应牢固。

检验方法：观察、手试、尺量检查。

一般项目

12.9.3　晾晒架应外观整洁、色泽基本一致，无明显擦伤、划痕和毛刺。

检验方法：观察、手试检查。

12.9.4　晾晒架伸展、收回应灵活连续，无停顿、滞阻。

检验方法：观察、手试检查。

12.9.5　晾晒架的机械传动机构操作应平稳，无明显噪声，定位应正确。

检验方法：观察、手试检查。

13　厨房工程

13.1　一般规定

13.1.1　本章适用于厨房工程中橱柜、厨房设备及配件安装工程的质量验收。

13.1.2　厨房工程使用的材料、设备及配件，应符合设计要求，且应具有符合国家现行标准要求的质量鉴定文件或产品合格证。

13.1.3　厨房配件规格应满足使用功能的要求。

13.1.4　厨房的给水排水设备安装应平整牢固，无堵塞现象。

13.1.5　家用电器应有强制性产品认证标识，出厂随机资料应齐全。

13.1.6　整体橱柜除应有出厂检验合格证书外，还应有使用说明书及安装说明书。

13.1.7　室内燃气管道应明敷；燃气表位置应便于抄表、开关和检修。

13.2　橱柜安装工程

主控项目

13.2.1　橱柜的材料、加工制作、使用功能应符合设计要求和国家现行有关标准的规定。

13.2.2　橱柜应安装牢固。

检验方法：观察、手试和查阅相关资料。

一般项目

13.2.3　柜体间、柜体与台面板、柜体与底座间的配合应紧密、平整，结合处应牢固，不松动。

检验方法：观察、手试、尺量检查。

13.2.4　柜体贴面应严密、平整，无脱胶、胶迹和鼓泡等现象，裁割部位应进行封边处理。

检验方法：观察、手试、尺量检查。

13.2.5　柜体顶板、壁板内表面和柜体可视表面应光洁平整，颜色均匀，无裂纹、毛刺、划痕和碰伤等缺陷。

检验方法：观察、手试、尺量检查。

13.2.6　门与柜体安装连接应牢固，不应松动，开关应灵活，且不应有阻滞现象。

检验方法：观察、手试、尺量检查。

13.2.7　柜体外形尺寸的允许偏差不应大于1mm，对角线长度之差不应大于3mm。门与柜体缝隙应均匀，宽度不应大于2mm。

检验方法:观察、手试、尺量检查。

13.3 厨房设备安装工程

主控项目

13.3.1 厨房设备的功能、配置和设置位置应符合设计要求。

检验方法:检查设计文件。

13.3.2 厨房设备出厂随机资料应齐全,使用操作应正常。

检验方法:逐项检查,模拟操作。

13.3.3 电源插座规格应满足设备最大用电功率要求,插座安装位置应和厨房设备设计位置一致。

检验方法:查阅使用说明书,观察检查。

13.3.4 户内燃气管道与燃具应采用软管连接,长度不应大于2m,中间不得有接口,不得有弯折、拉伸、龟裂、老化等现象。燃具的连接应严密,安装应牢固,不渗漏。燃气热水器排气管应直接通至户外。

检验方法:观察、手试、肥皂水试验。

13.3.5 厨房设置的竖井排烟道及止回阀应符合防火要求,且应有防止烟气回流、窜烟的措施。

检验方法:观察,模拟操作检查。

13.3.6 厨房设置的共用排烟道应与相应的抽油烟机相关接口及功能匹配。

检验方法:目测检查。

一般项目

13.3.7 灶具的离墙间距不应小于200mm。

检验方法:目测、尺量检查。

13.3.8 抽屉和拉篮应有防拉出的设施。

检验方法:目测检查。

13.3.9 厨房设备的外观应清洁、无污损。

检验方法:目测检查。

13.4 厨房配件安装工程

一般项目

13.4.1 配件应安装正确,功能正常,完好无损。

检验方法:观察、手试检查。

13.4.2 管线与厨房设备接口应匹配,并应满足厨房使用功能的要求。

检验方法:观察、手试检查。

14 卫浴工程

14.1 一般规定

14.1.1 本章适用于住宅室内装饰装修工程中卫生洁具、淋浴间、整体卫生间等设施、设备及五金配件的安装质量验收。

14.1.2 卫浴间的卫生器具及配件的规格、型号、颜色等应符合设计要求。

14.1.3 卫浴设备的阀门安装、固定位置应正确平整,管道连接件应易于拆卸、维修。

14.1.4 卫浴间地面应防滑和便于清洗,且地面不应积水。

14.1.5 淋浴间、整体卫生间的性能指标应符合设计要求和国家现行有关标准的规定。

14.1.6 整体卫生间应有出厂检验合格证书,并应具有使用说明书和安装说明书。

14.2 卫生洁具安装工程

主控项目

14.2.1 卫生洁具及配件的材质、规格、尺寸、固定方法、安装位置应符合设计要求。

检验方法:查阅设计文件、观察检查。

14.2.2 卫生洁具应做满水或灌水(蓄水)试验,且应严密,畅通,无渗漏。

检验方法:蓄水、排水观察检查。

14.2.3 卫生洁具的排水管应嵌入排水支管管口内,并应与排水支管管口吻合,密封严实。

检验方法:观察检查。

14.2.4 坐便器、净身盆应固定安装,并应采用非干硬性材料密封,不得用水泥砂浆固定。

检验方法:观察检查。

14.2.5 除浴缸的原配管外,浴缸排水应采用硬管连接。有饰面的浴缸,浴缸排水部位应有检修口。

检验方法:观察检查。

一般项目

14.2.6 卫生洁具表面应光洁、颜色均匀、无污损。

检验方法:观察;手试检查。

14.2.7 卫生洁具的安装应牢固,不松动。支、托架应防腐良好,安装应平整、牢固,并应与器具接触紧密、平稳。

检验方法:观察;手试检查。

14.2.8 卫生洁具给水排水配件应安装牢固,无损伤、渗水;给水连接管不得有凹凸弯扁等缺陷。卫生洁具与墙体、台面结合部应进行防水密封处理。

检验方法:观察;手试检查。

14.2.9 卫生洁具安装的允许偏差应符合现行国家标准《建筑给水排水及采暖工程施工质量验收规范》GB 50242 的规定。

14.3 淋浴间制作与安装工程

主控项目

14.3.1 淋浴间所用的各种材料、规格、型号应符合设计要求。

检验方法:查阅质量保证资料。

14.3.2 淋浴间与相应墙体结合部位应无渗漏。

检验方法:试水观察、手摸检查。

14.3.3 淋浴间门应安装牢固,开关灵活。玻璃应为安全玻璃。

检验方法:观察、手试检查。

14.3.4 淋浴间低于相连室内地面不宜小于20mm 或设置挡水条,且挡水条应安装牢固、密实。

检验方法:观察、尺量、通水观察检查。

14.3.5 淋浴间内给水、排水系统应进水顺畅、排水通畅、不堵塞。

检验方法:观察、尺量、通水观察检查。

一般项目

14.3.6 淋浴间表面应洁净、无污损,不得有翘曲、裂缝及缺损。

检验方法:观察检查。

14.3.7 淋浴间打胶部位应打胶完整、胶面光滑、均匀,无污染。

检验方法:观察检查。

14.4 整体卫生间安装工程

一般项目

14.4.1 整体卫生间的材质、规格、型号及安装位置应符合设计要求。

14.4.2 整体安装应垂直稳固，各部件安装应牢固，不应有松动、倾斜现象。

检验方法：观察、手试、通水观察检查。

14.4.3 整体卫生间内给水排水系统应进水顺畅、排水通畅、不堵塞。

检验方法：观察、手试、通水观察检查。

14.5 卫浴配件安装工程

主控项目

14.5.1 卫浴配件与装饰完成面应连接牢固，不松动。

检验方法：观察、手试检查。

14.5.2 毛巾架、手纸盒、肥皂盒、镜子及门锁等卫浴配件应采用防水、不易生锈的材料，并应符合国家现行有关标准的规定。

检验方法：检查产品质量保证文件及相关技术文件。

一般项目

14.5.3 卫浴配件安装应位置正确，使用方便，无损伤，装饰护盖遮盖严密，与墙面靠实无缝隙，外露螺丝平整。

检验方法：观察检查。

15 电气工程

15.1 一般规定

15.1.1 本章适用于室内电气工程质量验收。

15.1.2 动力及照明系统的剩余电流动作保护器应进行模拟动作试验；照明宜作8h全负荷试验。

15.1.3 导线截面应符合设计要求。

15.2 家居配电箱安装工程

主控项目

15.2.1 家居配电箱规格型号应符合设计要求，位置应正确，部件应齐全，总开关及各分回路开关规格应满足符合设计要求。

检验方法：查验设计文件、观察检查。

15.2.2 家居配电箱回路编号应齐全，标识应正确，箱内开关动作应灵活可靠，带有剩余电流动作保护器的回路，剩余电流动作保护器动作电流不应大于30mA，动作时间不应大于0.1s。

检验方法：观察、模拟动作、仪器检查。

15.2.3 家居配电箱应配线整齐，导线色标应正确、一致，导线应连接紧密，不伤内芯，不断股。

检验方法：查验设计文件、观察检查。

一般项目

15.2.4 家居配电箱底边距地安装高度应符合设计要求，安装牢固，箱盖应紧贴墙面、开启灵活，箱体涂层应完整，无污损。

检验方法：查验设计文件、尺量、观察检查。

15.3 室内布线工程

主控项目

15.3.1 室内布线应穿管敷设，不得在住宅顶棚内、墙体及顶棚的抹灰层、保温层及饰面板内直敷布线。

检验方法：观察检查。

15.3.2 吊顶内电线导管不应直接固定在吊顶龙骨上；柔性导管与刚性导管、电器设备、器具连接时，柔性导管两端应使用专用接头，固定应牢固。

检验方法：观察、实测检查。

15.3.3 电线、电缆绝缘应良好，导线间和导线对地间绝缘电阻应大于0.5MΩ。

检验方法：观察、实测检查。

15.3.4 除同类照明外，不同回路、不同电压等级的导线不得穿入同一个管内。

检验方法：观察、实测检查。

一般项目

15.3.5 导线色标应正确，并应符合下列规定：

1 单相供电时，保护线应为黄绿双色线，中性线为淡蓝色或蓝色，相线颜色根据相位确定；

2 三相供电时，保护线应为黄绿双色线，中性线可选用淡蓝色或蓝色，相线为L1 —黄色、L2 —绿色，L3—红色。

检验方法：观察、实测检查。

15.3.6 导线连接应符合下列规定：

1 导线应在箱（盒）内连接，导管内不得有接头；

2 截面积2.5mm^2 及以下多股导线连接应拧紧搪锡或采用压接帽连接，导线与设备、器具的端子连接应牢固紧密、不松动。

检验方法：观察检查。

15.4 照明开关、电源插座安装工程

主控项目

15.4.1 开关通断应在相线上，并应接触可靠。

检验方法：电笔测试检查。

15.4.2 单相电源插座接线应符合下列规定：

1 单相两孔插座，面对插座的右孔或上孔应与相线连接，左孔或下孔应与中性线连接；

2 单相三孔插座，面对插座右孔应与相线连接，左孔应与中性线连接，上孔应与保护线连接；

3 连接线连接应紧密、牢固，不松动。

检验方法：电笔或验电灯、相位检测器检查。

15.4.3 三相四孔插座的保护线应接在上孔，同一户室内三相插座的接线相序应一致。

检验方法：观察、相位检测器检查。

15.4.4 保护接地线在插座间不得串联连接。

检验方法：观察、电笔测试检查。

15.4.5 卫生间、非封闭阳台应采用防护等级为IP54电源插座；分体空调、洗衣机、电热水器采用的插座应带开关。

检验方法：观察、电笔测试检查。

15.4.6 安装高度在1.8m及以下电源插座均应为安全型插座。

检验方法：观察、电笔测试检查。

一般项目

15.4.7 暗装的开关插座面板安装应紧贴墙面，四周无缝隙，安装应牢固、表面光滑整洁、无碎裂、划伤、污损；相邻的开关布置应匀称，开关控制有序。

检验方法：观察、开灯检查。

15.4.8 同一高度的开关插座安装高度允许偏差应符合表15.4.8的规定。

检验方法：观察检查。

表 15.4.8 开关插座安装高度允许偏差

序号	项目	允许偏差(mm)
1	同一室内同一标高偏差	5.0
2	同一墙面安装偏差	2.0
3	并列安装偏差	0.5

15.5 照明灯具安装工程

主控项目

15.5.1 灯具的规格型号应符合设计要求,并应具有合格证及强制性产品认证标志。

检验方法:检查产品合格证书和进场验收记录。

15.5.2 灯具安装应牢固可靠,每个灯具固定螺钉不应少于2个;重量大于3kg的灯具应采用螺栓固定或采用吊挂固定。

检验方法:观察检查。

15.5.3 花灯吊钩的直径不应小于灯具挂销的直径;大型花灯固定及悬吊装置,应符合设计要求。

检验方法:查阅设计文件,观察检查。

一般项目

15.5.4 灯具应配件齐全,光源完好,无机械变形、涂层脱落、灯罩破裂。

检验方法:观察检查。

15.5.5 灯具表面及附件等高温部位,应有隔热、散热等措施。

检验方法:观察检查。

15.6 等电位联结工程

主控项目

15.6.1 有洗浴设备的卫生间应设有局部等电位箱(盒),卫生间内安装的金属管道、浴缸、淋浴器、暖气片等外露的可接近导体应与等电位盒内端子板连接。

检验方法:观察检查。

15.6.2 局部等电位联结排与各连接点间应采用多股铜芯有黄绿色标的导线连接,不得进行串联,导线截面积不应小于4mm^2。

检验方法:观察检查、尺量检查。

一般项目

15.6.3 联结线连接应采用专用接线端子或包箍连接;连接应紧密牢固,防松零件应齐全,包箍宜与接点材质相同。

检验方法:观察检查。

16 智能化工程

16.1 一般规定

16.1.1 本章适用于住宅室内装饰装修工程中智能化工程的质量验收。

16.1.2 住宅室内智能化工程验收项目应包括有线电视、电话、信息网络、智能家居、访客对讲、紧急求助、入侵报警。

16.1.3 住宅室内装饰装修工程中智能化工程质量验收时,应检查系统试运行记录。

16.1.4 住宅室内智能化工程的质量和检验方法除符合本规范外,尚应符合现行国家标准《智能建筑工程质量验收规范》GB 50339的相关规定。

16.2 有线电视安装工程

主控项目

16.2.1 有线电视的信号插座面板规格、型号、安装位置应符合设计要求。

检验方法:观察;检查产品合格证书和进场验收记录。

16.2.2 有线电视信号插座面板安装应平整牢固、紧贴墙面,表面应无碎裂、污损。

检验方法:查阅设计文件,观察检查。

一般项目

16.2.3 电视插座与电源插座距离应满足设计要求。

检验方法:查阅设计文件,尺量检查。

16.3 电话、信息网络安装工程

主控项目

16.3.1 电话、信息网络的终端插座面板规格型号、安装位置符合设计要求。

检验方法:查阅设计文件,观察检查。

16.3.2 电话、信息网络传输导线信号应畅通,接线应正确。

检验方法:网线测试仪检查。

一般项目

16.3.3 电话、信息网络的终端插座面板安装应平整牢固、紧贴墙面,表面应无碎裂、划伤、污损。

检验方法:观察检查。

16.3.4 电话、信息网络终端插座面板与电源插座的距离应满足设计要求。

检验方法:查阅设计文件,尺量检查。

16.4 访客对讲安装工程

主控项目

16.4.1 室内外对讲机安装应牢固、不松动,位置应符合设计和使用的要求。

检验方法:观察检查。

16.4.2 语音对话或可视对讲系统应语音、图像清晰。

检验方法:查阅设计文件,测试检查。

16.4.3 访客对讲室内机各功能键应操作正常,并应实现电控开锁。

检验方法:查阅设计文件,测试检查。

一般项目

16.4.4 访客对讲户内话机安装应平正、牢固,外观应清洁、无污损。

检验方法:观察检查。

16.5 紧急求助、入侵报警系统安装工程

主控项目

16.5.1 紧急求助、入侵报警系统终端的安装位置应符合设计要求。

检验方法:查阅设计文件,观察检查。

16.5.2 防盗报警控制器应能显示报警时间和报警部位。

检验方法:测试检查。

一般项目

16.5.3 入侵探测器、可燃气体泄露报警探测器的安装位置和功能应符合设计文件要求,安装应牢固,表面应

清洁,无污损。

检验方法:查阅设计文件,观察检查。

16.6 智能家居系统

主控项目

16.6.1 家居控制器的布线、安装位置应符合设计及产品说明书要求。

检验方法:查阅设计文件、产品说明书。

16.6.2 家居控制器对户内照明、家电等控制动作应正常。

检验方法:测试检查。

一般项目

16.6.3 家居控制器安装应牢固,表面应清洁、无污损。

检验方法:查阅设计文件,观察检查。

17 给水排水与采暖工程

17.1 一般规定

17.1.1 户内不同用途给水管道的外露接口应有明确标识。

17.1.2 同层排水所使用的管材、坡度、检修口的设置等应符合设计要求。

17.2 给水排水工程

主控项目

17.2.1 室内给水管道的水压测试应符合设计要求。用水器具安装前,各用水点应进行通水试验。

检验方法:核查测试记录,观察和放水检查。

17.2.2 暗敷排水立管的检查口应设置检修门。

检验方法:核对设计文件设置位置,观察检查。

17.2.3 高层明敷排水塑料管应按设计要求设置阻火圈或防火套管,排水洞口封堵应使用耐火材料。

检验方法:观察检查。

17.2.4 明敷室内塑料给水排水立管距离灶台边缘应有可靠的隔热间距或保护措施,防止管道受热软化。

检验方法:观察检查。

17.2.5 地漏的安装应平正、牢固,并应低于排水表面,无渗漏。

检验方法:试水、观察检查。

17.2.6 给水排水配件应完好无损伤,接口应严密,角阀、龙头应启闭灵活,无渗漏,且应便于检修。

检验方法:观察;手扳检查,通水检查。

17.2.7 卫浴设备的冷、热水管安装应左热右冷,平行间距应与设备接口相匹配,连接方式应安全可靠,无渗漏。

检验方法:目测、观察检查。

一般项目

17.2.8 户内明露热水管应采取保温措施。

检验方法:手试、观察检查。

17.2.9 卫生器具排水配件应设存水弯,不得重叠存水。

检验方法:手试、观察检查。

17.3 采暖工程

主控项目

17.3.1 发热电缆的接地线应与电源的接地线连接。

检验方法:观察检查。

17.3.2 散热器应位置准确、固定牢固、配件齐全,无渗漏,表面应色泽均匀,无脱落、损伤等外观缺陷。

检验方法:手试、观察检查。

17.3.3 室内供暖管、控制阀门、散热器片安装位置应符合设计要求;连接应紧密、无渗漏。

检验方法:手试、观察检查。

17.3.4 地面的固定设备和卫生设备下面,不应布置发热电缆、低温加热水管。

检验方法:观察检查。

17.3.5 散热器支架、托架应安装牢固,背面与装饰后墙表面垂直距离应符合设计要求。暗敷散热器管路的阀门部位应留设检修孔。

检验方法:观察检查。

一般项目

17.3.6 低温热水采暖系统分水器、集水器分支环路应符合设计的要求;分支环路供回水管上应设置阀门。

检验方法:观察检查。

17.3.7 温控器设置附近应无散热体、遮挡物。安装应平整,无损伤,液晶面板应无损坏。

检验方法:手试、观察检查。

17.3.8 辐射采暖系统分水器、集水器上均应设置手动或自动排气阀。

检验方法:手试、观察检查。

17.3.9 采暖分户热计量系统入户装置应符合设计要求。安装位置应便于检修、维护和观察。

检验方法:观察检查。

17.4 太阳能热水系统安装工程

主控项目

17.4.1 太阳能热水系统的部件应安装到位、无缺陷;系统的控制器和控制传感器应正常、可靠;系统应具有过热保护装置和防冻保护措施。

检验方法:核查设计文件,观察检查。

一般项目

17.4.2 太阳能热水系统的安装应符合现行国家标准《民用建筑太阳能热水系统应用技术规范》GB 50364 的规定。

17.4.3 太阳能集热器基座应与建筑主体结构连接牢固,并不得损坏原屋面防水层、保温层。锚栓防腐和承载力应满足设计要求。

检验方法:核查设计文件、观察、手试检查。

17.4.4 设置在阳台板上的太阳能集热器支架应与阳台栏板预埋件牢固连接。由太阳能集热器构成的阳台栏板,应满足其刚度、强度及防护功能要求。

检验方法:观察、手扳检查。

17.4.5 太阳能热水系统的储水箱和管道应保温完好,无损坏。

检验方法:观察检查。

17.4.6 太阳能热水系统的电气设备和与电气设备相连的金属部件均应有可靠的接地保护措施。

检验方法:观察检查。

18 通风与空调工程

18.1 一般规定

18.1.1 本章适用住宅家用空调系统、新风(换气)系统工程安装质量的验收。

18.1.2 空调设备、新风(换气)及管道材料的选择与布置,应符合设计要求和国家现行有关标准的规定。

18.1.3 当采用地源热泵、全热交换器等具有空调或通风功能的设备时,其安装应符合国家现行有关标准的规定。

18.2 空调、新风(换气)系统工程

主控项目

18.2.1 空调系统、新风(换气)系统运行应正常,功能转换应顺畅。

检验方法:运行检查,温度测定以室内中央离地 1.5m 实测温度。

18.2.2 送、排风管道应采用不燃材料或难燃材料。

检验方法:查阅材料检验报告。

18.2.3 空调内、外机管道连接口和新风排气口设置应坡向室外,不得出现倒坡现象。管道穿墙处应密封,不渗水。

检验方法:观察检查。

18.2.4 新风机和换气扇安装应牢固,与管道连接应严密;止逆阀安装应平整牢固、启闭灵活。

检验方法:观察检查,开机检测。

一般项目

18.2.5 户内空调冷凝水和室外机组的融霜水应有组织排放。

检验方法:观察检查。

18.2.6 空调、新风(换气)风口与风管连接应严密、牢固,与装饰面应紧贴、无结露现象;风管表面应平整、无划痕、变形;条形风口与装饰面交界处应衔接自然、无明显缝隙;风口位置应便于检修和清洗。

检验方法:观察检查。

18.2.7 空调室内机冷凝水排水管应连接紧密,无渗漏、倒坡和堵塞现象。

检验方法:观察检查。

18.2.8 空调机、新风(换气)导流风罩应外观良好,无破损和缺损;固定应牢固。

检验方法:观察检查。

18.2.9 空调外机应安装在通风良好的位置,外机位置应满足安全和最低维修空间要求。

检验方法:观察检查。

18.2.10 同一起居室、房间的风口安装高度应一致,排列应整齐,风口位置的设置应便于检修和清洗。

检验方法:观察、尺量检查。

19 室内环境污染控制

19.1 一般规定

19.1.1 本章适用于住宅室内装饰装修工程完成后对室内环境的质量验收。

19.1.2 住宅室内环境质量验收,应在工程完工至少 7d 以后、工程交付使用前进行。

19.1.3 住宅室内装饰装修工程验收时,应进行室内环境污染物浓度检测。

19.1.4 室内环境质量检测应委托相应资质的检测机构进行。

19.2 室内环境污染控制

19.2.1 住宅装饰装修室内环境污染控制应符合现行国家标准《民用建筑工程室内环境污染控制规范》GB 50325 的规定。

19.2.2 住宅装饰装修后室内环境污染物浓度限值应符合表 19.2.2 的规定。

表 19.2.2 住宅装饰装修后室内环境污染物浓度限值

污染物	卧室、客厅、厨房
氡(Bq/m^3)	≤200
甲醛(mg/m^3)	≤0.08
苯(mg/m^3)	≤0.09
氨(mg/m^3)	≤0.2
TVOC(mg/m^3)	≤0.5

注:1 表中污染物浓度限量,除氡外均以同步测定的室外上风向空气相应值为空白值;

2 表中污染物浓度测量值的极限值判定,采用全数值比较法。

20 工程质量验收程序

20.0.1 住宅室内装饰装修工程质量验收,应在新建住宅工程竣工验收之前进行。

20.0.2 住宅室内装饰装修工程质量验收应符合现行国家标准《建筑工程施工质量验收统一标准》GB 50300的相关规定。

20.0.3 住宅室内装饰装修工程质量验收应按下列程序进行:

1 确定分户验收的划分范围,制定验收方案,确定参加人员;

2 按户检查各分项工程质量,并按本规范附录 D 填写住宅室内装饰装修分户工程质量验收记录表;

3 根据每户分项工程质量验收记录,按本规范附录 E 和附录 F 填写住宅室内装饰装修分户工程质量验收汇总表和住宅室内装饰装修工程质量验收汇总表。

20.0.4 住宅室内装饰装修工程质量验收合格后,施工单位应将所有的室内装饰装修工程质量验收文件交建设单位存档。

20.0.5 住宅室内装饰装修分户工程验收应在建筑装饰装修分部分项工程检验批验收合格的基础上进行。

20.0.6 住宅室内装饰装修分户工程验收前,应制定工程质量验收方案。

20.0.7 分户工程质量验收应包含本规范分项工程内容,并应做好相应记录。

20.0.8 住宅室内装饰装修分户工程验收应提供下列工程资料:

1 装修原材料及产品的质量证明文件及相关复验报告;

2 装修工序的隐蔽工程验收记录;

3 分项工程的质量验收记录;

4 分户工程验收的相关文件及表格。

20.0.9 住宅室内装饰装修分户工程验收应提供下列检测资料:

1 室内环境检测报告;

2 绝缘电阻检测报告;

3 水压试验报告;

4 通水、通气试验报告;

5 防雷测试报告;

6 外窗气密性、水密性检测报告。

附录 A
室内净距、净高尺寸检验记录

表 A 室内净距、净高尺寸检验记录

工程名称							验收房号(户号)								
功能区域	净高推算值(mm)	净距推算值(mm)	实测值(mm)									计算值(mm)			
			净高					开间		进深		净高		开间(进深)	
	H	*L*	*H*1	*H*2	*H*3	*H*4	*H*5	*L*1	*L*2	*L*3	*L*4	最大偏差	极差	最大偏差	极差
主卧室															
卧室															
客厅															
餐厅															
厨房															
主卫															
客卫															
阳台															
室内空间尺寸测量示意图							套型示意图贴图区(标注房间编号)								
验收意见	建设单位: 年 月 日						监理单位: 年 月 日				总包施工单位: 年 月 日				

注:1 每个房间净高共抽测五点,开间、进深尺寸各抽测两处,测点位置详见附图。偏差不应大于20mm。房间方正度测对角两点,偏差不应大于4mm。

2 偏差为实测值与标准值之间的绝对差;极差为实测中最大值与最小值之差,极差不应大于垂直长度的0.5%,不合格点数在表内用红笔圈出。

3 室内每户为一个检验单元,每个检验单元填写本表一张。

附录 B
住宅室内装饰装修前分户交接检验记录

表 B 住宅室内装饰装修前分户交接检验记录

<table>
<tr><td colspan="2">工程名称</td><td></td><td colspan="2">房(户)号</td><td>幢 单元 室</td></tr>
<tr><td colspan="2">建设单位</td><td></td><td colspan="2">监理单位</td><td></td></tr>
<tr><td colspan="2">总包施工单位</td><td></td><td colspan="2">装修施工单位</td><td></td></tr>
<tr><td rowspan="2">序号</td><td rowspan="2">验收项目</td><td rowspan="2">验收内容</td><td colspan="2">分户交接工作界面</td><td rowspan="2">验收记录及结论</td></tr>
<tr><td>工作要求</td><td>完成情况</td></tr>
<tr><td rowspan="3">1</td><td rowspan="3">楼地面、墙面和顶棚</td><td rowspan="3">裂缝、空鼓、脱层、地面起砂、墙面爆灰、地面基层平整度</td><td>1. 内墙面抹灰完成</td><td></td><td rowspan="3"></td></tr>
<tr><td>2. 顶棚抹灰完成</td><td></td></tr>
<tr><td>3. 地面基层完成</td><td></td></tr>
<tr><td>2</td><td>门窗</td><td>窗台高度、渗漏、门窗开启、安全玻璃标识、外门窗划痕、损伤</td><td>1. 外门窗安装完成
2. 性能检测合格</td><td></td><td></td></tr>
<tr><td>3</td><td>栏杆</td><td>栏杆高度、竖杆间距、防攀爬措施、护栏玻璃</td><td>栏杆安装完成</td><td></td><td></td></tr>
<tr><td>4</td><td>防水工程</td><td>屋面渗漏、卫生间等防水地面渗漏、外墙渗漏</td><td>1. 屋面、外墙面(含阳台等)已完成,防水地面防水层施工完成
2. 蓄水、泼水试验合格</td><td></td><td></td></tr>
<tr><td>5</td><td>室内空间尺寸</td><td>室内层高、净开间尺寸</td><td>1. 墙面弹出标高控制线
2. 地面弹出方正控制线
3. 地面测点标识完成</td><td></td><td></td></tr>
<tr><td>6</td><td>电气工程</td><td>管线、位置及数量</td><td>配电箱、管线敷设等安装完成</td><td></td><td></td></tr>
<tr><td>7</td><td>给水排水工程</td><td>管道渗漏、坡度、排水管道通水灌水、给水管道试压、高层阻火圈(防火套管)设置、地漏水封</td><td>1. 排水管道、给水管道敷设完毕
2. 各项功能性检测合格</td><td></td><td></td></tr>
<tr><td>8</td><td></td><td></td><td></td><td></td><td></td></tr>
<tr><td>9</td><td></td><td></td><td></td><td></td><td></td></tr>
<tr><td>10</td><td></td><td></td><td></td><td></td><td></td></tr>
<tr><td colspan="6">验收结论:</td></tr>
</table>

建设单位	监理单位	总包施工单位	装修施工单位	相关施工单位
验收人员: 年 月 日	验收人员: 年 月 日	验收人员: 年 月 日	验收人员: 年 月 日	验收人员: 年 月 日

注:交接检验中增加或不包含的验收项目应在验收记录中增加或删除。

附录 C
住宅室内装饰装修工程分项工程划分

表 C 住宅室内装饰装修工程分项工程划分

序号	分项工程
1	楼(地)面孔洞封堵工程、水泥砂浆找平层与保护层工程、涂膜和卷材防水工程
2	金属、塑料门窗安装工程、木门窗安装工程
3	暗龙骨吊顶工程、明龙骨吊顶工程
4	板材隔墙、骨架隔墙、玻璃隔墙工程
5	饰面砖工程、饰面板工程、裱糊饰面工程、软包工程、玻璃板饰面工程
6	木地板工程、块材地板工程、地毯工程
7	水性涂料涂饰工程、溶剂型涂料涂饰工程
8	储柜制作与安装工程,窗帘盒、窗台板和散热器罩制作与安装工程,门窗套制作与安装工程,护栏和扶手制作与安装工程,装饰线条及花饰制作与安装工程,可拆装式隔断制作与安装工程,地暖分水器阀检修口、强弱电箱检修门制作与安装工程,内遮阳安装工程,阳台晾晒架安装工程
9	橱柜安装工程、厨房设备安装工程、厨房配件安装工程
10	卫生洁具安装工程、淋浴间制作与安装工程、整体卫生间安装工程、卫浴配件安装工程
11	分户配电箱安装工程、室内布线工程、电气开关、插座安装工程、照明灯具安装工程、等电位联结工程
12	有线电视安装工程、电话网络安装工程、对讲门禁安装工程、紧急救助、自动报警系统工程、智能家居系统安装工程
13	给水排水工程、采暖工程、太阳能热水器
14	空调、新风(换气)系统工程
15	室内环境污染控制
16	验收程序、验收组织

附录 D
住宅室内装饰装修分户工程质量验收记录

表 D　住宅室内装饰装修分户工程质量验收记录

工程名称			房(户)号										幢　单元　室
建设单位			开竣工日期										
总包施工单位			监理单位										
分项工程名称													
主控项目	质量要求		检查结果										备注
	1												
	2												
	3												
	4												
	5												
一般项目	质量要求		检查结果										备注
	1												
	2												
	3												
	4												
	5												
	6												
	7												
	8												
	9												
	10												
质量验收结论													年　月　日
建设单位验收人员	监理单位验收人员		总包单位验收人员				装饰单位验收人员						相关单位验收人员

注：备注中说明存在问题的部位。

附录 E
住宅室内装饰装修分户工程质量验收汇总表

表 E 住宅室内装饰装修分户工程质量验收汇总表

<table>
<tr><td>工程名称</td><td></td><td>结构类型</td><td></td><td>户号</td><td></td></tr>
<tr><td>建设单位</td><td></td><td>监理单位</td><td></td><td>面积</td><td></td></tr>
<tr><td>设计单位</td><td></td><td>总包施工单位</td><td></td><td>装修施工单位</td><td></td></tr>
<tr><td>验收日期</td><td></td><td></td><td></td><td></td><td></td></tr>
<tr><td>验收概况</td><td colspan="5"></td></tr>
<tr><td>验收时间</td><td colspan="5">根据《住宅室内装饰装修工程质量验收规范》,于____年__月__日至____年__月__日对本验收单元进行验收</td></tr>
<tr><td>验收结论</td><td colspan="5"></td></tr>
<tr><td rowspan="2">验收单位</td><td colspan="2">建设单位
项目负责人:
(公章)
年 月 日</td><td colspan="2">总包施工单位
项目负责人:
(公章)
年 月 日</td><td>监理单位
总监理工程师:
(公章)
年 月 日</td></tr>
<tr><td colspan="2">设计单位
设计负责人:
(公章)
年 月 日</td><td colspan="2">装修施工单位
项目负责人:
(公章)
年 月 日</td><td></td></tr>
</table>

附录 F
住宅室内装饰装修工程质量验收汇总表

表 F 住宅室内装饰装修工程质量验收汇总表

<table>
<tr><td>工程名称</td><td></td><td>结构类型</td><td></td><td>总户数</td><td></td></tr>
<tr><td>建设单位</td><td></td><td>层数</td><td></td><td>面积</td><td></td></tr>
<tr><td>监理单位</td><td></td><td>总包施工单位</td><td></td><td></td><td></td></tr>
<tr><td>设计单位</td><td></td><td>装修施工单位</td><td></td><td></td><td></td></tr>
<tr><td>装修开竣工日期</td><td></td><td>验收日期</td><td></td><td colspan="2"></td></tr>
<tr><td>验收概况</td><td colspan="5"></td></tr>
<tr><td>验收时间</td><td colspan="5">根据《住宅室内装饰装修工程质量验收规范》,于____年__月__日至____年__月__日对本工程分户验收</td></tr>
<tr><td>验收户数</td><td colspan="5">本工程共____户,共验收____户,合格____户,不合格____户</td></tr>
<tr><td>验收结论</td><td colspan="5"></td></tr>
<tr><td rowspan="2">验收单位</td><td colspan="2">建设单位
项目负责人:
(公章)
年 月 日</td><td colspan="2">总包施工单位
项目负责人:
(公章)
年 月 日</td><td>监理单位
总监理工程师:
(公章)
年 月 日</td></tr>
<tr><td colspan="2">设计单位
设计负责人:
(公章)
年 月 日</td><td colspan="2">装修施工单位
项目负责人:
(公章)
年 月 日</td><td></td></tr>
</table>

本规范用词说明

1 为了便于在执行本规范条文时区别对待,对要求严格程度不同的用词说明如下:

1)表示很严格,非这样做不可的:

正面词采用"必须",反面词采用"严禁";

2)表示严格,在正常情况下均应这样做的:

正面词采用"应",反面词采用"不应"或"不得";

3)表示允许稍有选择,在条件许可时首先应这样做的:

正面词采用“宜”,反面词采用“不宜”;

4)表示有选择,在一定条件下可以这样做的,采用“可”。

2 条文中指定应按其他有关标准执行的写法为:“应符合……的规定”或“应按……执行”。

引用标准名录

1 《住宅设计规范》GB 50096

2 《民用建筑隔声设计规范》GB 50118

3 《木结构工程施工质量验收规范》GB 50206

4 《建筑地面工程施工质量验收规范》GB 50209

5 《建筑装饰装修工程质量验收规范》GB 502 10

6 《建筑给水排水及采暖工程施工质量验收规范》GB 50242

7 《建筑工程施工质量验收统一标准》GB 50300

8 《民用建筑工程室内环境污染控制规范》GB 50325

9 《住宅装饰装修工程施工规范》GB 50327

10 《智能建筑工程质量验收规范》GB 50339

11 《民用建筑太阳能热水系统应用技术规范》GB 50364

12 《建筑材料放射性核素限量》GB 6566

13 《室内装饰装修材料内墙涂料中有害物质限量》GB 18582

14 《建筑玻璃应用技术规程》JGJ 113

中华人民共和国行业标准

住宅室内装饰装修工程质量验收规范

JGJ/T 304—2013

条文说明

制订说明

《住宅室内装饰装修工程质量验收规范》JGJ/T 304—2013,经住房和城乡建设部2013年6月9日以第49号公告批准、发布。

本规范制订过程中,编制组进行了认真的调查研究,总结了我国工程建设中住宅室内装饰装修工程的实践经验,同时参考了江苏省《成品住房装修技术标准》DGJ32/J 99—2010、安徽省《住宅装饰装修验收标准》DB 34/T 1264—2010等地方标准。

为便于广大设计、施工、监理、质量管理等单位的有关人员在使用本规范时能正确理解和执行条文规定,《住宅室内装饰装修工程质量验收规范》编制组特编制本规范条文说明。但是,本条文说明不具备与规范正文同等的法律效力,仅供使用者作为理解和把握本规范规定的参考。

1 总 则

1.0.1 随着住宅产业化工作的推进以及人民生活水平的不断提高，住宅室内装饰装修受到社会各界的高度重视。为加强住宅室内装饰装修工程的质量验收，加快住宅产业化的进程，制定本规范以保证住宅室内装饰装修工程的质量。

1.0.2 新建住宅指新建全装修住宅。

由于既有住宅在改造过程中，原有结构需要处理，基层的质量要求难以控制，导致分户交接验收难以实施，同时，由于既有住宅的主体不一致，实行的标准要求也不一样，分户验收难以实施。另外，既有住宅的家装工程个性化程度高、施工队伍不规范，导致验收的组织难以健全，政府对家装监管没有纳入正常管理范畴。因此，本规范适用于新建住宅室内装饰装修工程的质量验收。

3 基本规定

3.0.4 住宅室内装饰装修需严格按设计要求进行施工。不能擅自变更设计，特别是涉及主体结构和承重结构，也不能擅自拆改原安装的配套设施。如在施工中确需改动时，需经原设计确认。涉及电、燃气、通信及水、暖等配套设施的，还需经相关部门批准后方可实施。否则会造成结构安全隐患或影响配套设施的使用功能。

3.0.5 住宅建筑工程和室内装饰装修工程施工往往是由两个及以上的不同施工单位承担，同时基层工程和设备系统的质量直接影响到住宅室内装饰装修的质量，为了明确各方质量责任，所以要进行交接检验。

3.0.6 住宅室内装饰装修工程是新建住宅单位工程的一部分，包含了若干个分部分项工程，按照现行分部分项工程的划分规定，难以满足室内装饰装修工程质量验收的要求，同时室内装饰装修工程是以户（套）为单位进行组织施工、验收。

4 基层工程检验

4.1 一般规定

4.1.2 基层工程是交接检验的主要环节，住宅室内装饰装修工程质量验收时需检查基层工程交接检验记录。

4.3 地面基层工程检验

4.3.2 地面基层与结构层和分层施工的各层之间应结合牢固，无空鼓。但由于施工各环节的影响，加上手工操作，难免在局部部位出现小面积空鼓现象。实践证明，当空鼓面积小于 $0.04m^2$，对面层施工和装修质量不会造成很大影响。因此，本条对允许空鼓面积作了如此规定，并规定每一自然间不超过2处。

4.4 顶棚基层工程检验

4.4.2 对于顶棚抹灰基层的各抹灰层如存在空鼓现象，粘结欠缺的话，随着时间的推移，由于地心引力的作用，使空鼓面积逐渐扩大，最终造成顶棚抹灰基层脱落。因此，本条规定各抹灰层之间需粘结牢固，不允许有空鼓现象。

4.5 基层净距、基层净高检验

4.5.1 住宅室内的空间距离和高度对住户来说是比较注重的，如基层施工空间小了，装饰装修就无法扩大空间，因此本规范特设一节对室内空间作了规定，并在检验时对不同的部位也规定了不同的检验方法。

6 门窗工程

6.1 一般规定

6.1.1 本章适用于室内门窗工程的质量验收，不包含外门窗和外封闭阳台门窗。

6.2 金属门窗、塑料门窗工程

6.2.1 金属门窗、塑料门窗安装工程质量和检验方法在现行国家标准《建筑装饰装修工程质量验收规范》GB

50210 中已作出了明确规定，为避免重复，因此本规范应与现行国家标准《建筑装饰装修工程质量验收规范》GB 50210 配套使用。

6.3 木门窗工程

6.3.1 木门窗安装工程质量和检验方法在现行国家标准《建筑装饰装修工程质量验收规范》GB 50210 中已作出了明确规定，为避免重复，因此本规范应与现行国家标准《建筑装饰装修工程质量验收规范》GB 50210 配套使用。

7 吊顶工程

7.1 一般规定

7.1.6 对于超过 3kg 的灯具、电扇及其他设备安装在有吊顶部位时，由于吊杆、龙骨是按照吊顶重量配置的，即使稍重的灯具龙骨能承受，但这是一个永久性的载荷，吊杆和龙骨疲劳极限的问题，会造成吊顶下绕。电扇和有的设备在使用时，会产生振动影响吊顶，因此本条规定重型灯具、电扇和其他较重设备不能安装在吊顶的龙骨上，以免造成坠落。

8 轻质隔墙工程

8.2 板材隔墙、骨架隔墙、玻璃隔墙工程

8.2.1 轻质隔墙工程质量和检验方法在现行国家标准《建筑装饰装修工程质量验收规范》GB 50210 中已作出了明确规定，为避免重复，因此本规范应与现行国家标准《建筑装饰装修工程质量验收规范》GB 50210 配套使用。

9 墙饰面工程

9.1 一般规定

9.1.3 木质材料属可燃材料，其燃烧性不能满足防火要求。因此对于木质材料应进行防火处理，当采用防火涂料时应符合设计要求，当设计未注明时，应满刷不少于两遍，并不露底。

9.1.6 伸缩缝、防震缝和沉降缝也统称变形缝。在室内装饰施工时，一般对变形缝都用装饰材料进行覆盖处理，以达到美观效果。但经常会出现装饰材料将缝的两侧固定连在一起，有的将伸缩缝改小，影响了变形缝的功能。因此，在装饰施工中应注意对变形缝部位的装饰处理，不得影响变形缝的功能，也不能因变形而损坏装饰面。

9.3 饰面板工程

9.3.7 龙骨的间距设计应标明，当没有标明时，应按照面板的规格进行确定，但不宜太大，一般横向龙骨的间距宜为 0.3m，竖向龙骨的间距为 0.4m。

9.3.12 为了使用功能的需要，在墙面装饰饰面板背面增设其他材料时，如隔热保温材料、吸声材料等，在安装固定这些材料时，应根据设计和产品说明书的要求施工，以避免影响装饰立面外观效果。

9.4 裱糊饰面工程

9.4.2 壁纸、墙布的种类很多，性能也不同，不同的壁纸、墙布施工工艺也不同。因此，应根据不同的壁纸、墙布按设计要求和产品特性进行施工，并达到现行标准的规定。

9.4.3 在开灯或自然光线下，距离检查面 1.5m 处正视检查。

10 楼地面饰面工程

10.3 块材地板工程

10.3.11 对于天然石材板块由于其空隙不均匀，当吸水后会形成不均匀色差。因此，在铺设前需要对板材六

面进行憎水处理,使石材表面形成一层保护膜阻止石材吸水。该憎水处理也称防泛碱处理。

11 涂饰工程

11.1 一般规定

11.1.3 涂饰工程所用材料如不符合有关环保要求,将严重影响住宅装饰装修后室内环境质量,故在可能的情况下优先使用绿色环保产品。

11.2 水性涂料涂饰工程

11.2.1 水性涂料涂饰工程质量和检验方法在现行国家标准《建筑装饰装修工程质量验收规范》GB 50210 中已作出了明确规定,为避免重复,因此本规范应与现行国家标准《建筑装饰装修工程质量验收规范》GB 50210 配套使用。

11.3 溶剂型涂料涂饰工程

11.3.1 溶剂型涂料涂饰工程质量和检验方法在现行国家标准《建筑装饰装修工程质量验收规范》GB 50210 中已作出了明确规定,为避免重复,因此本规范应与现行国家标准《建筑装饰装修工程质量验收规范》GB 50210 配套使用。

12 细部工程

12.1 一般规定

12.1.1 储柜、窗帘盒、窗台板、散热器罩、门窗套、护栏、扶手、装饰线、花饰、隔断等的制作与安装在装饰装修工程中的比重越来越大。现行国家标准的内容已经不能满足新材料、新工艺及工厂化的发展要求,故本章不限定材料的种类,以利于创新和提高装饰装修水平。

12.5 护栏和扶手制作与安装工程

12.5.2 护栏和扶手的设置是为了防止人员坠落起防护作用,应符合设计要求和现行国家标准《住宅设计规范》GB 50096 的规定,安装应牢固。

13 厨房工程

13.1 一般规定

13.1.5 家用电器购置时都附有相关印刷资料,这些资料包括产品合格证、使用说明书、保修卡等。这些资料不仅在验收时查阅,并在住宅交付使用时一并移交给住户。

13.1.7 为了确保燃气使用安全,及时发现燃气泄漏隐患,便于检修,故燃气管道应采用明敷。

13.3 厨房设备安装工程

13.3.4 燃气管道与燃具如采用硬管直接连接时,由于燃具,特别是灶具因使用产生的振动,使硬管连接部位容易产生渗漏。所以本条规定需采用软管连接,这样既防接口渗漏,又便于安装施工,但软管易老化,且太长影响使用也没必要,所以规定软管长度不宜超过 2m。连接口需严密、牢固,不渗漏。

14 卫浴工程

14.2 卫生洁具安装工程

14.2.2 对于卫生洁具如面盆、浴缸、洗菜盆等如不做满水实验,其溢流口、溢流管是否畅通无从检查,所以需要做满水或灌水实验,以检验其效果。

14.2.4 坐便器、净身盆使用过程中遇有堵塞或排水不畅需要拆卸时,如用水泥砂浆等干硬性材料填充或密封会将坐便器、净身盆拆坏。所以规定不得使用水泥砂浆等干硬性材料填充固定密封。

14.2.6 随着人们生活水平不断提高,卫生器具表面光洁度、色差、划痕、污损点等表观质量受到用户较高的关注度,规定此条主要是保证其表观质量。

14.5 卫浴配件安装工程

14.5.2 卫生间属于相对潮湿环境,因此应采用不易生锈的产品。

15 电气工程

15.1 一般规定

15.1.2 本条规定剩余电流动作保护器做模拟动作试验,是为了验证剩余电流动作保护器是否能够满足设计功能要求,确保住宅交付后的用电安全。照明作全负荷通电试运行以检查线路和灯具的可靠性和安全性。通过通电试运行,检查整个电气线路的发热稳定性和安全性,以防后期使用中由于电气线路连接不可靠,造成发热或用电设备烧坏,严重时可能引起电气火灾。

15.2 家居配电箱安装工程

15.2.2 回路编号齐全,标识正确是为了方便使用和维修,防止误操作而发生人身伤害事故。剩余电流动作保护器的动作电流和动作时间的规定与行业标准《民用建筑电气设计规范》JGJ 16—2008 和《住宅建筑电气设计规范》JGJ 242—2011 一致,同时也是根据电流通过人体的效应,电流 30mA,时间 0.1s,通常无病理生理危险效应,距离发生危险有较大的安全空间。

15.2.3 同一建筑物导线色标应正确、一致,是为了便于后期维护检修识别。导线连接紧密,不伤芯、不断股是为了防止电气设备运行过程中,电气线路发热造成设备损坏或电气火灾。

15.2.4 配电箱安装高度是考虑了使用和维护的便利,同时也防止儿童误操作而造成安全事故。

15.3 室内布线工程

15.3.1 导线应穿管敷设,是考虑安全需要和线路发生故障时维修更换方便。建筑顶棚内明敷的电线如果绝缘层破损,在使用和维修时可能造成电击伤人事故,而且长期使用后,由于电线老化,可能造成电气火灾事故。将电线直接敷设在建筑墙体及顶棚的抹灰层、保温层及装饰面板内,可能因为电线质量不佳、电线受水泥、石灰等碱性介质的腐蚀而老化或墙面钉入铁件损坏电线绝缘层等原因造成严重漏电而发生电击伤人事故。

15.3.3 电线、电缆线表面虽有绝缘层保护,但产品质量有好坏,如绝缘保护层电阻小于 0.5MΩ 时,会造成相互感应影响使用功能,并涉及安全。

15.3.4 本条是为了防止相互干扰,避免发生故障时扩大影响面。

15.4 照明开关、电源插座安装工程

15.4.1 照明开关是住宅交付后每天使用最频繁的电气终端,为方便使用,要求通断位置一致,也可给维修人员提供安全保障,如果位置紊乱,不能切断相线,易给维修人员造成认知错觉,产生触电现象。

15.4.2 本条是对单相电源插座接线作统一规定,统一接线位置,确保用电安全。目前住宅建筑电气普遍使用三相五线制,中性线和保护接地线不能混用,除在变压器的中性点可互连外,其余各处均不能相互连通,在插座的接线位置要严格区分,否则可能导致线路无法正常工作或危及人身安全。

15.4.4 插座保护接地线一般一条干线上有多个插座,每个插座为一条支线,干线的连接通常具有不可拆卸性,只有整个系统进行改造时,干线才有可能更改敷设位置和相互连接的位置,所以说干线本身始终处于良好的电气导通状态。而支线是指由干线引向某个电气设备、器具(单相三孔插座),通常用可拆卸的螺栓连接,这些设备、器具在使用中往往由于维修、更换等种种原因需临时或永久拆除,若它们的接地支线彼此间是相互串联连接,只要拆除中间一个,则干线相连相反方向的另一侧所有电气设备、器具全部失去电击保护,这种现象需严禁发生。

15.5 照明灯具安装工程

15.5.2 由于灯具安装在人们日常生活的正上方,安装固定需牢固可靠,即使在受到意外力量冲击下也不致坠落而危害人身安全。

15.5.3 灯具固定吊钩不小于灯具挂销是等强度的概念。若直径小于6mm,吊钩易受意外拉力而变直,发生灯具坠落事故。大型灯具的固定及悬吊装置经受力计算后出图预埋安装,为检验其牢固程度是否满足要求,必要时应做过载试验。

16 智能化工程

16.1 一般规定

16.1.1 本条规定本章适用于新建装修住宅智能化工程室内部分施工质量验收。

16.2 有线电视安装工程

16.2.3 本条是为了防止视频信号受到干扰。随着现代数字传输技术的发展,有线电视信号抗干扰能力不断增强,具体工程也可以根据实际情况执行。

16.3 电话、信息网络安装工程

16.3.2 电话、信息网络系统信号传输线路敷设完成后,容易在装饰装修施工过程中遭到破坏,并且住宅交付使用前,电话、信息网络信号没有开通,问题往往难以发现而容易受到忽略。为了不影响住宅交付后,电话、信息网络系统的正常使用,本条规定,住宅交付使用前,对电话、信息网络系统的信号传输线路做全面检查。

16.4 访客对讲安装工程

16.4.3 随着现代信息技术的飞速发展,住宅智能化访客对讲系统也在不断开发出新产品、新技术,为了不限制现代信息技术的发展,本规范不对产品具体功能作规定,只是要求按照设计文件和产品说明书规定的功能检查验收。

16.5 紧急求助、入侵报警系统安装工程

16.5.2 要求防盗报警控制器能显示报警的时间、部位是为了便于对非法侵入事件后续追踪,也可以给公安机关查案提供线索。要求防盗报警控制器能将信号及时传到控制中心是为了保证非法侵入事件能够被物业安保人员及时发现,及时采取措施,防止居民人身、财产造成重大损失。

16.5.3 入侵探测器、可燃气体泄漏报警探测器安装位置和功能如果不符合设计要求,可能无法实现应有的防护功能,从而给居民生命财产安全造成重大损失。

17 给水排水与采暖工程

17.2 给水排水工程

17.2.1 给水管道施工完成后需进行通水加压试验,试验压力通常为工作压力的1.5倍,并不小于0.6MPa。经调研,多数地区给水管连接方式为热熔或卡压连接,施工过程中极易熔过头,压过头,试压时很难发现,所以各用水点做通水实验,检查各配水点出水是否稳定、出水流量是否达到额定流量。

17.2.3 高层建筑如发生火灾时,首先是浓烟往上窜。而排水塑料管穿越楼板时,一般都采用套管,这之间存在的空隙往往是浓烟上窜的通道。为了减缓火灾蔓延的速度为逃生争取时间,因此规定设置阻火圈或防火套管。

17.2.9 存水弯的作用是隔绝排水管道空腔时管内的臭气外溢,因此采用存水弯以隔绝臭气。但不能设置2个及以上的存水弯以避免排水管道不畅造成堵塞。

17.3 采暖工程

17.3.4 在地面遮挡覆盖情况下,一旦发生故障时不便于检修,影响供暖系统的运行效果。对于发热电缆系统,发热电缆持续加热,会产生安全隐患。因此要尽量避免在固定设备、家具下面布置发热电缆、低温加热水管。

17.4 太阳能热水系统安装工程

17.4.1 应确保太阳能热水系统投入实际运行后的安全性,防止冻坏管路、部件。

18 通风与空调工程

18.2 空调、新风(换气)系统工程

18.2.3 排气口如出现倒坡会增加空气流动阻力,并且可能影响相邻住户。

18.2.5 空调冷凝水排放、室外机组融霜水无组织排放,随意流淌,既影响建筑外立面美观,又易引发邻里矛盾和纠纷。因此要求做有组织排放。

18.2.9 空调室外机的位置要有利于空调器夏天散发热量、冬天吸收热量,同时从安全角度考虑,要便于安装和维修。

19 室内环境污染控制

19.1 一般规定

19.1.2 在室内装饰装修施工时,尽管材料的含氡、甲醛、苯、氨和 TVOC 符合国家标准的规定,但经装饰装修几种材料组合在一起后,所含浓度可能会增高,但经一段时间散发后,就会降低。因此,规定室内环境质量验收应在完工 7d 以后进行比较恰当。

19.2 室内环境污染控制

19.2.2 本表规定的有害物质限值是国家现行标准规定的上限值,在检测时,如有一项超限值,则不符合规定,应找出原因,及时整改,直至符合规定,否则会危害住户的身体健康。

20 工程质量验收程序

20.0.1 住宅室内装饰装修工程质量验收是分户工程质量验收,是新建住宅单位工程的组成部分,因此,住宅室内装饰装修工程质量验收应在住宅单位工程整体竣工验收前进行。

20.0.4 住宅室内装饰装修工程质量资料,是该工程中各户有关装饰装修各分项工程的质量资料,也是整个建筑工程质保资料的重要组成部分之一。可从这些资料中了解当时每户室内装饰装修的质量状况,更具有保存价值,应移交给建设单位。

20.0.5 住宅室内装饰装修工程涉及若干个分部分项工程,应按国家标准《建筑工程施工质量验收统一标准》GB 50300 及国家现行有关标准进行检验批的验收,因此,住宅室内装饰装修分户工程验收要在检验批合格的基础上进行。

中华人民共和国行业标准

住宅室内防水工程技术规范

Technical code for interior waterproof
of residential buildings

JGJ 298—2013

批准部门：中华人民共和国住房和城乡建设部

施行日期：2013 年 12 月 1 日

中华人民共和国住房和城乡建设部
公　　告

第30号

住房城乡建设部关于发布行业标准《住宅室内防水工程技术规范》的公告

现批准《住宅室内防水工程技术规范》为行业标准，编号为JGJ 298—2013，自2013年12月1日起实施。其中，第4.1.2、5.2.1、5.2.4、7.3.6条为强制性条文，必须严格执行。

本规范由我部标准定额研究所组织中国建筑工业出版社出版发行。

中华人民共和国住房和城乡建设部

2013年5月13日

前 言

根据住房和城乡建设部《关于印发〈2010年工程建设标准规范制订、修订计划〉的通知》（建标[2010]43号）的要求，规范编制组经广泛调查研究，认真总结实践经验，参考有关国际标准和国外先进标准，并在广泛征求意见的基础上，制定本规范。

本规范的主要技术内容包括：1. 总则；2. 术语；3. 基本规定；4. 防水材料；5. 防水设计；6. 防水施工；7. 质量验收。

本规范中以黑体字标志的条文为强制性条文，必须严格执行。

本规范由住房和城乡建设部负责管理和对强制性条文的解释，由中国建筑标准设计研究院负责具体技术内容的解释。执行过程中如有意见或建议，请寄送中国建筑标准设计研究院（地址：北京市海淀区首体南路9号主语国际5号楼7层，邮编：100048）。

本规范主编单位：中国建筑标准设计研究院
北京韩建集团有限公司

本规范参编单位：中国建筑西北设计研究院有限公司
北京市建筑材料质量监督检验中心
北京东方雨虹防水技术股份有限公司
马贝建筑材料（广州）有限公司
上海雷帝建筑材料有限公司
广东科顺化工实业有限公司
能高共建集团
德高（广州）建材有限公司
北京圣洁防水材料有限公司
大连傅禹集团有限公司
美巢集团股份公司
西卡（中国）有限公司
天津住宅集团建设工程总承包有限公司

本规范主要起草人员：张 萍 于新国 田 雄 田 兴
谭春丽 许 宁 周伟玲 苏新禄
易 斐 袁泽辉 万德刚 杜 昕
付 梅 张经甫 唐国宝 冯 云
叶 军 郝 伟 张佳岩 邵占华

本规范主要审查人员：叶林标 杨嗣信 顾伯岳 陶基力
高 杰 田凤兰 曹征富 高玉亭
张增寿 蒋 荃 曲 慧 郭保文

1 总 则

1.0.1 为提高住宅室内防水工程的技术水平，确保住宅室内防水的功能与质量，制定本规范。

1.0.2 本规范适用于新建住宅的卫生间、厨房、浴室、设有配水点的封闭阳台、独立水容器等室内防水工程的设计、施工和质量验收。

1.0.3 住宅室内防水工程的设计和施工应遵守国家有关结构安全、环境保护和防火安全的规定。

1.0.4 住宅室内防水工程的设计、施工和质量验收除应符合本规范外，尚应符合国家现行有关标准的规定。

2 术 语

2.0.1 独立水容器 independent water container

现场浇筑或工厂预制成型的、不以住宅主体结构或填充体作为部分或全部壁体的水容器。

2.0.2 功能房间 function room

有防水、防潮功能要求的房间。

2.0.3 配水点 points of water distribution

给水系统中的用水点。

2.0.4 溶剂型防水涂料 solvent-based waterproofing coating

以有机溶剂为分散介质，靠溶剂挥发成膜的防水涂料。

3 基本规定

3.0.1 住宅室内防水工程应遵循防排结合、刚柔相济、因地制宜、经济合理、安全环保、综合治理的原则。

3.0.2 住宅室内防水工程宜根据不同的设防部位，按柔性防水涂料、防水卷材、刚性防水材料的顺序，选用适宜的防水材料，且相邻材料之间应具有相容性。

3.0.3 密封材料宜采用与主体防水层相匹配的材料。

3.0.4 住宅室内防水工程完成后，楼、地面和独立水容器的防水性能应通过蓄水试验进行检验。

3.0.5 住宅室内外排水系统应保持畅通。

3.0.6 住宅室内防水工程应积极采用通过技术评估或鉴定，并经工程实践证明质量可靠的新材料、新技术、新工艺。

4 防水材料

4.1 防水涂料

4.1.1 住宅室内防水工程宜使用聚氨酯防水涂料、聚合物乳液防水涂料、聚合物水泥防水涂料和水乳型沥青防水涂料等水性或反应型防水涂料。

4.1.2 住宅室内防水工程不得使用溶剂型防水涂料。

4.1.3 对于住宅室内长期浸水的部位，不宜使用遇水产生溶胀的防水涂料。

4.1.4 聚氨酯防水涂料的性能指标应符合表 4.1.4 的规定。

表 4.1.4 聚氨酯防水涂料的性能指标

项　　目	性能指标	
	单组分	双组分
拉伸强度（MPa）	≥ 1.9	
断裂伸长率（%）	≥ 450	
撕裂强度（N/mm）	≥ 12	

续表

项　目		性能指标	
		单组分	双组分
不透水性（0.3MPa，30min）		不透水	
固体含量（%）		≥ 80	≥ 92
加热伸缩率（%）	伸长	≤ 1.0	
	缩短	≤ 4.0	
热处理	拉伸强度保持率（%）	80~150	
	断裂伸长率（%）	≥ 400	
碱处理	拉伸强度保持率（%）	60~150	
	断裂伸长率（%）	≥ 400	
酸处理	拉伸强度保持率（%）	80~150	
	断裂伸长率（%）	≥ 400	

注：对于加热伸缩率及热处理后的拉伸强度保持率和断裂伸长率，仅当聚氨酯防水涂料用于地面辐射采暖工程时才作要求。

4.1.5　聚合物乳液防水涂料的性能指标应符合表 4.1.5 的规定。

表 4.1.5　聚合物乳液防水涂料的性能指标

项目		性能指标
拉伸强度（MPa）		≥ 1.0
断裂延伸率（%）		≥ 300
不透水性（0.3MPa，30min）		不透水
固体含量（%）		≥ 65
干燥时间（h）	表干时间	≤ 4
	实干时间	≤ 8
处理后的拉伸强度保持率（%）	加热处理	≥ 80
	碱处理	≥ 60
	酸处理	≥ 40
处理后的断裂延伸率（%）	加热处理	≥ 200
	碱处理	≥ 200
	酸处理	≥ 200
加热伸缩率（%）	伸长	≤ 1.0
	缩短	≤ 1.0

注：对于加热伸缩率及热处理后的拉伸强度保持率和断裂伸长率，仅当聚合物乳液防水涂料用于地面辐射采暖工程时才作要求。

4.1.6　聚合物水泥防水涂料的性能指标应符合表 4.1.6 的规定。Ⅰ型产品不宜用于长期浸水环境的防水工程；Ⅱ型产品可用于长期浸水环境和干湿交替环境的防水工程；Ⅲ型产品宜用于住宅室内墙面或顶棚的防潮。

表 4.1.6　聚合物水泥防水涂料的性能指标

项　目		性能指标		
		Ⅰ型	Ⅱ型	Ⅲ型
固体含量（%）		≥ 70	≥ 70	≥ 70
拉伸强度	无处理（MPa）	≥ 1.2	≥ 1.8	≥ 1.8
	加热处理后保持率（%）	≥ 80	≥ 80	≥ 80
	碱处理后保持率（%）	≥ 60	≥ 70	≥ 70
断裂伸长率	无处理（%）	≥ 200	≥ 80	≥ 30
	加热处理（%）	≥ 150	≥ 65	≥ 20
	碱处理（%）	≥ 150	≥ 65	≥ 20
粘结强度	无处理（MPa）	≥ 0.5	≥ 0.7	≥ 1.0
	潮湿基层（MPa）	≥ 0.5	≥ 0.7	≥ 1.0
	碱处理（MPa）	≥ 0.5	≥ 0.7	≥ 1.0
	浸水处理（MPa）	≥ 0.5	≥ 0.7	≥ 1.0
不透水性（0.3MPa，30min）		不透水	不透水	不透水
抗渗性（砂浆背水面）（MPa）		—	≥ 0.6	≥ 0.8

注：对于加热处理后的拉伸强度和断裂伸长率，仅当聚合物水泥防水涂料用于地面辐射采暖工程时才作要求。

4.1.7　水乳型沥青防水涂料的性能指标应符合表 4.1.7 的规定。

表 4.1.7　水乳型沥青防水涂料的性能指标

项　目		性能指标
固体含量（%）		≥ 45
耐热度（℃）		80 ± 2，无流淌、滑移、滴落
不透水性（0.1MPa，30min）		不透水
粘结强度（MPa）		≥ 0.30
断裂伸长率（%）	标准条件	≥ 600
	碱处理	≥ 600
	热处理	≥ 600

注：对于耐热度及热处理后的断裂伸长率，仅当水乳型沥青防水涂料用于地面辐射采暖工程时才作要求。

4.1.8　防水涂料的有害物质限量应分别符合表 4.1.8-1 和表 4.1.8-2 的规定。

表 4.1.8-1　水性防水涂料中有害物质含量指标

项　目	水性防水涂料
挥发性有机化合物（VOC）（g/L）	≤ 120
游离甲醛（mg/kg）	≤ 200
苯、甲苯、乙苯和二甲苯总和（mg/kg）	≤ 300

续表

项　　目		水性防水涂料
氨（mg/kg）		≤ 1000
可溶性重金属（mg/kg）	铅	≤ 90
	镉	≤ 75
	铬	≤ 60
	汞	≤ 60

注：对于无色、白色、黑色防水涂料，不需测定可溶性重金属。

表 4.1.8-2　反应型防水涂料中有害物质含量指标

项　　目		反应型防水涂料
挥发性有机化合物（VOC）（g/L）		≤ 200
甲苯 + 乙苯 + 二甲苯（g/kg）		≤ 1.0
苯（mg/kg）		≤ 200
苯酚（mg/kg）		≤ 500
蒽（mg/kg）		≤ 100
萘（mg/kg）		≤ 500
游离 TDI（g/kg）		≤ 7
可溶性重金属（mg/kg）	铅	≤ 90
	镉	≤ 75
	铬	≤ 60
	汞	≤ 60

注：1　游离 TDI 仅适用于聚氨酯类防水涂料；

2　对于无色、白色、黑色防水涂料，不需测定可溶性重金属。

4.1.9　用于附加层的胎体材料宜选用（30~50）g/m^2 的聚酯纤维无纺布、聚丙烯纤维无纺布或耐碱玻璃纤维网格布。

4.1.10　住宅室内防水工程采用防水涂料时，涂膜防水层厚度应符合表 4.1.10 的规定。

表 4.1.10　涂膜防水层厚度

防水涂料	涂膜防水层厚度（mm）	
	水平面	垂直面
聚合物水泥防水涂料	≥ 1.5	≥ 1.2
聚合物乳液防水涂料	≥ 1.5	≥ 1.2
聚氨酯防水涂料	≥ 1.5	≥ 1.2
水乳型沥青防水涂料	≥ 2.0	≥ 1.5

4.2 防水卷材

4.2.1 住宅室内防水工程可选用自粘聚合物改性沥青防水卷材和聚乙烯丙纶复合防水卷材。

4.2.2 自粘聚合物改性沥青防水卷材的性能指标应符合表 4.2.2-1 和表 4.2.2-2 的规定。

表 4.2.2-1 无胎基（N 类）自粘聚合物改性沥青防水卷材的性能指标

项目		性能指标	
		PE 类	PET 类
拉伸性能	拉力（N/50mm）	≥ 150	≥ 150
	最大拉力时延伸率（%）	≥ 200	≥ 30
耐热性		70℃滑动不超过 2mm	
不透水性		0.2MPa，120min 不透水	
剥离强度（N/mm）	卷材与卷材	≥ 1.0	
	卷材与铝板	≥ 1.5	
热老化	拉力保持率（%）	≥ 80	
	最大拉力时延伸率（%）	≥ 200	≥ 30
	剥离强度（N/mm）	≥ 1.5	
热稳定性	外观	无起鼓、皱折、滑动、流淌	
	尺寸变化（%）	≤ 2	

注：对于耐热性、热老化和热稳定性，仅当 N 类自粘聚合物改性沥青防水卷材用于地面辐射采暖工程时才作要求。

表 4.2.2-2 聚酯胎基（PY 类）自粘聚合物改性沥青防水卷材的性能指标

项目			性能指标
可溶物含量（g/m^2）	2.0mm		≥ 1300
	3.0mm		≥ 2100
	4.0mm		≥ 2900
拉伸性能	拉力（N/50mm）	2.0mm	≥ 350
		3.0mm	≥ 450
		4.0mm	≥ 450
	最大拉力时延伸率（%）		≥ 30
耐热性			70℃滑动不超过 2mm
不透水性			0.3MPa，120min 不透水
剥离强度（N/mm）	卷材与卷材		≥ 1.0
	卷材与铝板		≥ 1.5
热老化	最大拉力时延伸率（%）		≥ 30
	剥离强度（N/mm）		≥ 1.5

注：对于耐热性和热老化，仅当 PY 类自粘聚合物改性沥青防水卷材用于地面辐射采暖工程时才作要求。

4.2.3 聚乙烯丙纶复合防水卷材应采用与之相配套的聚合物水泥防水粘结料，共同组成复合防水层，且聚乙烯丙纶复合防水卷材和聚合物水泥防水粘结料的性能指标应分别符合表4.2.3-1和表4.2.3-2的规定。

表4.2.3-1 聚乙烯丙纶复合防水卷材的性能指标

项　　目		性能指标
断裂拉伸强度（常温）（N/cm）		≥ 60 × 80%
扯断伸长率（常温）（%）		≥ 400 × 50%
热空气老化（80℃ ×168h）	断裂拉伸强度保持率（%）	≥ 80
	扯断伸长率保持率（%）	≥ 70
不透水性（0.3MPa，30min）		不透水
撕裂强度（N）		≥ 20

注：对于热空气老化，仅当聚乙烯丙纶复合防水卷材用于地面辐射采暖工程时才作要求。

表4.2.3-2 聚合物水泥防水粘结料的性能指标

项　　目		性能指标
与水泥基面的粘结拉伸强度（MPa）	常温7d	≥ 0.6
	耐水性	≥ 0.4
剪切状态下的粘合性（卷材与卷材，标准试验条件）（N/mm）		≥ 2.0 或卷材断裂
剪切状态下的粘合性（卷材与水泥基面，标准试验条件）（N/mm）		≥ 1.8 或卷材断裂
抗渗性（MPa，7d）		≥ 1.0

4.2.4 防水卷材宜采用冷粘法施工，胶粘剂应与卷材相容，并应与基层粘结可靠。

4.2.5 防水卷材胶粘剂应具有良好的耐水性、耐腐蚀性和耐霉变性，且有害物质限量值应符合表4.2.5的规定。

表4.2.5 防水卷材胶粘剂有害物质限量值

项　　目	指　　标
总挥发性有机物（g/L）	≤ 350
甲苯＋二甲苯（g/kg）	≤ 10
苯（g/kg）	≤ 0.2
游离甲醛（g/kg）	≤ 1.0

4.2.6 卷材防水层厚度应符合表4.2.6的规定。

表4.2.6 卷材防水层厚度

防水卷材	卷材防水层厚度（mm）	
自粘聚合物改性沥青防水卷材	无胎基≥ 1.5	聚酯胎基≥ 2.0
聚乙烯丙纶复合防水卷材	卷材≥ 0.7（芯材≥ 0.5），胶结料≥ 1.3	

4.3 防水砂浆

4.3.1 防水砂浆应使用由专业生产厂家生产的商品砂浆，并应符合现行行业标准《商品砂浆》JG/T 230的规定。

4.3.2 掺防水剂的防水砂浆的性能指标应符合表 4.3.2 的规定。

表 4.3.2 掺防水剂的防水砂浆的性能指标

项　目		性能指标
净浆安定性		合格
凝结时间	初凝（min）	≥ 45
	终凝（h）	≤ 10
抗压强度比	7d（%）	≥ 95
	28d（%）	≥ 85
渗水压力比（%）		≥ 200
48h 吸水量比（%）		≤ 75

4.3.3 聚合物水泥防水砂浆的性能指标应符合表 4.3.3 的规定。

表 4.3.3 聚合物水泥防水砂浆性能的性能指标

项　目		性能指标	
		干粉类（I 类）	乳液类（Ⅱ类）
凝结时间	初凝（min）	≥ 45	≥ 45
	终凝（h）	≤ 12	≤ 24
抗渗压力（MPa）	7d	≥ 1.0	
	28d	≥ 1.5	
抗压强度（MPa）	28d	≥ 24.0	
抗折强度（MPa）	28d	≥ 8.0	
压折比		≤ 3.0	
粘结强度（MPa）	7d	≥ 1.0	
	28d	≥ 1.2	
耐碱性（饱和 $Ca(OH)_2$ 溶液，168h）		无开裂，无剥落	
耐热性（100℃水，5h）		无开裂，无剥落	

注：1　凝结时间可根据用户需要及季节变化进行调整；

2　对于耐热性，仅当聚合物水泥防水砂浆用于地面辐射采暖工程时才作要求。

4.3.4 防水砂浆的厚度应符合表 4.3.4 的规定。

表 4.3.4 防水砂浆的厚度

防水砂浆		砂浆层厚度（mm）
掺防水剂的防水砂浆		≥ 20
聚合物水泥防水砂浆	涂刮型	≥ 3.0
	抹压型	≥ 15

4.4 防水混凝土

4.4.1 用于配制防水混凝土的水泥应符合下列规定：

1 水泥宜采用硅酸盐水泥、普通硅酸盐水泥，并应符合现行国家标准《通用硅酸盐水泥》GB175 的规定；

2 不得使用过期或受潮结块的水泥，不得将不同品种或强度等级的水泥混合使用。

4.4.2 用于配制防水混凝土的化学外加剂、矿物掺合料、砂、石及拌合用水等应符合国家现行有关标准的规定。

4.5 密封材料

4.5.1 住宅室内防水工程的密封材料宜采用丙烯酸建筑密封胶、聚氨酯建筑密封胶或硅酮建筑密封胶。

4.5.2 对于地漏、大便器、排水立管等穿越楼板的管道根部，宜使用丙烯酸酯建筑密封胶或聚氨酯建筑密封胶嵌填，且性能指标应分别符合表 4.5.2–1 和表 4.5.2–2 的规定。

表 4.5.2–1 丙烯酸酯建筑密封胶的性能指标

项目	性能指标
表干时间（h）	≤ 1
挤出性（mL/min）	≥ 100
弹性恢复率（%）	≥ 40
定伸粘结性	无破坏
浸水后定伸粘结性	无破坏

表 4.5.2–2 聚氨酯建筑密封胶的性能指标

项目	性能指标
表干时间（h）	≤ 24
挤出性（mL/min）①	≥ 80
弹性恢复率（%）	≥ 70
定伸粘结性	无破坏
浸水后定伸粘结性	无破坏

注：①对于挤出性，仅适用于单组分产品。

4.5.3 对于热水管管根部、套管与穿墙管间隙及长期浸水的部位，宜使用硅酮建筑密封胶（F 类）嵌填，其性能指标应符合表 4.5.3 的规定。

表 4.5.3 硅酮建筑密封胶（F 类）的性能指标

项目	性能指标
表干时间（h）	≤ 3
挤出性（mL/min）	≥ 80
弹性恢复率（%）	≥ 70
定伸粘结性	无破坏
浸水后定伸粘结性	无破坏

4.6 防潮材料

4.6.1 墙面、顶棚宜采用防水砂浆、聚合物水泥防水涂料做防潮层；无地下室的地面可采用聚氨酯防水涂料、聚合物乳液防水涂料、水乳型沥青防水涂料和防水卷材做防潮层。

4.6.2 采用不同材料做防潮层时，防潮层厚度可按表 4.6.2 确定。

表 4.6.2 防潮层厚度

<table>
<tr><th colspan="3">材料种类</th><th>防潮层厚度（mm）</th></tr>
<tr><td rowspan="3">防水砂浆</td><td colspan="2">掺防水剂的防水砂浆</td><td>15~20</td></tr>
<tr><td colspan="2">涂刷型聚合物水泥防水砂浆</td><td>2~3</td></tr>
<tr><td colspan="2">抹压型聚合物水泥防水砂浆</td><td>10~15</td></tr>
<tr><td rowspan="4">防水涂料</td><td colspan="2">聚合物水泥防水涂料</td><td>1.0~1.2</td></tr>
<tr><td colspan="2">聚合物乳液防水涂料</td><td>1.0~1.2</td></tr>
<tr><td colspan="2">聚氨酯防水涂料</td><td>1.0~1.2</td></tr>
<tr><td colspan="2">水乳型沥青防水涂料</td><td>1.0~1.5</td></tr>
<tr><td rowspan="3">防水卷材</td><td rowspan="2">自粘聚合物改性沥青防水卷材</td><td>无胎基</td><td>1.2</td></tr>
<tr><td>聚酯毡基</td><td>2.0</td></tr>
<tr><td colspan="2">聚乙烯丙纶复合防水卷材</td><td>卷材≥ 0.7（芯材≥ 0.5），胶结料≥ 1.3</td></tr>
</table>

5 防水设计

5.1 一般规定

5.1.1 住宅卫生间、厨房、浴室、设有配水点的封闭阳台、独立水容器等均应进行防水设计。

5.1.2 住宅室内防水设计应包括下列内容：

1 防水构造设计；

2 防水、密封材料的名称、规格型号、主要性能指标；

3 排水系统设计；

4 细部构造防水、密封措施。

5.2 功能房间防水设计

5.2.1 卫生间、浴室的楼、地面应设置防水层，墙面、顶棚应设置防潮层，门口应有阻止积水外溢的措施。

5.2.2 厨房的楼、地面应设置防水层，墙面宜设置防潮层；厨房布置在无用水点房间的下层时，顶棚应设置防潮层。

5.2.3 当厨房设有采暖系统的分集水器、生活热水控制总阀门时，楼、地面宜就近设置地漏。

5.2.4 排水立管不应穿越下层住户的居室；当厨房设有地漏时，地漏的排水支管不应穿过楼板进入下层住户的居室。

5.2.5 厨房的排水立管支架和洗涤池不应直接安装在与卧室相邻的墙体上。

5.2.6 设有配水点的封闭阳台，墙面应设防水层，顶棚宜防潮，楼、地面应有排水措施，并应设置防水层。

5.2.7 独立水容器应有整体的防水构造。现场浇筑的独立水容器应采用刚柔结合的防水设计。

5.2.8 采用地面辐射采暖的无地下室住宅，底层无配水点的房间地面应在绝热层下部设置防潮层。

5.3 技术措施

5.3.1 住宅室内防水应包括楼、地面防水、排水，室内墙体防水和独立水容器防水、防渗。

5.3.2 楼、地面防水设计应符合下列规定：

1 对于有排水要求的房间，应绘制放大布置平面图，并应以门口及沿墙周边为标志标高，标注主要排水坡度和地漏表面标高。

2 对于无地下室的住宅，地面宜采用强度等级为 C15 的混凝土作为刚性垫层，且厚度不宜小于 60mm。楼面基层宜为现浇钢筋混凝土楼板，当为预制钢筋混凝土条板时，板缝间应采用防水砂浆堵严抹平，并应沿通缝涂刷宽度不小于 300mm 的防水涂料形成防水涂膜带。

3 混凝土找坡层最薄处的厚度不应小于 30mm；砂浆找坡层最薄处的厚度不应小于 20mm。找平层兼找坡层时，应采用强度等级为 C20 的细石混凝土；需设填充层铺设管道时，宜与找坡层合并，填充材料宜选用轻骨料混凝土。

4 装饰层宜采用不透水材料和构造，主要排水坡度应为 0.5%~1.0%，粗糙面层排水坡度不应小于 1.0%。

5 防水层应符合下列规定：

1） 对于有排水的楼、地面，应低于相邻房间楼、地面 20mm 或做挡水门槛；当需进行无障碍设计时，应低于相邻房间面层 15mm，并应以斜坡过渡。

2） 当防水层需要采取保护措施时，可采用 20mm 厚 1 ∶ 3 水泥砂浆做保护层。

5.3.3 墙面防水设计应符合下列规定：

1 卫生间、浴室和设有配水点的封闭阳台等墙面应设置防水层；防水层高度宜距楼、地面面层 1.2m。

2 当卫生间有非封闭式洗浴设施时，花洒所在及其邻近墙面防水层高度不应小于 1.8m。

5.3.4 有防水设防的功能房间，除应设置防水层的墙面外，其余部分墙面和顶棚均应设置防潮层。

5.3.5 钢筋混凝土结构独立水容器的防水、防渗应符合下列规定：

1 应采用强度等级为 C30、抗渗等级为 P6 的防水钢筋混凝土结构，且受力壁体厚度不宜小于 200mm；

2 水容器内侧应设置柔性防水层；

3 设备与水容器壁体连接处应做防水密封处理。

5.4 细部构造

5.4.1 楼、地面的防水层在门口处应水平延展，且向外延展的长度不应小于 500mm，向两侧延展的宽度不应小于 200mm（图 5.4.1）。

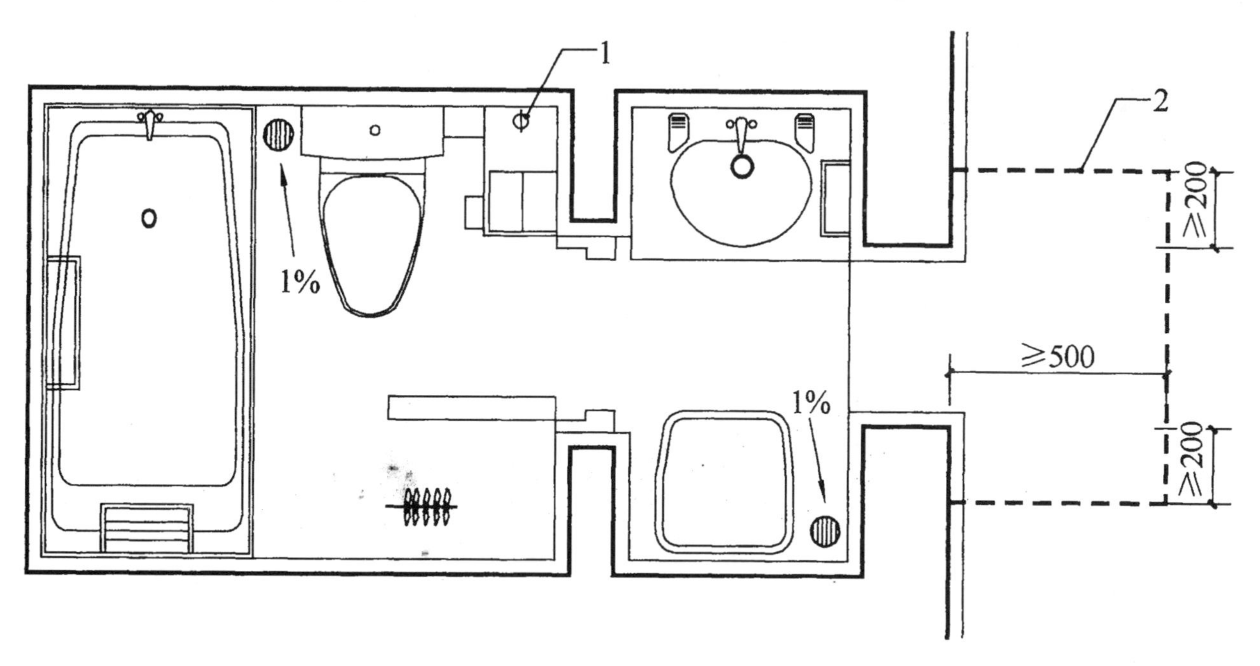

图 5.4.1 楼、地面门口处防水层延展示意

1—穿越楼板的管道及其防水套管；2—门口处防水层延展范围

5.4.2　穿越楼板的管道应设置防水套管，高度应高出装饰层完成面 20mm 以上；套管与管道间应采用防水密封材料嵌填压实（图 5.4.2）。

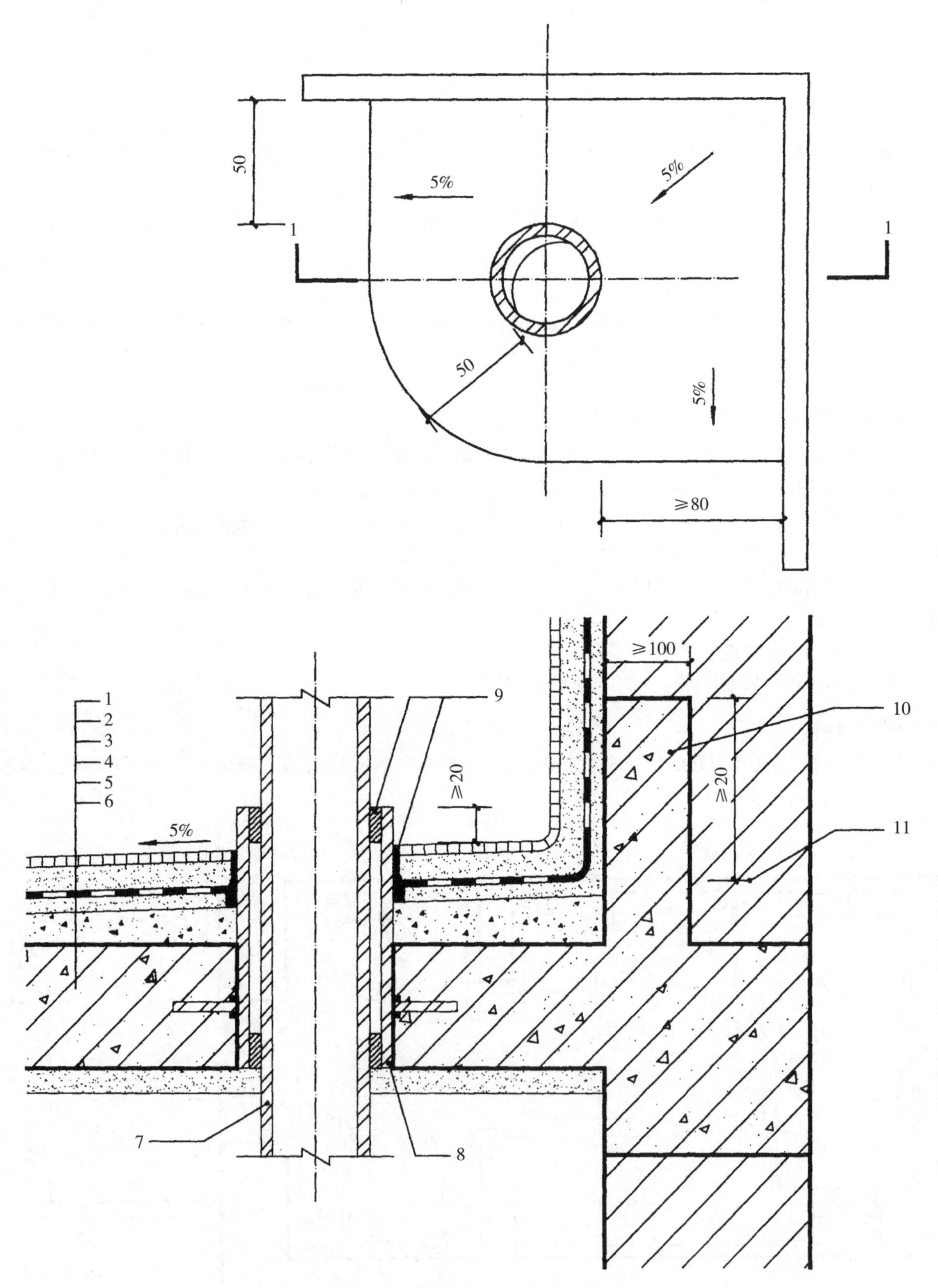

图 5.4.2　管道穿越楼板的防水构造

1—楼、地面面层；2—粘结层；3—防水层；4—找平层；5—垫层或找坡层；6—钢筋混凝土楼板；7—排水立管；8—防水套管；9—密封膏；10—C20 细石混凝土翻边；11—装饰层完成面高度

5.4.3 地漏、大便器、排水立管等穿越楼板的管道根部应用密封材料嵌填压实（图 5.4.3）。

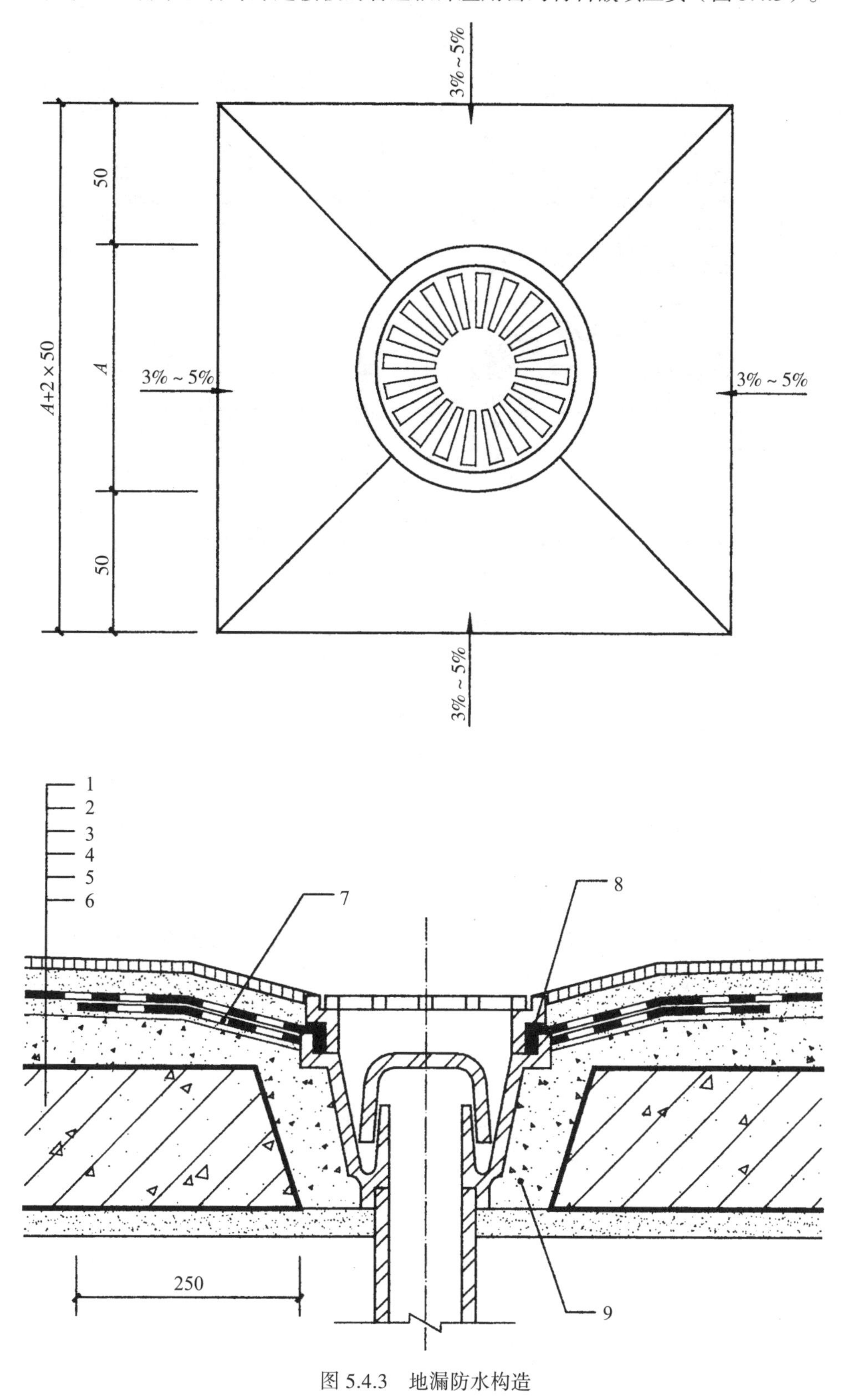

图 5.4.3 地漏防水构造

1—楼、地面面层；2—粘结层；3—防水层；4—找平层；5—垫层或找坡层；6—钢筋混凝土楼板；7—防水层的附加层；8—密封膏；9—C20 细石混凝土掺聚合物填实

5.4.4 水平管道在下降楼板上采用同层排水措施时，楼板、楼面应做双层防水设防。对降板后可能出现的管道渗水，应有密闭措施（图 5.4.4），且宜在贴临下降楼板上表面处设泄水管，并宜采取增设独立的泄水立管的措施。

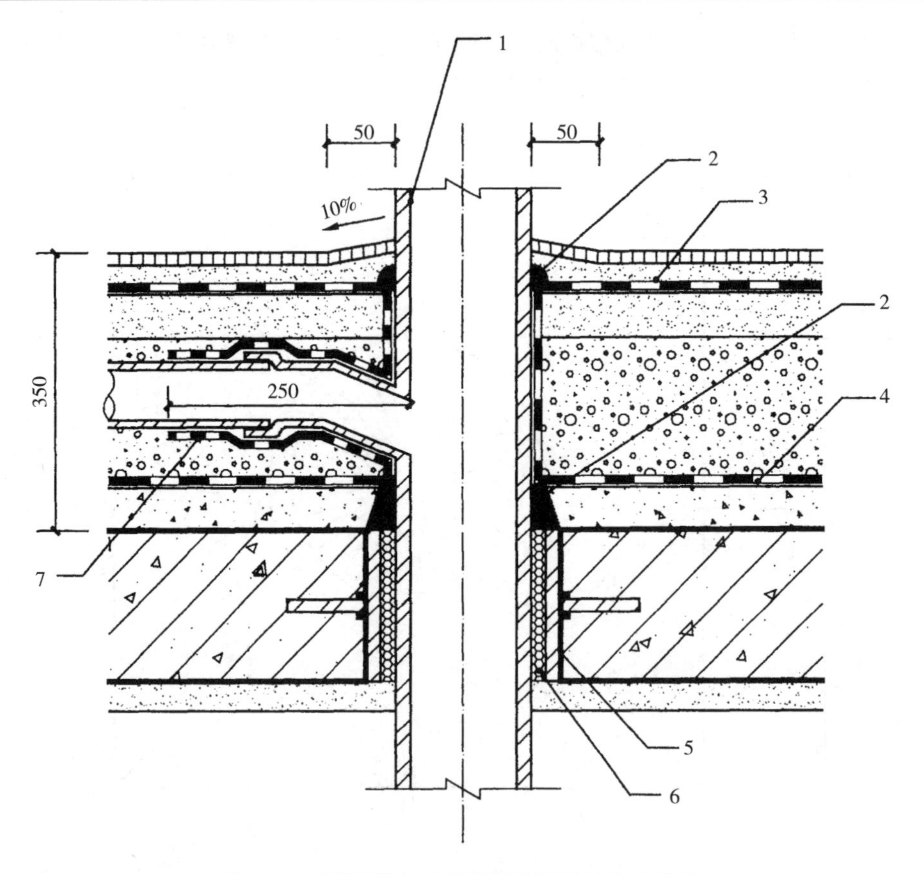

图 5.4.4 同层排水时管道穿越楼板的防水构造

1—排水立管；2—密封膏；3—设防房间装修面层下设防的防水层；
4—钢筋混凝土楼板基层上设防的防水层；5—防水套管；6—管壁间用填充材料塞实；7—附加层

5.4.5 对于同层排水的地漏，其旁通水平支管宜与下降楼板上表面处的泄水管联通，并接至增设的独立泄水立管上（图 5.4.5）。

5.4.6 当墙面设置防潮层时，楼、地面防水层应沿墙面上翻，且至少应高出饰面层 200mm。当卫生间、厨房采用轻质隔墙时，应做全防水墙面，其四周根部除门洞外，应做 C20 细石混凝土坎台，并应至少高出相连房间的楼、地面饰面层 200mm（图 5.4.6）。

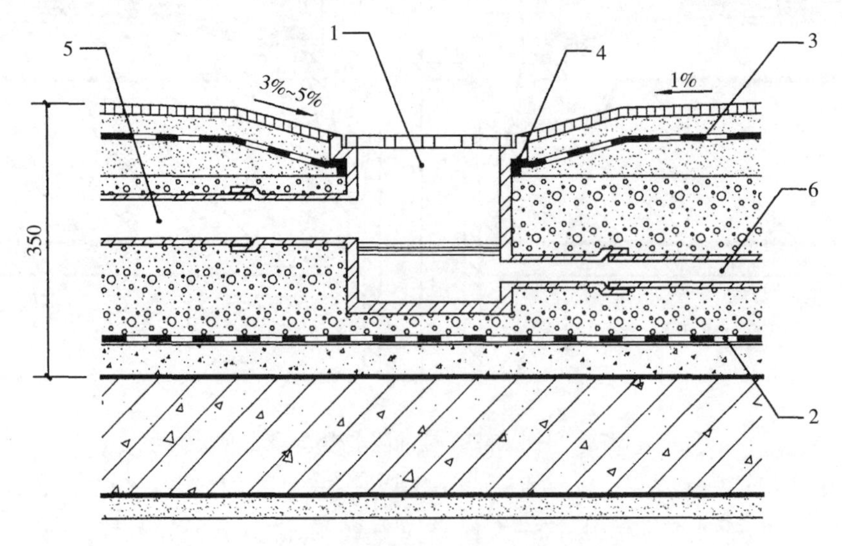

图 5.4.5 同层排水时的地漏防水构造

1—产品多通道地漏；2—下降的钢筋混凝土楼板基层上设防的防水层；3—设防房间装修面层下设防的防水层；
4—密封膏；5—排水支管接至排水立管；6—旁通水平支管接至增设的独立泄水立管

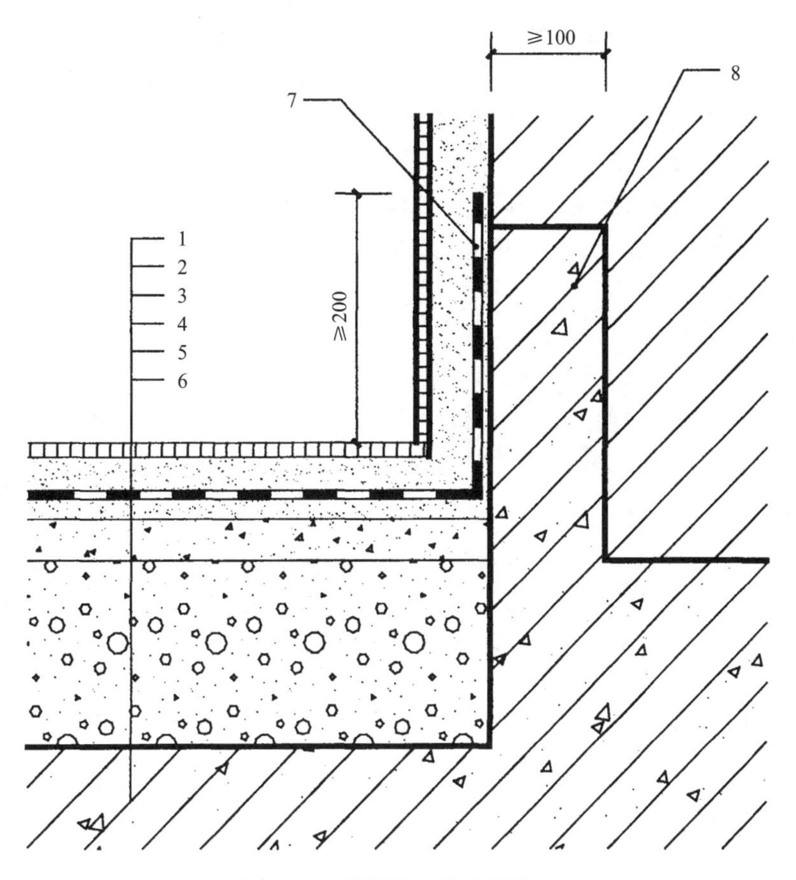

图 5.4.6 防潮墙面的底部构造

1—楼、地面面层；2—粘结层；3—防水层；4—找平层；5—垫层或找坡层；
6—钢筋混凝土楼板；7—防水层翻起高度；8—C20 细石混凝土翻边

6 防水施工

6.1 一般规定

6.1.1 住宅室内防水工程施工单位应有专业施工资质，作业人员应持证上岗。

6.1.2 住宅室内防水工程应按设计施工。

6.1.3 施工前，应通过图纸会审和现场勘查，明确细部构造和技术要求，并应编制施工方案。

6.1.4 进场的防水材料，应抽样复验，并应提供检验报告。严禁使用不合格材料。

6.1.5 防水材料及防水施工过程不得对环境造成污染。

6.1.6 穿越楼板、防水墙面的管道和预埋件等，应在防水施工前完成安装。

6.1.7 住宅室内防水工程的施工环境温度宜为 5℃ ~35℃。

6.1.8 住宅室内防水工程施工，应遵守过程控制和质量检验程序，并应有完整检查记录。

6.1.9 防水层完成后，应在进行下一道工序前采取保护措施。

6.2 基层处理

6.2.1 基层应符合设计的要求，并应通过验收。基层表面应坚实平整，无浮浆，无起砂、裂缝现象。

6.2.2 与基层相连接的各类管道、地漏、预埋件、设备支座等应安装牢固。

6.2.3 管根、地漏与基层的交接部位，应预留宽 10mm，深 10mm 的环形凹槽，槽内应嵌填密封材料。

6.2.4 基层的阴、阳角部位宜做成圆弧形。

6.2.5 基层表面不得有积水，基层的含水率应满足施工要求。

6.3 防水涂料施工

6.3.1　防水涂料施工时，应采用与涂料配套的基层处理剂。基层处理剂涂刷应均匀、不流淌、不堆积。

6.3.2　防水涂料在大面积施工前，应先在阴阳角、管根、地漏、排水口、设备基础根等部位施做附加层，并应夹铺胎体增强材料，附加层的宽度和厚度应符合设计要求。

6.3.3　防水涂料施工操作应符合下列规定：

1　双组分涂料应按配比要求在现场配制，并应使用机械搅拌均匀，不得有颗粒悬浮物；

2　防水涂料应薄涂、多遍施工，前后两遍的涂刷方向应相互垂直，涂层厚度应均匀，不得有漏刷或堆积现象；

3　应在前一遍涂层实干后，再涂刷下一遍涂料；

4　施工时宜先涂刷立面，后涂刷平面；

5　夹铺胎体增强材料时，应使防水涂料充分浸透胎体层，不得有折皱、翘边现象。

6.3.4　防水涂膜最后一遍施工时，可在涂层表面撒砂。

6.4　防水卷材施工

6.4.1　防水卷材与基层应满粘施工，防水卷材搭接缝应采用与基材相容的密封材料封严。

6.4.2　涂刷基层处理剂应符合下列规定：

1　基层潮湿时，应涂刷湿固化胶粘剂或潮湿界面隔离剂；

2　基层处理剂不得在施工现场配制或添加溶剂稀释；

3　基层处理剂应涂刷均匀，无露底、堆积；

4　基层处理剂干燥后应立即进行下道工序的施工。

6.4.3　防水卷材的施工应符合下列规定：

1　防水卷材应在阴阳角、管根、地漏等部位先铺设附加层，附加层材料可采用与防水层同品种的卷材或与卷材相容的涂料；

2　卷材与基层应满粘施工，表面应平整、顺直，不得有空鼓、起泡、皱折；

3　防水卷材应与基层粘结牢固，搭接缝处应粘结牢固。

6.4.4　聚乙烯丙纶复合防水卷材施工时，基层应湿润，但不得有明水。

6.4.5　自粘聚合物改性沥青防水卷材在低温施工时，搭接部位宜采用热风加热。

6.5　防水砂浆施工

6.5.1　施工前应洒水润湿基层，但不得有明水，并宜做界面处理。

6.5.2　防水砂浆应用机械搅拌均匀，并应随拌随用。

6.5.3　防水砂浆宜连续施工。当需留施工缝时，应采用坡形接槎，相邻两层接槎应错开100mm以上，距转角不得小于200mm。

6.5.4　水泥砂浆防水层终凝后，应及时进行保湿养护，养护温度不宜低于5℃。

6.5.5　聚合物防水砂浆，应按产品的使用要求进行养护。

6.6　密封施工

6.6.1　基层应干净、干燥，可根据需要涂刷基层处理剂。

6.6.2　密封施工宜在卷材、涂料防水层施工之前、刚性防水层施工之后完成。

6.6.3　双组分密封材料应配比准确，混合均匀。

6.6.4　密封材料施工宜采用胶枪挤注施工，也可用腻子刀等嵌填压实。

6.6.5　密封材料应根据预留凹槽的尺寸、形状和材料的性能采用一次或多次嵌填。

6.6.6　密封材料嵌填完成后，在硬化前应避免灰尘、破损及污染等。

7　质量验收

7.1　一般规定

7.1.1　室内防水工程质量验收的程序和组织，应符合现行国家标准《建筑工程施工质量验收统一标准》

GB 50300 的规定。

7.1.2 住宅室内防水施工的各种材料应有产品合格证书和性能检测报告。材料的品种、规格、性能等应符合国家现行有关标准和防水设计的要求。

7.1.3 防水涂料、防水卷材、防水砂浆和密封胶等防水、密封材料应进行见证取样复验，复验项目及现场抽样要求应按本规范附录 A 执行。

7.1.4 住宅室内防水工程分项工程的划分应符合表 7.1.4 的规定。

表 7.1.4 室内防水工程分项工程的划分

部位	分项工程
基层	找平层、找坡层
防水与密封	防水层、密封、细部构造
面层	保护层

7.1.5 住宅室内防水工程应以每一个自然间或每一个独立水容器作为检验批，逐一检验。

7.1.6 室内防水工程验收后，工程质量验收记录应进行存档。

7.2 基 层

Ⅰ 主控项目

7.2.1 防水基层所用材料的质量及配合比，应符合设计要求。

检验方法：检查出厂合格证、质量检验报告和计量措施。

检验数量：按材料进场批次为一检验批。

7.2.2 防水基层的排水坡度，应符合设计要求。

检验方法：用坡度尺检查。

检验数量：全数检验。

Ⅱ 一般项目

7.2.3 防水基层应抹平、压光，不得有疏松、起砂、裂缝。

检验方法：观察检查。

检验数量：全数检验。

7.2.4 阴、阳角处宜按设计要求做成圆弧形，且应整齐平顺。

检验方法：观察和尺量检查。

检验数量：全数检验。

7.2.5 防水基层表面平整度的允许偏差不宜大于 4mm。

检验方法：用 2m 靠尺和楔形塞尺检查。

检验数量：全数检验。

7.3 防水与密封

Ⅰ 主控项目

7.3.1 防水材料、密封材料、配套材料的质量应符合设计要求，计量、配合比应准确。

检验方法：检查出厂合格证、计量措施、质量检验报告和现场抽样复验报告。

检验数量：进场检验按材料进场批次为一检验批；现场抽样复验，按本规范附录 A 执行。

7.3.2 在转角、地漏、伸出基层的管道等部位，防水层的细部构造应符合设计要求。

检验方法：观察检查和检查隐蔽工程验收记录。

检验数量：全数检验。

7.3.3 防水层的平均厚度应符合设计要求，最小厚度不应小于设计厚度的 90%。

检验方法：用涂层测厚仪量测或现场取 20mm × 20mm 的样品，用卡尺测量。

检验数量：在每一个自然间的楼、地面及墙面各取一处；在每一个独立水容器的水平面及立面各取一处。

7.3.4 密封材料的嵌填宽度和深度应符合设计要求。

检验方法：观察和尺量检查。

检验数量：全数检验。

7.3.5 密封材料嵌填应密实、连续、饱满，粘结牢固，无气泡、开裂、脱落等缺陷。

检验方法：观察检查。

检验数量：全数检验。

7.3.6 防水层不得渗漏。

检验方法：在防水层完成后进行蓄水试验，楼、地面蓄水高度不应小于20mm，蓄水时间不应少于24h；独立水容器应满池蓄水，蓄水时间不应少于24h。

检验数量：每一自然间或每一独立水容器逐一检验。

Ⅱ 一般项目

7.3.7 涂膜防水层与基层应粘结牢固，表面平整，涂刷均匀，不得有流淌、皱折、鼓泡、露胎体和翘边等缺陷。

检验方法：观察检查。

检验数量：全数检验。

7.3.8 涂膜防水层的胎体增强材料应铺贴平整，每层的短边搭接缝应错开。

检验方法：观察检查。

检验数量：全数检验。

7.3.9 防水卷材的搭接缝应牢固，不得有皱折、开裂、翘边和鼓泡等缺陷；卷材在立面上的收头应与基层粘贴牢固。

检验方法：观察检查。

检验数量：全数检验。

7.3.10 防水砂浆各层之间应结合牢固，无空鼓；表面应密实、平整、不得有开裂、起砂、麻面等缺陷；阴阳角部位应做圆弧状。

检验方法：观察和用小锤轻击检查。

检验数量：全数检验。

7.3.11 密封材料表面应平滑，缝边应顺直，周边无污染。

检验方法：观察检查。

检验数量：全数检验。

7.3.12 密封接缝宽度的允许偏差应为设计宽度的 ±10%。

检验方法：尺量检查。

检验数量：全数检验。

7.4 保护层

Ⅰ 主控项目

7.4.1 防水保护层所用材料的质量及配合比应符合设计要求。

检验方法：检查出厂合格证、质量检验报告和计量措施。

检验数量：按材料进场批次为一检验批。

7.4.2 水泥砂浆、混凝土的强度应符合设计要求。

检验数量：按材料进场批次为一检验批。

检验方法：检查砂浆、混凝土的抗压强度试验报告。

7.4.3 防水保护层表面的坡度应符合设计要求，不得有倒坡或积水。

检验方法：用坡度尺检查和淋水检验。

检验数量：全数检验。

7.4.4 防水层不得渗漏。

检验方法：在保护层完成后应再次作蓄水试验，楼、地面蓄水高度不应小于20mm，蓄水时间不应少于24h；独立水容器应满池蓄水，蓄水时间不应少于24h。

检验数量：每一自然间或每一独立水容器逐一检验。

Ⅱ 一般项目

7.4.5 保护层应与防水层粘结牢固，结合紧密，无空鼓。

检验方法：观察检查，用小锤轻击检查。

检验数量：全数检验。

7.4.6 保护层应表面平整，不得有裂缝、起壳、起砂等缺陷；保护层表面平整度不应大于5mm。

检验方法：观察检查，用2m靠尺和楔形塞尺检查。

检验数量：全数检验。

7.4.7 保护层厚度的允许偏差应为设计厚度的 ±10%，且不应大于5mm。

检验方法：用钢针插入和尺量检查。

检验数量：在每一自然间的楼、地面及墙面各取一处；在每一个独立水容器的水平面及立面各取一处。

附录 A 防水材料复验项目及现场抽样要求

表 A 防水材料复验项目及现场抽样要求

序号	材料名称	现场抽样数量	外观质量检验	物理性能检验
1	聚氨酯防水涂料	（1）同一生产厂，以甲组分每 5t 为一验收批，不足 5t 也按一批计算。乙组分按产品重量配比相应增加。 （2）每一验收批按产品的配比分别取样，甲、乙组分样品总重为 2kg。 （3）单组产品随机抽取，抽样数应不低于 $\sqrt{\frac{n}{2}}$（n 是产品的桶数）	产品为均匀黏稠体，无凝胶、结块	固体含量、拉伸强度、断裂伸长率、不透水性、挥发性有机化合物、苯 + 甲苯 + 乙苯 + 二甲苯、游离 TDI
2	聚合物乳液防水涂料	（1）同一生产厂、同一品种、同一规格每 5t 产品为一验收批，不足 5t 也按一批计。 （2）随机抽取，抽样数应不低于 $\sqrt{\frac{n}{2}}$（n 是产品的桶数）	产品经搅拌后无结块，呈均匀状态	固体含量、拉伸强度、断裂延伸率、不透水性、挥发性有机化合物、苯 + 甲苯 + 乙苯 + 二甲苯、游离甲醛
3	聚合物水泥防水涂料	（1）同一生产厂每 10t 产品为一验收批，不足 10t 也按一批计。 （2）产品的液体组分抽样数应不低于 $\sqrt{\frac{n}{2}}$（n 是产品的桶数）。 （3）配套固体组分的抽样按《水泥取样方法》GB/T 12573 中的袋装水泥的规定进行，两组分共取 5kg 样品	产品的两组分经分别搅拌后，其液体组分应为无杂质、无凝胶的均匀乳液；固体组分应为无杂质、无结块的粉末	固体含量、拉伸强度、断裂延伸率、粘结强度、不透水性、挥发性有机化合物、苯 + 甲苯 + 乙苯 + 二甲苯、游离甲醛
4	水乳型沥青防水涂料	（1）同一生产厂、同一品种、同一规格每 5t 产品为一验收批，不足 5t 也按一批计。 （2）随机抽取，抽样数应不低于 $\sqrt{\frac{n}{2}}$（n 是产品的桶数）	产品搅拌后为黑色或黑灰色均匀膏体或黏稠体	固体含量、断裂延伸率、粘结强度、不透水性、挥发性有机化合物、苯 + 甲苯 + 乙苯 + 二甲苯、游离甲醛
5	自粘聚合物改性沥青防水卷材	同一生产厂的同一品种、同一等级的产品，大于 1000 卷抽 5 卷，500~1000 卷抽 4 卷，100~499 卷抽 3 卷，100 卷以下抽 2 卷	卷材表面应平整，不允许有孔洞、结块、气泡、缺边和裂口；PY 类卷材胎基应浸透，不应有未被浸渍的浅色条纹	拉力、最大拉力时延伸率、不透水性、卷材与铝板剥离强度
6	聚乙烯丙纶卷材	（1）同一生产厂的同一品种、同一等级的产品，大于 1000 卷抽 5 卷，500~1000 卷抽 4 卷，100~499 卷抽 3 卷，100 卷以下抽 2 卷。 （2）聚合物水泥防水粘结料的抽样数量同聚合物水泥防水涂料	卷材表面应平整，不能有影响使用性能的杂质、机械损伤、折痕及异常粘着等缺陷；聚合物水泥胶粘料的两组分经分别搅拌后，其液体组分应为无杂质、无凝胶的均匀乳液；固体组分应为无杂质、无结块的粉末	断裂拉伸强度、扯断伸长率、撕裂强度、不透水性、剪切状态下的粘合性（卷材—卷材、卷材—水泥基面）

续表

序号	材料名称	现场抽样数量	外观质量检验	物理性能检验
7	聚合物水泥防水砂浆	（1）同一生产厂的同一品种、同一等级的产品，每400t为一验收批，不足400t也按一批计。 （2）每批从20个以上的不同部位取等量样品，总质量不少于15kg。 （3）乳液类产品的抽样数量同聚合物水泥防水涂料	干粉类：均匀、无结块；乳液类：液体经搅拌后均匀、无沉淀，粉料均匀、无结块	凝结时间、7d抗渗压力、7d粘结强度、压折比
8	砂浆防水剂	（1）同一生产厂的同一品种、同一等级的产品，30t为一验收批，不足30t也按一批计。 （2）从不少于三个点取等量样品混匀。 （3）取样数量，不少于0.2t水泥所需量	—	净浆安定性、凝结时间、抗压强度比、渗水压力比、48h吸水量比
9	丙烯酸酯建筑密封胶	（1）以同一生产厂、同等级、同类型产品每2t为一验收批，不足2t也按一批计。每批随机抽取试样1组，试样量不少于1kg。 （2）随机抽取试样，抽样数应不低于$\sqrt{\frac{n}{2}}$，（n是产品的桶数或支数）	产品应为无结块、无离析的均匀细腻膏状体	表干时间、挤出性、弹性恢复率、定伸粘结性、浸水后定伸粘结性
10	聚氨酯建筑密封胶		产品应为细腻、均匀膏状物或黏稠液，不应有气泡	表干时间、挤出性、弹性恢复率、定伸粘结性、浸水后定伸粘结性
11	硅酮建筑密封胶		产品应为细腻、均匀膏状物，不应有气泡、结皮和凝胶	表干时间、挤出性、弹性恢复率、定伸粘结性、浸水后定伸粘结性

本规范用词说明

1 为便于在执行本规范条文时区别对待，对要求严格程度不同的用词说明如下：

1）表示很严格，非这样做不可的用词：正面词采用“必须”，反面词采用“严禁”；

2）表示严格，在正常情况下均应这样做的用词：正面词采用“应”，反面词采用“不应”或“不得”；

3）表示允许稍有选择，在条件许可时首先应这样做的用词：
正面词采用“宜”，反面词采用“不宜”；

4）表示有选择，在一定条件下可以这样做的用词，采用“可”。

2 条文中指明应按其他有关标准执行的写法为：“应符合……的规定”或“应按……执行”。

引用标准名录

1 《建筑工程施工质量验收统一标准》GB 50300

2 《通用硅酸盐水泥》GB 175

3 《水泥取样方法》GB/T 12573

4 《商品砂浆》JG/T 230

中华人民共和国行业标准

住宅室内防水工程技术规范

JGJ 298—2013

条文说明

制订说明

《住宅室内防水工程技术规范》JGJ 298—2013，经住房和城乡建设部2013年5月13日以第30号公告批准、发布。

本规范制订过程中，编制组在调查了我国住宅室内防水设计、选材、施工的现状的基础上，分析总结出住宅中发生渗漏的主要原因，明确了住宅室内防水的设防区域、选材的顺序、防水层厚度要求、技术措施、细部构造和验收方法。

为便于广大设计、施工、科研、学校等单位有关人员，在使用本规范时能正确理解和执行条文规定，《住宅室内防水工程技术规范》编制组按章、节、条顺序编制了本规范的条文说明，对条文规定目的、依据以及执行中应注意的有关事项进行了说明。但是，本条文说明不具备与规范正文同等的法律效力，仅供使用者作为理解和把握规范规定的参考。

1 总 则

1.0.1 住宅室内防水技术，涉及住宅建筑的功能质量及人居环境质量。本规范是对我国防水工程标准体系的一个补充。旨在规范住宅室内防水工程的设计、选材、施工和验收，力争做到方案可靠、选材合理、施工安全、经济适用。

1.0.2 为避免与行业标准《房屋渗漏修缮技术规程》JGJ/T 53-2011 的相关内容发生冲突。本规范将适用范围界定在“新建住宅”。此外，通过对渗漏部位及渗漏原因的分析，重点针对具有普遍性、带有共性的住宅，将住宅室内防水设防区域定为卫生间、浴室、厨房、设有生活配水点的封闭阳台及小型泳池（规范中称独立水容器）等。以保障人们正常使用时，这些区域应具备的防水功能。

1.0.3 环境保护是我国的基本国策，也是人身健康的保障，室内环境尤为重要。近些年来，由于建筑材料中有害物质超标给居住者带来身心健康损伤的案例不计其数，尽管室内防水工程是一个隐蔽工程，但施工中由于使用了劣质材料或违反施工规范，造成人身伤害也屡见不鲜。此外，建筑施工中的防火问题也是一个不可回避的焦点。所以，在住宅室内防水工程的设计和施工中，遵守国家有关结构安全、环境保护和防火安全的规定，可以将对人身安全，污染环境的影响减至最小。

1.0.4 本规范编制过程中，尽管查阅了很多与其相关的标准，但我国现行工程建设标准数量较多，特别是不同专业领域出于自己专业角度的考量也编制了不少标准。因此在执行本标准的同时，还需要执行其他的相关标准。

3 基本规定

3.0.1 为保障排水顺畅，规范中除规定了有防水设防区域的主要排水坡度外，还考虑到由于短时排水量过大（如洗衣机排水）或地漏堵塞等可能造成污水外溢的情况，所以规范对门口应有阻止积水外溢做了明确要求，即采取防水层在门口处应适当向外延伸的措施，以避免污水通过未设防水层的居室向下层居室的渗漏；规范要求独立水容器应采用刚柔相济的防水设计，是考虑到混凝土池壁在干湿交替情况下有可能产生开裂或其自身存在的质量缺陷，可能在使用过程中发生渗漏，而通过增设柔性防水层可以有效避免这种情况的发生；我国各地经济发达程度存在差异，所以本规范在防水材料的选用时综合考虑了高、中、低档产品，这些材料通过合理设计、精心施工和严格管理，可有效保证住宅室内防水工程的质量；随着全社会环保意识的增强，规范要求住宅室内使用的防水涂料、防水卷材粘结剂的有害物质限量均符合相应标准的要求。

3.0.2 住宅室内防水工程中，楼、地面的渗漏多发于地漏、穿墙管、墙体阴角等节点部位，且施工面积不大，防水涂料因其具有连续成膜、操作灵活的优势，适用性更强。若使用两道以上的防水材料或管跟部的嵌缝材料，应考虑相邻材料是否相容。

3.0.4 住宅室内防水工程完成后，通过蓄水试验（也称闭水试验）检验是否漏水，被工程实践证明是检验防水工程是否合格的直观、有效并具有可操作性的方法。蓄水试验的具体要求在本规范的第 7.3.6 条做了明确规定。

3.0.6 防水材料的选用是确保住宅室内防水工程的关键所在，因此，在推广应用新材料、新技术、新工艺时，应优先采用经国家权威检测部门检验合格，且被工程实践证明应用效果良好的产品。

4 防水材料

4.1 防水涂料

4.1.2 在本规范中，将溶剂型防水涂料定义为以有机溶剂为分散介质，靠溶剂挥发成膜的防水涂料。根据目前市场上防水涂料的品种，仅溶剂型橡胶沥青防水涂料属于这个范畴，这种涂料的含固量只有 50% 左右（行业标准《溶剂型橡胶沥青防水涂料》JC/T 852-1999 要求含固量≥ 48%）。考虑到住宅内空间不大，不利于溶剂的挥发，且溶剂型橡胶沥青防水涂料的固含量很低（行业标准《溶剂型橡胶沥青防水涂料》JC/T 852 要求固含量≥ 48%），需要多遍涂刷才可达到设计要求的厚度。此外，环境中高浓度的溶剂挥发物也对施工人员的身体健康造成伤害，同时也存在火灾隐患。

从广义上说，尽管聚氨酯防水涂料也属于溶剂型防水涂料（以溶剂为分散剂，但不是靠溶剂挥发成膜），但这种材料的成膜机理是反应固化，且溶剂的含量不大（国家标准《聚氨酯防水涂料》GB/T 19250-2003中要求单组分涂料的固体含量≥ 80%，双组分涂料的固体含量≥ 92%）。同时，聚氨酯防水涂料是业界公认的综合性能最好的防水涂料。

4.1.3 在长期浸水条件下，有可能发生溶胀的防水涂料是指聚合物水泥防水涂料中的Ⅰ型产品。这类产品中由于聚合物乳液的比例较高，所以固化后的涂膜在长期浸水的条件下，聚合物会发生溶胀，从而降低涂膜的不透水性。

4.1.4、4.1.5、4.1.7、4.1.8 在产品标准中，往往根据产品的理化性能将产品分为不同的型号（如：聚氨酯防水涂料按理化性能分为Ⅰ型和Ⅱ型产品），而在表 4.1.4、表 4.1.5、表 4.1.7、表 4.1.8 中只分别列出了一组数值，并非改变了对各种防水涂料的理化性能要求，而是将Ⅰ型和Ⅱ型产品理化性能的交集部分列在了表中。产品的检测报告及材料进场后复验的检测报告仍应明确报告产品的型号，并符合相应的性能要求。

4.1.10 防水涂膜的厚度是保证防水工程质量的重要条件，所以涂膜的厚度不可以随意调整，新型材料调整厚度应经过技术评估或鉴定，并经工程实践证明防水质量可靠。

4.2 防水卷材

4.2.1 适用于室内防水工程的防水卷材不限于此两类材料，只是在调研过程中发现以这两类防水卷材居多，其他种类的防水卷材用于室内防水工程应符合相关产品的性能要求，用于长期浸水环境的卷材粘结剂应具有良好的耐水性。

4.2.2 与防水涂料一样，自粘聚合物改性沥青防水卷材按产品的理化性能分为Ⅰ型和Ⅱ型，表 4.2.2-1 和表 4.2.2-2 中只分别列出交集部分的一组数值。但产品的检测报告及材料进场后复验的检测报告仍应明确报告产品的型号，并符合相应的性能要求。

4.2.3 国家标准《高分子防水材料第 1 部分：片材》GB18173.1-2006 规定“对于整体厚度小于 1.0mm 的卷材，扯断伸长率不得小于 50%，断裂拉伸强度达到规定值的 80%”。

4.2.4 住宅室内空间狭小，不宜采用热熔法施工。

4.2.5 表 4.2.5 中指标是根据国家标准《室内装饰装修材料胶粘剂中有害物质限量》GB 18583-2008 对水基型胶粘剂的要求而确定的。

4.3 防水砂浆

4.3.1 防水砂浆是以水泥、砂为主，通过掺入一定量的砂浆防水剂、聚合物乳液或胶粉制成的具有防水功能的材料。为保障防水砂浆的配合比准确和材料的均匀程度，确保防水工程质量，应使用由专业生产厂家生产的商品砂浆。

4.3.4 涂刮型防水砂浆是指在水泥砂浆中掺入聚合物乳液或胶粉进行改性的砂浆，但其仍属于脆性材料。如 2012 年 7 月 1 日开始实施的行业标准《聚合物水泥防水浆料》JC/T 2090-2011，按物理力学性能分为Ⅰ型（通用性）和Ⅱ型（柔韧型）两类，其中Ⅱ型（柔韧型）可用于厨房、卫生间地面防水，但与聚合物水泥防水涂料相比，应适当增加防水层的厚度，而Ⅰ型（通用性）则宜用于墙面防潮。

4.5 密封材料

4.5.1 住宅室内防水工程中，对密封材料的抗位移性能不作要求。

4.5.2 行业标准《丙烯酸酯建筑密封胶》JC/T 484-2006 中，按弹性恢复率将丙烯酸酯建筑密封胶分为弹性体（E）和塑性体（P）。明确规定弹性体密封胶用于接缝密封，塑性体密封胶仅用于一般装修工程的填缝。

4.5.3 硅酮建筑密封胶的耐热性能和耐水性能均优于丙烯酸酯建筑密封胶和聚氨酯建筑密封胶，所以热水管周围的嵌填和长期浸水环境中，宜选用硅酮建筑密封胶。国家标准《硅酮建筑密封胶》GB/T 14683-2003 中，按用途将硅酮建筑密封胶分为 G 类和 F 类，明确规定 G 类密封胶用于镶装玻璃，F 类密封胶用于接缝密封。

4.6 防潮材料

4.6.1 本规范中的所有防水材料原则上均可用于防潮层，但是考虑到墙面或顶棚要做瓷砖粘贴或涂刷涂料等装修，因此墙面、顶棚的防潮宜优先选用防水砂浆或聚合物水泥防水涂料。

4.6.2 用于防潮层的厚度可略低于防水层的要求，但由于涂膜的厚度不可能很均匀（本规范要求最小厚度达到设计厚度的90%），而防水卷材的规格又是产品标准规定的，所以本规范表4.6.2给出了可供选用的厚度。

5 防水设计

5.2 功能房间防水设计

5.2.1 为避免水蒸气透过墙体或顶棚，使隔壁房间或住户受潮气影响，导致诸如墙体发霉、破坏装修效果（壁纸脱落、发霉，涂料层起鼓、粉化，地板变形等）等情况发生，本规范要求所有卫生间、浴室墙面、顶棚均做防潮处理。防潮层设计时，材料按本规范第4.6.1条选择，厚度按本规范表4.6.2确定。

5.2.3 本条规定主要针对独立采暖的住宅，可能因为设备的损坏，形成集中、大量地泄流，渗漏到下层住户。

5.2.4 本条规定是为避免一旦发生渗漏，污水、洗涤废水通过楼板进入下层住户的居室及维修时给他人的生活造成影响。

5.2.5 本条规定与现行行业标准《辐射供暖供冷技术规程》JGJ 142保持一致。

5.4 细部构造

本规范中的细部构造图不代替标准图使用，仅为构造做法示意。

6 防水施工

6.1 一般规定

6.1.7 有些产品的最低成膜温度略高于5℃，施工环境温度视产品的性能而定。

6.2 基层处理

6.2.1 防水施工之前使用专用的施工工具将基层上的尘土、砂浆块、杂物、油污等清除干净；基层有凹凸不平的应采用高标号的水泥砂浆对低凹部位进行找平，基层有裂缝的先将裂缝剔成斜坡槽，再采用柔性密封材料、腻子型的浆料、聚合物水泥砂浆进行修补；基层有蜂窝孔洞的，应先将松散的石子剔除，用聚合物水泥砂浆修补平整。

6.2.2 各类构件根部的混凝土有疏松的，应采用剔除后重新浇筑高标号的混凝土等方法加固。

6.2.3 缝隙过小不易进行密封材料嵌填。

6.2.4 基层阴阳角部位涂布涂料较难，卷材铺设成直角也比较困难，根据工程实践，将阴阳角做成圆弧形，可有效保证这些部位的防水质量。

6.2.5 聚合物水泥防水涂料、聚合物水泥防水浆料和防水砂浆等水泥基材料可以在潮湿基层上施工，但不得有明水；聚氨酯防水涂料、自粘聚合物改性沥青防水卷材等对基层含水率有一定的要求，为确保施工质量，基层含水率应符合相应防水材料的要求。

6.3 防水涂料施工

6.3.2 为保证防水层的有效厚度，采用同质涂料作为基层处理剂，可尽量避免将基层处理剂的厚度与涂膜的厚度之和作为防水层的厚度以达到降低成本的目的。

在南方或特殊季节，空气湿度较大，不利于基层水分的蒸发。因此在施工时，应尽可能涂刷水泥基的界面隔离材料，目的是降低基层表面的含水率，使涂膜与基层粘结良好。但隔离剂的厚度不得计人防水层厚度。

6.3.4 为使防水层（主要是聚氨酯防水涂料）与铺贴饰面层用的胶粘剂之间保持良好的粘结，通常在最后一遍涂料施工时，在涂层表面撒一些细砂，以增加涂膜表面的粗糙度。

6.4 防水卷材施工

6.4.2 室内空间不大，通风条件有限，且多数情况下使用的溶剂为苯类物质，溶剂挥发将给室内环境及人身健康带来不良影响。因此，应尽量避免在施工现场自行配制或添加溶剂。

6.4.4 聚乙烯丙纶复合防水卷材的粘结剂是水泥基材料，润湿基层可确保聚合物水泥胶结料中的水分不被基层吸收而影响水泥的正常水化、硬化。

6.4.5 自粘聚合物改性沥青防水卷材是冷粘法施工，符合环保节能要求。在低温施工时，卷材搭接部位适当采用热风加热，可有效提高粘结密封的可靠性。

6.5 防水砂浆施工

6.5.5 有些聚合物防水砂浆如果始终在湿润或浸水状态下养护，可能会产生聚合物的溶胀，因此这类材料的养护应按生产企业的要求进行养护。

6.6 密封施工

6.6.2 施工前应检查接缝的形状与尺寸是否符合设计要求，若接缝发生质量缺陷应进行修补。

6.6.4 挤注施工时，枪嘴对准基面、与基面成45° 角，移动枪嘴应均匀，挤出的密封胶始终处于由枪嘴推动状态，保证挤出的密封胶对缝内有挤压力，密实填充接缝；腻子刀施工时，腻子刀应多次将密封胶压入凹槽中。

7 质量验收

7.1 一般规定

7.1.2 采用新材料时，复验项目及性能要求可以按产品的企业标准确定，并提供相关的技术评估或鉴定文件。

7.3 防水与密封

7.3.6 住宅室内设置的防水层质量的好坏（是否渗漏水）将直接影响到住宅的功能和居住环境。因此本条规定住宅室内防水工程验收时，防水层不能出现渗漏现象。关于防水层是否渗漏水的检验方法，卫生间、厨房、浴室、封闭阳台等的楼、地面防水层和独立水容器的防水层通过蓄水试验就能够进行有效的检验；对于墙面的防水层，目前没有特别经济适用的检验方法，而且墙面防水层通常没有水压力的作用，出现渗漏的概率较低，因此本条对于墙面防水层检验未作统一规定。实际工程验收时，重点对楼、地面防水层和独立水容器的防水层进行蓄水试验即可。

中华人民共和国行业标准

住宅建筑电气设计规范

Code for electrical design of residential buildings

JGJ 242—2011

批准部门：中华人民共和国住房和城乡建设部
施行日期：2012 年 4 月 1 日

中华人民共和国住房和城乡建设部公告

第1001号

关于发布行业标准《住宅建筑电气设计规范》的公告

现批准《住宅建筑电气设计规范》为行业标准，编号为JGJ 242—2011，自2012年4月1日起实施。其中，第4.3.2、8.4.3、10.1.1、10.1.2条为强制性条文，必须严格执行。

本规范由我部标准定额研究所组织中国建筑工业出版社出版发行。

中华人民共和国住房和城乡建设部

2011年5月3日

前　言

根据原建设部《关于印发<2007年工程建设标准规范制订、修订计划（第一批）>的通知》（建标[2007]125号）的要求，规范编制组经广泛调查研究，认真总结实践经验，参考有关国内外标准，并在广泛征求意见的基础上，编制本规范。

本规范的主要技术内容是：1. 总则；2. 术语；3. 供配电系统；4. 配变电所；5. 自备电源；6. 低压配电；7. 配电线路布线系统；8. 常用设备电气装置；9. 电气照明；10. 防雷与接地；11. 信息设施系统；12. 信息化应用系统；13. 建筑设备管理系统；14. 公共安全系统；15. 机房工程。

本规范中以黑体字标志的条文为强制性条文，必须严格执行。

本规范由住房和城乡建设部负责管理和对强制性条文的解释，由中国建筑标准设计研究院负责具体技术内容的解释。执行过程中如有意见或建议，请寄送中国建筑标准设计研究院（地址：北京市海淀区首体南路9号主语国际2号楼，邮编：100048）。

本规范主编单位：中国建筑标准设计研究院

本规范参编单位：中国建筑设计研究院
北京市建筑设计研究院
上海现代设计集团华东建筑设计研究院有限公司
上海现代设计集团上海建筑设计研究院有限公司
中国建筑东北设计研究院有限公司
中国建筑西北设计研究院有限公司
中国建筑西南设计研究院有限公司
中南建筑设计院股份有限公司
新疆建筑设计研究院
广东省建筑设计研究院
广西华蓝设计（集团）有限公司
合肥工业大学建筑设计研究院
施耐德（中国）有限公司

本规范主要起草人员：孙　兰　李雪佩　李立晓　黄祖凯
张文才　李逢元　王金元　杨德才
杜毅威　邵民杰　陈众励　熊　江
丁新亚　林洪思　粟卫权　万　力

本规范主要审查人员：孙成群　丁　杰　张　宜　陈汉民
李长海　王东林　汪　军　周名嘉
冯志文　徐　华　李炳华　钟景华

1　总则

1.0.1　为统一住宅建筑电气设计，全面贯彻执行国家的节能环保政策，做到安全可靠、经济合理、技术先进、整体美观、维护管理方便，制定本规范。
1.0.2　本规范适用于城镇新建、改建和扩建的住宅建筑的电气设计，不适用于住宅建筑附设的防空地下室工程的电气设计。
1.0.3　住宅建筑电气设计应与工程特点、规模和发展规划相适应，并应采用经实践证明行之有效的新技术、新设备、新材料。
1.0.4　住宅建筑电气设备应采用符合国家现行有关标准的高效节能、环保、安全、性能先进的电气产品，严禁使用已被国家淘汰的产品。
1.0.5　住宅建筑电气设计除应符合本规范外，尚应符合国家现行有关标准的规定。

2　术语

2.0.1　住宅单元 residential building unit
由多套住宅组成的建筑部分，该部分内的住户可通过共用楼梯和安全出口进行疏散。
2.0.2　套（户）型 dwelling unit
按不同使用面积、居住空间和厨卫组成的成套住宅单位。
2.0.3　家居配电箱 house electrical distributor
住宅套（户）内供电电源进线及终端配电的设备箱。
2.0.4　家居配线箱（HD）house tele-distributor
住宅套（户）内数据、语音、图像等信息传输线缆的接入及匹配的设备箱。
2.0.5　家居控制器（HC）house controller
住宅套（户）内各种数据采集、控制、管理及通信的控制器。
2.0.6　家居管理系统（HMS）house management system
将住宅建筑（小区）各个智能化子系统的信息集成在一个网络与软件平台上进行统一的分析和处理，并保存于住宅建筑（小区）管理中心数据库，实现信息资源共享的综合系统。

3　供配电系统

3.1　一般规定

3.1.1　供配电系统应按住宅建筑的负荷性质、用电容量、发展规划以及当地供电条件合理设计。
3.1.2　应急电源与正常电源之间必须采取防止并列运行的措施。
3.1.3　住宅建筑的高压供电系统宜采用环网方式，并应满足当地供电部门的规定。
3.1.4　供配电系统设计应符合国家现行标准《供配电系统设计规范》GB 50052 和《民用建筑电气设计规范》JGJ 16 的有关规定。

3.2　负荷分级

3.2.1　住宅建筑中主要用电负荷的分级应符合表 3.2.1 的规定，其他未列入表 3.2.1 中的住宅建筑用电负荷的等级宜为三级。

表 3.2.1 住宅建筑主要用电负荷的分级

建筑规模	主要用电负荷名称	负荷等级
建筑高度为100m或35层及以上的住宅建筑	消防用电负荷、应急照明、航空障碍照明、走道照明、值班照明、安防系统、电子信息设备机房、客梯、排污泵、生活水泵	一级
建筑高度为50m ~ 100m且19层~34层的一类高层住宅建筑	消防用电负荷、应急照明、航空障碍照明、走道照明、值班照明、安防系统、客梯、排污泵、生活水泵	
10层~18层的二类高层住宅建筑	消防用电负荷、应急照明、走道照明、值班照明、安防系统、客梯、排污泵、生活水泵	二级

3.2.2 严寒和寒冷地区住宅建筑采用集中供暖系统时，热交换系统的用电负荷等级不宜低于二级。

3.2.3 建筑高度为100m或35层及以上住宅建筑的消防用电负荷、应急照明、航空障碍照明、生活水泵宜设自备电源供电。

3.3 电能计量

3.3.1 每套住宅的用电负荷和电能表的选择不宜低于表3.3.1的规定：

表 3.3.1 每套住宅用电负荷和电能表的选择

套型	建筑面积 S（m^2）	用电负荷（kW）	电能表（单相）（A）
A	S ≤ 60	3	5（20）
B	60 < S ≤ 90	4	10（40）
C	90 < S ≤ 150	6	10（40）

3.3.2 当每套住宅建筑面积大于150m^2时，超出的建筑面积可按40W/m^2 ~ 50W/m^2计算用电负荷。

3.3.3 每套住宅用电负荷不超过12kW时，应采用单相电源进户，每套住宅应至少配置一块单相电能表。

3.3.4 每套住宅用电负荷超过12kW时，宜采用三相电源进户，电能表应能按相序计量。

3.3.5 当住宅套内有三相用电设备时，三相用电设备应配置三相电能表计量；套内单相用电设备应按本规范第3.3.3条和第3.3.4条的规定进行电能计量。

3.3.6 电能表的安装位置除应符合下列规定外，还应符合当地供电部门的规定：

1 电能表宜安装在住宅套外；

2 对于低层住宅和多层住宅，电能表宜按住宅单元集中安装；

3 对于中高层住宅和高层住宅，电能表宜按楼层集中安装；

4 电能表箱安装在公共场所时，暗装箱底距地宜为1.5m，明装箱底距地宜为1.8m；安装在电气竖井内的电能表箱宜明装，箱的上沿距地不宜高于2.0m。

3.4 负荷计算

3.4.1 对于住宅建筑的负荷计算，方案设计阶段可采用单位指标法和单位面积负荷密度法；初步设计及施工图设计阶段，宜采用单位指标法与需要系数法相结合的算法。

3.4.2 当单相负荷的总计算容量小于计算范围内三相对称负荷总计算容量的15%时，应全部按三相对称负荷计算；当大于等于15%时，应将单相负荷换算为等效三相负荷，再与三相负荷相加。

3.4.3 住宅建筑用电负荷采用需要系数法计算时，需要系数应根据当地气候条件、采暖方式、电炊具使用等因素进行确定。

4 配变电所

4.1 一般规定

4.1.1 住宅建筑配变电所应根据其特点、用电容量、所址环境、供电条件和节约电能等因素合理确定设计方案，并应考虑发展的可能性。

4.1.2 住宅建筑配变电所设计应符合国家现行标准《10kV 及以下变电所设计规范》GB 50053、《民用建筑电气设计规范》JGJ 16 和当地供电部门的有关规定。

4.2 所址选择

4.2.1 单栋住宅建筑用电设备总容量为 250kW 以下时，宜多栋住宅建筑集中设置配变电所；单栋住宅建筑用电设备总容量在 250kW 及以上时，宜每栋住宅建筑设置配变电所。

4.2.2 当配变电所设在住宅建筑内时，配变电所不应设在住户的正上方、正下方、贴邻和住宅建筑疏散出口的两侧，不宜设在住宅建筑地下的最底层。

4.2.3 当配变电所设在住宅建筑外时，配变电所的外侧与住宅建筑的外墙间距，应满足防火、防噪声、防电磁辐射的要求，配变电所宜避开住户主要窗户的水平视线。

4.3 变压器选择

4.3.1 住宅建筑应选用节能型变压器。变压器的结线宜采用 D，yn11，变压器的负载率不宜大于 85%。

4.3.2 设置在住宅建筑内的变压器，应选择干式、气体绝缘或非可燃性液体绝缘的变压器。

4.3.3 当变压器低压侧电压为 0.4kV 时，配变电所中单台变压器容量不宜大于 1600kVA，预装式变电站中单台变压器容量不宜大于 800kVA。

5 自备电源

5.0.1 建筑高度为 100m 或 35 层及以上的住宅建筑宜设柴油发电机组。

5.0.2 设置柴油发电机组时，应满足噪声、排放标准等环保要求。

5.0.3 应急电源装置（EPS）可作为住宅建筑应急照明系统的备用电源，应急照明连续供电时间应满足国家现行有关防火标准的要求。

6 低压配电

6.1 一般规定

6.1.1 住宅建筑低压配电系统的设计应根据住宅建筑的类别、规模、供电负荷等级、电价计量分类、物业管理及可发展性等因素综合确定。

6.1.2 住宅建筑低压配电设计应符合国家现行标准《低压配电设计规范》GB 50054、《民用建筑电气设计规范》JGJ 16 的有关规定。

6.2 低压配电系统

6.2.1 住宅建筑单相用电设备由三相电源供配电时，应考虑三相负荷平衡。

6.2.2 住宅建筑每个单元或楼层宜设一个带隔离功能的开关电器，且该开关电器可独立设置，也可设置在电能表箱里。

6.2.3 采用三相电源供电的住宅，套内每层或每间房的单相用电设备、电源插座宜采用同相电源供电。

6.2.4 每栋住宅建筑的照明、电力、消防及其他防灾用电负荷，应分别配电。

6.2.5 住宅建筑电源进线电缆宜地下敷设，进线处应设置电源进线箱，箱内应设置总保护开关电器。电源进线箱宜设在室内，当电源进线箱设在室外时，箱体防护等级不宜低于 IP54。

6.2.6 6 层及以下的住宅单元宜采用三相电源供配电，当住宅单元数为 3 及 3 的整数倍时，住宅单元可采用单相电源供配电。

6.2.7 7层及以上的住宅单元应采用三相电源供配电，当同层住户数小于9时，同层住户可采用单相电源供配电。

6.3 低压配电线路的保护

6.3.1 当住宅建筑设有防电气火灾剩余电流动作报警装置时，报警声光信号除应在配电柜上设置外，还宜将报警声光信号送至有人值守的值班室。

6.3.2 每套住宅应设置自恢复式过、欠电压保护电器。

6.4 导体及线缆选择

6.4.1 住宅建筑套内的电源线应选用铜材质导体。

6.4.2 敷设在电气竖井内的封闭母线、预制分支电缆、电缆及电源线等供电干线，可选用铜、铝或合金材质的导体。

6.4.3 高层住宅建筑中明敷的线缆应选用低烟、低毒的阻燃类线缆。

6.4.4 建筑高度为 100m 或 35 层及以上的住宅建筑，用于消防设施的供电干线应采用矿物绝缘电缆；建筑高度为 50m ~ 100m 且 19 层 ~ 34 层的一类高层住宅建筑，用于消防设施的供电干线应采用阻燃耐火线缆，宜采用矿物绝缘电缆；10 层 ~ 18 层的二类高层住宅建筑，用于消防设施的供电干线应采用阻燃耐火类线缆。

6.4.5 19层及以上的一类高层住宅建筑，公共疏散通道的应急照明应采用低烟无卤阻燃的线缆。10层 ~ 18 层的二类高层住宅建筑，公共疏散通道的应急照明宜采用低烟无卤阻燃的线缆。

6.4.6 建筑面积小于或等于 $60m^2$ 且为一居室的住户，进户线不应小于 $6mm^2$，照明回路支线不应小于 $1.5mm^2$，插座回路支线不应小于 $2.5mm^2$。建筑面积大于 $60m^2$ 的住户，进户线不应小于 $10mm^2$，照明和插座回路支线不应小于 $2.5mm^2$。

6.4.7 中性导体和保护导体截面的选择应符合表 6.4.7 的规定。

表 6.4.7 中性导体和保护导体截面的选择（mm^2）

相导体的截面 S	相应中性导体的截面 S_N（N）	相应保护导体的最小截面 S_{PE}（PE）
$S \leq 16$	$S_N=S$	$S_{PE}=S$
$16 < S \leq 35$	$S_N=S$	$S_{PE}=16$
$S > 35$	$S_N=S$	$S_{PE}=S/2$

7 配电线路布线系统

7.1 一般规定

7.1.1 电源布线系统宜考虑电磁兼容性和对其他弱电系统的影响。

7.1.2 住宅建筑电源布线系统的设计应符合国家现行有关标准的规定。住宅建筑配电线路的直敷布线、金属线槽布线、矿物绝缘电缆布线、电缆桥架布线、封闭式母线布线的设计应符合现行行业标准《民用建筑电气设计规范》JGJ 16 的规定。

7.2 导管布线

7.2.1 住宅建筑套内配电线路布线可采用金属导管或塑料导管。暗敷的金属导管管壁厚度不应小于 1.5mm，暗敷的塑料导管管壁厚度不应小于 2.0mm。

7.2.2 潮湿地区的住宅建筑及住宅建筑内的潮湿场所，配电线路布线宜采用管壁厚度不小于 2.0mm 的塑料导管或金属导管。明敷的金属导管应做防腐、防潮处理。

7.2.3 敷设在钢筋混凝土现浇楼板内的线缆保护导管最大外径不应大于楼板厚度的 1/3，敷设在垫层的线缆保护导管最大外径不应大于垫层厚度的 1/2。线缆保护导管暗敷时，外护层厚度不应小于 15mm；消防设备线缆保护导管暗敷时，外护层厚度不应小于 30mm。

7.2.4 当电源线缆导管与采暖热水管同层敷设时，电源线缆导管宜敷设在采暖热水管的下面，并不应与采暖热水管平行敷设。电源线缆与采暖热水管相交处不应有接头。

7.2.5　与卫生间无关的线缆导管不得进入和穿过卫生间。卫生间的线缆导管不应敷设在 0、1 区内，并不宜敷设在 2 区内。

7.2.6　净高小于 2.5m 且经常有人停留的地下室，应采用导管或线槽布线。

7.3　电缆布线

7.3.1　无铠装的电缆在住宅建筑内明敷时，水平敷设至地面的距离不宜小于 2.5m；垂直敷设至地面的距离不宜小于 1.8m。除明敷在电气专用房间外，当不能满足要求时，应采取防止机械损伤的措施。

7.3.2　220/380V 电力电缆及控制电缆与 1kV 以上的电力电缆在住宅建筑内平行明敷设时，其净距不应小于 150mm。

7.4　电气竖井布线

7.4.1　电气竖井宜用于住宅建筑供电电源垂直干线等的敷设，并可采取电缆直敷、导管、线槽、电缆桥架及封闭式母线等明敷设布线方式。当穿管管径不大于电气竖井壁厚的 1/3 时，线缆可穿导管暗敷设于电气竖井壁内。

7.4.2　当电能表箱设于电气竖井内时，电气竖井内电源线缆宜采用导管、金属线槽等封闭式布线方式。

7.4.3　电气竖井的井壁应为耐火极限不低于 1h 的不燃烧体。电气竖井应在每层设维护检修门，并宜加门锁或门控装置。维护检修门的耐火等级不应低于丙级，并应向公共通道开启。

7.4.4　电气竖井的面积应根据设备的数量、进出线的数量、设备安装、检修等因素确定。高层住宅建筑利用通道作为检修面积时，电气竖井的净宽度不宜小于 0.8m。

7.4.5　电气竖井内竖向穿越楼板和水平穿过井壁的洞口应根据主干线缆所需的最大路由进行预留。楼板处的洞口应采用不低于楼板耐火极限的不燃烧体或防火材料作封堵，井壁的洞口应采用防火材料封堵。

7.4.6　电气竖井内应急电源和非应急电源的电气线路之间应保持不小于 0.3m 的距离或采取隔离措施。

7.4.7　强电和弱电线缆宜分别设置竖井。当受条件限制需合用时，强电和弱电线缆应分别布置在竖井两侧或采取隔离措施。

7.4.8　电气竖井内应设电气照明及至少一个单相三孔电源插座，电源插座距地宜为 0.5m ～ 1.0m。

7.4.9　电气竖井内应敷设接地干线和接地端子。

7.5　室外布线

7.5.1　当沿同一路径敷设的室外电缆小于或等于 6 根时，宜采用铠装电缆直接埋地敷设。在寒冷地区，电缆宜埋设于冻土层以下。

7.5.2　当沿同一路径敷设的室外电缆为 7 根 ~ 12 根时，宜采用电缆排管敷设方式。

7.5.3　当沿同一路径敷设的室外电缆数量为 13 根 ~ 18 根时，宜采用电缆沟敷设方式。

7.5.4　电缆与住宅建筑平行敷设时，电缆应埋设在住宅建筑的散水坡外。电缆进出住宅建筑时，应避开人行出入口处，所穿保护管应在住宅建筑散水坡外，且距离不应小于 200mm，管口应实施阻水堵塞，并宜在距住宅建筑外墙 3m ～ 5m 处设电缆井。

7.5.5　各类地下管线之间的最小水平和交叉净距，应分别符合表 7.5.5-1 和表 7.5.5-2 的规定。

表 7.5.5-1　各类地下管线之间最小水平净距（m）

管线名称	给水管			排水管	燃气管		热力管	电力电缆	弱电管道
	D_1	D_2	D_3		P_1	P_2			
电力电缆	0.5			0.5	1.0	1.5	2.0	0.25	0.5
弱电管道	0.5	1.0	1.5	1.0	1.0	2.0	1.0	0.5	0.5

注：1　D 为给水管直径，$D_1 \leqslant 300$mm，300mm $< D_2 \leqslant 500$mm，$D_3 > 500$mm。

2　P 为燃气压力，$P_1 \leqslant 300$kPa，300kPa $< P_2 \leqslant 800$kPa。

表 7.5.5–2　各类地下管线之间最小交叉净距（m）

管线名称	给水管	排水管	燃气管	热力管	电力电缆	弱电管道
电力电缆	0.50	0.50	0.50	0.50	0.50	0.50
弱电管道	0.15	0.15	0.30	0.25	0.50	0.25

8　常用设备电气装置

8.1　一般规定

8.1.1　住宅建筑应采用高效率、低能耗、性能先进、耐用可靠的电气装置，并应优先选择采用绿色环保材料制造的电气装置。

8.1.2　每套住宅内同一面墙上的暗装电源插座和各类信息插座宜统一安装高度。

8.1.3　住宅建筑常用设备电气装置的设计应符合现行行业标准《民用建筑电气设计规范》JGJ 16 的有关规定。

8.2　电梯

8.2.1　住宅建筑电梯的负荷分级应符合本规范第 3.2 节的规定。

8.2.2　高层住宅建筑的消防电梯应由专用回路供电，高层住宅建筑的客梯宜由专用回路供电。

8.2.3　电梯机房内应至少设置一组单相两孔、三孔电源插座，并宜设置检修电源。

8.2.4　当电梯机房的自然通风不能满足电梯正常工作时，应采取机械通风或空调的方式。

8.2.5　电梯井道照明宜由电梯机房照明配电箱供电。

8.2.6　电梯井道照明供电电压宜为 36V。当采用 AC 220V 时，应装设剩余电流动作保护器，光源应加防护罩。

8.2.7　电梯底坑应设置一个防护等级不低于 IP54 的单相三孔电源插座，电源插座的电源可就近引接，电源插座的底边距底坑宜为 1.5m。

8.3　电动门

8.3.1　电动门应由就近配电箱（柜）引专用回路供电，供电回路应装设短路、过负荷和剩余电流动作保护器，并应在电动门就地装设隔离电器和手动控制开关或按钮。

8.3.2　电动门的所有金属构件及附属电气设备的外露可导电部分，均应可靠接地。

8.3.3　对于设有火灾自动报警系统的住宅建筑，疏散通道上安装的电动门，应能在发生火灾时自动开启。

8.4　家居配电箱

8.4.1　每套住宅应设置不少于一个家居配电箱，家居配电箱宜暗装在套内走廊、门厅或起居室等便于维修维护处，箱底距地高度不应低于 1.6m。

8.4.2　家居配电箱的供电回路应按下列规定配置：

1 每套住宅应设置不少于一个照明回路；

2 装有空调的住宅应设置不少于一个空调插座回路；

3 厨房应设置不少于一个电源插座回路；

4 装有电热水器等设备的卫生间，应设置不少于一个电源插座回路；

5 除厨房、卫生间外，其他功能房应设置至少一个电源插座回路，每一回路插座数量不宜超过 10 个（组）。

8.4.3　家居配电箱应装设同时断开相线和中性线的电源进线开关电器，供电回路应装设短路和过负荷保护电器，连接手持式及移动式家用电器的电源插座回路应装设剩余电流动作保护器。

8.4.4　柜式空调的电源插座回路应装设剩余电流动作保护器，分体式空调的电源插座回路宜装设剩余电流动作保护器。

8.5　其他

8.5.1　每套住宅电源插座的数量应根据套内面积和家用电器设置，且应符合表 8.5.1 的规定：

表 8.5.1 电源插座的设置要求及数量

序号	名称	设置要求	数量
1	起居室（厅）、兼起居的卧室	单相两孔、三孔电源插座	≥ 3
2	卧室、书房	单相两孔、三孔电源插座	≥ 2
3	厨房	IP54 型单相两孔、三孔电源插座	≥ 2
4	卫生间	IP54 型单相两孔、三孔电源插座	≥ 1
5	洗衣机、冰箱、排油烟机、排风机、空调器、电热水器	单相三孔电源插座	≥ 1

注：表中序号 1 ~ 4 设置的电源插座数量不包括序号 5 专用设备所需设置的电源插座数量。

8.5.2 起居室（厅）、兼起居的卧室、卧室、书房、厨房和卫生间的单相两孔、三孔电源插座宜选用 10A 的电源插座。对于洗衣机、冰箱、排油烟机、排风机、空调器、电热水器等单台单相家用电器，应根据其额定功率选用单相三孔 10A 或 16A 的电源插座。

8.5.3 洗衣机、分体式空调、电热水器及厨房的电源插座宜选用带开关控制的电源插座，未封闭阳台及洗衣机应选用防护等级为 IP54 型电源插座。

8.5.4 新建住宅建筑的套内电源插座应暗装，起居室（厅）、卧室、书房的电源插座宜分别设置在不同的墙面上。分体式空调、排油烟机、排风机、电热水器电源插座底边距地不宜低于 1.8m；厨房电炊具、洗衣机电源插座底边距地宜为 1.0m ~ 1.3m；柜式空调、冰箱及一般电源插座底边距地宜为 0.3m ~ 0.5m。

8.5.5 住宅建筑所有电源插座底边距地 1.8m 及以下时，应选用带安全门的产品。

8.5.6 对于装有淋浴或浴盆的卫生间，电热水器电源插座底边距地不宜低于 2.3m，排风机及其他电源插座宜安装在 3 区。

9 电气照明

9.1 一般规定

9.1.1 住宅建筑的照明应选用节能光源、节能附件，灯具应选用绿色环保材料。

9.1.2 住宅建筑电气照明的设计应符合国家现行标准《建筑照明设计标准》GB 50034、《民用建筑电气设计规范》JGJ 16 的有关规定。

9.2 公共照明

9.2.1 当住宅建筑设置航空障碍标志灯时，其电源应按该住宅建筑中最高负荷等级要求供电。

9.2.2 应急照明的回路上不应设置电源插座。

9.2.3 住宅建筑的门厅、前室、公共走道、楼梯间等应设人工照明及节能控制。当应急照明采用节能自熄开关控制时，在应急情况下，设有火灾自动报警系统的应急照明应自动点亮；无火灾自动报警系统的应急照明可集中点亮。

9.2.4 住宅建筑的门厅应设置便于残疾人使用的照明开关，开关处宜有标识。

9.3 应急照明

9.3.1 高层住宅建筑的楼梯间、电梯间及其前室和长度超过 20m 的内走道，应设置应急照明；中高层住宅建筑的楼梯间、电梯间及其前室和长度超过 20m 的内走道，宜设置应急照明。应急照明应由消防专用回路供电。

9.3.2 19 层及以上的住宅建筑，应沿疏散走道设置灯光疏散指示标志，并应在安全出口和疏散门的正上方设置灯光“安全出口”标志；10 层 ~ 18 层的二类高层住宅建筑，宜沿疏散走道设置灯光疏散指示标志，并宜在安全出口和疏散门的正上方设置灯光“安全出口”标志。建筑高度为 100m 或 35 层及以上住宅建筑的疏散标志灯应由蓄电池组作为备用电源；建筑高度 50m ~ 100m 且 19 层 ~ 34 层的一类高层住宅建筑的疏散标志灯宜由蓄电池组作为备用电源。

9.3.3 高层住宅建筑楼梯间应急照明可采用不同回路跨楼层竖向供电，每个回路的光源数不宜超过20个。

9.4 套内照明

9.4.1 灯具的选择应根据具体房间的功能而定，并宜采用直接照明和开启式灯具。

9.4.2 起居室（厅）、餐厅等公共活动场所的照明应在屋顶至少预留一个电源出线口。

9.4.3 卧室、书房、卫生间、厨房的照明宜在屋顶预留一个电源出线口，灯位宜居中。

9.4.4 卫生间等潮湿场所，宜采用防潮易清洁的灯具；卫生间的灯具位置不应安装在0、1区内及上方。装有淋浴或浴盆卫生间的照明回路，宜装设剩余电流动作保护器，灯具、浴霸开关宜设于卫生间门外。

9.4.5 起居室、通道和卫生间照明开关，宜选用夜间有光显示的面板。

9.5 照明节能

9.5.1 直管形荧光灯应采用节能型镇流器，当使用电感式镇流器时，其能耗应符合现行国家标准《管形荧光灯镇流器能效限定值及节能评价值》GB 17896的规定。

9.5.2 有自然光的门厅、公共走道、楼梯间等的照明，宜采用光控开关。

9.5.3 住宅建筑公共照明宜采用定时开关、声光控制等节电开关和照明智能控制系统。

10 防雷与接地

10.1 防雷

10.1.1 建筑高度为100m或35层及以上的住宅建筑和年预计雷击次数大于0.25的住宅建筑，应按第二类防雷建筑物采取相应的防雷措施。

10.1.2 建筑高度为50m ~ 100m或19层 ~ 34层的住宅建筑和年预计雷击次数大于或等于0.05且小于或等于0.25的住宅建筑，应按不低于第三类防雷建筑物采取相应的防雷措施。

10.1.3 固定在第二、三类防雷住宅建筑上的节日彩灯、航空障碍标志灯及其他用电设备，应安装在接闪器的保护范围内，且外露金属导体应与防雷接地装置连成电气通路。

10.1.4 住宅建筑屋顶设置的室外照明及用电设备的配电箱，宜安装在室内。

10.2 等电位联结

10.2.1 住宅建筑应做总等电位联结，装有淋浴或浴盆的卫生间应做局部等电位联结。

10.2.2 局部等电位联结应包括卫生间内金属给水排水管、金属浴盆、金属洗脸盆、金属采暖管、金属散热器、卫生间电源插座的PE线以及建筑物钢筋网。

10.2.3 等电位联结线的截面应符合表10.2.3的规定。

表10.2.3 等电位联结线截面要求

<table>
<tr><td></td><td>总等电位联结线截面</td><td colspan="2">局部等电位联结线截面</td></tr>
<tr><td rowspan="4">最小值</td><td rowspan="2">6$mm^2$①</td><td>有机械保护时</td><td>2.5$mm^2$①</td></tr>
<tr><td>无机械保护时</td><td>4$mm^2$①</td></tr>
<tr><td>50$mm^2$③</td><td colspan="2">16$mm^2$③</td></tr>
<tr><td>总等电位联结线截面</td><td colspan="2">局部等电位联结线截面</td></tr>
<tr><td>一般值</td><td colspan="3">不小于最大PE线截面的1/2</td></tr>
<tr><td rowspan="2">最大值</td><td colspan="3">25$mm^2$②</td></tr>
<tr><td colspan="3">100$mm^2$③</td></tr>
</table>

注：①为铜材质，可选用裸铜线、绝缘铜芯线。

②为铜材质，可选用铜导体、裸铜线、绝缘铜芯线。

③为钢材质，可选用热镀锌扁钢或热镀锌圆钢。

10.3 接地

10.3.1 住宅建筑各电气系统的接地宜采用共用接地网。接地网的接地电阻值应满足其中电气系统最小值的要求。

10.3.2 住宅建筑套内下列电气装置的外露可导电部分均应可靠接地：

1 固定家用电器、手持式及移动式家用电器的金属外壳；

2 家居配电箱、家居配线箱、家居控制器的金属外壳；

3 线缆的金属保护导管、接线盒及终端盒；

4 Ⅰ类照明灯具的金属外壳。

10.3.3 接地干线可选用镀锌扁钢或铜导体，接地干线可兼作等电位联结干线。

10.3.4 高层建筑电气竖井内的接地干线，每隔3层应与相近楼板钢筋做等电位联结。

11 信息设施系统

11.1 一般规定

11.1.1 住宅建筑应根据入住用户通信、信息业务的整体规划、需求及当地资源，设置公用通信网、因特网或自用通信网、局域网。

11.1.2 住宅建筑应根据管理模式，至少预留两个通信、信息网络业务经营商通信、网络设施所需的安装空间。

11.1.3 住宅建筑的电视插座、电话插座、信息插座的设置数量除应符合本规范外，尚应满足当地主管部门的规定。

11.1.4 住宅建筑信息设施系统设计应符合国家现行标准《智能建筑设计标准》GB/T 50314、《民用建筑电气设计规范》JGJ 16的规定。

11.2 有线电视系统

11.2.1 住宅建筑应设置有线电视系统，且有线电视系统宜采用当地有线电视业务经营商提供的运营方式。

11.2.2 每套住宅的有线电视系统进户线不应少于1根，进户线宜在家居配线箱内做分配交接。

11.2.3 住宅套内宜采用双向传输的电视插座。电视插座应暗装，且电视插座底边距地高度宜为0.3m ~ 1.0m。

11.2.4 每套住宅的电视插座装设数量不应少于1个。起居室、主卧室应装设电视插座，次卧室宜装设电视插座。

11.2.5 住宅建筑有线电视系统的同轴电缆宜穿金属导管敷设。

11.3 电话系统

11.3.1 住宅建筑应设置电话系统，电话系统宜采用当地通信业务经营商提供的运营方式。

11.3.2 住宅建筑的电话系统宜使用综合布线系统，每套住宅的电话系统进户线不应少于1根，进户线宜在家居配线箱内做交接。

11.3.3 住宅套内宜采用RJ45电话插座。电话插座应暗装，且电话插座底边距地高度宜为0.3m ~ 0.5m，卫生间的电话插座底边距地高度宜为1.0m ~ 1.3m。

11.3.4 电话插座缆线宜采用由家居配线箱放射方式敷设。

11.3.5 每套住宅的电话插座装设数量不应少于2个。起居室、主卧室、书房应装设电话插座，次卧室、卫生间宜装设电话插座。

11.4 信息网络系统

11.4.1 住宅建筑应设置信息网络系统，信息网络系统宜采用当地信息网络业务经营商提供的运营方式。

11.4.2 住宅建筑的信息网络系统应使用综合布线系统，每套住宅的信息网络进户线不应少于1根，进户线宜在家居配线箱内做交接。

11.4.3 每套住宅内应采用RJ45信息插座或光纤信息插座。信息插座应暗装，信息插座底边距地高度宜为0.3m ~ 0.5m。

11.4.4 每套住宅的信息插座装设数量不应少于1个。书房、起居室、主卧室均可装设信息插座。

11.4.5 住宅建筑综合布线系统的设备间、电信间可合用，也可分别设置。

11.5 公共广播系统

11.5.1 住宅建筑的公共广播系统可根据使用要求，分为背景音乐广播系统和火灾应急广播系统。

11.5.2 背景音乐广播系统的分路，应根据住宅建筑类别、播音控制、广播线路路由等因素确定。

11.5.3 当背景音乐广播系统和火灾应急广播系统合并为一套系统时，广播系统分路宜按建筑防火分区设置，且当火灾发生时，应强制投入火灾应急广播。

11.5.4 室外背景音乐广播线路的敷设可采用铠装电缆直接埋地、地下排管等敷设方式。

11.6 信息导引及发布系统

11.6.1 智能化的住宅建筑宜设置信息导引及发布系统。

11.6.2 信息导引及发布系统应能对住宅建筑内的居民或来访者提供告知、信息发布及查询等功能。

11.6.3 信息显示屏可根据观看的范围、安装的空间位置及安装方式等条件，合理选定显示屏的类型及尺寸。各类显示屏应具有多种输入接口方式。信息显示屏宜采用单向传输方式。

11.6.4 供查询用的信息导引及发布系统显示屏，应采用双向传输方式。

11.7 家居配线箱

11.7.1 每套住宅应设置家居配线箱。

11.7.2 家居配线箱宜暗装在套内走廊、门厅或起居室等的便于维修维护处，箱底距地高度宜为0.5m。

11.7.3 距家居配线箱水平0.15m ~ 0.20m处应预留AC220V电源接线盒，接线盒面板底边宜与家居配线箱面板底边平行，接线盒与家居配线箱之间应预埋金属导管。

11.8 家居制器

11.8.1 智能化的住宅建筑可选配家居控制器。

11.8.2 家居控制器宜将家居报警、家用电器监控、能耗计量、访客对讲等集中管理。

11.8.3 家居控制器的使用功能宜根据居民需求、投资、管理等因素确定。

11.8.4 固定式家居控制器宜暗装在起居室便于维修维护处，箱底距地高度宜为1.3m ~ 1.5m。

11.8.5 家居报警宜包括火灾自动报警和入侵报警，设计要求可按本规范第14.2、14.3节的有关规定执行。

11.8.6 当采用家居控制器对家用电器进行监控时，两者之间的通信协议应兼容。

11.8.7 访客对讲的设计要求可按本规范第14.3节的有关规定执行。

12 信息化应用系统

12.1 物业运营管理系统

12.1.1 智能化的住宅建筑应设置物业运营管理系统。

12.1.2 物业运营管理系统宜具有对住宅建筑内入住人员管理、住户房产维修管理、住户各项费用的查询及收取、住宅建筑公共设施管理、住宅建筑工程图纸管理等功能。

12.2 信息服务系统

12.2.1 智能化的住宅建筑宜设置信息服务系统。

12.2.2 信息服务系统宜包括紧急求助、家政服务、电子商务、远程教育、远程医疗、保健、娱乐等，并应建立数据资源库，向住宅建筑内居民提供信息检索、查询、发布和导引等服务。

12.3 智能卡应用系统

12.3.1 智能化的住宅建筑宜设置智能卡应用系统。

12.3.2　智能卡应用系统宜具有出入口控制、停车场管理、电梯控制、消费管理等功能，并宜增加与银行信用卡融合的功能。对于住宅建筑管理人员，宜增加电子巡查、考勤管理等功能。

12.3.3　智能卡应用系统应配置与使用功能相匹配的系列软件。

12.4　信息网络安全管理系统

12.4.1　智能化的住宅建筑宜设置信息网络安全管理系统。

12.4.2　信息网络安全管理系统应能保障信息网络正常运行和信息安全。

12.5　家居管理系统

12.5.1　智能化的住宅建筑宜设置家居管理系统。

12.5.2　家居管理系统应根据实际投资状况、管理需求和住宅建筑的规模，对智能化系统进行不同程度的集成和管理。

12.5.3　家居管理系统宜综合火灾自动报警、安全技术防范、家庭信息管理、能耗计量及数据远传、物业收费、停车场管理、公共设施管理、信息发布等系统。

12.5.4　家居管理系统应能接收公安部门、消防部门、社区发布的社会公共信息，并应能向公安、消防等主管部门传送报警信息。

13　建筑设备管理系统

13.1　一般规定

13.1.1　智能化的住宅建筑宜设置建筑设备管理系统。住宅建筑建筑设备管理系统宜包括建筑设备监控系统、能耗计量及数据远传系统、物业运营管理系统等。

13.1.2　住宅建筑建筑设备管理系统的设计应符合现行行业标准《民用建筑电气设计规范》JGJ 16 的有关规定。

13.2　建筑设备监控系统

13.2.1　智能化住宅建筑的建筑设备监控系统宜具备下列功能：

1 监测与控制住宅小区给水与排水系统；

2 监测与控制住宅小区公共照明系统；

3 监测各住宅建筑内电梯系统；

4 监测与控制住宅建筑内设有集中式采暖通风及空气调节系统；

5 监测住宅小区供配电系统。

13.2.2　建筑设备监控系统应对智能化住宅建筑中的蓄水池(含消防蓄水池)、污水池水位进行检测和报警。

13.2.3　建筑设备监控系统宜对智能化住宅建筑中的饮用水蓄水池过滤设备、消毒设备的故障进行报警。

13.2.4　直接数字控制器（DDC）的电源宜由住宅建筑设备监控中心集中供电。

13.2.5　住宅小区建筑设备监控系统的设计，应根据小区的规模及功能需求合理设置监控点。

13.3　能耗计量及数据远传系统

13.3.1　能耗计量及数据远传系统可采用有线网络或无线网络传输。

13.3.2　有线网络进户线可在家居配线箱内做交接。

13.3.3　距能耗计量表具 0.3m ~ 0.5m 处，应预留接线盒，且接线盒正面不应有遮挡物。

13.3.4　能耗计量及数据远传系统有源设备的电源宜就近引接。

14　公共安全系统

14.1　一般规定

14.1.1　公共安全系统宜包括住宅建筑的火灾自动报警系统、安全技术防范系统和应急联动系统。

14.1.2 住宅建筑公共安全系统的设计应符合国家现行标准《智能建筑设计标准》GB/T 50314、《民用建筑电气设计规范》JGJ 16 等的有关规定。

14.2 火灾自动报警系统

14.2.1 住宅建筑火灾自动报警系统的设计、保护对象的分级及火灾探测器设置部位等，应符合现行国家标准《火灾自动报警系统设计规范》GB 50116 的规定。

14.2.2 当 10 层 ~ 18 层住宅建筑的消防电梯兼作客梯且两类电梯共用前室时，可由一组消防双电源供电。末端双电源自动切换配电箱应设置在消防电梯机房内，由双电源自动切换配电箱至相应设备时，应采用放射式供电，火灾时应切断客梯电源。

14.2.3 建筑高度为 100m 或 35 层及以上的住宅建筑，应设消防控制室、应急广播系统及声光警报装置。其他需设火灾自动报警系统的住宅建筑设置应急广播困难时，应在每层消防电梯的前室、疏散通道设置声光警报装置。

14.3 安全技术防范系统

14.3.1 住宅建筑的安全技术防范系统宜包括周界安全防范系统、公共区域安全防范系统、家庭安全防范系统及监控中心。

14.3.2 住宅建筑安全技术防范系统的配置标准应符合表 14.3.2 的规定。

表 14.3.2 住宅建筑安全技术防范系统配置标准

<table>
<tr><th>序号</th><th>系统名称</th><th>安防设施</th><th>配置标准</th></tr>
<tr><td>1</td><td>周界安全防范系统</td><td>电子周界防护系统</td><td>宜设置</td></tr>
<tr><td rowspan="3">2</td><td rowspan="3">公共区域安全防范系统</td><td>电子巡查系统</td><td>应设置</td></tr>
<tr><td>视频安防监控系统</td><td rowspan="2">可选项</td></tr>
<tr><td>停车库（场）管理系统</td></tr>
<tr><td rowspan="3">3</td><td rowspan="3">家庭安全防范系统</td><td>访客对讲系统</td><td rowspan="2">应设置</td></tr>
<tr><td>紧急求助报警装置</td></tr>
<tr><td>入侵报警系统</td><td>可选项</td></tr>
<tr><td rowspan="2">4</td><td rowspan="2">监控中心</td><td>安全管理系统</td><td>各子系统宜联动设置</td></tr>
<tr><td>可靠通信工具</td><td>应设置</td></tr>
</table>

14.3.3 周界安全防范系统的设计应符合下列规定：

1 电子周界防护系统应与周界的形状和出入口设置相协调，不应留盲区；

2 电子周界防护系统应预留与住宅建筑安全管理系统的联网接口。

14.3.4 公共区域安全防范系统的设计应符合下列规定：

1 电子巡查系统应符合下列规定：

1）离线式电子巡查系统的信息识读器底边距地宜为 1.3m ~ 1.5m，安装方式应具备防破坏措施，或选用防破坏型产品；

2）在线式电子巡查系统的管线宜采用暗敷。

2 视频安防监控系统应符合下列规定：

1）住宅建筑的主要出入口、主要通道、电梯轿厢、地下停车库、周界及重要部位宜安装摄像机；

2）室外摄像机的选型及安装应采取防水、防晒、防雷等措施；

3）应预留与住宅建筑安全管理系统的联网接口。

3 停车库（场）管理系统应符合下列规定：

1）应重点对住宅建筑出入口、停车库（场）出入口及其车辆通行车道实施控制、监视、停车管理及车辆防盗等综合管理；

2）住宅建筑出入口、停车库（场）出入口控制系统宜与电子周界防护系统、视频安防监控系统联网。

14.3.5　家庭安全防范系统的设计应符合下列规定：

1 访客对讲系统应符合下列规定：

1）主机宜安装在单元入口处防护门上或墙体内，室内分机宜安装在起居室（厅）内，主机和室内分机底边距地宜为 1.3m ~ 1.5m；

2）访客对讲系统应与监控中心主机联网。

2 紧急求助报警装置应符合下列规定：

1）每户应至少安装一处紧急求助报警装置；

2）紧急求助信号应能报至监控中心；

3）紧急求助信号的响应时间应满足国家现行有关标准的要求。

3 入侵报警系统应符合下列规定：

1）可在住户套内、户门、阳台及外窗等处，选择性地安装入侵报警探测装置；

2）入侵报警系统应预留与小区安全管理系统的联网接口。

14.3.6　监控中心的设计应符合下列规定：

1 监控中心应具有自身的安全防范设施；

2 周界安全防范系统、公共区域安全防范系统、家庭安全防范系统等主机宜安装在监控中心；

3 监控中心应配置可靠的有线或无线通信工具，并应留有与接警中心联网的接口；

4 监控中心可与住宅建筑管理中心合用，使用面积应根据系统的规模由工程设计人员确定，并不应小于 $20m^2$。

14.4　应急联动系统

14.4.1　建筑高度为100m或35层及以上的住宅建筑，居住人口超过5000人的住宅建筑宜设应急联动系统。应急联动系统宜以火灾自动报警系统、安全技术防范系统为基础。

14.4.2　住宅建筑应急联动系统宜满足现行国家标准《智能建筑设计标准》GB/T 50314 的相关规定。

15　机房工程

15.1　一般规定

15.1.1　住宅建筑的机房工程宜包括控制室、弱电间、电信间等，并宜按现行国家标准《电子信息系统机房设计规范》GB 50174 中的 C 级进行设计。

15.1.2　住宅建筑电子信息系统机房的设计应符合国家现行标准《电子信息系统机房设计规范》GB 50174、《民用建筑电气设计规范》JGJ 16 的有关规定。

15.2　控制室

15.2.1　控制室应包括住宅建筑内的消防控制室、安全防范监控中心、建筑设备管理控制室等。

15.2.2　住宅建筑的控制室宜采用合建方式。

15.2.3　控制室的供电应满足各系统正常运行最高负荷等级的需求。

15.3　弱电间及弱电竖井

15.3.1　弱电间应根据弱电设备的数量、系统出线的数量、设备安装与维修等因素，确定其所需的使用面积。

15.3.2　多层住宅建筑弱电系统设备宜集中设置在一层或地下一层弱电间（电信间）内，弱电竖井在利用通道作为检修面积时，弱电竖井的净宽度不宜小于 0.35m。

15.3.3　7 层及以上的住宅建筑弱电系统设备的安装位置应由设计人员确定。弱电竖井在利用通道作为检修面积时，弱电竖井的净宽度不宜小于0.6m。

15.3.4 弱电间及弱电竖井应根据弱电系统进出缆线所需的最大通道，预留竖向穿越楼板、水平穿过墙壁的洞口。

15.4 电信间

15.4.1 住宅建筑电信间的使用面积不宜小于5m^2。

15.4.2 住宅建筑的弱电间、电信间宜合用，使用面积不应小于电信间的面积要求。

本规范用词说明

1 为便于在执行本规范条文时区别对待，对要求严格程度不同的用词说明如下：

1）表示很严格，非这样做不可的：

正面词采用“必须”，反面词采用“严禁”；

2）表示严格，在正常情况下均应这样做的：

正面词采用“应”，反面词采用“不应”或“不得”；

3）表示允许稍有选择，在条件许可时首先应这样做的：正面词采用“宜”，反面词采用“不宜”；

4）表示有选择，在一定条件下可以这样做的，采用“可”。

2 条文中指明应按其他有关标准执行的写法为“应符合……的规定”或“应按……执行”。

引用标准名录

1《建筑照明设计标准》GB 50034

2《供配电系统设计规范》GB 50052

3《10kV及以下变电所设计规范》GB 50053

4《低压配电设计规范》GB 50054

5《火灾自动报警系统设计规范》GB 50116

6《电子信息系统机房设计规范》GB 50174

7《智能建筑设计标准》GB/T 50314

8《管形荧光灯镇流器能效限定值及节能评价值》GB 17896

9《民用建筑电气设计规范》JGJ 16

中华人民共和国行业标准

住宅建筑电气设计规范

JGJ 242—2011

条文说明

制定说明

《住宅建筑电气设计规范》JGJ 242-2011，经住房和城乡建设部2011年5月3日以第1001号公告批准、发布。

本规范制订过程中，编制组进行了住宅建筑电气设计的调查研究，总结了住宅建筑电气的应用经验，同时参考了国内外技术法规、技术标准，取得了制订本规范所必要的重要技术参数。

为便于广大设计、施工、科研、学校等单位有关人员在使用本规范时能正确理解和执行条文规定，《住宅建筑电气设计规范》编制组按章、节、条顺序编制了本规程的条文说明，对条文规定的目的、依据以及执行中需注意的有关事项进行了说明。但是，本条文说明不具备与标准正文同等的法律效力，仅供使用者作为理解和把握规范规定的参考。

1 总则

1.0.1 住宅建筑电气设计分为强电、弱电（智能化）两部分。强电设计包括：住宅建筑的供配电系统、配变电所、自备电源、低压配电、配电线路布线系统、常用设备电气装置、电气照明、防雷与接地；弱电（智能化）设计包括：住宅建筑的信息设施系统、信息化应用系统、建筑设备管理系统、公共安全系统、机房工程。

1.0.2 本条规定了本规范的适用范围。住宅建筑电气设计包括单体住宅建筑和住宅小区的电气设计。住宅建筑电气设计的深度应符合中华人民共和国住房和城乡建设部现行《建筑工程设计文件编制深度规定》的要求。

2 术语

与住宅建筑相关的专用术语可参见《民用建筑设计术语标准》GB/T 50504-2009，本规范正文里不再引用。住宅建筑常用的术语有：住宅、酒店式公寓、别墅、老年人住宅、商住楼、低层住宅、多层住宅、中高层住宅、高层住宅、单元式住宅、塔式住宅、通廊式住宅、联排式住宅、跃层式住宅等。为方便电气专业人员查阅，将本规范条文里引用到的及部分常用的住宅建筑术语列入条文说明里。

住宅：供家庭居住使用的建筑。

酒店式公寓：提供酒店式管理服务的住宅。

商住楼：下部商业用房与上部住宅组成的建筑。

别墅：一般指带有私家花园的低层独立式住宅。

低层住宅：一至三层的住宅。

多层住宅：四至六层的住宅。

中高层住宅：七至九层的住宅。

高层住宅：十层及以上的住宅。

2.0.1 本术语摘自《住宅建筑规范》GB 50368-2005 第 2.0.3 条。

2.0.2 本术语摘自《民用建筑设计术语标准》GB/T 50504-2009 第 3.1.6 条，《住宅建筑规范》GB 50368-2005 第 2.0.3 条“套”的定义为：由使用面积、居住空间组成的基本住宅单位。

2.0.3 家居配电箱内应设置电源接入总开关电器和终端配电断路器。目前住宅户内的供电电源为 AC220/380V，将来直流家用电器普及后，直流电源也可能成为住宅的供电电源。所以家居配电箱的定义适用于现在的交流电源也适用于将来的直流电源。

2.0.5 家居控制器一般具有家庭安全防范、家庭消防、家用电器监控及信息服务等功能。有线传输的家居控制器一般为固定式安装，无线传输的家居控制器为移动式放置。

3 供配电系统

3.1 一般规定

3.1.3 住宅建筑的高压供电系统为目前常见的 10kV 和部分地区采用的 20kV 或 35kV 的供电系统。住宅建筑采用 6kV 供电系统已经不多见。

3.2 负荷分级

3.2.1 1 表 3.2.1 里消防用电负荷为消防控制室、火灾自动报警及联动控制装置、火灾应急照明及疏散指示标志、防烟及排烟设施、自动灭火系统、消防水泵、消防电梯及其排水粟、电动的防火卷帘以及阀门等的消防用电。

2 表 3.2.1 中及全文中“建筑高度为 100m 或 35 层及以上的住宅建筑”意为 100m 及 100m 以上的住宅建筑或 35 层及 35 层以上的住宅建筑。

3 表 3.2.1 中及全文中“建筑高度为 50m ~ 100m 且 19 层 ~ 34 层的一类高层住宅建筑”意为 19 层 ~ 34

层同时满足建筑高度为 50m ~ 100m 的住宅建筑，如果 19 层 ~ 34 层同时建筑高度为 100m 及 100m 以上的住宅建筑，应按 2 执行；如果建筑高度为 50m 及以上且层数为 18 及以下或层数为 19 建筑高度低于 50m 的住宅建筑，均应按本款执行。

4 住宅小区里的消防系统、安防系统、值班照明等用电设备应按小区里负荷等级高的要求供电。如一个住宅小区里同时有一类和二类高层住宅建筑，住宅小区里上述的用电设备应按一级负荷供电。

3.2.2 低层和多层住宅建筑一般用电负荷为三级，严寒和寒冷地区为保障集中供暖系统运行正常，对其系统的供电提出了要求。

3.3 电能计量

3.3.1 1 中华人民共和国住房和城乡建设部 2010 年 04 月 27 日发布建保［2010］59 号《关于加强经济适用住房管理有关问题的通知》，通知中要求经济适用住房单套建筑面积标准严格执行控制在 $60m^2$ 左右。《北京市“十一五”保障性住房及“两限”商品住房用地布局规划》中明确面积标准：廉租房一居室 $40m^2$，两居室 $60m^2$。平均套型标准为 $50m^2$。经济适用住房要严格控制在中小套型，中套住房面积控制在 $80m^2$ 左右，小套住房面积控制在 $60m^2$ 左右。两限房套型建筑面积 90% 控制在 $90m^2$ 以下。平均套型标准为 $80m^2$。表 3.3.1 中 A 套型数据适用于 $60m^2$ 左右一居室；B 套型建筑面积按两限房套型建筑面积数值设定。

2 表 3.3.1 中用电负荷量及相对应的电能表规格是为每套住宅规定的最小值，如某些地区或住宅需求大功率家用电器，如大功率电热水器、电炊具、带烘干的洗衣机、空调等，应考虑实际家用电器的使用负荷容量。空调的用电量不仅与面积、套型的间数有关，也与住宅所处地区的地理环境、发达程度、住户的经济水平有关。每套住宅的用电负荷量，全国各地供电部门的规定不同，各省市的地方住宅规范亦有较大的不同。设计人员在确定每套住宅用电负荷量时还应考虑当地的实际情况。

3.3.3 本条款及本规范条文里出现的单相电源为 AC220V 电源。大多数情况下一套住宅配置一块单相电能表，但下列情况每套住宅配置一块电能表可能满足不了使用要求：

1 当住宅户内有三相用电设备（如集中空调机等）时，三相用电设备可另加一块三相电能表；

2 当采用电采暖等另行收费的地区，电采暖等用电设备可另加一块电能表；

3 别墅、跃层式住宅根据工程状况可按楼层配置电能表。

3.3.4 本条款及本规范条文里出现的三相电源为 AC380V 电源。对用电量超过 12kW 且没有三相用电设备的住户，规范建议采用三相电源供电，对电能表的选用只做出了按相计量的规定，设计人员根据当地实际情况可选用一块按相序计量的三相电能表，也可选用三块单相电能表。

3.3.5 当住户有三相用电设备和单相用电设备时，设计人员根据当地实际情况可选用一块按相序计量的三相电能表，也可选用一块三相电能表和一块单相电能表。

3.3.6 第 1 款 电能表安装在住宅套外便于查表及维护。

第 2、3 款 电能表集中安装便于查表及维护。6 层及以下的住宅建筑，电能表宜集中安装在单元首层或地下一层；7 层及以上的住宅建筑，电能表宜集中安装在每层电气竖井内；每层少于 4 户的住宅建筑，电能表可 2 层 ~ 4 层集中安装。

如果采用预付费磁卡表，居民不宜进入电气竖井内，电能表可就近安装在住宅套外。采用数据自动远传的电能表，安装位置应便于管理与维护。

第 4 款 电能表箱安装在人行通道等公共场所时，暗装距地 1.5m 是为了避免儿童触摸，明装箱距地 1.8m 是为了减少行人磕碰。电气竖井内明装箱上沿距地 2.0m 是为了管理维修方便。从上述可以看出，电能表箱安装在不同的位置有不同的要求，各有利弊，但安装在电气竖井内或电能表间里，除占用一定的面积外，对于人身安全和维修管理是有利的。

3.4 负荷计算

3.4.1 住宅建筑采用本规范表 3.3.1 中的用电负荷量进行单位指标法计算时，还应结合实际工程情况乘以需要系数。住宅建筑用电负荷需要系数的取值可参见表 1。

表 1 中的需要系数值给出一个范围，供设计人员参考使用。住宅建筑因受地理环境、居住人群、生

活习惯、入住率等因素影响，需要系数很难是一个固定值，设计人员取值时应考虑当地实际工程状况。

表1　住宅建筑用电负荷需要系数

按单相配电计算时所连接的基本户数	按三相配电计算时所连接的基本户数	需要系数
1～3	3～9	0.90～1
4～8	12～24	0.65～0.90
9～12	27～36	0.50～0.65
13～24	39～72	0.45～0.50
25～124	75～300	0.40～0.45
125～259	375～600	0.30～0.40
260～300	780～900	0.26～0.30

本规范第4.3.3条规定：当变压器低压侧电压为0.4kV时，配变电所中单台变压器容量不宜大于1600kVA。下面举例一台1600kVA变压器能带多少户住宅？计算结果仅供参考：

1　单相配电300（三相配电900）基本户数及以上时，每户的计算负荷为：

$$P_{js1}=P_e \cdot K_x=3\times0.3=0.9\ (\text{kW})$$

$$P_{js2}=P_e \cdot K_x=4\times0.26=1.04\ (\text{kW})$$

$$P_{js3}=P_e \times K_x=6\times0.26=1.56\ (\text{kW})$$

式中：P_{js}——每户的计算负荷（kW）；

P_e——每户的用电负荷量（kW）；

K_x——表1中住宅建筑用电负荷需要系数。

2　1600kVA变压器用于居民用电量的计算负荷为：

$$P_{js4}=S_e \cdot K_1 \cdot K_2 \cdot \cos\phi$$

$$=1600\times0.85\times0.7\times0.9=856.8\ (\text{kW})$$

式中：P_{js4}——单台变压器用于居民用电量的计算负荷（kW）；

S_e——变压器容量1600（kVA）；

K_1——变压器负荷率85%；

K_2——居民用电量比例（扣除公共设施、公共照明、非居民用电量如地下设备层、小商店等）70%；

$\cos\phi$——低压侧补偿后的功率因数值，取0.9。

3　一台1600kVA变压器可带住宅的户数：

$$A_1=P_{js4}/P_{js1}=856.8/0.9=952\ (\text{户})$$

$$A_2=P_{js4}/P_{js2}=856.8/1.04=823\ (\text{户})$$

$$A_3=P_{js4}/P_{js3}=856.8/1.56=549\ (\text{户})$$

以上数据是按900户及以上的住宅建筑，每户用电量为3kW时，需要系数取0.3；每户用电量为4kW和6kW时，需要系数取0.26，且考虑三相负荷为平衡时进行计算的。实际工程中三相负荷不可能完全平衡，住宅户型不可能是一种，K_2系数根据不同的住宅建筑性质取值也有所不同，设计人员应根据实际情况进行计算。

户型用电量大，表1中的需要系数宜取下限值，户型用电量小，表1中的需要系数宜取上限值。如设计的住宅均为A套型或A套型占60%以上时，900户及以上的住宅建筑需要系数可取表1中上限数值0.3进行计算。

住宅建筑方案设计阶段采用15W/m^2～50W/m^{2}单位面积负荷密度法进行计算时，设计人员根据实际工程情况取其中合适的值，不用再乘以表1中的需要系数值。

4 配变电所

4.2 所址选择

4.2.1 住宅小区里的低层住宅、多层住宅、中高层住宅、别墅等单栋住宅建筑用电设备总容量在250kW以下时，集中设置配变电所经济合理。用电设备总容量在250kW及以上的单栋住宅建筑，配变电所可设在住宅建筑的附属群楼里，如果住宅建筑内配变电所位置难确定，可设置成室外配变电所。室外配变电所包括独立式配变电所和预装式变电站。

4.2.2 配变电所不宜设在住宅建筑地下的“最底层”主要是防水防潮，特别是多雨、低洼地区防止水流倒灌。当只有地下一层时，应抬高配变电所地面标高。

4.2.3 室外配变电所的外侧指独立式配变电所的外墙或预装式变电站的外壳。配变电所离住户太近会影响居民安全及居住环境。防火间距国家现行的消防规范已有明确的规定，国家标准《环境电磁波卫生标准》GB 9175仍在修订中，目前没有明确的技术参数。离噪声源、电磁辐射源越远越有利于人身安全，但实施起来有一定的难度。考虑到住宅建筑的特殊性，建议室外变电站的外侧与住宅建筑外墙的间距不宜小于20m，因为10/0.4kV变压器外侧（水平方向）20m处的电磁场强度（0.1MHz ~ 30MHz频谱范围内）一般小于10V/m，处于安全范围内。当然，由于不同区域的现场电磁场强度大小不同，故任一地点放置变压器以后的实际电磁场强度需现场测试确定。

4.3 变压器选择

4.3.2 根据《民用建筑电气设计规范》JGJ 16-2008第4.3.5条强制性条文：“设置在民用建筑中的变压器，应选择干式、气体绝缘或非可燃性液体绝缘的变压器。当单台变压器油量为100kg及以上时，应设置单独的变压器室。”从安全性考虑规定本条款为强制性条款。

4.3.3 预装式变电站最大容量的选择，各地供电局没有统一的规定，《10kV及以下变电所设计规范》GB 50053修订稿中规定配变电所中单台变压器容量不宜大于1600kVA，预装式变电站中单台变压器容量不宜大于800kVA。供电半径一般为200m ~ 250m。

住宅建筑的变压器考虑其供电可靠、季节性负荷率变化大、维修方便等因素，宜推荐采用两台变压器同时工作的方案。比如一个别墅区，如果计算出需要选用一台1250kVA的变压器，可改成选用两台630kVA的变压器。

5 自备电源

5.0.1 因建筑高度为100m或35层及以上的住宅建筑，火灾时定义为特级保护对象。要保障居民安全疏散，必须有可靠的供电电源和供配电系统等。当市电由于自然灾害等不可抗拒的原因不能供电时，如果没有自备电源，火灾时会发生危险，平时会给居民带来极大的不便。考虑到种种综合因素，本规范作出了宜设置柴油发电机组的规定。

选用柴油发电机组还有一好处是战时可作为市电的备用电源。

5.0.3 应急电源装置（EPS）不宜作为消防水泵、消防电梯、消防风机等电动机类负载的应急电源。

6 低压配电

6.1 一般规定

6.1.1 住宅建筑低压配电系统的设计应考虑住宅建筑居民用电、公共设施用电、小商店用电等电价不同的特点，在满足供电等级、电力部门计量要求的前提下，还要考虑便于物业管理。

6.2 低压配电系统

6.2.1 三相负荷平衡是为了降低三相低压配电系统的不对称度。

6.2.2 设带隔离功能的开关电器是为了保障检修人员的安全，缩小电气系统故障时的检修范围。带隔离功能的开关电器可以选用隔离开关也可以选用带隔离功能的断路器。

6.2.3　本规范第 3.3.4 条和第 3.3.5 条规定了三相电源进户的条件，采用三相电源供电的住户一般建筑面积比较大，可能占有二、三层空间。为保障用电安全，在居民可同时触摸到的用电设备范围内应采用同相电源供电。每层采用同相供电容易理解也好操作，但三相电源供电的住宅不一定是占有二、三层空间，也可能只有一层空间。在不能分层供电的情况下就要考虑分房间供电，每间房单相用电设备、电源插座宜采用同相电源供电意为一个房间内 2.4m 及以上的照明电源不受相序限制，但一个房间内的电源插座不允许出现两个相序。

6.2.5　室外型箱体的确定应符合当地的地理环境，包括防潮、防雨、防腐、防冻、防晒、防雷击等。

6.2.6、6.2.7　住宅单元、楼层的住户采用单相电源供电的前提是住户应满足本规范第 3.3.3 条的条件。单相电源供电的好处是每个住宅单元、楼层的供电电压为 AC220V。

第 6.2.7 条里同层户数不宜包括 9。同层为 8 户和 9 户的计算电流见下列计算：

1）同层为 8 户和 9 户的单相电流计算：

$$I_{js}=P_e \cdot N \cdot K_x/U_e \cdot \cos\phi$$
$$=6\times 8\times 0.65/(0.22\times 0.8)$$
$$=177.27\ (A)$$
$$I_{js}=P_e \cdot N \cdot K_x/U_e \cdot \cos\phi$$
$$=6\times 9\times 0.65/(0.22\times 0.8)$$
$$=199.43\ (A)$$

式中：I_{js}——每层住宅用电量的计算电流（A）；

P_e——每户的用电负荷量（kW）；

N——每层住宅户数；

K_x——表 1 中住宅建筑用电负荷需要系数；

U_e——供电电压（V）；

$\cos\phi$——功率因数。

2）同层为 9 户的三相电流计算：

$$I_{js}=P_e \cdot N \cdot K_x/\sqrt{3}\ U_e \cdot \cos\phi$$
$$=6\times 9\times 0.9/1.732\times 0.38\times 0.8$$
$$=92.78\ (A)$$

从上述计算可以看出，同层 9 户采用三相供电更合理。

6.3　低压配电线路的保护

6.3.1　国家标准《建筑物电气装置　第 4-42 部分：安全防护热效应保护》GB 16895.2-2005/IEC 60364-4-42：2001 第 422.3.10 条规定在 BE2 火灾危险条件下，在必须限制布线系统中故障电流引起火灾发生的地方，应采用剩余电流动作保护器保护，保护器的额定剩余电流动作值不超过 0.5A。IEC 60364-4-42：2010 版中将 0.5A 改为 0.3A，目前国内相应等同规范还没有出版。

一个住宅单元或一栋住宅建筑，家用电器的正常泄漏电流是个动态值，设计人员很难计算，按面积估算相对比较容易。下面列出面积估算值和常用电器正常泄漏电流参考值，供设计人员参考使用。

1 当住宅部分建筑面积小于 1500m^2（单相配电）或 4500m^2（三相配电）时，防止电气火灾的剩余电流动作保护器的额定值为 300mA。

2 当住宅部分建筑面积在 1500m^2 ~ 2000m^2（单相配电）或 4500m^2 ~ 6000m^2（三相配电）时，防止电气火灾的剩余电流动作保护器的额定值为 500mA。

3 常用电器正常泄漏电流参考值见表 2：

表 2 常用电器正常泄漏电流参考值

序号	电器名称	泄漏电流（mA）	序号	电器名称	泄漏电流（mA）
1	空调器	0.8	8	排油烟机	0.22
2	电热水器	0.42	9	白炽灯	0.03
3	洗衣机	0.32	10	荧光灯	0.11
4	电冰箱	0.19	11	电视机	0.31
5	计算机	1.5	12	电熨斗	0.25
6	饮水机	0.21	13	排风机	0.06
7	微波炉	0.46	14	电饭煲	0.31

剩余电流动作保护器产品标准规定：不动作泄漏电流值为 1/2 额定值。一个额定值为 30mA 的剩余电流动作保护器，当正常泄漏电流值为 15mA 时保护器是不会动作的，超过 15mA 保护器动作是产品标准允许的。表 2 中数据可视为一户住宅常用电器正常泄漏电流值，约为 5mA。一个额定值同样是 300mA 的剩余电流动作保护器，如果动作电流值为 180mA，可以带 30 多户，如果动作电流值为 230mA，可以多带 10 户。此例仅为说明剩余电流动作保护器选择时应注意其动作电流的值，供设计人员参考。每户常用电器正常泄漏电流不是一个固定值，其他非住户用电负荷如公共照明等的正常泄漏电流也没有计算在内。

剩余电流保护断路器的额定电流值各生产厂家是一样的，但动作电流值各生产厂家不一样，设计人员在设计选型时应注意查询。

住宅建筑防电气火灾剩余电流动作报警装置的设置与接地型式有关，本规范只规定了报警声光信号的设置位置。

6.3.2 低压配电系统 TN-C-S、TN-S 和 TT 接地型式，由于中性线发生故障导致低压配电系统电位偏移，电位偏移过大，不仅会烧毁单相用电设备引起火灾，甚至会危及人身安全。过、欠电压的发生是不可预知的，如果采用手动复位，对于户内无人或有老幼病残的住户既不方便也不安全，所以本规范规定了每套住宅应设置自恢复式过、欠电压保护电器。

6.4 导体及线缆选择

6.4.1 住宅建筑套内电源布线选用铜芯导体除考虑其机械强度、使用寿命等因素外，还考虑到导体的载流量与直径，铝质导体的载流量低于铜质导体。目前住宅建筑套内 86 系列的电源插座面板的占多数，一般 16A 的电源插座回路选用 2.5mm^2 的铜质导体电线，如果改用铝质导体，要选用 4mm^2 的电线。三根 4mm^2 电线在 75 系列接线盒内接电源插座面板，施工起来比较困难。

6.4.2 供电干线不包括消防用电设备的电源线缆。

6.4.3 明敷线缆包括电缆明敷、电缆敷设在电缆梯架里和电线穿保护导管明敷。阻燃类型应根据敷设场所的具体条件选择。

6.4.6 按照本规范表 3.3.1 建筑面积小于等于 60m^2 且为一居室的住户（A 套型），用电指标为 3kW，电能表规格为 5（20）A。铜质导体（BV）6mm^2 进户线根据 GB/T 16895.15 第 523 节布线系统载流量计算出，环境温度为 25℃、30℃、35℃和 40℃时，2 根负荷导体的持续载流量分别为 36A、34A、31A 和 29A，完全能满足该套型的用电要求；住宅建筑照明功率密度目标值为 6W/m^2 ~ 7W/m^2，按 10W/m^2 计算，A 套型的照明用电量为 600W，照明回路支线采用铜质导体（BV）1.5mm^2 完全能满足要求。

保障性住宅还会继续建设，在不降低用电量又执行国家“四节”方针的原则下，本规范规定了建筑面积小于等于 60m^2 且为一居室的套型，进户线不应小于 6mm^2，照明回路支线不应小于 1.5mm^2。

7 配电线路布线系统

7.2 导管布线

7.2.1 条文里规定塑料导管管壁厚度不应小于 2.0mm 是因为聚氯乙烯硬质电线管 PC20 及以上的管材壁厚大于或等于 2.1mm，聚氯乙烯半硬质电线管 FPC 壁厚均大于或等于 2.0mm。

7.2.3 外护层厚度为线缆保护导管外侧与建筑物、构筑物表面的距离。

7.2.4 当采暖系统是地面辐射供暖或低温热水地板辐射供暖时，考虑其散热效果及对电源线的影响，电源线导管最好敷设于采暖水管层下混凝土现浇板内。

7.2.5 装有浴盆或淋浴的卫生间，按离水源从近到远的距离分为 0、1、2、3 四个区，四个区的具体划分参见国家标准《建筑物电气装置 第 7 部分：特殊装置或场所的要求 第 701 节：装有浴盆或淋浴的场所》GB 16895.13-2002 IEC 60364-7-701：1984。

条文中的线缆导管包括电源线缆的暗敷和明敷方式。

7.2.6 净高小于 2.5m 且经常有人停留的地下室，电源线缆采用导管或线槽封闭式布线方式是为了保障人身安全。

7.3 电缆布线

7.3.2 条文中净距不应小于 150mm 取值于《民用建筑电气设计规范》JGJ16-2008 第 8.7.5 条第 3 款；平行明敷设包括水平和垂直平行明敷设。

7.4 电气竖井布线

7.4.1 明敷设包括电缆直接明敷、穿管明敷、桥架敷设等。

7.4.2 电能表箱如果安装在电气竖井内，非电气专业人员有可能打开竖井查看电能表，为保障人身安全，竖井内 AC50V 以上的电源线缆宜采用保护槽管封闭式布线。

7.4.3 电气竖井加门锁或门控装置是为了保证住宅建筑的用电安全及电气设备的维护，防窃电和防非电气专业人员进入。门控装置包括门磁、电力锁等出入口控制系统。

住宅建筑电气竖井检修门除应满足竖井内设备检修要求外，检修门的高 × 宽尺寸不宜小于 1.8m × 0.6m。

7.4.4 电气竖井净宽度不宜小于 0.8m 的示意图可参见本规范条文说明里的图 4。

7.4.6 条文中间距不应小于 300mm 取值于《民用建筑电气设计规范》JGJ 16-2008 第 8.12.7 条；隔离措施可采用电缆穿导管或电缆敷设在封闭式桥架里，采取隔离措施后间距不应小于 150mm。

7.4.7 强电与弱电的隔离措施可以用金属隔板分开或采用两者线缆均穿金属管、金属线槽。采取隔离措施后，根据《综合布线系统工程设计规范》GB 50311-2007 表 7.0.1-1，最小间距可为 10mm ~ 300mm。

7.4.8 电气竖井内的电源插座宜采用独立回路供电，电气竖井内照明宜采用应急照明。电气竖井内的照明开关宜设在电气竖井外，设在电气竖井内时照明开关面板宜带光显示。

7.4.9 接地干线宜由变电所 PE 母线引来，接地端子应与接地干线连接，并做等电位联结。

7.5 室外布线

7.5.1 电缆直埋的电缆数量，《电力工程电缆设计规范》GB 50217-2007 第 5.2.2 条规定 35kV 及以下的电力电缆少于 6 根，《民用建筑电气设计规范》JGJ 16-2008 第 8.7.2 条规定为小于或等于 8 根。本规范根据住宅建筑的特性及上述条款规定为小于或等于 6 根。

7.5.4 距住宅建筑外墙 3m ~ 5m 处设电缆井是为了解决室内外高差，有时 3m ~ 5m 让不开住宅建筑的散水和设备管线，电缆井的位置可根据实际情况进行调整。

7.5.5 为便于设计人员设计住宅小区室外管线路由，将《电力工程电缆设计规范》GB 50217-2007 第 5.3.5 条强制性条文的内容和《通信管道与通道工程设计规范》GB 50373-2006 第 3.0.3 条强制性条文的内容精简，融合成本规范的表 7.5.5-1 和表 7.5.5-2，供设计人员使用。

如果受地理条件限制，表中有些净距在采取措施后，可减小。具体做法和净距值可参见上述两本国家现行规范。

8 常用设备电气装置

8.1 一般规定

8.1.2 本规范根据住宅建筑的特性，对各类插座的安装高度作了不同的规定。为了美观和使用方便，住宅套内同一面墙上安装的各类插座宜统一高度。

8.2 电梯

此节电梯包括住宅建筑的消防电梯和客梯。

8.2.2 住宅建筑的消防电梯由专用回路供电，住宅建筑的客梯如果受条件限制，可与其他动力共用电源。

8.2.3 消防电梯和客梯机房可合用检修电源，检修电源至少预留一个三相保护开关电器。

8.2.5 客梯机房照明配电箱宜由客梯机房配电箱供电，如果客梯机房没有专用照明配电箱，电梯井道照明宜由客梯机房配电箱供电。

8.2.7 就近引接的电源回路应装设剩余电流动作保护器。

8.3 电动门

8.3.1 装设不大于 30mA 动作的剩余电流动作保护器，用于漏电时的人身保护。

8.3.3 疏散通道上的电动门包括住宅建筑的出入口处、住宅小区的出入口处等。

8.4 家居配电箱

8.4.1 家居配电箱底距地不低于 1.6m 是为了检修、维护方便。家居配电箱因为出线回路多又增加了自恢复式过、欠电压保护电器，单排箱体可能满足不了使用要求。如果改成双排，家居配电箱底距地 1.8m，位置偏高不好操作。建议单排家居配电箱暗装时箱底距地宜为 1.8m，双排家居配电箱暗装时箱底距地宜为 1.6m；家居配电箱明装时箱底距地应为 1.8m。

8.4.2 家居配电箱按照实际应用规定了最基本的配置，家居配电箱的设计与选型不应低于此配置。空调插座的设置应按工程需求预留；如果住宅建筑采用集中空调系统，空调的插座回路应改为风机盘管的回路。家居配电箱具体供电回路数量可参照下列要求设计：

1 三居室及以下的住宅宜设置一个照明回路，三居室以上的住宅且光源安装容量超过 2kW 时，宜设置两个照明回路。

2 起居室等房间，使用面积等于大于 $30m^2$ 时，宜预留柜式空调插座回路。

3 起居室、卧室、书房且使用面积小于 $30m^2$ 时宜预留分体空调插座。使用面积小于 $20m^2$ 时每一回路分体空调插座数量不宜超过 2 个；使用面积大于 $20m^2$ 时每一回路分体空调插座数量不宜超过 1 个。

4 如双卫生间均装设热水器等大功率用电设备，每个卫生间应设置不少于一个电源插座回路，卫生间的照明宜与卫生间的电源插座同回路。

如果住宅套内厨房、卫生间均无大功率用电设备，厨房和卫生间的电源插座及卫生间的照明可采用一个带剩余电流动作保护器的电源回路供电。

8.4.3 根据《住宅建筑规范》GB 50368-2005 第 8.5.4 条强制性条文："每套住宅应设置电源总断路器，总断路器应采用可同时断开相线和中性线的开关电器。"为保障居民和维修维护人员人身安全和便于管理，制定本强制性条款。

家居配电箱内应配置有过流、过载保护的照明供电回路、电源插座回路、空调插座回路、电炊具及电热水器等专用电源插座回路。除壁挂分体式空调器的电源插座回路外，其他电源插座回路均应设置剩余电流动作保护器，剩余动作电流不应大于 30mA。

每套住宅可在电能表箱或家居配电箱处设电源进线短路和过负荷保护，一般情况下一处设过流、过载保护，一处设隔离器，但家居配电箱里的电源进线开关电器必须能同时断开相线和中性线，单相电源进户时应选用双极开关电器，三相电源进户时应选用四极开关电器。

8.5 其他

8.5.1 除有要求外，起居室空调器电源插座只预留一种方式；厨房插座的预留量不包括电炊具的使用，即家居做饭采用电能源。

8.5.2 单台单相家用电器额定功率为 2kW ~ 3kW 时，电源插座宜选用单相三孔 16A 电源插座；单台单相家用电器额定功率小于 2kW 时，电源插座宜选用单相三孔 10A 电源插座。家用电器因其负载性质不同、功率因数不同，所以计算电流也不同，同样是 2kW，电热水器的计算电流约为 9A，空调器的计算电流约为 11A。设计人员设计时应根据家用电器的额定功率和特性选择 10A、16A 或其他规格的电源插座。

本规范表 8.5.1 序号 5 中单台单相家用电器的电源插座用途单一，这些家用电器不是用电量较大，就是电源插座安装位置在 1.8m 及以上，不适合与其他家用电器合用一个面板，所以插座面板只留三孔。

8.5.4 考虑到厨房吊柜及操作柜的安装，厨房的电炊插座安装在 1.1m 左右比较方便，考虑到厨房、卫生间瓷砖、腰线等安装高度，将厨房电炊插座、洗衣机插座、剃须插座底边距地定为 1.0m ~ 1.3m。

8.5.6 卫生间的区域划分说明见本规范第 7.2.5 条的条文说明；

9 电气照明

9.2 公共照明

9.2.2 供应急灯的电源插座除外。

9.2.3 人工照明的节能控制包括声、光控制、智能控制等，但住宅首层电梯间应留值班照明。住宅建筑公共照明采用节能自熄开关控制时，光源可选用白炽灯。因为关灯频繁的场所选用紧凑型荧光灯，会影响其寿命并增加物业管理费用。应急状态下，无火灾自动报警系统的应急照明集中点亮可采用手动控制，控制装置宜安装在有人值班室里。

9.2.4 住宅建筑的门厅或首层电梯间的照明控制方式，要考虑残疾人操作方便。至少有一处照明灯残疾人可控制或常亮。

9.3 应急照明

9.3.1 住宅建筑一般按楼层划分防火分区，扣除居住面积，住宅建筑每层公共交通面积不是很大，如果按每层每个防火分区来设置应急照明配电箱，显然不是很合理。考虑到住宅建筑的特殊性及火灾应急时疏散的重要性，建议住宅建筑每 4 层 ~ 6 层设置一个应急照明配电箱，每层或每个防火分区的应急照明应采用一个从应急照明配电箱引来的专用回路供电，应急照明配电箱应由消防专用回路供电。

9.3.2 本条款根据国家标准《高层民用建筑设计防火规范》GB 50045-95（2005 版）第 9.2.3 条和《建筑设计防火规范》2010 年征求意见稿第 12.3.4 条编写。

9.3.3 高层住宅建筑的楼梯间均设防火门，楼梯间是一个相对独立的区域，楼梯间采用不同回路供电是确保火灾时居民安全疏散。如果每层楼梯间只有一个应急照明灯，宜 1、3、5…层一个回路，2、4、6…层一个回路；如果每层楼梯间有两个应急照明灯，应有两个回路供电。

9.4 套内照明

9.4.2 起居室、餐厅等公共活动场所，当使用面积小于 20m^2 时，屋顶应预留一个照明电源出线口，灯位宜居中。当使用面积大于 20m^2 时，根据公共活动场所的布局，屋顶应预留一个以上的照明电源出线口。

9.4.4 装有淋浴或浴盆卫生间的照明回路装设剩余电流动作保护器是为了保障人身安全。为卫生间照明回路单独装设剩余电流动作保护器安全可靠，但不够经济合理。卫生间的照明可与卫生间的电源插座同回路，这样设计既安全又经济，缺点是发生故障时，照明没电，给居民行动带来不便。

装有淋浴或浴盆卫生间的浴霸可与卫生间的照明同回路，宜装设剩余电流动作保护器。

10 防雷与接地

10.1 防雷

10.1.1 住宅建筑的防雷分类见表3。

表3 住宅建筑的防雷分类

住宅建筑	防雷分类
建筑高度为100m或35层及以上的住宅建筑	第二类防雷建筑物
年预计雷击次数大于0.25的住宅建筑	
建筑高度为50m～100m且19层～34层的住宅建筑	第三类防雷建筑物
年预计雷击次数大于或等于0.05且小于或等于0.25的住宅建筑	

根据《建筑物防雷设计规范》GB 50057-2010第3.0.3条强制性条文制定本强制性条款。《建筑物防雷设计规范》GB 50057-2010第3.0.3条第10款只对年预计雷击次数大于0.25的住宅建筑作出了规定，本规范在此基础上，根据住宅建筑的特性对住宅建筑的高度及层数也作出了规定，目的是为了保障居民的人身安全。

10.1.2 根据《建筑物防雷设计规范》GB 50057-2010第3.0.4条强制性条文制定本强制性条款。《建筑物防雷设计规范》GB 50057-2010第3.0.4条第3款只对年预计雷击次数大于或等于0.05且小于或等于0.25的住宅建筑作出了规定，本规范在此基础上，根据住宅建筑的特性对住宅建筑的高度及层数也作出了规定，目的是为了保障居民的人身安全。

10.1.4 安装在室内的配电箱为室外照明及用电设备供电时，宜在电源出线开关与外露可导电部分之间装设浪涌保护器并可靠接地。

10.2 等电位联结

10.2.2 金属浴盆、洗脸盆包括金属搪瓷材料；建筑物钢筋网包括卫生间地面及墙内钢筋网。装有淋浴或浴盆卫生间里的设施不需要进行等电位联结的有下列几种情况：

1 非金属物，如非金属浴盆、塑料管道等。

2 孤立金属物，如金属地漏、扶手、浴巾架、肥皂盒等。

3 非金属物与金属物，如固定管道为非金属管道（不包括铝塑管），与此管道连接的金属软管、金属存水弯等。

10.3 接地

10.3.2 家用电器外露可导电部分均应可靠接地是为了保障人身安全。目前家用电器如空调器、冰箱、洗衣机、微波炉等，产品的电源插头均带保护极，将带保护极的电源插头插入带保护极的电源插座里，家用电器外露可导电部分视为可靠接地。

采用安全电源供电的家用电器其外露可导电部分可不接地。如笔记本电脑、电动剃须刀等，因产品自带变压器将电压已经转换成了安全电压，对人身不会造成伤害。

11 信息设施系统

1 一般规定

住宅建筑目前安装的电话插座、电视插座、信息插座（电脑插座），功能相对来说比较单一，随着物联网的发展、三网融合的实现，住宅建筑里电视、电话、信息插座的功能也会多样化，信息插座不仅仅是提供电脑上网的服务，还能提供家用电器远程监控等服务。各运营商也会给居民提供更多更好的信息资源服务。

三网融合后住宅套内的电话插座、电视插座、信息插座功能合一，设置数量也会合一。例如本规范根据目前三个网络的存在，起居室可能要同时安装电视、电话、信息三个插座，三网融合后，起居室安装一个信息插座就能满足使用要求。所以，设计人员在设计三网进户时，一定要与当地三网融合的建设相适应。

11.1.1　公用通信网、因特网由通信、信息网络业务经营商经营管理，自用通信网、局域网由住宅建筑（小区）物业部门管理。

11.1.2　目前除有线电视系统由各地主管部门统一管理外，通信、信息网络业务均有多家经营商经营管理。居民有权选择通信、信息网络业务经营商，所以本规范规定了住宅建筑要预留两个以上通信业务经营商和两个以上信息网络业务经营商所需设施的安装空间。

11.2　有线电视系统

11.2.2　进户线的设置与当地有线电视网的系统设置和收费管理有关。设计方案应以当地管理部门审批为准。

有线电视系统的信号传输线缆，目前采用光缆到小区或到住宅楼，随着三网融合的推进，很快会实现光缆到户。有线电视系统的进户线不应少于 1 根是针对采用特性阻抗为 75Ω 的同轴电缆而言，如果采用光缆进户，有一根多芯光缆即可。75-5 同轴电缆传输距离一般为 300m，超过 300m 宜采用光缆传输。

有线电视系统三网融合后，光缆进户需进行光电转换，电缆调制解调器（CM）和机顶盒（STB）功能可合一，设备可单独设置也可设置在家居配线箱里。

11.2.3　电视插座面板由于三网融合的推进可能会发生变化，本规范里的电视插座还是按 86 系列面板预留接线盒。起居室里的电视多半与起居室里的家具组合摆放，电视插座距地 0.3m 由于电视机的插头长度大于踢脚线的厚度，影响家具的摆放，使用不方便，所以本规范根据实际应用情况将电视插座的安装高度调整为 0.3m ~ 1.0m，为电视机配套的电源插座宜与电视插座安装高度一致。

11.2.4　电视插座不应少于 1 个是规范规定安装的数量，安装位置由建设方和设计人员根据规范确定。起居兼主卧室户型可装 1 个电视插座，起居室与主卧室分开的住户应安装两个电视插座。

11.2.5　同轴电缆穿金属导管是为了提高屏蔽效果，保证电视信号不受干扰。

11.3　电话系统

11.3.1　用户电话交换机（PABX）可分为普通用户电话交换机（PBX）、综合业务数字用户电话交换机（ISPBX）、IP 用户电话交换机（IPPBX）、软交换用户电话交换机等。住宅建筑电话系统至少满足普通用户电话交换机（PBX）的功能，其他功能由当地通信运营商和建设方确定。

11.3.2　住宅建筑的电话系统采用综合布线系统，以适应信息网络系统的发展要求，满足三网融合的要求。电话系统进户线不应少于 1 根是针对电话电缆或 5e 及以上等级的 4 对对绞电缆而言，如果采用光缆进户，有一根多芯光缆即可。

通信系统三网融合后，光缆可进户也可到桌面，为维护方便，进户线宜在家居配线箱内做交接。

11.3.5　电话插座不应少于 2 个是规范规定安装的数量，安装位置由建设方和设计人员根据规范确定。如果是起居兼主卧室且没有书房的一室户型，电话插座可安装 1 个。

11.4　信息网络系统

11.4.2　信息网络系统进户线应选用 5e 类及以上等级的 4 对对绞电缆或光缆。

11.4.3　为了适应宽带通信业务的接入，实现三网融合，应考虑采用光缆入户到桌面。

11.4.4　信息插座不应少于 1 个是规范规定安装的数量，安装位置由建设方和设计人员根据规范确定。设置 2 个及以上信息插座的住宅，宜配置计算机交换机 / 集线器（SW/HUB）。如果起居兼主卧室且没有书房的一室户型，信息插座可安装 1 个。

11.4.5　设备间、电信间宜设在一层或地下一层。综合布线系统水平缆线不应超过 90m，25 层以上的住宅建筑宜在一层或地下一层设置一间设备间，在顶层或中间层再设置一间电信间。

11.7 家居配线箱

三网融合在现阶段并不意味着电信网、信息（计算机）网和有线电视网三大网络的物理合一，三网融合主要是指高层业务应用的融合。三大网络通过技术改造，能够提供包括语音、数据、图像等综合多媒体的通信业务。换句话说住户不管选用三个网的哪家运营商，都可以通过这一家运营商实现户内看电视、上网和打电话（不包括移动电话，下同）。

目前 FHC 有线电视网是通过机顶盒和电缆调制解调器实现数字电视的转播和连接因特网，电信网是通过 ISDN 等连接因特网，只有信息（计算机）网是通过综合布线系统直接连接因特网。居民在家一般要通过两个或三个网络来实现看电视、上网和打电话。三网融合后，居民可以选择一家运营商实现户内看电视、上网和打电话，也可以和现在一样选择两家或三家运营商实现户内看电视、上网和打电话。

对于设计人员来说，新建的住宅建筑一定要和建设方沟通，要与当地的实际情况及发展前景相结合，能做到三大网络物理网络合一是最理想的状态，三网融合后，住宅建筑的布线及插座配置也应有所变化。目前三网融合正在规划实施中，各地区发展速度不一致，本规范还不能对三网融合后的布线及配置作出规定，但要求每套住宅应设置家居配线箱，家居配线箱的设置对今后三网融合和光缆进户将会起到很重要的作用。

11.7.1 家居配线箱三网融合前的接线示意图见图 1。

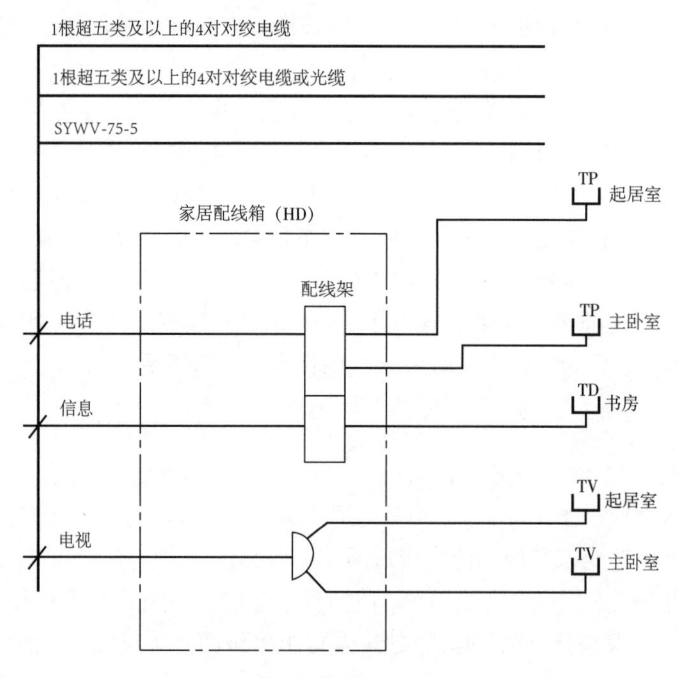

图 1 家居配线箱基本配置图

图 1 只画出了家居配线箱最基本的配置接线，未画出与能耗计量及数据远传系统的连接。

11.7.2 家居配线箱不宜与家居配电箱上下垂直安装在一个墙面上，避免竖向强、弱电管线多、集中、交叉。家居配线箱可与家居控制器上下垂直安装在一个墙面上。

11.7.3 预留 AC220V 电源接线盒，是为了给家居配线箱里的有源设备供电，家居配线箱里的有源设备一般要求 50V 以下的电源供电，电源变压器可安装在电源接线盒内。接线盒内的电源宜就近取自照明回路。

11.8 家居控制器

11.8.2 家用电器的监控包括：照明灯、窗帘、遮阳装置、空调、热水器、微波炉等的监视和控制。

12 信息化应用系统

12.1 物业运营管理系统

12.1.1 非智能化的住宅建筑，具备条件时，也应设置物业运营管理系统。

12.3　智能卡应用系统

12.3.2　与银行信用卡等融合的智能卡应用系统，卡片宜选用双面卡，正面为感应式，背面为接触式。

12.5　家居管理系统

12.5.1　住宅建筑家居管理系统（HMS）是通过家居控制器、家居布线、住宅建筑布线及各子系统，对各类信息进行汇总、处理，并保存于住宅建筑管理中心数据库，实现信息共享，为居民提供安全、舒适、高效、环保的生活环境。住宅建筑家居管理系统（HMS）框图见图 2。

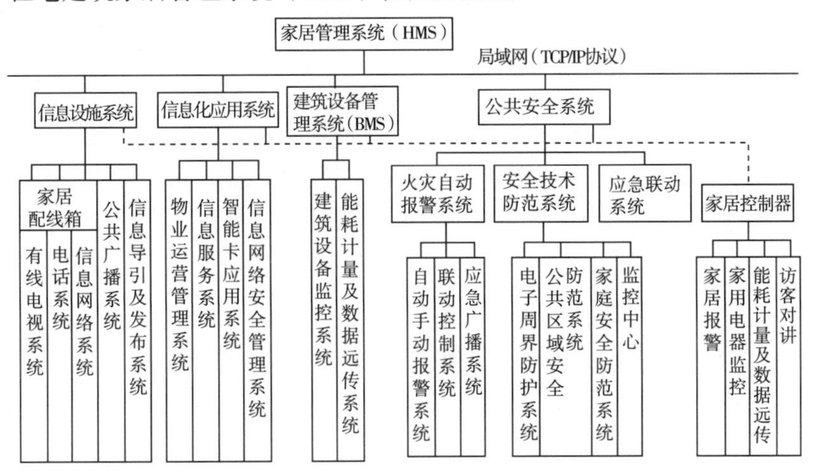

图 2　家居管理系统框图

13　建筑设备管理系统

13.2　建筑设备监控系统

13.2.1　本条款只提出了智能化住宅建筑设置建筑设备监控系统应具备的最低功能要求，有条件的开发商可根据需求监测与控制更多的系统和设备。

13.2.4　当住宅小区面积较大，DDC 由建筑设备监控中心集中供电电压降过大不能满足要求时，DDC 可就近引接电源，供电等级应一致。

13.3　能耗计量及数据远传系统

13.3.1　能耗计量及数据远传系统宜由能耗计量表具、采集模块 / 采集终端、传输设备、集中器、管理终端、供电电源组成。有线网络包括：RS485 总线、局域网、低压电力线载波等。

14　公共安全系统

14.2　火灾自动报警系统

14.2.3　建筑高度为 100m 或 35 层及以上的住宅建筑要求每栋楼都要设消防控制室，其他住宅建筑及住宅建筑群应按规范要求设消防控制室。住宅小区宜集中设置消防控制室，消防控制室要求 24 小时专业人员值班，设置多个消防控制室，需增加专业人员值班，增加系统维修维护量，增加运营成本。

14.3　安全技术防范系统

14.3.2　考虑到全国各地住宅建筑建设投资不一致，表 14.3.2 只规定了住宅建筑安全技术系统最基本的配置。目前全国很多地区的住宅建筑安全技术防范系统的建设已经超过了本规范规定的标准配置。建议有条件的地区或投资商，在建设或改建住宅小区时，宜在住宅小区公共区域设置视频安防监控系统。

14.3.4

1 电子巡查系统包括离线式和在线式。

3 住宅建筑停车库（场）管理系统宜对长期住户车辆和临时访客车辆有不同的管理模式，保障住宅建筑高峰期进出口处车辆不堵塞。

14.3.5

1 室内分机有多种类型，最基本的是双向对讲、开门锁，目前新建住宅建筑很多已经安装了彩色可视对讲分机，也有的已经安装了家庭控制器。建议投资商根据居民需求及技术发展，合理选择室内分机类型。

2 紧急求助报警装置宜安装在起居室（厅）、主卧室或书房。

14.3.6 住宅建筑安防监控中心自身的安防设施是指对监控中心的物防、技防，还应确保人防。

15 机房工程

15.1 一般规定

15.1.1 机房是指住宅建筑内为各弱电系统主机设备、计算机、通信设备、控制设备、综合布线系统设备及其相关的配套设施提供安装设备、系统正常运行的建筑空间。根据机房所处行业/领域的重要性、经济性等，《电子信息系统机房工程设计规范》GB 50174-2008 将机房从高到低划分为 A、B、C 三级。

15.2 控制室

15.2.1 住宅建筑的控制室不包括行业专用的电话站、广播站和计算机站。

15.2.2 住宅建筑的控制室采用合建方式是为了便于管理和减少运营费用。

15.3 弱电间及弱电竖井

15.3.1 弱电间是指敷设安装楼层弱电系统管线（槽）、接地线、设备等占用的建筑空间。弱电间/弱电竖井检修门的尺寸参见本规范第 7.4.3 条的条文说明。

15.3.2、15.3.3 弱电竖井的长度 L 由设计人员根据弱电设备及管线（槽）尺寸确定，多层住宅建筑弱电竖井示意图见图 3；7 层及以上住宅建筑弱电竖井示意图见图 4。

25 层以上的住宅建筑如果弱电间与电信间合用，弱电设备安装位置可参见本规范第 11.4.5 条的条文说明。

15.3.4 弱电间及弱电竖井墙壁耐火极限及预留洞口封堵等要求可参见本规范第 7.4 节里的相关条款及条文说明。

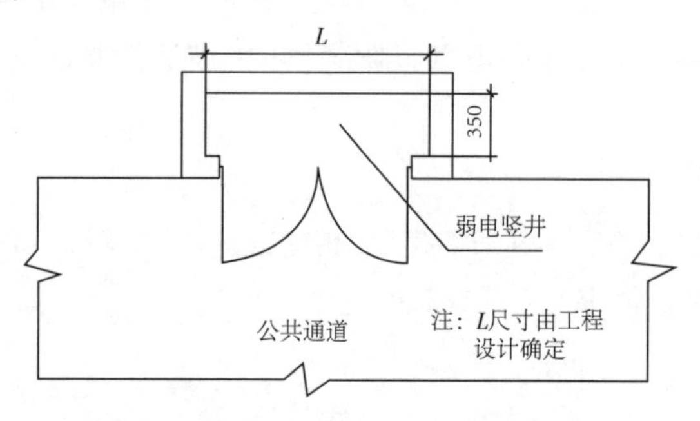

图 3 多层住宅建筑弱电竖井示意图

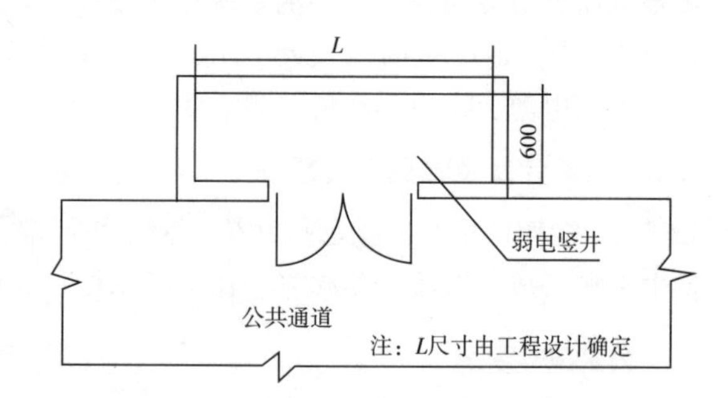

图 4 7 层及以上住宅建筑弱电竖井示意图

15.4 电信间

15.4.1 电信间是指安装电信设备、电缆和光缆终端配线设备并进行缆线交接等占用的建筑空间。

中华人民共和国行业标准

房屋建筑室内装饰装修制图标准

Drawing standard for interior decoration
and renovation of building

JGJ/T 244—2011

批准部门：中华人民房和城乡建设部
施行日期：2012 年　3　月　1　日

中华人民共和国住房和城乡建设部
公　　告

第 1568 号

关于发布行业标准《房屋建筑室内装饰装修制图标准》的公告

现批准《房屋建筑室内装饰装修制图标准》为行业标准，编号为 JGJ/T 244-2011，自 2012 年 3 月 1 日起实施。

本标准由我部标准定额研究所组织中国建筑工业出版社出版发行。

中华人民共和国住房和城乡建设部
2011 年 7 月 4 日

前　言

根据住房和城乡建设部《关于印发〈2009年工程建设标准规范制订、修订计划〉的通知》(建标[2009]88号)的要求，标准编制组经广泛调查研究，认真总结实践经验，参考有关国际标准和国外先进标准，并在广泛征求意见的基础上，制定本标准。

本标准的主要技术内容是：1. 总则；2. 术语；3. 基本规定；4. 常用房屋建筑室内装饰装修材料和设备图例；5. 图样画法。

本标准由住房和城乡建设部负责管理，由东南大学建筑学院负责具体技术内容的解释。执行过程中如有意见或建议，请寄送东南大学建筑学院(地址：江苏省南京市四牌楼2号中大院，邮编：210096)。

本标准主编单位：东南大学建筑学院
江苏广宇建设集团有限公司

本标准参编单位：江苏省华夏天成建设股份有限公司
南京装饰工程有限公司
南京盛旺装饰设计研究所
南京林业大学艺术学院
江苏省装饰装修发展中心
东南大学成贤学院
南京航空航天大学机电学院
金陵科技学院建筑工程学院

本标准参加单位：浙江亚厦装饰股份有限公司

本标准主要起草人员：高祥生　刘荣君　夏　进　马晓波
潘　瑜　安姬娟　黄维彦　安　宁
郁建忠　徐　敏　高　枫　朱红明
曹　莹　朱杰栋　刘　洪　韩　颖
方　斌

本标准主要审查人员：王炜民　张青萍　沈俊强　王宏伟
何静姿　万成兴　宗　辉　朱　飞
吴祖林　李　晶　吴　雁　王　剑
孟　霞

1 总 则

1.0.1 为统一房屋建筑室内装饰装修制图规则，保证制图质量，提高制图效率，做到图面清晰、简明，图示准确，符合设计、施工、审查、存档的要求，适应工程建设需要，制定本标准。

1.0.2 本标准适用于下列房屋建筑室内装饰装修工程制图：

1 新建、改建、扩建的房屋建筑室内装饰装修各阶段的设计图、竣工图；

2 原有工程的室内实测图；

3 房屋建筑室内装饰装修的通用设计图、标准设计图；

4 房屋建筑室内装饰装修的配套工程图。

1.0.3 本标准适用于下列制图方式绘制的图样：

1 计算机制图；

2 手工制图。

1.0.4 房屋建筑室内装饰装修的图纸深度应按本标准附录 A 执行。

1.0.5 房屋建筑室内装饰装修制图，除应符合本标准外，尚应符合国家现行有关标准的规定。

2 术 语

2.0.1 房屋建筑室内装饰 interior decoration of building

在房屋建筑室内空间中运用装饰材料、家具、陈设等物件对室内环境进行美化处理的工作。

2.0.2 房屋建筑室内装修 interior renovation 0f building

对房屋建筑室内空间中的界面和固定设施的维护、修饰及美化。

2.0.3 索引符号 index symbol

图样中用于引出需要清楚绘制细部图形的符号，以方便绘图及图纸查找。

2.0.4 图号 numbering

表示本图样或被索引引出图样的标题编号。

2.0.5 剖视图 section

在房屋建筑室内装饰装修设计中表达物体内部形态的图样。它是假想用一剖切面（平面或曲面）剖开物体，将处在观察者和剖切面之间的部分移去后，剩余部分向投影面上投射得到的正投影图。

2.0.6 断面图 profile

假想用剖切面剖开物体后，仅画出物体与该剖切面接触部分的正投影而得到的图形。

2.0.7 详图 detail drawing

在工程制图中对物体的细部或构件、配件用较大的比例将其形状、大小、材料和做法详细表示出来的图样，在房屋建筑室内装饰装修设计中指表现细部形态的图样。又称“大样图”。

2.0.8 节点 joint detail

在房屋建筑室内装饰装修设计中表示物体重点部位构造做法的图样。

2.0.9 引出线 leader line

在房屋建筑室内装饰装修设计中为表示引出详图或文字说明位置而画出的细实线。

2.0.10 标高 elevation

在房屋建筑室内装饰装修设计中以本层室内地坪装饰装修完成面为基准点 ±0.000，至该空间各装饰装修完成面之间的垂直高度。

2.0.11 图例 legend

为表示材料、灯具、设备设施等品种和构造而设定的标准图样。

2.0.12 剖切符号 cutting symbol

用于表示剖视面和断面图所在位置的符号。

2.0.13 总平面图 interior site plan

在房屋建筑室内装饰装修中，表示需要设计的平面与所在楼层平面或环境的总体关系的图样。

2.0.14 综合布点图 comprehensive ceiling drawing

在房屋建筑室内装饰装修中，为协调顶棚装饰装修造型与设备设施的位置关系，而将顶棚中所有明装和暗藏设备设施的位置、尺寸与顶棚造型的位置、尺寸综合表示在一起的图样。

2.0.15 展开图 unfolded drawing

在房屋建筑室内装饰装修设计中，对于正投影难以表明准确尺寸的呈弧形或异形的平面图形，将其平面展开为直线平面后绘制的图样。

2.0.16 镜像投影 reflective projection

设想与顶界面相对的底界面为整片的镜面，该镜面作为投影面，顶界面的所有物象都映射在镜面上而呈现出顶界面的正投影图的一种方法。用镜像投影的方法可以表示顶棚平面图。

3 基本规定

3.1 图纸幅面规格与图纸编排顺序

3.1.1 房屋建筑室内装饰装修的图纸幅面规格应符合现行国家标准《房屋建筑制图统一标准》GB/T 50001 的规定。

3.1.2 房屋建筑室内装饰装修图纸应按专业顺序编排，并应依次为图纸目录、房屋建筑室内装饰装修图、给水排水图、暖通空调图、电气图等。

3.1.3 各专业的图纸应按图纸内容的主次关系、逻辑关系进行分类排序。

3.1.4 房屋建筑室内装饰装修图纸编排宜按设计（施工）说明、总平面图、顶棚总平面图、顶棚装饰灯具布置图、设备设施布置图、顶棚综合布点图、墙体定位图、地面铺装图、陈设、家具平面布置图、部品部件平面布置图、各空间平面布置图、各空间顶棚平面图、立面图、部品部件立面图、剖面图、详图、节点图、装饰装修材料表、配套标准图的顺序排列。

3.1.5 各楼层的室内装饰装修图纸应按自下而上的顺序排列，同楼层各段（区）的室内装饰装修图纸应按主次区域和内容的逻辑关系排列。

3.2 图 线

3.2.1 房屋建筑室内装饰装修图纸中图线的绘制方法及图线宽度应符合现行国家标准《房屋建筑制图统一标准》GB/T 50001 的规定。

3.2.2 房屋建筑室内装饰装修制图应采用实线、虚线、单点长画线、折断线、波浪线、点线、样条曲线、云线等线型，并应选用表 3.2.2 所示的常用线型。

表 3.2.2 房屋建筑室内装饰装修制图常用线型

名称		线型	线宽	一般用途
实线	粗	▬▬▬	b	1 平、剖面图中被剖切的房屋建筑和装饰装修构造的主要轮廓线 2 房屋建筑室内装饰装修立面图的外轮廓线 3 房屋建筑室内装饰装修构造详图、节点图中被剖切部分的主要轮廓线 4 平、立、剖面图的剖切符号
	中粗	━━━	$0.7b$	1 平、剖面图中被剖切的房屋建筑和装饰装修构造的次要轮廓线 2 房屋建筑室内装饰装修详图中的外轮廓线
	中	───	$0.5b$	1 房屋建筑室内装饰装修构造详图中的一般轮廓线 2 小于 $0.7b$ 的图形线、家具线、尺寸线、尺寸界线、索引符号、标高符号、引出线、地面、墙面的高差分界线等
	细	───	$0.25b$	图形和图例的填充线

续表

名称		线型	线宽	一般用途
虚线	中粗	---------	0.7b	1 表示被遮挡部分的轮廓线 2 表示被索引图样的范围 3 拟建、扩建房屋建筑室内装饰装修部分轮廓线
	中	---------------	0.5b	1 表示平面中上部的投影轮廓线 2 预想放置的房屋建筑或构件
	细	---------------	0.25b	表示内容与中虚线相同，适合小于 0.5b 的不可见轮廓线
单点长画线	中粗	——·——·——	0.7b	运动轨迹线
	细	——·——·——	0.25b	中心线、对称线、定位轴线
折断线	细	——\/——	0.25b	不需要画全的断开界线
波浪线	细	～～～	0.25b	1 不需要画全的断开界线 2 构造层次的断开界线 3 曲线形构件断开界限
点线	细	....	0.25b	制图需要的辅助线
样条曲线	细	～	0.25b	1 不需要画全的断开界线 2 制图需要的引出线
云线	中	（云形）	0.5b	1 圈出被索引的图样范围 2 标注材料的范围 3 标注需要强调、变更或改动的区域

3.2.3 房屋建筑室内装饰装修的图线线宽宜符合现行国家标准《房屋建筑制图统一标准》GB/T 50001 的规定。

3.3 字 体

3.3.1 房屋建筑室内装饰装修制图中手工制图字体的选择、字高及书写规则应符合现行国家标准《房屋建筑制图统一标准》GB/T 50001 的规定。

3.4 比 例

3.4.1 图样的比例表示及要求应符合现行国家标准《房屋建筑制图统一标准》GB/T 50001 的规定。

3.4.2 图样的比例应根据图样用途与被绘对象的复杂程度选取。常用比例宜为 1 ∶ 1、1 ∶ 2、1 ∶ 5、1 ∶ 10、1 ∶ 15、1 ∶ 20、1 ∶ 25、1 ∶ 30、1 ∶ 40、1 ∶ 50、1 ∶ 75、1 ∶ 100、1 ∶ 150、1 ∶ 200。

3.4.3 绘图所用的比例，应根据房屋建筑室内装饰装修设计的不同部位、不同阶段的图纸内容和要求确定，并应符合表 3.4.3 的规定。对于其他特殊情况，可自定比例。

表 3.4.3 绘图所用的比例

比例	部位	图纸内容
1 ∶ 200~1 ∶ 100	总平面、总顶面	总平面布置图、总顶棚平面布置图
1 ∶ 100~1 ∶ 50	局部平面、局部顶棚平面	局部平面布置图、局部顶棚平面布置图
1 ∶ 100~1 ∶ 50	不复杂的立面	立面图、剖面图
1 ∶ 50~1 ∶ 30	较复杂的立面	立面图、剖面图
1 ∶ 30~1 ∶ 10	复杂的立面	立面放大图、剖面图

续表

比例	部位	图纸内容
1 ∶ 10~1 ∶ 1	平面及立面中需要详细表示的部位	详图
1 ∶ 10~1 ∶ 1	重点部位的构造	节点图

3.4.4　同一图纸中的图样可选用不同比例。

3.5　剖切符号

3.5.1　剖视的剖切符号应符合现行国家标准《房屋建筑制图统一标准》GB/T 50001 的规定。

3.5.2　断面的剖切符号应符合现行国家标准《房屋建筑制图统一标准》GB/T 50001 的规定。

3.5.3　剖切符号应标注在需要表示装饰装修剖面内容的位置上。

3.6　索引符号

3.6.1　索引符号根据用途的不同，可分为立面索引符号、剖切索引符号、详图索引符号、设备索引符号、部品部件索引符号。

3.6.2　表示室内立面在平面上的位置及立面图所在图纸编号，应在平面图上使用立面索引符号（图 3.6.2）。

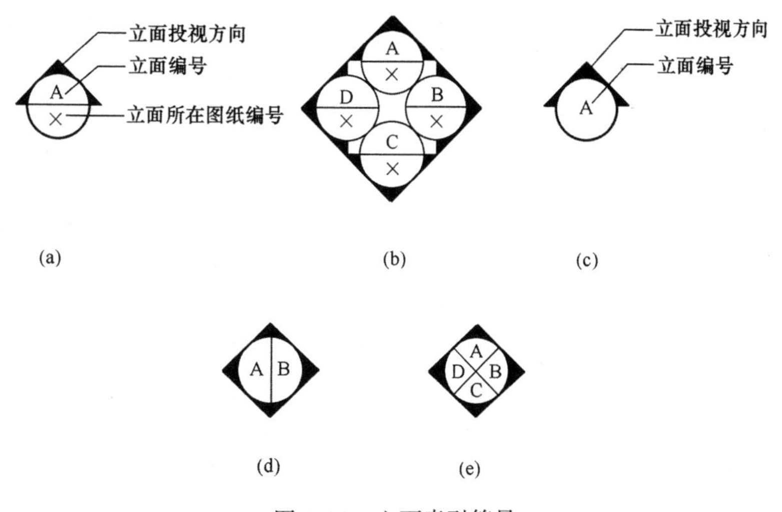

图 3.6.2　立面索引符号

3.6.3　表示剖切面在界面上的位置或图样所在图纸编号，应在被索引的界面或图样上使用剖切索引符号（图 3.6.3）。

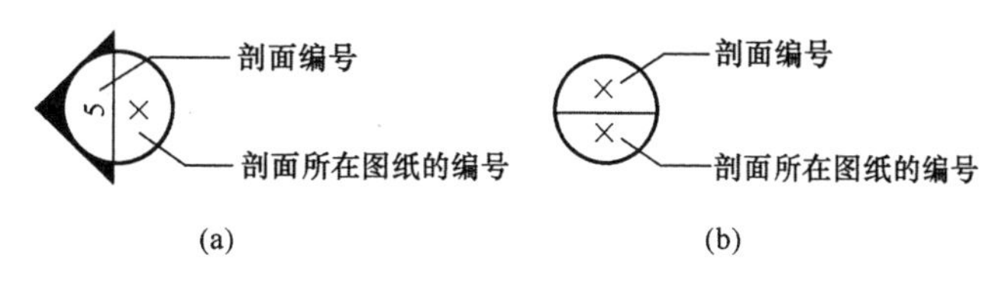

图 3.6.3　剖切索引符号

3.6.4　表示局部放大图样在原图上的位置及本图样所在页码，应在被索引图样上使用详图索引符号（图 3.6.4）。

3.6.5　表示各类设备（含设备、设施、家具、灯具等）的品种及对应的编号，应在图样上使用设备索引符号（图 3.6.5）。

3.6.6　索引符号的绘制应符合下列规定：

1　立面索引符号应由圆圈、水平直径组成，且圆圈及水平直径应以细实线绘制。根据图面比例，圆圈直径可选择 8mm~10mm。圆圈内应注明编号及索引图所在页码。立面索引符号应附以三角形箭头，且三角形箭头方向应与投射方向一致，圆圈中水平直径、数字及字母（垂直）的方向应保持不变（图 3.6.6–1）。

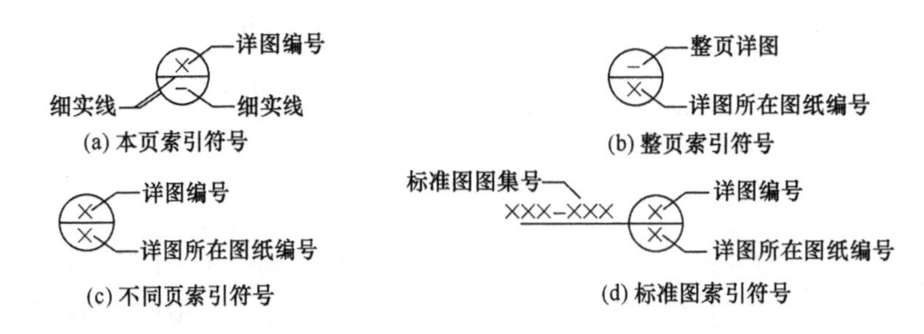

图 3.6.4　详图索引符号

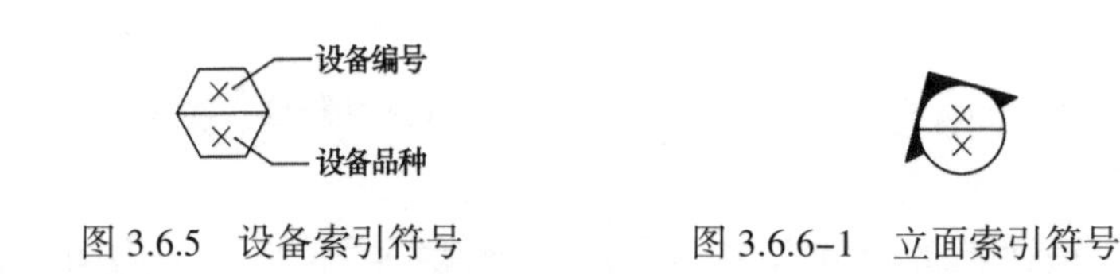

图 3.6.5　设备索引符号　　　　图 3.6.6–1　立面索引符号

2　剖切索引符号和详图索引符号均应由圆圈、直径组成，圆及直径应以细实线绘制。根据图面比例，圆圈的直径可选择 8mm~10mm。圆圈内应注明编号及索引图所在页码。剖切索引符号应附三角形箭头，且三角形箭头方向应与圆圈中直径、数字及字母（垂直于直径）的方向保持一致，并应随投射方向而变（图 3.6.6–2）。

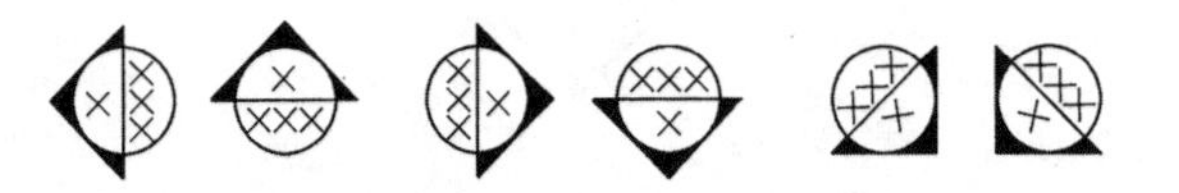

图 3.6.6–2　剖切索引符号

3　索引图样时，应以引出圈将被放大的图样范围完整圈出，并应由引出线连接引出圈和详图索引符号。图样范围较小的引出圈，应以圆形中粗虚线绘制（图 3.6.6–3a）；范围较大的引出圈，宜以有弧角的矩形中粗虚线绘制（图 3.6.6–3b），也可以云线绘制（图 3.6.6–3c）。

4　设备索引符号应由正六边形、水平内径线组成，正六边形、水平内径线应以细实线绘制。根据图面比例，正六边形长轴可选择 8mm~12mm。正六边形内应注明设备编号及设备品种代号（图 3.6.5）。

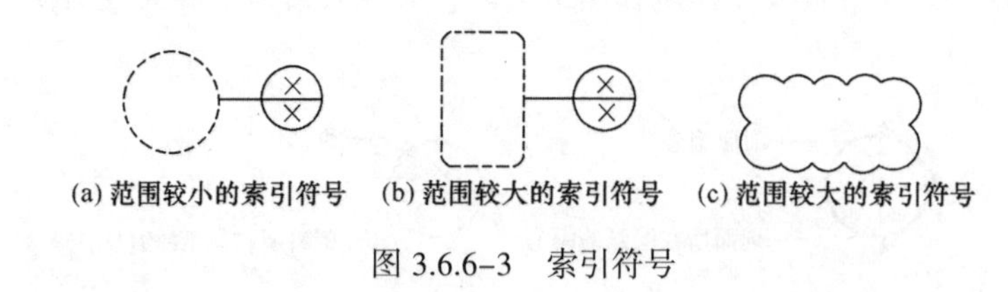

图 3.6.6–3　索引符号

3.6.7　索引符号中的编号除应符合现行国家标准《房屋建筑制图统一标准》GB/T 50001 的规定外，尚应符合下列规定：

1　当引出图与被索引的详图在同一张图纸内时，应在索引符号的上半圆中用阿拉伯数字或字母注明该索引图的编号，在下半圆中间画一段水平细实线（图 3.6.4a）。

2　当引出图与被索引的详图不在同一张图纸内时，应在索引符号的上半圆中用阿拉伯数字或字母注明该详图的编号，在索引符号的下半圆中用阿拉伯数字或字母注明该详图所在图纸的编号。数字较多时，可加文字标注（图 3.6.4c、图 3.6.4d）。

3 在平面图中采用立面索引符号时，应采用阿拉伯数字或字母为立面编号代表各投视方向，并应以顺时针方向排序（图 3.6.7）。

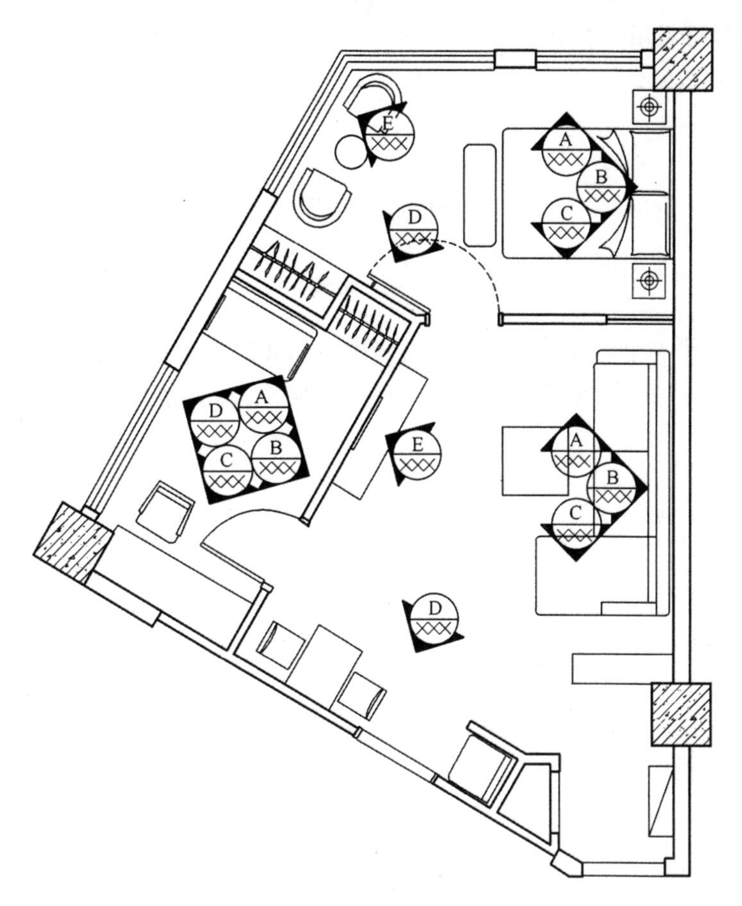

图 3.6.7 立面索引符号的编号

3.7 图名编号

3.7.1 房屋建筑室内装饰装修的图纸宜包括平面图、索引图、顶棚平面图、立面图、剖面图、详图等。

3.7.2 图名编号应由圆、水平直径、图名和比例组成。圆及水平直径均应由细实线绘制，圆直径根据图面比例，可选择 8mm~12mm（图 3.7.3）。

3.7.3 图名编号的绘制应符合下列规定：

1 用来表示被索引出的图样时，应在图号圆圈内画一水平直径，上半圆中应用阿拉伯数字或字母注明该图样编号，下半圆中应用阿拉伯数字或字母注明该图索引符号所在图纸编号（图 3.7.3-1）；

2 当索引出的详图图样与索引图同在一张图纸内时，圆内可用阿拉伯数字或字母注明详图编号，也可在圆圈内划一水平直径，且上半圆中应用阿拉伯数字或字母注明编号，下半圆中间应画一段水平细实线（图 3.7.3-2）。

图 3.7.3-1 被索引出的图样的图名编写

图 3.7.3-2 索引图与被索引出的图样同在一张图纸内的图名编写

3.7.4 图名编号引出的水平直线上方宜用中文注明该图的图名，其文字宜与水平直线前端对齐或居中。比例的注写应符合本标准第 3.4.2 条的规定。

3.8 引出线

3.8.1 引出线的绘制应符合现行国家标准《房屋建筑制图统一标准》GB/T 50001 的规定。

3.8.2 引出线起止符号可采用圆点绘制（图 3.8.2a），也可采用箭头绘制（图 3.8.2b）。起止符号的大小应与本图样尺寸的比例相协调。

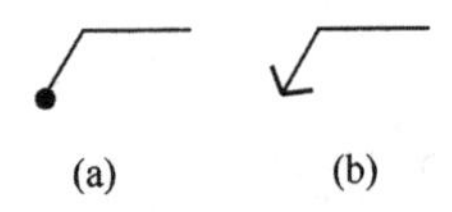

图 3.8.2 引出线起止符号

3.8.3 多层构造或多个部位共用引出线，应通过被引出的各层或各部分，并应以引出线起止符号指出相应位置。引出线和文字说明的表示应符合现行国家标准《房屋建筑制图统一标准》GB/T 50001 的规定（图 3.8.3）。

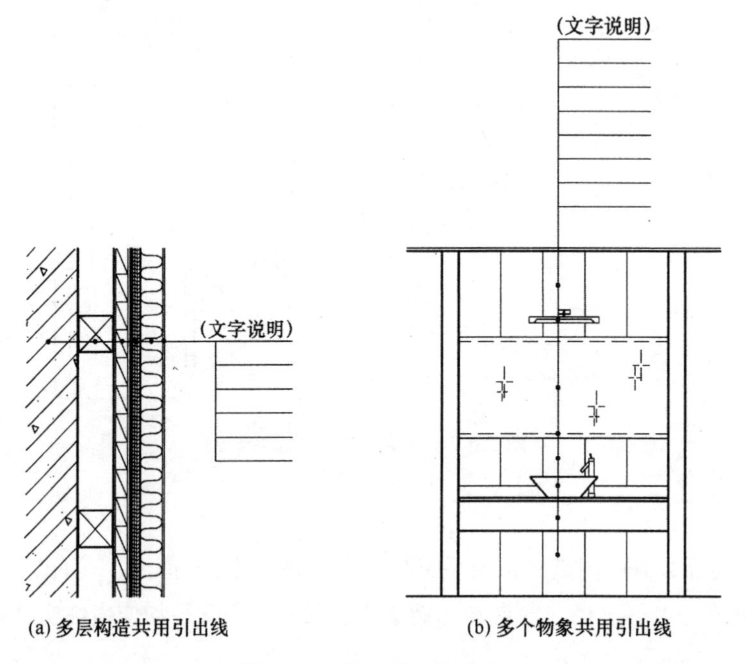

图 3.8.3 共用引出线示意

3.9 其他符号

3.9.1 对称符号应由对称线和分中符号组成。对称线应用细单点长画线绘制，分中符号应用细实线绘制。分中符号可采用两对平行线或英文缩写。采用平行线作为分中符号时（图 3.9.1a），应符合现行国家标准《房屋建筑制图统一标准》GB/T 50001 的规定；采用英文缩写作为分中符号时，大写英文 CL 应置于对称线一端（图 3.9.1b）。

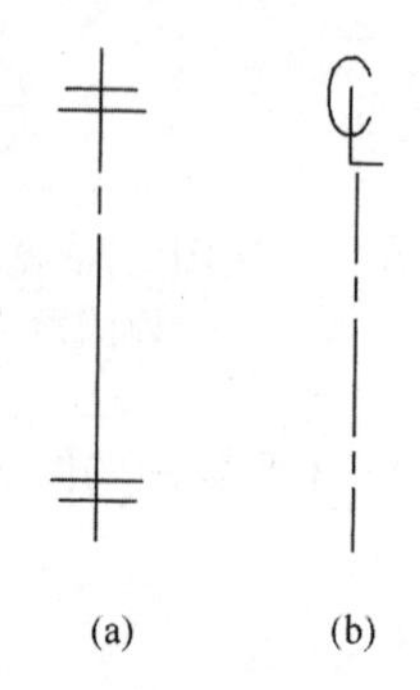

图 3.9.1 对称符号

3.9.2 连接符号应以折断线或波浪线表示需连接的部位。两部位相距过远时，折断线或波浪线两端靠图样一侧应标注大写拉丁字母表示连接编号。两个被连接的图样应用相同的字母编号（图 3.9.2）。

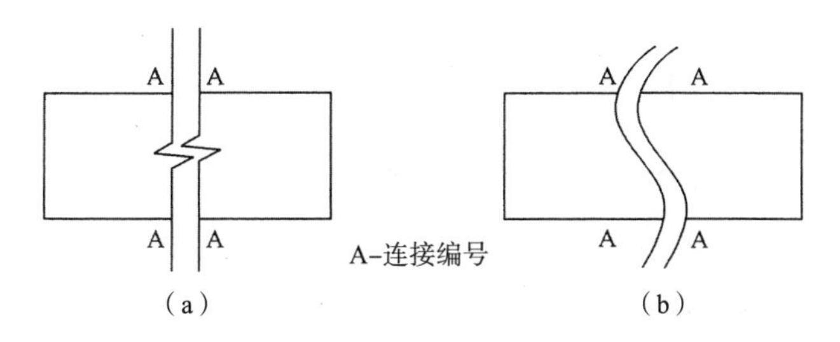

图 3.9.2 连接符号

3.9.3 立面的转折应用转角符号表示，且转角符号应以垂直线连接两端交叉线并加注角度符号表示（图 3.9.3）。

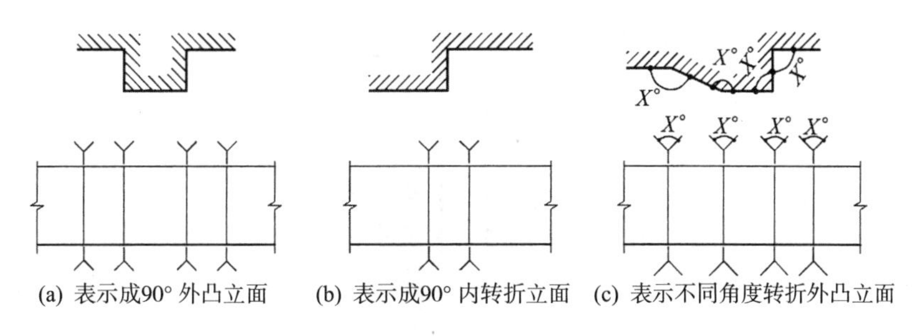

图 3.9.3 转角符号

3.9.4 指北针的绘制应符合现行国家标准《房屋建筑制图统一标准》GB/T 50001 的规定。指北针应绘制在房屋建筑室内装饰装修整套图纸的第一张平面图上，并应位于明显位置。

3.10 尺寸标注

3.10.1 图样尺寸标注的一般标注方法应符合现行国家标准《房屋建筑制图统一标准》GB/T 50001 的规定。

3.10.2 尺寸起止符号可用中粗斜短线绘制，并应符合现行国家标准《房屋建筑制图统一标准》GB/T 50001 的规定；也可用黑色圆点绘制，其直径宜为 1mm。

3.10.3 尺寸标注应清晰，不应与图线、文字及符号等相交或重叠。

3.10.4 尺寸宜标注在图样轮廓以外，当需要注在图样内时，不应与图线、文字及符号等相交或重叠。当标注位置相对密集时，各标注数字应在离该尺寸线较近处注写，并应与相邻数字错开。标注方法应符合现行国家标准《房屋建筑制图统一标准》GB/T50001 的规定。

3.10.5 总尺寸应标注在图样轮廓以外。定位尺寸及细部尺寸可根据用途和内容注写在图样外或图样内相应的位置。注写要求应符合本标准第 3.10.3 条的规定。

3.10.6 尺寸标注和标高注写应符合下列规定：

1 立面图、剖面图及详图应标注标高和垂直方向尺寸；不易标注垂直距离尺寸时，可在相应位置标注标高（图 3.10.6-1）；

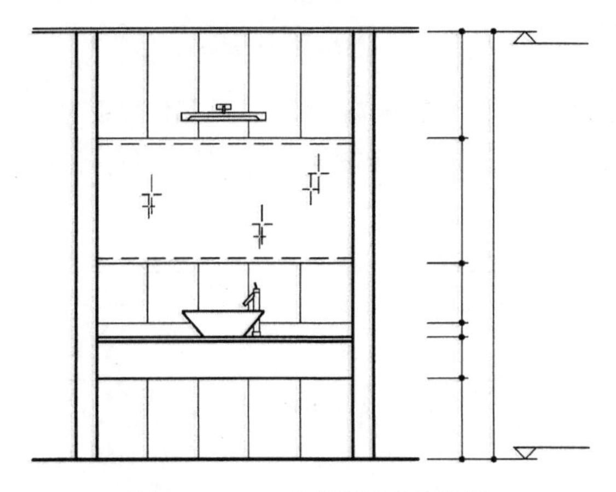

图 3.10.6–1　尺寸及标高的注写

2　各部分定位尺寸及细部尺寸应注写净距离尺寸或轴线间尺寸；

3　标注剖面或详图各部位的定位尺寸时，应注写其所在层次内的尺寸（图 3.10.6–2）；

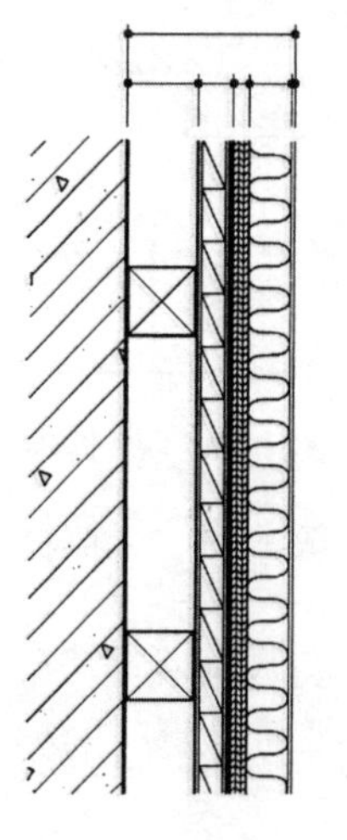

图 3.10.6–2　尺寸的注写

4　图中连续等距重复的图样，当不易标明具体尺寸时，可按现行国家标准《建筑制图标准》GB/T50104 的规定表示；

5　对于不规则图样，可用网格形式标注尺寸，标注方法应符合现行国家标准《房屋建筑制图统一标准》GB/T 50001 的规定。

3.10.7　标高符号和标注方法应符合现行国家标准《房屋建筑制图统一标准》GB/T 50001 的规定。

3.10.8　房屋建筑室内装饰装修中，设计空间应标注标高，标高符号可采用直角等腰三角形，也可采用涂黑的三角形或 90° 对顶角的圆，标注顶棚标高时，也可采用 CH 符号表示（图 3.10.8）。

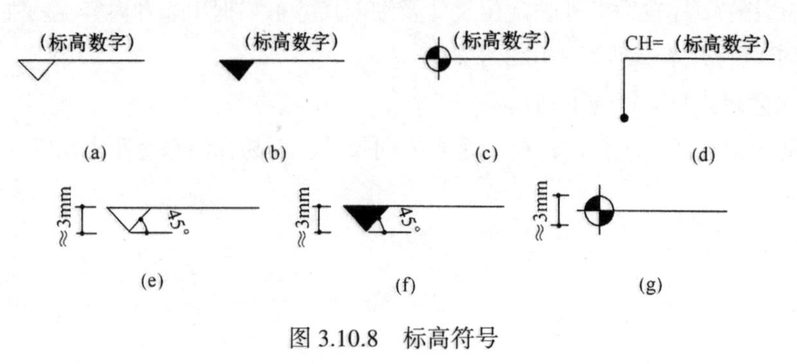

图 3.10.8　标高符号

3.11 定位轴线

3.11.1 定位轴线的绘制应符合现行国家标准《房屋建筑制图统一标准》GB/T 50001 的规定。

4 常用房屋建筑室内装饰装修 材料和设备图例

4.0.1 房屋建筑室内装饰装修材料的图例画法应符合现行国家标准《房屋建筑制图统一标准》GB/T 50001 的规定。

4.0.2 常用房屋建筑室内材料、装饰装修材料应按表 4.0.2 所示图例画法绘制。

表 4.0.2 常用房屋建筑室内装饰装修材料图例

序号	名 称	图 例	备 注
1	夯实土壤		—
2	砂砾石、碎砖三合土		—
3	石材		注明厚度
4	毛石		必要时注明石料块面大小及品种
5	普通砖		包括实心砖、多孔砖、砌块等。断面较窄不易绘出图例线时，可涂黑，并在备注中加注说明，画出该材料图例
6	轻质砌块砖		指非承重砖砌体
7	轻钢龙骨板材隔墙		注明材料品种
8	饰面砖		包括铺地砖、墙面砖、陶瓷锦砖等
9	混凝土		1 指能承重的混凝土及钢筋混凝土 2 各种强度等级、骨料、添加剂的混凝土 3 在剖面图上画出钢筋时，不画图例线 4 断面图形小，不易画出图例线时，可涂黑
10	钢筋混凝土		
11	多孔材料		包括水泥珍珠岩、沥青珍珠岩、泡沫混凝土、非承重加气混凝土、软木、蛭石制品等
12	纤维材料		包括矿棉、岩棉、玻璃棉、麻丝、木丝板、纤维板等
13	泡沫塑料材料		包括聚苯乙烯、聚乙烯、聚氨酯等多孔聚合物类材料

续表

序号	名　称	图　例	备　注
14	密度板	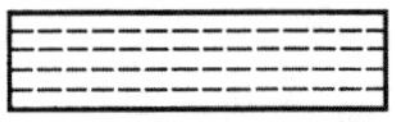	注明厚度
15	实木		表示垫木、木砖或木龙骨
			表示木材横断面
		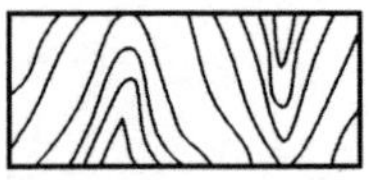	表示木材纵断面
16	胶合板	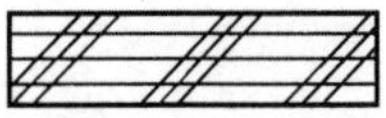	注明厚度或层数
17	多层板	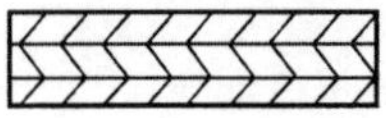	注明厚度或层数
18	木工板	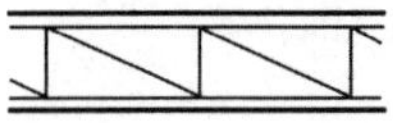	注明厚度
19	石膏板	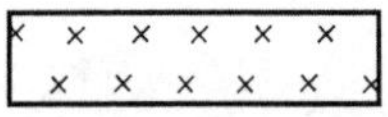	1　注明厚度 2　注明石膏板品种名称
20	金属	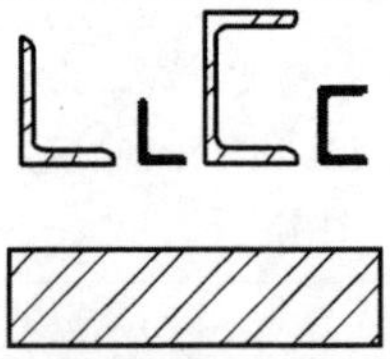	1　包括各种金属，注明材料名称 2　图形小时，可涂黑
21	液体		注明具体液体名称
		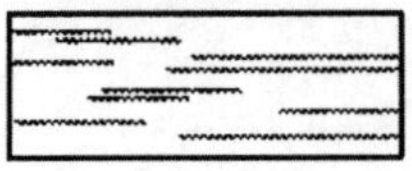 （平面）	
22	玻璃砖	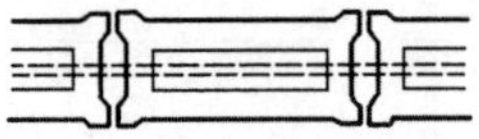	注明厚度
23	普通玻璃	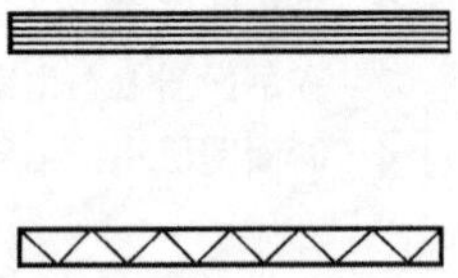	注明材质、厚度
		 （立面）	
24	磨砂玻璃	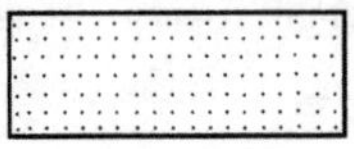 （立面）	1　注明材质、厚度 2　本图例采用较均匀的点

续表

序号	名 称	图 例	备 注
25	夹层（夹绢、夹纸）玻璃	（立面）	注明材质、厚度
26	镜面	（立面）	注明材质、厚度
27	橡胶		—
28	塑料		包括各种软、硬塑料及有机玻璃等
29	地毯		注明种类
30	防水材料	（小尺度比例） （大尺度比例）	注明材质、厚度
31	粉刷		本图例采用较稀的点
32	窗帘	（立面）	箭头所示为开启方向

注：序号 1、3、5、6、10、11、16、17、20、23、25、27、28 图例中的斜线、短斜线、交叉斜线等均为 45°。

4.0.3 当采用本标准图例中未包括的建筑装饰材料时，可自编图例，但不得与本标准所列的图例重复，且在绘制时，应在适当位置画出该材料图例，并应加以说明。下列情况，可不画建筑装饰材料图例，但应加文字说明：

1 图纸内的图样只用一种图例时；

2 图形较小无法画出建筑装饰材料图例时；

3 图形较复杂，画出建筑装饰材料图例影响图纸理解时。

4.0.4 常用家具图例应按表 4.0.4 所示图例画法绘制。

表 4.0.4 常用家具图例

序号	名 称		图 例	备 注
1	沙发	单人沙发		1 立面样式根据设计自定 2 其他家具图例根据设计自定
		双人沙发		
		三人沙发		

续表

<table>
<tr><th>序号</th><th colspan="2">名称</th><th>图例</th><th>备注</th></tr>
<tr><td>2</td><td colspan="2">办公桌</td><td></td><td rowspan="6">1 立面样式根据设计自定
2 其他家具图例根据设计自定</td></tr>
<tr><td rowspan="3">3</td><td rowspan="3">椅</td><td>办公椅</td><td></td></tr>
<tr><td>休闲椅</td><td></td></tr>
<tr><td>躺椅</td><td></td></tr>
<tr><td rowspan="2">4</td><td rowspan="2">床</td><td>单人床</td><td></td></tr>
<tr><td>双人床</td><td></td></tr>
<tr><td rowspan="3">5</td><td rowspan="3">橱柜</td><td>衣柜</td><td> 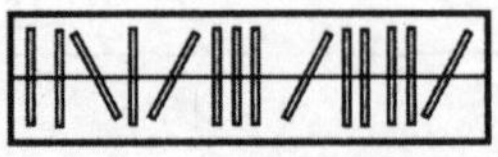</td><td rowspan="3">1 柜体的长度及立面样式根据设计自定
2 其他家具图例根据设计自定</td></tr>
<tr><td>低柜</td><td></td></tr>
<tr><td>高柜</td><td></td></tr>
</table>

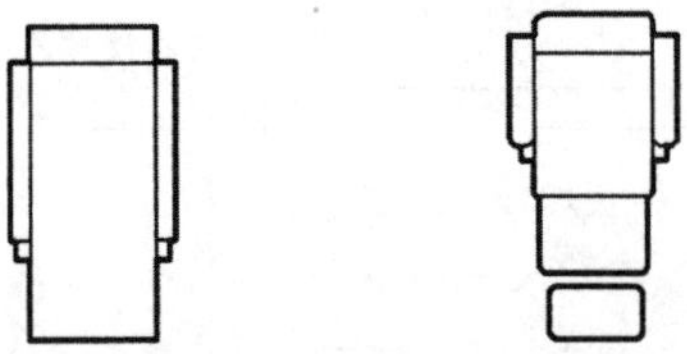

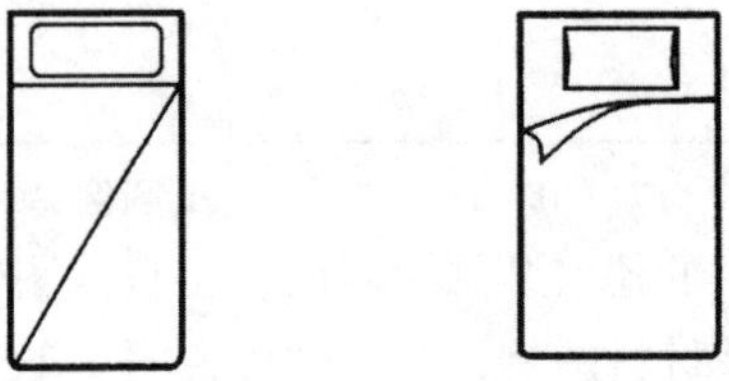

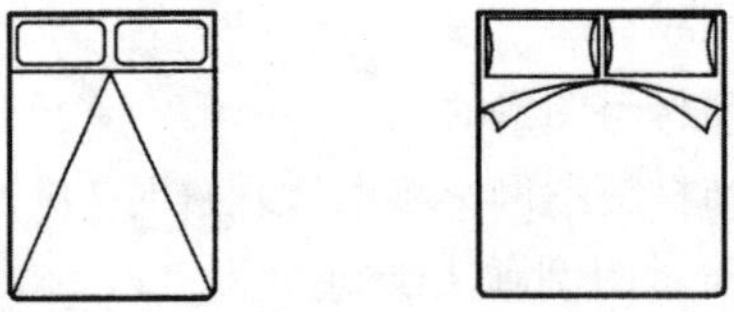

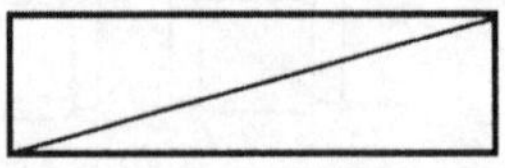

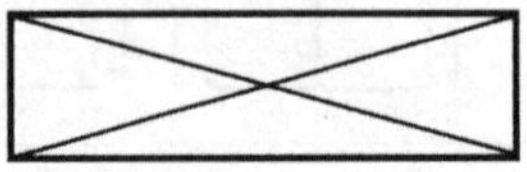

4.0.5 常用电器图例应按表 4.0.5 所示图例画法绘制。

表 4.0.5 常用电器图例

序号	名 称	图 例	备 注
1	电视	TV	1 立面样式根据设计自定 2 其他电器图例根据设计自定
2	冰箱	REF	
3	空调	A C	
4	洗衣机	W M	
5	饮水机	WD	
6	电脑	PC	
7	电话	TEL	

4.0.6 常用厨具图例应按表 4.0.6 所示图例画法绘制。

表 4.0.6 常用厨具图例

序号		名 称	图 例	备 注
1	灶具	单头灶		1 立面样式根据设计自定 2 其他厨具图例根据设计自定
		双头灶		
		三头灶		
		四头灶		
		六头灶		
2	水槽	单盆		
		双盆		

4.0.7 常用洁具图例宜按表 4.0.7 所示图例画法绘制。

表 4.0.7 常用洁具图例

序号	名　称		图　例	备　注
1	大便器	坐式	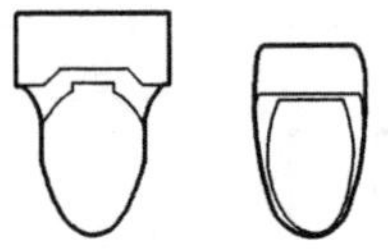	1 立面样式根据设计自定 2 其他洁具图例根据设计自定
		蹲式	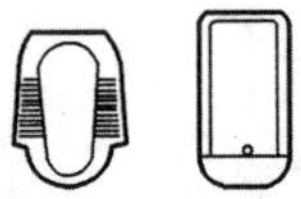	
2	小便器			
3	台盆	立式	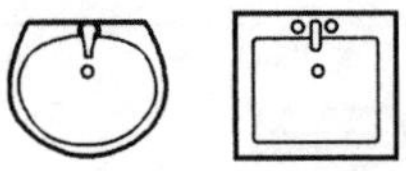	
		台式	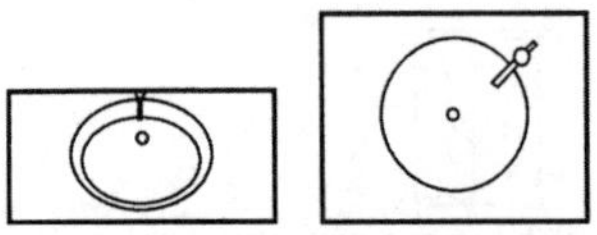	
		挂式	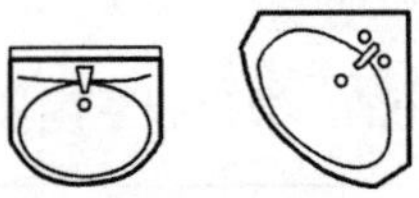	
4	污水池		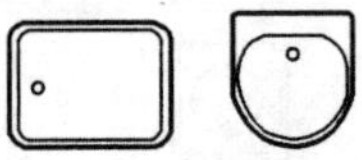	
5	浴缸	长方形	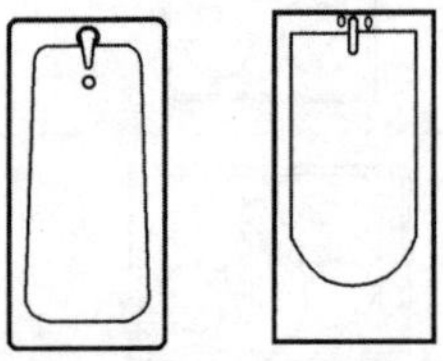	1 立面样式根据设计自定 2 其他洁具图例根据设计自定
		三角形	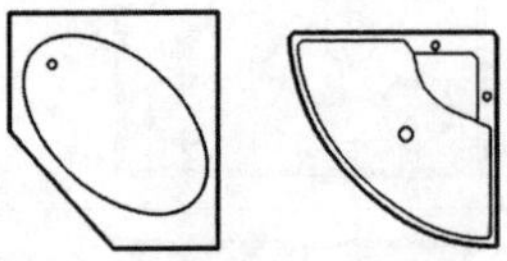	
		圆形	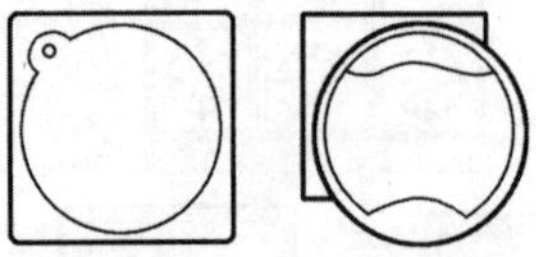	
6	淋浴房		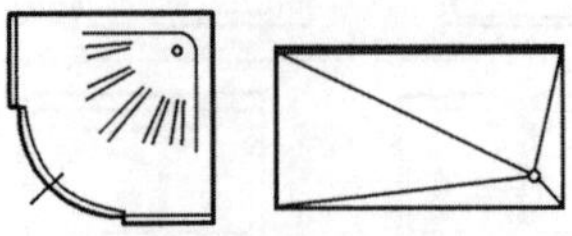	

4.0.8 室内常用景观配饰图例宜按表 4.0.8 所示图例画法绘制。

表 4.0.8 室内常用景观配饰图例

序号	名 称		图 例	备 注
1	阔叶植物		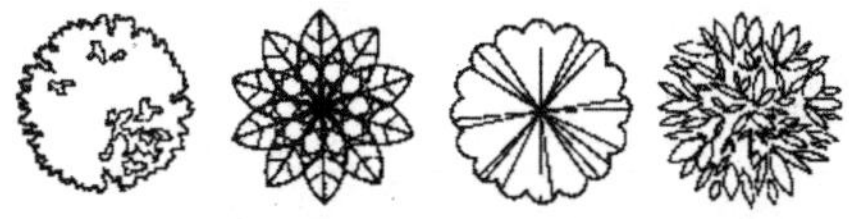	1 立面样式根据设计自定 2 其他景观配饰图例根据设计自定
2	针叶植物		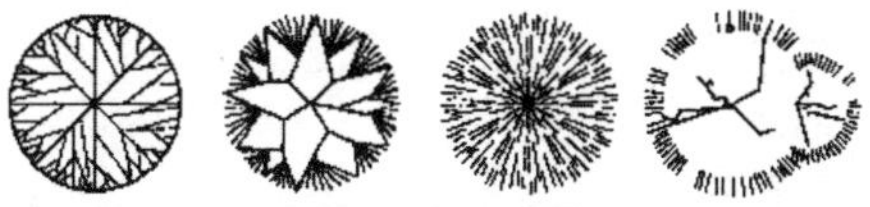	
3	落叶植物		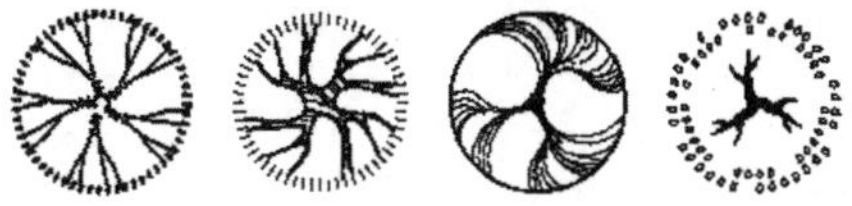	
4	盆景类	树桩类		
		观花类		
		观叶类		
		山水类		
5	插花类			
6	吊挂类			
7	棕榈植物			
8	水生植物			
9	假山石			
10	草坪			
11	铺地	卵石类	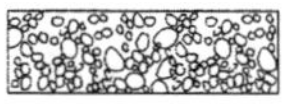	
		条石类		
		碎石类	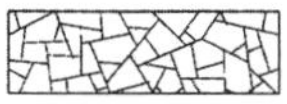	

4.0.9 常用灯光照明图例应按表 4.0.9 所示图例画法绘制。

表 4.0.9 常用灯光照明图例

序号	名 称	图 例
1	艺术吊灯	
2	吸顶灯	
3	筒灯	
4	射灯	
5	轨道射灯	
6	格栅射灯	（单头）
		（双头）
		（三头）
7	格栅荧光灯	（正方形）
		（长方形）
8	暗藏灯带	
9	壁灯	
10	台灯	
11	落地灯	
12	水下灯	
13	踏步灯	
14	荧光灯	
15	投光灯	
16	泛光灯	
17	聚光灯	

4.0.10　常用设备图例应按表 4.0.10 所示图例画法绘制。

表 4.0.10　常用设备图例

序号	名　称	图　例
1	送风口	（条形）
		（方形）
2	回风口	（条形）
		（方形）
3	侧送风、侧回风	
4	排气扇	
5	风机盘管	（立式明装）
		（卧式明装）
6	安全出口	EXIT
7	防火卷帘	F
8	消防自动喷淋头	
9	感温探测器	
10	感烟探测器	S
11	室内消火栓	（单口）
		（双口）
12	扬声器	

4.0.11　常用开关、插座图例应按表 4.0.11-1、表 4.0.11-2 所示图例画法绘制。

表 4.0.11-1　开关、插座立面图例

序号	名　称	图　例
1	单相二极电源插座	
2	单相三极电源插座	
3	单相二、三极电源插座	
4	电话、信息插座	（单孔）
		（双孔）
5	电视插座	（单孔）
		（双孔）
6	地插座	

续表

序号	名　称	图　例
7	连接盒、接线盒	
8	音响出线盒	M
9	单联开关	
10	双联开关	
11	三联开关	
12	四联开关	
13	锁匙开关	
14	请勿打扰开关	
15	可调节开关	
16	紧急呼叫按钮	

表 4.0.11-2　开关、插座平面图例

序号	名　称	图　例
1	（电源）插座	
2	三个插座	
3	带保护极的（电源）插座	
4	单相二、三极电源插座	
5	带单极开关的（电源）插座	
6	带保护极的单极开关的（电源）插座	
7	信息插座	C
8	电接线箱	J
9	公用电话插座	
10	直线电话插座	
11	传真机插座	F
12	网络插座	C
13	有线电视插座	TV
14	单联单控开关	
15	双联单控开关	

续表

序号	名 称	图 例
16	三联单控开关	
17	单极限时开关	t
18	双极开关	
19	多位单极开关	
20	双控单极开关	
21	按钮	
22	配电箱	AP

5 图样画法

5.1 投影法

5.1.1 房屋建筑室内装饰装修的视图，应采用位于建筑内部的视点按正投影法并用第一角画法绘制，且自 A 的投影镜像图应为顶棚平面图，自 B 的投影应为平面图，自 C、D、E、F 的投影应为立面图（图 5.1.1）。

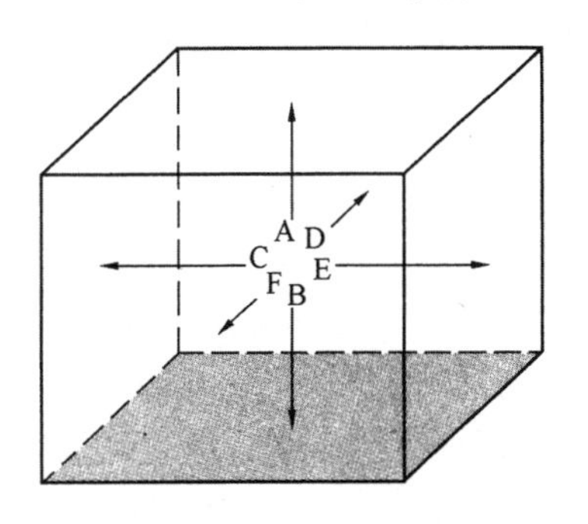

图 5.1.1 第一角画法

5.1.2 顶棚平面图应采用镜像投影法绘制，其图像中纵横轴线排列应与平面图完全一致（图 5.1.2）。

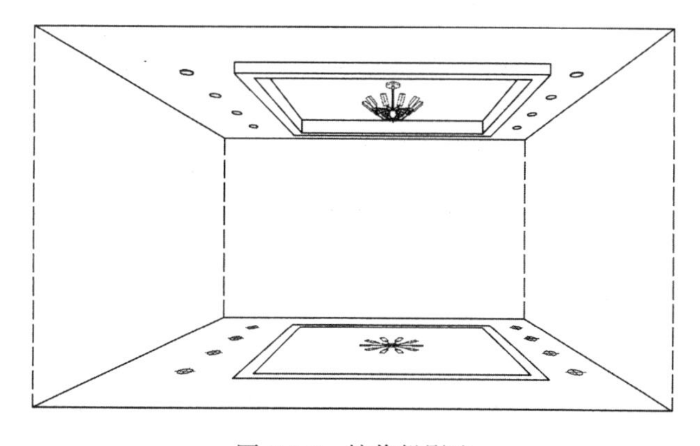

图 5.1.2 镜像投影法

5.1.3 装饰装修界面与投影面不平行时，可用展开图表示。

5.2 平面图

5.2.1 除顶棚平面图外，各种平面图应按正投影法绘制。

5.2.2 平面图宜取视平线以下适宜高度水平剖切俯视所得，并根据表现内容的需要，可增加剖视高度和剖切平面。

5.2.3 平面图应表达室内水平界面中正投影方向的物象，且需要时，还应表示剖切位置中正投影方向墙体的可视物象。

5.2.4 局部平面放大图的方向宜与楼层平面图的方向一致。

5.2.5 平面图中应注写房间的名称或编号，编号应注写在直径为 6mm 细实线绘制的圆圈内，其字体大小应大于图中索引用文字标注，并应在同张图纸上列出房间名称表。

5.2.6 对于平面图中的装饰装修物件，可注写名称或用相应的图例符号表示。

5.2.7 在同一张图纸上绘制多于一层的平面图时，应按现行国家标准《建筑制图标准》GB/T 50104 的规定执行。

5.2.8 对于较大的房屋建筑室内装饰装修平面，可分区绘制平面图，且每张分区平面图均应以组合示意图表示所在位置。对于在组合示意图中要表示的分区，可采用阴影线或填充色块表示。各分区应分别用大写拉丁字母或功能区名称表示。各分区视图的分区部位及编号应一致，并应与组合示意图对应。

5.2.9 房屋建筑室内装饰装修平面起伏较大的呈弧形、曲折形或异形时，可用展开图表示，不同的转角面应用转角符号表示连接，且画法应符合现行国家标准《建筑制图标准》GB/T 501 04 的规定。

5.2.10 在同一张平面图内，对于不在设计范围内的局部区域应用阴影线或填充色块的方式表示。

5.2.11 为表示室内立面在平面上的位置，应在平面图上表示出相应的索引符号。立面索引符号的绘制应符合本标准第 3.6.6 条、第 3.6.7 条的规定。

5.2.12 对于平面图上未被剖切到的墙体立面的洞、龛等，在平面图中可用细虚线连接表明其位置。

5.2.13 房屋建筑室内各种平面中出现异形的凹凸形状时，可用剖面图表示。

5.3 顶棚平面图

5.3.1 顶棚平面图中应省去平面图中门的符号，并应用细实线连接门洞以表明位置。墙体立面的洞、龛等，在顶棚平面中可用细虚线连接表明其位置。

5.3.2 顶棚平面图应表示出镜像投影后水平界面上的物象，且需要时，还应表示剖切位置中投影方向的墙体的可视内容。

5.3.3 平面为圆形、弧形、曲折形、异形的顶棚平面，可用展开图表示，不同的转角面应用转角符号表示连接，画法应符合现行国家标准《建筑制图标准》GB/T 50104 的规定。

5.3.4 房屋建筑室内顶棚上出现异形的凹凸形状时，可用剖面图表示。

5.4 立面图

5.4.1 房屋建筑室内装饰装修立面图应按正投影法绘制。

5.4.2 立面图应表达室内垂直界面中投影方向的物体，需要时，还应表示剖切位置中投影方向的墙体、顶棚、地面的可视内容。

5.4.3 立面图的两端宜标注房屋建筑平面定位轴线编号。

5.4.4 平面为圆形、弧形、曲折形、异形的室内立面，可用展开图表示，不同的转角面应用转角符号表示连接，画法应符合现行国家标准《建筑制图标准》GB/T 50104 的规定。

5.4.5 对称式装饰装修面或物体等，在不影响物象表现的情况下，立面图可绘制一半，并应在对称轴线处画对称符号。

5.4.6 在房屋建筑室内装饰装修立面图上，相同的装饰装修构造样式可选择一个样式绘出完整图样，其余部分可只画图样轮廓线。

5.4.7 在房屋建筑室内装饰装修立面图上，表面分隔线应表示清楚，并应用文字说明各部位所用材料及色彩等。

5.4.8 圆形或弧线形的立面图应以细实线表示出该立面的弧度感（图 5.4.8）。

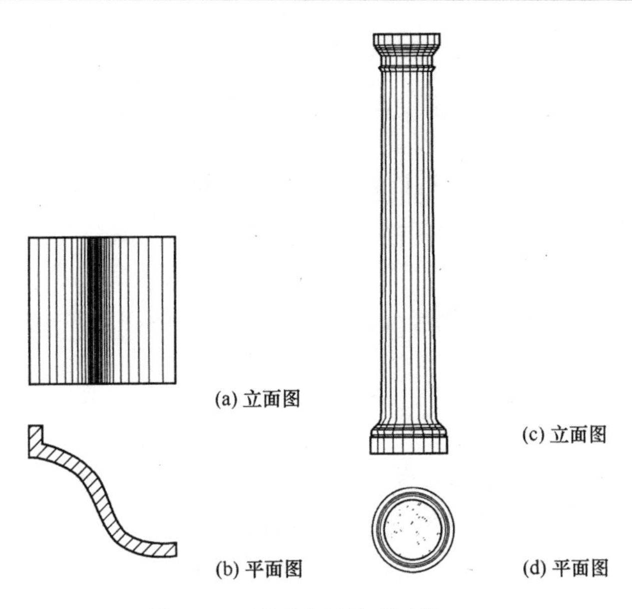

图 5.4.8　圆形或弧线形图样立面

5.4.9　立面图宜根据平面图中立面索引编号标注图名。有定位轴线的立面，也可根据两端定位轴线号编注立面图名称。

5.5　剖面图和断面图

5.5.1　房屋建筑室内装饰装修剖面图和断面图的绘制，应符合现行国家标准《房屋建筑制图统一标准》GB/T 50001 以及《建筑制图标准》GB/T 50104 的规定。

5.6　视图布置

5.6.1　同一张图纸上绘制若干个视图时，各视图的位置应根据视图的逻辑关系和版面的美观决定（图 5.6.1）。

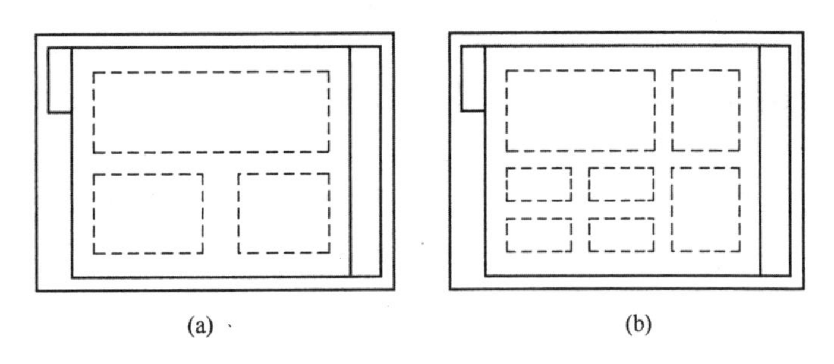

图 5.6.1　常规的布图方法

5.6.2　每个视图均应在视图下方、一侧或相近位置标注图名，标注方法应符合本标准第 3.7.2 条 ~ 第 3.7.4 条的规定。

5.7　其他规定

5.7.1　房屋建筑室内装饰装修构造详图、节点图，应按正投影法绘制。

5.7.2　表示局部构造或装饰装修的透视图或轴测图，可按现行国家标准《房屋建筑制图统一标准》GB/T 50001 的规定绘制。

5.7.3　房屋建筑室内装饰装修制图中的简化画法，应符合现行国家标准《房屋建筑制图统一标准》GB/T 50001 的规定。

附录 A　图纸深度

A.1　一般规定

A.1.1　房屋建筑室内装饰装修的制图深度应根据房屋建筑室内装饰装修设计的阶段性要求确定。

A.1.2　房屋建筑室内装饰装修中图纸的阶段性文件应包括方案设计图、扩初设计图、施工设计图、变更设计图、竣工图。

A.1.3　房屋建筑室内装饰装修图纸的绘制应符合本标准第 1 章 ~ 第 4 章的规定，图纸深度应满足各阶段的深度要求。

A.2　方案设计图

A.2.1　方案设计应包括设计说明、平面图、顶棚平面图、主要立面图、必要的分析图、效果图等。

A.2.2　方案设计的平面图绘制除应符合本标准第 5.2 节的规定外，尚应符合下列规定：

1　宜标明房屋建筑室内装饰装修设计的区域位置及范围；

2　宜标明房屋建筑室内装饰装修设计中对原房屋建筑改造的内容；

3　宜标注轴线编号，并应使轴线编号与原房屋建筑图相符；

4　宜标注总尺寸及主要空间的定位尺寸；

5　宜标明房屋建筑室内装饰装修设计后的所有室内外墙体、门窗、管道井、电梯和自动扶梯、楼梯、平台和阳台等位置；

6　宜标明主要使用房间的名称和主要部位的尺寸，并应标明楼梯的上下方向；

7　宜标明主要部位固定和可移动的装饰造型、隔断、构件、家具、陈设、厨卫设施、灯具以及其他配置、配饰的名称和位置；

8　宜标明主要装饰装修材料和部品部件的名称；

9　宜标注房屋建筑室内地面的装饰装修设计标高；

10　宜标注指北针、图纸名称、制图比例以及必要的索引符号、编号；

11　根据需要，宜绘制主要房间的放大平面图；

12　根据需要，宜绘制反映方案特性的分析图，并宜包括：功能分区、空间组合、交通分析、消防分析、分期建设等图示。

A.2.3　顶棚平面图的绘制除应符合本标准第 5.3 节的规定外，尚应符合下列规定：

1　应标注轴线编号，并应使轴线编号与原房屋建筑图相符；

2　应标注总尺寸及主要空间的定位尺寸；

3　应标明房屋建筑室内装饰装修设计调整过后的所有室内外墙体、管道井、天窗等的位置；

4　应标明装饰造型、灯具、防火卷帘以及主要设施、设备、主要饰品的位置；

5　应标明顶棚的主要装饰装修材料及饰品的名称；

6　应标注顶棚主要装饰装修造型位置的设计标高；

7　应标注图纸名称、制图比例以及必要的索引符号、编号。

A.2.4　方案设计的立面图绘制除应符合本标准第 5.4 节的规定外，尚应符合下列规定：

1　应标注立面范围内的轴线和轴线编号，以及立面两端轴线之间的尺寸；

2　应绘制有代表性的立面、标明房屋建筑室内装饰装修完成面的底界面线和装饰装修完成面的顶界面线、标注房屋建筑室内主要部位装饰装修完成面的净高，并应根据需要标注楼层的层高；

3　应绘制墙面和柱面的装饰装修造型、固定隔断、固定家具、门窗、栏杆、台阶等立面形状和位置，并应标注主要部位的定位尺寸；

4　应标注主要装饰装修材料和部品部件的名称；

5　标注图纸名称、制图比例以及必要的索引符号、编号。

A.2.5 方案设计的剖面图绘制除应符合本标准第 5.5 节的规定外，尚应符合下列规定：

1 方案设计可不绘制剖面图，对于在空间关系比较复杂、高度和层数不同的部位，应绘制剖面；

2 应标明房屋建筑室内空间中高度方向的尺寸和主要部位的设计标高及总高度；

3 当遇有高度控制时，尚应标明最高点的标高；

4 标注图纸名称、制图比例以及必要的索引符号、编号。

A.2.6 方案设计的效果图应反映方案设计的房屋建筑室内主要空间的装饰装修形态，并应符合下列规定：

1 应做到材料、色彩、质地真实，尺寸、比例准确；

2 应体现设计的意图及风格特征；

3 图面应美观，并应具有艺术性。

A.3 扩初设计图

A.3.1 规模较大的房屋建筑室内装饰装修工程，根据需要，可绘制扩大初步设计图。

A.3.2 扩大初步设计图的深度应符合下列规定：

1 应对设计方案进一步深化；

2 应能作为深化施工图的依据；

3 应能作为工程概算的依据；

4 应能作为主要材料和设备的订货依据。

A.3.3 扩大初步设计应包括设计说明、平面图、顶棚平面图、主要立面图、主要剖面图等。

A.3.4 平面图绘制除应符合本标准第 5.2 节的规定外，尚应标明或标注下列内容：

1 房屋建筑室内装饰装修设计的区域位置及范围；

2 房屋建筑室内装饰装修中对原房屋建筑改造的内容及定位尺寸；

3 房屋建筑图中柱网、承重墙以及需要装饰装修设计的非承重墙—房屋建筑设施、设备的位置和尺寸；

4 轴线编号，并应使轴线编号与原房屋建筑图相符；

5 轴线间尺寸及总尺寸；

6 房屋建筑室内装饰装修设计后的所有室内外墙体、门窗、管道井、电梯和自动扶梯、楼梯、平台、阳台、台阶、坡道等位置和使用的主要材料；

7 房间的名称和主要部位的尺寸，楼梯的上下方向；

8 固定的和可移动的装饰装修造型、隔断、构件、家具、陈设、厨卫设施、灯具以及其他配置、配饰的名称和位置；

9 定制部品部件的内容及所在位置；

10 门窗、橱柜或其他构件的开启方向和方式；

11 主要装饰装修材料和部品部件的名称；

12 房屋建筑平面或空间的防火分区和防火分区分隔位置，及安全出口位置示意，并应单独成图，当只有一个防火分区，可不注防火分区面积；

13 房屋建筑室内地面设计标高；

14 索引符号、编号、指北针、图纸名称和制图比例。

A.3.5 顶棚平面图的绘制除应符合本标准第 5.3 节的规定外，尚应标明或标注下列内容：

1 房屋建筑图中柱网、承重墙以及房屋建筑室内装饰装修设计需要的非承重墙；

2 轴线编号，并使轴线编号与原房屋建筑图相符；

3 轴线间尺寸及总尺寸；

4 房屋建筑室内装饰装修设计调整过后的所有室内外墙体、管井、天窗等的位置，必要部位的名称和主要尺寸；

5 装饰造型、灯具、防火卷帘以及主要设施、设备、主要饰品的位置；

6 顶棚的主要饰品的名称；

7 顶棚主要部位的设计标高；

8 索引符号、编号、指北针、图纸名称和制图比例。

A.3.6 立面图绘制除应符合本标准第5.4节的规定外，尚应绘制、标注或标明符合下列内容：

1 绘制需要设计的主要立面；

2 标注立面两端的轴线、轴线编号和尺寸；

3 标注房屋建筑室内装饰装修完成面的地面至顶棚的净高；

4 绘制房屋建筑室内墙面和柱面的装饰装修造型、固定隔断、固定家具、门窗、栏杆、台阶、坡道等立面形状和位置，标注主要部位的定位尺寸；

5 标明立面主要装饰装修材料和部品部件的名称；

6 标注索引符号、编号、图纸名称和制图比例。

A.3.7 剖面应剖在空间关系复杂、高度和层数不同的部位和重点设计的部位。剖面图应准确、清晰表示出剖到或看到的各相关部位内容，其绘制除应符合本标准第5.5节的规定外，尚应标明或标注下列内容：

1 标明剖面所在的位置；

2 标注设计部位结构、构造的主要尺寸、标高、用材、做法；

3 标注索引符号、编号、图纸名称和制图比例。

A.4 施工设计图

A.4.1 施工设计图纸应包括平面图、顶棚平面图、立面图、剖面图、详图和节点图。

A.4.2 施工图的平面图应包括设计楼层的总平面图、房屋建筑现状平面图、各空间平面布置图、平面定位图、地面铺装图、索引图等。

A.4.3 施工图中的总平面图除了应符合本标准第A.3.4条的规定外，尚应符合下列规定：

1 应全面反映房屋建筑室内装饰装修设计部位平面与毗邻环境的关系，包括交通流线、功能布局等；

2 应详细注明设计后对房屋建筑的改造内容；

3 应标明需做特殊要求的部位；

4 在图纸空间允许的情况下，可在平面图旁绘制需要注释的大样图。

A.4.4 施工图中的平面布置图可分为陈设、家具平面布置图、部品部件平面布置图、设备设施布置图、绿化布置图、局部放大平面布置图等。平面布置图除应符合本标准第A.3.4条的规定外，尚应符合下列规定：

1 陈设、家具平面布置图应标注陈设品的名称、位置、大小、必要的尺寸以及布置中需要说明的问题；应标注固定家具和可移动家具及隔断的位置、布置方向，以及柜门或橱门开启方向，并应标注家具的定位尺寸和其他必要的尺寸。必要时，还应确定家具上电器摆放的位置。

2 部品部件平面布置图应标注部品部件的名称、位置、尺寸、安装方法和需要说明的问题。

3 设备设施布置图应标明设备设施的位置、名称和需要说明的问题。

4 规模较小的房屋建筑室内装饰装修中陈设、家具平面布置图、设备设施布置图以及绿化布置图，可合并。

5 规模较大的房屋建筑室内装饰装修中应有绿化布置图，应标注绿化品种、定位尺寸和其他必要尺寸。

6 房屋建筑单层面积较大时，可根据需要绘制局部放大平面布置图，但应在各分区平面布置图适当位置上绘出分区组合示意图，并应明显表示本分区部位编号。

7 应标注所需的构造节点详图的索引号。

8 当照明、绿化、陈设、家具、部品部件或设备设施另行委托设计时，可根据需要绘制照明、绿化、陈设、家具、部品部件及设备设施的示意性和控制性布置图。

9 对于对称平面，对称部分的内部尺寸可省略，对称轴部位应用对称符号表示，轴线号不得省略；楼层标准层可共用同一平面，但应注明层次范围及各层的标高。

A.4.5 施工图中的平面定位图应表达与原房屋建筑图的关系，并应体现平面图的定位尺寸。平面定位图除应符合本标准第A.3.4条的规定外，尚应标注下列内容：

1 房屋建筑室内装饰装修设计对原房屋建筑或原房屋建筑室内装饰装修的改造状况；

2 房屋建筑室内装饰装修设计中新设计的墙体和管井等的定位尺寸、墙体厚度与材料种类，并注明做法；

3 房屋建筑室内装饰装修设计中新设计的门窗洞定位尺寸、洞口宽度与高度尺寸、材料种类、门窗编号等；

4 房屋建筑室内装饰装修设计中新设计的楼梯、自动扶梯、平台、台阶、坡道等的定位尺寸、设计标高及其他必要尺寸，并注明材料及其做法；

5 固定隔断、固定家具、装饰造型、台面、栏杆等的定位尺寸和其他必要尺寸，并注明材料及其做法。

A.4.6 施工图中的地面铺装图除应符合本标准第 A.3.4、A.4.4 条的规定外，尚应标注下列内容：

1 地面装饰材料的种类、拼接图案、不同材料的分界线；

2 地面装饰的定位尺寸、规格和异形材料的尺寸、施工做法；

3 地面装饰嵌条、台阶和梯段防滑条的定位尺寸、材料种类及做法。

A.4.7 房屋建筑室内装饰装修设计应绘制索引图。索引图应注明立面、剖面、详图和节点图的索引符号及编号，并可增加文字说明帮助索引。在图面比较拥挤的情况下，可适当缩小图面比例。

A.4.8 施工图中的顶棚平面图应包括装饰装修楼层的顶棚总平面图、顶棚装饰灯具布置图、顶棚综合布点图、各空间顶棚平面图等。

A.4.9 施工图中顶棚总平面图的绘制除应符合本标准第 A.3.5 条的规定外，尚应符合下列规定：

1 应全面反映顶棚平面的总体情况，包括顶棚造型、顶棚装饰、灯具布置、消防设施及其他设备布置等内容；

2 应标明需做特殊工艺或造型的部位；

3 应标注顶棚装饰材料的种类、拼接图案、不同材料的分界线；

4 在图纸空间允许的情况下，可在平面图旁边绘制需要注释的大样图。

A.4.10 施工图中顶棚平面图的绘制除应符合本标准第 A.3.5 条的规定外，尚应符合下列规定：

1 应标明顶棚造型、天窗、构件、装饰垂挂物及其他装饰配置和饰品的位置，注明定位尺寸、标高或高度、材料名称和做法；

2 房屋建筑单层面积较大时，可根据需要单独绘制局部的放大顶棚图，但应在各放大顶棚图的适当位置上绘出分区组合示意图，并应明显地表示本分区部位编号；

3 应标注所需的构造节点详图的索引号；

4 表述内容单一的顶棚平面，可缩小比例绘制；

5 对于对称平面，对称部分的内部尺寸可省略，对称轴部位应用对称符号表示，但轴线号不得省略；楼层标准层可共用同一顶棚平面，但应注明层次范围及各层的标高。

A.4.11 施工图中的顶棚综合布点图除应符合本标准第 A.3.5 条的规定外，还应标明顶棚装饰装修造型与设备设施的位置、尺寸关系。

A.4.12 施工图中顶棚装饰灯具布置图的绘制除应符合本标准第 A.3.5 条的规定外，还应标注所有明装和暗藏的灯具（包括火灾和事故照明灯具）、发光顶棚、空调风口、喷头、探测器、扬声器、挡烟垂壁、防火卷帘、防火挑檐、疏散和指示标志牌等的位置，标明定位尺寸、材料名称、编号及做法；

A.4.13 施工图中立面图的绘制除应符合本标准第 A.3.6 条的规定外，尚应符合下列规定：

1 应绘制立面左右两端的墙体构造或界面轮廓线、原楼地面至装修楼地面的构造层、顶棚面层、装饰装修的构造层；

2 应标注设计范围内立面造型的定位尺寸及细部尺寸；

3 应标注立面投视方向上装饰物的形状、尺寸及关键控制标高；

4 应标明立面上装饰装修材料的种类、名称、施工工艺、拼接图案、不同材料的分界线；

5 应标注所需的构造节点详图的索引号；

6 对需要特殊和详细表达的部位，可单独绘制其局部放大立面图，并应标明其索引位置；

7 无特殊装饰装修要求的立面，可不画立面图，但应在施工说明中或相邻立面的图纸上予以说明；

8 各个方向的立面应绘齐全，对于差异小、左右对称的立面可简略，但应在与其对称的立面的图纸上予以说明；中庭或看不到的局部立面，可在相关剖面图上表示，当剖面图未能表示完全时，应单独绘制；

9 对于影响房屋建筑室内装饰装修效果的装饰物、家具、陈设品、灯具、电源插座、通信和电视信号插孔、空调控制器、开关、按钮、消火栓等物体，宜在立面图中绘制出其位置。

A.4.14 施工图中的剖面图应标明平面图、顶棚平面图和立面图中需要清楚表达的部位。剖面图除应符合本标准第 A.3.7 条的规定外，尚应符合下列规定：

1 应标注平面图、顶棚平面图和立面图中需要清楚表达部分的详细尺寸、标高、材料名称、连接方式和做法；

2 剖切的部位应根据表达的需要确定；

3 应标注所需的构造节点详图的索引号。

A.4.15 施工图应将平面图、顶棚平面图、立面图和剖面图中需要更清晰表达的部位索引出来，并应绘制详图或节点图。

A.4.16 施工图中的详图的绘制应符合下列规定：

1 应标明物体的细部、构件或配件的形状、大小、材料名称及具体技术要求，注明尺寸和做法；

2 对于在平、立、剖面图或文字说明中对物体的细部形态无法交代或交代不清的，可绘制详图；

3 应标注详图名称和制图比例。

A.4.17 施工图中节点图的绘制应符合下列规定：

1 应标明节点处构造层材料的支撑、连接的关系，标注材料的名称及技术要求，注明尺寸和构造做法；

2 对于在平、立、剖面图或文字说明中对物体的构造做法无法交代或交代不清的，可绘制节点图；

3 应标注节点图名称和制图比例。

A.5 变更设计图

A.5.1 变更设计应包括变更原因、变更位置、变更内容等。变更设计可采取图纸的形式，也可采取文字说明的形式。

A.6 竣工图

A.6.1 竣工图的制图深度应与施工图的制度深度一致，其内容应能完整记录施工情况，并应满足工程决算、工程维护以及存档的要求。

本标准用词说明

1 为便于执行本标准条文时区别对待，对要求严格程度不同的用词说明如下：

1）表示很严格，非这样做不可的：

正面词采用“必须”，反面词采用“严禁”；

2）表示严格，在正常情况下均应这样做的：

正面词采用“应”，反面词采用“不应”或“不得”；

3）表示允许稍有选择，在条件许可时首先应这样做的：

正面词采用“宜”，反面词采用“不宜”；

4）表示有选择，在一定条件下可以这样做的用词，采用“可”。

2 条文中指明按其他有关标准执行的写法为：“应符合……的规定”或“应按……执行”。

引用标准名录

1 《房屋建筑制图统一标准》GB/T 50001

2 《建筑制图标准》GB/T 50104

中华人民共和国行业标准

房屋建筑室内装饰装修制图标准

JGJ/T 244-2011

条文说明

制订说明

《房屋建筑室内装饰装修制图标准》JGJ/T 244–2011，经住房和城乡建设部 2011 年 7 月 4 日以第 1053 号公告批准、发布。

本标准制定过程中，编制组进行了广泛的调查研究，总结了我国工程建设的实践经验，同时参考了国外先进技术法规、技术标准。

为便于广大设计、施工、科研、学校等单位有关人员在使用本标准时能正确理解和执行条文规定，《房屋建筑室内装修制图标准》编制组按章、节、条顺序编制了本标准的条文说明，对条文规定的目的、依据以及执行中需注意的有关事项进行了说明。但是，本条文说明不具备与标准正文同等的法律效力，仅供使用者作为理解和把握标准规定的参考。

1　总　则

1.0.1　明确了本标准的制定目的。

1.0.2　规定了本标准适用房屋建筑室内装饰装修工程中的三大类工程制图，即：①设计图、竣工图；②实测图；③通用设计图、标准设计图。

本标准与现行国家标准《房屋建筑制图统一标准》GB/T 50001 同属一个体系，《房屋建筑制图统一标准》GB/T 50001 规定的内容原则上本标准不再重复。

1.0.3　明确了适用于计算机制图与手工制图两种方式。

2　术　语

2.0.13　术语“总平面图”是根据房屋建筑室内装饰装修的特点解释。

3　基本规定

3.1　图纸幅面规格与图纸编排顺序

3.1.1　本条对图纸幅面作出规定：

1　虽然许多房屋建筑室内装饰装修设计单位在图纸幅面形式上各有特点，但《房屋建筑制图统一标准》GB/T 50001 中对图纸幅面的规定都能适合房屋建筑室内装饰装修图纸图幅的规格，因此本条对房屋建筑室内装饰装修图纸幅面规格不另作规定；

2　由于有些房屋建筑室内装饰装修图纸需要在图框中设会签栏，有些不需要设会签栏，所以本条对会签栏的设置不作明确规定；

3　由于有的设计单位采用图框线，有的不采用图框线，且有无图框线不影响读图，故本条对图框线不作规定。

3.1.2　房屋建筑室内装饰装修通常需要给水排水、暖通空调、电气、消防等专业配合。

3.1.4　本条对房屋建筑室内装饰装修的图纸内容和编排顺序作出规定：

1　规模较大的房屋建筑室内装饰装修图纸内容不应少于本标准 3.1.4 条列出的项目，而规模较小的房屋建筑室内装饰装修如住房室内装饰装修通常无需绘制完整的配套图纸。

2　墙体定位图应反映设计部分的原始墙体与改造后的墙体关系，包括对现场的测绘和测绘后对原房屋建筑图墙体尺寸的修正。

3.2　图线

3.2.2　根据房屋建筑室内装饰装修制图的特点，在《房屋建筑制图统一标准》GB/T 50001 基础上增加了点线、样条曲线和云线三种线型。

3.3　字　体

3.3.1　说明如下：

1　对于手工制图的图纸，字体的选择及注写方法应符合现行国家标准《房屋建筑制图统一标准》GB/T 50001 中字体的规定。

2　计算机绘图中可采用自行确定的常用字体，本标准对字体的选择不作强制性规定。

3.4　比　例

3.4.3　由于房屋建筑室内装饰装修设计中的细部内容多，故常使用较大的比例。但在较大规模的房屋建筑室内装饰装修设计中，根据需要应采用较小的比例。

3.5　剖切符号

3.5.1　剖视的剖切符号应符合下列规定：

1　剖视的剖切符号应由剖切位置线、投射方向线和索引符号组成。剖切位置线位于图样被剖切的部位，以粗实线绘制，长度宜为 8mm~10mm；投射方向线平行于剖切位置线，由细实线绘制，一段应与索引符号相连，另一段长度与剖切位置线平行且长度相等。绘制时，剖视剖切符号不应与其他图线相接触（图 1）。也可采用国际统一和常用的剖视方法，如图 2。

2　剖视的剖切符号的编号宜采用阿拉伯数字或字母，编写顺序按剖切部位在图样中的位置由左至右、由下至上编排，并注写在索引符号内。

3　索引符号内编号的表示方法应符合本标准第 3.6.7 条的规定。

3.5.2　采用由剖切位置线、引出线及索引符号组成的断面的剖切符号（图 3）应符合下列规定：

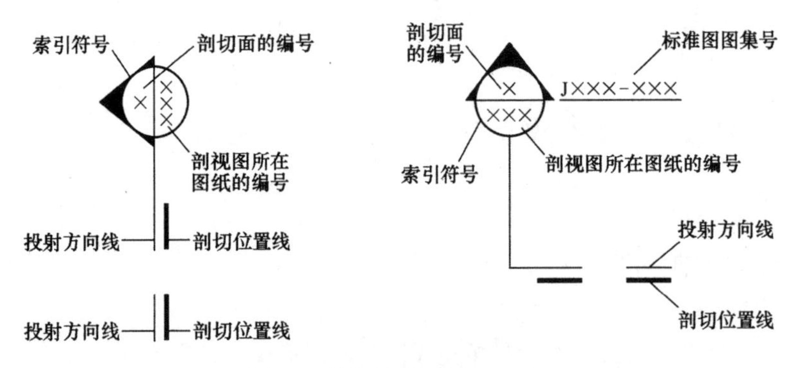

图 1　剖视的剖切符号（一）

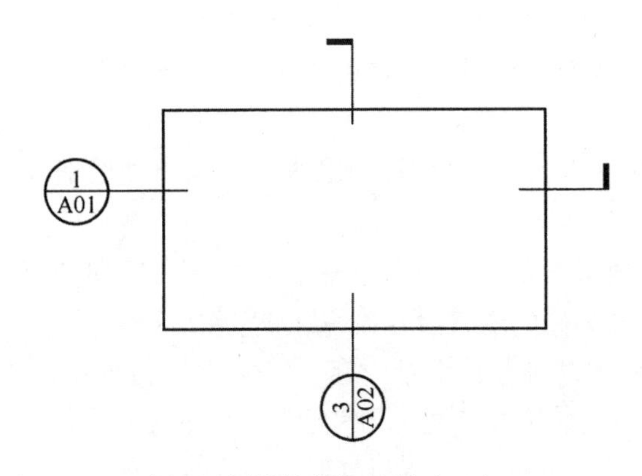

图 2　剖视的剖切符号（二）

1　断面的剖切符号应由剖切位置线、引出线及索引符号组成。剖切位置线应以粗实线绘制，长度宜为 8~10mm。引出线由细实线绘制，连接索引符号和剖切位置线。

2　断面的剖切符号的编号宜采用阿拉伯数字或字母，编写顺序按剖切部位在图样中的位置由左至右、由下至上编排，并应注写在索引符号内。

3　索引符号内编号的表示方法应符合本标准第 3.6.7 条的规定。

本标准中的剖切符号沿用了现行国家标准《房屋建筑制图统一标准》GB/T 50001 的剖切符号，并根据目前国内各设计单位通常采用的形式进行梳理制定。

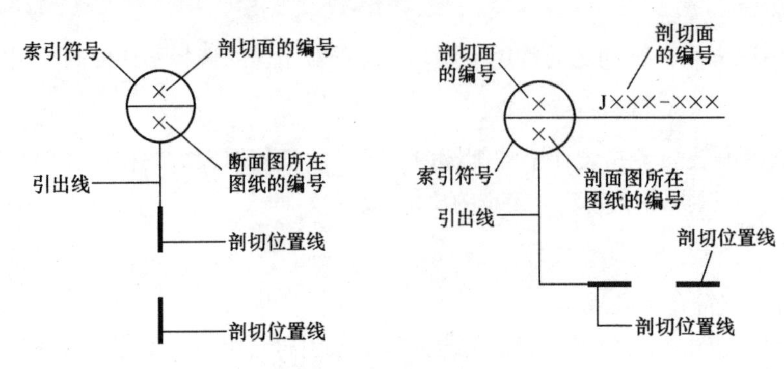

图 3　断面的剖切符号

根据房屋建筑室内装饰装修图纸大小差异较大的情况，本标准中的剖切符号的剖切位置线的长度规定为 8mm~10mm，制图时可酌情选择。

3.6 索引符号

3.6.5 由于目前各设计单位内部通用的设备索引符号中设备品种的代号不一，故本标准未对此进行详细规定。

3.6.6 在使用索引符号时，有的圆内注字较多，故本条规定索引符号中圆的直径为 8~10mm；由于在立面索引符号中需表示出具体的方向，故索引符号需附有三角形箭头表示；当立面、剖面图的图纸量较少时，对应的索引符号可仅注图样编号，不注索引图所在页次；立面索引符号采用三角形箭头转动，数字、字母保持垂直方向不变的形式，是遵循了《建筑制图标准》GB/T 50104 中内视索引符号的规定；剖切索引符号采用三角形箭头与数字、字母同方向转动的形式，是遵循了《房屋建筑制图统一标准》GB/T 50001 中剖视的剖切符号规定。

3.6.7 房屋建筑室内装饰装修制图中，图样编号较复杂，允许出现数字和字母组合在一起编写的形式。

3.7 图名编号

由于房屋建筑室内装饰装修图纸内容多且复杂，图号的规范编写有利于图纸的绘制、查阅和管理，故编制本节内容。

3.8 引出线

3.8.1 引出线的绘制及文字注写的要求应符合现行国家标准《房屋建筑制图统一标准》GB/T 50001 关于引出线的规定。

3.8.2 根据应用情况，引出线的起止符号可采用圆点或箭头的任意一种。

3.9 其他符号

3.9.1 本条中规定的两种对称符号是在广泛调查国内房屋建筑室内装饰装修制图情况的基础上汇总提炼而成的，符号的样式具有普遍性，尺寸的确定以制图中最佳的图面效果为依据。

3.10 尺寸标注

3.10.1 尺寸的基本标注方法应符合现行国家标准《房屋建筑制图统一标准》GB/T 50001 关于尺寸标注的规定。

3.10.7 由于目前的房屋建筑室内装饰装修制图对一般空间所采用的标高符号多为本标准中的四种，且对应用部位不加区分，故本条对这四种符号的使用亦不作规定。但同一套图纸中应采用同一种符号；对于 ±0.000 标高的设定，由于房屋建筑室内装饰装修设计涉及的空间类型复杂，故本条对 ±0.000 的设定位置为各空间本层室内地坪装饰装修完成面。特殊空间应在相关的设计文件中说明本设计中 ±0.000 的设定位置。

4 常用房屋建筑室内装饰装修材料和设备图例

4.0.1 房屋建筑室内装饰装修材料和设备的图例画法应符合现行国家标准《房屋建筑制图统一标准》GB/T 50001 关于图例的规定。

4.0.2~4.0.11 如在本标准收录的常用装饰装修材料、家具、电器、厨具、洁具、景观配饰、灯具、设备及电气图例中找不到房屋建筑室内装饰装修制图中需要的图例，可在相关专业的制图标准中选用合适的图例，或自行编制、补充图例。

5 图样画法

5.1 投影法

5.1.1 因房屋建筑室内装饰装修制图表现建筑内部空间界面的装饰装修内容，故所采用的视点位于建筑内部。

5.4 立面图

5.4.2 本条文中所说的“需要时”是特指施工图阶段的立面图绘制。

5.4.3 立面图上标注房屋建筑平面中的轴线编号是便于对照平面内容，但较小区域或平面转折较多的立面不宜采用此方法。

附录 A　图纸深度

根据房屋建筑室内装饰装修在不同的设计阶段，对制图深度的要求不同，本章对每个阶段制图的要求作进一步规定。

A.1　一般规定

房屋建筑室内装饰装修的图纸深度与设计文件深度有所区别，不包括对设计说明、施工说明和材料样品表示内容的规定。

A.2　方案设计图

A.2.1　本条规定了在方案设计中应有设计说明的内容，但对设计说明的具体内容不作规定。

A.2.6　方案设计效果图的表现部位应根据业主委托和设计要求确定。

A.3　扩初设计图

A.3.3　本条规定了在扩初设计中应有设计说明的内容，但对设计说明的具体内容不作规定。

A.3.4~A.3.7　本部分内容根据房屋建筑室内装饰装修工程的特点和国内数十家著名装饰装修工程单位的意见和专业发展的趋势制定。

四、协会标准

住宅厨房建筑装修一体化技术规程

中国工程建设标准化协会公告

第 276 号

关于发布《住宅厨房建筑装修一体化技术规程》的公告

根据中国工程建设标准化协会《关于印发〈2010 年第一批工程建设协会标准制订、修订计划〉的通知》（建标协字［2010］27 号）的要求，由中国建筑装饰协会厨卫工程委员会和清华大学等单位编制的《住宅厨房建筑装修一体化技术规程》，经本协会建筑与市政工程产品应用分会组织审查，现批准发布，编号为 T/CECS 464—2017，自 2017 年 6 月 1 日起施行。

中国工程建设标准化协会

二〇一七年三月一日

前　言

根据中国工程建设标准化协会《关于印发〈2010年第一批工程建设协会标准制订、修订计划〉的通知》（建标协字［2010］27号）的要求，编制组在广泛调查研究，总结国内外先进经验，并在广泛征求意见的基础上，制定本规程。

本规程共分6章，主要内容包括总则、术语、基本规定、设计、施工安装及验收。

本规程由中国工程建设标准化协会建筑与市政工程产品应用分会归口管理，中国建筑装饰协会厨卫工程委员会负责具体技术内容的解释。在执行过程中，如发现需要修改和补充之处，请将意见或建议寄送解释单位（地址：北京市朝阳区胜古中路2号院5号楼305室中国建筑装饰协会厨卫工程委员会；邮政编码：100029）。

主编单位：中国建筑装饰协会厨卫工程委员会
　　　　　清华大学
参编单位：北京工业大学
　　　　　万科企业股份有限公司
　　　　　新城控股集团股份有限公司
　　　　　合生创展集团
　　　　　北京市华远地产有限责任公司
　　　　　北京龙湖地产
　　　　　北京亿城房地产开发有限公司
　　　　　金螳螂精装科技（苏州）有限公司
　　　　　深圳市深装总装饰股份有限公司
　　　　　北京弘高建筑装饰设计工程有限公司
　　　　　远洋装饰工程股份有限公司
　　　　　北京市金龙腾装饰股份有限公司
　　　　　中建三局装饰有限公司
　　　　　上海新丽装饰工程有限公司
　　　　　深圳瑞和建筑装饰股份有限公司
　　　　　深圳市晶宫设计装饰工程有限公司
　　　　　北京中铁装饰工程有限公司
　　　　　中国装饰股份有限公司
　　　　　路达（厦门）工业有限公司
　　　　　中宇建材集团有限公司
　　　　　浙江鼎美智装股份有限公司
　　　　　浙江中财管道科技股份有限公司
　　　　　辽宁苏泊尔卫浴有限公司
　　　　　宁波方太厨具有限公司
　　　　　志邦厨柜股份有限公司
　　　　　河南省大信整体厨房科贸有限公司
　　　　　浙江美尔凯特集成吊顶有限公司
　　　　　杭州老板电器股份有限公司

广东中旗新材料科技有限公司
广州戈兰迪新材料股份有限公司
宁波柏厨集成厨房有限公司
厦门金牌厨柜股份有限公司
好来屋厨柜（厦门）有限公司
大诚世纪家居（北京）有限公司
北京盛世新锐科技发展有限公司
重庆家博士股份有限公司

主要起草人：刘 强 李 桦 胡亚南 杨淑娟 张 昕
蒋志平 邓俊明 苑增奇 艾欣荣 王玉龙
吴亚诚 李妍筠 姚 潇 许刚宝 胡庆红
陈志伟 陈 伟 崔为民 沈俊强 于 波
刘劲帆 管作为 许传凯 曾天生 张 轲
张磊磊 王永奇 刘国宏 庞 理 沈业勇
周 军 樊伟忠 罗镜清 何亚东 严发祥
王永辉 周正荣 于长宏 关文民 张伟民
魏莹利 李 南 刘享东

主要审查人：赵冠谦 宋 兵 周燕珉 杨家骥 魏素巍
郭 宁 彭其兵

1 总 则

1.0.1 为贯彻落实节能减排、保护环境的方针，促进住宅产业现代化发展，提高住宅厨房工业化建造技术水平，推广住宅建筑装修一体化技术，使住宅厨房满足安全、适用、经济、绿色、美观等要求，制定本规程。

1.0.2 本规程适用于新建、改建和扩建的住宅厨房建筑装修一体化工程的设计、施工和验收。

1.0.3 住宅厨房建筑装修一体化技术，应符合住宅产业可持续发展的原则，满足设计标准化、生产工厂化、施工装配化、装修部品化和管理信息化的要求。

1.0.4 住宅厨房建筑装修一体化技术应统筹协调厨房建筑空间、设施管线和内装部品三方面的要求。

1.0.5 住宅厨房建筑装修一体化工程的设计、施工安装和验收，除应符合本规程外，尚应符合国家现行有关标准的规定。

2 术 语

2.0.1 建筑结构体 skeleton system of building

建筑的承重结构体系，或称建筑的支撑体，由主体构件构成。

2.0.2 建筑内装体 infill system of building

建筑的内装部品体系，或称建筑的填充体，由内装部品构成。

2.0.3 住宅厨房建筑装修一体化 integration of construction and decoration in residential kitchen

为实现住宅厨房建筑结构体和内装体内外协调和相互匹配，对各相关技术环节进行整合优化的过程。

2.0.4 管线分离技术 pipeline separation technique

将设备管线与建筑结构体相分离，不在建筑结构体中预埋设备管线的技术。

2.0.5 模块化 modularization

是指在解决复杂问题时，自顶向下逐层把系统划分成若干模块的一种设计方法。

2.0.6 内装部品 infill parts

由工厂生产、现场组装，满足住宅功能要求的内装单元模块化部品或集成化部品。

2.0.7 装配式装修 assembled decoration

将工厂生产的标准化内装部品在现场进行组织装配的装修方式。

2.0.8 完成面净尺寸 size of the finished surface

装修工程完成后，墙面、地面及顶面之间的水平与垂直距离。

2.0.9 公差配合 tolerance and fit

实际参数值的允许变动量。制定公差的目的是为了确定产品装配过程的几何参数，使其变动量在一定的范围之内，以便达到互换或配合的要求。

3 基本规定

3.0.1 住宅厨房建筑装修一体化工程应符合住宅建筑可持续发展的原则，应系统协调产品和部品在设计、制造、安装、交付、维护、更新直至报废处理全生命周期中各阶段技术运用的合理性。

3.0.2 住宅厨房建筑装修一体化工程宜采用建筑结构体与设施管线、内装部品相互分离的建造方式。

3.0.3 住宅厨房建筑装修一体化工程宜采用装配式建造方式，整体协调建筑结构、设施管线和内装部品的装配关系，做到内外兼顾、相互匹配。

3.0.4 住宅厨房装修设计宜与建筑设计同步进行，住宅建筑空间、建筑结构体、建筑内装体的设计应密切配合。

3.0.5 住宅厨房建筑装修一体化设计应遵循模数协调规则，建筑空间和内装部品规格设计应选用标准化、系列化的参数尺寸，实现尺寸间的相互协调。

3.0.6 住宅厨房建筑装修一体化设计宜采用模块化设计方法，实现建筑内装体的通用性，提高内装部品系列化、标准化及个性化应用能力，通过标准模块的组合满足多样化的要求。

3.0.7　住宅厨房建筑装修一体化设计应符合使用者活动的基本要求，综合协调空间、部品设计位置的实用性、合理性。

3.0.8　住宅厨房建筑装修一体化宜满足适老化要求。

3.0.9　住宅厨房建筑装修一体化工程应采用节能环保的新技术、新材料、新工艺和新设备，不断优化产品和部品性能，提高整体建造技术水平。装修材料应符合现行国家标准《建筑内部装修设计防火规范》GB 50222 中对燃烧性能的规定和《民用建筑工程室内环境污染控制规范》GB 50325 对环境污染控制的规定。

3.0.10　住宅厨房建筑装修一体化工程应符合现行国家标准《绿色建筑评价标准》GB/T 50378 中对节能、节材、节水等方面的规定。

4　设　计

4.1　一般规定

4.1.1　住宅厨房建筑装修一体化设计应系统协调家庭全生命周期中，家庭结构和生活方式的变化，结合环境、功能和设施的可变性要求，综合住宅面积和套型特点，合理规划厨房空间布局。

4.1.2　住宅厨房建筑装修一体化设计应统筹协调空间环境、功能布局、部品制造、安装定位、装配程序和运营维护等各技术环节，以满足整体性和系统性要求。

4.1.3　住宅厨房建筑装修一体化设计应综合协调给水、排水、燃气、供暖、通风、换气、排烟、照明、信息管理等设施进行系统设计，满足安全运行和维修管理等要求，并应符合国家现行有关标准的规定。

4.1.4　住宅厨房建筑装修一体化设计应考虑声环境、光环境、温度与湿度环境及空气质量，提供安全健康的厨房环境。选用的部品、材料以及各单项技术的性能指标均应符合国家现行有关标准的规定。

4.1.5　住宅厨房建筑装修一体化的空间设计，应以装修完成面为基准面，采用装修工程完成面净尺寸标注内装部品的装配定位。

4.1.6　住宅厨房建筑装修一体化设计应符合建筑模数协调要求，模数应符合国家现行标准《建筑模数协调标准》GB/T 50002 和《住宅厨房模数协调标准》JGJ/T 262 的有关规定，基本模数数值为 100mm，符号为 M（100mm），厨房部品设计可采用分模数 M/2（50mm）。

4.1.7　住宅厨房建筑装修一体化设计宜采用协同设计的方法，可通过建筑信息模型（BIM）技术进行并行设计。

4.1.8　住宅厨房建筑装修一体化设计应符合人体工程学原理，保证空间、部品尺寸及位置的适用性、合理性。厨房空间布局应符合使用者的操作流程，内装部品尺寸与安装位置应保证使用者操作活动的安全、便利与舒适。

4.1.9　住宅厨房建筑装修一体化设计应符合模数协调的要求，实现厨房装修空间和设备部品件的标准化、模块化和系列化，并应为相关设备预留合理的安装位置，厨房模数协调的允许偏差和检验方法应符合表 4.1.9 的规定。

表 4.1.9　厨房模数协调的允许偏差和检验方法

项目	允许偏差（mm）	检验方法
厨房净空尺寸	0 ~ 10	尺量检查
厨柜柜体宽度	–1	尺量检查
厨柜功能件净宽度	–20	尺量检查
厨电面板宽度	–5	尺量检查

4.1.10　厨房的设施管线应根据设备安装位置及使用需求进行合理定位，设施管线与设备的连接方式和接口尺寸应采用统一的标准，并综合协调今后改造的需求。

4.1.11 住宅厨房墙体承载力应满足厨房设备和部品的安装要求。

4.1.12 住宅厨房建筑装修一体化的无障碍设计，应符合现行国家标准《无障碍设计规范》GB 50763 的有关规定。

4.1.13 厨房安装的厨柜、厨电等部品部件应确保安全且符合国家现行有关标准的规定，并应符合下列规定：

1 对于易造成儿童伤害的物品存放位置，应设计在儿童不易开启和拿到的高度范围内；

2 城镇燃气/烟气（一氧化碳）浓度检测报警器和紧急切断阀的设置应符合现行国家标准《城镇燃气设计规范》GB 50028 的有关规定。

4.2 建筑空间设计

4.2.1 住宅厨房建筑空间布局应满足厨房储存、洗涤、加工和烹饪的基本使用需求，厨房门、窗、管井位置应设计合理，保证厨房的有效使用面积。

4.2.2 住宅厨房建筑装修一体化设计宜采用模块化设计方法，通过对基本功能模块的选择性组合和合理化配置，获得不同类型、不同规格的空间布局形式。厨房的模块化组合可按下列方法进行设计：

1 可将厨房分解为：储存区、洗涤区、操作区、烹饪区和成品区五个基本功能模块（图 4.2.2）；

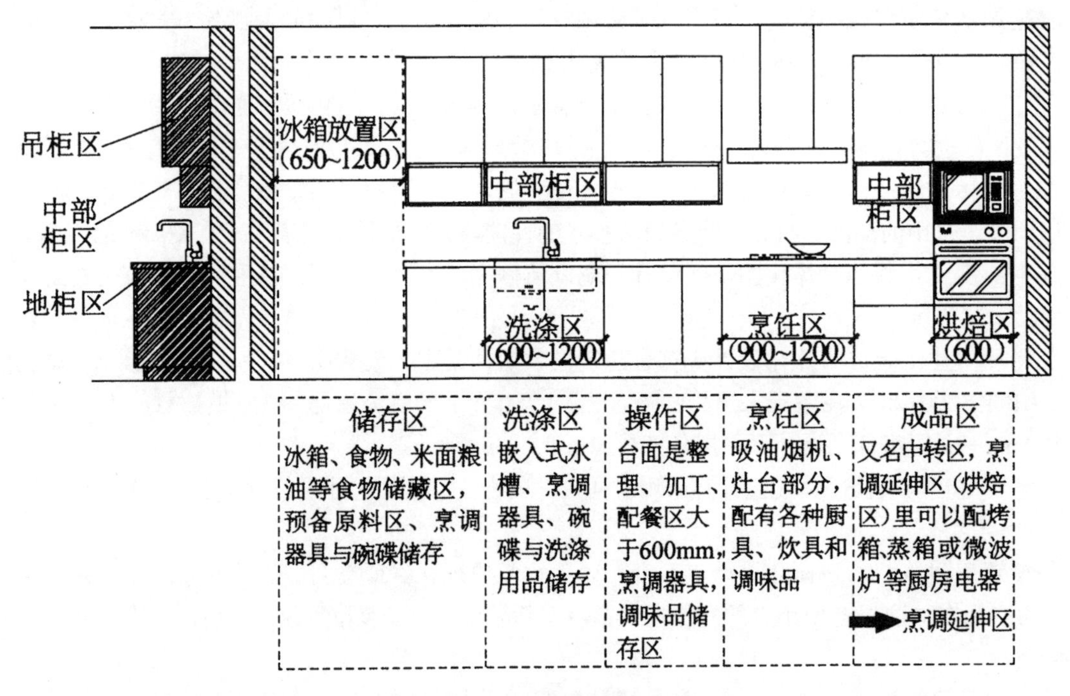

图 4.2.2 住宅厨房的基本功能

2 可根据厨房的空间尺寸及操作流程要求，运用厨柜功能模块组合出不同的布局设计（表 4.2.2）。

表 4.2.2 厨房部品的主要功能模块布局

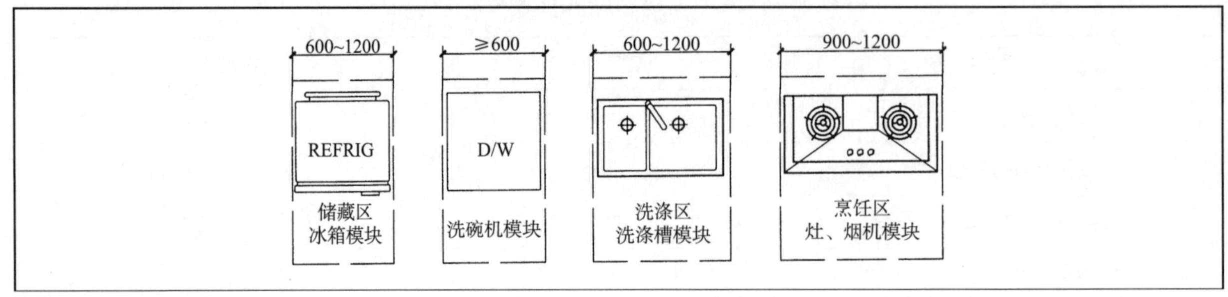

续表

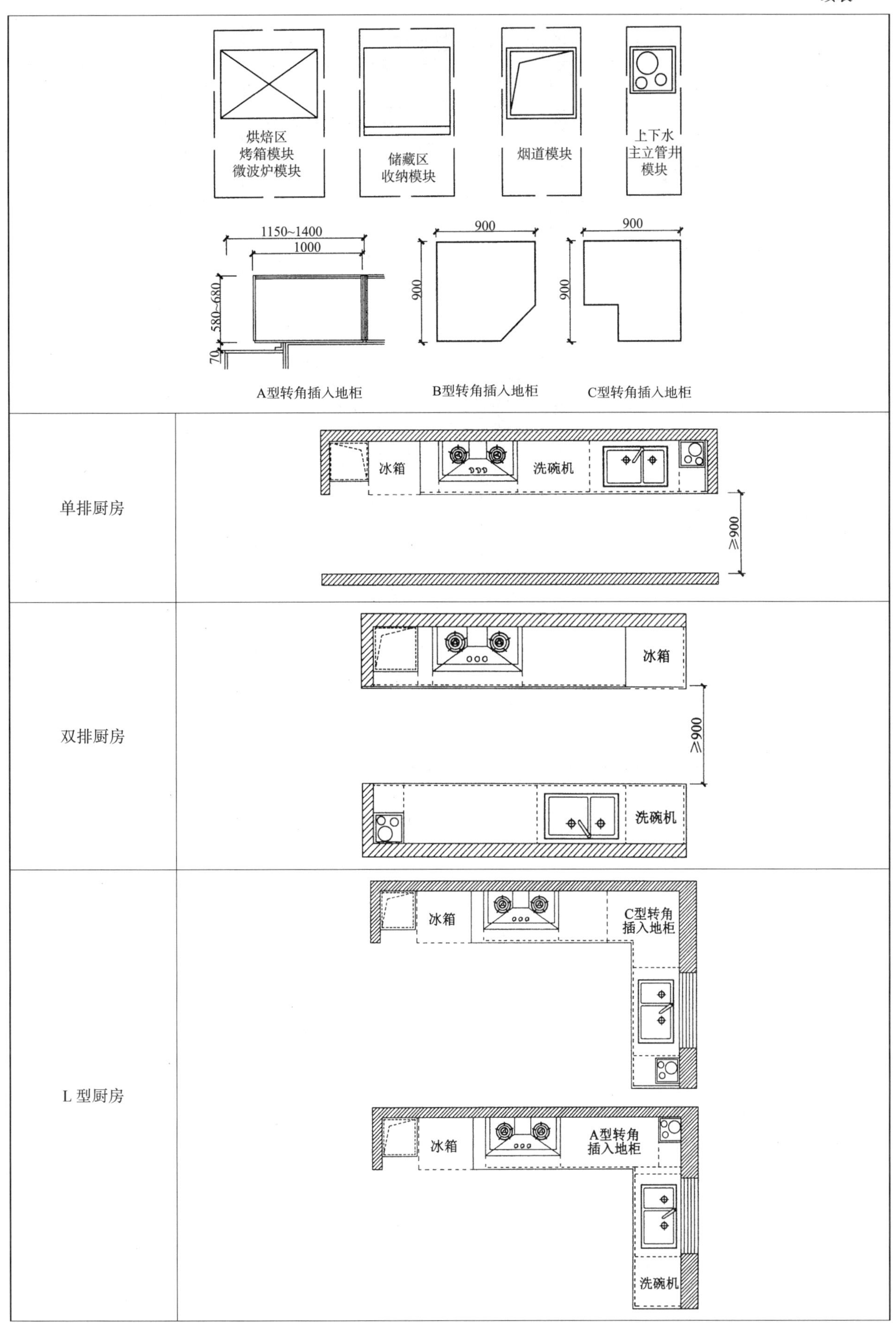

烘焙区
烤箱模块
微波炉模块
储藏区
收纳模块
烟道模块
上下水
主立管井
模块
1150~1400
1000
580~680
70
900
900
900
900
A型转角插入地柜
B型转角插入地柜
C型转角插入地柜
单排厨房
冰箱
洗碗机
≥900
双排厨房
冰箱
≥900
洗碗机
L 型厨房
冰箱
C型转角
插入地柜
冰箱
A型转角
插入地柜
洗碗机

续表

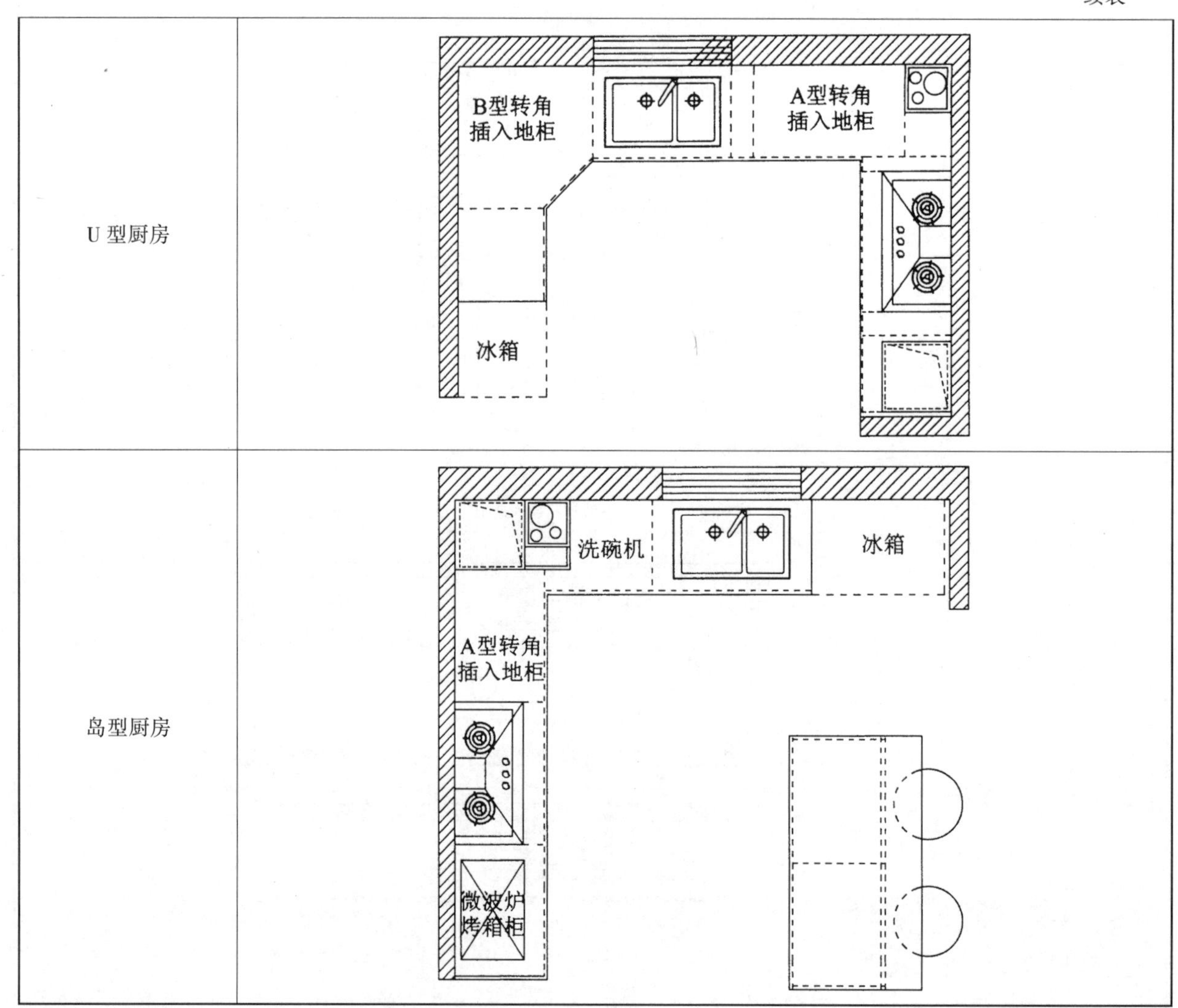

4.2.3　住宅厨房建筑装修一体化设计应充分协调不同部品及设备的使用年限和权属，合理确定布局位置、连接方法和装配次序；部品的安装位置应便于维修、更换及管理；水表、燃气表等公共部品宜布置在公共区域。

4.2.4　住宅厨房建筑装修一体化设计应对土建施工的尺寸精度提出要求，应控制并量化土建尺寸偏差，使其满足装配式装修的条件。

4.2.5　住宅厨房建筑装修一体化设计的施工图设计、部品设计深度应满足生产加工和现场安装要求，所选用的部品应明确名称、规格、型号、数量和质量等主要技术参数。

4.2.6　住宅厨房装修部品应选用通用的标准化部品，标准化部品应具有统一的接口位置和便于组合的形状和尺寸，应满足通用性和互换性对边界条件的参数要求。

4.3　设施管线设计

4.3.1　厨房的设施管线种类与定位尺寸，应满足工厂生产、施工装配等相关环节承接工序的技术和安全要求。厨房的设施管线宜选用装配化部品，部品所用材料、设备和配套技术，应符合国家现行有关标准的规定。

4.3.2　厨房的给排水、暖通和电气等应进行管线综合设计，接口技术和位置应采用标准化设计，应满足通用性和互换性的要求。

4.3.3　厨房内管井应按现行国家标准《住宅厨房及相关设备基本参数》GB/T 11228的有关规定集中设置。

4.3.4　厨房的设施管线应按工序要求就近设置，竖向管线应集中布置，横向管线应避免交叉。设施管线的设置位置应有利于厨房电器合理布局和接驳。

4.3.5　厨房内管线应符合下列规定：

1　无压力管道应避让有压力管道；

2　管径小管道应避让管径大管道；

3　电气管线、水管应避让风管；

4　冷水管道应避让热水管道。

4.3.6　厨房给水系统由给水立管、套内管线、套内用水设备组成，设计应符合下列规定：

1　给水管线布局应组织有序，满足使用安全、接口规范、检修及升级换代等要求；

2　给水管线与设备接口应定尺定位；

3　给水管线可布置于厨房吊顶内，当与电气线路在吊顶内交叉敷设时应位于其下方；

4　冷热水给水管接口处应安装角阀，距地面高度宜为 500mm；冷热水管安装应左热右冷，平行间距不宜小于 150mm；当冷热水供水系统采用分水器供水时，应用半柔性管材连接；当采用分别控制时，冷热水水阀上应有明显标识；

5　燃气热水器或电热水器的给水可与太阳能热水器管道共用一路管道，在角阀处应预留三通，可分别接入，切换使用；

6　当冷热水表需安装在厨房内时，应在保证必要的安装距离的基础上尽量靠近洗涤槽柜体内侧安装，最大限度地留出洗涤槽柜的使用空间。

4.3.7　厨房排水系统由排水立管、横支管、套内用水设备组成，设计应符合下列规定：

1　厨房宜采用同层排水技术，宜将排水横支管在本层内接入排水立管；采用隔层排水的厨房，应做好楼板、楼面防水，管道与管道之间接口的防水技术应合理可靠；

2　排水量最大的排水点宜靠近排水立管布置；

3　洗碗机安装位置宜靠近洗涤槽柜，并应在洗涤槽柜区域设排水口；排水口及连接的排水管道应能承受 90℃的热水；

4　热水器泄压阀排水应导流至排水口；

5　厨房内不宜设置地漏；当洗衣机设置在厨房内时，洗衣机安装位置宜靠近洗涤槽柜，并应在洗涤槽柜区域设置洗衣机专用排水口；

6　洗涤槽的排水管接口，宜设置于距地面完成面 400 ~ 500mm 之间，并宜高于主横支管中心 100mm 以上（图 4.3.7）。

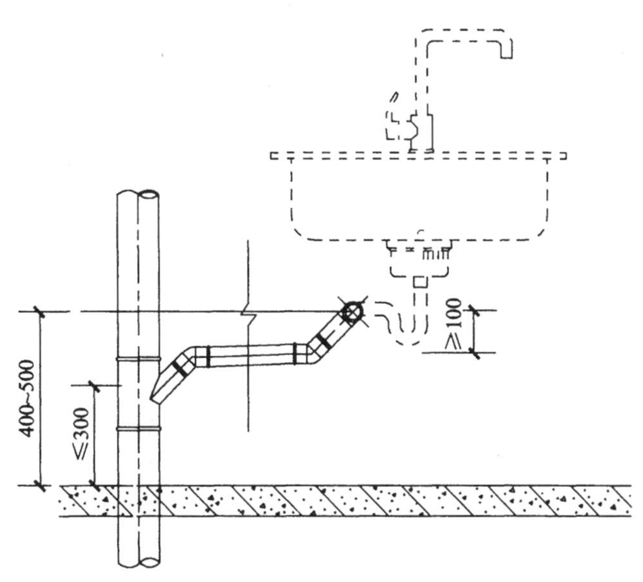

图 4.3.7　接水管距地面高度要求示意

7 管道区内排水立管应设置检查口，检查口下边缘距地尺寸宜为1000mm，且检查口应朝外，管道检查口处应设活动检修口；

8 厨房的排水管宜做隔声处理，可采用降噪管材或用隔声材料包裹。

4.3.8 厨房管井宜靠墙角集中放置。当靠近公用排气道设置管井或明装管道时，不应设置在烟道朝向吸油烟机的一侧。

4.3.9 给水、排水及水表接驳管等位置应设置在洗涤槽柜内，洗涤槽柜宜取消背板。

4.3.10 厨房排风系统的设计应符合下列规定：

1 厨房内各类用气设备排出的烟气应排至室外，吸油烟机排出的油烟不得与热水器或采暖炉排烟合用一个烟道；

2 厨房排风系统应设置相应的防倒流设施；

3 吸油烟机的管道宜通过外墙直接排向室外，直排设备的选型应满足避风、防雨、防倒流和防污染墙面的要求；

4 厨房排气道的选型应按现行行业标准《住宅厨房、卫生间排气道》JG/T 194 的有关规定执行。排气道与吸油烟机的排气管接口应采用统一的尺寸标准。

4.3.11 厨房电气管线应结合相关设备的安装及使用位置进行综合布局，电源接口位置应设计合理，并有利于集成装配技术的实施，设计应符合下列规定：

1 厨房电气管线应采用符合安全和防火要求的敷设方式；

2 厨房电气管线宜与结构体分离，可布置于吊顶内，墙面管线可布置在结构体和墙体饰面层之间；

3 厨房地柜内的电源插座高度宜为300 mm，插座位置应与冷热水接口保持一定的水平距离；地柜台面上方插座高度宜为1200 mm；高柜内插座高度宜根据电器放置高度进行设计；

4 吸油烟机电源插座宜安装在吊顶上方，并应避免与吸油烟机排气管发生冲突；

5 应为柜类局部照明或吊柜下方局部照明预留电源接口；

6 厨房电源插座应设漏电保护装置；

7 嵌入式电器的插座应便于插拔操作，不宜设在电器正后方，嵌入式电器柜的隔板或侧板应预留电线的穿入孔。

4.3.12 厨房燃气设计应符合现行国家标准《城镇燃气设计规范》GB 50028的有关规定，并应符合下列规定：

1 户内燃气立管应设置在有自然通风的厨房或与厨房相连的阳台内，且宜明装设置，不得设置在通风排气竖井内；

2 燃气表布置在厨房内时，宜暗设于厨柜内，且厨柜应设有通风措施；

3 炉灶下燃气预留接口位置应从厨柜背面接出；

4 燃气表距离灶具边、热水器边的最小净距宜为300mm；

5 厨房应设置燃气泄漏报警系统；燃气报警器应按当地规定预埋穿线管及出线底盒。

4.3.13 厨房应为智能化系统设计（监控系统，水、汽报警，燃气报警，互联网接入等）预留接口，弱电线路宜采用独立的布线系统，满足未来更新及改造需求。

4.4 内装部品设计

4.4.1 住宅厨房的内装部品应遵循标准化原则，采用工厂化生产和集成化装配的方式，生产及安装过程应符合安全高效、节能环保的要求。

4.4.2 住宅厨房的内装部品应满足通用性和互换性的要求，部品与建筑设施管线系统的接口应采用统一的设计标准。

4.4.3 厨房地面系统、墙面系统、吊顶系统、设备管线系统等与厨柜、厨电等功能部品系统应按标准化综合协调原则布置。

4.4.4 厨房地面、墙面和顶面部品的设计，应符合下列规定：

1 宜采用工厂生产的标准规格产品，通过模块化组合成型；

2　厨房地面宜在内墙面安装之前完成，并宜采用墙面压地面的收口方式；

3　所用材料的性能和连接技术应符合厨房使用环境的要求，结构方式应安全可靠，部件、构件应成套供应；

4　宜采用模块化设计方法，产品单件和组件尺寸应符合模数协调原则，应便于通过组合形成标准厨房尺寸；

5　设计应避免安装过程中的二次加工；

6　技术指标应符合国家现行有关标准的规定。

4.4.5　厨房地面采用的产品应耐磨、耐水、易清洗、耐腐蚀，且防滑性能良好。

4.4.6　厨房墙面宜选用工业化生产的装配式墙体。

4.4.7　厨房门窗部品设计应符合厨房空间布局的合理性要求，厨房门窗位置、洞口尺寸和开启方式应协调厨房设施、设备和厨柜的安装与使用需求，并应符合下列规定：

1　厨房窗台距地面装修完成面高度不宜小于 1000 mm；

2　厨房窗开启后不应影响台面的操作行为。厨房水盆前方的窗应保证开启后窗扇不会与水龙头发生冲突；

3　窗套、门及门套应为工厂生产的标准化装配式产品；

4　所用材料及结构方式应安全可靠，安装应简便、快捷；

5　门、窗洞口应采用正公差，产品应采用负公差。

4.4.8　厨房顶面系统宜采用集成吊顶，厨房吊顶内需隐蔽安装吸油烟机排烟管时，其净空尺寸宜大于 250 mm。

4.4.9　厨柜设计应合理布局，厨房部品系统的整体设计应通过厨柜功能部品将厨电、外露管线及其他相关部品进行系统整合。

4.4.10　厨柜、厨电、管线布局与接口除应符合现行国家标准《住宅厨房及相关设备基本参数》GB/T 11228 的有关规定外，尚应符合下列规定：

1　台上燃气灶的台面高宜为 700 mm，嵌入式燃气灶的台面高度宜为 800 ~ 860mm；

2　灶具柜设计应结合燃气管道及吸油烟机排气口位置，灶外缘与燃气主管水平距离不应少于 360 mm，灶具左右外缘至墙面之间距离应大于或等于 150mm；

3　安放燃气表、水表、冰箱、烤箱、微波炉、消毒碗柜等的厨柜应局部取消背板；

4　吊柜及吸油烟机等安装位置处应避开暗藏管线；

5　燃气热水器排气管不应从柜体内部横穿；

6　采用嵌入式下进风灶具时，其下部柜体应设置进风口。

5　施工安装

5.1　一般规定

5.1.1　住宅厨房建筑装修一体化的装修施工，涉及地面、墙面、顶面、门窗、厨柜、厨电、设备及管线的系统集成和整体装配，应与建筑装饰工程施工安装整体规划、实施。

5.1.2　住宅厨房建筑装修一体化的建筑结构体和建筑内装体施工应符合设计要求，土建及主干管道施工精度应满足内装部品集成化装配的技术条件。

5.1.3　住宅厨房建筑装修一体化的装修施工，内装部品的装配定位应以装修完成面为基准面，基准线的获取应以建筑定位轴线和标高水平控制线为依据。

5.1.4　在进行住宅厨房建筑装修一体化的装修施工时，应编制与建筑装饰工程施工组织设计相对应的一体化技术施工措施，并有完整的安装施工记录。

5.1.5　厨房装修施工过程中严禁擅自改动建筑主体、承重结构，施工材料、设备的存放和安装不应损坏建筑物结构，不应破坏地面的防水层以及建筑物的附属设施。

5.1.6　住宅厨房建筑装修一体化的施工管理，宜采用建筑设计、部品供应、施工安装的一体化管理模式。

5.1.7 住宅厨房建筑装修一体化的装修施工，所使用的材料、部品的防火性能应符合现行国家标准《建筑内部装修防火施工及验收规范》GB 50354 的有关规定；所使用的材料、部品应符合国家有关装饰装修材料有害物质限量标准的规定。

5.1.8 住宅厨房建筑装修一体化施工，应符合现行国家标准《住宅装饰装修工程施工规范》GB 50327 的有关规定。

5.1.9 厨房装修工程所使用的材料、产品及部品应具备相关产品说明书、合格证和检测报告，进场时应对品种、规格、数量和质量进行验收，并应具备相应的记录。

5.1.10 采用装配式装修的厨房，主要部品和部件均应在工厂生产或场外集中加工，现场不应进行二次加工，并应提供相应的安装技术文件。

5.2 施工准备

5.2.1 厨房装修施工前，建筑主体、主干管道和厨房防水施工应已完成并验收合格。

5.2.2 厨房装修施工前，设计单位、监理、部品生产企业及装修企业应对现场进行勘察、验线，应结合场地情况交底和会审施工方案，并应确认。

5.2.3 厨房装修施工前，应完成主要材料和工艺节点样品的封样和备案，批量交房项目应采用相同材料和工艺制作样板间。

5.2.4 厨房装修施工前应对场地进行规划，应落实现场拆包、组装、可回收废料和垃圾场地等区域的位置，规划方案应满足消防、安全及施工操作的要求。

5.2.5 厨房装修施工前应做好现场成品保护。

5.3 进场检验

5.3.1 厨房装修施工前，待安装部品的部件、组件应按计划准备就绪，进场检验、试验应合格，所用材料和产品的名称、规格、型号、数量和质量应符合设计要求。

5.3.2 住宅厨房建筑装修一体化的土建施工质量，应符合现行国家标准《砌体结构工程施工质量验收规范》GB 50203、《混凝土结构工程施工质量验收规范》GB 50204 的有关规定。土建基层的允许偏差和检验方法应符合表 5.3.2 的规定。

表 5.3.2 土建基层的允许偏差和检验方法

项目		允许偏差（mm）	检验方法
顶板	净高	± 10.0	水准仪、尺量检查
	标高极差	10.0	水准仪、尺量检查
	表面平整度	8.0	2m 靠尺、塞尺检查
墙体	表面平整度	8.0	2m 靠尺、塞尺检查
	立面垂直度	5.0	吊线、尺量检查
	阴阳角方正	5.0	直角检测尺检查
	开间、进深	10.0	尺量检查
板材隔墙	表面平整度	3.0	2m 靠尺、塞尺检查
	立面垂直度	3.0	吊线、尺量检查
	阴阳角方正	4.0	直角检测尺检查
	接缝高低差	3.0	钢直尺、塞尺检查
地面	平整度	3.0	2m 靠尺、塞尺检查
	标高	± 5.0	水准仪、尺量检查

5.3.3 住宅厨房建筑装修一体化的公共管道和设备安装施工应符合现行国家标准《建筑给水排水及采暖工程施工质量验收规范》GB 50242、《建筑电气工程施工质量验收规范》GB 50303 的有关规定；管、线、盒等安装位置应符合设计要求，公共管道和设备安装的允许偏差和检验方法应符合表 5.3.3 的规定。

表 5.3.3 公共管道和设备安装的允许偏差和检验方法

项 目	允许偏差（mm）	检验方法
预留孔洞位置	5	尺量检查
预埋件位置	4	尺量检查
主干管道接口位置	5	尺量检查

5.3.4 检验工作完成后，应完成场地交接工作，形成交接记录，留存影像资料。

5.4 设施管线施工

5.4.1 厨房内设施管线施工，应在建筑主体、主干管道和防水施工完成并检验合格后进行，包括厨房内给排水、燃气、暖通和电气设备及管线。

5.4.2 厨房内支路给排水、燃气、暖通和电气管线安装距离应符合设计要求。

5.4.3 厨房内设施管线安装施工前，应复核所用材料和产品的合格证、安装说明及操作要求，应确认产品配件齐全，表面无破损或其他质量问题。

5.4.4 厨房内设施管线施工前，应依据设计图纸统一放线，管线安装控制线的获取以装修基准线为依据，明确管线走向和接口位置。

5.4.5 厨房内地面、墙面、顶面及管道封闭前，设施管线应通过隐蔽工程验收。

5.4.6 采用管线分离技术的厨房给排水、燃气、暖通和电气等管线的固定应形成定型的预制管束。

5.5 地面施工

5.5.1 厨房地面面层所用材料应符合耐水、耐污、耐磨且易清洁的要求，材料性能应符合现行国家标准《建筑地面工程施工质量验收规范》GB 50209 的有关规定。

5.5.2 厨房地面应根据设计要求确定找坡的大小和方向，坡度应符合国家现行标准的有关规定。

5.5.3 厨房地面施工前应根据设计要求复核安装基准线、标高控制线，应确认管线接口位置符合装配技术条件的要求。

5.5.4 厨房地面施工前应核准地面与墙面的对位尺寸，应保证墙、地安装对位准确，尺寸偏差在允许范围内。

5.5.5 厨房地面采用瓷砖粘贴技术时，应符合下列规定：

1 瓷砖规格尺寸的选用宜与空间设计尺寸相互匹配，宜采用整砖粘贴；

2 瓷砖粘贴前应进行排砖，管线接口位置与瓷砖预留孔洞应相互对应；

3 瓷砖粘贴时应随时检查平直度，并在粘结层凝结前，完成调整工作；

4 瓷砖粘贴施工完成后，应立即做好成品保护；

5 裁切、打孔等作业宜在场外加工完成。

5.5.6 厨房地面采用架空体系的装配式安装时，应符合下列规定：

1 地面材料性能应符合厨房使用环境的要求；

2 架空地面结构方式应安全可靠，安装强度应通过结构计算；

3 技术运用应合理，应便于安装操作，构配件应成套供应；

4 接口部位应采用防水、防霉材料进行处理；

5 防水工程应符合现行行业标准《住宅室内防水工程技术规范》JGJ 298 的有关规定。

5.6 墙面施工

5.6.1 厨房内饰面墙所用材料应符合耐水、耐污、易清洁的要求，材料性能应符合国家现行有关标准的规定。

5.6.2 厨房内饰面墙施工前，应核准门、窗洞口位置尺寸，保证建筑外墙与内饰面墙相对位置准确，尺寸偏差在允许范围内。

5.6.3 厨房内饰面墙采用瓷砖粘贴技术时，施工应符合下列规定：

1 瓷砖规格尺寸应与空间尺寸相互匹配，宜采用整砖粘贴；

2 粘贴前应进行排砖，管线接口位置与瓷砖预留孔洞应相互对应；

3 阳角收口宜采用定型收口条，阴角收口应采用主立面压侧立面；

4 所选择的瓷砖粘接剂，应考虑与不同基底材质间的粘结度，瓷砖粘贴时应控制粘接层的厚度；

5 瓷砖裁切、打孔等二次加工，宜在场外完成。

5.6.4 厨房内饰面墙采用装配式饰面板技术时，应符合下列规定：

1 安装龙骨与承重结构墙或室内隔墙的连接应安全可靠；

2 安装龙骨与饰面板的装配操作应简便、快捷，应便于现场调节平整度；

3 饰面板与基层板的接口处应采用防霉、防潮材料进行密闭处理；

4 饰面板预留的各类接口孔洞，应在工厂制作加工；

5 构件、部件均应为工厂生产的定型产品，并成套供应。

5.7 顶面施工

5.7.1 厨房吊顶施工前，吊顶内设备及管线施工应已完成。

5.7.2 厨房吊顶施工前，施工人员应复核安装基准线、标高控制线，并确认顶面集成设备和接口的位置符合设计要求。

5.7.3 厨房顶面所用材料应符合耐水、耐污且易清洁的要求，材料性能和结构强度应符合现行国家标准《住宅装饰装修工程施工规范》GB 50327 的有关规定。

5.7.4 厨房顶面采用装配式集成吊顶时，应符合现行行业标准《建筑用集成吊顶》JG/T 413 的有关规定。

5.8 门、窗收口处理

5.8.1 厨房门、窗及门、窗收口线所用材料应符合耐水、耐污且易清洁的要求，材料性能和结构强度应符合现行国家标准《建筑防腐蚀工程施工质量验收规范》GB 50224 的有关规定。

5.8.2 厨房门、窗及门、窗收口处理应符合现行国家标准《住宅装饰装修工程施工规范》GB 50327、《建筑装饰装修工程质量验收规范》GB 50210 的有关规定。

5.8.3 厨房门、窗及门、窗收口线安装前，施工人员应复核安装控制线，应确认产品规格、材质、造型、颜色和纹饰符合设计要求。

5.8.4 厨房门、窗及门、窗收口线应为工厂生产的定型产品，连接方式应安全可靠，产品规格、材质、造型、颜色和纹饰应符合设计要求。

5.9 厨柜、厨电及设备安装

5.9.1 厨柜、厨电及设备安装前，厨房地面、墙面和吊顶施工应已完成。

5.9.2 厨柜、厨电及设备安装应符合现行国家标准《家用厨房设备　第 4 部分：设计与安装》GB/T 18884.4 的有关规定。

5.9.3 厨柜的安装应符合下列规定：

1 应按供货清单、装箱单清点接收。装卸和搬运时应小心轻放，并应防水、防潮。检验厨柜的实际用材、五金配件应与订单一致，所有五金配件、电器、设备应能正常使用，所有厨柜应无损坏、划伤和异常附着物；

2 对厨房待安装环境应进行清理，并采取相应的成品防护措施；

3 检查厨柜的实际结构、布局与设计是否一致。应先预装柜体并对台面等进行测量和加工，并解决在预装中出现的问题；

4 吊柜与墙体应采用吊码连接固定，在预安装吊码的位置应划线、打孔，并安装塑料膨胀螺栓（特殊墙体采用其他安装方式）。每个吊柜的吊点应不少于2个，应保证吊柜牢固、载重安全。调节吊柜高度，保证吊柜底部水平。各吊柜间及门板缝隙应均匀一致，并应用连接件将各个吊柜间连接固定；

5 地柜摆放好后应用水平尺校平，各地柜间及门板缝隙应均匀一致，确定无误后各个柜体之间应用连接件连接固定。门板应无变形，板面应平整，门板与柜体、门与门之间缝隙应均匀一致，且无上下前后错落。

5.9.4 台面的安装应符合下列规定：

1 灶具和洗涤槽与台面相接处应用有机硅防水胶密封，不得漏水，并且灶具四周与台面相接处宜用绝热材料保护；

2 安装台面前，应先用水平尺检查已安装的地柜上表面是否水平；

3 现场安装台面时，先将垫板固定在地柜上，再安装台面；

4 安装调试台面应在台面支撑垫板安装完毕后进行。当台面与垫板、墙面之间连接存在问题时应进行修整，并应保证台面与墙壁（包括柱、水管、墙角柱）之间保留3 ~ 5mm的伸缩缝。

5.9.5 灶具的安装应符合下列规定：

1 燃气灶具和用气设备安装前应检验相关文件，不符合规定的产品不得安装使用。检验文件应包括下列内容：

1）产品合格证、产品安装使用说明和质量保证书；

2）产品外观的显见位置应有产品参数铭牌、出厂日期；

3）应核对燃气种类、性能、规格、型号等是否符合设计文件的规定。

2 应根据灶具的外形尺寸对台面进行开孔。嵌入式灶具在台面下的开口周围应平滑，转角处为圆角的半径不应小于6 mm，转角处应采用板材托底加固处理。灶具表面距吸油烟机底面宜为700mm；

3 嵌入式炉灶在安装时应进行炉灶隔热处理；

4 将燃气胶管扣套在接驳灶具下方的胶管接头，应直至红色记号为止，应束紧胶管扣。燃气灶具的进气接头与燃气管道接口之间的接驳应严密，接驳部件应用卡箍紧固，不得有漏气现象，并应进行严密性检测。

5.9.6 吸油烟机的安装应符合下列规定：

1 吸油烟机的中心应对准灶具中心，吸油烟机的吸孔宜正对炉眼；

2 安装有止回阀的排气道时，先应检查止回阀工作状态，吸油烟机软管与排风道止逆阀接驳处的密封应牢固。

5.9.7 洗涤槽的给水、排水接口与厨房给水管和排水管的接驳应符合下列规定：

1 给水立管与支管连接处均应设一个活接口，各户进水应设有阀门；

2 洗涤槽排水管的安装应符合下列规定：

1）应将洗涤槽的下水接口及其附件安装好；

2）将洗涤槽安装到台面上，洗涤槽与台面相接处应采用防水密封胶密封，不得渗漏水；

3）应将洗涤槽的水龙头与给水接口连接好；

4）与排水立管相连时应优先采用硬管连接，并应按规范保证坡度。

5.9.8 安装结束后应做好清洁及成品保护工作。

6 验收

6.1 一般规定

6.1.1 住宅厨房建筑装修一体化工程质量验收，应按现行国家标准《建筑工程施工质量验收统一标准》GB 50300、《建筑装饰装修工程质量验收规范》GB 50210的有关规定执行。

6.1.2 住宅厨房建筑装修一体化装修工程完成后，应对室内环境质量进行检验，出具检测报告，检测结果应符合现行国家标准《民用建筑工程室内环境污染控制规范》GB 50325 的有关规定。

6.1.3 住宅厨房建筑装修一体化的工程质量验收应检查下列文件：

1 厨房建筑装修施工图、设计说明及相关技术资料；

2 厨房材料及产品的合格证书、性能检测报告、进场验收记录和复验报告；

3 土建与装修施工现场交接检验记录；

4 隐蔽工程验收记录；

5 施工记录；

6 检验、试验记录。

6.1.4 住宅厨房建筑装修一体化给排水工程、燃气工程、通风与空调工程、电气工程等分项工程，应符合国家现行标准《建筑给水排水及采暖工程施工质量验收规范》GB 50242、《通风与空调工程施工质量验收规范》GB 50243、《建筑电气工程施工质量验收规范》GB 50303、《家用燃气燃烧器具安装及验收规程》CJJ 12 的有关规定。

6.2 设施管线

Ⅰ 主控项目

6.2.1 住宅厨房建筑装修一体化给排水、燃气、暖通、电气的设备及管线的产品选型、安装位置、管线布局、装配技术和接口尺寸应符合设计要求。

检验方法：查阅设计文件、检查产品合格证、性能检测报告、CCC 认证标识、进场检验记录、材料取样复试报告、对照样品检查、尺量检查。

6.2.2 厨房照明光源的照度、色温和显色性等技术指标应符合设计要求。

检验方法：查阅设计文件、产品说明书、检测报告、对照样品检查。

Ⅱ 一般项目

6.2.3 暗装在厨房墙面的电源插座、开关，以及采暖、太阳能及智能控制面板安装应牢固，与四周墙面应贴紧、无缝隙，安装尺寸的允许偏差应符合现行国家标准《建筑电气工程施工质量验收规范》GB 50303 的有关规定。

6.2.4 嵌入在厨房顶面的照明、排风、供暖等集成设备与顶面安装应牢固、无松动，装配技术应配套，接口应吻合。

检验方法：设备单机试运转记录、观察、手试检查。

6.3 地面

Ⅰ 主控项目

6.3.1 厨房地面所用材料应防滑、耐水、耐磨且易清洗，地面坡向、坡度应符合设计要求，地面不应积水。

检验方法：查阅材料检测报告、观察检查、尺量检查。

6.3.2 采用架空体系的厨房地面，骨架与基层、骨架与面层之间连接结构应牢固可靠，无松动、无异响，防水应符合国家现行有关标准的规定。

检验方法：查阅设计文件、防水工程验收记录、观察、手试检查。

6.3.3 住宅厨房建筑装修一体化地面与墙面的对位尺寸、地面管线接口位置、装配节点技术均应符合设计要求。

检验方法：查阅设计文件、防水工程验收记录、观察检查、尺量检查。

Ⅱ 一般项目

6.3.4 厨房地面材料的品种、规格、图案颜色、铺贴位置、整体布局、排布形式应符合设计要求。

检验方法：查阅设计文件、观察检查。

6.3.5 厨房装修地面工程质量和检验方法，应符合现行国家标准《建筑地面工程施工质量验收规范》GB

50209 的有关规定。

6.3.6　厨房地面安装的允许偏差和检验方法应符合表 6.3.6 的规定。

表 6.3.6　厨房地面安装的允许偏差和检验方法

项次	项　目	允许偏差（mm）	检验方法
1	表面平整度	2.0	靠尺、塞尺检查
2	接缝直线度	2.0	拉通线，钢直尺检查
3	接缝宽度	2.0	钢直尺检查
4	接缝高低差	0.5	钢直尺、塞尺检查

6.4　墙面

Ⅰ　主控项目

6.4.1　厨房墙面所用材料应耐水、耐污、易清洗，墙体强度应符合设计要求。

检验方法：查阅设计文件、产品检测报告、观察、手试检查。

6.4.2　装配式厨房墙面的管线接口位置，墙面与地面、顶面装配对位尺寸和界面连接技术均应符合设计要求。

检验方法：查阅设计文件、产品检测报告、观察检查、尺量检查。

6.4.3　采用干法固定的厨房饰面墙板应连接牢固，龙骨间距、数量、规格、应用技术应符合设计要求，龙骨和构件应符合防腐、防潮及防火要求，墙面板块之间的接缝工艺应密闭，材料应防水、防霉变。

检验方法：查阅设计文件、检查产品检测报告、进场验收记录、施工记录检查、拉拔检测报告、对照样品检查、尺量检查。

Ⅱ　一般项目

6.4.4　厨房墙面应平整、洁净，色泽一致，无裂痕和缺损。墙饰面造型、图案颜色、排布形式和外形尺寸应符合设计要求。

检验方法：观察、查阅设计文件、观察检查、尺量检查。

6.4.5　厨房内可拆卸轻质（玻璃）隔断工程质量和检验方法，应符合现行国家标准《建筑装饰装修工程质量验收规范》GB 50210 的有关规定。

6.4.6　厨房墙面安装的允许偏差和检验方法应符合表 6.4.6 的规定。

表 6.4.6　厨房墙面安装的允许偏差和检验方法

项　目	允许偏差（mm）	检验方法
表面平整度	3.0	2m 靠尺、塞尺检查
立面垂直度	2.0	吊线、尺量检查
接缝直线度	2.0	拉通线，钢直尺检查
接缝宽度	1.0	钢直尺检查
接缝高低差	0.5	钢直尺、塞尺检查
阴阳角方正	3.0	钢直尺、塞尺检查

6.5　顶　面

Ⅰ　主控项目

6.5.1　厨房采用集成吊顶的工程质量和检验方法，应符合现行行业标准《建筑用集成吊顶》JG/T 413 的有关规定。

Ⅱ 一般项目

6.5.2 厨房吊顶工程一般项的质量和验收方法，应符合现行国家标准《建筑装饰装修工程质量验收规范》GB 50210 的有关规定。

6.6 门、窗

Ⅰ 主控项目

6.6.1 厨房门、窗及门、窗收口线的造型、尺寸、位置应符合设计要求，安装应牢固。

检验方法：查阅设计文件，观察检查、尺量检查。

Ⅱ 一般项目

6.6.2 厨房门、窗及门、窗收口处理的工程一般项目的质量和验收方法，应符合现行国家标准《建筑装饰装修工程质量验收规范》GB 50210 的有关规定。

6.7 厨柜、厨电及设备

Ⅰ 主控项目

6.7.1 厨柜的材料、加工制作、使用功能应符合设计要求。

6.7.2 厨柜安装应符合设计图纸的要求，安装应牢固。

检验方法：观察、手试和查阅相关资料。

6.7.3 厨柜设备的功能、配置和设置位置应符合设计要求。

检验方法：检验设计文件。

6.7.4 厨房设备出厂随机资料应齐全，使用操作应正常。

检验方法：逐项检查，模拟操作。

6.7.5 电源插座规格应满足设备最大功率要求，插座安装位置和厨房设备设计位置应一致。

检验方法：查阅使用说明书，观察检查。

6.7.6 户内燃气管道与燃具应采用软管连接，长度不应大于 2m，中间不得有接口，不得有弯折、拉伸、龟裂、老化等现象。燃气的连接应严密，安装应牢固、不渗漏。燃气热水器排气管应直接通至户外。

检验方法：观察、手试、肥皂水实验。

6.7.7 厨房设备的竖井排气道及止回阀应符合防火要求，且应有防止烟气回流、窜烟的措施。

检验方法：观察，模拟操作检查。

6.7.8 厨柜设置的共用排气道应与相应的吸油烟机相关接口及功能匹配。

检验方法：目测检查。

6.7.9 厨柜五金、抽屉和拉篮，应推拉自如、无阻滞，应设有不被拉出柜体外的限位保护装置。

Ⅱ 一般项目

6.7.10 在自然光或 300 ~ 600lx 范围内的近似自然光下，检查台面、门板及柜体板可视表面平整光滑，颜色均匀，无碰伤、划伤、开裂和压痕等损伤；台面板应水平。

检验方法：观察、手试、尺量检查。

6.7.11 各柜体间、柜体与台面板、柜体与底座间的配合应紧密、平整，结合处应牢固不得松动。

检验方法：观察、手试、尺量检查。

6.7.12 厨柜柜体开孔尺寸或切割位置应准确，尺寸应符合图纸的要求。

检验方法：观察、手试、尺量检查。

6.7.13 厨柜安装工程的允许偏差应符合表 6.7.13 的规定。

表 6.7.13 厨柜安装工程的允许偏差

验收项目	允许偏差
翘曲度	当对角线长度≥ 1400mm 时，≤ 3.0mm；当 700mm ≤对角线长度 <1400mm 时，≤ 2.0mm；当对角线长度 <700mm 时，≤ 1.0mm

续表

验收项目	允许偏差	
平整度	在 0 ～ 150mm 范围内局部平整度≤ 0.5mm	
邻边垂直度	面板	面板长度≤ 700mm 时，对角线长度≤ 2.0mm，对边长度≤ 1.0mm
邻边垂直度	柜体	对角线长度≥ 1000mm 时，≤ 3.0mm
		对角线长度< 1000mm 时，≤ 2.0mm
抽屉下垂度、摆动度	≤ 10mm	

6.7.14　台面安装应符合下列规定：

1　台面安装应平齐，并与水平线平行，表面应平整、光滑；

2　台面与墙面间隙应为 3 ～ 5 mm；

3　台面开孔或切割位置应准确，尺寸应符合图纸或实物要求。

检验方法：观察、手试、尺量检查。

6.7.15　设备设施管线与厨房设备接口应匹配，满足使用功能要求。

6.8　验收技术资料及记录

6.8.1　验收技术资料应包括厨房及部分专项设计方案、各项部品的合格证、各项材料和部品的技术说明及使用说明书。

6.8.2　验收记录应包括材料检测记录、隐蔽工程的验收记录、各部品的验收记录。

本规程用词说明

1　为便于在执行本规程条文时区别对待，对要求严格程度不同的用词说明如下：

1）表示很严格，非这样做不可的：

正面词采用“必须”，反面词采用“严禁”；

2）表示严格，在正常情况下均应这样做的：

正面词采用“应”，反面词采用“不应”或“不得”；

3）表示允许稍有选择，在条件许可时首先应这样做的：

正面词采用“宜”，反面词采用“不宜”；

4）表示有选择，在一定条件下可以这样做的，采用“可”。

2　条文中指明应按其他有关标准执行的写法为：“应符合……的规定”或“应按……执行”。

引用标准名录

《建筑模数协调标准》GB/T 50002

《城镇燃气设计规范》GB 50028

《砌体结构工程施工质量验收规范》GB 50203

《混凝土结构工程施工质量验收规范》GB 50204

《建筑地面工程施工质量验收规范》GB 50209

《建筑装饰装修工程质量验收规范》GB 50210

《建筑内部装修设计防火规范》GB 50222

《建筑防腐蚀工程施工质量验收规范》GB 50224

《建筑给水排水及采暖工程施工质量验收规范》GB 50242

《通风与空调工程施工质量验收规范》GB 50243

《建筑工程施工质量验收统一标准》GB/T 50300

《建筑电气工程施工质量验收规范》GB 50303

《民用建筑工程室内环境污染控制规范》GB 50325

《住宅装饰装修工程施工规范》GB 50327

《建筑内部装修防火施工及验收规范》GB 50354

《绿色建筑评价标准》GB/T 50378

《无障碍设计规范》GB 50763

《住宅厨房及相关设备基本参数》GB/T 11228

《家用厨房设备　第4部分：设计与安装》GB/T 18884.4

《家用燃气燃烧器具安装及验收规程》CJJ 12

《住宅厨房、卫生间排气道》JG/T 194

《住宅厨房模数协调标准》JGJ/T 262

《住宅室内防水工程技术规范》JGJ 298

《建筑用集成吊顶》JG/T 413

中国工程建设协会标准

住宅厨房建筑装修一体化技术规程

T/CECS 464—2017

条文说明

1 总则

1.0.1 本规程立足住宅制造业的结构转型和技术进步，注重厨房环境安全、适用、经济、绿色和美观的基本需求，以工厂化生产和装配化施工为主要技术特征。本规程的制定目的是推动住宅全产业链的绿色发展，实现住宅厨房建筑装修设计、产品制造、设备选型、施工安装与验收标准的一体化。同时也对规范住宅厨房的空间类型、空间综合设计、厨房设备产品尺寸匹配、安装施工以及降低成本等方面都十分有利。

1.0.3 实现住宅产业可持续发展是住宅工业化技术发展的方向，住宅厨房的建筑装修作为一体化技术的重要环节，应符合住宅工业化技术发展的要求。

1.0.4 本规程在厨房空间、厨房空间与厨房设备产品、产品与产品三个层次上进行了统一协调，有利于解决住宅建造和住宅设备产品制造业的衔接问题，促进厨柜和厨房家电产品标准化、系列化的发展，进而实现整个住宅厨房产业链的资源整合。

2 术语

2.0.1 建筑结构体是由主体构件构成建筑的承重结构体系部分，其中主体构件主要指结构构件，包括柱、梁、板、承重墙等主要受力构件和阳台、楼梯等受力构件。

2.0.2 建筑内装体是指由内装部品构成的建筑内装部品体系。

2.0.3 住宅建筑装修一体化是以工业化生产方式为基础、以住宅全产业链的现代化发展为目标，运用现代标准化手段，对住宅建设各相关技术环节进行整合优化的系统工程，其主要技术特征是采用工厂生产和现场装配的建造方式，主要技术内容是建立建筑空间、设施管线和内装部品一体化的设计规则和技术体系。

3 基本规定

3.0.1 住宅建筑装修一体化技术作为先进的制造技术应积极推广。欧洲标准化组织（CEN）将先进制造技术定义为：“先进制造技术是指从产品概念设计、制造、交货、维护到报废处理的产品全生命周期，考虑了物理设备、人、环境以及安全等方面，能够支持自动化制造系统的技术说明、设计、开发、使用、操作、集成，以及支持相关的研究、方法、工具、管理、信息和通信系统的一系列技术集合。”

3.0.2 建筑结构体与建筑内装体、设备管线相互分离的方式是解决住宅适用性、可变性和易维护性的具体措施，也是保证建筑全寿命周期中结构安全性的技术方法，厨房是住宅设备和管线集中布置区域，住宅厨房建筑装修一体化工程中应推广和采用建筑结构体与建筑内装体、设备管线相互分离的方式。

3.0.3 装配式建造方式是采用工厂化生产的标准部品在现场进行组装的施工模式，也是解决现场手工加工所造成的施工周期长、能耗高、垃圾、噪声、粉尘污染等问题的有效方法，对保证住宅结构安全、节能减排，实现城市绿色建设和可持续发展起着重要作用。

3.0.4 住宅厨房建筑装修一体化设计应充分考虑建筑空间所需实现的功能，系统规划、统筹安排，应以实现分散化加工、一体化装配为技术目标，应积极推广住宅厨房集成装配技术。

3.0.6 模块化是标准化的最高形式，也是基于标准化的一种设计方法。模块化在解决复杂问题时，自上而下逐层把系统划分成若干的独立模块，并通过建立统一的设计规则，规范各模块接口技术、几何形状、尺寸及位置等边界条件，使各模块在分散化生产和技术演进的同时，能够通过统一的边界条件组成新系统。模块化作为一种设计方法，可以通过标准模块选择性组合，达到多样化输出的目的。

3.0.8 中国已步入老龄化社会，考虑到老年人口比例的不断上升，住宅厨房建筑装修一体化宜为老年人和使用轮椅的人提供适用的功能尺寸和良好的空间环境。

4 设计

4.1 一般规定

4.1.6 模数协调中的基本尺寸单位，其数值为100mm，符号为M，即1M等于100mm。厨房部品设计应符合模数协调要求，可采用分模数 M/2（50mm），并利于工业化生产和工程交付现场组装。为确保厨柜柜体安装后与住宅厨房净空模数统一协调，柜体宽度方向成品尺寸均应减 1mm（图 1）。

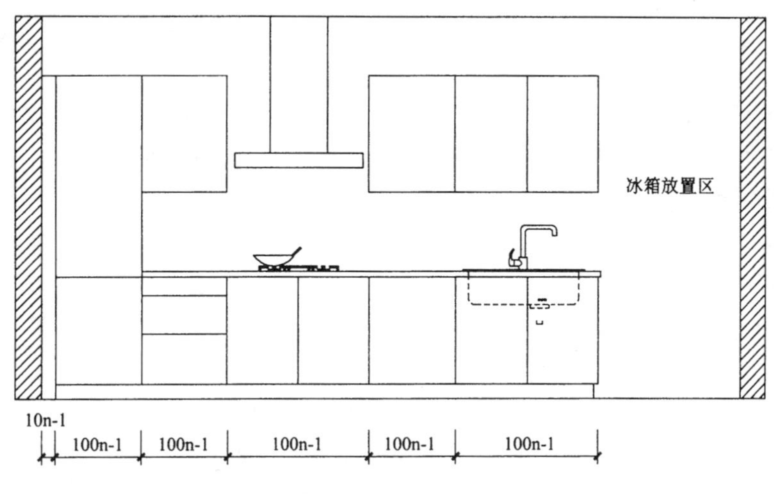

图 1 厨房模数协调标准化系统示意

4.2 建筑空间设计

4.2.2 通过模块化的组合设计，可形成 5 种主要的厨柜布局形式，各类布局形式的特点为：

（1）单排的厨柜设计，将食物储存区、洗涤区、操作区、烹饪区、成品区等按照直线一字排开，通常适用于面积不大、宽度比较狭窄的厨房；

（2）双排的厨柜设计，将工作区安排在两条平行线上，在工作区域和中心的分配上，经常将洗涤区和操作区安排在一起，而烹调区通常单独设计；

（3）L 字型的厨柜设计，将厨柜从某一个墙角双向展开形成 L 形，这种配置比较简单经济，能够节省空间；

（4）U 字型的厨柜设计，将厨柜分三面设计，所需空间较大，但中央动线不会受到干扰，适合较大的厨房；

（5）岛型的厨柜设计，将厨柜的某一部分设计成像岛屿一样与其他部分分开，通常岛屿部分设计成操作区或烹饪区（提供电插座），或者两者兼有，同时与其他各功能区均可就近使用。

4.3 设施管线设计

4.3.4 竖向管道应布置在临近设备使用处的墙角，管道边距离内墙应小于 100mm。当采用装配式墙体时，厨房入户下水横向管道宜入墙，并在正确的位置接出，允许偏差应小于 5mm。

4.3.6 本条对厨房给水系统设计做出了规定。

4 洗涤槽底部高度距地面高度在 600mm 左右，为便于与冷热水给水管接口接驳，角阀距地面安装高度宜为 500mm，冷热水管安装应左热右冷，为便于安装和维修，冷热水角阀平行间距不宜小于 150mm。

4.3.7 本条对厨房排水系统设计做出了规定。

1 排水管主管在地面，末端高有利于排气。沿地面铺设可避免横向明装或暗埋影响墙；室内排水的水平管道应以 2‰ ~ 5‰的坡度坡向泄水方向装置；厨柜踢脚高度 100mm，安装完成后大于 100mm，横排管上端水平距地面小于 100mm 的设计，便于后期厨柜安装检修。

6 采用以上两种连接方式，可以更好地避免来自上游的含油废水在管道接口处的凝结，从而更有效地避免分支管道系统堵塞。

4.3.8 给排水管道如在烟道朝向吸油烟机一侧，会阻挡烟道开口，导致吸油烟机的烟管无法安装。

4.3.11 本条对厨房电气管线设计做出了规定。

5 插座距离地面的高度应从插座面板底口的水平线位置开始计算。

4.3.12 本条对厨房燃气设计做出了规定。

2 在布置燃气表的柜体中，为保证通风，宜取消背板，在不见光面或踢脚板设置有效截面积不小于 0.02 m^2 的固定百叶。

4.4 内装部品设计

4.4.2 住宅厨房建筑装修中部品设计、制造和装配，应实现部品通用性及互换性，提高部品系列化程度，企业在关注自身质量的同时，应不断地提升装配技术的研发和产品模块优化，提高部品的标准化及个性化应用能力，更便于可视化施工，后期维修、改造及升级换代。

4.4.6 现场施工的厨房隔墙精度很难保证，会造成厨柜和厨电的安装遇到阻碍，并影响整体精度，为了提高厨房部品的整体安装效果，厨房墙面系统宜采用工业化成品隔墙现场组装，墙体内应预埋管线；同时应预先考虑面材设计，以保障能在工厂完成面材施工。墙饰面宜选用砖、石材等耐污、易擦洗的防火及环保饰面产品；宜采用装配式成套技术，或干法粘贴技术。

4.4.8 厨房吊顶内的各种功能配套设施日益繁多，吊顶内嵌入的照明、排风、供暖、音响及其他智能设备应进行系统设计，顶面系统与各部品之间的接口应匹配合理，集成吊顶更能满足厨房吊顶的综合需求。

5 施工安装

5.1 一般规定

5.1.2 住宅厨房建筑装修一体化施工中土建工程作为上位工序，基层施工的精度直接影响内装部品安装定位和装配尺寸。因此，土建和主干管道施工精度应确保在公差允许范围内，以保证装配式装修工程的顺利实施。

5.1.3 装配定位是住宅厨房建筑装修一体化技术的关键环节，基于部品化装配的技术特点，内装部品的装配定位应以装修完成面为基准。

5.2 施工准备

5.2.1 厨房装修施工开始前，现场应完成如下工作：

（1）建筑结构施工；

（2）建筑给水排水、暖气、通风和电气系统主管道施工；

（3）厨房内防水施工；

（4）完成的施工项目已通过验收且质量合格；

（5）现场清理完毕，具备场地移交条件。

5.2.2 厨房装修施工前，应根据设计要求编制施工方案，制定各分项施工程序、操作步骤和质量要求，明确各相关技术环节的交接关系。

5.2.4 施工场地规划是施工组织设计的组成部分，是提高施工效率、保证结构安全和落实节能减排的重要工作环节，应符合下列原则：

（1）现场材料应分散堆放，避免对建筑物结构、防水层和建筑物附属设施构成损坏；

（2）材料的分类管理应符合工序要求、便于施工取用；

（3）易燃、易爆、易碎、易潮和易污的材料应注意存放的方法并采取安全保护措施；

（4）材料堆放应符合施工现场安全、防火和环保的有关规定。

5.2.5 厨房装修施工前应进行成品保护，主要包括：

（1）应对材料和设备运输时所使用的电梯、楼梯、扶手、楼道门、窗等公共区域采取保护措施；

（2）应对施工现场土建、设备及主干管道的成品、半成品采取保护措施；

（3）施工保护措施在装修工程竣工前应拆除。

5.3 进场检验

5.3.1 厨房施工前，施工单位应做好材料和部品配送计划和进场检验、试验工作；主要包括：

（1）编制进场计划，明确技术要求和管理办法；

（2）所用单件、组件及产品的性能指标和技术参数均应符合设计要求和相关标准的规定；

（3）核准名称、规格、型号、数量，核准产品出厂合格证、产品说明书、保修单和生产厂家的名称、批号、检验代号、生产日期及执行标准的文号等，应便于工程质量管理部门监督。

5.3.2 土建施工允许偏差值的控制是实施一体化内装的基本技术条件，直接影响各装配截面技术尺寸的构成以及建筑与装修定位尺寸的确定，本规程根据装配式装修的技术特点，以提高施工质量为原则，对土建基层施工允许偏差做出规定，以便于实际项目中参考运用。

5.3.4 建筑主干管道施工允许偏差值是建筑、管线和内装一体化施工关键技术内容之一，结构预留位置和主干管道与支路管线的接口位置，直接影响装修施工尺寸定位，本规程根据装配式装修的技术特点，以提高施工质量为原则，对结构预留孔洞位置、预埋件位置和主干管道与支路管线的接口位置的允许偏差做出统一规范，以便于实际项目中参考运用。

5.4 设施管线施工

5.4.4 设施管线安装是厨房装修施工分步实施的第一步，直接影响后续施工的装配对位，安装前应依据设计图纸进行管线综合放线，应核准管线的走向和接口位置。

5.5 地面施工

5.5.6 厨房地面采用架空技术包括整体底盘架空技术和装配式地面架空技术；装配式地面架空技术是在架空龙骨上进行地面组合装配的安装技术，目前，厨房装配式地面架空技术尚未有相关标准可遵循，使用时，需经国家权威部门论证并审核通过。

5.6 墙面施工

5.6.3 厨房内瓷砖墙面采用水泥砂浆粘贴技术或干法粘贴技术时，为避免现场裁切、磨边和开孔等手工作业，应通过空间尺寸与瓷砖规格的相互匹配实现整砖粘贴，控制裁切量，施工中如遇少量裁切应在场外加工。

5.6.4 厨房内饰面墙采用预制装配饰面板技术，单件、组件和零配件均应为工厂制造的标准产品，应包括饰面板和配套的龙骨等构件，管线接口孔洞应在工厂加工完成，管线固定方式宜与龙骨结合，便于空腔内的管线定位，现场装配时应合理预留装配间隙、严格控制公差尺寸。

6 验收

6.1 一般规定

6.1.1 住宅厨房建筑装修一体化工程质量不应低于国家现行相关标准，本规程以国家现行标准为基础，结合装配式装修的特点，编制住宅厨房建筑装修一体化工程质量验收规定。

住宅卫生间建筑装修一体化技术规程

CECS 438 : 2016

中国工程建设标准化协会公告

第 245 号

关于发布《住宅卫生间建筑装修一体化技术规程》的公告

根据中国工程建设标准化协会《关于印发〈2010 年第一批工程建设协会标准制订、修订计划〉的通知》（建标协字［2010］27 号）的要求，由中国建筑装饰协会厨卫工程委员会和北京工业大学编制的《住宅卫生间建筑装修一体化技术规程》，经本协会建筑与市政工程产品应用分会组织审查，现批准发布，编号为 CECS 438 : 2016，自 2016 年 9 月 1 日起施行。

中国工程建设标准化协会

二〇一六年六月六日

前　言

根据中国工程建设标准化协会《关于印发〈2010年第一批工程建设协会标准制订、修订计划〉的通知》（建标协字［2010］27号）的要求，编制组在广泛调查研究，总结国内外先进经验，并在广泛征求意见的基础上，制定本规程。

本规程共分6章和3个附录，主要内容包括：总则、术语、基本规定、设计、施工安装、验收等。

本规程由中国工程建设标准化协会建筑与市政工程产品应用分会归口管理，由中国建筑装饰协会厨卫工程委员会负责具体技术内容的解释。在执行过程中，如发现需要修改和补充之处，请将意见或建议寄送解释单位。（地址：北京市朝阳区胜古中路2号院5号楼305室中国建筑装饰协会厨卫工程委员会；邮政编码：100029）。

主编单位：中国建筑装饰协会厨卫工程委员会
北京工业大学

参编单位：清华大学
万科企业股份有限公司
新城控股集团股份有限公司
合生创展集团
北京市华远地产有限责任公司
北京龙湖地产
北京亿城房地产开发有限公司
金螳螂精装科技（苏州）有限公司
深圳市深装总装饰股份有限公司
北京弘高建筑装饰设计工程有限公司
远洋装饰工程股份有限公司
北京市金龙腾装饰股份有限公司
中建三局装饰有限公司
上海新丽装饰工程有限公司
深圳瑞和建筑装饰股份有限公司
深圳市晶宫设计装饰工程有限公司
北京中铁装饰工程有限公司
中国装饰股份有限公司
路达（厦门）工业有限公司
中宇建材集团有限公司
浙江鼎美智装股份有限公司
浙江中财管道科技股份有限公司
辽宁苏泊尔卫浴有限公司
佛山市乐华陶瓷洁具有限公司
广东恒洁卫浴有限公司
佛山市法恩洁具有限公司
开平市澳斯曼洁具有限公司
佛山市家家卫浴有限公司

辉煌水暖集团有限公司
浙江美尔凯特集成吊顶有限公司
广州戈兰迪新材料股份有限公司
浙江日升卫浴洁具有限公司
北京明锐诚升节水科技有限公司
苏州科逸住宅设备股份有限公司

主要起草人：李　桦　刘　强　胡亚南　杨淑娟　张　昕
邓俊明　苑增奇　艾欣荣　王玉龙　吴亚诚
李妍筠　姚　潇　许刚宝　胡庆红　陈志伟
陈　伟　崔为民　沈俊强　于　波　刘劲帆
管作为　许传凯　曾天生　张　轲　张磊磊
王永奇　庞湛高　严邦平　方　春　林培旭
林补生　沈业勇　严发祥　杨　红　练　武
王凤蕊　张伟民　关文民　魏莹利　李　南
张开飞

主要审查人：赵冠谦　宋　兵　周燕珉　杨家骥　魏素巍
赵丰东　武　振　杨　郡

1 总 则

1.0.1 为贯彻落实绿色环保、节能减排的建设方针，促进住宅产业化发展，提高住宅卫生间工业化建造技术水平，满足适用、安全、经济、美观的要求，推广住宅建筑装修一体化技术制定本规程。

1.0.2 本规程适用于新建、改建和扩建的住宅卫生间建筑装修一体化工程的设计、施工和验收。

1.0.3 住宅卫生间建筑装修一体化技术，应符合住宅产业可持续发展的原则，满足设计标准化、生产工厂化、施工装配化、装修部品化和管理信息化的要求。

1.0.4 住宅卫生间建筑装修一体化技术，除应符合本规程要求外，尚应符合国家现行有关标准的规定。

2 术 语

2.0.1 住宅建筑装修一体化 integration of construction and decoration in residential building

为实现住宅建筑结构体和内装体内外协调和相互匹配，对各相关技术环节进行整合优化的过程。

2.0.2 建筑结构体 skeleton system of building

建筑的承重结构体系，或称建筑的支撑体，由主体构件构成。

2.0.3 建筑内装体 infill system of building

建筑的内装部品体系，或称建筑的填充体，由内装部品构成。

2.0.4 内装部品 infill parts

由工厂生产、现场组装，满足住宅功能要求的内装单元模块化部品或集成化部品。

2.0.5 装配式装修 assembled decoration

将工厂生产的标准化内装部品在现场进行组织装配的装修方式。

2.0.6 完成面净尺寸 net size of the finished surface

装修工程完成后，墙面、地面及顶面之间的水平和垂直距离。

2.0.7 饰面墙 decoration wall

在结构墙体或隔墙上，涂刷、粘贴或安装的饰面层或饰面板，起到对住宅套内墙面的保护和装饰作用。

2.0.8 干式工法 dry-type construction method

现场采用干作业施工工艺的建造方法。

2.0.9 整体卫浴 unit bathroom

由工厂生产、现场组装的满足洗浴、盥洗和便溺功能要求的基本单元模块化部品。

2.0.10 收纳系统 system of storage

由工厂生产、现场组装的满足不同套内功能空间分类储藏要求的基本单元模块化部品。

2.0.11 管线分离技术 pipeline separation technique

将设备管线与建筑结构体相分离，不在建筑结构体中预埋设备管线的技术。

2.0.12 公差配合 tolerance and fit

实际参数值的允许变动量。制定公差的目的是为了确定产品装配过程的几何参数，使其变动量在一定的范围之内，以便达到互换或配合的要求。

3 基本规定

3.0.1 住宅卫生间建筑装修一体化工程应符合住宅建筑可持续性发展的原则，应系统考虑产品和部品在设计、制造、安装、交付、维护、更新直至报废处理全生命周期中各阶段技术运用的合理性。

3.0.2 住宅卫生间建筑装修一体化工程宜采用装配式建造方式，整体协调建筑结构、机电管线和内装部品的装配关系，做到内外兼顾、相互匹配。

3.0.3 住宅卫生间建筑装修一体化工程设计应以建筑通用体系为原则，满足内装部品通用性、互换性和易维护的要求。

3.0.4 住宅卫生间建筑装修一体化工程设计应采用标准化设计方法，遵循模块化原理，通过标准模块的组合满足多样化的要求。

3.0.5 住宅卫生间建筑装修一体化工程设计应遵循模数协调规则，建筑空间和部品规格设计应选用标准化、系列化的参数尺寸，实现尺寸间的相互协调。

3.0.6 住宅卫生间建筑装修一体化工程宜采用建筑结构体与建筑内装体、设备管线相互分离的方式。

3.0.7 建筑装修一体化卫生间宜采用单元模块化的产品和部品。当使用整体卫浴时，其性能和质量应符合现行行业标准《住宅整体卫浴间》JG/T 183 的有关规定。

3.0.8 建筑装修一体化的卫生间工程宜满足适老化的要求。

3.0.9 住宅卫生间建筑装修一体化工程应采用节能环保的新技术、新材料、新工艺和新设备，不断优化产品和部品性能，提高整体建造技术水平。

3.0.10 建筑装修一体化的卫生间防水工程，应符合现行行业标准《住宅室内防水工程技术规范》JGJ 298 的有关规定。

3.0.11 住宅卫生间建筑装修一体化工程，应符合现行国家标准《建筑防火设计规范》GB 50016、《住宅设计规范》GB 50096、《住宅建筑规范》GB 50368、《民用建筑设计通则》GB 50352 以及其他国家现行标准的有关规定。

4 设 计

4.1 一般规定

4.1.1 建筑装修一体化卫生间设计，应系统考虑家庭全生命周期中，家庭结构和生活方式的变化，结合环境、功能和设施的可变性要求，综合住宅面积和套型特点，合理规划卫生间空间布局。

4.1.2 建筑装修一体化卫生间设计应统筹考虑空间环境、功能布局、部品制造、安装定位、装配程序和运营维护等各技术环节，应满足整体性和系统性要求。

4.1.3 住宅卫生间建筑装修一体化的空间设计，应以装修完成面为基准面，采用装修工程完成面净尺寸标注内装部品的装配定位。

4.1.4 建筑装修一体化卫生间空间设计尺寸应有利于分割为内装部品的通用规格尺寸，内装部品通用规格尺寸应有利于组合成空间设计尺寸，设计应符合模数协调的原则，宜采用模数化网格进行尺寸设计和定位。

4.1.5 住宅卫生间建筑装修一体化设计应采用设计协同的方法，宜通过建筑信息模型技术进行并行设计，对各专业技术领域进行整体优化。

4.1.6 建筑装修一体化卫生间的装修设计应选用易于集成装配的模块化标准部品和成熟配套的技术体系。

4.1.7 建筑装修一体化的卫生间设备安装和管线布置应组织有序，连接技术和接口位置应标准统一，应便于安装、维护和更换。

4.1.8 建筑装修一体化卫生间的空间布局和功能尺寸应满足使用要求，应符合现行国家标准《住宅卫生间功能及尺寸系列》GB/T 11977 的有关规定。

4.1.9 建筑装修一体化卫生间的无障碍设计，应符合现行国家标准《无障碍设计规范》GB 50763 的有关规定。

4.1.10 建筑装修一体化卫生间的环境设计，应综合考虑光环境、声环境、干湿环境、安全防火、空气质量等因素，材料选用、设备选型及应用技术均应符合国家现行有关标准的规定。

4.2 标准化设计

4.2.1 建筑装修一体化卫生间的标准化设计，应采用模块化设计方法，将构成卫生间的各功能单元逐级分解，形成空间和部品两个层级的模块系统，可按下列方法进行：

1 可将住宅卫生间分解为：便溺、盥洗、洗浴、洗衣、管井和出入六个单一功能模块（图 4.2.1）。

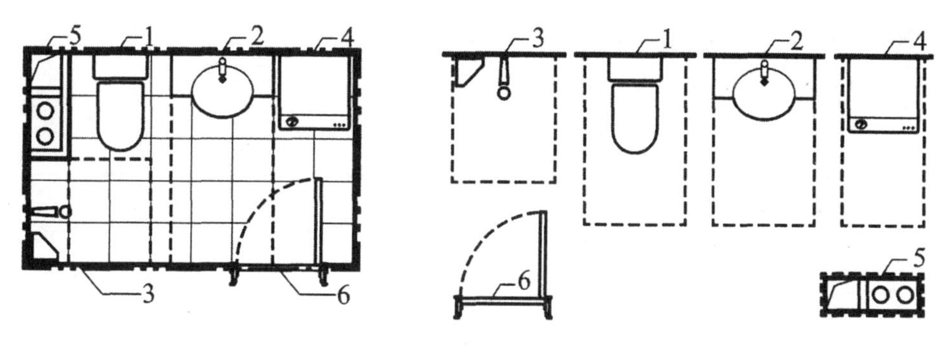

（a）卫生间　　（b）卫生间功能模块

图 4.2.1　卫生间功能模块的分解

1—便溺模块；2—盥洗模块；3—洗浴模块；

4—洗衣模块；5—管井模块；6—出入模块

2　可将图 4.2.1 的功能模块进行二次分解，形成卫生间部品模块系统，卫生间部品模块系统由墙面、顶面、地面、门窗、卫生洁具、收纳及配件和设备及管线等构成（表 4.2.1）。

表 4.2.1　卫生间部品模块系统

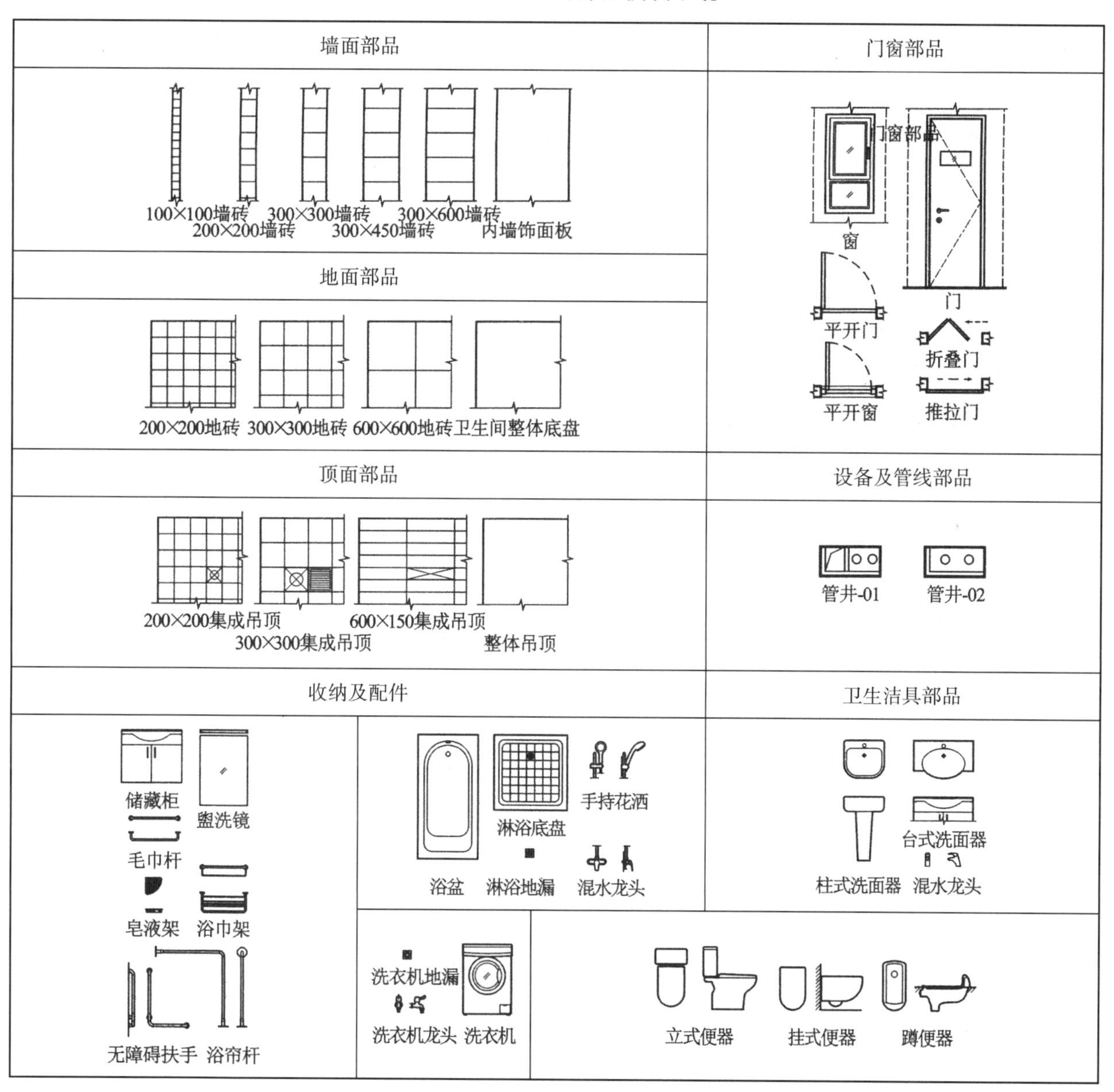

4.2.2 建筑装修一体化卫生间的模块化设计，应通过对功能模块的选择性组合和合理化配置，获得不同类型、不同规格的空间布局形式，卫生间的模块化组合设计可按表 4.2.2 确定。

表 4.2.2 卫生间模块化组合设计

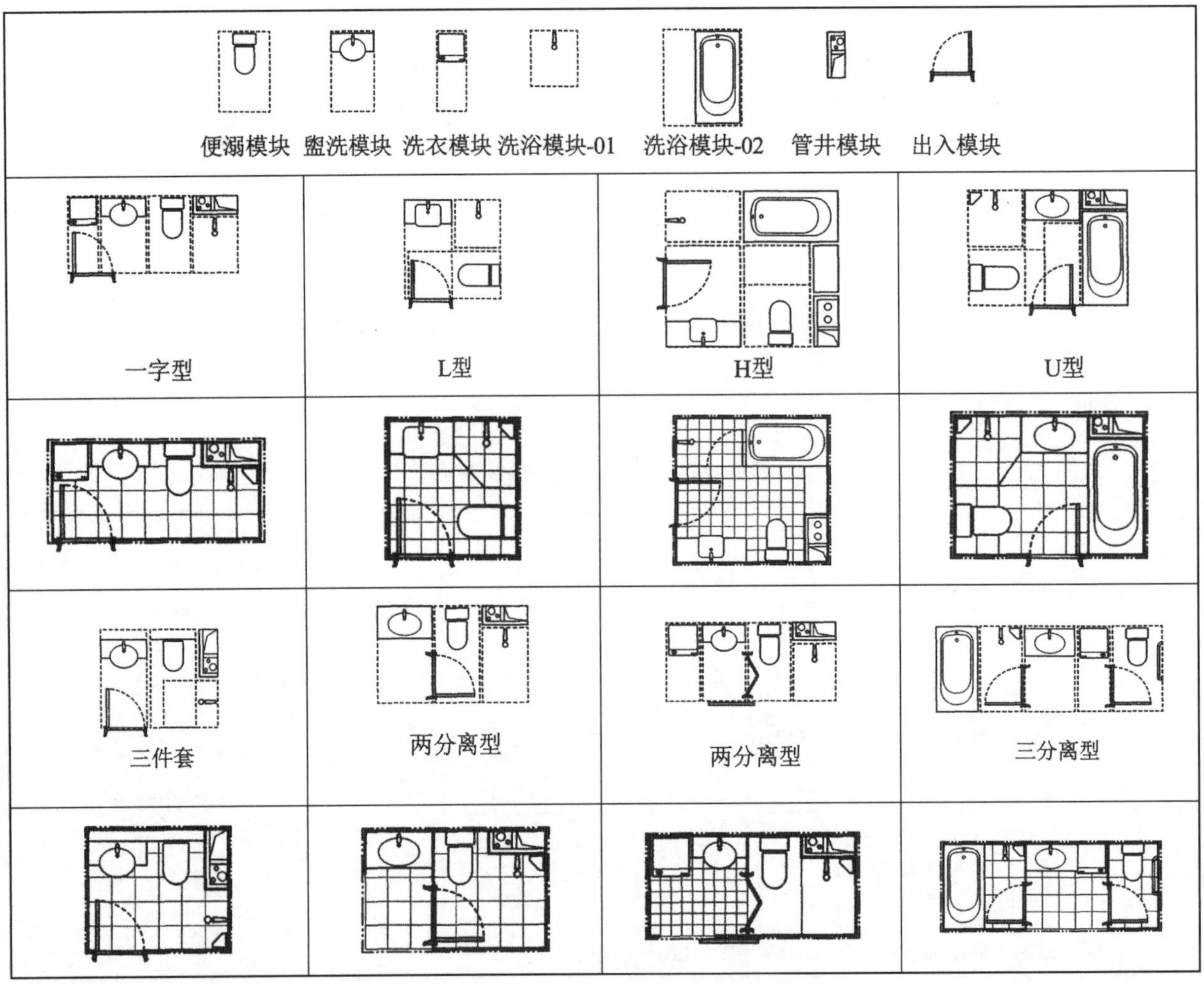

便溺模块 盥洗模块 洗衣模块 洗浴模块-01 洗浴模块-02 管井模块 出入模块			
一字型	L型	H型	U型
三件套	两分离型	两分离型	三分离型

4.2.3 建筑装修一体化卫生间的标准化设计，应选用通用的标准化部品，标准化部品应具有统一的接口位置和便于组合的形状和尺寸，应满足通用性和互换性对边界条件的参数要求。

4.2.4 住宅卫生间建筑装修一体化尺寸设计应采用模数协调方法，空间与填充体应形成便于分割和组合的尺寸关系，应符合下列规定：

1 当空间净尺寸以 3nM=300mm，或 1.5nM=150mm 进级时，功能尺寸和部品规格可采用 3m=30mm；5m=50mm 和 15m=150mm 为进级基数；

2 当空间净尺寸以 2nM=200mm，或 1nM=100mm 进级时，功能尺寸和部品规格可采用 2m=20mm；5m=50mm 和 10m=100mm 为进级基数；

3 同一楼栋、同一套型内，卫生间、厨房和收纳空间净尺寸宜选用同一空间尺寸进级数列。

4.2.5 建筑装修一体化卫生间的标准化设计宜采用模数网格化方法，应根据空间净尺寸进级数列，选择适配的网格格距，进行内装部品的设计和定位。

4.2.6 建筑装修一体化卫生间的功能尺寸宜按本规程附录 A 确定。

4.2.7 建筑装修一体化卫生间的部品规格尺寸宜按本规程附录 B 确定。

4.2.8 建筑装修一体化卫生间的平面净空间尺寸可按本规程附录 C 确定。

4.3 建筑设计

4.3.1 建筑装修一体化卫生间的建筑设计应合理地选择结构方式，应整体协调建筑构件与内装部品的装配技术尺寸，做到内外兼顾、相互匹配。

4.3.2 住宅卫生间建筑空间尺寸应采用标准化设计方法，应按本规程第 4.2 节的规定，进行建筑空间尺寸与内装部品规格尺寸的一体化设计。

4.3.3 住宅卫生间建筑装修一体化建筑设计，应避免卫生间相对的两面墙体均为结构墙体，为卫生间的装配式装修预留可调空间，当条件不具备时，应综合考虑内饰墙面的装配技术条件，合理预留配合间隙。

4.3.4 住宅卫生间建筑装修一体化设计宜采用模块化设计方法，部品选型应选用便于安装、拆卸以及接口通用、技术配套的标准化内装部品。

4.3.5 住宅卫生间一体化设计应充分考虑不同部品及设备的使用年限和权属，应合理规划布局位置、连接方法和装配次序；应以公共部品布置在公共区域，住户专属部品布置在套内为原则，易损部品的安装位置应便于维修和更换。

4.3.6 住宅卫生间建筑装修一体化宜采用建筑结构体、内装体与管线分离的建造方式，管线宜布置在卫生间基层与饰面层之间。

4.3.7 住宅卫生间建筑装修一体化设计应对土建施工的尺寸精度提出要求，应控制并量化土建公差尺寸，设计精度应满足装配式装修的条件。

4.3.8 住宅卫生间建筑装修一体化设计的施工图设计，部品设计深度应满足生产加工和现场安装要求，所选用的部品应明确名称、规格、型号、数量和质量等主要技术参数。

4.4 内装部品

4.4.1 建筑装修一体化卫生间的内装部品应遵循标准化原则，采用工厂化生产和集成化装配的方式，生产及安装过程应符合安全高效、节能环保的要求。

4.4.2 建筑装修一体化卫生间内装部品应满足通用性和互换性的要求，部品与建筑管网系统的接口位置应采用标准化设计，标准部品的通用规格和接口位置可按本规程附录 B 确定。

4.4.3 一体化卫生间的墙面、顶面和地面部品的设计，应符合下列规定：

1 应为工厂生产的标准化产品；

2 所用材料的性能和连接技术应符合卫生间使用环境的要求，结构方式应安全可靠，部件、构件应成套供应；

3 宜采用模块化设计方法，产品单件和组件尺寸应符合模数协调原则，应便于通过组合形成标准卫生间尺寸；

4 设计应避免安装过程中的二次加工；

5 技术指标应符合国家现行有关标准的规定。

4.4.4 一体化卫生间的门窗部品设计，应符合下列规定：

1 窗套、门及门套应为工厂生产的标准化产品；

2 所用材料及结构方式应安全可靠，安装应简便、快捷；

3 门、窗洞口应采用正公差，产品应采用负公差。

4.4.5 卫生间便器部品包括：立式便器、挂式便器和蹲便器，应符合下列规定：

1 下排水坐便器，排水口中心距墙面的通用尺寸应为 300 mm；

2 挂式坐便器座面高度宜为 390 ~ 420mm；

3 挂式坐便器给排水管线接口、结构支架及暗藏水箱等配件应成套供应；

4 坐便器应配置冲洗器专用电源插座；

5 陶瓷便器的性能和质量应符合现行国家标准《卫生陶瓷》GB 6952 的有关规定。

4.4.6 卫生间洗面器部品宜包括柱式洗面器、挂式洗面器、台式洗面器、混水龙头等，并应符合下列规定：

1 洗面器混水龙头冷、热水口中心的通用距离为 150mm；

2 混水龙头冷热水应以颜色标识，且右边为冷水进水，左边为热水进水；

3 洗面器安装构件及给排水管件宜成套供应；

4　陶瓷洗面器产品应符合现行国家标准《卫生陶瓷》GB6952 的有关规定；

5　洗面器混水龙头产品应符合现行国家标准《陶瓷片密封水嘴》GB 18145 的有关规定；

6　挂式及台式洗面器支架安装的设计应符合现行国家标准《建筑给水排水及采暖工程施工质量验收规范》GB 50242 的有关规定。

4.4.7　卫生间洗浴部品宜包括淋浴底盘、浴盆、整体淋浴房、淋浴花洒、混水龙头等，并应符合下列规定：

1　淋浴器及浴盆配置的混水龙头冷、热水口中心的通用距离为 150mm；

2　混水龙头冷热水应以颜色标识，且右边为冷水进水，左边为热水进水；

3　混水龙头应符合现行国家标准《陶瓷片密封水嘴》GB18145 的有关规定；

4　角阀及软管产品应符合现行国家标准《卫生洁具及暖气管道用直角阀》GB/T 26712 和《铁制和铜制螺纹连接阀门》GB/T8464 的有关规定。

4.4.8　住宅卫生间收纳及配件部品包括：收纳柜、置物架、毛巾杆（环）、浴巾架、手纸架、淋浴隔断（帘）、镜面（箱）和适老化设施等，所用材料及结构方式应安全可靠。

4.4.9　卫生间部品安全、防火、环保设计指标以及产品技术参数均应符合国家现行有关标准的要求。

4.5　设备及管线设计

4.5.1　建筑装修一体化卫生间的设备及管线宜选用集成装配化部品，部品所用材料、设备和配套技术，应符合国家现行标准的有关规定。

4.5.2　建筑装修一体化卫生间的给排水、暖通和电气等应进行管线综合设计，接口技术和位置应采用标准化设计，并满足通用性和互换性的要求。

4.5.3　建筑装修一体化卫生间宜采用管线分离方式进行设计，竖向管线应集中布置，横向管线应避免交叉。

4.5.4　住宅卫生间给水系统由给水立管、套内管线、套内用水设备组成，设计应符合下列规定：

1　给水管线及其接口应定尺定位；

2　装配式卫生间给水管线宜敷设于地面架空层或吊顶内，墙面管线应布置于结构基层与饰面层的空腔之间；

3　卫生间冲厕用水宜采用中水系统，便器应配置冲洗器设备电源的专用插座，冲洗器的给水禁止与中水管连接；

4　太阳能热水系统，设备与管线安装应符合一体化设计要求；

5　给水、热水、中水管道，应区分外套管的颜色。

4.5.5　住宅卫生间排水系统由排水立管、横支管、套内用水设备组成，设计应符合下列规定：

1　卫生间宜采用同层排水技术，宜将排水横支管在本层内接入排水立管；

2　采用同层排水技术时，地漏宜设置在便器或浴盆排水管接口的上游，并应靠近排水立管，地漏不得采用钟罩式或翻板式地漏；

3　排水立管可采用特殊单立管技术，做法可按现行国家标准《建筑给水排水设计规范》GB 50015 的有关规定执行；

4　卫生间设置洗衣机时，宜采用能防止溢流和干涸的专用地漏。

4.5.6　住宅卫生间采暖系统由主立管、分集水器，供暖管路及设备组成，设计应符合下列规定：

1　当分集水器布置在卫生间内时，应考虑维修管理的方便；

2　住宅供暖主管宜布置在公共区域，套内供暖管路宜与结构体分离。

4.5.7　住宅卫生间通风系统由通风管道、防倒流接口及通风设施组成，设计应符合下列规定：

1　卫生间宜采用水平排气，室外排气口应有避风、防雨措施；

2　卫生间排风接入公共通风管道系统时，应设置相应的防倒流设施；

3　采用集成装配式内装的卫生间，不同楼层的排气道宜采用一致的尺寸，并应符合现行行业标准《住宅厨房、卫生间排气道》JG/T 194 的有关规定；

4　机械排风防火阀设计应符合现行国家标准《住宅设计规范》GB 50096 的有关规定。

4.5.8　住宅卫生间电气系统由强电管线、弱电管线及设备组成，设计应符合下列规定：

1　卫生间电气管线应与其他管线综合布置，并组织有序、位置合理；

2　装配式卫生间电气管线宜敷设于吊顶内，墙面电气管线宜敷设于结构基层与饰面层之间时，应满足管线安全间距的要求；

3　卫生间应设置等电位连接，应设置带有漏电保护装置的电源插座回路，当卫生间电源低于 1.8 m 时，应采用安全、防溅型插座；

4　卫生间宜预留呼救报警智能化接口；

5　住宅卫生间电气系统设计应符合安全和防火要求，并符合国家现行标准《低压配电设计规范》GB 50054、《民用建筑电气设计规范》JGJ 16 和《住宅建筑电气设计规范》JGJ 242 的有关规定。

4.5.9　住宅卫生间主要设备包括开关插座、照明灯具、浴霸、暖风机、热水器、换气扇等，产品性能及安装方式应安全可靠，接口位置应便于维护，性能和质量应符合国家现行有关标准的规定。

5　施工安装

5.1　一般规定

5.1.1　住宅卫生间建筑装修一体化的装修施工，应做到统筹规划、分项管理、分步实施。

5.1.2　建筑装修一体化卫生间的建筑结构体和内装体施工应符合设计要求，土建及主管道施工精度应满足内装部品集成化装配的技术条件。

5.1.3　卫生间建筑装修一体化的装修施工、内装部品的装配定位应以装修完成面为基准面，基准线的获取应以建筑定位轴线和标高控制线为依据。

5.1.4　在进行卫生间建筑装修一体化的装修施工时，应编制与一体化技术相对应的专项施工方案，并明确各分项工程的技术要求和操作步骤。工序交接过程和单项施工过程均应有完整的记录。

5.1.5　卫生间墙面、顶面和地面的装修施工，宜采用标准规格产品，通过模块化组合成型，应避免裁切、磨边、打孔等现场作业。

5.1.6　住宅卫生间装修施工时，严禁擅自改动建筑主体、承重结构，施工材料、设备的存放和安装不应损坏建筑物结构，不应破坏地面、墙面的防水层以及建筑物的附属设施。

5.1.7　建筑装修一体化卫生间施工的技术管理和安装操作人员，应经过专业技术培训，并考核合格，施工安装过程应严格遵守国家有关施工安全、劳动保护和文明施工的相关规定。

5.1.8　建筑装修一体化卫生间的施工管理，宜采用建筑设计、部品供应、施工安装的一体化管理模式。

5.1.9　住宅卫生间建筑装修一体化的装修施工，所使用材料、部品的防火性能应符合现行国家标准《建筑内部装修防火施工及验收规范》GB 50354 的有关规定。

5.1.10　卫生间建筑装修一体化的地面辐射采暖工程，应符合现行行业标准《辐射供暖供冷技术规程》JGJ 142 的有关规定。

5.1.11　住宅卫生间建筑装修一体化施工，除应符合本规程外，尚应符合现行国家标准《住宅装饰装修工程施工规范》GB 50327 的有关规定。

5.2　施工准备

5.2.1　卫生间装修施工前，建筑主体、主管道和卫生间防水施工应已完成并验收合格。

5.2.2　卫生间装修施工前，部品生产企业及施工安装企业应对现场进行勘察、验线，应结合场地情况对施工方案进行会审。设计单位和监理单位宜参与施工方案会审工作。

5.2.3　卫生间装修施工前，应完成主要材料和工艺节点样品的封样和备案，批量交房项目应采用相同材料和工艺制作样板间。

5.2.4　卫生间装修施工前应对装修场地进行布置，合理安排现场拆包、组装、可回收废料和垃圾场地等区域的位置，并满足消防、安全及施工操作的要求。

5.2.5　住宅卫生间装修施工前，待安装部品的部件、组件应按计划准备就绪，进场检验、试验应合格，所用材料和产品的名称、规格、型号、数量和质量应符合设计要求。

5.2.6 卫生间装修施工前应做好现场成品保护。

5.3 进场检验

5.3.1 建筑装修一体化卫生间装修施工前，应组织完成工序交接、场地交接和质量检测，结果应形成记录。

5.3.2 卫生间装修施工前，应完成定位放线工作。

5.3.3 建筑装修一体化卫生间的土建基层施工应符合现行国家标准《砌体结构工程施工质量验收规范》GB 50203、《混凝土结构工程施工质量验收规范》GB 50204的有关规定。土建基层的允许偏差应符合表5.3.3的规定。

表 5.3.3 土建基层的允许偏差和检验方法

项目		允许偏差（mm）	检验方法
顶板	净高	± 10.0	水准仪、尺量
	标高极差	10.0	水准仪、尺量
	表面平整度	8.0	2m 靠尺和塞尺
墙体	表面平整度	8.0	2m 靠尺和塞尺
	立面垂直度	5.0	吊线、尺量
	阴阳角方正	4.0	直角检测尺
	开间、进深	10.0	尺量
板材隔墙	表面平整度	3.0	2m 靠尺和塞尺
	立面垂直度	3.0	吊线、尺量
	阴阳角方正	4.0	直角检测尺
	接缝高低差	3.0	钢直尺和塞尺
地面	平整度	3.0	2m 靠尺和塞尺
	标高	± 5.0（± 10.0）	水准仪、尺量

5.3.4 建筑装修一体化卫生间的公共管道和设备安装施工应符合现行国家标准《建筑给水排水及采暖工程施工质量验收规范》GB 50242、《建筑电气工程施工质量验收规范》GB 50303 的有关规定；管、线、盒等安装位置应符合设计要求。公共管道和设备安装的允许偏差应符合表 5.3.4 的规定。

表 5.3.4 公共管道和设备安装的允许偏差和检验方法

项目		允许偏差（mm）	检验方法
预留孔洞	中心线位置	3.0	沿纵横两个方向测量，取偏差较大值
	尺寸	10.0	尺量检查
预埋件	中心位置	3.0	沿纵横两个方向测量，取偏差较大值
主管道接口位置		5.0	尺量检查

5.3.5 检验工作完成后，应完成场地交接工作，并符合下列规定：

1 移交后的水准点、坐标点应采取保护措施，作为内装部品装配的基准；

2 经检查，尺寸偏差超出允许范围内的部分应采取整改措施；

3 管线应按颜色区分，标识、标牌应清晰；

4 交接程序完成后，应形成交接记录，并留存影像资料。

5.4 设备及管线施工

5.4.1 卫生间内给排水、暖通和电气设备及管线的施工，应在建筑主体、主管道和防水施工完成并检验合格以后进行。

5.4.2 卫生间内支路给排水、暖通和电气管线安装距离应符合设计要求，并应符合国家现行标准的有关规定。

5.4.3 卫生间内设备及管线安装施工前，应复核所用材料和产品的合格证、安装说明及操作要求，应确认产品配件齐全，表面无破损或其他质量问题。

5.4.4 卫生间内管线施工前，应根据设计图纸统一弹出管线安装控制线，安装控制线的获取应以装修基准线为依据明确管线走向和接口位置。

5.4.5 卫生间内墙面、顶面及地面管道封闭前，设备及管线应通过隐蔽工程验收。

5.4.6 采用管线分离技术的卫生间给排水、暖通和电气等管线的固定应形成定型的预制管束。

5.4.7 建筑装修一体化卫生间设备管线位置的设置，应满足可拆改的需要，设备管线宜沿着承重结构墙或不拆改的墙体一侧布置，但不得使承重墙的保护层受损。

5.5 地面施工

5.5.1 卫生间地面面层所用材料应符合耐水、耐污、耐磨且易清洁的要求，应符合现行国家标准《建筑地面工程施工质量验收规范》GB 50209 的有关规定。

5.5.2 卫生间地面宜在内墙面安装之前完成，应采用墙面压地面的收口方式。

5.5.3 卫生间地面应根据设计要求确定找坡的大小和方向，坡度应符合国家现行标准的相关规定。

5.5.4 卫生间地面施工前，施工人员应根据设计要求复核安装基准线、标高控制线，应确认管线接口位置符合装配技术条件的要求。

5.5.5 卫生间地面施工前应核准地面与墙面的对位尺寸，并保证墙、地安装对位准确，尺寸偏差在允许范围内。

5.5.6 卫生间地面采用瓷砖粘贴技术时，应符合下列规定：

1 空间设计尺寸应与瓷砖规格尺寸相互匹配，宜采用整砖粘贴；

2 瓷砖粘贴前应进行排砖，管线接口位置与瓷砖预留孔洞应相互对应；

3 瓷砖粘贴时应随时检查平直度，并在粘结层凝结前，完成调整工作；

4 瓷砖粘贴施工完成后，应立即做好成品保护。

5.5.7 采用架空体系的装配式卫生间地面，应符合下列规定：

1 地面材料性能应符合卫生间使用环境的要求；

2 结构方式应安全可靠，强度应通过结构计算并通过型式检验；

3 技术应配套合理，便于安装操作，构配件应成套供应；

4 防水工程应符合现行行业标准《住宅室内防水工程技术规范》JGJ 298 的有关规定。

5.6 墙面施工

5.6.1 卫生间内饰面墙所用材料应符合耐水、耐污、易清洁的要求，材料性能和结构强度应符合国家现行标准的有关规定。

5.6.2 卫生间内饰面墙施工前，应核准安装基准线和控制线，应确认墙内管线及设备接口位置均符合设计要求，尺寸偏差在允许范围内。

5.6.3 卫生间内饰面墙施工前应核准门、窗洞口位置尺寸，应保证建筑外墙与内饰面墙对位准确，尺寸偏差在允许范围内。

5.6.4 卫生间内饰面墙采用瓷砖粘贴技术时，施工应符合下列规定：

1 空间尺寸应与瓷砖规格尺寸相互匹配，宜采用整砖粘贴；

2 粘贴前应进行排板，确认管线接口与墙砖预留孔洞的对位满足安装条件；

3 阳角收口宜采用定型收口条，阴角收口应采用主立面压侧立面；

4 所选择的瓷砖粘结剂，应考虑与不同基底材质间的粘结度，瓷砖粘贴时应控制粘结层的厚度；

5 瓷砖裁切、打孔等二次加工，宜在场外完成。

5.6.5 卫生间内饰面墙采用装配式饰面板技术时，应符合下列规定：

1 安装龙骨与承重结构墙或室内隔墙的连接应安全可靠；

2 安装龙骨与饰面板的装配应简便、快捷，并便于现场调节平整度；

3 饰面板与板之间的接口处应采用防霉、防潮材料进行密闭处理；

4 饰面板预留的各类接口孔洞，应在工厂制作加工；

5 构件、部件均应为工厂生产的定型产品，并成套供应。

5.7 顶面施工

5.7.1 卫生间顶面所用材料应符合耐水、耐污且易清洁的要求，材料性能和结构强度应符合现行国家标准《住宅装饰装修工程施工规范》GB 50327 的有关规定。

5.7.2 卫生间吊顶施工前，地面、墙面及吊顶内设备及管线施工应已完成。

5.7.3 卫生间吊顶施工前，施工人员应复核安装基准线、标高控制线，应确认顶面集成设备和接口的位置符合设计要求。

5.7.4 卫生间顶面采用装配式集成吊顶时，应符合现行行业标准《建筑用集成吊顶》JG/T 413 的有关规定。

5.8 门、窗安装

5.8.1 卫生间门及门套所用材料应符合耐水、耐污且易清洁的要求，材料性能和结构强度应符合现行国家标准《住宅装饰装修工程施工规范》GB 50327 的有关规定。

5.8.2 卫生间门及门套安装前，施工人员应复核安装控制线，应确认产品规格、材质、造型、颜色和纹饰符合设计要求。

5.8.3 卫生间窗套与墙面、窗框的收口线应为工厂生产的定型产品，窗套的连接方式应安全可靠，产品规格、材质、造型、颜色和纹饰应符合设计要求。

5.9 卫生洁具安装

5.9.1 卫生洁具及配件主要包括便器、冲洗器、洗面器、浴盆、淋浴底盘、淋浴房、墩布池、混水器、淋浴喷头、龙头等，陶瓷产品性能应符合现行国家标准《卫生陶瓷》GB 6952 的有关规定。

5.9.2 卫生洁具安装前，卫生间地面、吊顶和墙面施工应已完成。

5.9.3 卫生洁具及配件安装应符合下列规定：

1 卫生洁具配套部件应齐全，型号、规格、颜色应符合设计要求；

2 固定位置的墙、地面应牢固、平整，管线接口及安装构件的预留位置应正确；

3 卫生洁具安装前，应核准安装控制线，并确认符合设计要求；

4 卫生洁具安装完成，应进行自检，并无渗漏、堵塞现象，应做试水检查，保证水压正常、冲水顺畅；洁具表面应光洁、无污染、无破损、无使用痕迹；

5 坐便器安装完成后应进行通球试验；

6 坐便器安装对位应正确，尺寸偏差应在允许范围内；

7 自检合格后，应打密封胶，并做好成品保护。

5.9.4 卫生间立式坐便器底座应采用地角螺栓固定，安装操作不得破坏地面防水层。

5.9.5 卫生间洗面器、淋浴喷头及浴盆给排水管线安装位置应正确，混水器冷、热水方向应与标识一致，开关应灵活，溢水、排水应正常。

5.9.6 卫生洁具通用规格及管线接口位置，应符合本规程附录 B 的有关规定。

5.9.7 卫生洁具安装除应符合本规程的规定外，还应符合现行国家标准《住宅装饰装修工程施工规范》

GB 50327 的有关规定。

5.10　收纳及配件安装

5.10.1　卫生间收纳及配件主要包括：收纳柜、置物架、毛巾杆（环）、浴巾杆（架）、手纸架、淋浴隔断（帘）、镜面（箱）和适老化设施等，产品性能应符合现行国家标准《民用建筑设计通则》GB 50352 的有关规定。

5.10.2　卫生间收纳及配件安装应在卫生间墙面、顶面、地面及卫生洁具安装完成后进行，安装过程应做好成品保护。

5.10.3　卫生间收纳及配件安装前，应复核安装位置，应确认产品规格、材质、造型、颜色和纹饰符合设计要求。

5.10.4　卫生间收纳及配件安装应固定牢固。

5.11　整体卫浴安装

5.11.1　整体卫浴应为技术配套、功能齐全、接口通用的标准化内装部品，产品部件、单件和组件应配套供应。

5.11.2　整体卫浴的给排水、通风和电气等管道管线连接应在设计预留的空间内安装完成，应在预留接口的连接处设置检修口。

5.11.3　整体卫浴的地面不应高于套内地面完成面高度。

5.11.4　整体卫浴的防水体系应符合国家现行有关标准的要求。

6　验　收

6.1　一般规定

6.1.1　卫生间建筑装修一体化的装修工程验收，应出具完整的竣工图纸。

6.1.2　卫生间装修工程所使用材料、产品及部品应具备相关产品说明书、合格证和检测报告，进场时应对品种、规格、数量和质量进行验收，并应具备相应的记录。

6.1.3　采用装配式装修的卫生间，主要部品和部件均应在工厂生产或场外集中加工，现场不应进行二次加工，应提供相应的施工管理制度和技术措施。

6.1.4　卫生间装修施工前所封样和备案的材料、工艺节点样品、实物样板间，可作为工程质量验收参考。

6.1.5　卫生间防水工程质量应经过专项验收，装修施工前应进行复检，并有验收记录和复检记录。

6.1.6　建筑装修一体化卫生间装修工程完成后应对室内环境质量进行检验，并符合现行国家标准《民用建筑工程室内环境污染控制规范》GB 50325 的有关规定。

6.1.7　卫生间建筑装修一体化工程质量验收应为分户工程验收的组成部分，分户工程验收应在装修工程完工后进行，卫生间工程质量验收的各分项工程的质量均应合格，应具有完整的质量验收记录。

6.1.8　建筑装修一体化卫生间的工程质量验收应检查下列文件：

1　卫生间各专业竣工图及相关技术资料；

2　卫生间材料及产品的合格证书、性能检测报告、进场验收记录和复验报告；

3　土建与装修施工现场交接检验记录；

4　隐蔽工程验收记录；

5　施工记录；

6　检验、试验记录。

6.1.9　卫生间建筑装修一体化给排水工程、通风与空调工程、电气工程等分项工程，应符合现行国家标准《建筑给水排水及采暖工程施工质量验收规范》GB 50242、《通风与空调工程施工质量验收规范》GB 50243、《建筑电气工程施工质量验收规范》GB 50303 的有关规定。

6.1.10　卫生间建筑装修一体化施工质量验收，应符合现行国家标准《建筑装饰装修工程质量验收规范》GB 50210 的有关规定。

6.2 设备及管线安装工程

Ⅰ 主控项目

6.2.1 建筑装修一体化卫生间给排水、暖通、电气的设备及管线的产品选型、安装位置、管线布局、装配技术和接口尺寸应符合设计要求。

检验方法：查阅设计文件、检查产品合格证、性能检测报告、CCC认证标识、进场检验记录、材料取样复试报告、对照样品检查、尺量检查。

6.2.2 卫生间照明光源的照度、色温和显色性等技术指标应符合设计要求。

检验方法：查阅设计文件、产品说明书、检测报告、对照样品检查。

Ⅱ 一般项目

6.2.3 暗装在卫生间墙面的电源插座、开关，以及采暖、太阳能及智能控制面板安装应牢固，与四周墙面应贴紧，无缝隙，安装尺寸的允许偏差应符合现行国家标准《建筑电气工程施工质量验收规范》GB 50303的有关规定。

6.2.4 嵌入在卫生间顶面的照明、排风、供暖等集成设备与顶面安装应牢固、无松动，装配技术应配套，接口应吻合。

检验方法：设备单机试运转记录、观察、手试检查。

6.3 地面工程

Ⅰ 主控项目

6.3.1 卫生间地面所用材料应防滑、耐水、耐磨且易清洗，地面坡向、坡度应符合设计要求，地面不应积水。

检验方法：查阅材料检测报告、观察检查、尺量检查。

6.3.2 采用架空体系的卫生间地面，骨架与基层、骨架与面层之间连接结构应牢固可靠，无松动、无异响，防水措施应符合相关标准的要求。

检验方法：查阅设计文件、防水工程验收记录、观察、手试检查。

6.3.3 建筑装修一体化卫生间地面与墙面的对位尺寸、地面管线接口位置、装配节点技术均应符合设计要求。

检验方法：查阅设计文件、防水工程验收记录、观察检查、尺量检查。

6.3.4 采用整体底盘的卫生间，应符合现行国家标准《整体浴室》GB/T 13095的有关规定。

Ⅱ 一般项目

6.3.5 卫生间地面材料的品种、规格、图案颜色、铺贴位置、整体布局、排布形式应符合设计要求。

检验方法：查阅设计文件、观察检查。

6.3.6 卫生间装修地面工程质量和检验方法，应符合现行国家标准《建筑地面工程施工质量验收规范》GB 50209的有关规定。

6.3.7 卫生间地面的允许偏差和检验方法应符合表6.3.7的规定。

表 6.3.7 卫生间地面的允许偏差和检验方法

项　目	允许偏差（mm）	检验方法
表面平整度	2.0	靠尺、塞尺检查
接缝直线度	2.0	拉通线，钢直尺检查
接缝宽度	2.0	钢直尺检查
接缝高低差	0.5	钢直尺、塞尺检查

6.4 墙面工程

Ⅰ 主控项目

6.4.1 卫生间墙面所用材料应耐水、耐污、易清洗，墙体强度应符合设计和国家现行有关标准的要求。

检验方法：查阅设计文件、产品检测报告、观察、手试检查。

6.4.2　装配式卫生间墙面的管线接口位置，墙面与地面、顶面装配对位尺寸和界面连接技术均应符合设计要求。

检验方法：查阅设计文件、产品检测报告、观察检查、尺量检查。

6.4.3　采用干法固定的卫生间饰面墙板应连接牢固，龙骨间距、数量、规格、应用技术应符合设计要求，龙骨和构件应符合防腐、防潮及防火要求，墙面板块之间的接缝工艺应密闭，材料应防水、防霉变。

检验方法：查阅设计文件、检查产品检测报告、进场验收记录、施工记录检查、拉拔检测报告、对照样品检查、尺量检查。

Ⅱ　一般项目

6.4.4　卫生间墙面应平整、洁净、色泽一致，无裂痕和缺损。墙饰面造型、图案颜色，排布形式和外形尺寸应符合设计要求。

检验方法：观察、查阅设计文件、观察检查、尺量检查。

6.4.5　卫生间饰面墙的工程质量和检验方法，应符合现行国家标准《建筑装饰装修工程质量验收规范》GB 50210 的有关规定。

6.4.6　卫生间内可拆卸轻质（玻璃）隔断工程质量和检验方法，应符合现行国家标准《建筑装饰装修工程质量验收规范》GB 50210 的有关规定。

6.4.7　卫生间墙面工程安装的允许偏差和检验方法应符合表 6.4.7 的规定。

表 6.4.7　卫生间墙面的允许偏差和检验方法

项　目	允许偏差（mm）	检验方法
表面平整度	3.0	2m 靠尺、塞尺检查
立面垂直度	2.0	吊线、尺量
接缝直线度	2.0	拉通线，钢直尺检查
接缝宽度	1.0	钢直尺检查
接缝高低差	0.5	钢直尺、塞尺检查
阴阳角方正	3.0	钢直尺、塞尺检查

6.5　吊顶工程

Ⅰ　主控项目

6.5.1　卫生间采用集成吊顶的工程质量和检验方法，应符合现行行业标准《建筑用集成吊顶》JG/T 413 的有关规定。

Ⅱ　一般项目

6.5.2　卫生间吊顶工程一般项的质量和验收方法，应符合现行国家标准《建筑装饰装修工程质量验收规范》GB 50210 的有关规定。

6.6　门窗工程

Ⅰ　主控项目

6.6.1　卫生间门窗、门窗套的造型、尺寸、位置应符合设计要求，安装应牢固。

检验方法：查阅设计文件、观察检查、尺量检查。

Ⅱ　一般项目

6.6.2　卫生间门窗、门窗套安装的工程一般项的质量和验收方法，应符合现行国家标准《建筑装饰装修工程质量验收规范》GB 50210 的有关规定。

6.7 卫生洁具安装工程

Ⅰ 主控项目

6.7.1 卫生洁具与排水管线接口位置应符合本规程附录 B 的有关规定。

检验方法：查阅设计文件、尺量检查。

6.7.2 卫生洁具应安装牢固。

检验方法：手试检查、查阅相关资料。

Ⅱ 一般项目

6.7.3 卫生洁具及配件安装工程一般项的质量和验收方法，应符合现行行业标准《住宅室内装饰装修工程质量验收规范》JGJ/T 304 的有关规定。

检验方法：观察、手试检查、查阅相关资料、尺量检查。

6.7.4 卫生洁具安装质量验收，除应符合本规程规定外，还应符合现行国家标准《建筑给水排水及采暖工程施工质量验收规范》GB 50242 的有关规定。

6.7.5 卫生洁具安装的允许偏差和检验方法应符合表 6.7.5 的规定。

表 6.7.5 卫生洁具安装的允许偏差和检验方法

项 目		允许偏差（mm）	检验方法
坐标	单独器具	10	拉线、吊线和尺量检查
	成排器具	5	
标高	单独器具	± 15	
	成排器具	± 10	
器具水平度		2	用水平尺或尺量检查
器具垂直度		3	吊线和尺量检查

6.8 收纳及配件安装工程

Ⅰ 主控项目

6.8.1 卫生间内收纳柜、置物架、毛巾杆（环）、浴巾杆（架）、手纸架等安装应牢固，产品品种、规格、数量、品质及安装位置应符合设计要求。

检验方法：查阅设计文件、产品合格证、检测报告、手试、尺量检查。

Ⅱ 一般项目

6.8.2 卫生间浴室柜、储藏柜、安装工程一般项的质量和验收方法应符合现行行业标准《住宅室内装饰装修工程质量验收规范》JGJ/T 304 的有关规定。

6.8.3 卫生配件安装工程一般项的质量和验收方法应符合现行国家标准《建筑给水排水及采暖工程施工质量验收规范》GB 50242 的有关规定。

6.9 整体卫浴工程

Ⅰ 主控项目

6.9.1 整体卫浴的卫生洁具与排水管线接口位置应采用通用尺寸，应符合本规程附录 B 的有关规定。

检验方法：查阅设计文件、产品合格证、检测报告、尺量检查。

Ⅱ 一般项目

6.9.2 整体卫浴安装的工程一般项的质量和验收方法应符合现行行业标准《住宅室内装饰装修工程质量验收规范》JGJ/T 304 的有关规定。

附录 A　卫生间通用功能尺寸系列

表 A　卫生间通用功能尺寸系列

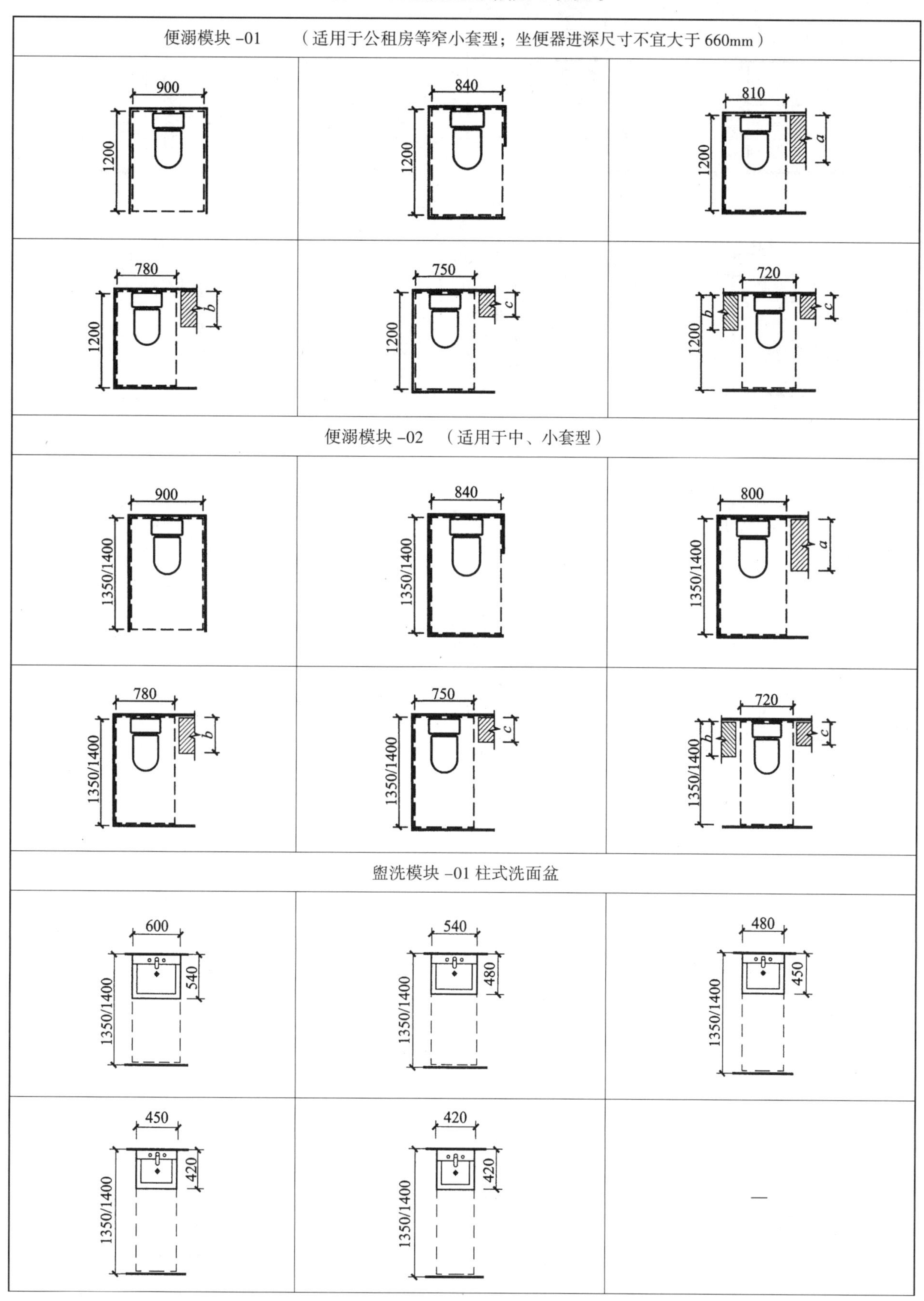

续表

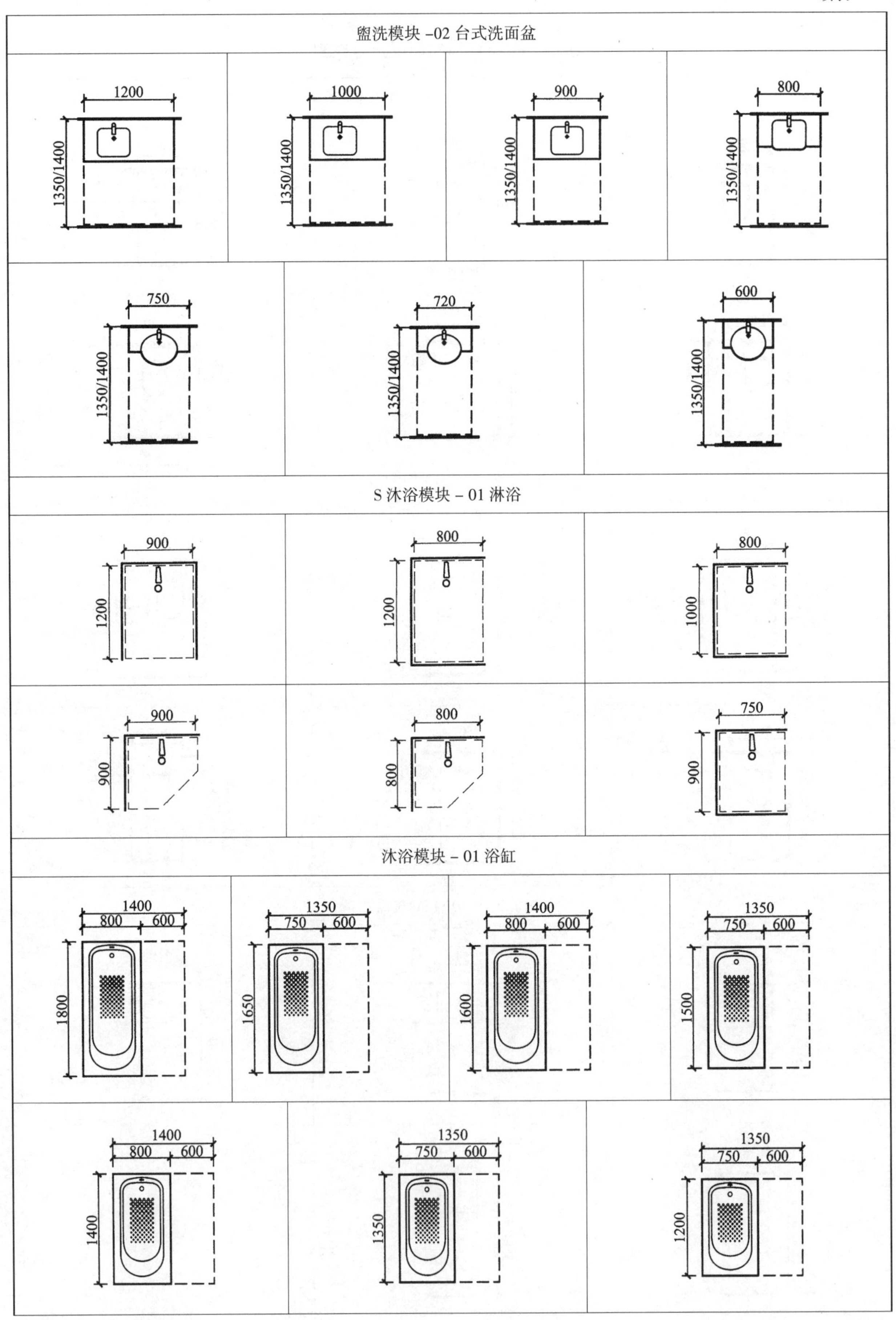

盥洗模块 -02 台式洗面盆
1200
1350/1400
1000
1350/1400
900
1350/1400
800
1350/1400
750
1350/1400
720
1350/1400
600
1350/1400
S 沐浴模块 – 01 淋浴
900
1200
800
1200
800
1000
900
900
800
800
750
900
沐浴模块 – 01 浴缸
1400
800
600
1800
1350
750
600
1650
1400
800
600
1600
1350
750
600
1500
1400
800
600
1400
1350
750
600
1350
1350
750
600
1200

续表

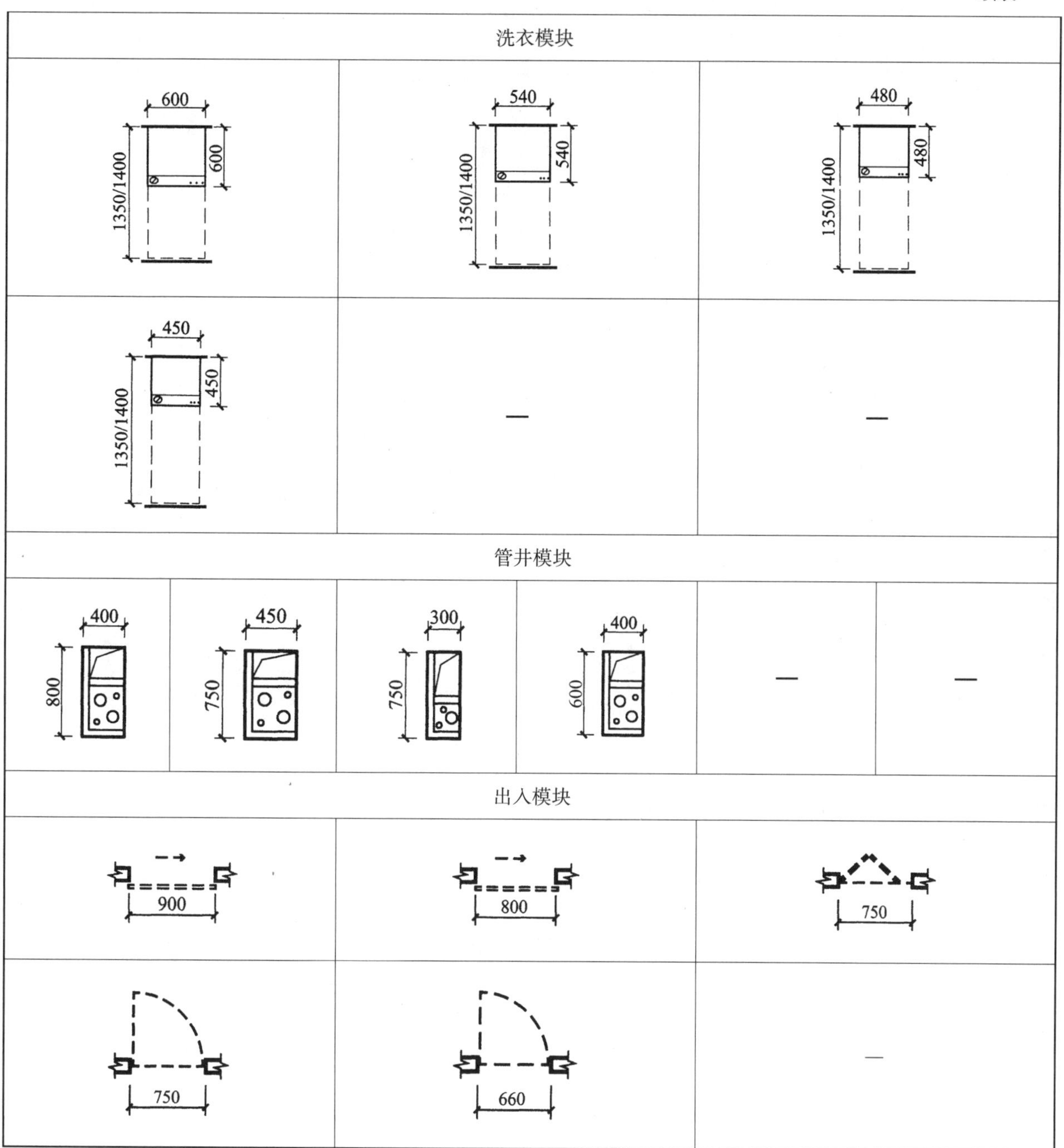

注：图中 a、b、c 分别为进深约 600、450、300 的部品，如洗衣机、柱式洗面盆、管井等。

附录 B　卫生间部品通用规格系列及接口定位尺寸

表 B　卫生间部品通用规格系列及接口定位尺寸

立式坐便器 LB					
	LB01	LB02	LB03	LB04	LB05
L	660	690	720	750	780
a	下水距墙面尺寸：300mm				
b	中水上水距地面尺寸：250mm				
c	中水上水距坐便中心线尺寸：200mm				
d	自来水上水距地面尺寸：300mm				
e	自来水上水距坐便中心线尺寸：300mm				
f	防溅插座距地面尺寸：300mm				
g	防溅插座距坐便中心线尺寸：300mm				

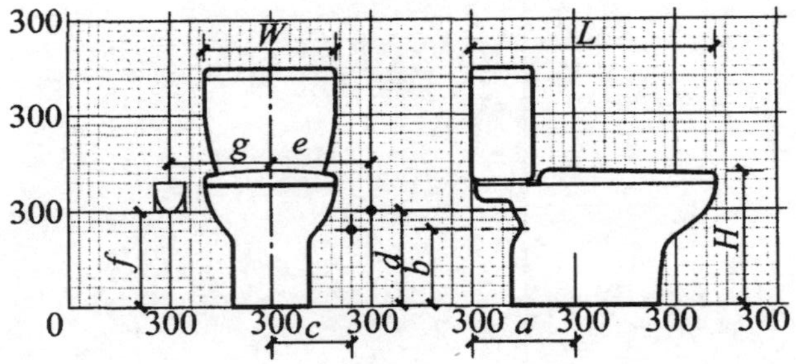

挂式坐便器 GB				
	GB01	GB02	GB03	GB04
L	510	540	570	600
H	挂式坐便器座面高度：390mm ~ 420mm			
a	给水口距排水口尺寸：135mm			
b	螺栓连接孔距排水口尺寸：100mm			
c	自来水上水距地面尺寸：300mm			
d	螺栓连接孔间距：180mm			
e	自来水上水距坐便中心线尺寸：300mm			
f	防溅插座距地面尺寸：300mm			
g	防溅插座距坐便中心线尺寸：300mm			
备注	适用于同层排放卫生间			

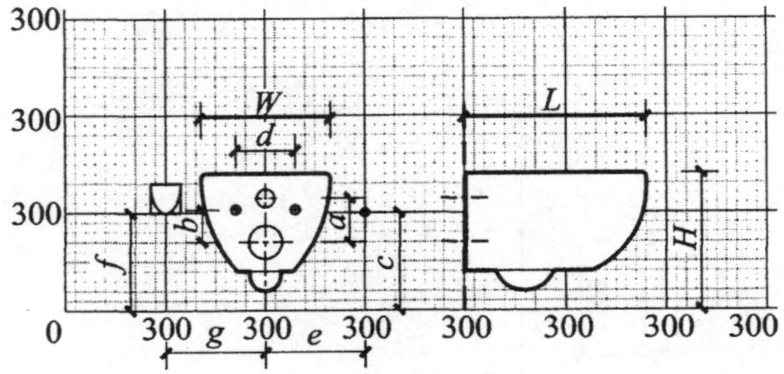

续表

柱式洗面盆 LP

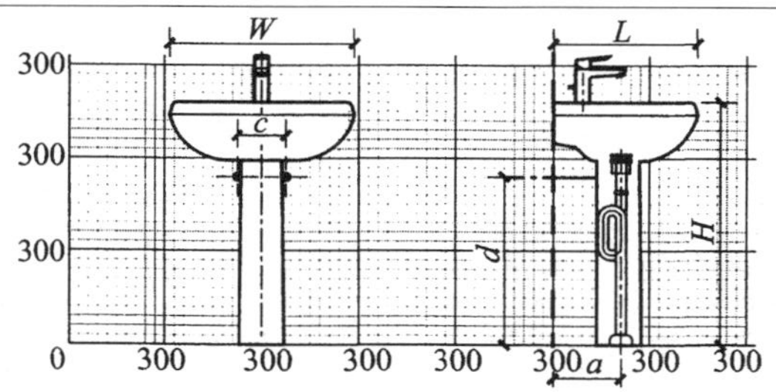

	LP01	LP02	LP03	LP04	LP05	LP06
W	420	450	480	540	600	—
a	下水距墙面尺寸：200mm					
b	上水距地面尺寸：550mm					
c	冷热水进水口孔距：100mm					

台式洗面盆 TP

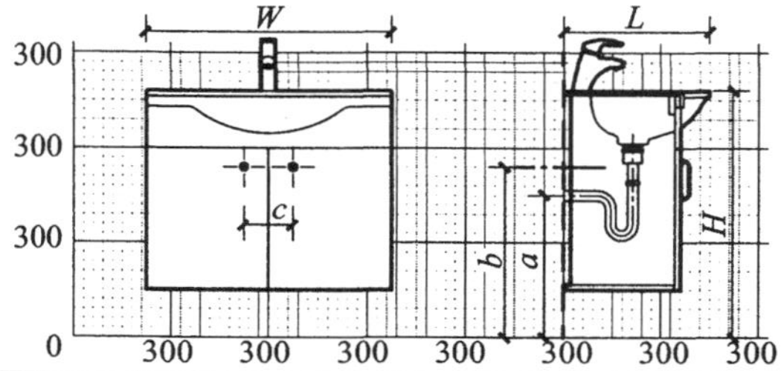

	TP01	TP02	TP03	TP04	TP05	TP06	TP07
W	600	660	720	750	800	900	1200
a	下水距地面尺寸：450mm						
b	上水距地面尺寸：550mm						
c	冷热水进水口孔距：150mm						

浴盆 YP

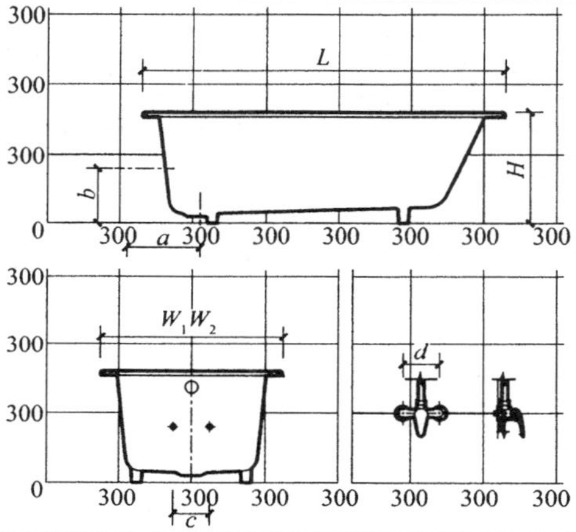

	YP01	YP02	YP03	YP04	YP05	YP06	YP07
L	1200	1350	1400	1500	1600	1650	1800
W_1	750	750	—	750	—	750	750
W_2	800	—	800	—	800	—	800
a	下水距墙面尺寸：300mm						
b	上水距地面尺寸：250mm						
c	冷热水进水口孔距：150mm						
d	混水龙头冷热水进水口孔距：150mm						

注：表中未写明尺寸为非限定尺寸。

附录C　标准卫生间平面尺寸示例

表C　标准卫生间平面尺寸示例

以 3nM（或 1.5nM）为尺寸进级基数的标准卫生间示例

以 2nM（或 1 nM）为尺寸进级基数的标准卫生间示例

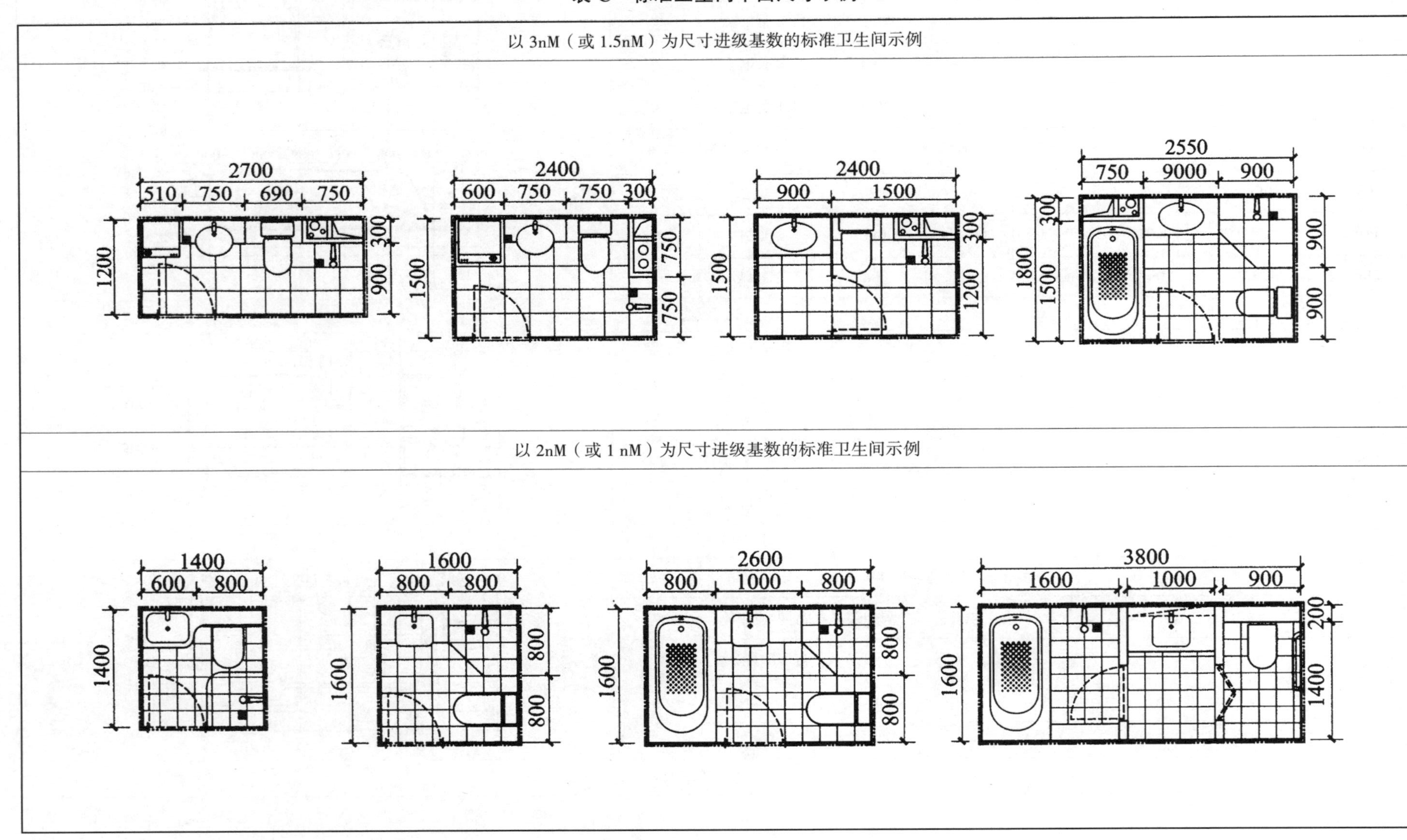

本规程用词说明

1　为便于在执行本规程条文时区别对待，对要求严格程度不同的用词说明如下：

1）表示很严格，非这样做不可的：

正面词采用“必须”，反面词采用“严禁”；

2）表示严格，在正常情况下均应这样做的：

正面词采用“应”，反面词采用“不应”或“不得”；

3）表示允许稍有选择，在条件许可时首先应这样做的：

正面词采用“宜”，反面词采用“不宜”；

4）表示有选择，在一定条件下可以这样做的，采用“可”。

2　条文中指明应按其他有关标准执行的写法为：“应符合……的规定”或“应按……执行”。

引用标准名录

《建筑给水排水设计规范》GB 50015

《建筑防火设计规范》GB 50016

《低压配电设计规范》GB 50054

《住宅设计规范》GB 50096

《砌体结构工程施工质量验收规范》GB 50203

《混凝土结构工程施工质量验收规范》GB 50204

《建筑地面工程施工质量验收规范》GB 50209

《建筑装饰装修工程质量验收规范》GB 50210

《建筑给水排水及采暖工程施工质量验收规范》GB 50242

《通风与空调工程施工质量验收规范》GB 50243

《建筑电气工程施工质量验收规范》GB 50303

《民用建筑工程室内环境污染控制规范》GB 50325

《住宅装饰装修工程施工规范》GB 50327

《民用建筑设计通则》GB 50352

《建筑内部装修防火施工及验收规范》GB 50354

《住宅建筑规范》GB 50368

《无障碍设计规范》GB 50763

《卫生陶瓷》GB 6952

《铁制和铜制螺纹连接阀门》GB/T 8464

《住宅卫生间功能及尺寸系列》GB/T 11977

《整体浴室》GB/T 13095

《陶瓷片密封水嘴》GB 18145

《卫生洁具及暖气管道用直角阀》GB/T 26712

《民用建筑电气设计规范》JGJ 16

《辐射供暖供冷技术规程》JGJ 142

《住宅建筑电气设计规范》JGJ 242

《住宅室内防水工程技术规范》JGJ 298

《住宅室内装饰装修工程质量验收规范》JGJ/T 304

《住宅整体卫浴间》JG/T 183

《住宅厨房、卫生间排气道》JG/T 194

《建筑用集成吊顶》JG/T 413

中国工程建设协会标准

住宅卫生间建筑装修一体化技术规程

CECS 438：2016

条文说明

1 总 则

1.0.1 住宅建筑装修一体化技术基于住宅产业化发展需求，以工厂化生产和装配化施工为主要技术特征，涉及住宅建筑安装业和部品制造业的技术整合和产业转型。住宅卫生间装修工程是住宅工业现代化技术发展的组成部分，是住宅建筑装修一体化技术实施的关键环节，是提升住宅整体品质、提高建造技术水平，实现住宅建筑绿色发展的重要内容。本规程的制定对于贯彻落实绿色环保、节能减排的方针政策，推广住宅卫生间建筑装修一体化技术，将起到积极的推动作用。

1.0.3 实现住宅建设可持续性发展是住宅工业化技术发展的方向，工业现代化技术包括制造技术和集成技术，全面提高建筑安装业的集成装配技术水平，带动住宅部品制造业的技术发展是住宅产业化的目的。实现住宅建造过程中设计标准化、生产工厂化、施工装配化、装修部品化和管理信息化是住宅工业现代化的基本内容，也是实施住宅建筑装修一体化技术应遵循的基本原则。

1.0.4 本规程以规范住宅卫生间建筑装修一体化技术为主要内容，除必要的重申外，不再重复已有标准中规定的内容，技术应用时除应符合本规程要求外，还应符合国家现行有关标准的规定。

2 术 语

2.0.1 住宅建筑装修一体化是以工业化生产方式为基础、以住宅全产业链的现代化发展为目标，运用现代标准化手段，对住宅建设各相关技术环节进行整合优化的系统工程，其主要技术特征是采用工厂生产和现场装配的建造方式，主要技术内容是建立建筑空间、机电管线和内装部品一体化的设计规则和技术体系。

2.0.2 建筑结构体是由主体构件构成建筑的承重结构体系部分，其中主体构件主要指结构构件，包括柱、梁、板、承重墙等主要受力构件和阳台、楼梯等受力构件。

2.0.3 建筑内装体是指由内装部品构成建筑的内装部品体系。

2.0.4 住宅部品是指按照一定的边界条件和配套技术，由两个或两个以上的住宅单一产品或复合产品在现场组装而成，构成住宅某一部位中的一个功能单元，能满足该部位一项或者几项功能要求的产品。

2.0.9 整体卫浴是工厂生产、现场组装的、模块化集成卫浴产品的统称，整体卫浴产品与传统卫生间相比，具有技术配套、施工便捷，部品、部件和设备、管线成套供应的特点。

3 基本规定

3.0.1 欧洲标准化组织（CEN）将先进制造技术定义为：“先进制造技术是指从产品概念设计、制造、交货、维护到报废处理的产品全生命周期，考虑了物理设备、人、环境以及安全等方面，能够支持自动化制造系统的技术说明、设计、开发、使用、操作、集成，以及支持相关的研究、方法、工具、管理、信息和通信系统的一系列技术集合”。

3.0.2 装配式装修技术是采用工厂化生产的标准部品在现场进行组装的施工模式，也是解决现场手工加工所造成的施工周期长、能耗高、垃圾、噪声、粉尘污染等问题的有效方法，对保证住宅结构安全、节能减排，实现城市绿色建设和可持续发展起着重要作用，也是推广住宅建筑装修一体化技术应用的根本目的。

3.0.3 建筑通用体系以整个建筑行业的产业化发展为目标，以发展通用化互换性构件部品为基础，是一种可实现适应性和多样性的住宅建筑体系。住宅卫生间建筑装修一体化技术，应以遵循建筑通用体系的原则，通过对建筑结构体系统、内装体系统、围护体系统和设备及管线系统的整合优化，建立住宅卫生间建筑安装及部品集成的通用技术规则，提高卫生间部品的通用性和互换性。

3.0.4 模块化是标准化的最高形式，也是基于标准化的一种设计方法。模块化在解决复杂问题时，自上而下逐层的把系统划分成若干的独立模块，并通过建立统一的设计规则，规范各模块接口技术、几何形状、尺寸及位置等边界条件，使各模块在分散化生产和技术演进的同时，能够通过统一的边界条件组成新系统，模块化作为一种设计方法，可以通过标准模块选择性组合，达到多样化输出的目的。

3.0.5　模数是指在某种系统的设计、计算和布局中普遍重复应用的一种基准尺寸，在工业标准化体系中，一般以内件为基准的结构，采用组合模数，计作“m”；以外件为基准的结构，采用分割模数，计作“M”。当“M”已给定的情况下，“m”应取“M”的整数分割值。

3.0.6　管线分离技术是解决住宅适用性、可变性和易维护性的具体措施，也是保证建筑全寿命周期中结构安全性的技术方法，卫生间是住宅设备和管线集中布置区域，建筑装修一体化工程中应推广和采用管线分离技术。

3.0.8　建筑装修一体化卫生间宜为老年人和残疾人提供适用的功能尺寸和良好的空间环境。

3.0.9　建筑装修一体化卫生间应以住宅建筑全寿命周期的可持续发展为原则，积极开发并优先选用技术配套、品质优良、节能环保的新技术、新工艺、新材料和新设备。

3.0.10　防水工程是保证卫生间质量的重要技术环节，建筑装修一体化卫生间的防水设计、施工应符合现行行业标准《住宅室内防水工程技术规范》JGJ 298 的有关规定。

3.0.11　本规程应与其他国家现行有关标准配套使用。

4　设　计

4.1　一般规定

4.1.1　家庭生命周期是指一个家庭从形成到解体的全过程。一个典型的家庭生命周期可以划分为形成、扩展、稳定、收缩、空巢与解体六个阶段。每个阶段的起始与结束通常以相应人口变化发生时的均值年龄或中值年龄来表示。家庭生命周期各阶段对居住形态的需求不同，在住宅全寿命周期中，对于相对稳定的建筑结构体而言，套内装修随着一个家庭发展过程而体现出多变的特征。在卫生间设计时，应充分考虑空间环境和功能布局在不同时期的适用性，满足使用者在居住过程中对空间的可变和功能转换的需求。

4.1.2　建筑装修一体化是包含整个技术范畴的系统性工程，设计方法和内容与传统的设计模式有显著的区别，包括设计对整体技术的实施所起的重要作用。设计应充分掌握新技术体系对整体性和系统性的要求，将实施环节纳入设计程序，对各实施环节提出技术要求。

4.1.3　卫生间装修完成面是内装部品安装定位的基准面，因此，卫生间空间尺寸设计应以装修完成面净尺寸标注，以便于内装部品规格尺寸和装配定位设计。

4.1.4　住宅内装部品是一个庞大的产品簇群，为提高内装部品规格尺寸的通用化率，便于选择组合和功能互换，设计应保证空间与部品设计尺寸具有良好的分割和组合关系。模数化网格设计是将空间、部品及部件的形状及组装关系，定位在模数坐标网格中，使它们的外形尺寸占有整数倍的网格格距。运用模数化网格设计方法，可以直观地表达特定区域内空间与部品、部品与部品的尺寸和定位关系。同时，运用模数网格可以获得通用空间和部品尺寸规格系列化标准，实现不同功能产品在尺寸通用、规格一致的条件下的功能互换。

4.1.5　并行设计是一种对产品及其相关过程（包括：设计制造过程和相关的支持过程）进行并行和集成设计的系统化工作模式，也是利用现代计算机技术、现代通信技术和现代管理技术来辅助产品设计的一种现代产品开发模式，并行设计以打破传统的部门分割、封闭的组织模式、强调多功能团队协同工作为特征。建筑装修一体化设计应改变旧有的串行设计方法，各设计专业和技术领域应以整体优化为目标密切配合、协同工作。

4.1.7　建筑装修一体化卫生间的设备及管线设计应避免布置无序、接口混乱、通用性差等问题，设计应整体规划空间内各类管线布局走向和接口位置，应实现管线接口技术和位置尺寸的标准化，为提高卫生间部品通用性和互换性创造条件。

4.2　标准化设计

4.2.1　本条说明卫生间模块化设计的具体方法，卫生间模块设计应从模块分解入手，模块化分解的过程可根据功能单元进行划分，分解应基于不同的功能单元找到模块的分割点，这些分割点也是其结合点。

将分解出来的功能模块进行二次分解，可以获得卫生间的内装部品模块，部品模块作为子模块系统是构成卫生间环境的物质要素，内装部品与建筑系统的接口关系也是装配化技术的研究内容和设计对象。

4.2.2　本条说明卫生间模块化设计的过程是将各功能模块进行组合和配置的过程，通过对不同功能模块的选择和组织，获得不同类型、规格的多样化卫生间形式，满足设计意图和用户需求。

4.2.3　卫生间标准化应选用通用的标准模块，通用标准部品模块应符合下列条件：一是卫生间系统的组成部分，具有确定的功能；二是应为一个相对独立的功能单元，具有可以独立生产和销售的商品特征；三是应为通用模块，具有便于组合的边界条件，能与同功能产品（或不同功能产品）实现互换。图 1 以坐便器为例，说明标准部品的上述特征。

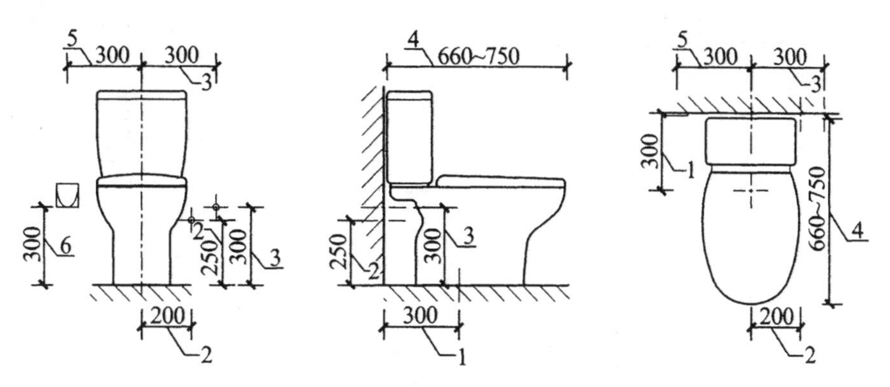

图 1　通用模块——以坐便器为例

1—排污口孔距；2—中水进水口孔距；

3—自来水进水口孔距；4—便器通用尺寸；

5、6—冲洗器专用电源插座定位尺寸

4.2.4　住宅是由空间和空间内的填充体共同构成的，空间尺寸与内装部品尺寸的协调，是一体化技术的核心环节，也是采用模数数列进行设计的主要意义。

建筑装修一体化设计时，空间作为“外件”应采用分割模数，计作“M”，内装部品作为“内件”应采用组合模数，计作“m”，本规程基于内装部品在分散化生产的特征，为便于一体化基础上的独立运营，将组合模数定义为二级模数数列；二级模数数列为建筑模数的子系统，组合模数与分割模数应互为条件，并具有良好的适配性。

本规程依据现行国家标准《建筑模数协调标准》GB/T 50002 的相关规定，结合行业惯例和工程实践，针对建筑装修一体化技术的特点，推出 3nM 和 2nM 两组空间尺寸进级数列，分别提示了两组数列应用时，空间尺寸与部品规格的适配方法。

二级模数的基本模数取值为建筑分模数 1/10 M，即 1m=1/10M=10mm；导出模数可分为扩大模数和分模数；套内功能模块和部品模块的尺寸进级数列，可根据建筑空间尺寸进级基数，选择适配的二级扩大模数作为尺寸进级基数，具体运用可参照以下方法：

（1）套内厨、卫和收纳空间等集中装配区域，当空间以 3nM=300mm（或 1.5nM=150mm）为净尺寸进级基数时，内装部品可取 3m=30mm；5m=50mm；15m=150mm 为进级尺寸基数进行单件、组件的模块化设计和装配尺寸定位，宜采用 3m=30mm 为标准网格格距，进行内装部品的网格化设计，当需要时，可以 3mm 为网格格距进行深化设计；

（2）当空间以 2nM=200mm（或 1nM=100mm）为净尺寸进级基数时，内装部品可取 2m=20mm；5m=50mm；10m=100m 为进级基数进行单件、组件的模块化设计和装配定位设计，内装部品的网格设计和深化设计，可参照（1）所述方法；

（3）二级模数的分模数基数为 1/10m、1/5m、1/2m；相应尺寸分别为 1mm，2mm，5mm；主要用于配合间隙、工艺节点以及零配件截面等技术尺寸；

（4）在同一楼栋、同一套型内，套内厨房、卫生间和收纳系统设计宜选用同一组空间尺寸进级系列，以保证设计尺寸的关联性、装配的方便性和技术的通用性。

4.2.5 模数网格设计是解决特定区域内空间与部品、部品与部品的设计尺寸和定位关系、规范部品规格系列化标准、实现通用产品功能互换的有效方法，本规程以300mm（或150mm）为进级基数的卫生间为例，说明网格设计的应用方法，可操作如下：

（1）在住宅厨房、卫生间部品装配集中区域，当建筑空间净尺寸采用300mm（或150mm）为进级基数时，可在该区域内填充格距为300mm或150mm的网格（图2）；

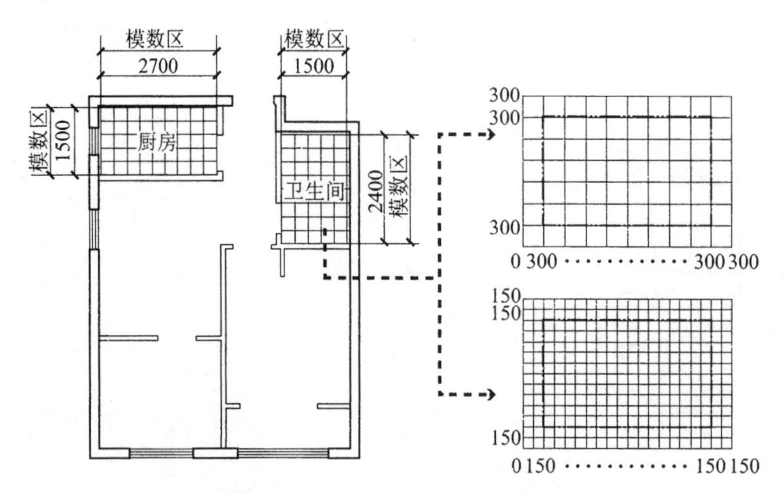

图2 空间净尺寸以300mm；或150mm为设计进级基数

（2）在上述空间模数网格中，填入以30mm为进级基数的二级模数网格；按设计意图选择最佳的匹配模式，将标准的功能模块和部品模块配置并定位于坐标网格内（图3）；

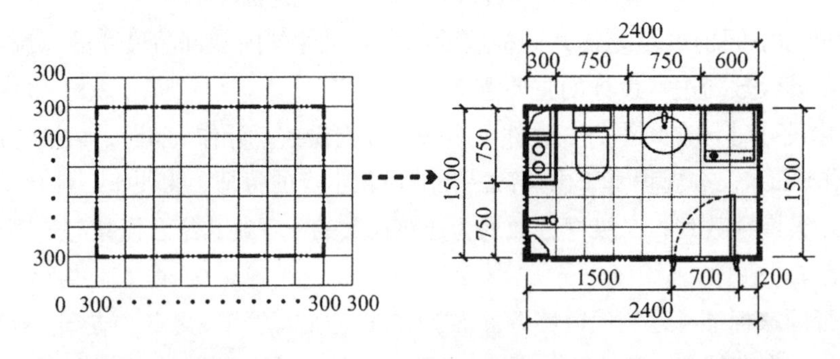

图3 在空间内填入以30mm为格距的二级模数网格，进行设计和定位

（3）标准部品的单件和组件可在30mm为格距的网格内进行设计，当设计需要时，可采用适配的3mm格距的网格继续加密填充，进行产品深化设计（图4）；

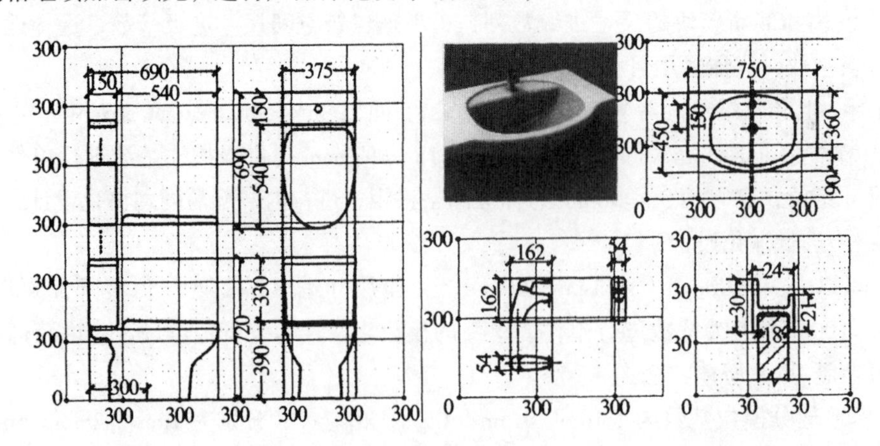

图4 应用二级模数网格进行部品设计

当建筑空间净尺寸采用200mm（或100mm）为进级基数时，可遵循上述原则，选择适配的2m=20mm；5m=50mm；10m=100mm网格，进行特定功能模块和部品模块的单体设计及组合体的装配定位（图5）。

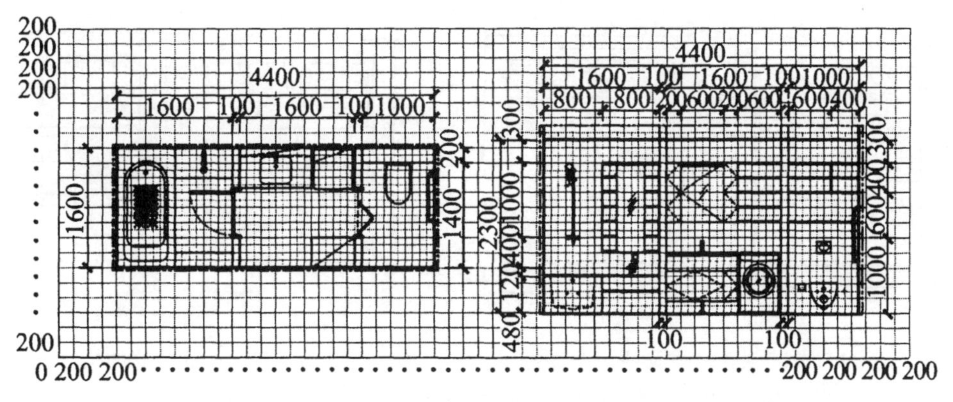

图 5　以 200mm 进级的卫生间部品尺寸的设计和定位

4.2.7　部品规格的系列化是实现标准化设计的重要内容，是提高内装部品的通用性和互换性的基础，也是实现设计多样化的必要条件，全面实现住宅部品规格的通用标准，尚需行业共同协商和积极推动，才能使住宅产业链的整体效益实现最大化，本规程经参编单位的共同商定，制定出卫生间部品通用规格及接口定位尺寸，作为推荐标准，供相关人员参考使用。

4.2.8　卫生间空间平面尺寸标准化设计是一体化设计的重要内容，是实现空间与内装部品一体化装配的前提条件。本规程在编制过程中，经过对不同类型卫生间空间尺寸可能性的比较研究，经参编单位的共同商定，制定标准卫生间平面净尺寸采用两组尺寸进级系列，第一组空间净尺寸以 3nM=300mm，或 1.5nM=150mm 为尺寸进级基数形成标准卫生间平面尺寸系列；第二组空间净尺寸以 2nM=200mm，或 1nM=100mm 为尺寸进级基数形成标准卫生间平面尺寸系列；并以附录 C 的方式说明两组尺寸进级系列的使用方法。

4.3　建筑设计

4.3.1　建筑设计应综合考虑结构构件和内装部品的装配技术条件，做到内外兼顾、相互匹配，结构方案选型和调整应便于装配式装修技术的实施，应处理好窗口等内外装配交接面的技术尺寸和收口关系。

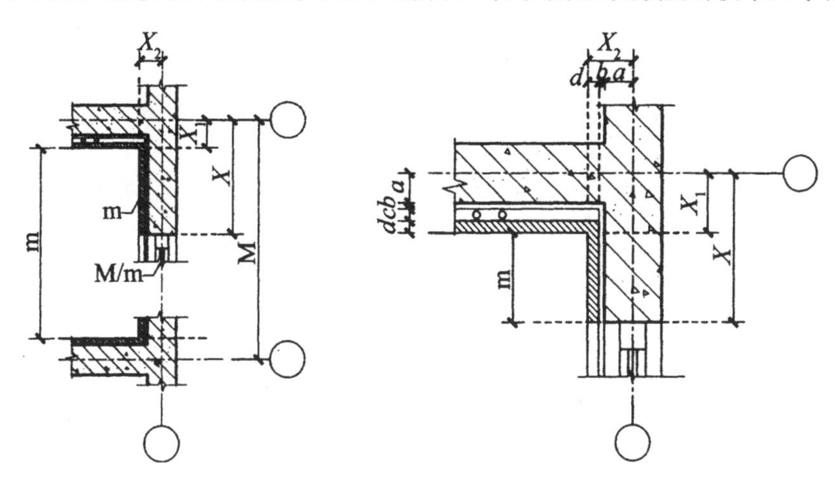

图 6　墙体及窗口装配定位图

a—墙体厚度；b—施工误差；c—管线；d—安装截面技术尺寸；

X—装配对位尺寸；X_1、X_2—内装基准线；

M—建筑模数；m—部品模数

4.3.2　卫生间空间尺寸的标准化是标准化设计的重要内容，是实现卫生间部品化装配施工的前提条件，本规程编制过程中，通过参编单位的反复比较和分析研究，并在广泛征求开发和设计企业意见的前提下，确定了两组标准卫生间的尺寸进级系列。

4.3.3　由于卫生间装配式装修技术对结构基层施工尺寸精度要求较高，在现阶段土建精度控制有难度的情况下，建筑设计可通过结构方式的选择和优化，为卫生间装配式装修的实施创造有利条件，如图 7 所示。

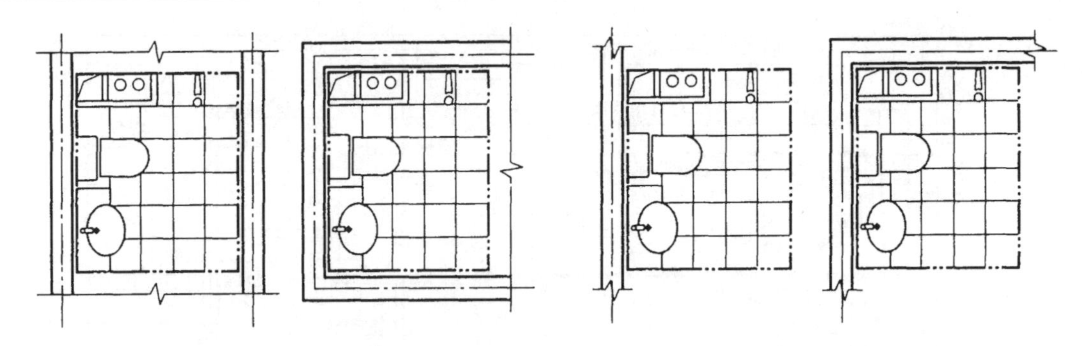

（a）不利于装配式装修的构造方式　　（b）有利于装配式装修的构造方式

图 7　卫生间结构墙体设计宜为装配式装修预留的技术条件

4.3.7　住宅建设中土建工程的施工精度直接影响装配化装修施工技术的实施，随着我国住宅建筑工业的发展和技术水平的提高，全面提高土建的施工质量和施工精度，为套内装修提供必要的基层条件，已成为重要的技术内容。

4.4　内装部品

4.4.2　住宅卫生间装修部品化的过程，是部品通用化、系列化、组合化和模块化的过程，装修设计标准化体系的建立和完善，是实现住宅部品商品化供应和分散化技术演进的前提条件，也是实现住宅部品制造产业结构转型、提高企业技术竞争力的前提条件。

4.4.3　本条是对一体化装配卫生间界面部品设计原则进行规定，包括墙面、顶面和地面部品，实行统一模数协调规则是解决卫生间界面部品标准化生产和集成化装配的关键技术内容，设计时可参考本规程第 4.2 节标准化设计中所提供的方法。

4.4.5　本条提出对卫生间便器部品的设计原则，包括产品与建筑管网接口尺寸的规定，可参考本规程附录 B。

4.4.6　本条提出对卫生间洗面器部品的设计原则，包括产品与建筑管网接口尺寸的规定，可参考本规程附录 B。

5　施工安装

5.1　一般规定

5.1.1　住宅卫生间装修应以内装部品的集成化装配为技术导向，施工分项应有利于内装部品的标准化设计、工厂化制造、市场化供应和装配化施工。本规程以卫生间内装部品的分类为基本框架，建立卫生间装修分项施工体系，包括：墙面、顶面、地面、门窗、卫生洁具、收纳及配件、设备及管线共七项。

5.1.2　建筑装修一体化施工涉及土建与装修两个阶段，土建工程作为上位工序，基层施工的精度，直接影响内装部品安装定位和装配尺寸。因此，土建和主管道施工精度应确保在公差允许范围内，以保证装配式装修工程的顺利实施。

5.1.3　装配定位是建筑装修一体化技术的关键环节，基于部品化装配的技术特点，内装部品的装配定位应以装修完成面为基准，基准线的获取应以建筑定位轴线和标高控制线为依据。

5.1.7　集成装配式装修对现场操作人员的质量意识、操作规范、技术要求等综合素质提出了新的要求，实施一体化项目的施工管理和操作人员应经过全面系统的产业化管理和技术培训，并应通过相应的考核。

5.2　施工准备

5.2.1　卫生间装修施工开始前，现场应已完成下列工作：①建筑结构施工；②建筑给水排水、暖气、通风和电气系统主管道施工；③卫生间内防水施工；④完成的施工项目已通过验收且质量合格；⑤现场清理完毕，具备场地移交条件。

5.2.2　建筑装修一体化装修施工前，施工单位应根据设计要求编制施工方案，制定各分项施工程序、操作步骤和质量要求，明确各相关技术环节的交接关系。设计人员和部品生产企业的技术人员应结合现场实际情况，参与施工方案的审核和确定。

5.2.4　施工场地布置应符合下列原则：①现场材料应分散堆放，避免对建筑物结构、防水层和建筑物附属设施构成损坏；②材料的分类管理应符合工序要求，便于施工取用；③易燃、易爆、易碎、易潮和易污的材料应注意存放的方法并采取安全保护措施；④材料堆放应符合施工现场安全、防火和环保的有关规定。

5.2.5　卫生间施工前，施工单位应做好材料和部品配送计划和进场检验、试验工作，主要包括：①编制进场计划，明确技术要求和管理办法；②所用单件、组件及产品的性能指标和技术参数均应符合设计要求和相关标准的规定；③核准名称、规格、型号、数量，核准产品出厂合格证、产品说明书、保修单和生产厂家的名称、批号、检验代号、生产日期及执行标准的文号等，应便于工程质量管理部门监督。

5.2.6　卫生间装修施工前应进行成品保护，主要包括：①应对材料和设备运输时所使用的电梯、楼梯、扶手、楼道门、窗等公共区域采取保护措施；②应对施工现场土建、设备及主管道的成品、半成品采取保护措施；③施工保护措施在装修工程竣工前应拆除。

5.3　进场检验

5.3.3　土建施工精度控制是实施一体化内装的基本技术条件，直接影响各装配截面技术尺寸的构成以及建筑与装修定位尺寸的确定，本规程根据装配式装修的技术特点，以提高施工质量为原则，对土建基层施工公差范围做出规定，以便于实际项目中参考使用。

5.3.4　建筑主管道施工精度是实施建筑、管线和内装一体化施工的关键技术内容之一，结构预留位置以及主管道与支路管线的接口预留位置，直接影响装修施工尺寸定位，本规程根据装配式装修的技术特点，以提高施工质量为原则，对结构预留孔洞位置、预埋件位置和主管道与支路管线的接口位置的公差范围做出统一规范，以便于实际项目中参考使用。

5.4　设备及管线施工

5.4.4　设备及管线安装是卫生间装修施工分步实施的第一步，直接影响后续施工的装配对位，安装前应依据设计图纸进行管线综合放线，应核准管线的走向和接口位置。

5.5　地面施工

5.5.6　卫生间验线工作完成后，应依据控制线，进行地面排砖，地面预留管线接口的地砖应采用专用设备在工厂加工完成，加工尺寸应预留公差配合尺寸。地面施工时，应严格依照操作规程进行作业，保证粘结施工质量。同时，应随时检查地砖粘贴的平直度，超出规定的部分应立即修整，此项工作应在粘结层凝结之前完成。

5.5.7　卫生间架空技术包括：整体底盘架空技术和装配式地面架空技术。装配式地面架空技术是指在架空龙骨上进行组合装配的地面安装技术，由于现阶段尚未形成卫生间装配式地面架空技术的相关技术规范，使用时，需经国家权威部门论证并审核通过。

5.6　墙面施工

5.6.4　卫生间内瓷砖墙面采用水泥砂浆粘贴技术或干法粘贴技术时，为避免现场裁切、磨边和开孔等手工作业，应通过空间尺寸与瓷砖规格的相互匹配实现整砖粘贴，控制裁切量，施工中如遇少量裁切应在场外加工。

5.6.5　生间内饰面墙采用预制装配饰面板技术，单件、组件和零配件均应为工厂制造的标准产品，应包括饰面板和配套的龙骨等构件，结构连接方式应安全可靠、简便快捷，且便于墙面的整体调平，管线接口孔洞应在工厂加工完成，管线固定方式宜与龙骨结合，便于空腔内的管线定位，现场装配时应合理预留装配间隙、严格控制公差尺寸。

6　验　收

6.1　一般规定

6.1.10　卫生间建筑装修一体化工程质量不应低于国家现行有关标准的规定，本规程以国家现行标准为基础，结合了装配式装修的特点编制而成的。

建筑装饰装修工程 BIM 实施标准

T/CBDA 3—2016

关于发布建筑装饰行业工程建设
中国建筑装饰协会 CBDA 标准
《建筑装饰装修工程 BIM 实施标准》的通知

中装协［2016］53 号

根据中国建筑装饰协会 2014 年 6 月 24 日《关于首批中装协标准立项的批复》的要求，遵照 2016 年 8 月 24 日国务院常务会议确定的建立装饰装修行业政府主导制定标准与市场自主制定标准协同发展、协调配套的新型标准体系的制度安排，按照住房和城乡建设部《关于深化工程建设标准化工作改革的意见》（建标［2016］166 号），由中建三局东方装饰设计工程有限公司主编并会同有关单位共同编制的《建筑装饰装修工程 BIM 实施标准》，批准为中国建筑装饰协会 CBDA 标准，编号为 T/CBDA 3-2016，自 2016 年 12 月 1 日起实施。

本标准是我国建筑装饰行业工程建设的团体标准，供市场自愿选用。经合同相关方协商选用后，可作为工程建设活动的技术依据。

本标准由中国建筑装饰协会负责管理，中建三局东方装饰设计工程有限公司负责具体解释工作，中国建筑装饰协会行业发展部组织中国建筑工业出版社出版发行。

中国建筑装饰协会

2016 年 9 月 12 日

前 言

根据中国建筑装饰协会 2014 年 6 月 24 日《关于首批中装协标准立项的批复》的要求，遵照 2016 年 8 月 24 日国务院常务会议确定的建立装饰装修行业政府主导制定标准与市场自主制定标准协同发展、协调配套的新型标准体系的制度安排，按照住房和城乡建设部《关于深化工程建设标准化工作改革的意见》（建标 [2016] 166 号），由中建三局东方装饰设计工程有限公司主编并会同有关单位共同编制了本标准。

本标准为中国建筑装饰协会（China Building Decoration Association，缩写 CBDA）标准，是我国建筑装饰行业工程建设的团体标准，供市场自愿选用。经工程项目合同相关方协商选用后，可作为工程建设活动的技术依据。

本标准在编制过程中，编委会进行了广泛深入的调查研究，认真总结实践经验，吸收国内外相关标准和先进技术经验，并在广泛征求意见的基础上，通过反复讨论、修改与完善，经审查专家委员会审查定稿。

本标准系国内首创，填补了我国建筑装饰行业标准的空白，总体上达到国内领先水平。

本标准的主要技术内容是：1. 总则；2. 术语；3. 基本规定；4. 信息模型创建；5. 信息模型协同；6. 信息模型应用；7. 信息模型交付。

本标准某些内容涉及专利的具体技术问题，使用者可直接与本标准的有关参编单位协商处理，本标准的发布机构不承担识别这些专利的责任。

本标准由中国建筑装饰协会负责管理，由中建三局东方装饰设计工程有限公司负责具体技术内容的解释。执行过程中如有意见或建议，请寄送中建三局东方装饰设计工程有限公司（地址：上海市浦东新区东方路 985 号一百杉杉大厦 21 层，邮编：200122）。

本标准主编单位：中建三局东方装饰设计工程有限公司

本标准参编单位：湖北工业大学
中国装饰股份有限公司
苏州金螳螂建筑装饰股份有限公司
石家庄常宏建筑装饰工程有限公司
浙江亚厦装饰股份有限公司
深圳广田集团股份有限公司
深圳市深装总装饰股份有限公司
武汉凌云建筑装饰工程有限公司
深圳瑞和建筑装饰股份有限公司
苏州苏明装饰股份有限公司
深圳市科源建设集团有限公司
北京港源建筑装饰工程有限公司
中建三局装饰有限公司
深圳市中装建设集团股份有限公司
南京金鸿装饰工程有限公司
深圳市建筑装饰（集团）有限公司
深圳市卓艺装饰设计工程有限公司

本标准主要起草人员：蒋承红 邹贻权 辛建林 杨 志
王 跃 卢志宏 陈国谦 胡庆红
潘 平 逊于波 计 苓 罗 璇
马文生 郑 春 何 斌 李若凡
田秋菊 刘 淮

本标准主要审查人员：王洪涛 魏 来 邱奎宁 赵雪锋
王 静 邹 越 罗 兰

1 总　则

1.0.1 为了贯彻国家新时期“适用、经济、绿色、美观”的建筑方针，推动建筑信息模型（BIM）在建筑装饰装修工程的实施和应用，满足BIM市场、技术创新的需求，提升建筑装饰装修工程BIM应用水平，保证建筑装饰装修工程质量，制定本标准。

1.0.2 本标准适用于新建、扩建、改建和既有建筑装饰装修BIM的创建、应用和管理，并在建筑工程的全寿命期发挥作用。

1.0.3 建筑装饰装修工程BIM实施中，除应符合本标准外，尚应符合国家现行有关标准的规定。

2 术　语

2.0.1 建筑信息模型　Building Information Modeling（BIM）

运用数字信息仿真技术模拟建筑物所具有的真实信息，是建设工程全寿命期或其组成阶段的物理特性、功能特性及管理要素的共享数字化表达。

2.0.2 装饰装修工程　BIM Decoration Engineering BIM

指建筑装饰装修工程信息模型，属于建筑信息模型的子信息模型。

2.0.3 BIM技术　BIM Technology

按照建筑信息模型工作方式或完成特定任务所采用的技术手段，是建筑信息模型在工程项目中的各种应用及其在项目业务流程中信息管理的统称。

2.0.4 BIM协同管理　BIM Collaboration Management

以建筑信息模型为媒介，运用互联网技术将各专业、各阶段的BIM数据信息进行分析、存储和管理，使项目各相关参与方实现数据信息共享，从而满足不同的人群需求。

2.0.5 任务信息模型　Task Information Model

任务信息模型是指按照建筑工程的分部分项工程为对象的、单一的子建筑信息模型。

2.0.6 信息采集　Information Acquisition

通过各种途径对相关数据信息进行搜索、归纳、整理，最终形成所需有效信息的过程，它是创建建筑信息模型的直接基础和重要依据。

2.0.7 模型构件　Model Component

指构成建筑信息模型的基本对象或组件。

2.0.8 几何信息　Geometrical Information

反映建筑模型内外空间中的形状、大小及位置的信息统称。

2.0.9 非几何信息　Non-Geometry Information

反映建筑模型内外空间除几何信息之外的其他特征信息的统称。

2.0.10 信息模型细度　Level of Development（LOD）

信息模型细度是指模型构件及其几何信息和非几何信息的详细程度。

2.0.11 冲突检查　Collision Detection

指检查建筑信息模型所包含的各类装饰构造或设施是否满足空间相互关系的过程。利用建筑信息模型3D可视化特性，在设计的早期阶段发现内在的固有的一些冲突和问题，从而进行设计优化处理。

2.0.12 成果交付　Results Delivery

指基于信息模型的可供交付的成果，包括但不限于各专业信息模型，以及基于信息模型形成的各类视图、分析表格、说明文件、辅助多媒体文件等。

3 基本规定

3.0.1 装饰装修工程BIM应用宜覆盖工程项目的方案设计、施工图设计、深化设计、施工过程、竣工交付和运营维护五个阶段，也可根据工程项目的具体情况按照实际发生的阶段应用于某些环境或任务。

3.0.2 装饰装修工程BIM运用数字化处理方法对建筑工程数据信息进行集成和应用，应用中宜针对可视化、协调性、模拟性、优化性和可出图性进行单项应用或综合应用。

3.0.3　装饰装修工程 BIM 实施过程中，宜根据建筑信息模型所包含的各种信息资源进行协同工作，实现工程项目各专业、各阶段的数据信息有效传递，并保持协调一致。

3.0.4　项目应对装饰装修工程 BIM 进行有效的管理，建筑信息模型所包含的各种数据信息应具有完善的数据存储与维护机制，满足数据安全的要求。

3.0.5　项目应对装饰装修工程 BIM 所采用的软件和硬件系统进行分析和验证，并结合工程项目的具体情况建立信息模型协同管理机制。

3.0.6　实施装饰装修工程 BIM 应具有建筑装饰装修工程设计专项资质和建筑装饰装修工程专业施工承包资质，宜由专业技术人员进行 BIM 软件的操作。

3.0.7　根据工程项目管理要求和工作流程，BIM 协同管理可与企业信息管理系统进行集成应用，最大化发挥建筑信息模型的作用。

4　信息模型创建

4.1　一般规定

4.1.1　装饰装修工程信息模型应针对工程项目的目标要求和任务需求进行信息模型的建立、共享和应用。

4.1.2　装饰装修工程信息模型及其相关数据信息，应准确反映建筑装饰装修工程的真实数据。

4.1.3　装饰装修工程信息模型应具有可协调性、可优化性，新增和扩展的任务信息模型应与其他任务信息模型协调一致，在模型扩展中不应改变原有模型结构。

4.1.4　装饰装修工程信息模型创建过程中，应采取有效的信息采集手段获得模型构件的几何信息、非几何信息及它相关特征信息，且通过不同途径获取的信息应具有唯一性，采用不同方式表达的信息应具有一致性。

4.1.5　在满足工程项目实际需求的前提下，装饰装修工程信息模型宜采用适度的模型细度，不宜包含冗余信息，不宜过度建模或建模不足。

4.1.6　信息模型应用依托计算机运算性能的支持，计算机软件和硬件配置应以满足实际工作需要为标准，并具有先进性和前瞻性。

4.2　信息模型创建规则

4.2.1　信息模型分类规则

项目可根据工程的实际需要创建任务信息模型，并对信息模型进行分类管理。

4.2.2　模型文件命名规则

项目应对模型文件命名进行统一规定和要求，可根据工程项目名称、空间部位和应用阶段进行模型文件命名，以便于模型文件识别和协同管理。模型文件名称由“项目名称 _ 空间部位 _ 应用阶段”组成。

4.2.3　模型构件命名规则

项目应对模型构件命名进行统一规定和要求，可根据建筑工程分部分项工程划分的原则进行模型构件命名，以便于分部分项工程经济技术指标的归集和统计。模型构件名称由“模型类别 _ 构件名称”组成。模型构件命名规则表可参考附录 A。

4.2.4　模型材料代码规则

项目应对模型材料代码进行统一规定和要求，可根据材料类别进行模型材料代码的编制，宜采用英语单词或词组进行字母组合缩写，以便于材料代码标注和检索。材料代码规则由“材料类别 - 编号 - 规格型号”组成。模型材料代码规则表可参考附录 B。

4.2.5　信息模型拆分规则

项目应对模型拆分规则进行统一规定和要求，宜按照自上而下的原理进行模型拆分，保证模型结构装配关系明确，以便于数据信息检索。

4.2.6　信息模型出图及表达方式

项目应对模型出图及表达方式进行统一规定和要求，应按照国家有关制图标准及设计惯例进行模型配色、线型和注释的设置。

4.3 信息模型细度规定

4.3.1 信息模型细度组成

项目应对装饰装修工程信息模型细度做出明确规定和要求，模型细度由模型构的几何信息和非几何信息共同组成。非几何信息表可参考附录 C。

4.3.2 信息模型细度分级

装饰装修工程信息模型细度可划分为 LOD200、LOD300、LOD350、LOD400、LOD500 五个级别。信息模型细度分级表见表 4.3.2。

表 4.3.2 信息模型细度分级表

序号	级别	信息模型细度分级说明
1	LOD200	表达装饰构造的近似几何尺寸和非几何信息，能够反映物体本身大致的几何特性。主要外观尺寸数据不得变更，如有细部尺寸需要进一步明确，可在以后实施阶段补充
2	LOD300	表达装饰构造的几何信息和非几何信息，能够真实地反映物体的实际几何形状、位置和方向
3	LOD350	表达装饰构造的几何信息和非几何信息，能够真实地反映物体的实际几何形状、方向，以及给其他专业预留的接口。主要装饰构造的几何数据信息不得错误，避免因信息错误导致方案模拟、施工模拟或冲突检查的应用中产生误判
4	LOD400	表达装饰构造的几何信息和非几何信息，能够准确输出装饰构造各组成部分的名称、规格、型号及相关性能指标，能够准确输出产品加工图，指导现场采购、生产、安装
5	LOD500	表达工程项目竣工交付真实状况的信息模型，应包含全面的、完整的装饰构造参数及其相关属性信息

5 信息模型协同

5.1 一般规定

5.1.1 项目应组建装饰装修工程BIM管理团队，建立信息模型协同管理机制，明确协同工作中的具体要求，满足信息模型的建立、共享和应用所需要的条件。

5.1.2 项目应制定装饰装修工程 BIM 文件管理架构、协同工作方式及其 BIM 技术应用的相关规定，满足工程项目各相关参与方进行信息模型的浏览、交流、协调、跟踪和应用。

5.1.3 项目应明确装饰装修工程 BIM 协同管理中各相关参与方工作职责，保证数据信息传输的准确性、时效性性和一致性，并对各相关参与方进行权限管理。项目各相关参与方工作职责可参考附录 D。

5.1.4 项目可根据工程实际需要搭建装饰装修工程 BIM 协同管理平台，所搭建的协同平台应具有良好的适用性和兼容性，保证模型文档、模型数据、模型操控、模型成果及其信息化功能得到有效应用。

5.2 模型协同文件管理

5.2.1 协同文件夹结构

项目应对中心服务器中的协同文件夹结构进行统一管理和规定，宜按照自上而下的原则建立文件夹结构，使各相关参与方信息模型文件层次分明，管理有序。协同文件夹结构可参照附录 E。

5.2.2 本地文件夹结构

项目宜按照协同文件夹结构建立本地文件夹结构，中心服务器中的模型文件应与本地用户模型文件定期同步更新。

5.2.3 共享文件管理

项目应对共享文件进行有效控制，在协同管理过程中发现共享文件数据丢失或错误时，应形成书面记录并进行跟踪处理。

5.2.4 文件权限设置

项目应对文件权限进行设置，协同工作开始前应对参与者的身份信息进行权限设定，设置登录密码，便于统一管理。

5.2.5 数据更新和交换

项目应制定数据更新和交换清单，定期发布数据更新和交换的信息。

5.2.6 文件存档

装饰装修工程 BIM 实施过程中所形成的文字、数据、表格、图形等文件，应遵循文件资料的形成规律，保持文件之间的有机联系，区分文件的不同价值，进行妥善存档、保管和运用。

5.3 模型协同工作方式

5.3.1 协同工作方式

装饰装修工程 BIM 协同工作方式可分为“中心文件”方式和“链接文件”方式，或者两种方式的混合协同工作。

5.3.2 设计阶段协同管理

设计单位内部宜采用“中心文件”协同工作方式，与外部其他单位宜采用“链接文件”协同工作方式。在协同工程中，各相关参与方通过设计共享文件链接到本专业信息模型中，当发生冲突时应通知模型创建者，并应及时协调处理。

5.3.3 施工阶段协同管理

施工单位内部宜采用“中心文件”协同工作方式，与外部其他单位宜采用“链接文件”协同工作方式。各相关参与方通过在协同工作，对施工方案进行优化，对施工重难点区域进行模拟，对工期、成本、质量、安全等进行有效控制，保证装饰装修工程 BIM 在施工过程中发挥积极作用。

5.3.4 运维阶段协同管理

项目宜按照工程运维单位的需求及信息格式条件，协助运维单位进行信息模型的数据信息提取和测试，保持装饰装修工程 BIM 协同管理同步更新。

6 信息模型应用

6.1 一般规定

6.1.1 装饰装修工程 BIM 实施宜覆盖方案设计、施工图设计、施工深化设计、施工过程、竣工交付和运营维护五个阶段，也可根据工程项目合同的约定应用于某些阶段或进行单项的任务信息模型。

6.1.2 装饰装修工程 BIM 实施中可采用多种信息模型工作方式，若无特殊要求时宜采用基本任务工作方式。

6.1.3 装饰装修工程 BIM 实施可按照工程项目的实际情况，分专业、分阶段、分区域实施，且可按照实际情况采用整体实施或局部实施。

6.1.4 装饰装修工程 BIM 实施可根据工程项目的实际需求，不同阶段的信息模型采用相应级别的模型细度。

6.1.5 装饰装修工程工 BIM 实施中，宜结合工程项目的实际情况对施工重难点部位采用虚拟现实技术进行施工方案动画模拟。

6.2 方案设计模型应用

6.2.1 创建方案设计模型

项目可根据招标文件和相关设计文件创建方案设计模型。方案设计模型细度要求见附录 F。

6.2.2 可视化沟通

在方案设计模型中配置相应的材质，可根据需要生成平面图、立面图、剖面图、轴测图、透视图、效果图、漫游动画、虚拟现实（VR）等模型成果，有利于同业主或相关方进行可视化沟通。

6.2.3 建筑性能模拟

利用专业的建筑性能分析软件，有针对性地对建筑物的采光效果、照明效果、通风效果、保温效果、声学效果、节能环保等进行模拟分析，并将分析结果作为调整设计方案的参考依据。

6.2.4 设计方案优化

利用方案设计模型，有针对性地对工程项目的装饰效果、技术方案、进度、质量、安全、造价等进行模拟分析，并将分析结果作为优化设计方案的参考依据。

6.3 施工图设计模型应用

6.3.1 创建施工图设计模型

项目可根据施工图纸、工程量清单和相关设计文件创建施工图设计模型，对施工相关专业模型进行整合应用。施工图模型细度要求见附录 F。

6.3.2 设计查错

利用施工图设计模型进行设计查错，及时发现图纸中的错、漏、碰、缺或各专业间的冲突，并通过 BIM 技术自动检查或人工检查的方式对存在的问题进行修改处理。

6.3.3 设计文件清单

利用施工图设计模型提取装饰构造的材料、构件、设备的相关信息，自动生成设计文件清单，进行经济技术指标分析和测算，并在信息模型修改过程中，发挥关联修改作用，实现快速精确统计。

6.3.4 提取工程量

利用施工图设计模型，通过 BIM 技术自动提取工程量，进行工程量清单编制和工程造价控制，并作为工程项目概算、预算、结算的参考依据。

6.3.5 施工图出图

利用施工图设计模型，可生成二维的平面图、立面图、剖面图、节点图、排版图、门窗大样图、局部放大图，并保证图模一致，图纸经审核确认后可直接作为施工图使用。

6.4 深化设计模型应用

6.4.1 创建深化设计模型

项目可根据工程设计的实际情况修改施工图设计模型，有针对性地对顶棚、墙面、地面等装饰构造的细部做法进行深化设计，并与其他专业模型协调统一，创建深化设计模型，深化设计模型细度要求见附录 F。

6.4.2 预制构件加工

利用深化设计模型制定预制构件加工图，在加工图中标注预制构件的细部尺寸，控制预制构件的几何精度，提高预制构件的加工质量。

6.4.3 净空尺寸优化

利用深化设计模型生成室内净空尺寸优化报告，对机电管线排布、吊顶龙骨排布、装饰造型进行优化处理和对比分析。优化后的吊顶平面图、剖面图和节点详图，应当精确反映竖向标高和各层级距离关系。

6.4.4 设计交底

利用深化设计模型进行设计交底，通过现场交底或远程管理方式，采取漫游及 3D 可视化技术对工程各参与方进行设计交底，使工程项目相关方充分理解设计意图，并按照设计要求进行施工。

6.4.5 设计变更

利用深化设计模型进行设计变更处理，当发生设计变更时，可根据深化设计模型对设计变更、变更洽商文件信息进行预先评估，并由相关方对设计变更内容进行确认。

6.5 施工过程模型应用

6.5.1 创建施工过程模型

项目可根据施工图或深化设计模型创建施工过程模型，在施工图或深化设计模型的基础上，将施工工艺、技术标准、质量安全要求等融入施工过程模型，配置施工所需的资源要素，验证施工方案的可行性，实现对施工过程交互式信息化管理。施工过程模型细度要求见附录 F。

6.5.2 资源配置计划

利用施工过程模型进行资源配置计划，通过 BIM 技术对施工任务进行统计和分析，对工程施工所需的劳动力、物资材料、机械设备等需求量进行精确计算和模拟，统筹资源配置，优化资源组合，为工程项目资源配置计划管理提供参考依据。

6.5.3　施工方案模拟

利用施工过程模型进行施工方案模拟，通过虚拟现实技术转换成视频漫游动画，可直观地模拟验证施工方案的可行性。施工方案演示模拟文件和施工方案的可行性报告获得相关方确认后，可应用于实体工程施工。

6.5.4　施工技术交底

利用施工过程模型进行施工技术交底，通过信息模型对复杂施工区域、重难点施工部位和特殊技术要求进行可视化技术交底，可作为施工技术交底的辅助资料。

6.5.5　施工进度计划

利用施工过程模型进行施工进度计划模拟，通过信息模型虚拟仿真技术对计划工期和实际工期进行比对，找出存在的差异，分析产生的原因，制定工期总计划和各阶段施工计划，保证施工进度处于受控状态。

6.5.6　施工成本计划

利用施工过程模型进行施工成本计划模拟，通过信息模型虚拟仿真技术对预算成本和实际成本进行对比分析，找出存在的差异，分析产生原因，制定成本控制计划，保证施工成本处于受控状态。

6.5.7　施工质量管理模拟

利用施工过程模型进行施工质量管理模拟，通过信息模型与现场实际施工质量情况进行对比分析，查找施工中存在的质量问题，分析产生的原因，并对工程项目施工质量管理实施有效跟踪和控制。

6.5.8　施工安全管理模拟

利用施工过程模型进行施工安全管理模拟，通过信息模型与现场安全防护情况进行对比分析，查找施工中存在的安全隐患，分析产生的原因，并对工程项目施工安全管理实施有效跟踪和控制。

6.6　竣工交付模型应用

6.6.1　创建竣工交付模型

项目可根据施工过程模型创建装饰装修工程竣工交付模型，在竣工交付模型中准确表达装饰构造的几何信息、非几何信息、产品制造信息，保证竣工交付模型与工程实体情况的一致性。竣工交付竣工模型细度要求见附录 F。

6.6.2　竣工交付资料

项目可根据竣工交付模型提取装饰装修工程所需的竣工交付资料，可作为竣工交付资料存档的参考依据。

6.7　运营维护模型应用

6.7.1　创建工程运营维护模型

项目可根据招标文件和工程合同约定，并综合竣工交付模型创建运营维护模型，满足运营维护模型满足工程项目运营维护的需要。工程运营维护模型的精度要求见附录 F。

6.7.2　工程保修服务

结合工程保修服务要求，在运营维护模型融入产品构件的生产厂家信息、施工安装信息、跟踪服务信息内容，为工程项目运营维护发挥作用。

7　信息模型交付

7.1　一般规定

7.1.1　项目应按照装饰装修工程合同中规定的信息模型成果交付要求进行履约，并对相关参与方进行信息模型的交底。

7.1.2　项目在提交装饰装修工程 BIM 成果时，应保证相关数据信息的准确性、一致性、完整性和时效性。

7.1.3　项目可对交付的信息模型文件进行轻量化处理，宜删除信息模型文件中的冗余信息，避免信息模型文件过于庞大。

7.2 模型成果审查

7.2.1 内部检查

装饰装修工程 BIM 成果交付前，成果交付人应对信息模型文件进行内部检查，保证模型成果满足合同规定的要求。

7.2.2 外部审查

项目应接受 BIM 总协调方对信息模型成果的管理，成果审查人应对各相关参与方提交的装饰装修工程 BIM 成果进行审查确认。

7.2.3 审查结果处理

项目应按照模型成果审查意见进行修改和完善，并在规定的时间内重新提交模型成果。

7.3 模型成果交付

7.3.1 模型成果交付时间

项目应根据工程合同约定的时间期限提交装饰装修工程BIM成果，保证交付期限满足时间节点的要求。

7.3.2 模型成果交付内容

项目应根据工程合同约定的承包范围提交装饰装修工程 BIM 成果，交付内容包括设计阶段模型成果和施工阶段模型成果。模型成果交付内容见表 7.3.2。

表 7.3.2 模型成果交付内容

序号	模型阶段	交付单位	交付内容
1	设计阶段	设计单位	1. 方案设计模型 2. 可视化沟通 3. 建筑性能模拟 4. 设计方案优化模型 5. 施工图设计模型 6. 设计查错 7. 设计文件清单 8. 提取工程量 9. 施工图出图 10. 深化设计模型 11. 预制构件加工 12. 净空尺寸优化报告 13. 设计交底 14. 设计变更 15. 装饰装修工程 BIM 设计协同管理文件 16. 基于装饰装修工程 BIM 的设计过程资料等
2	施工阶段	施工单位	1. 施工过程模型 2. 资源配置计划 3. 施工方案模拟 4. 施工技术交底 5. 施工进度计划模拟 6. 施工成本计划模拟 7. 施工质量模拟 8. 施工安全模拟 9. 竣工交付模型 10. 运营维护模型 11. 装饰装修工程 BIM 施工协同管理文件 12. 基于装饰装修工程 BIM 的施工过程资料等

7.3.3　模型成果文件格式

项目应提供装饰装修工程 BIM 成果的始模型文件格式，同类型文件格式应使用统一的软件版本。常用的模型成果文件格式可参考表 7.3.3。

表 7.3.3　模型成果文件格式

序号	内容	软件	交付格式	备注
1	模型成果文件	ArchiCAD	*.dwg	依据所采用的 BIM 软件格式
		Autodesk-Revit	*.rvt	
		Catia	*.stp/*.igs	
		Tekla	*.dbl/*.db2	
2	浏览文件	Navisworks	*.nwd	
		Bentley	*.dgn	
		3dxml	*.3dxml	
3	视频文件	Audio Video Interactive	*.avi	原始分辨率不小于 800 × 600，帧率不少于 15 帧 /s，时间长度应能够准确所表达的内容
		Windows Media Video	*.wmv	
		Moving Picture Experts Group	*.mpeg	
4	图片文件	Photoshop、ACD	*.jpeg	分辨率不小于 1280 × 720
			*.png	
5	办公文件	Office	*.doc/*.docx	
			.xls/.xlsx	
			.ppt/.pptx	
		Adobe	*.pdf	

7.3.4　知识产权保护

项目应对装饰装修工程 BIM 成果进行知识产权保护，未经所有权人的允许，不得向第三方公开或发布相关模型信息资料。

附录 A　模型构件命名规则表

序号	模型类别	模型构件名称	命名规则
1	建筑地面	基层铺设、整体面层、板块面层、卷材面层	类别 _ 构件名称
2	抹灰	一般抹灰、保温抹灰、装饰抹灰、清水砌体勾缝	类别 _ 构件名称
3	外墙防水	外墙砂浆防水、涂膜防水、透气膜防水	类别 _ 构件名称
4	门窗	木门窗安装、金属门窗安装、塑料门窗安装、特种门窗安装、门窗玻璃安装	类别 _ 构件名称
5	吊顶	整体面层吊顶、板块面层吊顶、格栅吊顶	类别 _ 构件名称
6	轻质隔墙	板块隔墙、骨架隔墙、活动隔墙、玻璃隔墙	类别 _ 构件名称
7	饰面板	石板安装、陶瓷板安装、木板安装、金属板安装、塑料板安装	类别 _ 构件名称
8	饰面砖	外墙饰面砖粘贴、内墙饰面砖粘贴	类别 _ 构件名称
9	幕墙	玻璃幕墙安装、金属幕墙安装、石材幕墙安装、陶板幕墙安装	类别 _ 构件名称
10	涂饰	水性涂料、溶剂型涂料、防水涂料	类别 _ 构件名称
11	裱糊与软包	裱糊、软包	类别 _ 构件名称
12	细部	橱柜制作与安装、窗帘盒和窗台板制作与安装、护栏和扶手制作与安装、花饰制作与安装	类别 - 构件名称

备注：模型构件命名规则表可按照建筑工程分部分项工程划分的原则进行扩充。

附录B 模型材料代码表

序号	材料类别	英语名称	缩写代码	命名规则
1	钢材	Steel products	SP	代码_编号_规格型号
2	木材	wood	WO	代码_编号_规格型号
3	水泥	cement	CN	代码_编号_规格型号
4	砂石	sand stone	ss	代码_编号_规格型号
5	砂浆	mortar	MO	代码_编号_规格型号
6	混凝土	concrete	CO	代码_编号_规格型号
7	砌块	block	BL	代码_编号_规格型号
8	天然石材	natural stont	NT	代码_编号_规格型号
9	人造石材	artificial stone	AT	代码_编号_规格型号
10	瓷砖	ceramic tile	CT	代码_编号_规格型号
11	马赛克	mosaic	MO	代码_编号_规格型号
12	地毯	carpet	CA	代码_编号_规格型号
13	木地板	wood floor	WF	代码_编号_规格型号
14	橡胶地板	rubber floor	RF	代码_编号_规格型号
15	架空地板	elevated floor	EF	代码_编号_规格型号
16	木龙骨	Wooden keel	WK	代码_编号_规格型号
17	轻钢龙骨	lightgage steel keel	LK	代码_编号_规格型号
18	铝合金龙骨	aluminum alloy keel	AK	代码_编号_规格型号
19	石膏板	gypsum board	GB	代码_编号_规格型号
20	硅钙板	silicate calcium board	SB	代码_编号_规格型号
21	矿棉板	mineral board	MB	代码_编号_规格型号
22	岩棉板	rock board	RB	代码_编号_规格型号
23	木夹板	wood board	WB	代码_编号_规格型号
24	金属板	metal board	MP	代码_编号_规格型号
25	塑料板	plastic board	PP	代码_编号_规格型号
26	防火板	fireproof board	FB	代码_编号_规格型号
27	木门	wood door	WD	代码_编号_规格型号
28	金属门	metal door	MD	代码_编号_规格型号
29	塑料门	plastic door	PD	代码_编号_规格型号
30	特种门	special door	SD	代码_编号_规格型号
31	木窗	wood windows	WW	代码_编号_规格型号
32	金属窗	metal windows	MW	代码_编号_规格型号
33	塑料窗	plastic windows	PW	代码_编号_规格型号
34	特种窗	special windows	SW	代码_编号_规格型号
35	玻璃	glass	GL	代码_编号_规格型号
36	镜子	mirror	MI	代码_编号_规格型号
37	水溶性涂料	water soluble coating	WS	代码_编号_规格型号

续表

序号	材料类别	英语名称	缩写代码	命名规则
38	溶剂性涂料	solvent coating	SC	代码 _ 编号 _ 规格型号
39	美术涂料	art coating	AC	代码 _ 编号 _ 规格型号
40	防水涂料	waterproof coating	WC	代码 _ 编号 _ 规格型号
41	防火涂料	fireproof coating	FC	代码 _ 编号 _ 规格型号
42	环氧树脂	epoxy resin	ER	代码 _ 编号 _ 规格型号
43	墙纸	wall paper	WP	代码 _ 编号 _ 规格型号
44	软包	soft roll	SR	代码 _ 编号 _ 规格型号
45	贴膜	film	FI.	代码 _ 编号 _ 规格型号
46	布艺	fabric art	FA	代码 _ 编号 _ 规格型号
47	家具	furniture	FU	代码 _ 编号 _ 规格型号
48	园林景观	landscape	LA	代码 _ 编号 _ 规格型号
49	楼梯	stairs	ST	代码 _ 编号 _ 规格型号
50	栏杆扶手	handrails	HA	代码 _ 编号 _ 规格型号
51	玻璃幕墙	glass screen wall	GS	代码 _ 编号 _ 规格型号
52	石材幕墙	Stone screen Wall	SS	代码 _ 编号 _ 规格型号
53	金属幕墙	metal screen wall	MS	代码 _ 编号 _ 规格型号
54	空调管道	air conditioning duct	AD	代码 _ 编号 _ 规格型号
55	空调设备	air conditioning equipment	AE	代码 _ 编号 _ 规格型号
56	空调开关	air conditioner switch	AS	代码 _ 编号 _ 规格型号
57	出风口	air outlet	AO	代码 _ 编号 _ 规格型号
58	回风口	return air	RA	代码 _ 编号 _ 规格型号
59	给水管道	water supply pipeline	WS	代码 _ 编号 _ 规格型号
60	排水管道	drainage pipeline	DP	代码 _ 编号 _ 规格型号
61	供暖设备	heating equipment	HE	代码 _ 编号 _ 规格型号
62	厨房设备	kitchen equipment	KE	代码 _ 编号 _ 规格型号
63	消防设备	fire equipment	FE	代码 _ 编号 _ 规格型号
64	脸盆	washbasin	WA	代码 _ 编号 _ 规格型号
65	马桶	closestool	CL	代码 _ 编号 _ 规格型号
66	小便斗	urinal	UR	代码 _ 编号 _ 规格型号
67	地漏	floor drain	FD	代码 _ 编号 _ 规格型号
68	电气线路	electrical circuit	EC	代码 _ 编号 _ 规格型号
69	配电箱	Power Distribution Box	PB	代码 _ 编号 _ 规格型号
70	灯具	lighting	LI	代码 _ 编号 _ 规格型号
71	开关	switch	SW	代码 _ 编号 _ 规格型号
72	插座	socket	SO	代码 _ 编号 _ 规格型号

备注：模型材料代码表可根据工程项目使用材料的实际情况进行扩充。

附录 C　非几何信息表

序号	信息类型	信息内容	信息格式
1	工程项目信息	工程项目名称	TEXT
		建设单位	TEXT
		勘察单位	TEXT
		设计单位	TEXT
		监理单位	TEXT
		工程总承包单位	TEXT
		室内装饰施工单位	TEXT
		室外幕墙施工单位	TEXT
		机电安装单位	TEXT
		园林绿化单位	TEXT
		开竣工日期	TEXT
		结构层次 / 面积	TEXT
		工程造价	TEXT
		施工方案	TEXT
		网站链接	URL
		项目负责人	TEXT
		联系方式	TEXT
2	产品设备信息	产品设备名称	TEXT
		生产厂家	TEXT
		网站链接	URL
		产品设备说明书	TEXT
		产品设备合格证	TEXT
		产品设备检验报告	TEXT
		产品设备特征	TEXT
		产品设备价格	TEXT
		产品设备生产日期	TEXT
		产品设备使用寿命	TEXT
		参考标准	TEXT
		联系方式	TEXT
3	运营维护信息	运营维护单位	TEXT
		运营维护手册	TEXT
		延长使用寿命方法	TEXT
		网站链接	URL
		保修期限	TEXT
		运营维护记录	TEXT
		维修通知书	TEXT
		维修方案	TEXT
		维修记录	TEXT
		维修人	TEXT
		联系方式	TEXT

备注：非几何信息表可根据工程项目实际情况进行扩充。

附录 D　相关参与方工作职责

序号	相关参与方	主要工作职责
1	建设单位	利用 BIM 协同管理机制，通过装饰装修工程 BIM 对工程项目施工过程进行管理；运用 BIM 技术对经济技术指标进行对比和分析，提供决策依据
2	设计单位	利用 BIM 协同管理机制，通过装饰装修工程 BIM 对工程项目深化设计进行管理，定期发布深化设计信息和信息模型成果，对设计文件进行必要的修订和更新
3	监理单位	利用 BIM 协同管理机制，通过装饰装修工程 BIM 对工程项目施工过程进行监督；运用 BIM 技术对工程进度、质量、安全和成本进行有效监督和控制
4	施工总承包方（BIM 总协调方）	利用 BIM 协同管理机制，规定项目信息模型的建立、共享和应用的环境和条件；规定协同管理文件架构、文件大小、文件格式、容量限制；对协同平台使用方的权限进行管理及分配；对装饰装修工程 BIM 成果进行审核、备份、清理、归档
5	装饰施工方	通过 BIM 协同管理机制进行装饰装修工程 BIM 的建立、共享和应用的实施工作；对装饰装修工程信息模型进行校核、调整和完善，优化施工方案，提出合理化建议；可根据工程项目需求情况，建立装饰装修工程 BIM 协同平台，并对实施过程进行检查、更新和维护，保证装饰装修工程 BIM 与项目实际工作协调一致；配合 BIM 总协调方完成相关工作
6	机电施工方	暖通、给排水、电气等机电专业施工单位，负责所属合同范围内信息模型的建立、共享和应用；配合装饰施工方提交冲突检测报告、安装管线综合报告；在工程项目实施过程中及时提供相关施工信息；配合 BIM 总协调方完成相关工作
7	其他施工方	电梯、消防、市政、智能化、园林绿化等专业施工单位，负责所属合同范围内的信息模型的建立、共享和应用；在工程项目实施过程中及时提供相关施工信息；配合 BIM 总协调方完成相关工作
8	材料设备供应商	提交所供应的材料、构件及设备的参数、价格及相关加工制造信息，配合施工方完成相关信息录入工作

附录 E　协同文件夹结构表

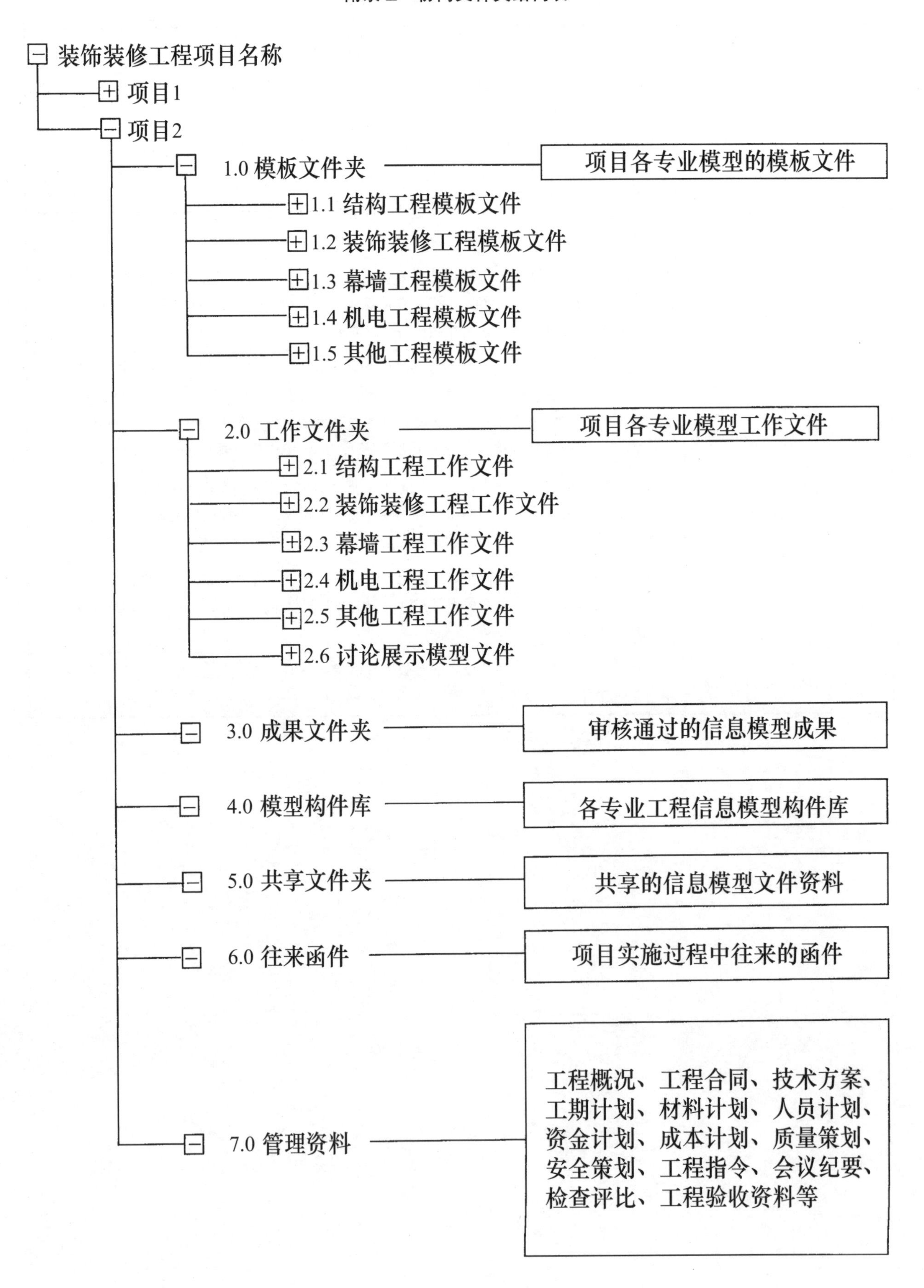

附录 F 信息模型细度规定

序号	模型构件名称	方案设计模型	施工图设计模型	深化设计模型	施工过程模型	竣工交付模型	运营维护模型
1	建筑地面	LOD200	LOD300	LOD350	LOD400	LOD500	LOD300-500
2	抹灰	LOD200	LOD300	LOD350	LOD400	LOD500	LOD300-500
3	外墙防水	LOD200	LOD300	LOD350	LOD400	LOD500	LOD300-500
4	门窗	LOD200	LOD300	LOD350	LOD400	LOD500	LOD300-500
5	吊顶	LOD200	LOD300	LOD350	LOD400	LOD500	LOD300-500
6	轻质隔墙	LOD200	LOD300	LOD350	LOD400	LOD500	LOD300-500
7	饰面板	LOD200	LOD300	LOD350	LOD400	LOD500	LOD300-500
8	饰面砖	LOD200	LOD300	LOD350	LOD400	LOD500	LOD300-500
9	幕墙	LOD200	LOD300	LOD350	LOD400	LOD500	LOD300-500
10	涂饰	LOD200	LOD300	LOD350	LOD400	LOD500	LOD300-500
11	裱糊与软包	LOD200	LOD300	LOD350	LOD400	LOD500	LOD300-500
12	细部	LOD200	LOD300	LOD350	LOD400	LOD500	LOD300-500

本标准用词说明

1 为便于在执行本标准条文时区别对待，对要求严格程度不同的用词说明如下：

（1）表示很严格，非这样做不可的用词：

正面词采用“必须”，反面词采用“严禁”；

（2）表示严格，在正常情况均应这样做的用词：

正面词采用“应”，反面词采用“不应”或“不得”；

（3）表示允许稍有选择，在条件许可时首先应这样做的用词：

正面词采用“宜”，反面词采用“不宜”；

（4）表示有选择，在一定条件下可以这样做的用词，采用“可”。

2 条文中指明应按其他有关现行标准执行的，写法为“应符合……的规定”或“应按……执行”。

引用标准名录

1 《建筑工程施工质量验收统一标准》GB 50300

2 《建筑地面工程质量验收规范》GB 50209

3 《建筑装饰装修工程质量验收规范》GB 50210

4 《房屋建筑制图统一标准》GB/T 50001

5 《建设工程工程量清单计价规范》GB 50500

6 《建筑工程资料管理规程》JGJ/T 185

建筑装饰行业工程建设
中国建筑装饰协会标准

建筑装饰装修工程 BIM 实施标准

T/CBDA 3—2016

条 文 说 明

1 总　　则

1.0.2　建筑信息模型应用将会对建筑施工行业的创新发展带来巨大的价值，它促进建筑施工行业技能的提升；它有助于施工行业管理模式的创新和提升；它有效提升行业信息化水平，推动工程项目精细化管理。
1.0.3　在本标准编写过程中，参考了《建筑工程信息模型应用统一标准（送审稿）》、《建筑工程设计信息模型分类和编码标准（送审稿）》、《建筑工程设计信息模型制图标准（送审稿）》、《建筑工程设计信息模型交付标准（送审稿）》、《建筑工程施工信息模型应用标准（送审稿）》等一系列国家标准的相关规定和要求，待上述国家标准正式颁布后，本标准也应予以遵守执行。

2 术　　语

2.0.1　2002 年，Autodesk 收购三维建模软件公司 Revit Technology，首次将 Building Information Modeling 的首字母连起来使用（即“BIM”），它是基于三维几何数据模型，集成了建筑设施及其相关物理信息、功能要求和性能要求等参数化信息，并通过开放式标准实现信息的共享和利用。
2.0.2　装饰装修工程 BIM 是从建筑信息模型中分离出来的专业信息模型，它与结构工程 BIM、幕墙工程 BIM、机电工程 BIM 等专业信息模型组成完整的建筑信息模型体系。装饰装修工程 BIM 实施中，可以对建筑装饰装修工程的规划阶段、设计阶段、施工阶段、运维阶段全寿命期或其组成的某个阶段进行创建、应用和管理。
2.0.3　BIM 技术核心内容是软件的应用，只有通过软件才能充分利用 BIM 特性，发挥 BIM 应有的作用。BIM 应用软件主要分为三大类：一是以建模为主的 BIM 辅助设计基础类软件；二是以提高应用点工作效率为主的 BIM 工具类软件；三是以协同和集成应用为主的 BIM 平台类软件。

3 基本规定

3.0.5　创建装饰装修工程信息模型应事先对 BIM 软件进行筛选，宜优先采用兼容性较好的软件系统，不宜局限于某一类型软件或单一程序的应用。BIM 技术应用依托计算机运算性能的支持，属于个人使用的电脑或笔记本的硬件配置应以满足实际工作需要为标准，搭建 BIM 协同平台服务器应具有先进性和前瞻性。
3.0.6　该条旨在对装饰装修工程 BIM 实施单位所具有的资格条件进行规定，在装饰装修工程 BIM 实施中，企业应具有建筑装饰装修工程设计专项资质和建筑装饰装修工程专业施工承包资质，并宜配备经过授权认证的 BIM 工程师进行 BIM 软件操作。实施装饰装修工程 BIM 既带来管理上的便利，也增加了工作量和服务附加值，企业可结合市场导向施行有偿服务。
3.0.7　在信息化管理中，应充分利用云平台、大数据等信息化手段，并在 BIM 协同管理中与企业信息管理系统进行集成应用，如 OA 系统、ERP 系统、MIS 系统等，推动 BIM 技术在更多领域发挥积极作用。

4 信息模型创建

4.2.1　模型分类应具有信息分类的基本原则，并具有科学性、系统性、兼容性、可扩充性和综合实用性。科学性是指信息分类的客观依据。选用事物或概念的最稳定的本质属性或特征作为分类的基础；系统性是指将选定的事物或概念的属性或特征按一定排列顺序予以系统化，并形成一个合理的分类体系；兼容性是指分类上与有关标准的协调一致。信息分类的兼容性是指某一系统的信息分类涉及一个或几个其他信息系统时，信息的分类原则及类目设置上应与有关的标准取得一致；可扩充性是指分类体系的建立应满足事物的不断发展和变化的需要；综合实用性是指分类要从系统工程的角度出发，把局部问题放在系统整体中处理，达到系统最优化。
4.2.2　在协同管理文件夹里的模型文件名称，应采用与工程项目统一规定的命名格式，在个人工作文件夹里的模型文件命名可增加个人文件夹层级来减少文件名长度；为便于识别模型文件管理先后顺序，应标注文件的版本识别号；模型文件命名举例：如某办公楼 _ 二层会议室 _ 方案设计模型、某住宅小区 _

二单元 _ 施工图设计模型、某商场 _ 共享空间 _ 深化设计模型。

4.2.3 模型构件分类可根据《建筑工程施工质量验收统一标准》GB 50300-2013 中的分部工程、子分部工程和分项工程划分的原则进行分类。建筑装饰装修工程模型构件类别可划分为建筑地面、抹灰、外墙防水、门窗、吊顶、轻质隔墙、饰面板、饰面砖、幕墙、涂饰、裱糊与软包、细部十二个模型类别。模型构件的名称应使用简短的词语，包含检索所需要的关键词，一目了然，便于查找。当同一类型模型有不同施工做法时，可添加不同工艺做法的名称进行区分。模型构件命名举例：如吊顶工程 - 轻钢龙骨石膏板、地面工程 - 防滑地砖、饰面板工程 - 墙面石材干挂、饰面板工程 - 墙面石材铺贴等。

4.2.4 模型材料代码应具有唯一性，不得发生重叠或错漏，可根据工程项目实际情况进行扩充。当某类材料在同一个工程项目有不同的品牌、规格、型号、花色或做法时，宜采用数字编号进行区分。模型材料代码举例，如 “SP_01_ ∠ 50” 可表示为∠ 50×50×5 规格的角钢，“WB_02_900” 可表示为 900×100×18 规格的柚木地板，“LK_03_C75” 可表示为一种 C75 系列轻钢龙骨隔墙等。

4.2.5 模型拆分可按以下几种方式进行拆分：一是按楼层划分，各专业可按照楼层进行拆分模型；二是按分包区域划分，各专业可按照施工分包区域拆分模型；三是按空间、房间划分，各专业可根据空间和房间的名称划分模型，如楼梯间、电梯间、大堂、办公室、卫生间等房间划分。在按层级拆分模型过程中，应逐步完成模型细度的细化工作，在不同的应用阶段添加或补充相对应阶段的数据信息。模型拆分应满足不同模型细度的层级划分，使模型及数据信息在不同尺寸比例及不同阶段都能有效传递。

4.2.6 模型出图及表达方式应符合国家《房屋建筑制图统一标准》GB/T 50001_2010 的相关规定，并满足以下要求：模型配色应与原设计图纸保持一致；二维出图线型及配色应清晰鲜明，符合制图标准；各专业模型根据工程项目模型体系统一划分 3D 配色方案，3D 配色宜采用不同色系以便区分不同系统分类；工程项目设计宜采用 BIM 出图为主，CAD 出图为辅。

4.3.1 几何信息包括物体的长度、宽度、高度、厚度、角度、坐标、面积、体积、重量、密度等，应采用国际标准单位。非几何信息包括物体的特征、技术信息、产品信息、价格信息、建造信息、维保信息、项目信息等内容。

5 信息模型协同

5.1.1 项目应根据工程实际情况配置 BIM 负责人和 BIM 工程师，制定装饰装修工程 BIM 协同管理实施方案，规定各相关参与方对信息模型的提交和索取途径，保证协同工作正常进行。项目应建立支持装饰装修工程 BIM 协同管理所需的 IT 环境，保证信息模型的协作、沟通和评审过程畅通无阻，提高信息模型应用的效率。项目应配备专人负责数据中心服务器的日常维护工作，保证各相关参与方能够及时调用、存储和归档；模型创建者在进行模型创建和维护中，不得转让信息模型的所有权。模型使用者发现信息模型存在错误的，应当及时通知模型创建者，以便于及时调整和修改。

5.1.2 装饰装修工程 BIM 协同管理应与工程总承包单位保持一致，并建立相应的数据信息安全体系，涉及保密要求的应进行特殊技术手段进行加密处理。建立装饰装修工程 BIM 协同的沟通方式，如：信息模型的发送人、接收人；协同工作的组织者、参与者；确认定期会议、电子邮件等沟通形式等。建立装饰装修工程 BIM 协同的时间节点。如：方案设计、施工图设计、深化设计、施工过程、竣工交付各阶段协同工作的时间节点安排等。建立装饰装修工程 BIM 协同的软硬件配置。如：硬件配置、软件检测、数据备份、版本识别等。项目宜配置信息模型轻量化客户端软件，实现平板电脑、手机等移动客户端进行实时浏览查询功能。

5.1.3 项目各相关参与方工作职责应根据工程项目的实际情况，结合工程合同条款的内容，合理进行工作职责的分工。

5.1.4 项目可根据工程项目的实际情况和目标要求，搭建装饰装修工程 BIM 协同管理平台，并对中心服务器进行日常维护，保证协同平台有效运行。

信息模型文档功能：可根据信息模型发现的问题进行分类统计，并做出相关分析报告；支持模型上传下载功能，支持图形的存放管理，支持文件更新后自动通知及显示；对各参与方数据信息进行交互管理，并支持各参与方访问权限的设定。

信息模型数据功能：可提取信息模型中所包含的全部信息，包括修改记录、专项模型信息、变更信息、模型分析报告等；模型信息可分类统计，模型信息可批量输入、输出。

信息模型操控功能：可在普通计算机上流畅运行，并对分专业模型进行操控管理；支持模型的长度、角度、面积、体积等参数测量；支持模型任意位置的剖切观察；支持模型的多种组合与装配；支持预留视点进行定点浏览模型功能。

信息模型成果功能：可对信息模型成果进行多视角浏览、批注、量度尺寸、提取工程程量；可装饰构件详细信息、漫游及模拟动画等。

信息模型信息化功能：可根据工程项目管理规定和工作流程要求与企业信息管理系统（如 OA、ERP、MIS 等）进行集成应用。

5.2.1 协同文件夹结构不得随意更改，当相关参与方需要扩展文件结构时，应与 BIM 总协调方协商一致后方可建立。

5.2.2 本地文件夹副本宜保存在用户资料备份盘上，不宜保存在计算机系统盘中。

5.2.3 在模型创建过程中形成的未经审核确认的链接模型文件，不宜在创建者本人和创建小组之外使用。各相关参与方在协同过程中进行共享文件交换和共享，宜由各相关参与方共同约定注意事项。当信息模型协同管理中发现不一致时，应及时进行书面记录并与模型创建者进行沟通，提出存在冲突的具体内容和解决方案的建议。

5.2.4 可采取通用型文档管理系统进行权限管理，并综合集成身份认证、硬件绑定等多项前沿技术，实现对受控文件的精确权限控制，能有效控制使用者对核心数据文档的阅读、修改、打印、授权、解密的操作权限，防止文件非法使用而导致核心数据泄露。由 BIM 总协调方对中心服务器上的模型文件夹进行权限设置，属于各相关参与方自身专业的文件设置为“读写”模式，对其他专业的文件设置为“只读”模式。文件夹中不宜存放私人资料，不宜存放企业机密文件。

5.2.5 为保证文件数据信息内容的时效性，在设计阶段应随时更新，在施工阶段每发生一次变更时需更新一次，在运维阶段应保持同步更新。内部协同宜采用超链接方式进行数据交换，外部协同宜采用上传下载方式进行数据信息交换。

5.2.6 设计阶段所形成的文档，按照合同约定的设计文件要求，以最终签收的信息模型文件和成果进行归档，并与设计文件构成统一的版本进行保存。施工阶段所形成的文档，按照合同约定的竣工资料要求，以最终签收的信息模型文件和成果进行归档，并与竣工资料构成统一的版本进行保存。项目应建立中央服务器，并按照模型文件结构表的要求，分别保存各专业、各阶段信息模型和模型构件的数据信息。

5.3.1 “中心文件”和“链接文件”是创建模型的两种工作方式，“中心文件”允许多人同时编辑相同模型，而“链接文件”是独享模型，当某个模型被打开编辑时，其他人只能“读”而不能“写”。

5.3.2 设计单位应按照工程项目设计阶段进度计划的要求，按时间节点提交设计信息模型，经过 BIM 总协调方审核同意后上传中心服务器，可作为设计阶段共享文件。各相关参与方通过中心服务器访问设计共享文件，对各阶段设计信息模型进行审阅，及时反馈审查意见，通知设计单位进行修改。

5.3.4 施工单位应按照工程项目施工阶段进度计划的要求，按时间节点提交施工过程信息模型，经过 BIM 总协调方审核同意后上传中心服务器，可作为施工阶段共享文件。当施工过程中出现的设计变更时，施工单位应根据设计变更文件或工程指令单意见提出设计变更模型上传中心服务器。经 BIM 总协调方确认后，可作为设计变更信息模型成果进行同步更新。施工单位应根据施工现场条件的变化对施工方案、进度计划、成本计划、质量安全策划等管理文件进行必要的调整，保证施工阶段信息模型与工程项目实际情况保持一致。

5.3.5 项目应对运维单位进行装饰装修工程 BIM 协同管理的交底和培训，协助运维单位对装饰装修工程 BIM 进行日常维护和管理定期更新和备份项目运营维护资料。

6　信息模型应用

6.1.2　基本任务工作方式是指按照工程项目专业及管理工作流程，以项目专业及管理分工为基本任务，建立满足项目全生命周期工作需要的任务信息模型应用体系，实施建筑信息模型应用的工作方式。

6.1.5　装饰装修工程工 BIM 实施中，可有针对性地采用虚拟现实技术（VR）、增强现实技术（AR）、虚拟设计与施工技（VDC）、3D 激光扫描技术（3DLS）、3D 打印技术（3DP）、机器人放线（RI）、施工监视及可视化中心（CMVC）等先进技术对施工重难点部位进行动画模拟。

6.2.1　在方案设计模型创建前，应事先定制方案设计模型样板文件，样板文件应包括统一的文字样式、字体大小、标注样式、线型等。方案设计模型应与结构工程 BIM、幕墙工程 BIM、机电工程 BIM 及其他专业模型有效链接。当无法链接时，可根据相关专业图纸按 LOD200 创建专业模型再进行链接。

6.3.2　进行设计查错时，检查的主要内容：（1）符合性检查。消防设施、安全防护、无障碍设计、节能环保等技术标准、规范和规定的符合性检查；（2）一致性检查。模型的命名、图型、图例、材质、标注、说明等一致性检查；（3）冲突检查。各专业施工之间的空间冲突检查、各专业末端设备定位冲突检查；（4）效果检查。装饰效果、功能分区、饰面排版、临边收口、细部处理等效果检查；（5）优化检查。提高效率、提升品质、保证安全、降低成本等优化措施进行检查。

检查的主要方法：（1）对比分析法。对信息模型与原设计图纸进行对比分析，检查模型是否符合原设计要求；（2）二维视图法。对关键部位的细部节点进行处理，生成平面图、立面图、剖面图、轴测图、透视图等，仔细判断相互关系是否具有一致性；（3）软件检查法。通过整合建筑、幕墙、暖通、给排水、电气等专业信息模型，运用 BIM 技术碰撞检查功能，检查各专业之间是否发生冲突；（4）三维视图法。通过三维视图直观感受设计意图，是否需要设计方案进行调整；（5）动画浏览法。通过漫游动画、虚拟现实技术（VR），是否需要设计方案进行优化。

6.3.3　设置材料、构件、设备共享参数，确定设计文件清单的属性列表，形成文件清单模板。根据装饰装修工程 BIM 实际需要，分别统计或校验相关数据信息是否满足经济技术指标要求。文件明清单宜包括图纸目录、房间装修做法表、装饰材料统计表、门窗表、家具表、设备表等。

6.3.4　工程量清单应进行"量价分离"，包含分部分项工程直接费、措施费、其他费、规费和税金的名称、数量、单价和相关特征描述。宜按照工程项目合同规定的格式编制工程量清单，并符合《建设工程工程量清单计价规范》GB 50500–2013 的要求。工程量清单应当准确反映建筑实体工程量，清单中不宜包含相应损耗。当工程发生设计变更时，可根据信息模型分析变更前和变更后所产生的变化，作为工程造价审核的参考依据。

6.3.5　施工图应按照《房屋建筑制图统一标准》GB/T 50001–2010 进行标识和标注，对于局部复杂空间和复杂节点，可采用 3D 透视图和轴测图辅助表达。

6.4.1　在深化设计模型创建中，要与施工图设计模型进行对比分析，仔细检查模型中的错、漏、碰、缺及各专业之间的冲突并及时修改。

6.4.5　根据设计变更、变更洽商文件信息对深化设计模型进行同步更新，并对所涉及的施工图纸、深化设计图纸和相关设计文件进行协同更新。根据工程项目实际施工进展状况，应及时补充和完善深化设计模型中遗漏的相关属性信息，使信息模型具有准确性和时效性。

6.5.1　根据工程项目的实际情况，可采用全站仪、3D 扫描仪等信息采集手段，保证工程测量数据信息真实、有效。根据施工过程模型，对施工方案的可行性进行分析、优化和调整。施工过程模型包括施工进度、施工成本等信息，实现信息模型多层面、多维度的应用。

6.5.2　编制劳动力需求计划表和劳动力动态分布计划表，保证劳动力数量满足施工进度的需要。编制物资材料进场计划表和机械设备进场计划表，保证材料与设备数量满足施工进度的需要。必要时，可采用"二维码"对材料与设备的生产信息、物流信息、施工安装信息进行标识，方便施工人员查询。在施工过程模型中融入工程概况、劳动力计划、材料计划、设备计划、进度计划、成本计划等信息，为工程项目施工过程控制提供数据信息支撑。根据工程项目进展情况，在施工过程模型中融入设计变更、范围变更、时间变更等信息，随时掌握工程信息发生的变化，并制定应对措施。

6.5.3　方案模拟应当反映工程实体和现场施工环境、施工方法、作业顺序、质量要求、安全防护措施等相关内容。针对重难点部位、复杂施工区域进行施工方案模拟，生成施工方案模拟报告，并与相关专业施工方进行协调处理。可选择性地采用虚拟现实技术（VR）、增强现实技术（AR）、虚拟设计与施工技术（VDC）、3D 激光扫描技术（3DLS）、3D 打印技术（3DP）、机器人放线（RI）、施工监视及可视化中心（CMVC）等多种先进技术，对施工方案进行可视化模拟和方案优化。

6.5.4　工程项目施工中，针对复杂施工区域、重难点施工部位进行技术交底时，可利用装饰装修工程 BIM 导出 3D 视图，丰富技术交底资料的内容。对装饰装修工程的吊顶、隔墙、地面等复杂装饰构造、关键施工技术和特殊技术要求的，可利用施工过程模型详细地展示施工工艺和操作流程，并根据需要制作视频动画模拟施工过程，帮助施工人员直观地理解和执行技术交底的内容。

6.5.5　根据工程项目施工进度目标的要求，将施工进度计划与装饰装修工程 BIM 进行链接，可生成施工进度管理模型。利用施工进度管理模型进行可视化施工模拟，分析施工进度计划是否满足合同约定并达到最佳状态。当发生明显偏差时，应对工程项目施工进度计划进行纠偏和调整。在施工进度管理模型中输入实际工期信息，通过实际工期与计划工期的对比分析，及时对进度计划偏差进行调整或更新，并应生成施工进度计划控制报告。利用施工进度管理模型，对工程项目施工进度进行动态监控，按照进度计划要求配置施工过程中所需的各类资源要素，保证工程项目工期目标实现。

6.5.6　根据工程项目合同报价清单和预算成本，将施工成本与装饰装修工程 BIM 进行链接，可生成施工成本管理模型。利用施工成本管理模型进行可视化施工模拟，分析施工预算成本是非满足合同约定并达到最佳状态。当发生明显偏差时，应对工程项目施工预算成本进行纠偏和调整。在施工成本管理模型中输入实际成本信息，通过实际成本与预算成本的对比分析，及时对施工成本偏差进行调整或更新，并应生成施工成本计划控制报告。利用施工成本管理模型，对项目施工成本进行动态监控，按照预算成本对各类资源要素进行有效控制，保证工程项目成本目标的实现。

6.5.7　利用信息模型可视化功能进行施工过程模拟，帮助施工人员掌握施工工艺和操作流程，避免因理解偏差而造成施工质量问题。利用施工过程模型对关键技术、特殊工序进行施工作业分解，制作视频动画模拟施工过程，作为施工质量管理培训案例。当发生施工质量问题时，可利用信息模型中的相关图像、视频、音频方式关联到相应构件与设备上，制定质量整改措施，并对质量问题进行整改和销项记录。

6.5.8　利用施工过程模型对现场平面布置进行展示，对施工中的危险源进行辨识，通过现场实时监控系统对施工安全实施有效管理。将安全隐患信息在录入到施工过程模型中，形成安全管理案例素材库，为类似工程安全管理提供参考依据。当发生施工安全隐患时，可利用信息模型中的相关图像、视频、音频方式关联到相应的施工部位，制定安全整改措施，并对安全隐患进行整改和销项记录。

6.6.1　在创建竣工交付模型时，可根据工程实际情况对竣工交付模型进行信息过滤或筛选，模型中不宜包含冗余的信息。当竣工交付模型文件数据信息过大时，宜对建筑模型进行拆分处理，并提供与竣工交付模型链接的数据单元模块。

6.6.2　根据《建筑工程质量验收统一标准》KGB 50300-2013、《建筑地面工程质量验收规范》GB 50209-2010、《建筑装饰装修工程质量验收规范》GB 50210-2001、《建筑工程资料管理规程》JGJ/T 185-2009 相关规定编制工程竣工交付资料并按规定要求存档。当有必要时，可利用竣工交付模型生成竣工辅助资料，如 BIM 辅助验收报告、BIM 辅助工程量测算报告等辅助性竣工资料。

6.7.1　搭建基于 BIM 的运营系统，运营系统建设包含 3D 浏览、设备运营维护管理、空间及租赁管理、应急管理的主要功能模块。宜对运营维护模型实施轻量化处理，满足工程项目运营维护工作的基本要求。

6.7.2　可利用运营维护模型对工程项目的合同协议、技术规格书、工程量清单、设计图纸、工程联系函资料进行查询，实现资料的可追索性。可利用运营维护模型对材料设备的规格型号、性能指标、制造过程、采购价格信息进行查询，为工程保修服务提供真实可靠的依据。

7 信息模型交付

7.1.1 签订工程合同时，应明确装饰装修工程 BIM 实施的目标及成果交付要求。工程交付时，应根据合同要求对工程接收单位、运营维护单位进行信息模型的操作、应用和管理等方面交底。

7.1.2 项目各参与方的模型成果及其附属成果，可根据工程项目实施阶段的时间节点进行交付。完整性是指按照工程合同所属范围提交完整的装饰装修工程信息模型，时效性是指满足工程合同规定的成果交付物的进度要求。

7.1.3 通常情况下，单个链接模型文件或模板文件的大小不宜超过 100M，以免造成计算机运行负担。

7.2.1 模型成果检查主要包括以下内容：（1）模型检查：检查信息模型是否正确地表达了设计意图。（2）冲突检查：通过 BIM 软件检测不同专业模型之间是否存在冲突。（3）信息验证：检查信息模型中有没有未定义或错误定义的内容。（4）标准检查：检查信息模型是否符合相关规定的要求。

7.2.2 提交模型成果时，相关参与方应将交付函件、签收单及模型成果文件一并提交给 BIM 总协调方进行审查验收。成果审查人应将最终的审查意见形成书面文件，并通过截图形式指明模型成果中存在的问题，且应准确描述问题所在的部位和提出具体要求。

7.2.3 模型成果审查报告应该作为工程项目管理文件进行存档，上传至工程项目数据服务器。模型成果审查报告应转换成规定的文件格式，并抄送工程项目各相关参与方。

7.3.1 可以按照合同约定的竣工时间一次性提交装饰装修工程 BIM 成果，也可以分阶段、分批次提交信息模型成果。

7.3.2 模型成果交付内容可根据工程项目实际情况进行扩充，宜按照合同约定的内容进行交付。

7.3.3 模型成果文件格式可依据所采用的 BIM 软件格式，不宜局限于表 7.3.3 中的文件格式。

7.3.4 装饰装修工程 BIM 成果应受到知识产权保护，避免信息模型成果被其他方进行商业行为或被恶意使用。

附录

全装修行业其他相关标准一览

《建筑抗震设计规范》GB 50011—2010
《建筑设计防火规范》GB 50016—2014
《建筑照明设计标准》GB 50034—2013
《建筑地面工程施工质量验收规范》GB 50209—2010
《建筑给水排水及采暖工程施工质量验收规范》GB 50242—2002
《通风与空调工程施工质量验收规范》GB 50243—2002
《电气装置安装工程低压电器施工及验收规范》GB 50254—2014
《建筑工程施工质量验收统一标准》GB 50300--2013
《智能建筑设计标准》GB 50314—2015
《智能建筑工程质量验收规范》GB 50339—2013
《建筑内部装修防火施工及验收规范》GB 50354—2005
《建筑电气照明装置施工与验收规范》GB 50617—2010
《建设工程项目管理规范》GB / T 50326
《民用建筑隔声设计规范》GB 50118—2010
《民用建筑工程室内环境污染控制规范》GB 50325—2014
《建筑内部装修设计防火规范》GB 50222—95(2001 年修订版）
《建筑工程施工质量评价标准》GB / T 50375—2016
《房屋建筑与装饰工程工程量计算规范》CB 50854—2013
《建筑信息模型应用统一标准》GB / T 51212-2016
《装配式木结构建筑技术标准》GB / T 51233—2016
《室内外陶瓷墙地砖通用技术要求》JG / T 484—2015
《建筑室内空气污染简便取样仪器检测方法》JGT 498—20
《建筑装饰装修职业技能标准》JGJ / T 315—2016
《建筑涂饰工程施工及验收规程》 JGJ / T 29—2015
《工业化住宅建筑外窗系统技术规程》CECS 437—2016
《建设工程施工现场环境与卫生标准》JGJ 146-2013
《建筑工程检测试验技术管理规范》JGJ 190-2010
《施工现场临时用电安全技术规范》JGJ 46—2005
《房屋建筑与装饰工程消耗量定额》编号为 TY01—31—2015
《建筑室内防水工程技术规程》CECS 196—2006
《建筑室内吊顶工程技术规程》CECS 255—2009

《住宅排气道系统应用技术规程》CECS 390 ： 2014
《健康住宅建设技术规程》CECS 179—2005
《木质地板铺装工程技术规程》CECS 191—2005
《民用建筑新风系统工程技术规程》CECS 439—2016
《建筑装饰室内石材工程技术规程》CECS 422 ： 2015
《建筑室内防水工程技术规程》CECS 196—2006
《建筑室内吊项工程技术规程》CECS 255—2009
《建筑装饰装修工程木质部品》T ／ CBDA—4—2016
《建筑装饰工程木制品制作与安装技术规程》CECS 288—2011
《整体地坪工程技术规程》CECS 328—2012
《全装修住宅室内装修设计标准》上海市 DG ／ TJ08—2178—2015
《居住建筑装修装饰工程质量验收规范》北京 DB11 ／ T 1076—2014
《住宅全装修设计标准》北京 DB11 ／ T 1197—2015
《公共租赁住房内装设计模数协调标准》北京 DB11 ／ T 1196—2015
《天津市住宅装饰装修工程技术标准》天津市 DB29—35—2010
《全装修住宅室内装饰工程质量验收规范》浙江省 DB33 ／ T 1132—2017
《四川省成品住宅装修工程技术标准》四川省 DBJ51 ／ 015—2013
《住宅装饰装修工程施工技术规程》上海市 DG ／ TJ08—2153—2014

全/装/修/行/业/法/规/标/准/汇/编

Compilation of Codes and Regulations for Decoration Industry

编委展示

中国建筑装饰协会住宅部品产业分会

huangai 华耐家居

品/质/家/居/生/活/的/行/家

优质的产品　优越的价格　完善的服务

华耐家居在国内塑造了一个个成功的经典工程案例，成为中国房地产界、规划设计界、家装界专业的瓷砖、卫浴材料合作商

工程案例

中央电视台新台址工程

中央电视台新台址工程选用我公司马可波罗瓷砖CI12610\CI12259\PH6001\MK3048,使用面积为40000平方米。

国家奥林匹克体育中心体育场

国家奥林匹克体育中心体育场工程选用我公司马可波罗瓷砖PH6022\PH6021\CI6019,使用面积为30000平方米。

奥运媒体村工程

奥运媒体村位于北五环外，奥运主场馆及奥林匹克森林公园的东北方向，紧临森林公园，建设用地为10.2公顷，建筑面积约63万平方米。

旗下品牌

OVERALL DECORATION

华耐整装

近年来，华耐家居立足供应链优势，大力拓展整装业务，推出高品质感、高性价比、高配套性的整装产品，并以场景科技技术为基础提供全屋整装交付解决方案，致力于为消费者提供更优质的家装体验。

我们的优势

1 强大的供应链支持

华耐家居目前经营涵盖瓷砖、卫浴、厨柜、衣柜、地板、涂料等全品类产品，涉及马可波罗、箭牌、欧派、奥普、好莱客、志邦、欧神诺、立邦、美标、蒙娜丽莎、法恩莎、梦天等国内一线品牌，专注为消费者提供最具品质的家居生活产品。

2 技术平台支持

利用VR技术、云设计技术直观展示家居效果图，节省客户的时间，提高运营效率。

3 强大的物流仓储服务平台

蚁安居，为商家提供从产品出厂开始的干线、仓储、配送、安装、维修一体化解决方案，为消费者提供一站式家居服务。

仓储——蚁安居全国46个分公司，业务覆盖306个城市。

配送——目前拥有配送服务车辆3000余辆，配送服务人员3800余人，提供同城配送、送货上楼、代收货款等服务。

安维——蚁安居已在全国32个省、306余个地级城市、1900个区县拥有专业的安装维修团队。

联系我们

联系电话：010-87386165　　网址：www.china-honor.com

CHAPTER OF HEZAO FUXI

天地合 自然造

COMBINING THE SKY AND GROUND, BUILT BY NATURE

“浮”至心灵，“曦”尽铅华

合造厨卫科技（上海）有限公司
上海市徐汇区田林路130号81号楼102单元
021-67890999
http://www.homingzone.com
info@homingzone.com

鼎美·顶墙集成
马伊琍邀您
一起装新家

扫描关注鼎美智装
官方微信二维码

Dnmei 鼎美

浙江鼎美智装股份有限公司　地址：浙江省嘉兴市秀洲区王店镇梅秀路399号　电话：0573-83252118

代言人:马伊琍

FAENZA
法恩莎卫浴·瓷砖
设计为爱而生
公司服务号
微信订阅号
400-101-3862 www.faenza.com.cn

— 中国建筑装饰协会住宅部品产业分会 —

CRESHEEN聪信

智能洗涤·家居收纳专家

COMPANY PROFILE

公司简介

广东聪信智能家居股份有限公司成立于1998年，前身为中山市新田五金有限公司，是行业内知名的拉篮、水槽和不锈钢水龙头生产企业，现由智能洗涤和家居收纳系统两大板块组成。公司拥有强大的研发团队和先进的科技创新能力，先后与欧派、我乐、志邦、尚品宅配、金牌和司米等众多一线厨柜品牌建立了紧密的合作关系。多年来承蒙用户与消费者的信任，先后获得了"中国著名品牌""中国消费者放心购物质量可信产品""中国创新价值体系建设五金十大品牌"和"中国拉篮十大品牌"等多项荣誉称号，通过ISO9001-2008、美国CUPC和德国GS等国家和欧美市场认证，获得各项设计专利100多项。

未来，公司将由厨房向卧室和卫浴领域的整体家居五金延伸，并赋予产品更多的智能元素、时尚色彩和人性化设计，为用户提供一站式智能洗涤和家居收纳解决方案。

全球战略合作伙伴

ZBOM志邦厨柜
股票简称:志邦股份 股票代码:603801

新的生活，为你启程

冠军不是奋斗的终点，而是一次又一次的出发，新的生活，志邦是我的舞台，
我将再次启程，为你……

全国招商 0551-65203777
Http://www.ZBOM.com

金牌厨柜 更专业的高端厨柜

18年专注厨柜 | 中国、美国、迪拜……更多家庭在用金牌厨柜

18年专注厨柜

金牌厨柜9大专业优势

十年品质保证

中国房地产500强首选厨柜品牌

中国环境标志产品认证

全国加盟热线：400-1082-688　全国售服热线：400-1868-666
全国精装修工程热线：0592-5580367　全球海外加盟热线：0086-592-5580361

金牌厨柜
更专业的高端厨柜

CACAR 佳居乐
智·尚厨房 Smart Fashion Kitchen
佳居乐形象代言人
国标起草 十环标志 高新企业 广东名牌 十大品牌
广东佳居乐厨房科技有限公司
GUANGDONG CACAR KITCHEN TECHNOLOGY CO,.LTD.
地址：广东省东莞大岭山大片美佳居乐工业区
邮编：P.C:523832 http://www.cacar.cn
全国服务加盟热线
40088-999-32

经典魅力 力求清新

闪耀登场

KENER
开来橱柜

北欧印象

原木的味道，细腻的纹理，与古董白的搭配散发出自然的韵味 。
简约的线条，立体的空间，北欧的极简风格一跃眼前。摒弃蛊惑人心的虚华设计，
让生活的热情与自然灵感相融合

电话：400-110-9898　　地址：江苏省南京市高新技术开发区长峰大厦2栋4层开来橱柜

DONG PENG 东鹏洁具
DONG PENG 东鹏瓷砖
东鹏形象代言人
刘涛
大冲力马桶
东鹏洁具

帝王洁具
monarch
锐.VIGOUR
锐生活 | 意由我
尚锐系列
5
客户服务热线
400-111-9001
www.monarch-sw.com
扫一扫
帝王洁具官方微信
SCDWJJ

TATA木门

—— 他们选择了TATA ——

他们都与TATA建立了良好的合作关系

- 奔驰汽车厂
- 深圳华为集团
- 中石油物探局总部
- 中建八局北京总部
- 中国航天技术办公大楼
- 空军第二研究所办公大楼
- 万科花样年华精装修公寓

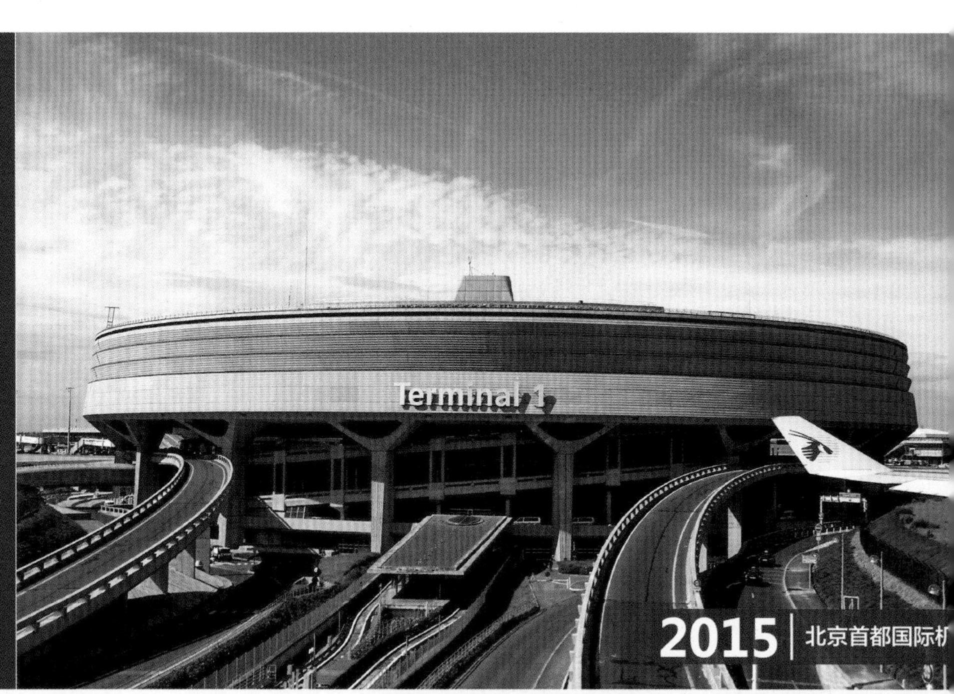

TATA 木门作为“鸟巢”工程指定唯一木门供应商，行业内首个“国家工程鲁班奖”“中国木门三十强”代表企业，中国木门协会副会长单位。另外，TATA 木门得到山东省质监局、郑大一附院、中国电子大厦、中国质量认证中心天津渤海银行，郑州银行、德国奔驰汽车厂总部、九华山庄、蟹岛别墅群、奥体文化园人才公租房等高端客户的信任

蒙娜丽莎
MONALISA
瓷砖·薄瓷板·瓷艺

蒙娜丽莎集团股份有限公司

蒙娜丽莎集团股份有限公司（以下简称“蒙娜丽莎公司”）位于佛山市南海区西樵镇，是一家集科研开发、专业生产、营销为一体的民营股份制大型陶瓷企业，成立于1992年，共有1700多人，现拥有7家全资子公司。蒙娜丽莎集团拥有19条现代化建筑陶瓷和2条陶瓷板生产线，年生产各类墙地砖、陶瓷板、瓷艺产品等约3500万平方米。

公司坚持绿色、创新、艺术的发展理念，2007年，蒙娜丽莎公司率先在国内研制开发出陶瓷板、无机轻质板两项产品；2010年12月9日，蒙娜丽莎公司被评为国家首批建陶行业唯一的“资源节约型、环境友好型”试点创建企业。蒙娜丽莎公司承担国家“十一五”科技支撑计划重大项目，是国家建筑卫生陶瓷标准化技术委员会（SAC/TC249）的建陶行业副主任单位，主编、参编国家与行业标准28项，截至2017年3月，蒙娜丽莎集团共获授权专利594件，其中发明专利35件，实用新型专利37件，外观设计专利522件，国际领先、国际先进、国内领先水平项目38项。蒙娜丽莎公司为建陶行业同时拥有国家认定企业技术中心、中国轻工业无机材料重点实验室、省市区三级院士工作站、博士后科研工作站四大科研创新平台的企业。

目前，蒙娜丽莎公司拥有“蒙娜丽莎”“QD”两大品牌，产品包括陶瓷砖、陶瓷板、瓷艺画三大系列，拥有覆盖全国省、市、区约3000个专卖店及销售网点，海外近百个国家和地区的400个营销网络，将“感受艺术、品味生活”的品牌文化广泛传播，为全球消费者提供及时周到的服务。

首座陶瓷薄板幕墙建筑
杭州医药生物科技大厦

成都地铁文化墙项目
选用蒙娜丽莎陶瓷艺术壁画

佛山市汾江路隧道
选用蒙娜丽莎陶瓷薄板

蒙娜丽莎集团
微信公众平台二维码
关注我们了解更多资讯

蒙娜丽莎集团股份有限公司
Monalisa Group Co., Ltd.

地址：广东省佛山市南海区西樵镇太平工业区
传真：+86-757-86828138
电话：+86-757-86822683　86820366
http://www.monalisagroup.com.cn

为您提供专业的照明/电工/智能家居解决方案

家居照明　办公照明　商业照明　户外照明　车用照明　电工电器

1993年A股上市企业

企业订阅号

企业服务号

佛山电器照明股份有限公司
FOSHAN ELECTRICAL AND LIGHTING CO.,LTD
地址：广东省佛山市汾江北路64号
86-757-82813838
www.chinafsl.com

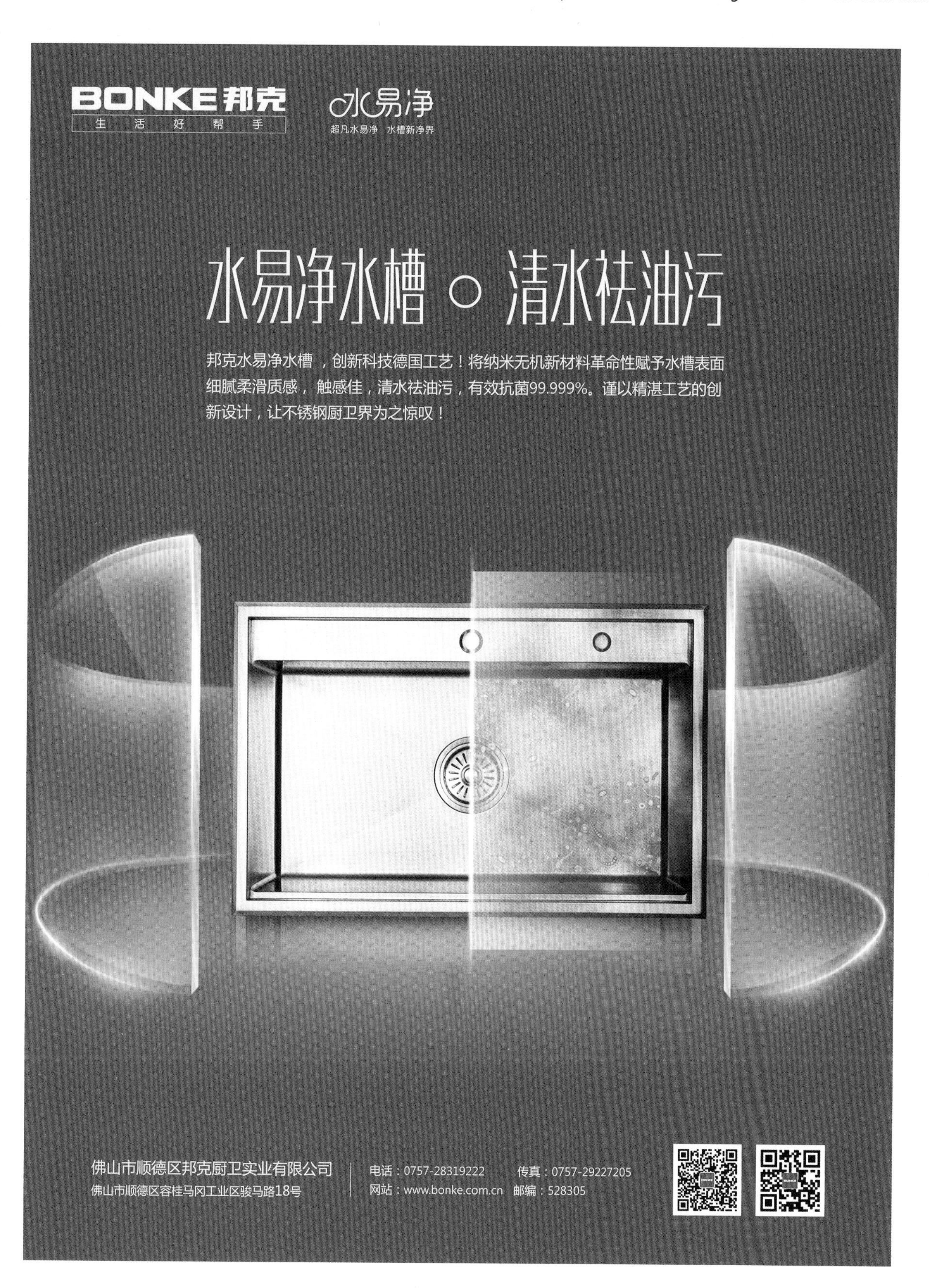
BONKE邦克
生 活 好 帮 手
水易净
超凡水易净 水槽新净界
水易净水槽 ○ 清水祛油污
邦克水易净水槽，创新科技德国工艺！将纳米无机新材料革命性赋予水槽表面细腻柔滑质感，触感佳，清水祛油污，有效抗菌99.999%。谨以精湛工艺的创新设计，让不锈钢厨卫界为之惊叹！
佛山市顺德区邦克厨卫实业有限公司
佛山市顺德区容桂马冈工业区骏马路18号
电话：0757-28319222 传真：0757-29227205
网站：www.bonke.com.cn 邮编：528305

怀匠人之心 铸品质之魂
ZHONGCAI
full decoration
中财全装修
中财管道，专注建材22年
中财，不止眼前！
家装
10大生产基地布局全国
印度基地走向国际
15大经营总部
1000多家营销分支
5000多家经销商
中财，
助力中国制造走向世界！
精品家装抗菌管
有效抗菌
健康环保
健康家居给水系统
耐高温
防冻裂
无间隙
防漏水
清新家居排水系统
全密闭
防异味
超静音
安全家居电力防护系统
绝缘防护
强弱电分离
抗干扰
易施工
集约家居新风系统
空间集约
风阻减少
防尘抗菌
空气清新
水、电、气
全方位立体解决您的家居问题
咨询热线：0575-86161261
地址：浙江省新昌县新昌大道东路658号

美好生活

在每一个美丽的清晨，安静地享受家的温暖与诗意，
生活中最美的细节，总是这样令人陶醉。

日丰卫浴

财富热线 400-119-2311

美尔凯特
高端厨卫吊顶

ENTERPRISE 企业

浙江美尔凯特集成吊顶有限公司，一直以来专注厨卫吊顶领域，业已成为中国吊顶行业一股不容忽视的中坚力量。
美尔凯特，中国厨卫百强，集成吊顶十强企业，携手影视明星孙俪，凭借深厚的底蕴，立志以不懈创新卓立卫厨空间领域，
打造品质、创新、时尚、科技的现代卫厨，成就品质生活。

FOCUSING 聚焦式央视广告投放

2017年，美尔凯特继续全面携手央视新闻频道(CCTV-2）和央视财经频道（CCTV-13），全新系列主题形象在黄金时段播放，品牌传播再创新高。

PRODUCT STRATEGY 高端产品战略支持

MELLKiT | Panasonic | GREE格力 | RENOLIT 雷诺丽特

美尔凯特与多个世界品牌强强联合，打造高端产品战略。日本松下电器、德国雷诺丽特、珠海格力电器……致力于为用户创造健康舒适的品质生活。

SUPERIORITY 优势

打造易清洁吊顶

◆易洁油污 ◆易洁水垢 ◆易洁异味 ◆易洁灰尘
◆易洁细菌

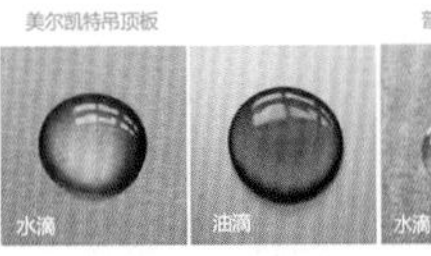

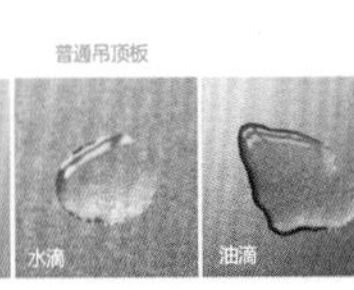

打造精致优雅错层式吊顶

◆隐藏光源，照明更加柔和
◆抬升厨卫空间，打造人性化厨卫空间

联手松下打造沐浴取暖核“芯”

◆低噪音设计舒适享受
◆5重保护安全可靠
◆整体升温，高效节能

携手格力电器开发厨房专用空调

◆不怕油 ◆不怕烟 ◆强制冷

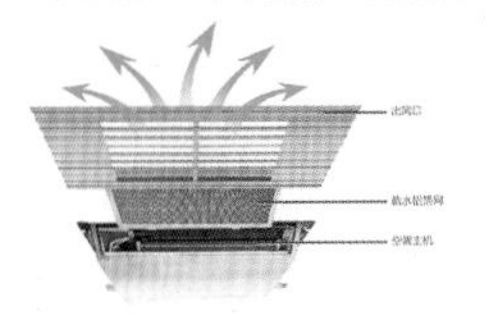

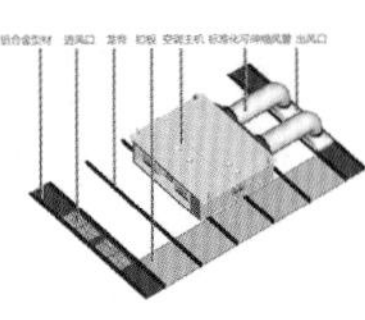

美尔凯特雷诺丽特板材表面工艺，环保达到德国DIN标准

◆抗老化 ◆耐腐蚀 ◆耐高温 ◆耐磨损 ◆环保无毒

形象大使/宋佳
Bardiss巴迪斯
精工顶墙
全屋精工顶·墙
集成吊顶 | 集成墙面 | 天花幕墙
源起1992
一种匠心25年的传承
400-860-7757

LAMTE
蓝姆特®顶墙
全 | 屋 | 定 | 制
风格由您定!
蓝姆特顶墙
行业标准起草单位·专注家居吊顶8年
全屋定制
扫一扫，关注蓝姆特顶墙
蓝姆特建材实业(香港)有限公司
佛山市蓝姆特家居科技有限公司
公司地址：广东省佛山市南海里水镇新联工业北区光明大道6-8号
全国售后服务热线 400-8833-980
招商热线 137 0256 4388
官方网站 www.hklmt.cn

力同集团 LITONG GROUP | 力同装饰用品（上海）有限公司
LITONG DECORATION ARTICLES(SHANGHAI)CO.,LTD.

香港力同国际控股（集团）有限公司自成立以来，始终坚持以振兴民族产业、引领铝工业发展为己任，先后在中国山东、广东、河南、江苏、黑龙江、上海、青海等地投资兴建了21家生产型企业，并在2013年斩获中国铝工业“二十强”荣誉企业的称号。与此同时集团还兼营环保、化工、装饰材料、建筑材料、机械制造等产业，并在迪拜、西班牙、加拿大、印度、俄罗斯、澳大利亚成立了6家海外企业。2012年香港力同国际控股（集团）有限公司斥巨资成立集成吊顶事业部，并在中国上海打造大型集成吊顶制造中心，制造中心就设在力同装饰用品（上海）有限公司工业园区内。力同装饰用品（上海）有限公司是香港力同国际控股（集团）有限公司旗下 全资子公司，公司创建于2002年，总投资1亿港元，占地76000平方米，是亚洲首屈一指的高端建材产业制造基地。公司始终秉持“精雕细琢”的核心理念，历经十二年的专业修为，逐渐成为全球最大的集成吊顶制造商之一。

为了全面领跑集成吊顶行业品牌时代，公司招纳了业界最顶尖的制造、研发、营销、管理团队，并且装配了全套最先进的集成吊顶生产、检测设备，如注塑深加工系统、UV高清丝网印刷系统、机床深加工系统、光谱分析仪、电器安全性能综合测试系统等。2014年公司不仅斥巨资引进了多条陶釉工艺生产线，进一步稳固公司扣板产品在行业内工艺领先的地位，与此同时还升级了电器成品总装生产线，实现了车间无尘化管理，创新性地打破了集成吊顶电器组装的新老格局，大幅度提升产品性能，每年可为广大用户提供50万套高品质的集成吊顶产品。

保丽卡莱集成吊顶是力同装饰用品（上海）有限公司旗下的高端品牌，也是国内唯一提供高端集成吊顶解决方案的产品及服务供应商。保丽卡莱凭借自身强大的背景实力，无可比拟的生产、研发优势，自主创新来设计开发国际领先的集成吊顶产品。2014年更聘请影视明星—— 韩雪倾情代言 重磅推出了保丽卡莱品牌广告及企业宣传片 保丽卡莱。以其引领行业的国际品质和一站式的客户服务体系赢得了行业的高度认可，先后荣获中国集成吊顶行业十大领军品牌、中国天花吊顶行业指定供应商、中国集成吊顶行业诚信品牌、欧盟RoHS指令认证等领先殊荣。

保丽卡莱——品质生活 信心雕琢！

力同集团 行业地位：

第1位	第19位	第30位	5强
中国铝涂装行业	中国铝工业	中国工业化工行业	中国厨卫百强 集成吊顶品牌企业

香港力同国际控股(集团)有限公司
地址：香港新界沙田火炭山尾街18-24号沙田商业中心708室
深圳代表处：深圳市罗湖区东门北路1006号怡泰中心C座26楼

力同铝业(香港)有限公司
地址：香港新界沙田火炭山尾街18-24号沙田商业中心708室

力同铝业（上海）有限公司
力同铝业（广东）有限公司
力同铝业（无锡）有限公司
力同铝业（山东）有限公司
力同铝业（河南）有限公司
力同铝业（青海）有限公司
力同化工（佛山）有限公司
力同化工（无锡）有限公司

力同化工（山东）有限公司
张家港立宇化工有限公司

广东力同环保机械有限公司
力同机械自动化（上海）有限公司
牡丹江力同木业有限公司

力同装饰用品（上海）有限公司

河南雅格帝装饰有限公司
佛山市力同奥斯特建筑装饰材料有限公司
深圳市力同联合进出口有限公司
广东唐仁盛投资发展有限公司
广州倍安捷建筑科技有限公司

力同装饰用品（西班牙）有限公司
力同铝业（阿联酋）有限公司

policolor
保丽卡莱 集成吊顶

力同装饰用品（上海）有限公司
地址：上海市金山区朱泾工业区中达路888号
电话：+86 021 67226290

浙江王店营销中心 · 浙江嘉兴市王店国际吊顶城B2区3楼3102-3125室
电话：+86 0573 83261022　　客服热线：400-881-6670
上海营销中心 · 上海市徐汇区宜山路333号汇鑫国际大厦306室
电话：+86 021 54890092

服务热线
400-881-6670
http://policolor.com.cn

成品住宅部品促进行动

由业内各专业顶级专家、设计师、工程师组成，携手优质住宅部品生产企业，通过协会平台面向全产业链提供服务。

- **为全产业** — 集合资源协作共享
- **为消费者** — 引导消费提升品质
- **为部品商** — 展现优势提供商机
- **为开发商** — 提供全装修一体化解决方案

扫一扫 联系我们

咨询电话：010-64437301　64436011

— 中国建筑装饰协会住宅部品产业分会 —